3ds Max 2015

中文版 基础教程

老虎工作室

谭雪松 邓倩 刘长江 编著

人民邮电出版社

北京

图书在版编目（CIP）数据

3ds Max 2015中文版基础教程 / 谭雪松，邓倩，刘长江编著. -- 北京 : 人民邮电出版社，2016.7（2022.8重印）
ISBN 978-7-115-41912-5

Ⅰ. ①3… Ⅱ. ①谭… ②邓… ③刘… Ⅲ. ①三维动画软件—教材 Ⅳ. ①TP391.41

中国版本图书馆CIP数据核字(2016)第129485号

内容提要

3ds Max 作为当今著名的三维建模和动画制作软件，被广泛应用于游戏开发、电影电视特效及广告设计等领域。该软件功能强大、扩展性好、操作简单，并能与其他相关软件流畅地配合使用。

本书系统地介绍了 3ds Max 2015 的功能和用法，以实例为引导，循序渐进地讲解了使用 3ds Max 2015 中文版创建三维模型、创建材质和贴图、使用灯光和摄影机、制作各类动画及使用粒子系统与空间扭曲制作动画的基本方法。

本书按照职业培训的教学特点来组织内容，图文并茂、活泼生动，并且配备了多媒体教学光盘，适合作为 3ds Max 2015 动画制作的培训教程，也可以作为个人用户、高等院校相关专业学生的自学参考书。

◆ 编　　著　老虎工作室　谭雪松　邓　倩　刘长江
责任编辑　李永涛
责任印制　杨林杰

◆ 人民邮电出版社出版发行　　北京市丰台区成寿寺路 11 号
邮编　100164　　电子邮件　315@ptpress.com.cn
网址　http://www.ptpress.com.cn
固安县铭成印刷有限公司印刷

◆ 开本：787×1092　1/16
印张：19.75　　　2016 年 7 月第 1 版
字数：490 千字　　　2022 年 8 月河北第 14 次印刷

定价：49.00 元（附光盘）

读者服务热线：(010)81055410　印装质量热线：(010)81055316
反盗版热线：(010)81055315
广告经营许可证：京东市监广登字20170147号

关 于 本 书

3ds Max 作为著名的三维建模、动画和渲染软件，被广泛应用于游戏开发、角色动画、电影电视特效及广告设计等领域。该软件功能强大、扩展性好、操作简单，并能与其他软件流畅地配合使用。3ds Max 2015 提供给设计者全新的创作思维与设计工具，并提升了与后期制作软件的结合度，使设计者可以更直观地进行创作，无限发挥创意，设计出优秀的作品。

内容和特点

本书面向初级用户，深入浅出地介绍了 3ds Max 2015 的主要功能和用法。按照初学者一般性的认知规律，从基础入手，循序渐进地讲解了使用 3ds Max 2015 进行三维建模、材质设计、灯光设计、摄影机设置及各类动画制作的基本方法和技巧，帮助读者建立对 3ds Max 2015 的初步认识，基本掌握使用该软件进行设计的一般步骤和操作要领。

为了使读者能够迅速掌握 3ds Max 2015 的用法，全书遵循“案例驱动”的编写原则，对于每个知识点都结合典型案例来讲解，用详细的操作步骤引导读者跟随练习，进而熟悉软件中各种设计工具的用法及常用参数的设置方法。通过对全书系统地学习，读者能够掌握三维设计的基本技能，进而提高综合应用的能力。全书选例生动典型、层次清晰、图文并茂，将设计中的基本操作步骤以图片形式给出，表意简洁，便于阅读。

本书分为 10 章，各章内容简要介绍如下。

- 第 1 章：介绍 3ds Max 2015 的设计环境和工作流程。
- 第 2 章：介绍基本体建模和修改器建模的基本方法。
- 第 3 章：介绍二维建模的基本方法。
- 第 4 章：介绍复合建模和多边形建模等高级建模方法。
- 第 5 章：介绍材质与贴图及其应用技巧。
- 第 6 章：介绍渲染、环境与特效的相关知识及应用。
- 第 7 章：介绍摄影机和灯光的应用技巧。
- 第 8 章：介绍动画制作的一般原理和基础知识。
- 第 9 章：介绍粒子系统与空间扭曲在动画制作中的应用。
- 第 10 章：介绍运动学动画、动力学动画及骨骼动画等的制作技巧。

读者对象

本书主要面向 3ds Max 2015 的初学者及在三维动画制作方面有一定了解并渴望入门的读者。在本书的帮助下，读者可以迅速掌握使用 3ds Max 进行动画制作的一般流程。

本书是一本内容全面、操作性强、实例典型的入门教材，特别适合作为各类 3ds Max 动画制作课程培训班的基础教程，也可以作为广大个人用户、高等院校相关专业学生的自学用书和参考书。

附盘内容

本书所附光盘内容包括以下几部分。

1. 素材文件

本书所有案例用到的“.max”格式源文件、“maps”贴图文件及一些“.mat”格式的材质库文件都收录在附盘的“\第×章\素材”文件夹下，读者可以调用和参考这些文件。

2. 结果文件

本书所有案例的结果文件都收录在附盘的“\第×章\结果文件”文件夹下，读者可以自己对比制作结果。

3. 动画文件

本书典型习题的绘制过程都录制成了“.avi”动画文件，并收录在附盘的“\第×章\动画文件”文件夹下。

注意：播放动画文件前要安装光盘根目录下的“tscc.exe”插件。

4. PPT 文件

本书提供了 PPT 文件，以供教师上课使用。

感谢您选择了本书，也欢迎您把对本书的意见和建议告诉我们。

老虎工作室网站 http://www.ttketang.com，电子邮件 ttketang@163.com。

老虎工作室

2016 年 4 月

目 录

第1章　3ds Max 2015 设计概述

3ds Max 2015 是基于 Windows 操作平台的优秀三维制作软件，一直受到建筑设计、三维建模及动画制作爱好者的青睐，广泛应用于游戏开发、角色动画、影视特效及工业设计等领域。本章将初步介绍 3ds Max 2015 的基础知识。

1.1　了解 3ds Max 2015

Autodesk 公司出品的 3ds Max 是世界顶级的三维软件之一，3ds Max 功能强大，自其诞生以来就一直受到 CG（计算机图形）设计师们的喜爱。

1.1.1　基础知识——初步认识三维动画

三维动画（或称 3D 动画）由于其精确性、真实性和无限的可操作性，广泛应用于医学、教育、军事、娱乐等诸多领域，可以用于广告、电影、电视剧的特效制作（如爆炸、烟雾、下雨、光效等），特技（撞车、变形、虚幻场景或角色等）制作，以及广告产品展示等。

一、 3ds Max 应用简介

3ds Max 在模型塑造、场景渲染、动画及特效等方面都能制作出高品质的作品，在效果图、插画、影视动画、游戏和产品造型等领域占据了领导地位。

(1)　工业造型与仿真。

3ds Max 能精确地表达模型的结构和形态，还能为模型赋予不同的材质，再加上强大的灯光和渲染功能，使对象的质感更为逼真。通过动画演示，还能把对象的运动过程加以仿真，细腻地展示其动态渐进变化过程。图 1-1～图 1-3 所示为相关的实例展示。

图1-1　汽车造型设计

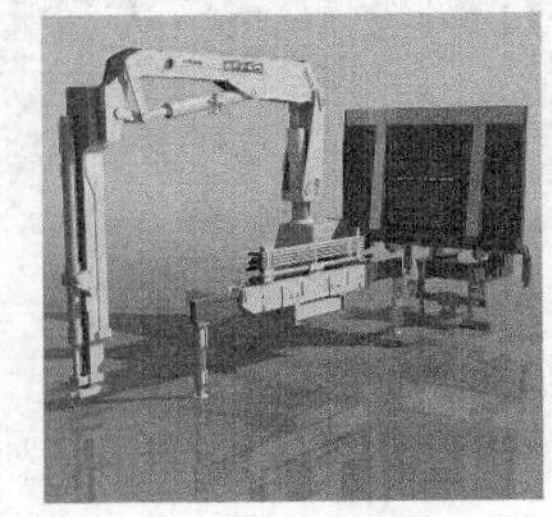

图1-2　工业设计

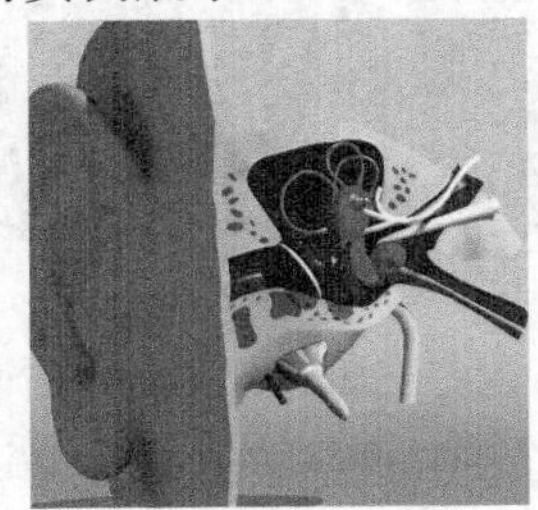

图1-3　医学模型仿真

(2)　建筑效果展示。

3ds Max 与 AutoCAD 同为 Autodesk 旗下的产品，两款软件具有良好的兼容性。将两者配合使用，可以制作出视觉效果完美并且精确的建筑模型，还能将建筑室内外效果表现得淋漓尽致。图 1-4～图 1-6 所示为相关的实例展示。

图1-4 “鸟巢”设计

图1-5 建筑效果图

图1-6 室内装饰图

(3) 影视广告特效。

在 3ds Max 中，对象的属性、变化、形体编辑及材质等大多数参数都可以记录为动画，可以通过动画控制器来控制对象做精确运动，这就使得 3ds Max 成为片头动画、广告及影视特效的首选软件。图 1-7～图 1-9 所示为相关的实例展示。

图1-7 影视广告示例 1

图1-8 影视广告示例 2

图1-9 影视广告示例 3

(4) 游戏开发。

利用 3ds Max 提供的“骨骼”系统，结合其中的“刚体”和“柔体”制作功能，利用计算机精准的 MassFX 系统可以逼真地模拟对象在外力作用下的变形和运动过程，从而创建出各式各样的虚拟现实效果和玄妙的游戏场景。图 1-10～图 1-12 所示为相关的实例展示。

图1-10 游戏场景示例 1

图1-11 游戏场景示例 2

图1-12 游戏场景示例 3

二、 3ds Max 2015 设计环境简介

正确安装 3ds Max 2015 后，双击 Windows 桌面上的快捷图标即可启动 3ds Max 2015，图 1-13 所示为设计时通常使用的工作界面。

3ds Max 2015 的默认设计界面底色为深黑色，本书中已将底色改为浅灰色。设置方法如下：选择菜单命令【自定义】/【自定义 UI 与默认设置切换器】，在图 1-14 所示对话框的【用户界面方案】分组框中选取【Modular ToolbarUI】选项，然后单击 设置 按钮。

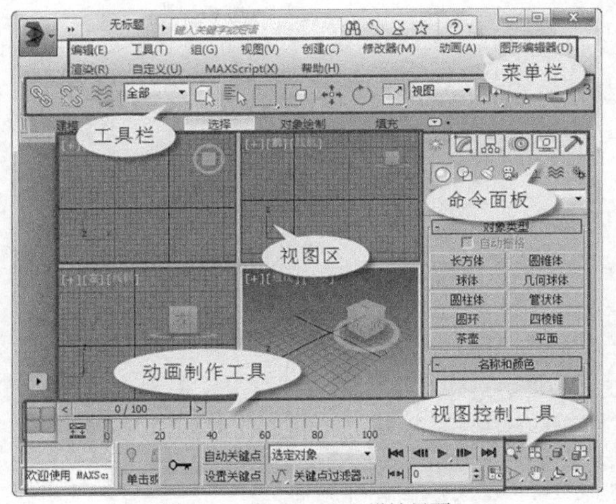

图1-13　3ds Max 2015 设计界面

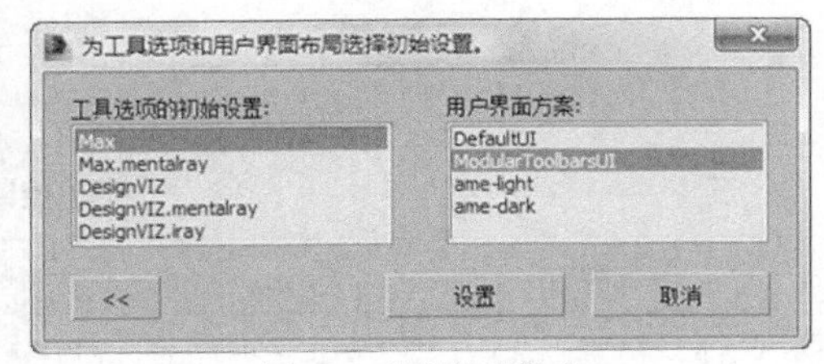

图1-14　设置界面样式

3ds Max 2015 的界面组成要素及其功能如表 1-1 所示。

表 1-1　　3ds Max 2015 的界面组成要素及其功能

<table>
<tr><th>界面要素</th><th colspan="2">功能</th></tr>
<tr><td>菜单栏</td><td colspan="2">3ds Max 2015 提供了丰富的菜单命令，包括【编辑】、【工具】、【组】、【视图】、【创建】、【修改器】、【动画】、【图形编辑器】、【渲染】、【自定义】、【MAXScript】和【帮助】等 12 个菜单。使用菜单中的各个命令可以执行不同操作</td></tr>
<tr><td>工具栏</td><td colspan="2">工具栏以图标的形式列出了设计中常用的工具，单击这些图标可以快速启动这些工具。由于显示空间有限，将鼠标指针置于工具栏上，当其形状变为手形后，按住鼠标左键并拖曳，可以拖动工具栏，以便使用更多的设计工具</td></tr>
<tr><td rowspan="7">命令面板</td><td colspan="2">命令面板是 3ds Max 的核心工具。在这里可以启动不同的设计命令，并根据需要切换操作类型；同时还可以在启动不同命令时设置相关的参数。命令面板包括 6 个独立的子面板，如图 1-15 所示</td></tr>
<tr><td>【创建】面板</td><td>用于创建各种对象，包括三维几何体、二维图形、灯光、摄影机、辅助对象、空间扭曲对象及系统工具等</td></tr>
<tr><td>【修改】面板</td><td>用于修改选中对象的设计参数或对其使用修改器，从而改变对象的形状和属性</td></tr>
<tr><td>【层次】面板</td><td>用于控制对象的坐标中心轴及对象之间的关系等</td></tr>
<tr><td>【运动】面板</td><td>制作动画时，为对象添加各种动画控制器和控制对象运动轨迹</td></tr>
<tr><td>【显示】面板</td><td>控制对象在视口中的显示状态，如隐藏、冻结对象等</td></tr>
<tr><td>【实用程序】面板</td><td>提供各种系统工具，同时还可以设置各种系统参数</td></tr>
<tr><td>视图区</td><td colspan="2">视图区是 3ds Max 的主要工作区域，对象的创建和修改都在视图区中进行。默认情况下，视图区中将显示 4 个视口：顶视口、前视口、左视口和透视视口。稍后将介绍视口配置的具体方法</td></tr>
<tr><td>动画制作工具</td><td colspan="2">这些工具用于制作三维动画，主要用于控制动画的时序及播放，具体用法将在动画制作的相关章节中介绍</td></tr>
<tr><td>视图控制工具</td><td colspan="2">该工具组一共包括 8 个视图控制工具，其用法如表 1-2 所示。在不同的视图模式（如透视图、灯光视图和摄影机视图等）下，这些工具的种类也不相同</td></tr>
</table>

要点提示

界面左上角的图标相当于【文件】菜单，单击该图标可以启用常用的文件操作，例如打开、保存文件等。

启动不同的工具后，命令面板上将列出该命令所对应的参数，将这些参数分组列出，并可以根据需要卷起或展开，因此被称作参数卷展栏，如图 1-16 所示。

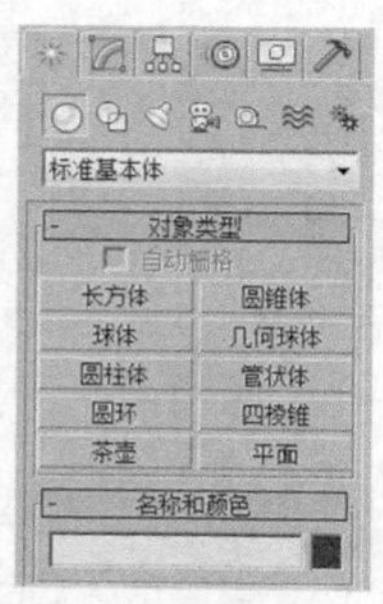

图1-15　命令面板

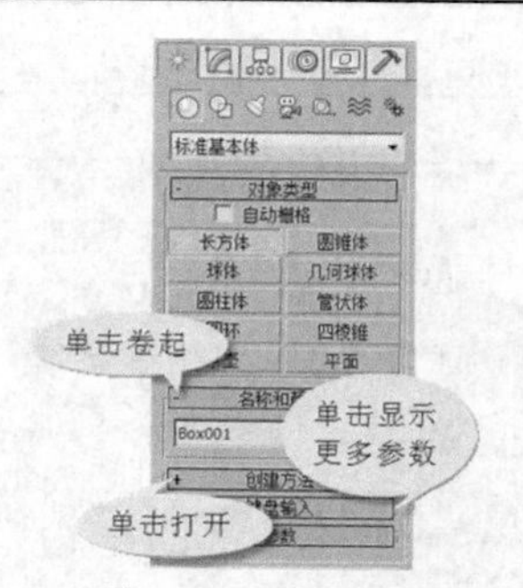

图1-16　参数卷展栏

表 1-2　　　　　　　　　　视图控制工具的用法

工具	功能
（缩放）	按住鼠标左键，前后移动鼠标可以缩小或放大选定视口内的对象
（缩放所有视图）	按住鼠标左键，前后移动鼠标可以同步缩放所有视口内的对象
（最大化显示）	单击该按钮将最大化显示（即将图形全部充满视口，如图 1-17 所示），选定视口中的图形。单击按钮右下角的黑色三角形符号可以弹出按钮工具组，其中另一个按钮（最大化显示选定对象）用于在当前视口中最大化显示选定的对象
（所有视图最大化显示）	单击该按钮将最大化显示所有视口中的图形，如图 1-18 所示。该按钮工具组中的另一个按钮（所有视图最大化显示选定对象）用于在所有视口中最大化显示选定的对象
（缩放区域）	在前视口、左视口和顶视口中使用矩形框选定对象后，将最大化显示其中的内容。该工具若用于透视视口或摄影机视图，则变为（视野）工具，用于调整视野大小
（平移视图）	用于平移选定视口中的场景
（环绕）	该工具组中包括 3 个工具按钮，用于对对象进行旋转操作
（最大化视口切换）	单击该按钮可以最大化显示选中的视口；再次单击则恢复上次的视口显示状态，从而实现在单视口和多视口之间的切换，如图 1-19 和图 1-20 所示

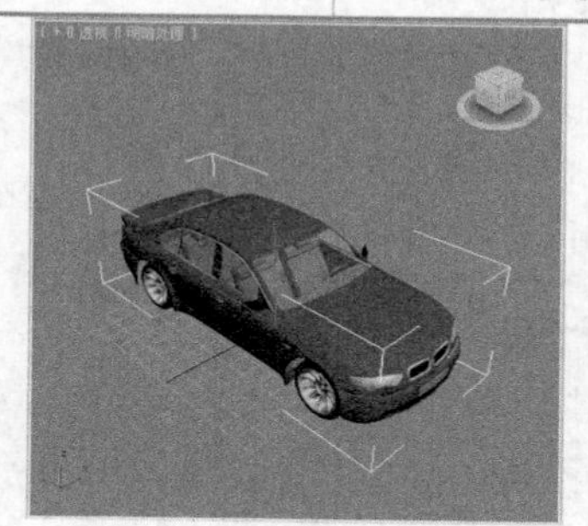

图1-17　最大化显示视图

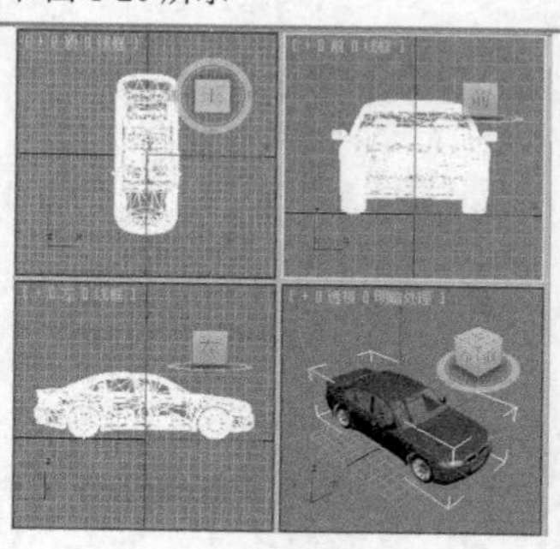

图1-18　最大化显示所有视图

图1-19　单视口

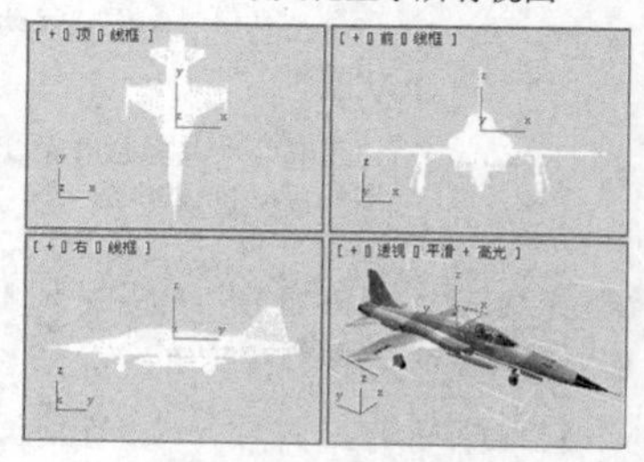

图1-20　四视口

三、 选择对象

在 3ds Max 2015 中，在操作前需要首先选中对象。选择对象的方法主要有 4 种：直接选择、区域选择、按照名称选择和使用过滤器选择。

(1) 直接选择。

直接选择是指以鼠标单击的方式来选择物体，具体操作如下。

① 运行 3ds Max 2015，然后打开素材文件“第 1 章\素材\选择对象\汽车.max”，如图 1-21 所示。

② 在工具栏中单击按钮，将鼠标指针置于汽车顶部，鼠标指针将显示为白色十字形，并显示出对象名称“车盖”。

③ 单击鼠标左键，选择“车盖”对象，被选中的对象周围将显示白色的边界框，如图 1-22 所示。

图1-21　备选场景

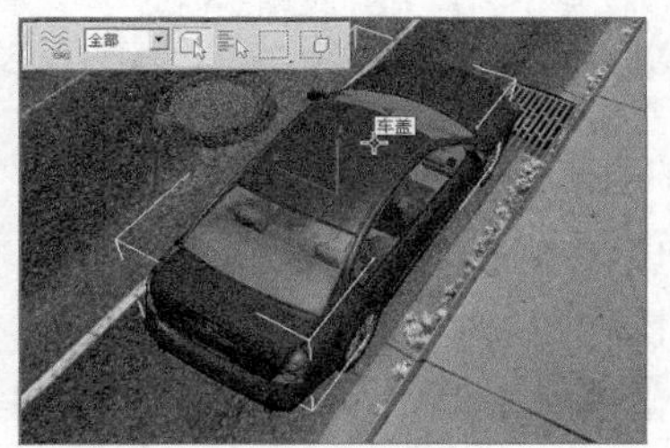

图1-22　选中的对象

(2) 区域选择。

区域选择是指使用鼠标拖曳出一个区域，从而选中区域内的所有物体。在 3ds Max 2015 中有 5 种区域选择类型：矩形、圆形、围栏、套索和绘制选择区域。具体操作如下。

① 接上例打开的文件。按 Alt+W 组合键，切换为四视口显示模式，如图 1-23 所示。

② 在工具栏中单击按钮，在左视口中按住鼠标左键不放并拖曳，绘制一个矩形选择范围，将车的形状全部包含在范围内。

③ 释放鼠标左键即可选中全部汽车对象，包括其上的各个组成部分，在非透视视口中，选中的对象显示为白色线框，如图 1-24 所示。

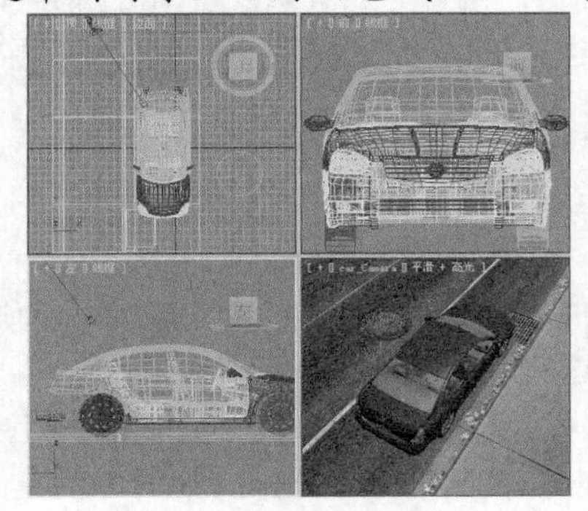
图1-23　切换为四视口模式

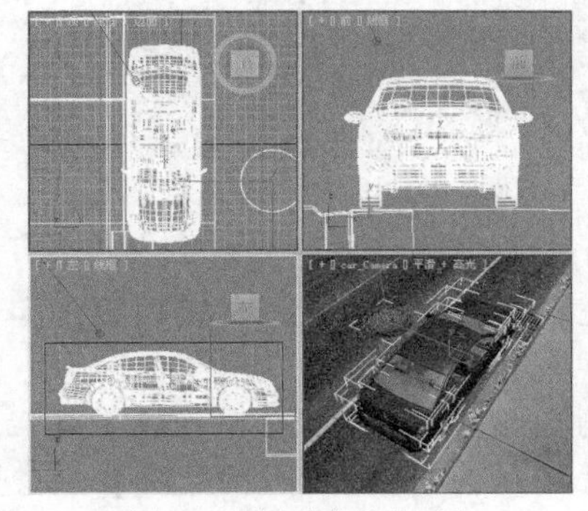
图1-24　选中全部汽车对象

④ 在【工具栏】面板上单击按钮右下角的小三角符号，然后选中按钮，可以使用鼠标拖曳出圆形区域，选中包含在其中的对象，如图 1-25 所示。

⑤ 用与上一步类似的方法选中按钮后，可以围绕选定的对象画出围栏，选中围栏中的所有对象，如图 1-26 所示。

要点提示 在按钮旁有一个按钮，该按钮未被按下时为交叉模式，无论使用矩形区域还是圆形区域选择对象时，只要对象有一部分位于划定的区域之中，则表示该对象被选中，如图 1-27 所示；按下该按钮后为窗口模式，只有对象整体全部位于划定的区域中，该对象才会被选中，如图 1-28 所示。

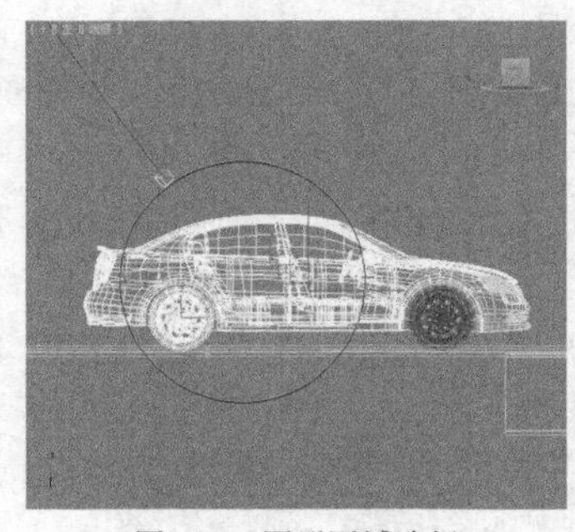

图1-25　圆形区域选择

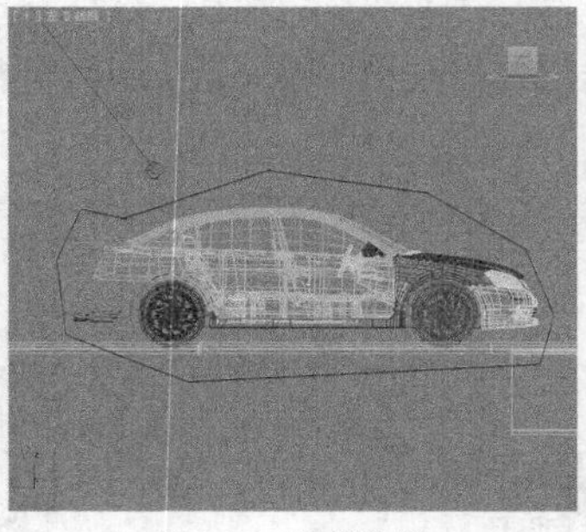

图1-26　围栏选择

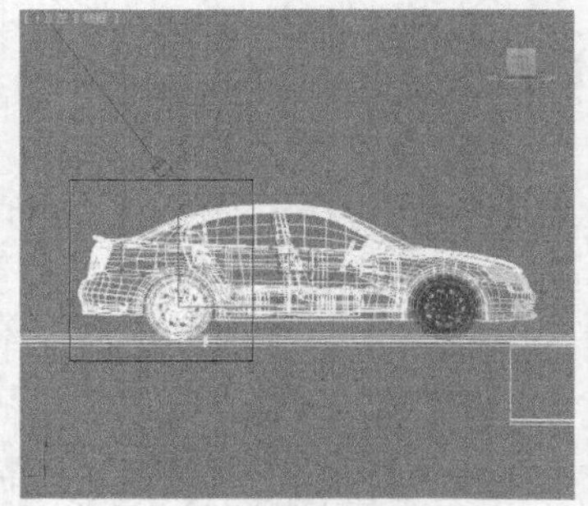

图1-27　交叉模式选择对象

(3)　按名称选择。

当场景中有很多物体时，使用鼠标来选择物体就变得比较困难，这时可以通过选择物体名称来进行选择，具体操作如下。

① 接上例完成以下操作。在【工具栏】面板上单击按钮，弹出【从场景选择】对话框。

② 在该对话框中按照名称选中对象，选取多个对象时按住 Ctrl 键，然后单击确定按钮，如图 1-29 所示。

③ 如果场景中对象较多，则可以使用查找功能。例如在【查找】文本框中输入“车”后可以选中名称以“车”开头的全部对象，如图 1-30 所示。

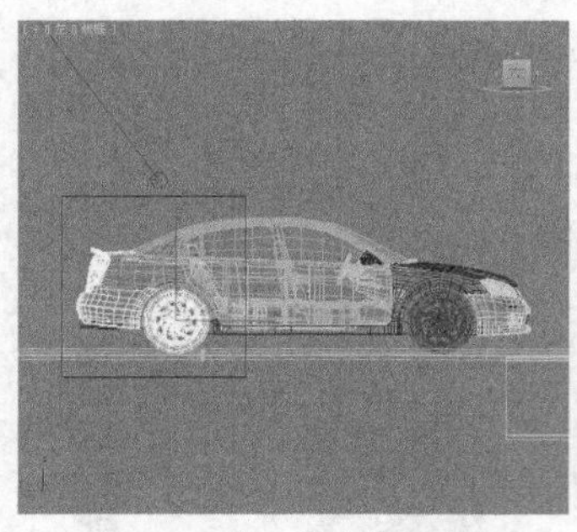

图1-28　窗口模式选择对象

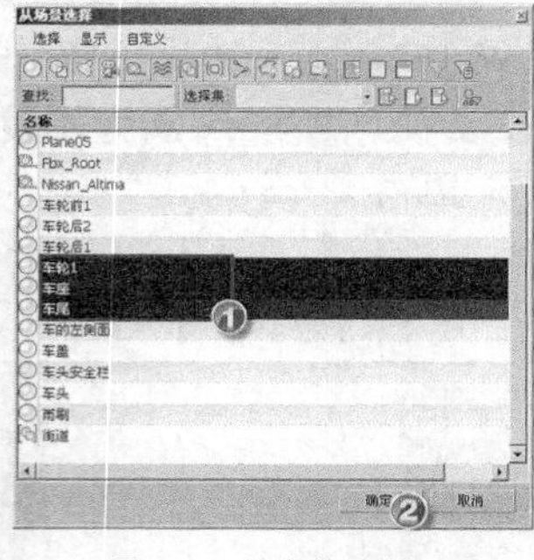

图1-29　按名称选择 1

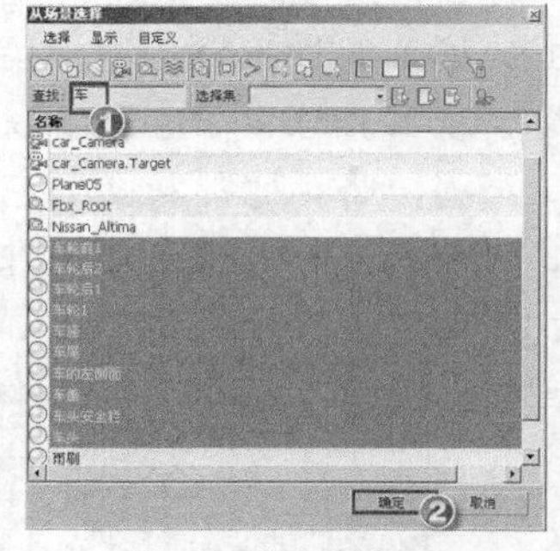

图1-30　按名称选择 2

(4)　使用选择过滤器。

在实际设计中，场景中的对象不但数量多，而且种类丰富。使用场景过滤器可以确保操作时只能选中过滤器设定种类的对象，从而加快选择过程。具体操作如下。

① 接上例完成以下操作。在【工具栏】面板上的选择过滤器下拉列表中选中【G-几何体】选项，然后在左视图中框选整个场景，可以选中场景中所有的几何体，如图 1-31 所示。

② 在【工具栏】面板上的选择过滤器下拉列表中选中【C-摄影机】选项，然后在左视图中框选整个场景，则可以选中场景中的所有摄影机对象，但其他对象则无法被选中，如图 1-32 所示。

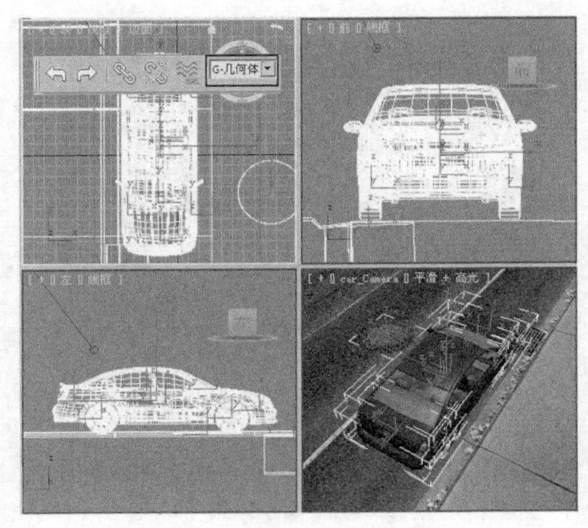

图1-31　选中全部几何体

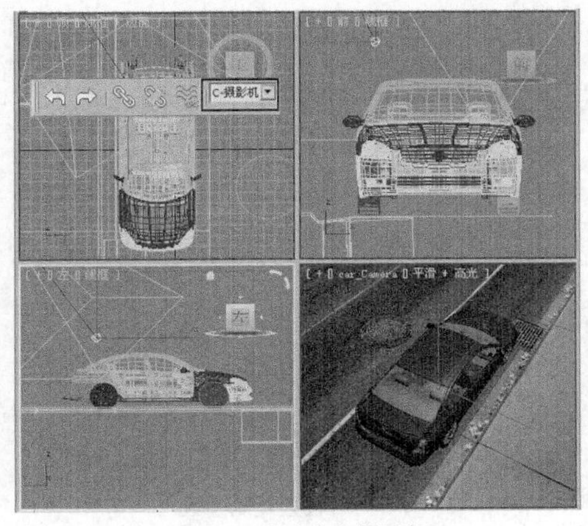

图1-32　选中全部摄影机

四、 编辑对象

当物体被选中后，就可以对它进行编辑和加工等操作。3ds Max 2015 对物体的编辑功能非常强大，可以改变物体的大小、位置、颜色、形状并进行复制对象等操作。

(1) 移动对象。

① 运行 3ds Max 2015，然后打开素材文件“第 1 章\素材\编辑对象\海豹.max”，将透视图最大化显示，如图 1-33 所示。

② 在【工具栏】面板中单击按钮，然后单击海豹模型，其上出现一个带有 3 个颜色方向箭头的坐标架，如图 1-34 所示。

③ 将鼠标指针放到任一坐标轴上，待指针形状变为时，即可沿着该方向移动对象，如图 1-35 所示。

④ 将鼠标指针放到两坐标轴之间，待出现黄色平面并且指针形状变为时，即可沿着该平面移动对象，如图 1-36 所示。

图1-33　打开场景

图1-34　显示坐标架

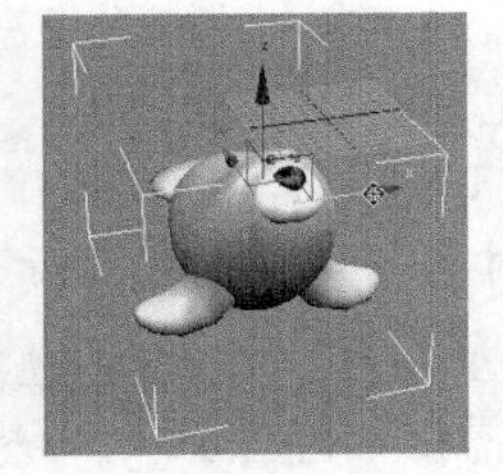

图1-35　沿 x 向移动对象

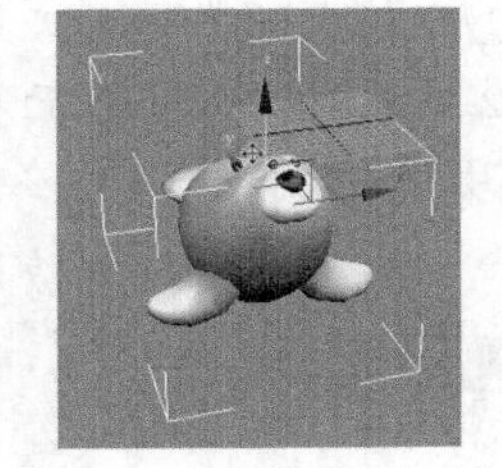

图1-36　沿 xz 平面移动对象

(2) 复制对象。

① 接上例打开的文件。在【工具栏】面板上单击按钮，然后单击选中场景中的“海豹”对象。

② 在顶视图中按住 Shift 键不放，沿 x 轴拖动对象，到一定距离后释放鼠标左键，即可弹出【克隆选项】对话框。

③ 在【克隆选项】对话框的【对象】设置项中选中【实例】单选按钮，设置【副本数】为“2”，如图 1-37 所示。

④ 单击 确定 按钮，即可沿着 x 轴方向复制出两个海豹，如图 1-38 所示。

图1-37 设置复制参数

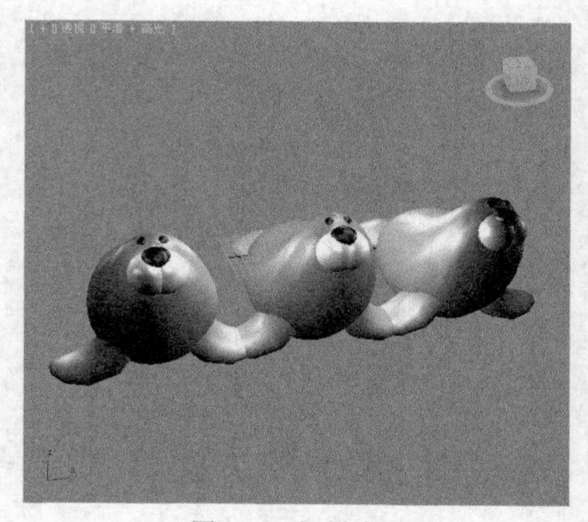

图1-38 复制结果

要点提示 若在【克隆选项】对话框的【对象】设置项中选中【复制】单选按钮，则克隆生成的对象与源对象独立，如果修改源对象，则克隆对象不会随之修改；若选中【实例】单选按钮，则复制对象与源对象之间具有关联关系，只要修改源对象和克隆对象之间的任意一个，另一个也随之修改；若选中【参考】单选按钮，则克隆对象完全依附于源对象，随着源对象的修改而修改，克隆对象不能单独编辑。

(3) 缩放对象。

① 接上例打开的文件，选中复制出来的其中一个“海豹”对象。

② 在【工具栏】面板上单击按钮，“海豹”上出现缩放坐标架。

③ 将鼠标指针放到坐标架中心，当鼠标指针变为形状时，按住鼠标左键不放并上下拖动，即可缩小或放大该对象，如图 1-39 所示。如果将鼠标指针放到某个坐标轴上，则可以沿该坐标轴缩放对象。

(4) 旋转对象。

① 接上例打开的文件，选中复制出来的另一个“海豹”对象。

② 在【工具栏】面板上单击按钮。

③ 将鼠标指针放在“海豹”上，当鼠标指针变成旋转箭头时，按住鼠标左键不放并左右拖动，即可旋转该对象，如图 1-40 所示。

要点提示 旋转对象时，被选中的对象上有 4 个圆圈，当鼠标指针置于外侧的灰色圆圈上时，可以在视图平面内旋转对象；将鼠标指针置于其他 3 个颜色不同的圆圈上时，可以分别绕 x、y 和 z 这 3 个坐标轴旋转对象。

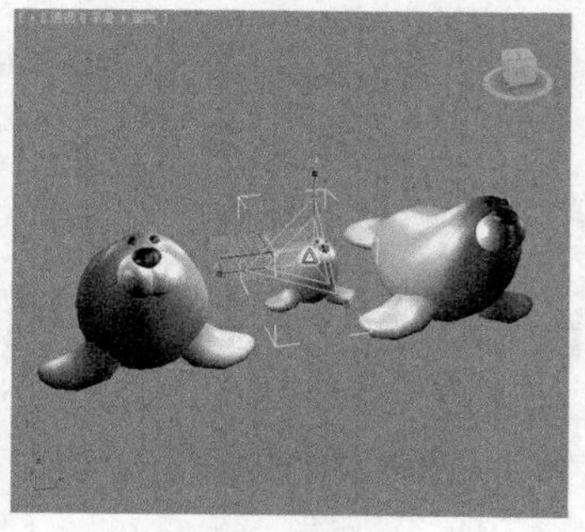

图1-39 缩放对象

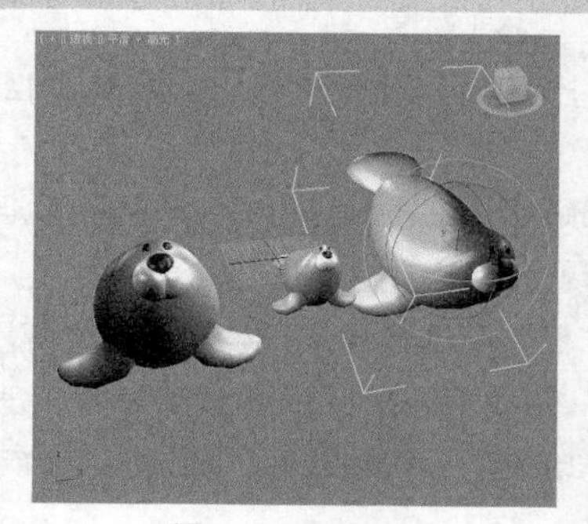

图1-40 旋转对象

1.1.2　范例解析——制作“公园一角”

本例将帮助读者初步熟悉 3ds Max 2015 的设计界面，并练习常用的基本操作。

【操作步骤】

1. 运行 3ds Max 2015，打开附盘文件“第 1 章\素材\公园一角\公园一角.max”，得到的场景如图 1-41 所示，渲染效果如图 1-42 所示。

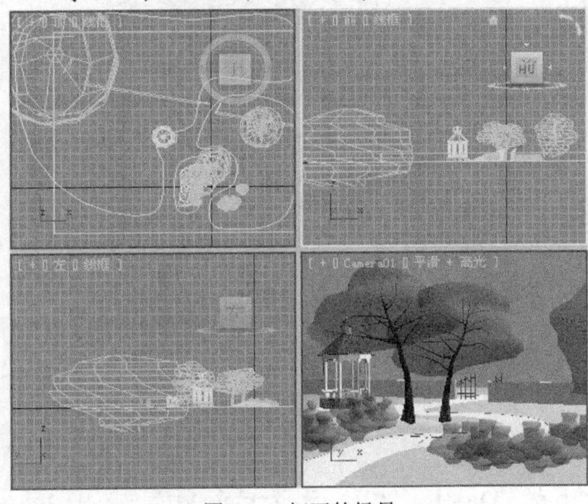

图1-41　打开的场景

图1-42　渲染效果

(1) 依次认识 4 个视口的名称，了解在各个视口中观察图形的视角的方法。

(2) 练习更改视口名称及模型显示形式。

(3) 练习将视口最大化显示。

2. 观察场景的组成。

(1) 认识场景中都包含哪些内容，以及都是采用什么方法建模的。

(2) 练习使用多种方法选择模型中的对象。

3. 对场景的变换操作。

(1) 练习使用移动工具将第二棵树移到图 1-43 所示的位置。注意：移动时，要同时在多个视口中配合操作。

移动前

移动后

图1-43　移动树

(2) 练习使用缩放工具将第二棵树整体缩小一定比例，如图 1-44 所示。

图1-44　缩小树

(3) 使用移动复制的方法复制出两棵树，并调整其位置，如图 1-45 所示。

图1-45　复制和移动树

(4) 删除草地上的部分草（选中部分草后按键盘上的 Delete 键），删除后的效果如图 1-46 所示。

图1-46　删除草

1.2 明确 3ds Max 2015 的设计流程

3ds Max 2015 是面向对象操作的软件，对象就是在 3ds Max 中所能选择和操作的任何事物，包括场景中的几何体、摄影机和灯光、编辑修改器及动画控制器等。

1.2.1 基础知识——深入学习 3ds Max 2015 的设计要领

要熟练掌握 3ds Max 2015，不但需要配置好设置环境，还要熟悉其设计流程。

一、 配置视口

视口是进行人机交互的基础，3ds Max 的工作环境就是人与 3ds Max 进行对话的接口。

(1) 默认视口布局。

运行 3ds Max 2015 时，通常使用四视口布局模式（如前图 1-20 所示），四视口的特点如下。

- 顶视口：从正上方向下观察对象的视口。
- 前视口：从正前方向后观察对象的视口。
- 左视口：从正左方向右观察对象的视口。
- 透视视口：从与上方、前方和左方均成相同角度的侧面观察对象的视口。

要点提示　与顶视口对应的视口是底视口，是从下方向上方观察对象获得的视口。同理还有与前视口对应的后视口，与左视口对应的右视口等。摄影机视图和灯光视图是从摄影机镜头或光源点观察对象获得的视口，需要在场景中先创建摄影机或灯光对象后才能使用。

(2)　更改视口类型。

在设计中，设计者可以根据需要改变视口的类型，具体操作为：在任意视口左上角的视口名称（如前、顶、左等）上单击鼠标左键或右键，在弹出的菜单中选取新的视口类型即可，如图 1-47 所示。

(3)　配置视口布局。

选择【视图】/【视口配置】命令，打开【视口配置】对话框，切换到【布局】选项卡，如图 1-48 所示，利用该选项卡可以进行更加丰富的视口布局配置，如图 1-49 所示。

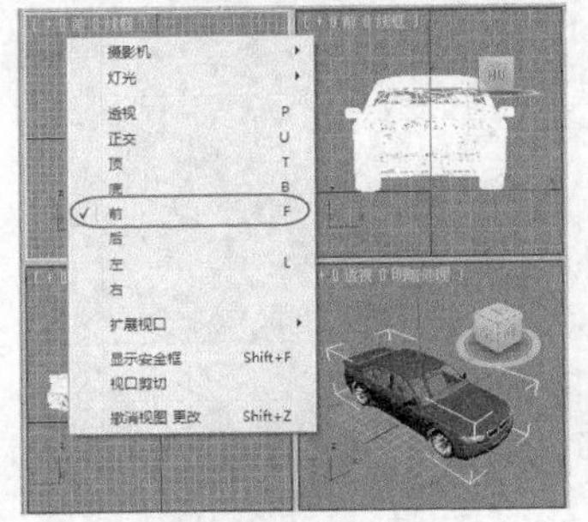

图1-47　调整视口类型

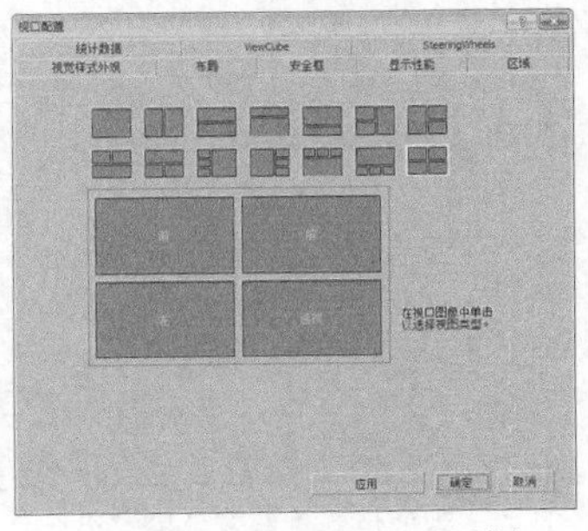

图1-48　【视口配置】对话框

图1-49　调整视口布局

(4)　调整视口大小。

将鼠标指针移到多个视口的交汇中心，待其形状变为✥时，即可按住鼠标左键并拖曳，动态调整各个视口的大小，如图 1-50 所示。

二、　设置模型的显示方式

模型的显示方式是指模型显示的视觉效果，在视口左上角模型显示方式（如“真实”）上单击鼠标左键或右键，在弹出的菜单中选择显示方式即可，如图 1-51 和图 1-52 所示。

图1-50　调整视口大小

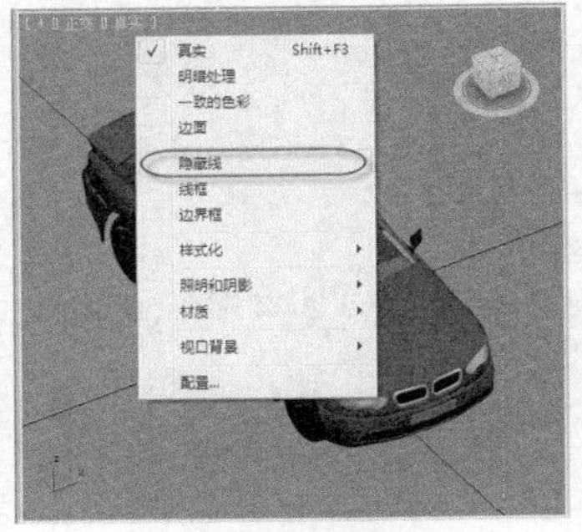

图1-51　更改模型显示方式

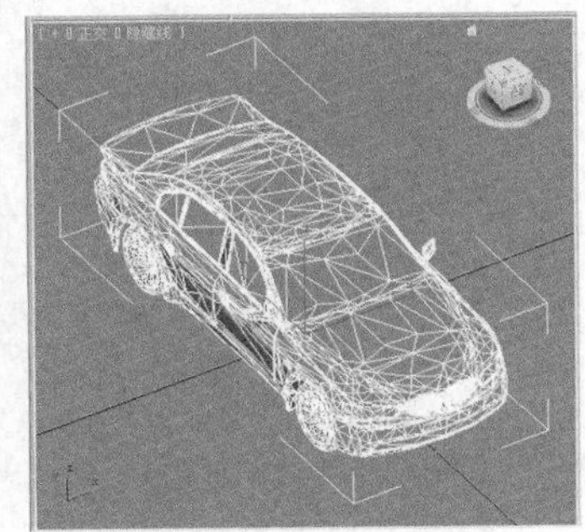
图1-52　调整显示方式后的结果

3ds Max 2015 提供了多种方式来显示模型，其特点和显示效果对比如表 1-3 所示。

表 1-3 模型的显示方式

显示方式	特点	图例
真实	显示平滑的表面及表面受到光照后的效果。使用这种显示方式可以直观地看到模型上光和色彩的层次感，显示效果良好，但是不便于选中编辑单元对象	
明暗处理	重点对模型进行色彩的明暗对比进行调节，能获得直观的三维效果，但是显示质量不及“真实”模式	
一致的色彩	使用单一色彩显示模型的特定表面，不具有色彩的层次感，显示效果较单调	
边面	通常与“真实”“明暗处理”及“一致的色彩”等着色模式组合使用，显示出模型上边界及表面的网格划分	
面	在模型表面上显示面结构，在放大模型后可以明显看到模型由多个面拼接而成的效果，面与面之间有明显的交线	
隐藏线	隐藏模型上法线指向偏离视口的面和顶点（也称消隐），其上不着色	

续　表

显示方式	特点	图例
线框	显示组成模型的全部曲面围成的线框，但是不消隐	
边界框	仅用立方体形状的方框来显示模型在长度、宽度和高度上的大小	
粘土	将模型整体显示为一个陶土模型	

在为模型选择显示方式时，虽然“真实”和“明暗处理”等方式的模型看起来更真实、直观，但是其耗费的系统资源也更大；而“隐藏线”和“线框”等方式耗费的资源小，且能显示模型的大致形状，实际设计中通常在不同视口中根据需要设置不同的显示方式来兼顾效果和资源消耗。

三、 3ds Max 的设计流程

使用 3ds Max 进行设计时，有一套相对固定的工作流程。

(1)　构建模型。

构建模型是三维设计的第一步，也是最关键的步骤。在制作模型时，首先要设置好工作环境，比如单位、辅助绘图功能等，然后根据实际需要选择合适的建模工具和手段。

(2)　赋予材质。

材质是 3ds Max 中的一个重要概念，可以为模型表面添加色彩、光泽和纹理，不但能美化对象，也为后续的动画制作及渲染输出奠定了基础。

(3)　布置灯光。

灯光是三维制作中的重要要素，在表现场景、气氛方面起着至关重要的作用。灯光本身并不被渲染，只有在视图操作时能看到。通常材质和灯光共同作用来产生良好的设计效果。

(4)　设置动画。

动画为三维设计增加了一个时间维度的概念。在 3ds Max 中，用户几乎可以为任何对象或参数定义动画效果。系统还为用户提供了大量实用工具来制作和编辑动画。

(5) 制作特效。

3ds Max 可以制作出各种在真实世界难以发生或鲜有发生的效果，例如爆炸、奇幻等。特效能增加作品的美观和悬疑性，用户可以根据实际需要在不同阶段设置各种特效。

(6) 渲染输出。

渲染输出是整个设计的最后环节。完成前面的各项工作后，需要通过渲染输出把作品与软件分开，独立呈现出来。3ds Max 可以将作品渲染为静态图片或动态的影片。

1.2.2 范例解析——制作“阅兵场景”

本案例通过制作“阅兵场景”为读者介绍使用 3ds Max 2015 进行动画开发的流程和一些基础的操作，包括创建、冻结对象、导入文件、成组、变换、对齐、复制对象、设置环境背景色、渲染输出、保存渲染图像等。其设计效果如图 1-53 所示

图1-53 阅兵场景

【操作步骤】

1. 创建地面。

(1) 确保当前设计界面有 4 个视口，否则可以在软件界面右下角的视图控制区中单击按钮切换到四视口状态。

(2) 选择【自定义】/【单位设置】命令，打开【单位设置】对话框，按照图 1-54 所示设置单位为“米”。单击 确定 按钮完成系统单位设置。

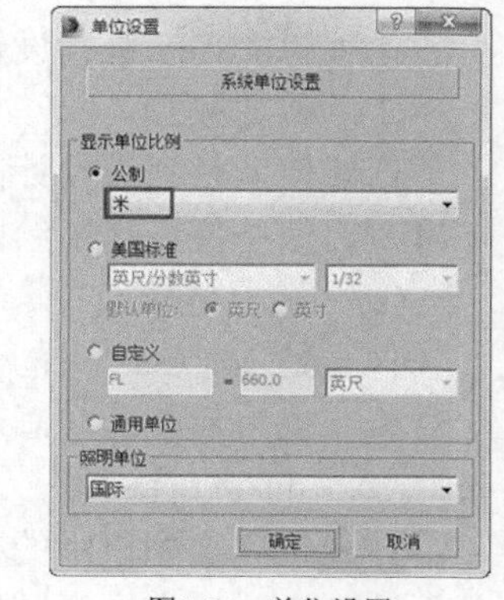

图1-54 单位设置

(3) 在软件界面右侧的【创建】面板中单击 平面 按钮，在左上角的顶视口中按住鼠标左键从左上角到右下角拖曳指针，创建一个平面，如图 1-55 所示。

(4) 在工具栏中用鼠标右键单击按钮，或者在右键快捷菜单中单击移动命令后面的按钮，弹出【移动变换输入】窗口，在【绝对:世界】选项组中设置平面中心相对于坐标系的绝对坐标，如图 1-56 所示。单击按钮，退出【移动变换输出】窗口。

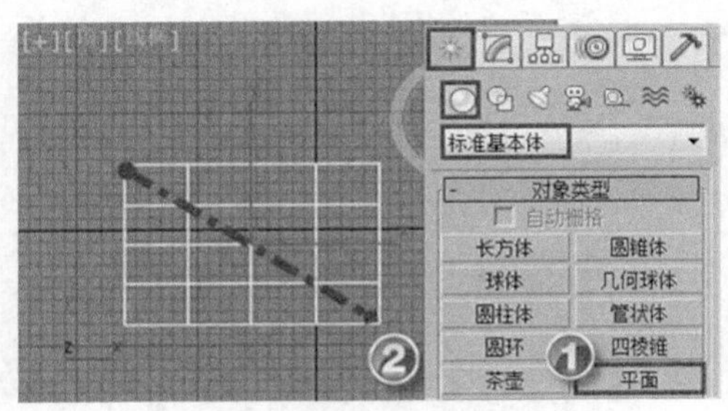

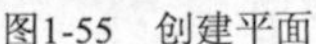
图1-55　创建平面

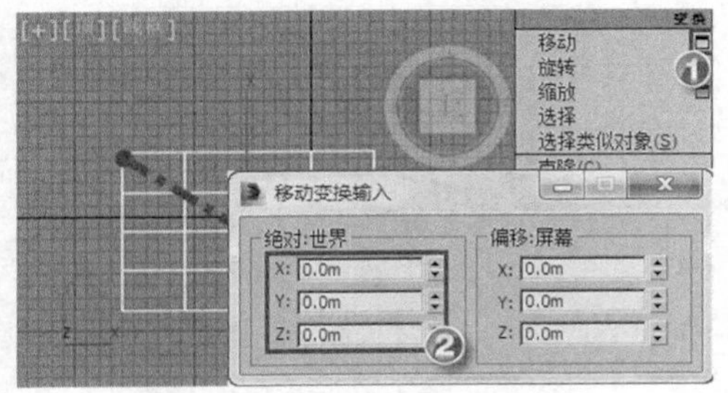

图1-56　输入变换坐标

(5) 在命令面板中单击按钮切换到【修改】面板，在【参数】卷展栏中设置平面的【长度】和【宽度】参数；再单击软件界面右下角的【所有视图最大化显示】按钮，最大化平面，如图 1-57 所示。

2. 导入坦克模型。

(1) 在选中平面的情况下，单击鼠标右键，在弹出的快捷菜单中选择【冻结当前选择】命令，将平面进行冻结以防止误操作，如图 1-58 所示。冻结后的平面为白色，如图 1-59 所示。

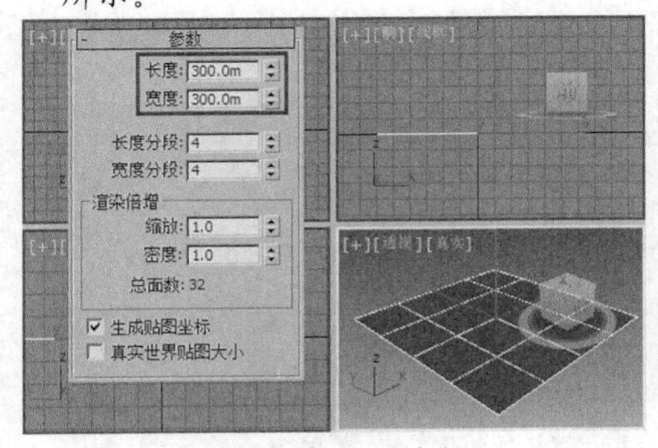

图1-57　修改平面大小

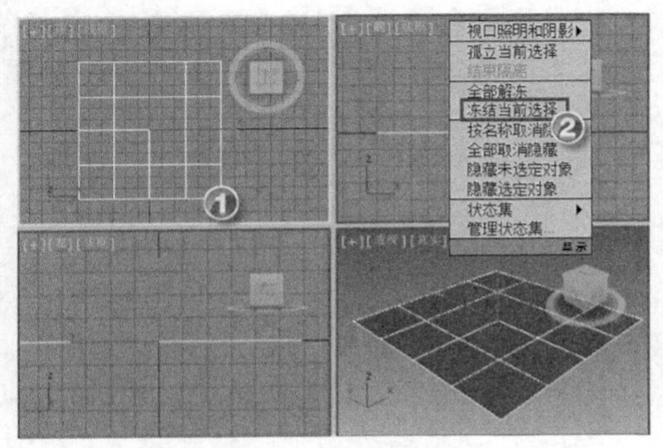

图1-58　冻结平面

(2) 单击软件界面左上角的按钮，在弹出的菜单中选择【导入】/【合并】命令，选择素材文件“第 1 章\素材\阅兵场景\坦克.max”，如图 1-60 所示。

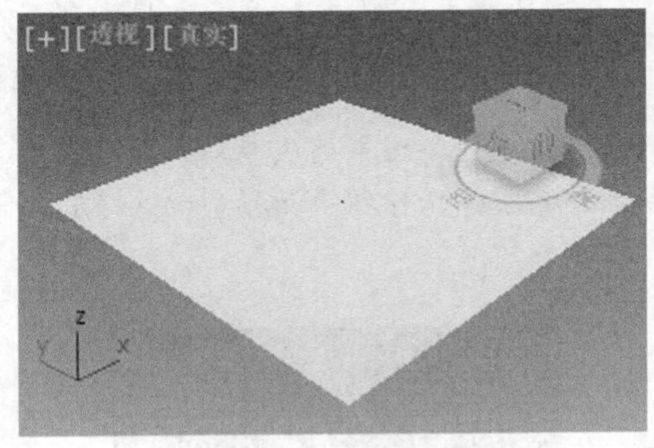

图1-59　冻结后的平面

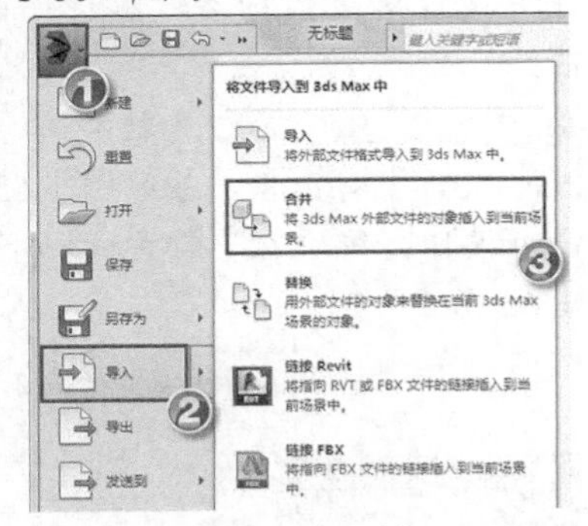

图1-60　导入对象

(3) 在弹出的【合并-坦克.max】对话框中单击全部(A)按钮，选择导入所有模型，单击确定按钮完成导入，如图 1-61 所示。

(4) 在菜单栏中选择【组】/【成组】命令，在弹出的【组】对话框中输入“坦克”，单击确定按钮完成成组操作，如图 1-62 所示。

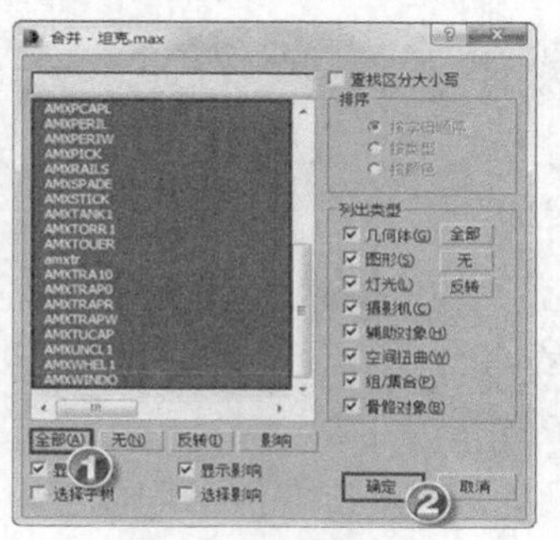

图1-61　导入全部对象

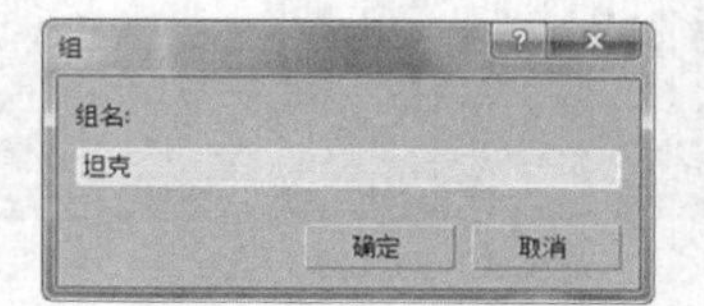

图1-62　成组模型

要点提示 在成组之前一定要确认选择了坦克模型的所有零件，可按 Ctrl+A 组合键进行全选，成组的目的是方便后面对坦克模型进行编辑操作。

3. 变换并克隆坦克模型。

(1) 在工具栏中单击 按钮，在变换坐标架的中心三角形上按下鼠标左键并拖动，对坦克模型进行缩小或放大，使之大小适中，如图 1-63 所示。

(2) 在工具栏中单击 按钮，在变换坐标架的 z 轴上按下鼠标左键并拖动，配合其他 3 个视口，将坦克模型移到平面之上，如图 1-64 所示。

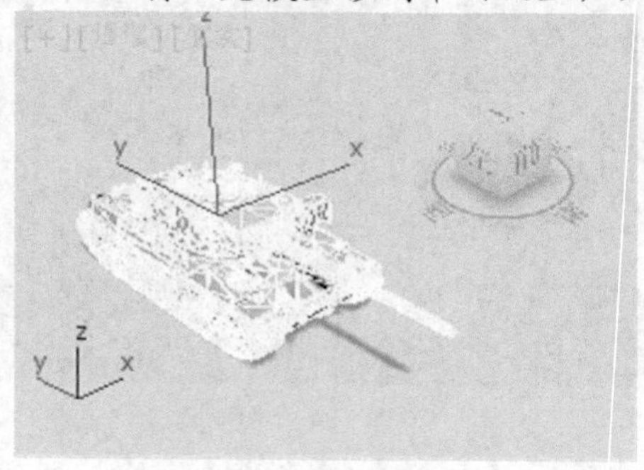

图1-63　缩放模型

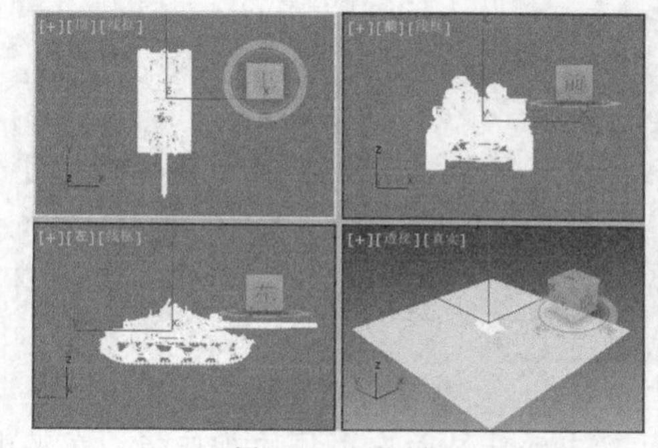

图1-64　移动对象

(3) 在任意视口单击鼠标右键，在弹出的快捷菜单中选择【全部解冻】命令，将平面模型解冻。

(4) 选中坦克模型，在工具栏中单击 按钮，单击平面模型后弹出【对齐当前选择（Plane001）】对话框，按照图 1-65 所示设置参数，该操作将坦克的底座与平面对齐。

(5) 单击 按钮，依次在 x 轴方向和 y 轴方向上移动坦克，将其移到平面模型的左下角，如图 1-66 所示。

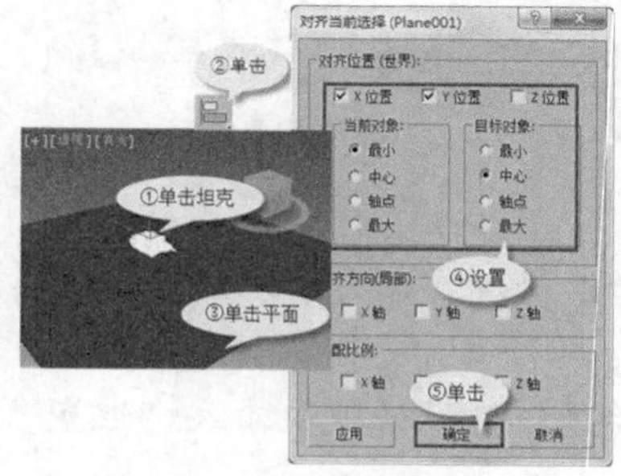

图1-65　对齐模型

图1-66　调整模型位置

(6) 按住 Shift 键，在变换坐标架的 x 轴上按下鼠标左键并向右拖动，释放鼠标左键，弹出【克隆选项】对话框，设置【副本数】为“8”，如图 1-67 所示，单击 确定 按钮，完成克隆操作，如图 1-68 所示。

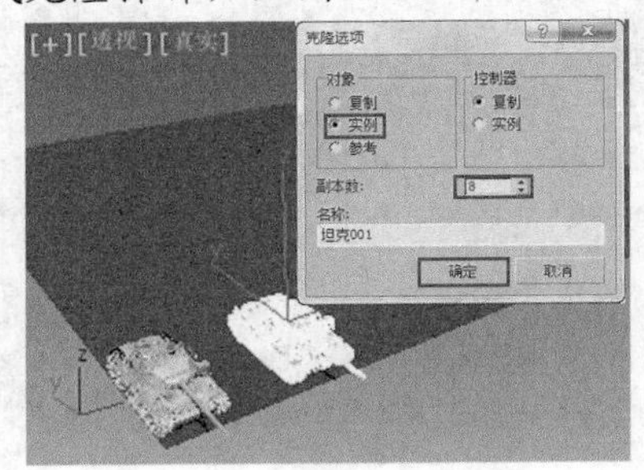

图1-67　设置克隆参数

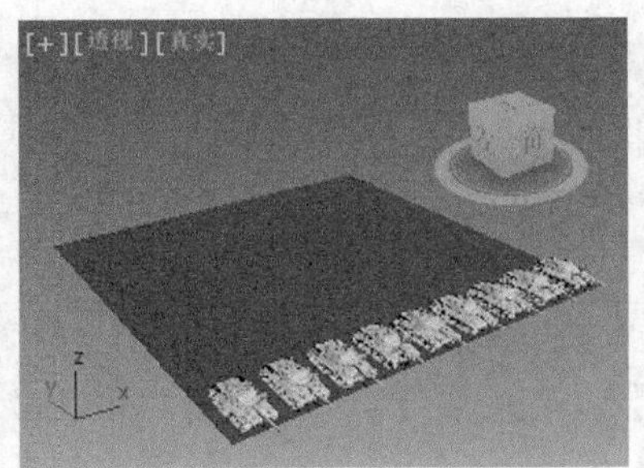

图1-68　克隆结果

(7) 按住 Ctrl+A 组合键选择场景中所有的坦克和平面，按 Alt 键的同时单击平面，取消对平面的选择，这样就选择了所有坦克；先按 Shift 键再在 y 轴上拖曳，在弹出的【克隆选项】对话框中设置【副本数】为“4”，如图 1-69 所示，结果如图 1-70 所示。

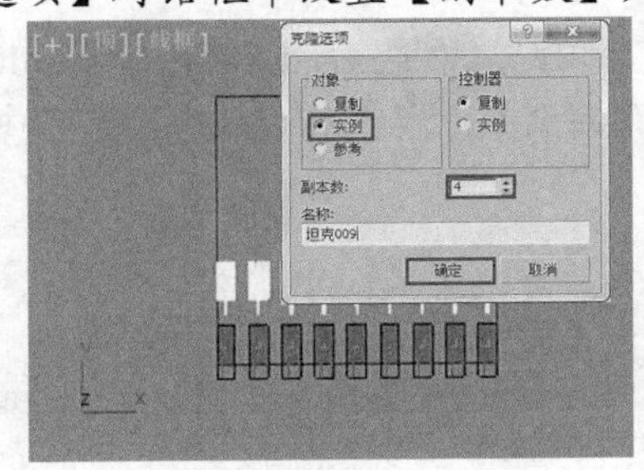

图1-69　设置克隆参数

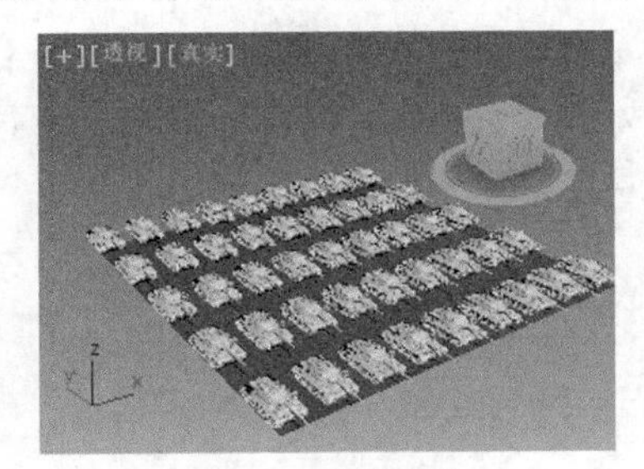

图1-70　克隆结果

4. 导入战斗机模型。

(1) 单击按钮，选择【导入】/【合并】命令，选择素材文件“第 1 章\素材\阅兵场景\战斗机.max”，在弹出的【合并-战斗机.max】对话框中双击列表中的“战斗机”完成导入。

(2) 若看不到飞机在哪里，可以利用右下角的【最大化显示选定对象】按钮来迅速找到飞机（新导入的模型一开始都是选中状态的），然后仿照前面的操作，对导入的模型进行适当放大（注意模型之间的比例），最后将其移到坦克上方，如图 1-71 所示。

(3) 在工具栏中单击按钮和按钮，在黄色圆上按下鼠标左键并拖曳，将战斗机模型旋转 180°，如图 1-72 所示。

图1-71　导入战斗机模型

图1-72　旋转战斗机模型

(4) 在顶视图中按住 Shift 键，再克隆 5 架战斗机，然后移动战斗机模型形成阵列，效果如图 1-73 所示。

(5) 在界面右下角单击按钮，然后在透视视口中调整视角，如图 1-74 所示。

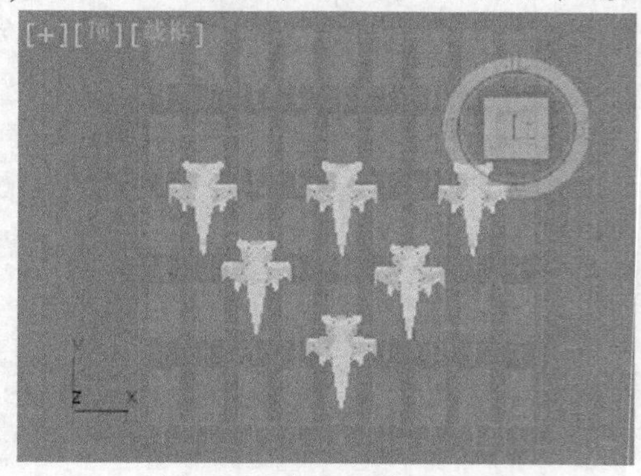

图1-73 复制并调整模型位置

图1-74 调整视角

5. 渲染并保存结果。

(1) 按 8 键打开【环境和效果】对话框，单击分组框中的【颜色】色块，设置背景色为“白色”，如图 1-75 所示。单击按钮，完成背景色的设置。

(2) 单击工具栏中的按钮，在【渲染预设】下拉列表中选择【3dsmax.scanline.no.advanced.lighting.high】选项，在弹出的【选择预设类别】对话框中单击 加载 按钮，如图 1-76 所示。

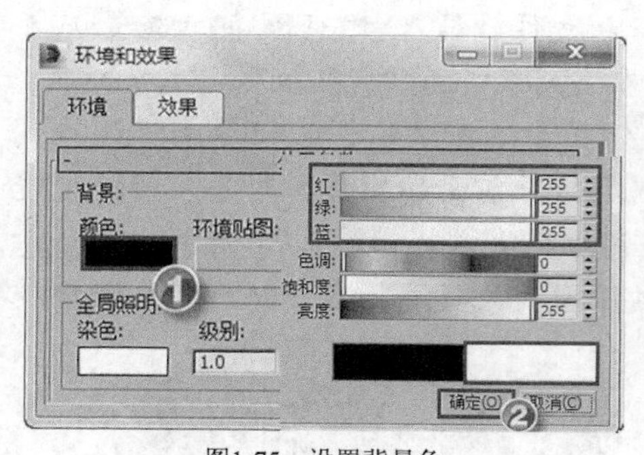

图1-75 设置背景色

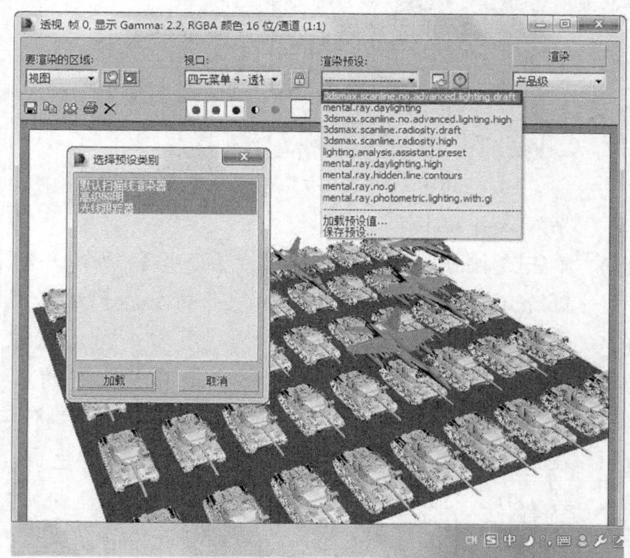

图1-76 渲染设置

(3) 单击右上角的 渲染 按钮渲染场景，结果如图 1-77 所示。

要点提示 在渲染之前需要将场景文件进行保存，然后将素材文件夹“第 1 章\素材\阅兵场景”下的“maps”文件夹复制到文件的保存目录，否则软件会提示找不到贴图文件。

(4) 单击渲染设置界面的按钮，在弹出的【保存图像】对话框中选择图像保存的路径，设置【保存类型】并输入文件名，如图 1-78 所示。单击 保存(S) 按钮，弹出【JPEG 图像控制】对话框，单击 确定 按钮完成图像的保存。

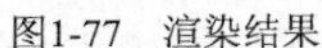
图1-77　渲染结果

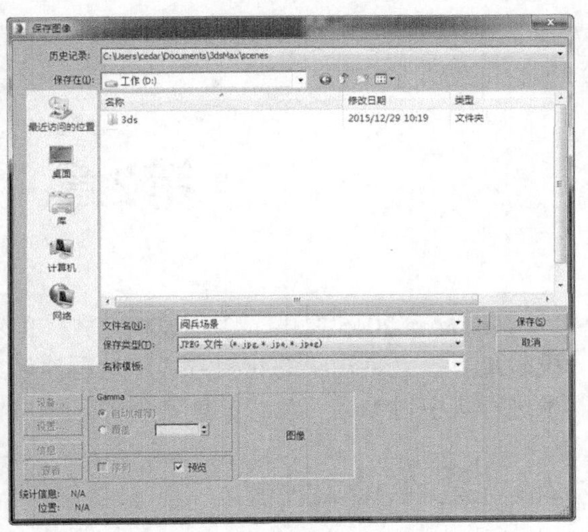

图1-78　保存设置

1.3 思考题

1. 简要说明三维动画的特点和应用。
2. 3ds Max 2015 的设计环境主要由哪些要素构成？
3. 3ds Max 2015 的默认视口配置主要由哪四类视口组成？
4. 如何对选定对象进行复制操作？
5. 如何一次选中场景中的多个对象？

第2章　三维建模

3ds Max 2015 提供了 3 种建模方式，即三维建模、二维建模和高级建模。其中，三维建模是最直接且最初级的建模方式，这种建模方式比较简单，容易操作。本章针对三维建模技术进行集中讨论，并总结一些常用的三维建模技术。

2.1　基本体建模

所谓基本体建模，就是利用 3ds Max 2015 软件提供的基本几何体搭建造型，从而制作出各种模型，如图 2-1 所示。

图2-1　基本体建模

2.1.1　知识讲解——认识基本体

3ds Max 2015 提供了 10 种标准基本体，如图 2-2 所示。这些标准基本体是生活中最常见的几何体，可以用来构建模型的许多基础结构。

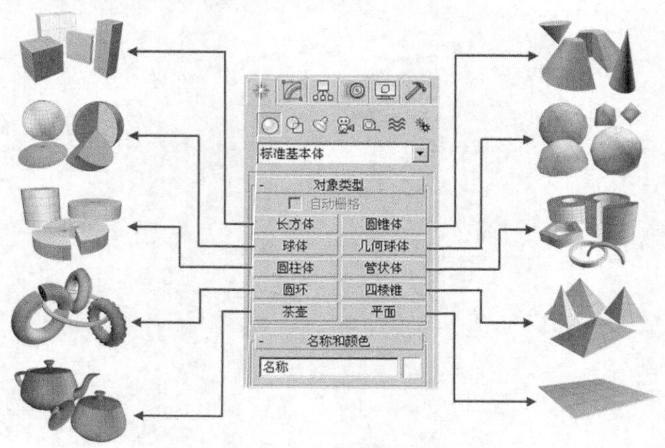

图2-2　标准基本体

一、　创建长方体

长方体是建模过程中使用最频繁的形体，既可以将多个长方体组合起来搭建成各种组合体，也可以将长方体转换为网格物体进行细分建模。

(1)　创建长方体的基本步骤。

创建长方体的一般步骤如图 2-3 所示。

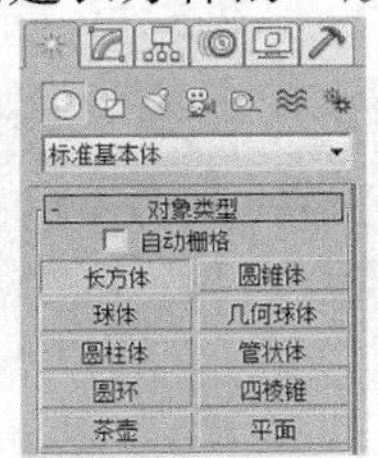

① 在【创建】面板中选取长方体建模工具

② 在适当的视口中单击或拖动鼠标以创建近似大小和位置的长方体

③ 调整长方体的参数和位置

图2-3　创建长方体的一般步骤

要点提示　创建长方体时，首先按住鼠标左键并拖曳绘出其底面大小，随后释放鼠标左键，继续拖动鼠标决定长方体的高度，确定长方体高度后单击鼠标左键。绘制底面时如果按住 Ctrl 键，则绘制的底面的长宽相等，为正方形。

(2)　长方体的基本参数。

长方体的参数面板如图 2-4 所示，各选项的功能介绍如表 2-1 所示。

表 2-1　**长方体常用参数和功能**

参数		功能	示例
名称和颜色		☆　为对象命名，在【名称和颜色】卷展栏的文本框中输入对象名称即可 ☆　单击文本框右侧的色块图标，从弹出的【对象颜色】面板中为对象设置颜色，如图 2-5 所示	
创建方法		☆　选择【立方体】选项时，可以创建长、宽和高均相等的立方体 ☆　选择【长方体】选项时，可以创建长、宽和高均相不等的长方体	
键盘输入		☆　通过键盘输入可以在指定位置创建指定大小的模型，实现精确建模 ☆　首先在【键盘输入】卷展栏中输入长方体底面中心坐标（x,y,z） ☆　然后输入长方体的长度、宽度和高度 ☆　最后单击 创建 按钮即可创建长方体	
参数	长度、宽度、高度	☆　分别确定长方体的长、宽和高	
	长度分段、宽度分段、高度分段	☆　确定长方体在长、宽和高 3 个方向上的片段数 ☆　表现在模型上就是每个方向的网格线数量 ☆　当视口为“线框”或“边面”显示方式时，分段数会以白色网格线显示	

续表

参数		功能	示例
参数	生成贴图坐标	☆ 建模后自动生成贴图坐标 ☆ 该选项默认状态下通常被选中，以方便地对模型进行贴图操作	
	真实世界贴图大小	☆ 若不选中此项，则贴图大小由模型的相对尺寸决定，对象较大时，贴图也较大 ☆ 选择此项，贴图大小由对象的绝对尺寸决定	

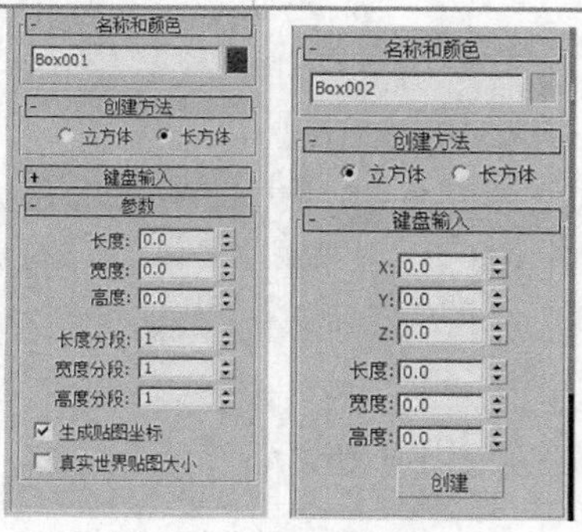

图2-4 长方体的参数面板

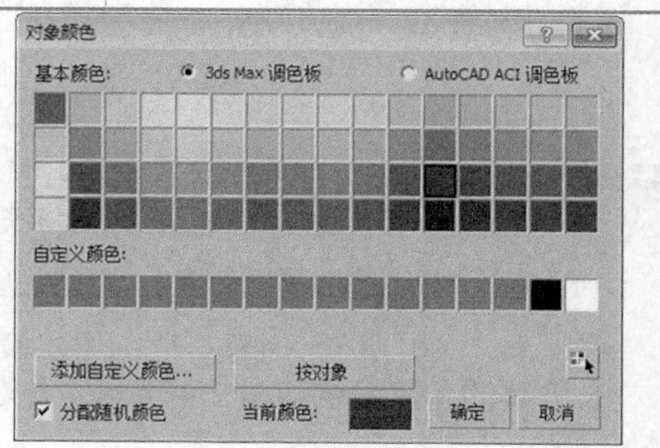

图2-5 【对象颜色】面板

(3) 技巧提示。

使用长方体建模时，要注意以下基本技巧。

- 使用基本体建模时，应该养成为每一个新建的基本体进行命名的好习惯，以方便以后选择和查找对象。
- 为了区分不同的对象，可以分别为其设置不同的颜色，但是这里设置的颜色并不能生成逼真的视觉效果，需要借助材质和灯光设置。
- 设置分段参数是为了便于对模型进行修改，特别是使模型产生形状改变，分段数越多，模型变形后的形状过渡越平滑，其对比如图 2-6 和图 2-7 所示。
- 模型分段数越多，占用的系统资源也越大，因此在设计时不要盲目追求模型的精致而设置过高的分段数。

图2-6 分段数为 3

图2-7 分段数为 20

二、 创建圆柱体

使用圆柱体工具除了能创建圆柱体外，还能创建棱柱体、局部的圆柱或棱柱体等，将高度设置为 0 时还可以创建圆形或扇形平面。

(1) 创建圆柱体的基本步骤。

创建圆柱体的一般步骤如图 2-8 所示。

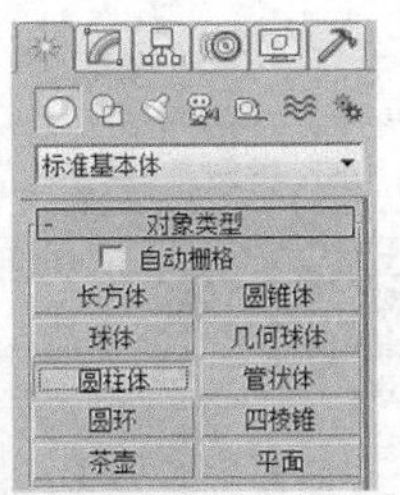

① 在命令面板中选取圆柱体建模工具

② 在适当的视口中单击或拖动鼠标以创建近似大小和位置的圆柱体

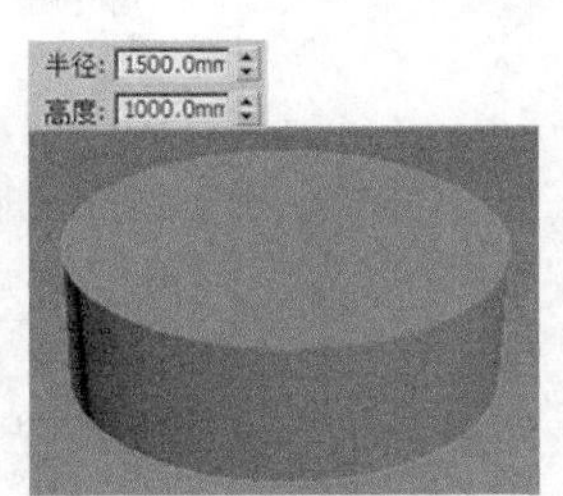

③ 调整圆柱体的参数和位置

图2-8　创建圆柱体的一般步骤

要点提示 创建圆柱体时，首先按住鼠标左键并拖曳，以确定圆柱体底面大小，随后释放鼠标左键，继续拖动鼠标决定圆柱体的高度，确定后单击鼠标左键。

(2)　圆柱体的基本参数。

圆柱体的参数面板如图 2-9 所示，各选项的功能介绍如表 2-2 所示。

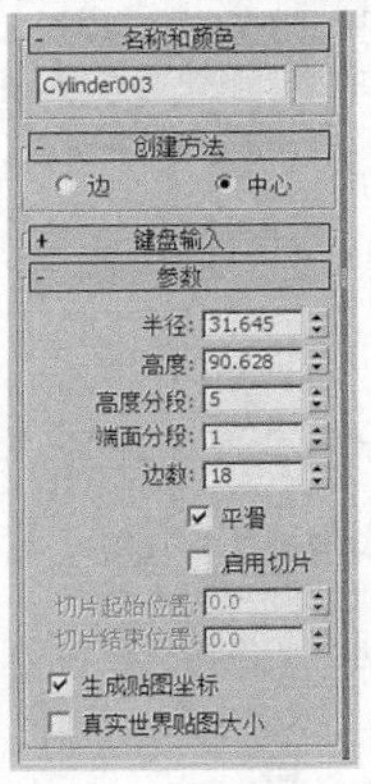

图2-9　圆柱体的参数面板

表 2-2　**圆柱体常用参数和功能**

参数		功能	示例
创建方法		☆　选择【边】单选项时，绘制底面时首先单击的点位于圆周上 ☆　选择【中心】单选项时，绘制底面时首先单击的点位于圆心处 ☆　在右图中，从坐标原点处按住鼠标左键并拖曳创建圆柱体，可以看到两个选项对应的圆柱体的位置有明显差异	
键盘输入		☆　依次输入圆柱底面中心坐标、半径和高度来创建圆柱	
参数	半径、高度	☆　确定圆柱的底圆半径和高度	
	高度分段、端面分段	☆　确定高度和端面两个方向的分段数 ☆　端面分段为一组同心圆，与高度分段在底面上形成类似蛛网的结构	

续表

参数		功能	示例
参数	边数	☆ 圆柱体的底圆并不是绝对的圆形，而是由一定边数的正多边形逼近的 ☆ 边数越多，与理想圆柱之间的误差就越小 ☆ 将【边数】设置为“3”时为三棱柱，将【边数】设置为“4”时为立方体	
	平滑	☆ 由于底圆是由正多边形逼近的，因此圆柱体上有明显的棱边 ☆ 为了消除这种视觉影响，可以对棱边采用“平滑”处理，使圆柱各表面过渡更平顺	
	启用切片、切片起始位置、切片结束位置	☆ 用来创建局部圆柱体（不完整圆柱体） ☆ 首先选中【启动切片】复选项，然后设置切片起始位置（角度值，顺时针为负值，逆时针为正值）和切片结束位置	

三、 创建其他基本体

下面简要介绍其他几类基本体的创建要领。

(1) 创建圆锥体。

使用“圆锥体”工具可以创建正立或倒立的圆锥或圆台，如图 2-10 所示，其参数面板如图 2-11 所示。

图2-10 各类圆锥体

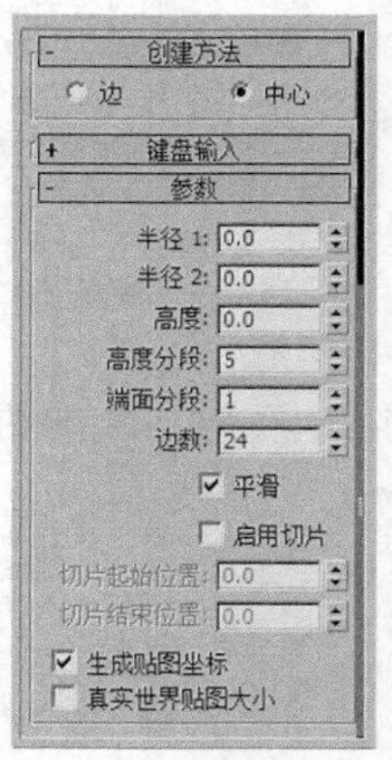

图2-11 圆锥体参数

在【参数】卷展栏中，圆锥体的主要参数如下。

- 【半径 1】：圆锥体底圆半径，其值不能为 0。
- 【半径 2】：圆锥体顶圆半径，其值为 0 时创建圆锥；为非零值时创建圆台。

如要创建倒立的圆锥或圆台，则在【高度】参数中输入负值。

要点提示　手动创建圆锥时，首先按住鼠标左键并拖曳鼠标确定底圆半径，然后松开鼠标左键确定圆锥高度，随后单击鼠标左键并拖动鼠标确定顶圆半径，完成后单击鼠标左键。

(2) 创建球体。

使用“球体”工具可以制作面状或平滑的球体，也可以制作局部球体（如半球体），如图 2-12 所示，其参数面板如图 2-13 所示。球体的主要参数如表 2-3 所示。

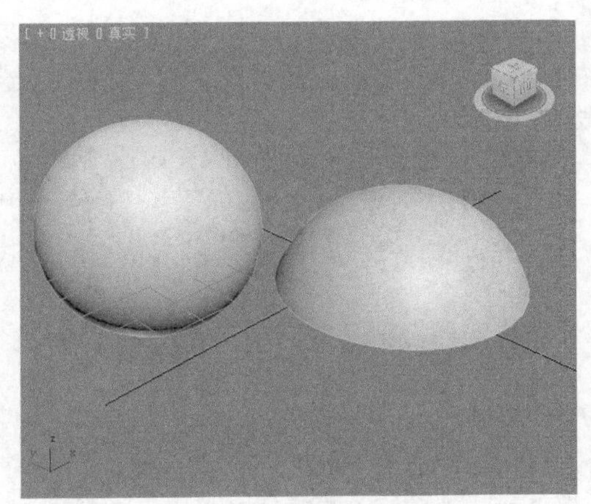

图2-12　各类球体

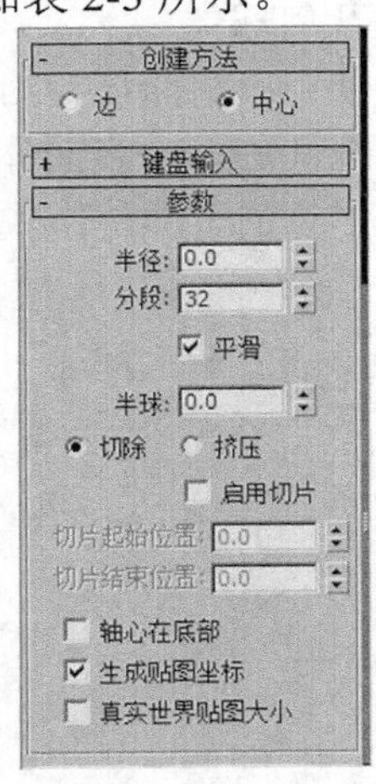

图2-13　球体参数

表 2-3　　球体主要参数和功能

参数	功能	示例
分段	☆ 分段表现在球体上为一定数量的经圆和纬圆 ☆ 球体的最小分段数为 4 ☆ 分段数较少时，球体显示为多面体 ☆ 分段数增加时则逐渐逼近理想的球体	分段为4　分段为6　分段为8　分段为30
半球	☆ 【半球】参数用于创建不完整球体 ☆ 其值越大，球体缺失的部分越多	半球为0.7　半球为0.5　半球为0.3　半球为0.0
切除、挤压	☆ 选中【切除】单选项，多余的球体会被直接切除 ☆ 选中【挤压】单选项，整个球体挤压为半球，可以看到球体上的网格线密度增加	切除　挤压

续表

参数	功能	示例
轴心在底部	☆ 未选中【轴心在底部】复选项时，按住鼠标左键并拖曳鼠标来绘制球体，首先单击的点用来确定球的中心 ☆ 选中【轴心在底部】复选项时，首先单击的点用来确定球的下底点	轴心在中心 轴心在底部

(3) 创建几何球体。

几何球体使用三角面拼接的方式来创建球体，在进行面的分离特效（如爆炸）时，可以分解为无序而混乱的多个多面体，其参数如图 2-14 所示。在【基点面类型】分组框中可选取由哪种规则形状的多面体组成几何球体，如图 2-15 所示。

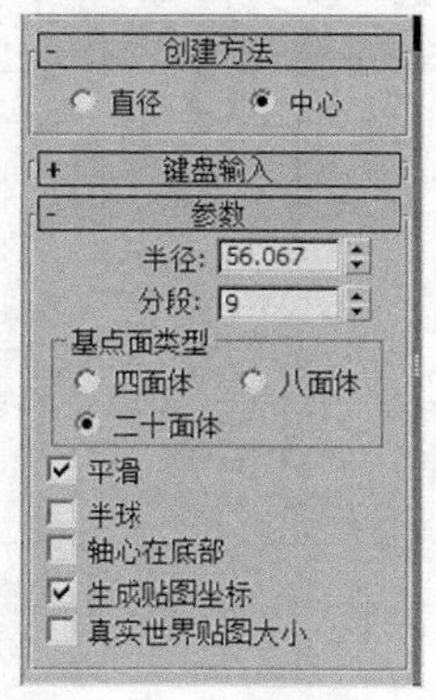

图2-14 几何球体参数

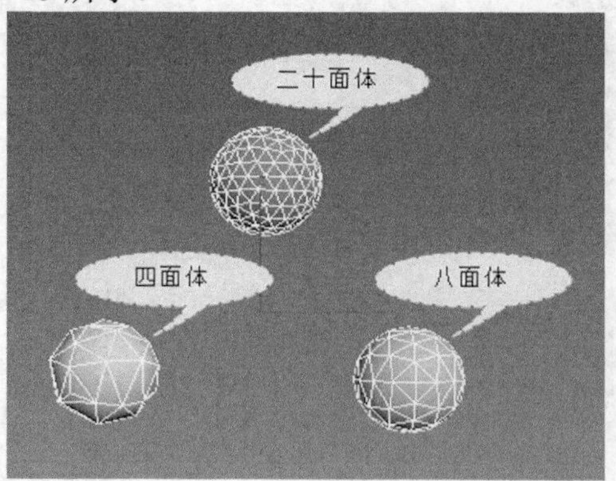

图2-15 不同基点面类型的球体

(4) 创建管状体。

利用 管状体 工具可生成圆形或棱柱形的中空圆柱体，其参数如图 2-16 所示。【半径 1】为圆管的内径，【半径 2】为圆管的外径，将【边数】设置为不同值时管道的形状不同，如图 2-17 所示。

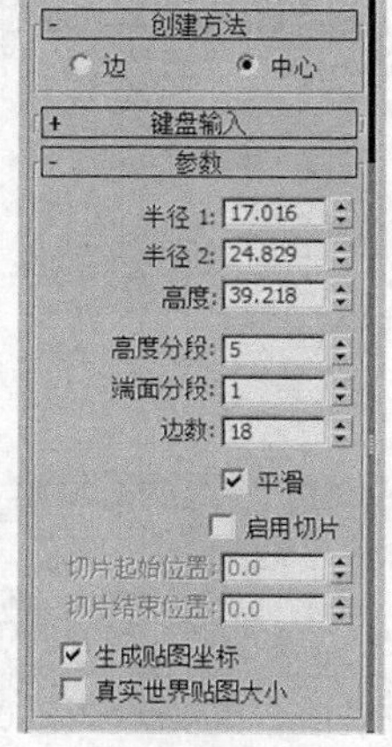

图2-16 管状体参数

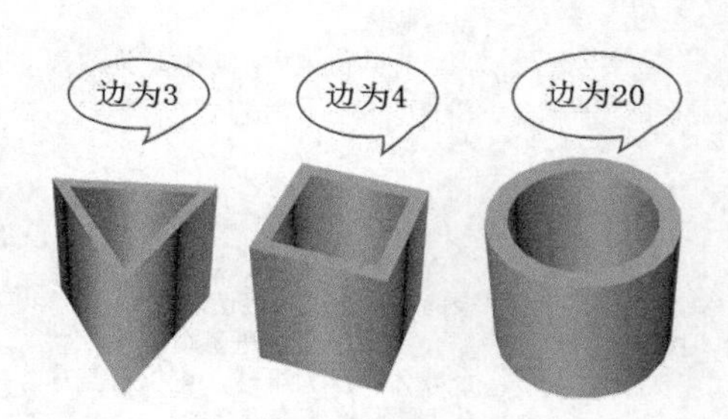

图2-17 不同边数的管状体

(5) 创建圆环。

利用 圆环 工具可以创建圆环或具有圆形横截面的环，其参数如图 2-18 所示。其中【半径 1】和【半径 2】分别为圆环外圆半径和内圆半径。在【平滑】分组框中有 4 种圆环面平滑方式，其效果对比如图 2-19 所示。

- 【全部】：在圆环整个曲面上生成完整平滑的效果。
- 【侧面】：平滑相邻分段之间的边线，生成围绕圆环的平滑带。
- 【无】：无平滑效果，在圆环上形成锥面形状。
- 【分段】：分别平滑每个分段。

图2-18　圆环参数

图2-19　不同平滑效果的圆环

(6) 创建四棱锥。

四棱锥具有方形或矩形底面和三角形侧面，外形与金字塔类似，其外形和参数如图 2-20 所示。其中【宽度】和【深度】分别表示底面的宽和长。

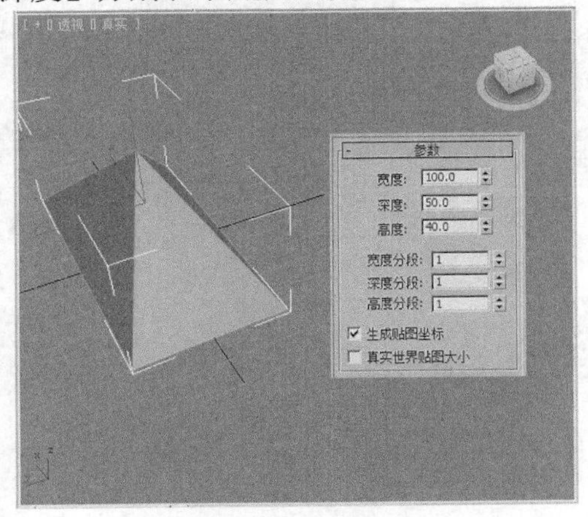

图2-20　四棱柱及其参数

(7) 创建茶壶。

利用 茶壶 工具可以创建茶壶体。茶壶包括 4 个部件，在【茶壶部件】分组框中可以选择创建其中某一个或几个部件，如图 2-21 所示。

(8) 创建平面。

利用 平面 工具可以创建没有厚度的平面。在【渲染倍增】分组框中的【缩放】文本框中可以设置长度和宽度在渲染时的倍增因子；在【密度】文本框中可以设置长度和宽度分段数在渲染时的倍增因子，如图 2-22 所示。

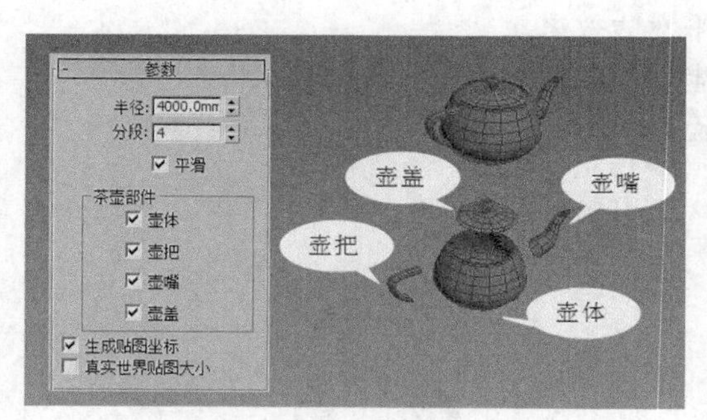

图2-21　不同平滑效果的圆环

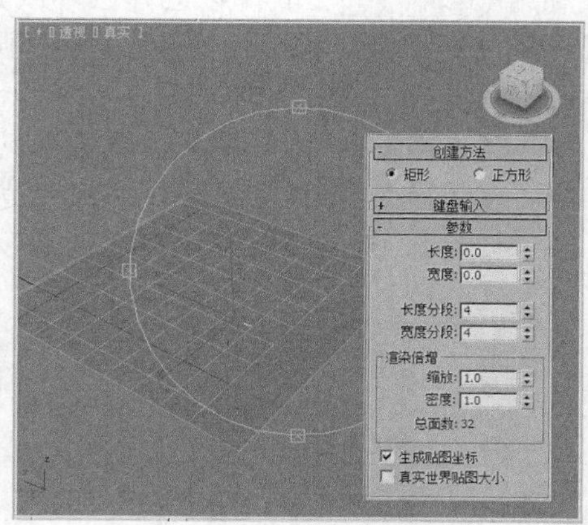

图2-22　四棱柱及其参数

四、 创建扩展基本体

3ds Max 2015 提供了 13 种扩展基本体，如图 2-23 所示。扩展基本体的创建方法与标准基本体的创建方法类似，其设计参数更加丰富，设计灵活性更大。

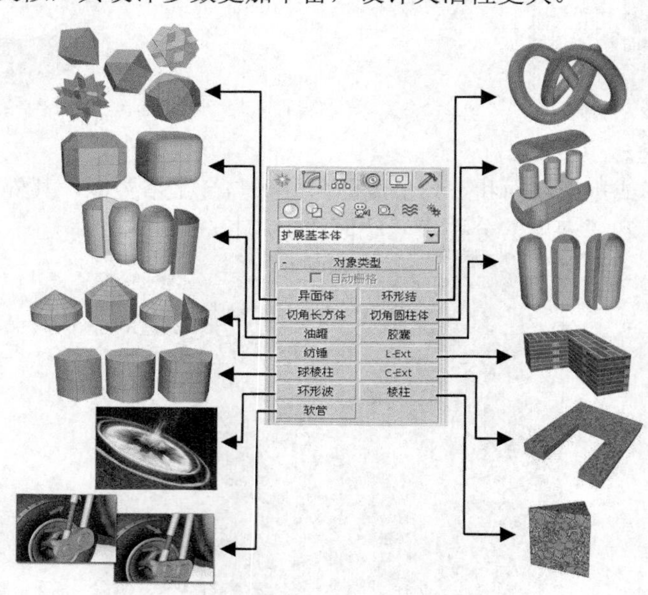

图2-23　扩展基本体

(1) 创建异面体。

利用 异面体 工具可以创建各种具有奇异表面组成的多面体，通过参数调节，制作出各种复杂造型的物体。其参数如图 2-24 所示。

- 【系列】：在该分组框中可以创建 5 种基本形体，如图 2-25 所示。

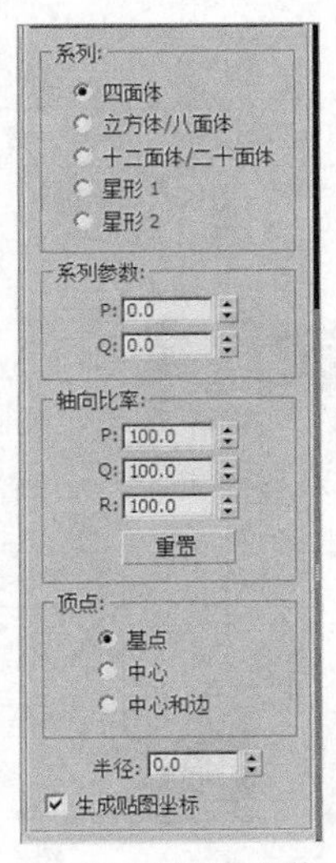

图2-24　异面体参数

图2-25　各种异面体

- 【系列参数】：在该分组框中可以为多面体顶点和各面之间提供 P、Q 两个关联参数，用来改变其几何形状。
- 【轴向比率】：包括 P、Q 和 R 3 个比例系统，控制 3 个方向的轴向尺寸大小。
- 【顶点】：可以使用基点、中心及中心和边 3 种方式来确定顶点的位置。
- 【半径】：确定异面体的主体尺寸大小。

(2)　创建切角长方体。

切角长方体用于直接创建带有圆形倒角的长方体，省去了后续“倒角”操作的麻烦，用于创建棱角平滑的物体，其参数如图 2-26 所示。

建模时，首先按照长、宽和高创建出长方体的轮廓，然后拖曳鼠标确定圆形倒角的半径大小，不同参数的圆角效果如图 2-27 所示。

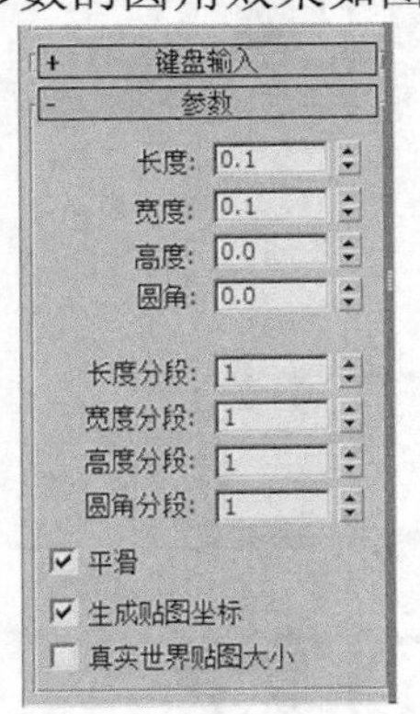

图2-26　切角长方体参数

图2-27　各种切角长方体

切角圆柱体的创建方法与用法与切角长方体类似。

五、 创建建筑对象

建筑对象主要包括“AEC 扩展”对象（包含植物、栏杆和墙）、楼梯、门及窗等。

(1)　建筑对象的种类。

常用建筑对象的类型及其用途如表 2-4 所示。

表 2-4　　AEC 扩展、楼梯、门、窗

AEC 扩展

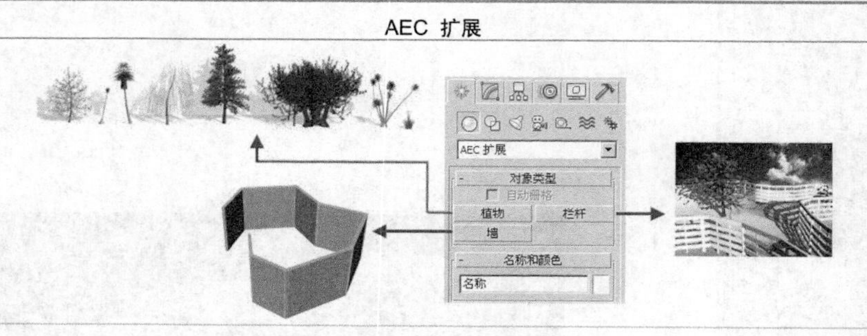

楼梯

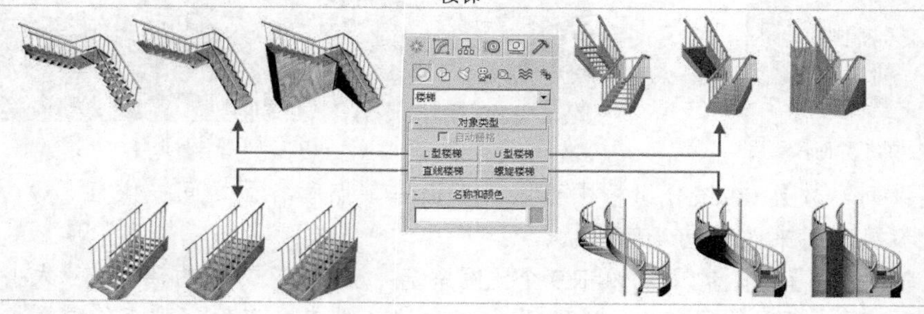

门

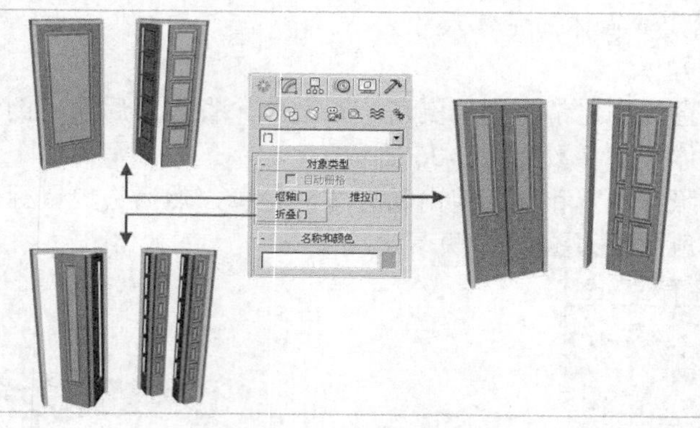

窗

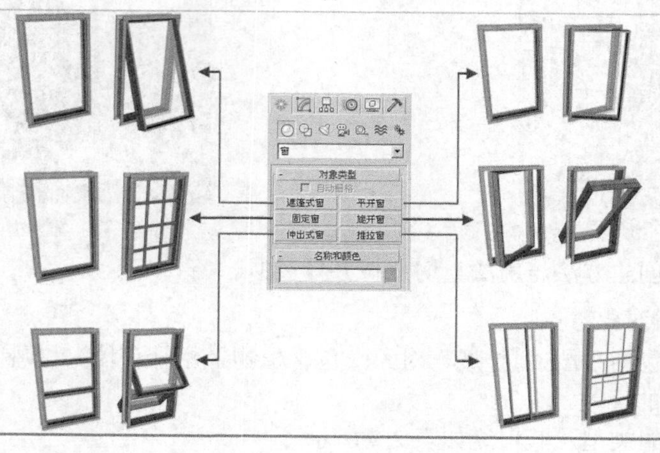

(2) 建筑对象的创建方法。

建筑对象的创建方法与前面两种基本体的创建方法类似，但建筑对象创建完成后大多需要进入【修改】面板对其参数进行修改才能很好地使用。

图 2-28 所示为创建的一个“枢轴门”，在修改参数之前很难辨认出它具体是何种对象，通过进行图 2-29 所示的修改后才能成为可用的“枢轴门”对象。

图2-28　创建枢轴门

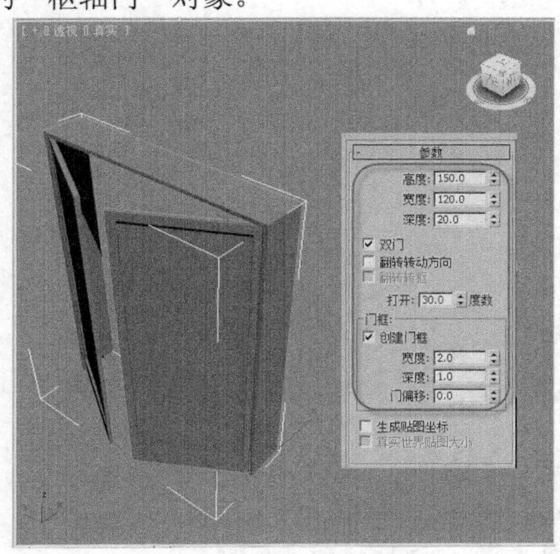

图2-29　设置参数

2.1.2　学以致用——制作“便捷自行车”

本例将使用【标准基本体】和【扩展基本体】与阵列、镜像等工具创建自行车车轮，然后导入其他部件组装自行车，结果如图 2-30 所示。

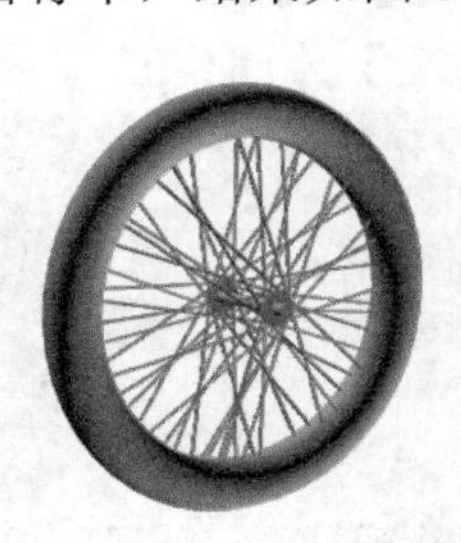

图2-30　创建自行车

【操作步骤】

1. 制作车轮。

(1) 设置单位。

① 执行【自定义】/【单位设置】命令打开【单位设置】对话框。

② 在【显示单位比例】分组框中选中【公制】单选按钮，然后单击 确定 按钮。

(2) 创建圆环体，如图 2-31 所示。

① 单击按钮切换到【创建】面板。

② 单击按钮切换到【标准基本体】面板。

③ 单击 圆环 按钮。

④　在前视图上拖动鼠标创建一个圆环。

(3)　设置圆环体参数，如图 2-32 所示。

①　选中场景中的圆环，单击按钮切换到【修改】面板。

②　在【参数】卷展栏中设置【半径 1】为“210”，【半径 2】为“30”，【分段】为“48”，【边数】为“7”。

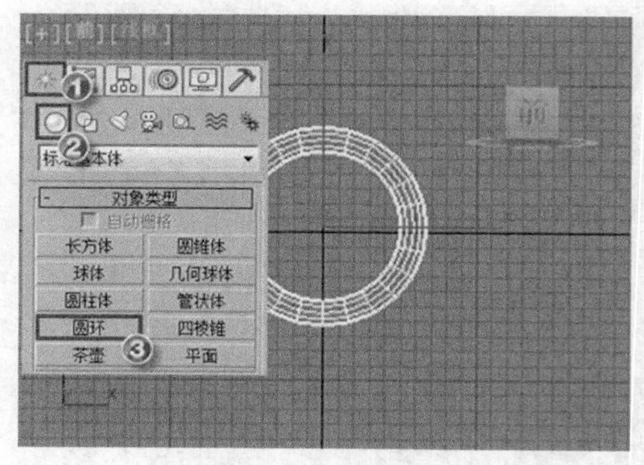

图2-31　创建圆环体

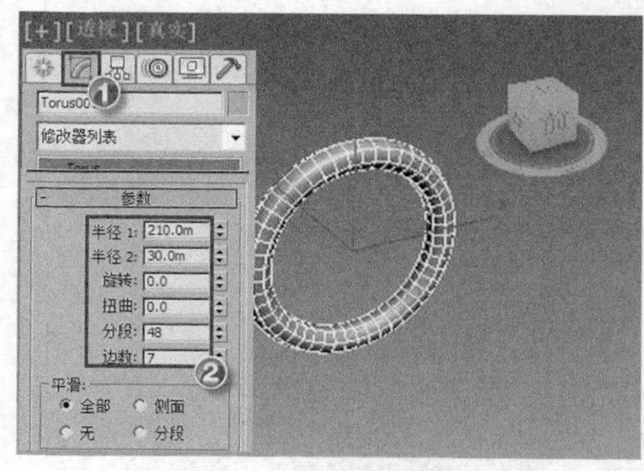

图2-32　设置圆环体参数

2.　制作车轮轴。

(1)　创建圆柱体，如图 2-33 所示。

①　单击按钮切换到【创建】面板。

②　单击按钮切换到【标准基本体】面板。

③　单击 圆柱体 按钮。

④　在前视图上拖动鼠标创建一个圆柱体。

(2)　设置圆柱体参数，如图 2-34 所示。

①　选中场景中的圆柱体，单击按钮切换到【修改】面板。

②　在【参数】卷展栏中设置【半径】为“7”，【高度】为“140”。

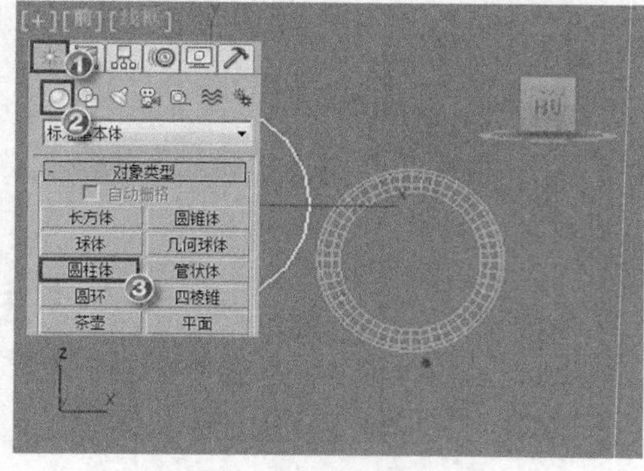

图2-33　创建圆环体

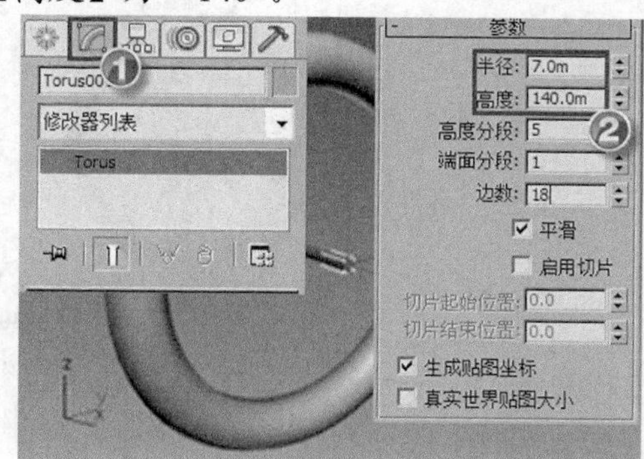

图2-34　设置圆环体参数

(3)　对齐车轮与轴，如图 2-35 所示。

①　选中场景中的“轴”对象，在【工具栏】中单击按钮。

②　单击拾取场景的圆环，弹出【对齐当前选择】对话框。

③　在【对齐位置(世界)】分组框中勾选【X 位置】、【Y 位置】和【Z 位置】复选项。

④　在【当前对象】和【目标对象】分组框中选择【中心】单选项，然后单击 确定 按钮，将轴中心与圆环中心在 x、y、z 这 3 个方向上对齐。

(4)　创建圆盘，如图 2-36 所示。

①　继续在前视图中创建一个圆柱体。

②　在【修改】面板的【参数】卷展栏中设置【半径】为“20”，【高度】为“2”。

③　将新建的圆柱体与上一步创建的车轮轴中心对齐。

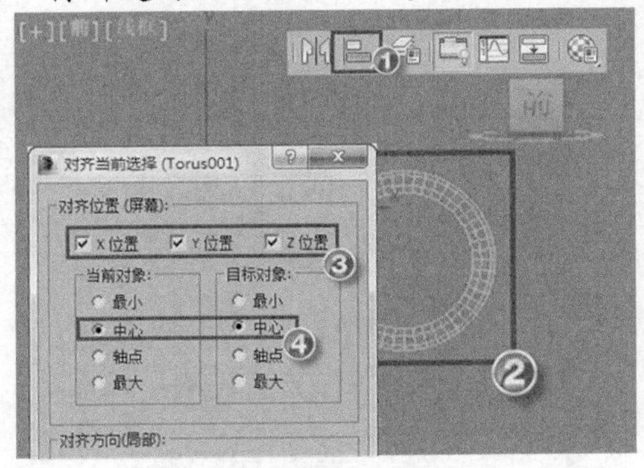

图2-35　对齐车轮与轴

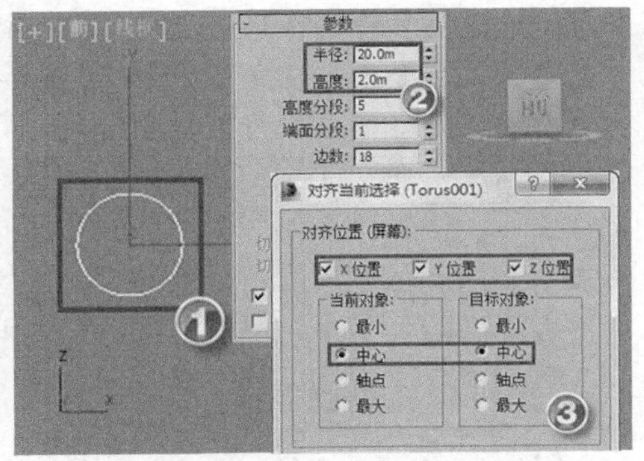

图2-36　创建圆盘

(5)　设置圆盘的位置，如图 2-37 所示。

①　单击【工具栏】中的按钮。

②　单击选上一步创建的“圆盘”物体，在透视图中沿 y 轴方向移动，使其与车轴的顶端保持一小段距离。

(6)　复制对象。

①　选中“圆盘”，按住 Shift 键沿 y 轴反方向移动对象至另一端。

②　在【克隆选项】对话框的【对象】分组框中选择【复制】单选项，单击 确定 按钮。

3.　制作车轮的辐条。

(1)　创建辐条，如图 2-38 所示。

①　单击【创建】面板中的 圆柱体 按钮，在顶视图中创建一个圆柱体。

②　在【修改】面板的【参数】卷展栏中设置【半径】为“1.5”，【高度】为“200”。

③　在【工具栏】面板上单击按钮。

④　在前视图中选中圆柱体，并移动到轴端“圆盘”轮廓的边缘处。

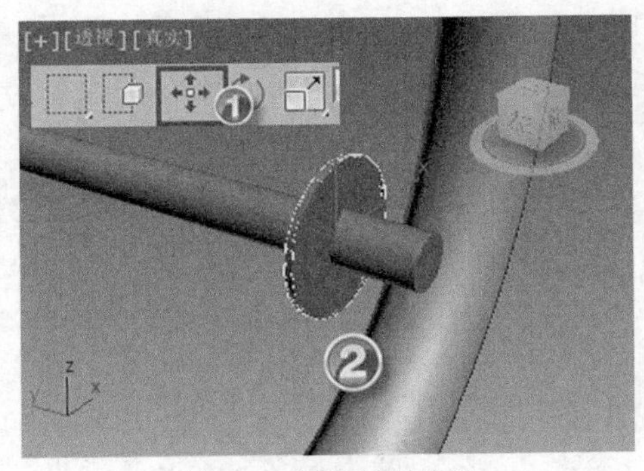

图2-37　设置圆盘的位置

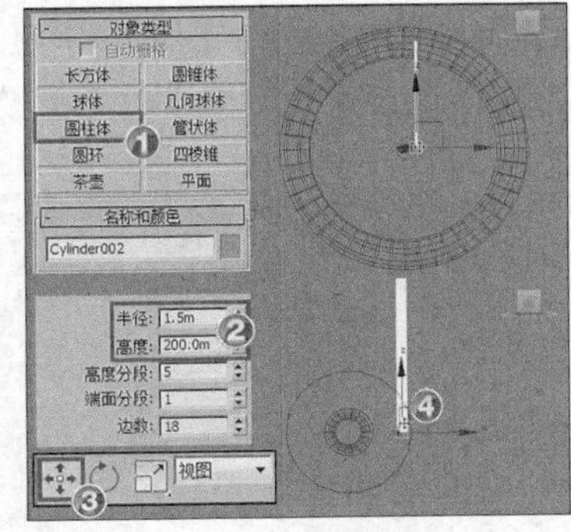

图2-38　创建辐条

(2)　旋转辐条，如图 2-39 所示。

①　选中场景中的辐条，在【工具栏】面板上用鼠标右键单击按钮，打开【旋转变换输入】对话框。

② 设置【绝对:世界】分组框中的【X】为“-15”，【Y】为“-8”，【Z】为“2.5”。

4. 镜像复制辐条。

(1) 设置参考坐标系，如图 2-40 所示。

① 在【工具栏】面板上单击 视图 按钮，在下拉列表中选择【拾取】选项。

② 单击选中场景中的圆环，选取圆环坐标系作为场景的参考坐标系。

③ 在【工具栏】面板上单击按钮并按住鼠标左键不放，然后选择按钮，使所有物体使用圆环的坐标中心为坐标中心。

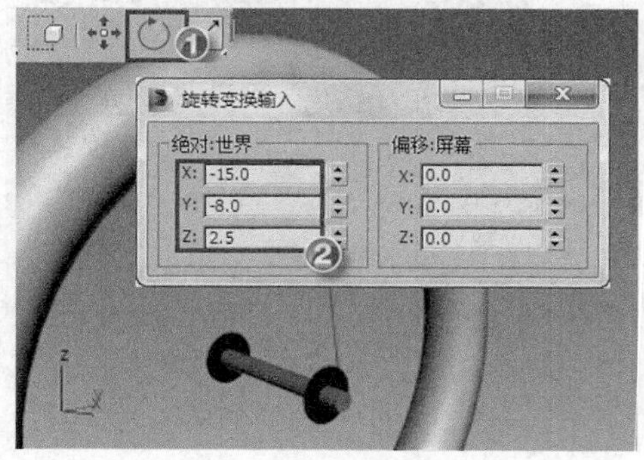

图2-39 旋转辐条

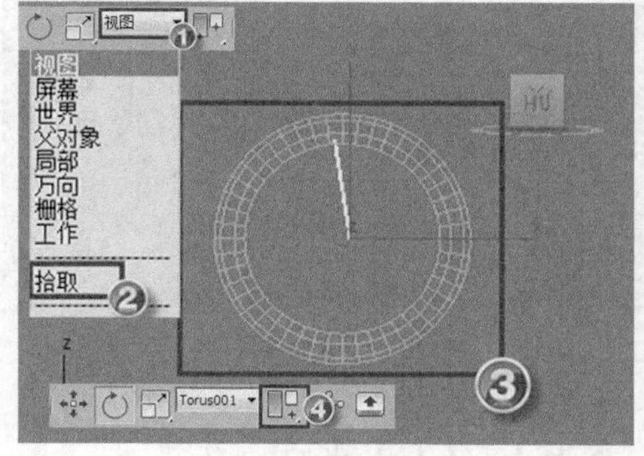

图2-40 设置坐标系

(2) 镜像复制辐条，如图 2-41 所示。

① 选中辐条，在工具栏上单击按钮，弹出【镜像:Torus01 坐标】对话框。

② 在【镜像轴】分组框中选择【X】单选项。

③ 在【克隆当前选择】分组框中选择【复制】单选项，单击 确定 按钮，完成复制。

要点提示 镜像是指使用一个对话框来创建选定对象的镜像克隆或在不创建克隆的情况下镜像对象的方向。镜像过程中是以当前坐标系中心进行镜像的，不同的坐标系会产生不同位置的镜像效果，所以上一步操作中要设置参考坐标系。

(3) 组合辐条，如图 2-42 所示。

① 在【工具栏】面板上单击 Torus01 按钮，然后在下拉列表中选择【视图】选项。

② 按住 Ctrl 键选中场景中的两根辐条。

③ 选择菜单命令【组】/【组】，弹出【组】对话框。

④ 在【组】对话框中设置【组名】为“辐条组”，单击 确定 按钮，将两根辐条组合为一个整体。

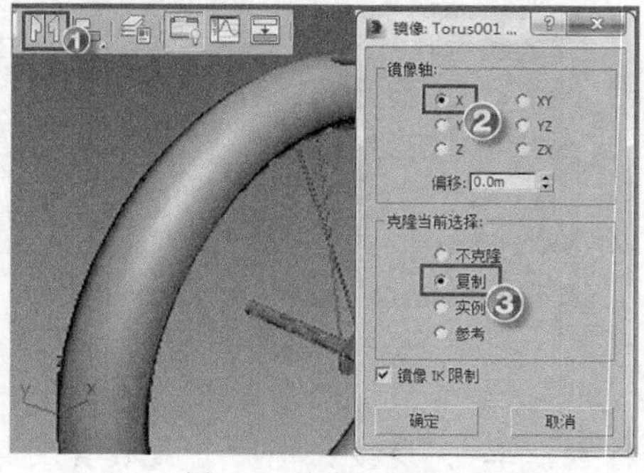

图2-41 镜像复制辐条

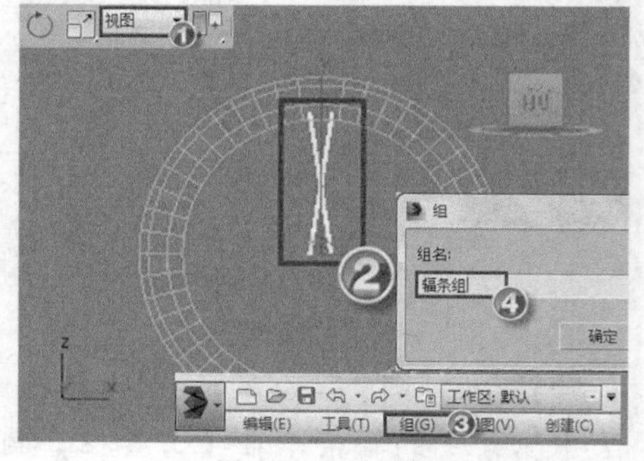

图2-42 组合辐条

要点提示 选中成组后的对象后，选择菜单命令【组】/【解组】，可以将该组解散为独立的对象。

(4) 再次设置参考坐标系。按照步骤 4（1）将圆环的坐标系设置为参考坐标系，设置后的效果如图 2-43 所示。

(5) 阵列复制辐条，如图 2-44 所示。

① 选中场景中的"辐条组"对象，选择菜单命令【工具】/【阵列】，弹出【阵列】对话框。

② 单击【旋转】命令右边的 > 按钮，即可将【输入指令单位】设为【总计】。

③ 在【Z】轴对应的文本框中输入"360"，在【对象类型】分组框中选择【实例】单选项，在【阵列维度】分组框的【1D】文本框中输入"14"，单击 确定 按钮，完成复制。

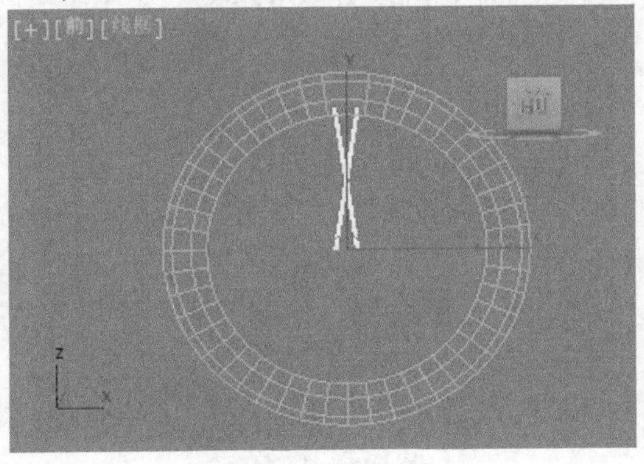

图2-43　设置坐标系

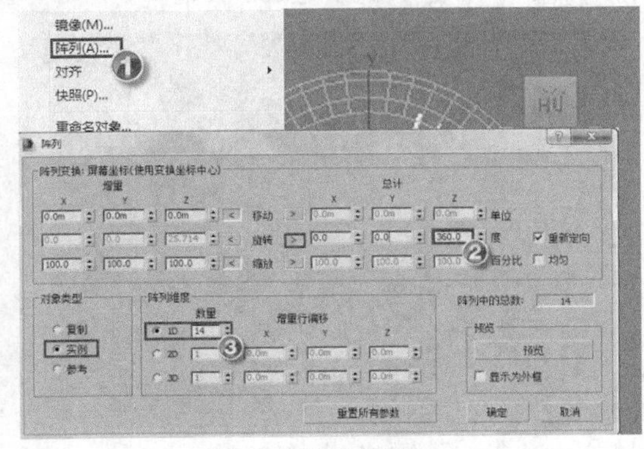

图2-44　阵列复制辐条

要点提示 在参数设置完成后，可单击对话框中右侧的 预览 按钮预览设置效果。

(6) 复制车轮另一侧的辐条，如图 2-45 所示。

① 选中场景中的所有辐条和轴的端面。

② 单击【工具栏】面板上的 按钮，弹出【镜像:Torus01 坐标】对话框。

③ 在【镜像轴】分组框中选择【Z】单选项。

④ 在【克隆当前选择】分组框中选择【复制】单选项，单击 确定 按钮，完成复制。

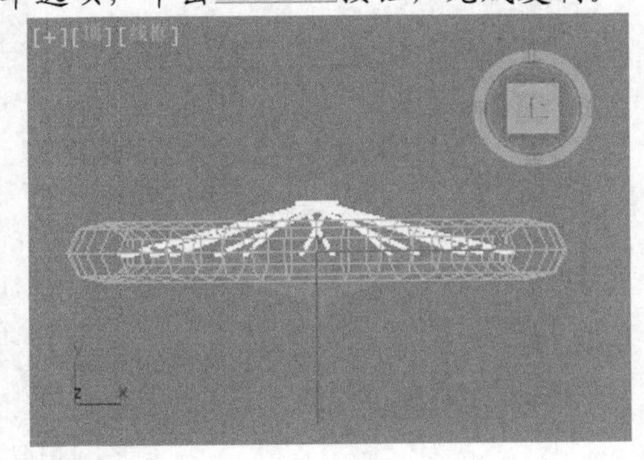

图2-45　复制另一侧的辐条

要点提示 【镜像:Torus01 坐标】对话框名称中的"Torus01"，即为镜像操作中的参考坐标系，通过对名称的观察就能确定选择的参考坐标系是否正确。

(7) 旋转辐条。在顶视图中选中车轮一侧的辐条，单击【工具栏】面板上的 按钮，在前视图中旋转辐条，使车轮两侧的辐条错开，如图 2-46 所示。

要点提示 自行车车轮表面还有一些沟槽等结构，由于篇幅所限，本例就不再对其进行详细设计了，有兴趣的读者可以自己根据所学的知识进行完善。

5. 组合自行车。

(1) 组合所有对象，如图 2-47 所示。

① 按 Ctrl+A 组合键选中所有的对象。

② 选择菜单命令【组】/【组】，弹出【组】对话框。

③ 设置【组名】为“车轮”，单击 确定 按钮，将所有对象组合为一个整体。

图2-46 旋转辐条

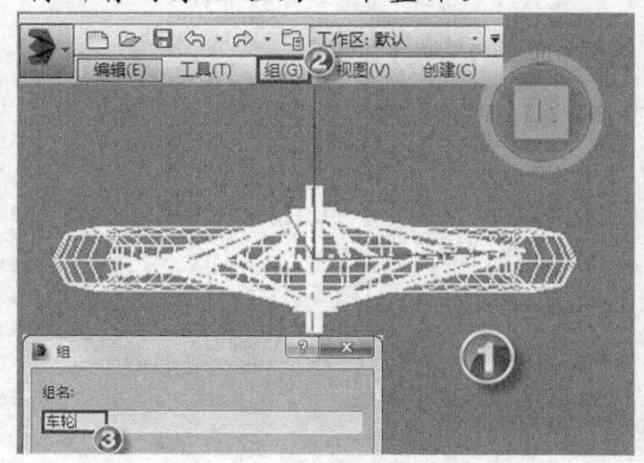

图2-47 组合对象

(2) 导入自行车的其他结构，如图 2-48 所示。

① 在主菜单栏中单击 按钮，在弹出的下拉菜单中选择【导入】/【合并】命令，弹出【合并文件】对话框。

② 选择素材文件“第 2 章\素材\自行车车轮\自行车结构.max”，单击 打开(O) 按钮。

③ 弹出【合并-自行车结构】对话框，选中【自行车结构】，单击 确定 按钮，即可将自行车的其他结构导入场景中。

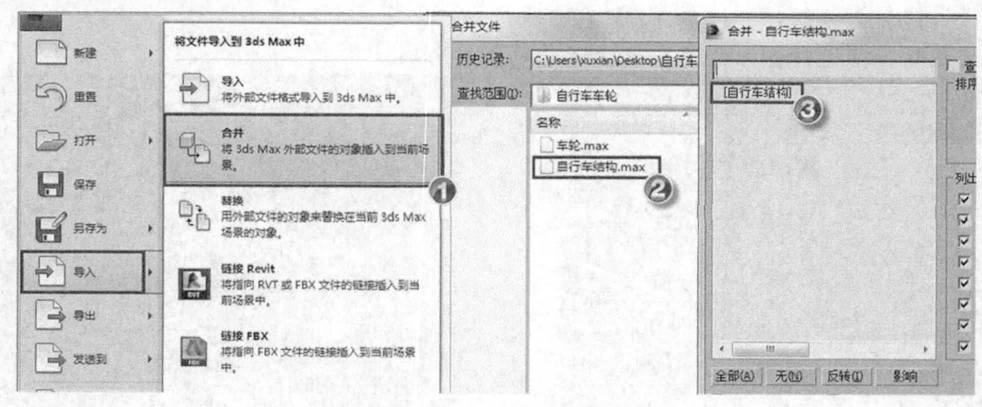

图2-48 导入自行车其他结构

(3) 设置车轮的大小和位置，如图 2-49 所示。

① 选中场景中的车轮，在【工具栏】面板上右键单击 按钮，弹出【缩放变换输入】对话框。

② 设置【绝对:局部】/【X】为“2.50”，【Y】为“2.50”，【Z】为“2.50”。

③ 在【工具栏】面板上单击 Torus01 ，然后在下拉列表中选择【视图】选项。

④ 在【工具栏】面板上右键单击按钮，弹出【移动变换输入】对话框。

⑤ 设置【绝对:世界】/【X】为“0”，【Y】为“-9.85”，【Z】为“-8.95”。

(4) 旋转车轮。

① 选中场景中的车轮，在【工具栏】面板上用鼠标右键单击按钮，打开【旋转变换输入】对话框。

② 设置【绝对:世界】/【Y】为“90”，x 方向和 z 方向不变。

(5) 复制车轮，如图 2-50 所示。

① 在【工具栏】面板上单击按钮，在透视图中按住 Shift 键沿 y 轴移动对象，将弹出【克隆选项】对话框，在【对象】分组框中选择【复制】单选项，并设置【副本数】为“1”，单击 确定 按钮，完成复制。

② 在【工具栏】面板上右键单击按钮，弹出【移动变换输入】对话框。

③ 设置【绝对:世界】/【Y】为“14.25”，【Z】为“-8.954”。

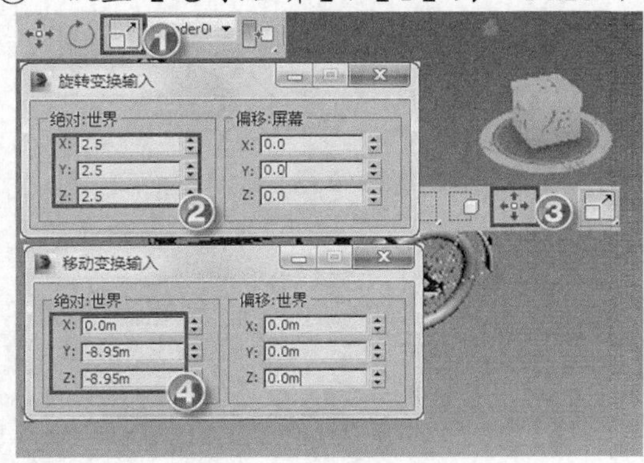

图2-49　设置车轮的大小和位置

图2-50　复制车轮

(6) 按 Ctrl+S 组合键保存场景文件，本例制作完成，参考结果如图 2-30 所示。

2.1.3 举一反三——制作“精美小屋”

本例将使用【标准基本体】、【门】、【窗】及【AEC 扩展】对象来搭建一个精美的小屋，如图 2-51 所示。

图2-51　设计效果

【操作步骤】

1. 设置单位。

(1) 运行 3ds Max 2015，选择菜单命令【自定义】/【单位设置】，弹出【单位设置】对话框，

(2) 设置单位如图 2-52 所示。

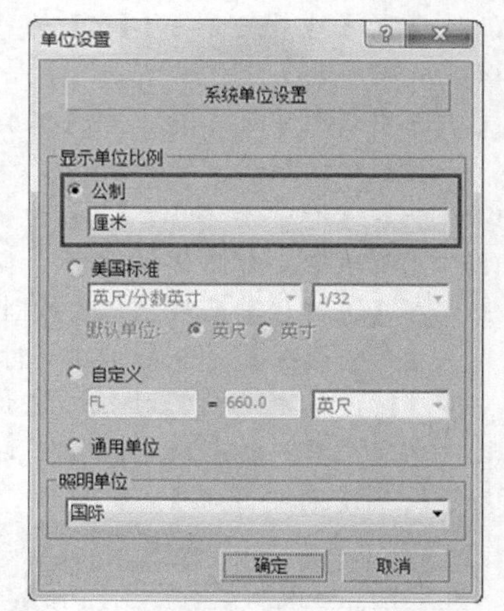

图2-52 设置单位

2. 创建地面和房屋主体结构。

(1) 创建地面，如图 2-53 所示。

① 在【创建】面板中单击 平面 按钮，在顶视图上绘制平面。

② 单击按钮切换到【修改】面板。设置名称为“地面”，为模型设置适当的颜色。

③ 设置平面的长度和宽度。

④ 单击界面右下角的按钮，适当缩放模型。

⑤ 在工具栏中用鼠标右键单击按钮，输入平面中心相对于坐标系的坐标。

(2) 创建屋体，如图 2-54 所示。

① 在【创建】面板中单击 长方体 按钮，在顶视图上绘制长方体。

② 切换到【修改】面板。设置名称为“屋体”，为模型设置适当的颜色。

③ 设置长方体的长、宽和高。

④ 在工具栏中用鼠标右键单击按钮，设置长方体底面中心相对于坐标系的坐标。

图2-53 创建地面

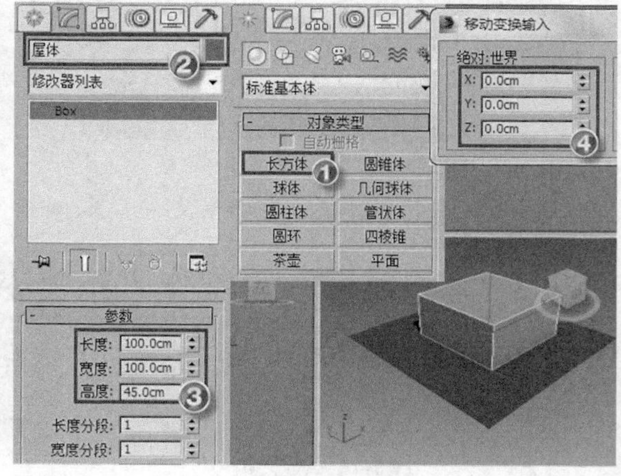

图2-54 创建屋体

(3) 创建屋顶，如图 2-55 所示。

① 在【创建】面板中单击 圆柱体 按钮，按住 Shift 键在前视图中创建圆柱体。

② 在【修改】面板中设置名称为“屋顶”，为模型设置适当的颜色。

③ 设置圆柱体的基本参数。

④ 在工具栏中用鼠标右键单击按钮，设置圆柱中心相对坐标系的相对坐标。

⑤ 在工具栏中用鼠标右键单击按钮，设置圆柱旋转的角度。

⑥ 长按工具栏中的按钮，在弹出的下拉列表中选择按钮。

⑦ 用鼠标右键单击按钮，在弹出的【缩放变换输入】对话框中设置缩放参数。

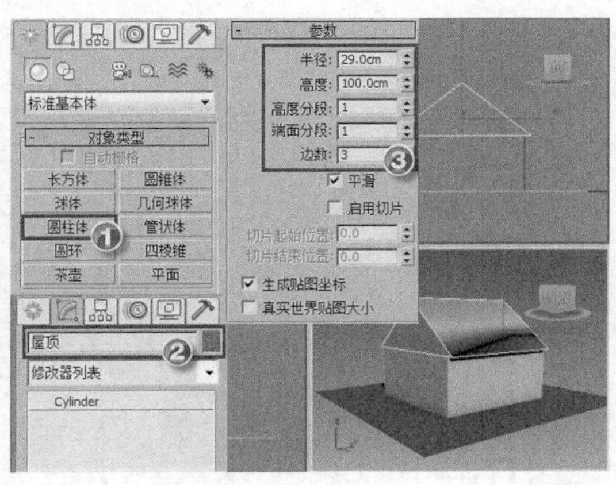

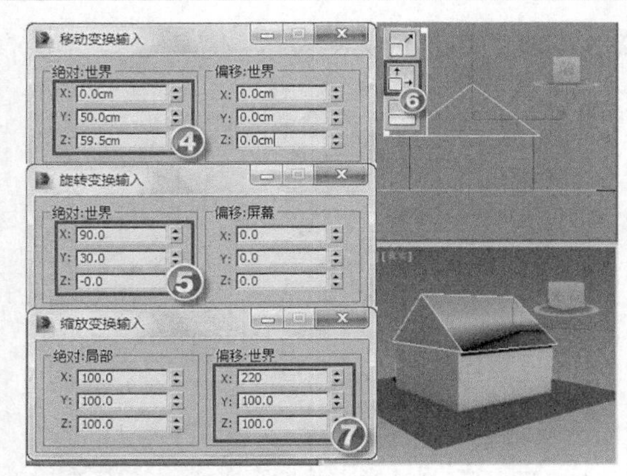

图2-55　创建屋顶

(4) 创建房檐，如图 2-56 所示。

① 单击【创建】面板上的 长方体 按钮，在前视图上绘制一个长方体。

② 在【修改】面板中设置名称为“房檐”，为模型设置适当的颜色。

③ 设置长方体的基本参数。

④ 输入移动变换坐标。

⑤ 输入旋转变换坐标。

⑥ 单击按钮，在顶视图中按住 Shift 键沿 y 轴复制一个“房檐”对象。

⑦ 在按钮上单击鼠标右键，设置其 y 坐标为“50”。

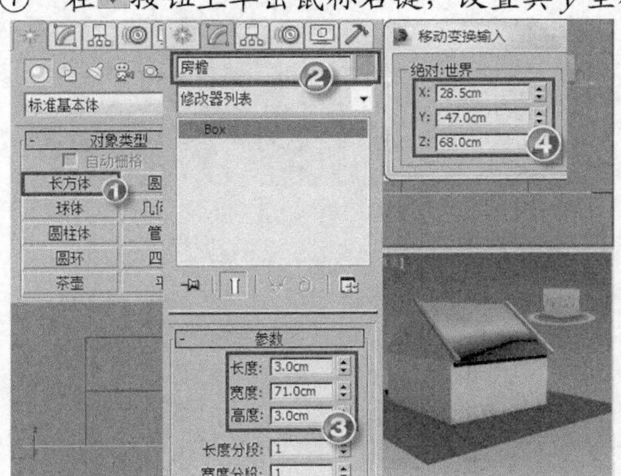

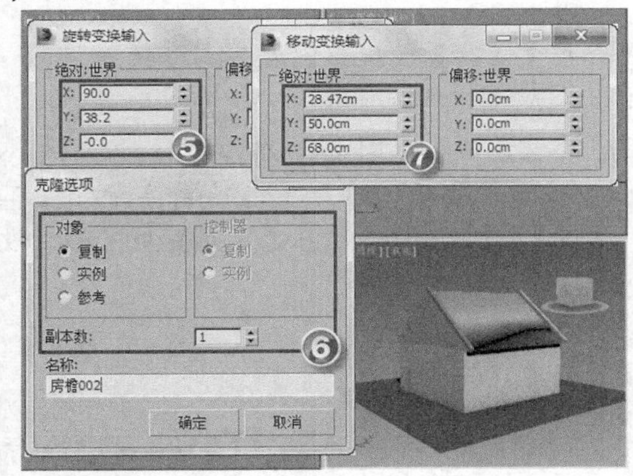

图2-56　创建房檐

(5) 创建屋檐，如图 2-57 所示。

① 单击【创建】面板上的 长方体 按钮，在前视图上绘制一个长方体。

② 在【修改】面板中设置名称为“屋檐”，为模型设置适当的颜色。

③ 设置长方体的基本参数。

④ 输入移动变换坐标。

⑤ 输入旋转变换坐标。

(6) 创建房顶，如图 2-58 所示。

① 单击【创建】面板上的 长方体 按钮，在前视图上绘制一个长方体。

② 在【修改】面板中设置名称为“房顶”，为模型设置适当的颜色。

③ 设置长方体的基本参数。

④ 输入移动变换坐标。

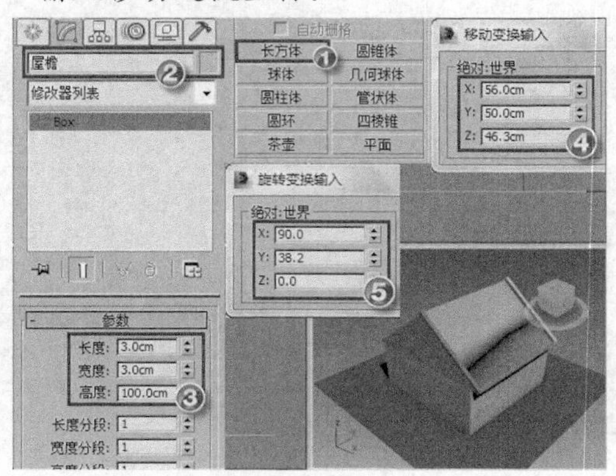

图2-57　创建屋檐

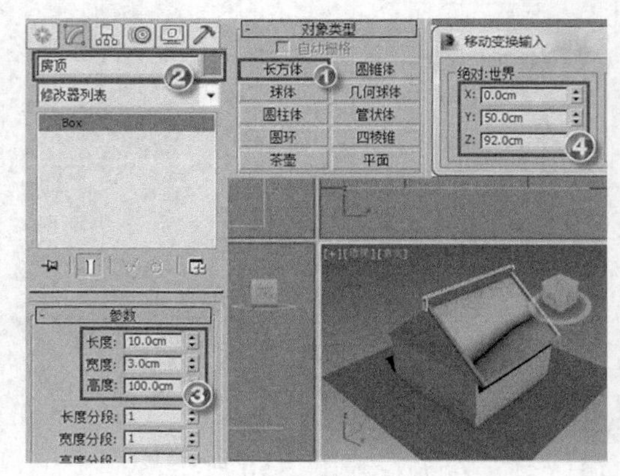

图2-58　创建房顶

3. 创建瓦砾结构。

(1) 创建瓦砾，如图 2-59 所示。

① 在顶视图选中视图下方的“房檐”对象，然后单击工具栏上的 按钮，按住 Shift 键，沿 y 轴拖曳复制出一个对象。

② 设置复制参数，并将对象重命名为“瓦砾”。

③ 在【修改】面板中设置基本参数。

④ 输入移动变换坐标。

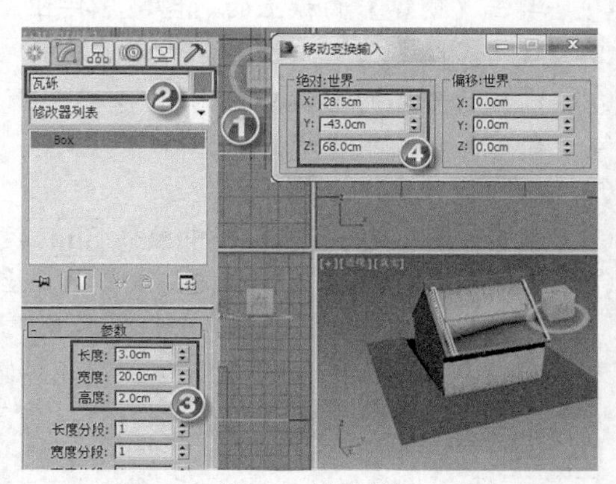

图2-59　创建瓦砾

(2) 阵列瓦砾，如图 2-60 所示。

① 选中“瓦砾”对象，选择菜单命令【工具】/【阵列】，弹出【阵列】对话框，设置阵列增量参数。

② 设置对象类型。

③ 设置【阵列维度】参数。

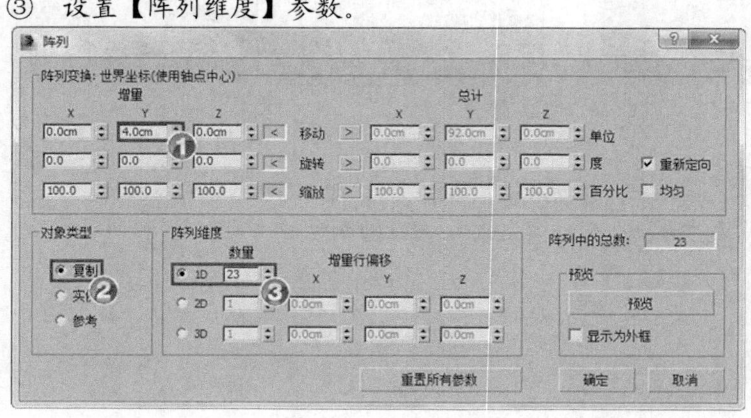

图2-60　阵列瓦砾

(3) 复制瓦砾，如图 2-61 所示。

① 将参考坐标系切换成“局部”。
② 选中所有“瓦砾”对象，在透视图中按住Shift键沿 x 轴正向复制出一排瓦砾。
③ 使用同样的方法沿 x 轴反向复制出一排瓦砾。

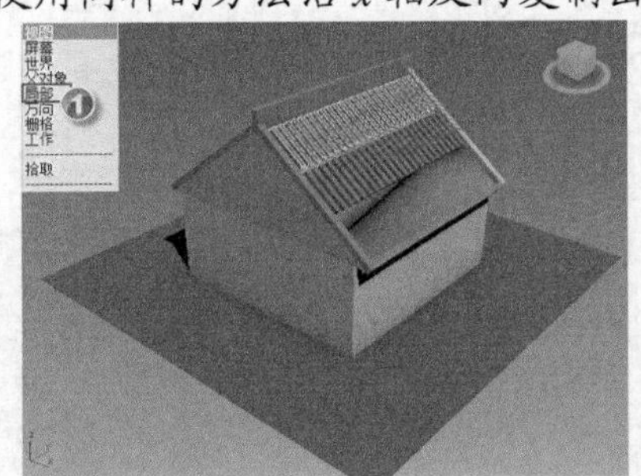

图2-61　复制瓦砾

要点提示　当选择的对象在场景中不易选取时，可按键盘上的H键打开【从场景选择】对话框，根据对话框中的对象名称来选择。

(4) 镜像复制对象，如图 2-62 所示。
① 将参考坐标系切换成“视图”，选中场景所有的“瓦砾”“屋檐”和“房檐”对象。
② 选择菜单命令【工具】/【镜像】，弹出【镜像:世界 坐标】对话框，设置参数，复制出另一端的“瓦砾”“屋檐”和“房檐”对象。

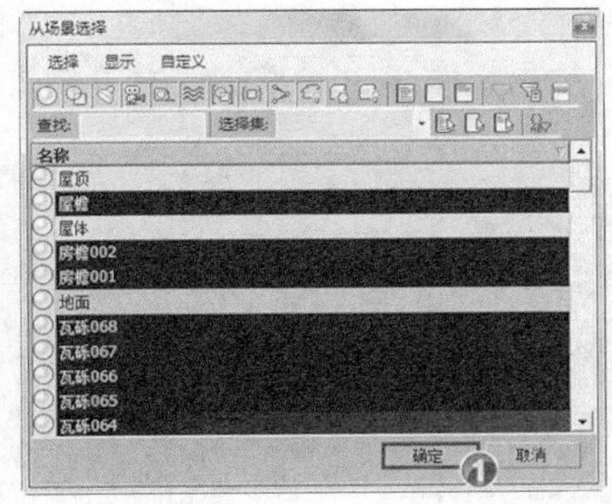

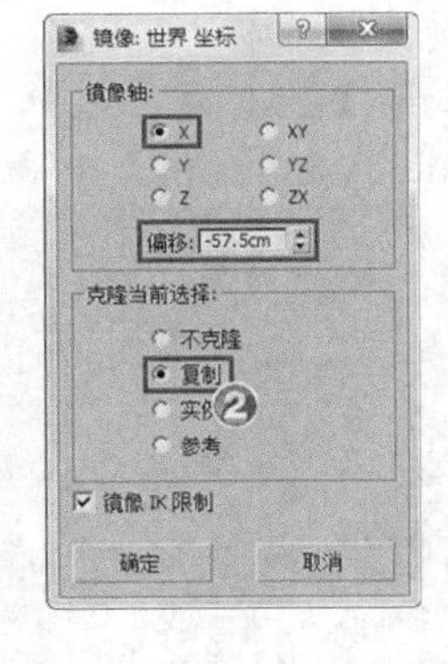

图2-62　镜像复制对象

要点提示　在制作过程中，当几个对象在场景中合成表达一个物体时，可以视情况将其转化为一个组，选择菜单命令【组】/【组】，即可将其转化一个整体，从而方便选择和操作。

4. 创建门窗。
(1) 创建枢轴门，如图 2-63 所示。
① 在【创建】面板的下拉列表中选择【门】选项，在【对象类型】卷展栏中单击 枢轴门 按钮。
② 在前视图中创建一个水平的“Pivot001”对象。
③ 在【修改】面板中设置门的基本参数。
④ 设置门框参数。
⑤ 设置页扇参数。
⑥ 设置旋转变换坐标。

⑦ 设置移动变换坐标。

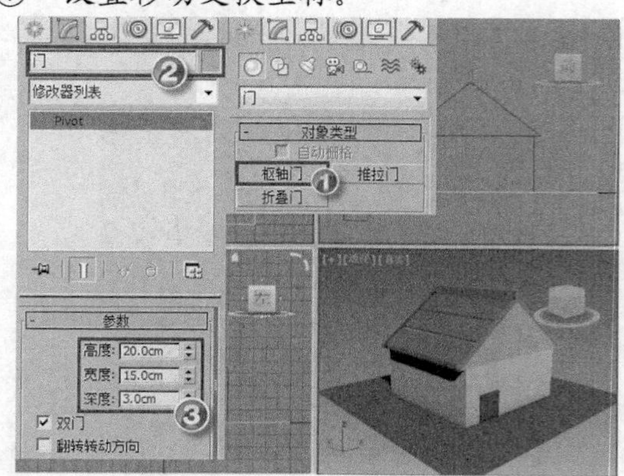

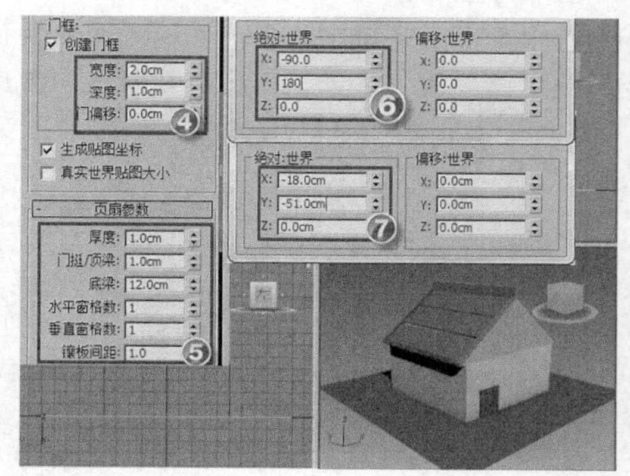

图2-63 创建枢轴门

(2) 创建旋开窗，如图 2-64 所示。

① 在【创建】面板的下拉列表中选择【窗】选项，然后在【对象类型】卷展栏中单击 旋开窗 按钮。

② 在左视图中创建一个水平的“PivotedWindow001”对象，然后在【修改】面板中设置窗的基本参数。

③ 设置移动变换坐标。

④ 设置旋转变换坐标。

⑤ 选择【局部】坐标系，选中“PivotedWindow01”对象，按住 Shift 键沿 y 轴复制出另一个“PivotedWindow02”对象。

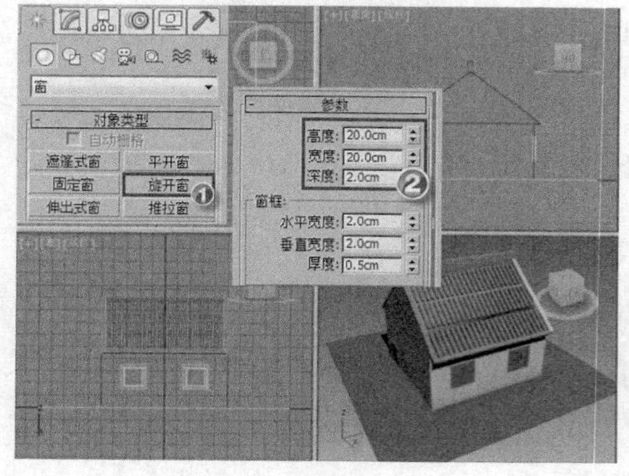

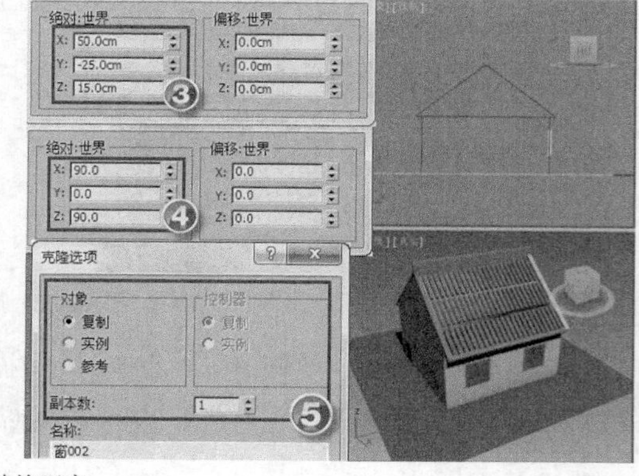

图2-64 创建旋开窗

5. 创建栅栏和植物。

(1) 制作栅栏，如图 2-65 和图 2-66 所示。

① 在【创建】面板中单击 按钮，在【对象类型】卷展栏中单击 线 按钮。

② 在顶视图中绘制开口直线，组成线框。

③ 在【创建】面板中选择【AEC 扩展】选项，然后单击 栏杆 按钮。

④ 单击 拾取栏杆路径 按钮，然后选择已经创建的线框为路径。

⑤ 设置栏杆参数。

⑥ 设置立柱基本参数。

⑦　单击按钮。

⑧　设置立柱间距参数。

⑨　设置栅栏基本参数，然后单击按钮。

⑩　设置支柱间距参数。

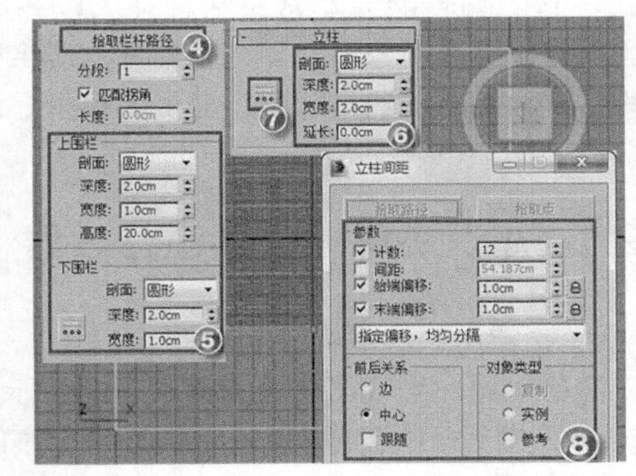

图2-65　制作栅栏 1

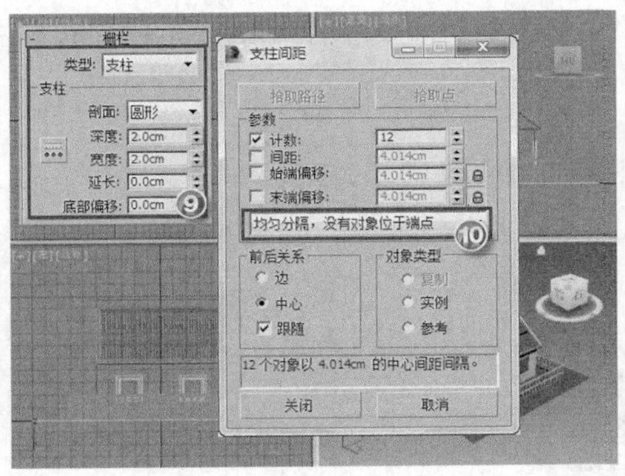

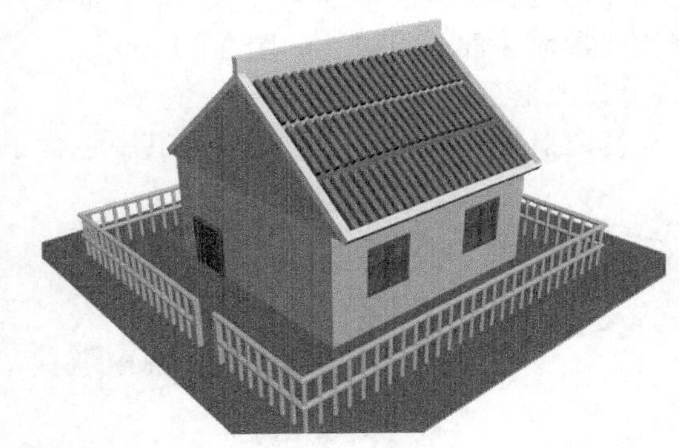

图2-66　制作栅栏 2

(2)　创建植物，如图 2-67 所示。

①　在【创建】面板中选择【AEC 扩展】选项，然后单击 植物 按钮。

②　在【收藏的植物】列表框中拖入一个自己喜欢的植物到场景中的适当位置。

③　在【修改】面板中设置植物参数。

图2-67　创建植物

2.2 修改器建模

修改器建模是 3ds Max 2015 中非常重要的建模方式，它的编辑能力非常灵活、强大，并且易于使用。创建好一个对象后，即可使用修改器将一个简单的物体变为复杂的物体或用户需要的模型。修改器建模效果如图 2-68 所示。

图2-68　修改器建模效果

2.2.1 知识讲解——熟悉修改器

一、 使用修改器堆栈

简单地说，修改器就是“修改对象显示效果的工具”，通过选取修改器类型和设置修改器参数可以改变对象的外观，从而获得丰富的设计结果。

（1）修改器面板。

【修改】面板的顶部为【修改器】面板，主要由修改器列表、修改器堆栈、操作按钮和修改器参数 3 部分组成，如图 2-69 所示。

（2）修改器列表。

修改器列表为一个下拉列表，其中包含了各种类型的修改器，如图 2-70 所示。

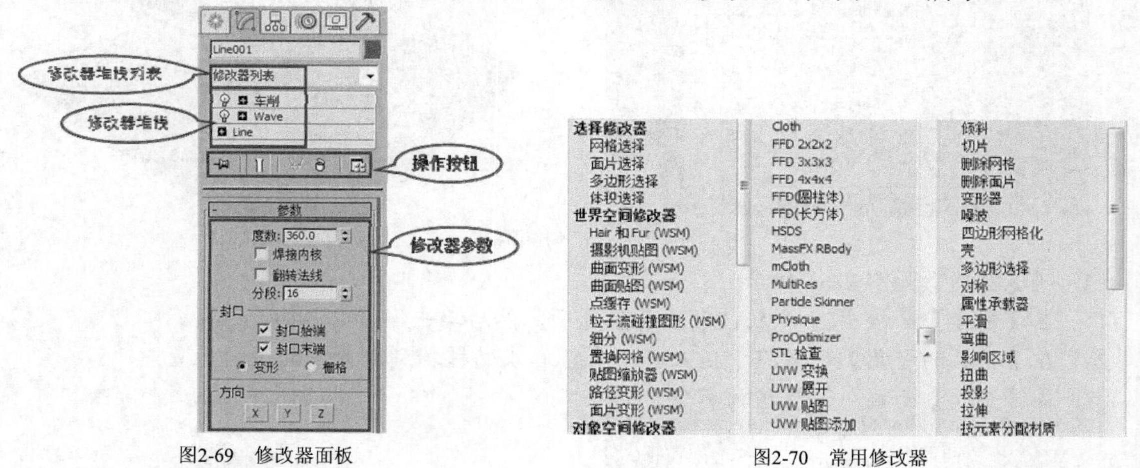

图2-69　修改器面板　　　图2-70　常用修改器

（3）修改器堆栈。

在 3ds Max 2015 中，每一个被创建物体的参数及被修改的过程都会被记录下来，并按照操作顺序显示在修改器堆栈中，修改器堆栈具有以下特点。

- 先执行的操作放置在最下方，后执行的操作放置在列表上方。
- 可以将任意数量的修改器应用到一个或多个对象上，删除修改器，对象的所有更改也将消失。
- 在修改命令面板中可以应用修改器堆栈来查看创建物体过程的记录，并可以对修改器堆栈进行各种操作。
- 拖动修改器在堆栈中的位置，可调整修改器的应用顺序（系统始终按由底到顶的顺序应用堆栈中的修改器），此时对象最终的修改效果将随之发生变化。

- 用鼠标右键单击堆栈中修改器的名称，通过弹出的快捷菜单可以剪切、复制、粘贴、删除或塌陷修改器。

单击修改器前面的💡按钮可以关闭当前修改器，再次单击又可以重新启用；单击修改器前面的⊞按钮可以关闭展开修改器的子层级，然后选择相应的层级进行操作。

（4）操作按钮。

【修改】面板中的常用修改器操作按钮的功能如下。

- （锁定堆栈）：将堆栈锁定到当前选定对象，适用于保持已修改对象的堆栈不变的情况下变换其他对象。
- （显示最终结果开/关切换）：若此按钮为（按下）状态，则视口中显示堆栈中所有修改器应用完毕后的设计效果，与当前在堆栈中选中的修改器无关；显示为（弹起）状态时，则显示堆栈中选定修改器及其以下修改器的最新修改结果。

在图 2-71 中，立方体模型上依次添加了【拉伸】（Stretch，使对象轴向伸长）、【锥化】（Taper，使对象尺寸一端增大）、【扭曲】（Twist，使对象绕轴线旋转）和【弯曲】（Bend，使对象沿轴线弯曲）4 个修改器，借助按钮可以依次查看各修改器组合应用后的效果。

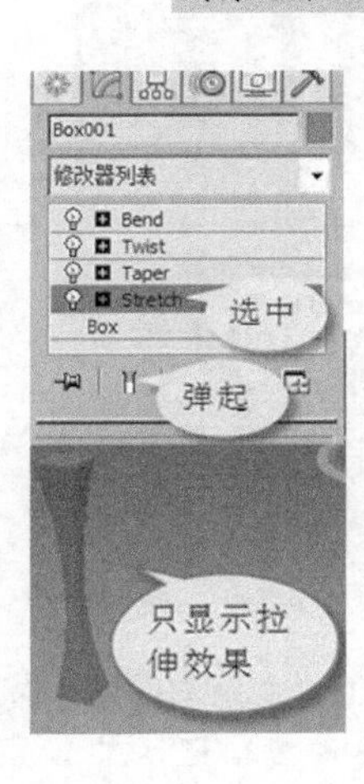

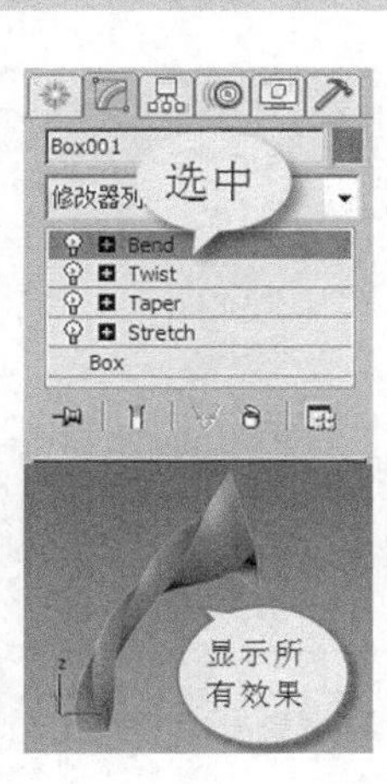

图2-71　显示修改效果

- （使唯一）：将实例化修改器转化为副本，其对于当前对象是唯一的。
- （从堆栈中移除修改器）：删除当前修改器，其应用效果随之消失。
- （配置修改器集）：详细设置修改器配置参数。

二、 常用修改器

下面介绍 3ds Max 2015 中常用的修改器。

(1)　【弯曲】修改器。

【弯曲】修改器可以让物体发生弯曲变形，可以调节弯曲角度和方向及弯曲坐标轴向，还可以将弯曲限定在一定范围内，其应用实例和主要参数分别如图 2-72 和图 2-73 所示。其主要参数用法如表 2-5 所示。

图2-72　使用【弯曲】修改器制作的楼梯

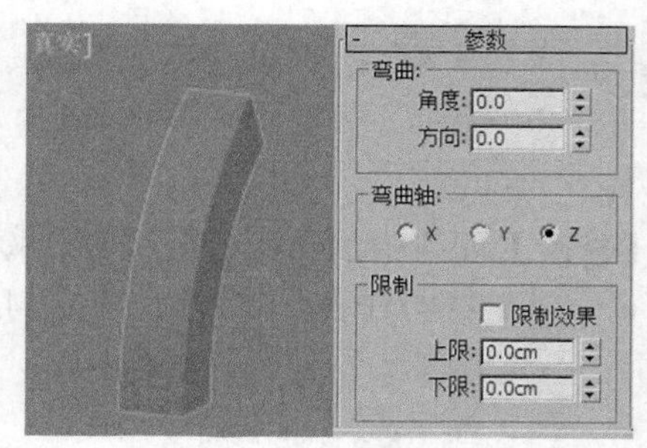

图2-73　【弯曲】修改器参数

表 2-5　**【弯曲】修改器常用参数用法**

参数		功能	示例
角度		设置弯曲角度大小	
方向		调整弯曲变化的方向	
弯曲轴		设置弯曲的坐标轴向	
限制效果	上限	设置弯曲上限，在此限度以上的区域不会产生弯曲效果	
	下限	设置弯曲下限，在此限度与上限之间的区域都将会产生弯曲效果	

要点提示 【弯曲】修改器包括两个次层级：Gizmo 和中心。对 Gizmo 进行旋转、移动和缩放等变换操作来改变弯曲效果；对中心进行移动操作来改变弯曲中心点，如图 2-74 至图 2-76 所示。

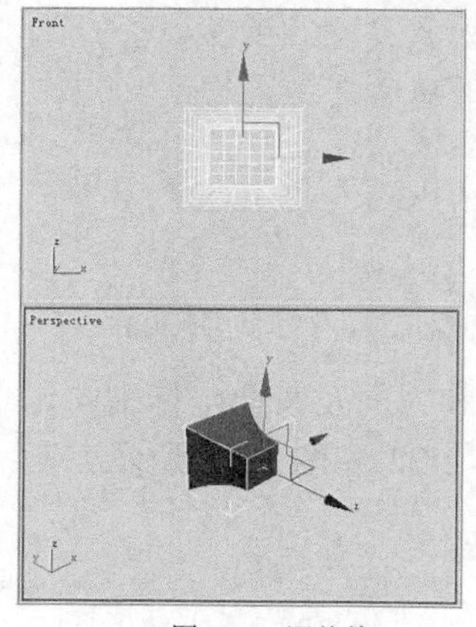

图2-74　调整前

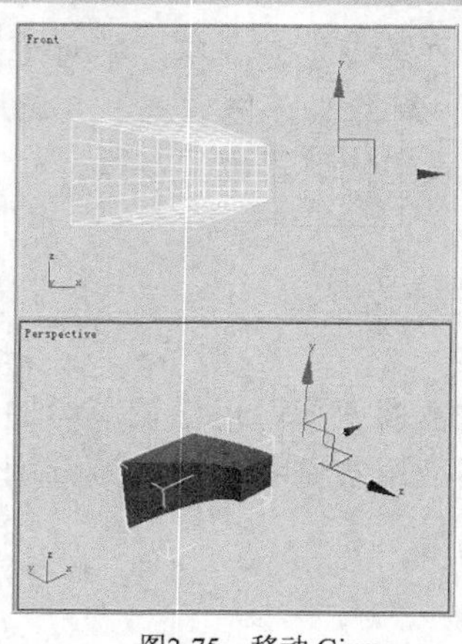

图2-75　移动 Gizmo

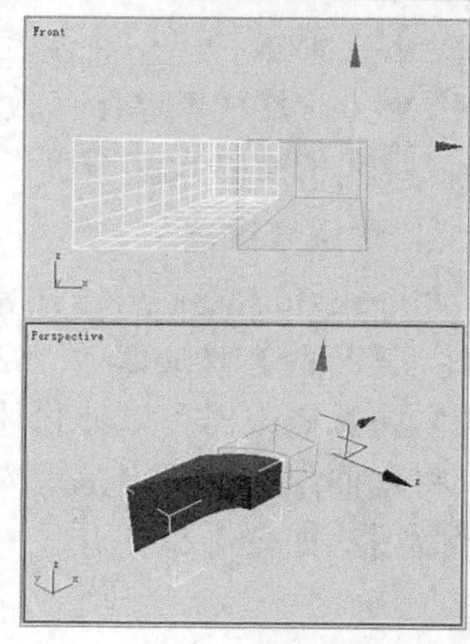

图2-76　移动中心

(2)　【锥化】修改器。

【锥化】修改器可以缩小物体的两端，从而产生锥形轮廓，可以设置锥化曲线轮廓曲度及倾斜度等来调整锥化效果，其应用实例和主要参数分别如图 2-77 和图 2-78 所示。其主要参数用法如表 2-6 所示。

图2-77　使用【锥化】修改器制作的台灯

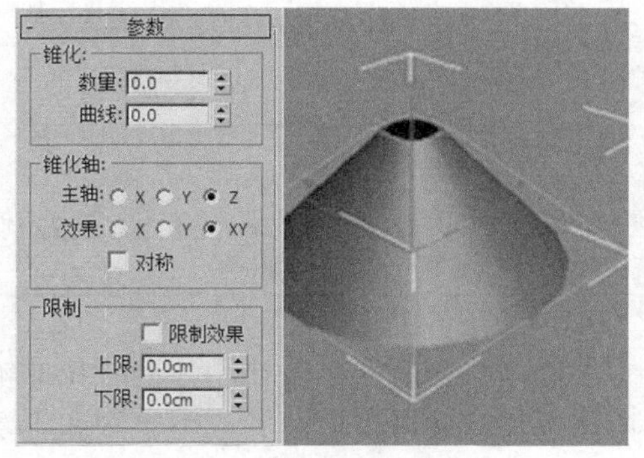

图2-78　【锥化】修改器参数

表 2-6　【锥化】修改器常用参数用法

参数		功能	示例
数量		设置锥化倾斜的程度	
曲线		设置锥化曲线的弯曲程度	
锥化轴		选择发生锥化的坐标轴向	
限制效果	上限	设置弯曲上限，在此限度以上的区域不会产生锥化效果	
	下限	设置弯曲下限，在此限度与上限之间的区域都将会产生锥化效果	

数量是设置锥化倾斜程度，缩放扩展的末端，是一个相对值；曲线是设置锥化曲线的弯曲程度，正值会沿着锥化侧面产生向外的曲线，负值产生向内的曲线，值为 0 时，侧面不变。

(3)　【扭曲】修改器。

【扭曲】修改器可以让物体产生类似“麻花”状的扭曲效果，可以分别控制 3 个坐标轴上的扭曲角度，其应用实例和主要参数分别如图 2-79 和图 2-80 所示。其主要参数用法如表 2-7 所示。

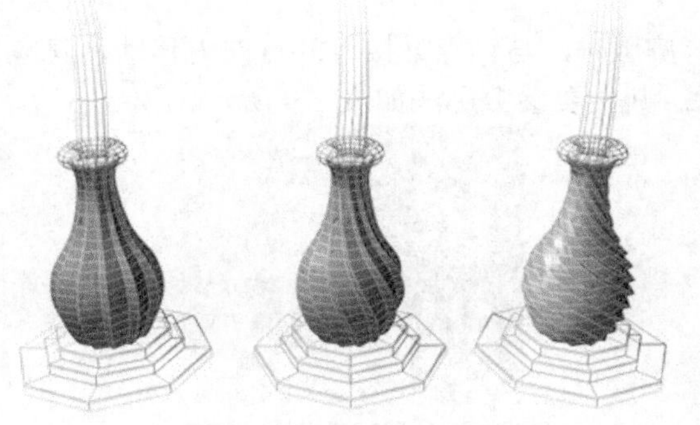

图2-79　使用【扭曲】修改器制作的花瓶

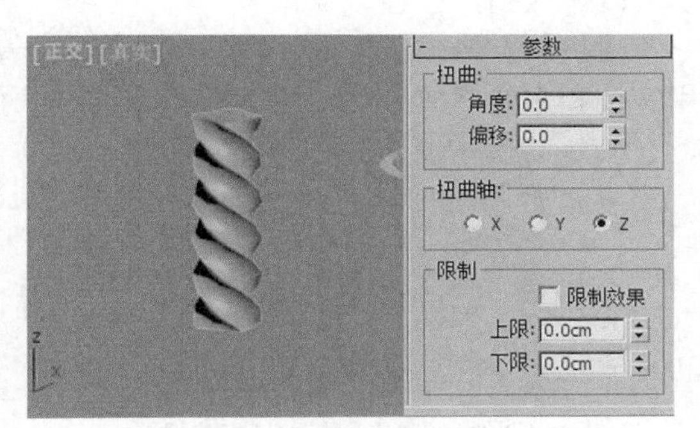

图2-80　【扭曲】修改器参数

表 2-7　　　　【扭曲】修改器常用参数用法

参数		功能	示例
角度		设置扭曲角度的大小	
偏移		设置扭曲向上或向下的偏向度	
扭曲轴		选择发生扭曲的坐标轴向	
限制效果	上限	设置弯曲上限，在此限度以上的区域不会产生扭曲效果	
	下限	设置弯曲下限，在此限度与上限之间的区域都将会产生扭曲效果	

(4)　【拉伸】修改器。

【拉伸】修改器可以让物体沿着拉伸轴向伸长，同时中部产生挤压变形的效果，与传统将物体拉长的效果类似，其应用实例和主要参数分别如图 2-81 和图 2-82 所示。其主要参数用法如表 2-8 所示。

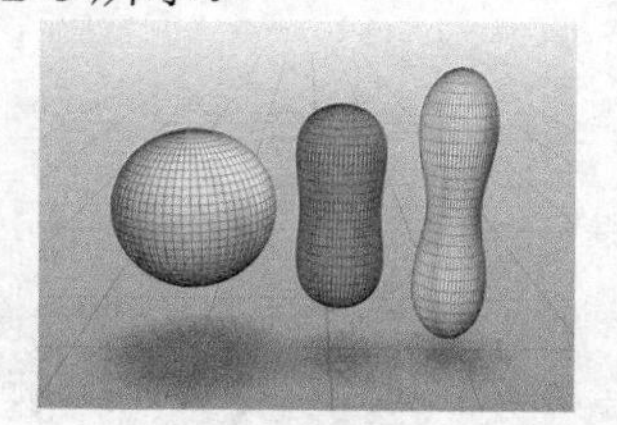

图2-81　【拉伸】修改器应用实例

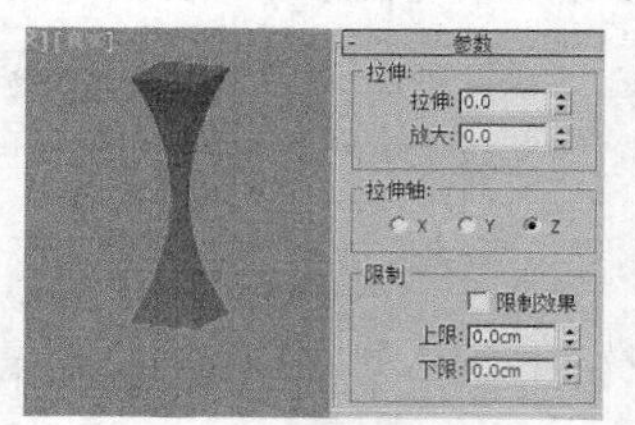

图2-82　【拉伸】修改器参数

表 2-8　　　　【拉伸】修改器常用参数用法

参数		功能	示例
拉伸	拉伸	设置拉伸的强度，其值越大，伸展效果越明显	
	放大	用于设置拉伸时模型中部扩大变形的程度	
拉伸轴		选择发生拉伸的坐标轴向	
限制效果	上限	设置弯曲上限，在此限度以上的区域不会产生拉伸效果	
	下限	设置弯曲下限，在此限度与上限之间的区域都将会产生拉伸效果	

(5)　【挤压】修改器。

【挤压】修改器可以让物体产生挤压效果。挤压时，与轴点最接近的点向内移动，其应用实例和主要参数分别如图 2-83 和图 2-84 所示。其主要参数用法如表 2-9 所示。

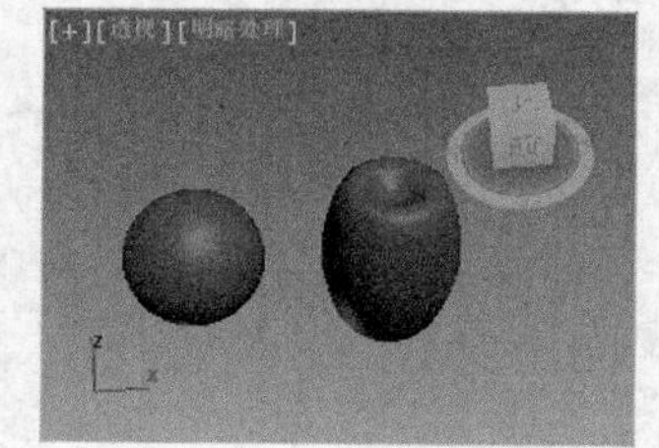

图2-83　【挤压】修改器应用实例

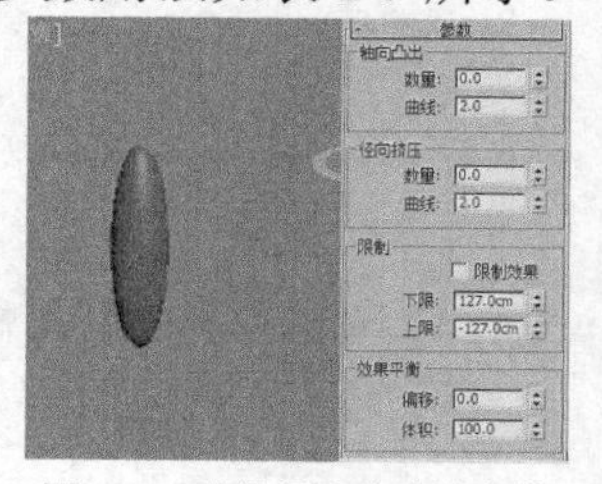

图2-84　【挤压】修改器参数

表 2-9　　【挤压】修改器常用参数用法

参数		功能	示例
轴向凸出	数量	控制凸起效果，数量越多时，效果越显著，并能使末端向外弯曲	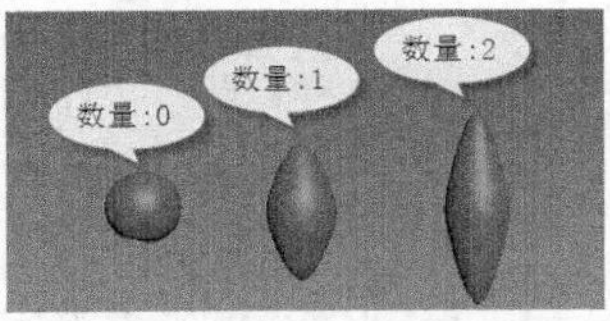
	曲线	设置凸起末端的曲率大小	
径向挤压	数量	大于 0 时将压缩对象中部；小于 0 时中部外凸。其值越大，效果越显著	
	曲线	其值较小时，挤压效果尖锐；其值较大时，挤压效果平缓	
限制效果	上限	设置弯曲上限，在此限度以上的区域不会产生扭曲效果	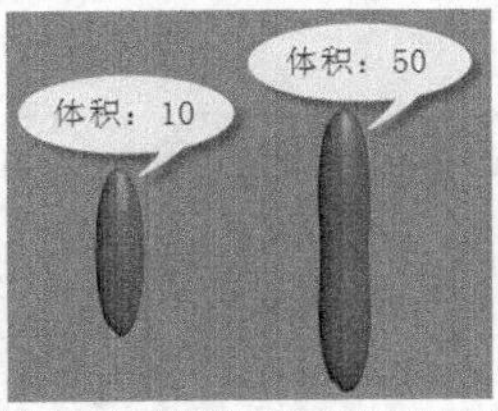
	下限	设置弯曲下限，在此限度与上限之间的区域都将会产生扭曲效果	
效果平衡	偏移	保留对象恒定体积的前提，来更改凸起与挤压的相对数量	
	体积	增大或减小“挤压”或“凸起”效果	

(6)　【噪波】修改器。

【噪波】修改器可以让物体产生凹凸不平的效果，可以用来制作山地或表面不光滑的物体，其应用实例和主要参数分别如图 2-85 和图 2-86 所示。其主要参数用法如表 2-10 所示。

图2-85　使用【噪波】修改器制作的山地

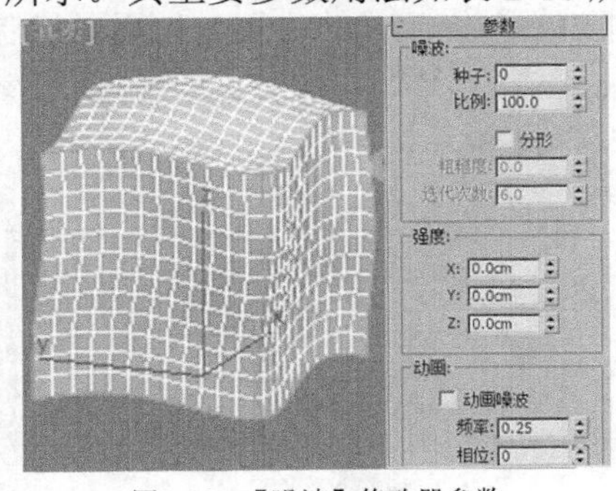

图2-86　【噪波】修改器参数

表 2-10　　【噪波】修改器常用参数用法

参数		功能	示例
噪波	种子	设置一个随机起始点，种子不同，凹凸效果发生的位置和效果不同	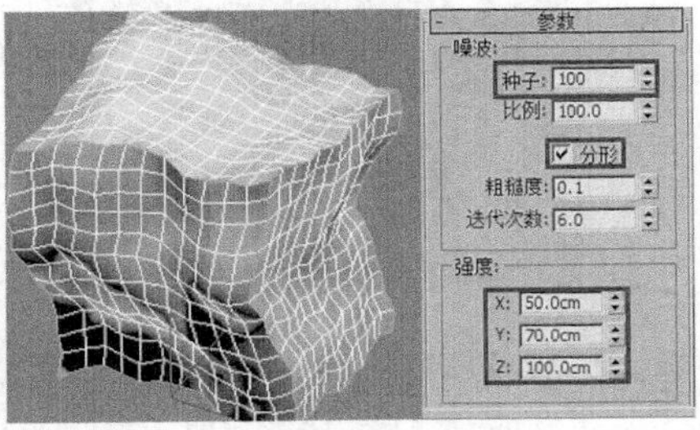
	比例	设置噪波影响（非强度）的大小。其值较大时，噪波较平滑；其值较小时，噪波较尖锐	
	分形	选中后产生分形效果，形成更加细小和显著的噪波	
	粗糙度	设置分形变化的程度，其值越低，效果越精细	
	迭代次数	迭代次数较少时，分形效果不明显，噪波效果越平滑	

续 表

参数		功能	示例
强度		设置强度后才会产生噪波效果，可以在 *x*、*y* 和 *z* 等 3 个方向设置强度	
动画	动画噪波	调节【噪波】和【强度】参数的组合效果	
	频率	设置噪波的速度，频率越高，噪波振动越快；频率越低，噪波越平滑、温和	
	相位	设置波形的起始点和结束点	

对修改器进行操作时通常都要占用内存。为了节约内存，可以在修改器堆栈中对选定修改器进行“塌陷”操作：在其上单击鼠标右键，在弹出的快捷菜单中选取【塌陷到】命令，可以塌陷当前修改器及其下的修改器；若选取【塌陷全部】命令，则可以塌陷堆栈中所有修改器。塌陷操作通常在模型修改完毕不再需要继续调整时进行。塌陷操作后，物体将转换为多边形物体或网格物体，在稍后的章节中将详细介绍这类物体的编辑方法。

(7) 【FFD】修改器。

【FFD】修改器的作用是使用晶格包围选中的对象，通过调整晶格的控制点，可以改变封闭几何体的形状，其应用实例和主要参数分别如图 2-87 和图 2-88 所示。其各项参数的功能如表 2-11 所示。

图2-87 使用【FFD】修改器制作的抱枕

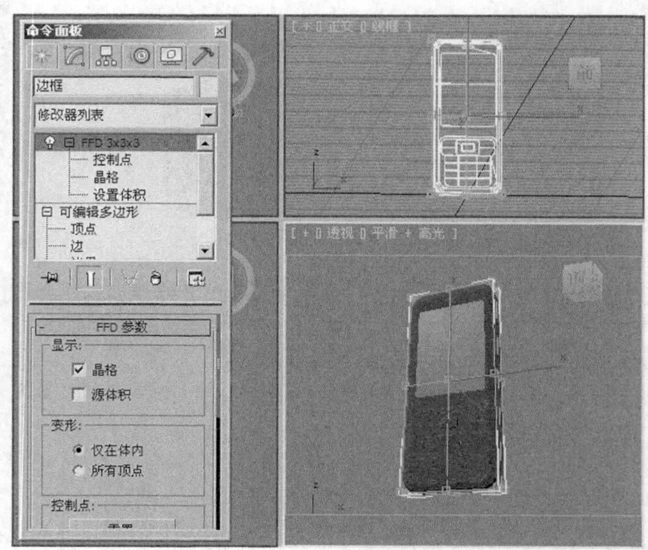

图2-88 【FFD】修改器参数

【FFD】修改器根据控制点的不同可分为【FFD 2×2×2】、【FFD 3×3×3】和【FFD 4×4×4】3 种形式，而根据形状的不同又可分为【FFD(长方体)】和【FFD(圆柱体)】两种形式。

表 2-11　　常用的【FFD】修改器参数

参数	作用
设置点数	单击该按钮，将弹出【设置 FFD 尺寸】对话框，在该对话框中可以设置 FFD 晶格在长度、宽度和高度上的点数
晶格	选择该复选项，将显示晶格的线框，否则只显示控制点
源体积	选择该复选项，调整控制点时只改变物体的形状，不改变晶格的形状
仅在体内	选择该单选项，只有位于 FFD 晶格内的部分才会受到变形影响
所有顶点	选择该单选项，对象的所有顶点都受到变形影响，不管它们位于 FFD 晶格的内部还是外部
张力	调整 FFD 变形样条线的张长
连续性	调整 FFD 变形样条线的连续性
选择	该选项组中有 3 个按钮，单击任意一个按钮，可沿着由该按钮指定的轴向选择所有的控制点。也可以同时打开两个按钮，这时可以选择两个轴向上的所有控制点

2.2.2 学以致用——制作“飞鱼导弹”

本实例主要是使用【FDD】修改器来调整物体的形状。最终效果如图 2-89 所示。

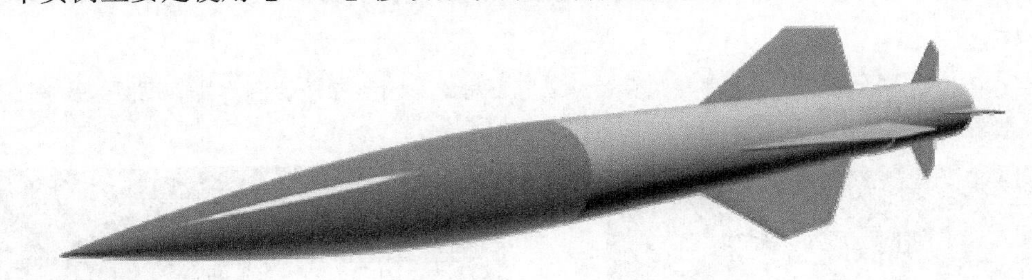

图2-89　最终效果

【操作步骤】

1. 制作弹头部分。

(1) 运行 3ds Max 2015，创建弹头基本模型，如图 2-90 所示。

① 单击按钮切换到【创建】面板。

② 单击按钮切换到【几何体】面板。

③ 在【几何体】下拉列表框中选择【扩展基本体】选项。

④ 单击 油罐 按钮。

⑤ 在前视图上拖动鼠标创建一个油罐。

(2) 设置弹头的参数，如图 2-91 所示。

① 选中场景中的油罐。

② 单击按钮切换到【修改】面板。

③ 在【参数】卷展栏中设置【半径】为“30”，【高度】为“300”，【封口高度】为“2”，【边数】为“30”，【高度分段】为“20”。

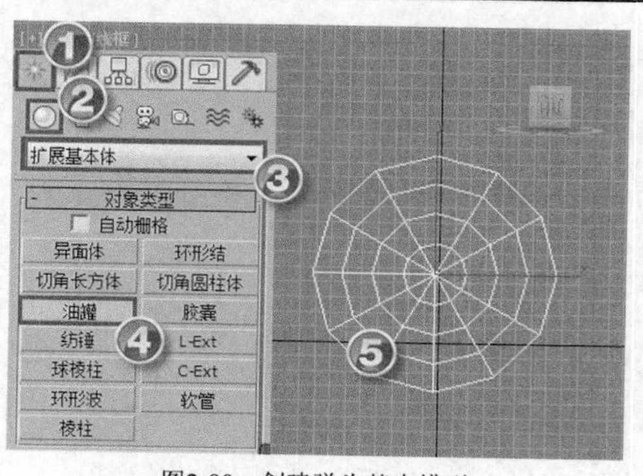

图2-90　创建弹头基本模型

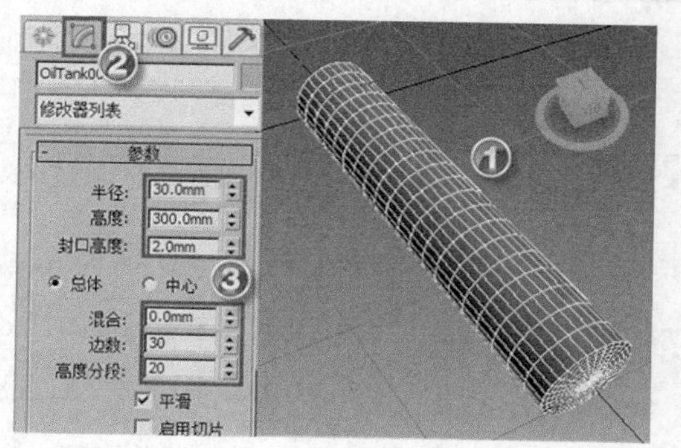

图2-91　设置弹头的参数

(3)　在【修改器列表】中选择【FFD 3×3×3】命令，为油罐添加【FFD 3×3×3】修改器，如图 2-92 所示。

(4)　调整弹头的形状，如图 2-93 所示。

①　单击【FFD 3×3×3】选项前面的⊞按钮展开【FFD 3×3×3】修改器。

②　单击选择【控制点】选项。

③　在左视图中框选最左端的所有控制点。

④　在【工具栏】面板上用鼠标右键单击□按钮，弹出【缩放变换输入】对话框。

⑤　在【缩放变换输入】对话框中设置【偏移:屏幕】/【%】为“0.5”，即可将油罐的左端缩小为一个尖角。

要点提示　在选择控制点的时候，一定要使用鼠标拖动范围框选，因为除透视图的其他视图都是多个面的投影重合效果，单击选择只会选中一个面的控制点。

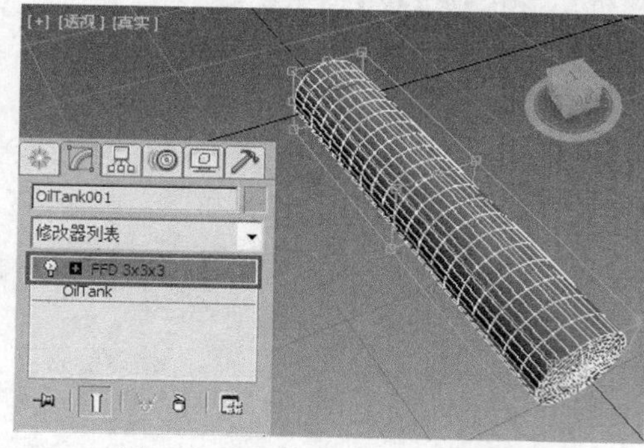

图2-92　添加【FFD3×3×3】修改器

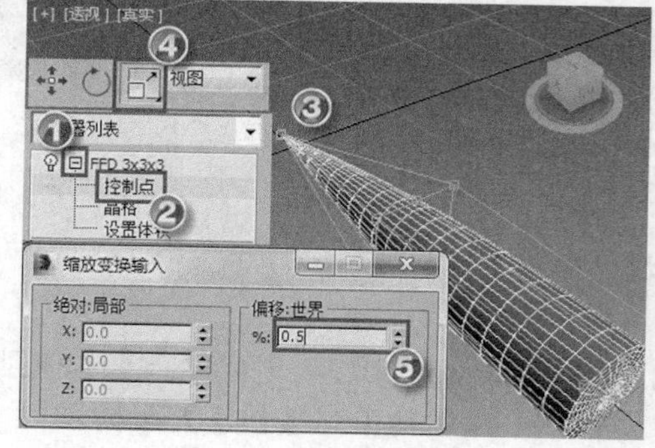

图2-93　调整弹头的形状

2.　制作发动机部分。

(1)　创建发动机部分，如图 2-94 所示。

①　用上面的方法，在前视图再创建一个油罐。

②　在【修改】面板中的【参数】卷展栏中设置【半径】为“30”，【高度】为“500”，【封口高度】为“5”，【边数】为“30”，【高度分段】为“20”。

③　在左视图中调整油罐的位置，使油罐与弹头结合在一起。

(2)　创建弹翼基本模型，如图 2-95 所示。

①　单击☀按钮切换到【创建】面板。

②　单击○按钮切换到【几何体】面板。

③　在【几何体】下拉列表框中选择【扩展基本体】选项。

④　单击 切角长方体 按钮。

⑤　在左视图上拖动鼠标创建一个切角长方体。

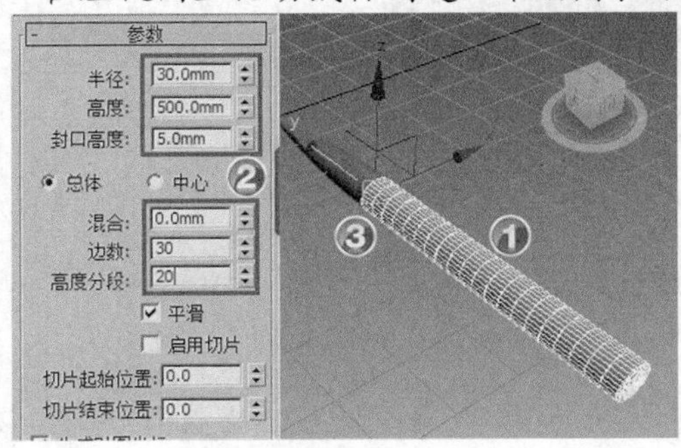

图2-94　创建发动机部分

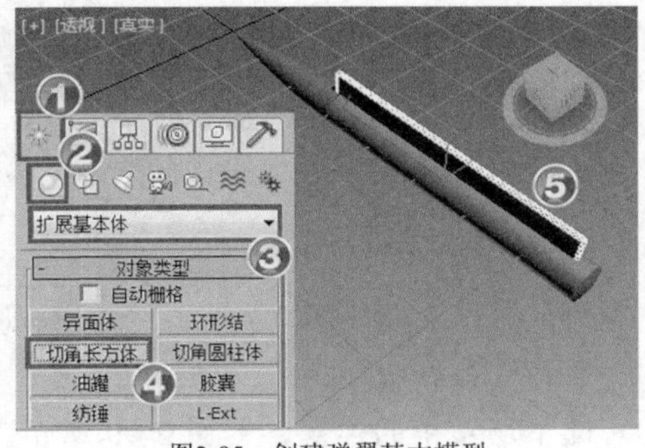

图2-95　创建弹翼基本模型

(3)　设置弹翼的参数，如图 2-96 所示。

①　选中场景中的切角长方体。

②　单击按钮切换到【修改】面板。

③　在【参数】卷展栏中设置【长度】为“60”，【宽度】为“300”，【高度】为“2”，【圆角】为“2”，【长度分段】为“6”，【宽度分段】为“6”，【高度分段】为“6”，【圆角分段】为“20”。

(4)　调整弹翼的形状，如图 2-97 所示。

①　在【修改器列表】中选择【FFD 2 × 2 × 2】命令，为油罐添加【FFD 2 × 2 × 2】修改器。

②　展开【FFD 2 × 2 × 2】修改器，单击选择【控制点】选项。

③　在左视图中框选左上端的控制点，然后向右移动一段距离。

④　框选右上端的控制点，然后向左移动一段距离。

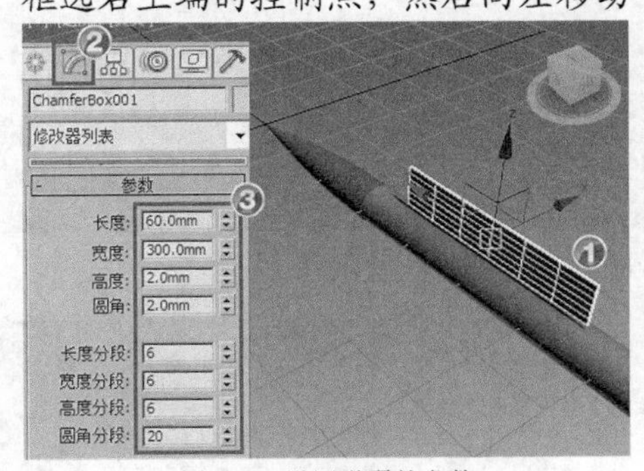

图2-96　设置弹翼的参数

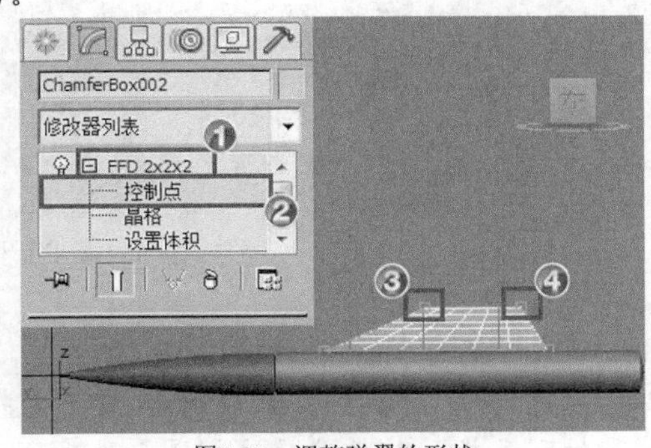

图2-97　调整弹翼的形状

3.　阵列复制弹翼。

(1)　设置参考坐标系，如图 2-98 所示。

①　在展开的【FFD 2 × 2 × 2】修改器选项中单击【控制点】选项，退出【控制点】子对象层级。

②　在工具栏上单击打开【选择参考坐标系】下拉列表框，然后选择【拾取】选项。

③　单击选中场景中的发动机部分。

④　单击工具栏上的按钮不放，将展开【使用中心】下拉列表框，然后选择最后一个选项，这样可使所有物体使用切角长方体的坐标中心为自己的坐标中心。

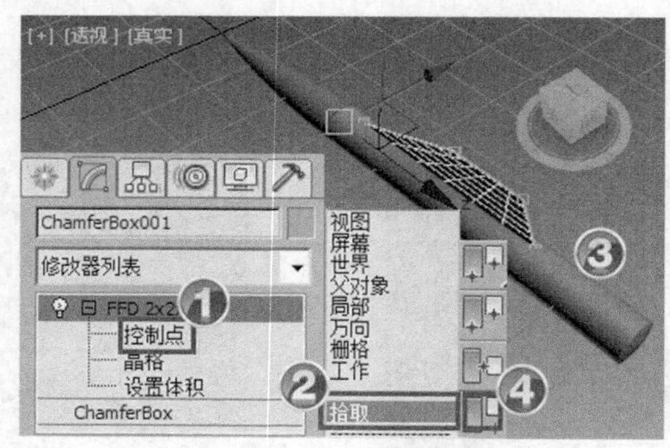

图2-98　设置参考坐标系

(2)　阵列复制弹翼。

①　选中场景中的弹翼，如图 2-99 所示。

②　在主菜单栏中选择【工具】/【阵列】命令，弹出【阵列】对话框。

③　在【阵列】对话框中单击【旋转】命令右边的箭头，即可将【增量】设为【总计】。

④　在 z 轴对应的输入框中输入“360”。

⑤　在【对象类型】选项中点选 ● 实例 选项。

⑥　在【数目】选项中输入“4”。

⑦　单击 确定 按钮，完成复制。

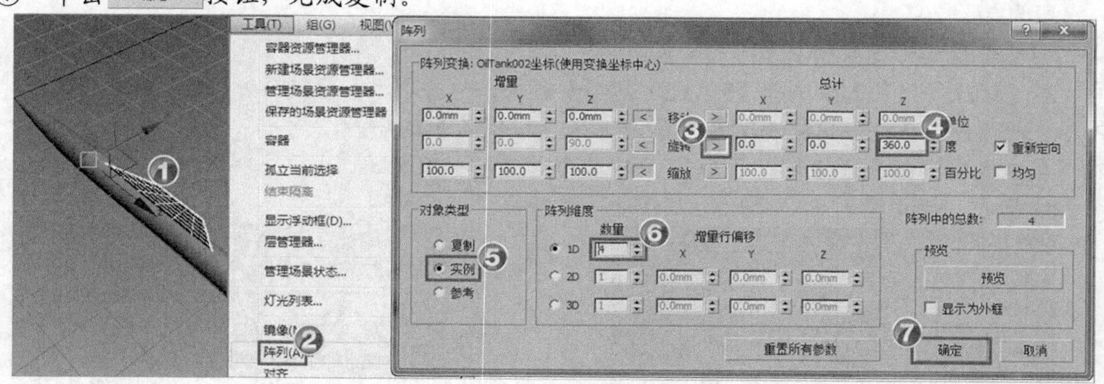

图2-99　阵列复制弹翼

4.　制作弹尾部分。

(1)　恢复视图坐标系，如图 2-100 所示。

①　在工具栏上单击打开【选择参考坐标系】下拉列表框，然后选择【视图】选项。

②　单击工具栏上的按钮不放，将展开【使用中心】下拉列表框，然后选择最后一个选项。

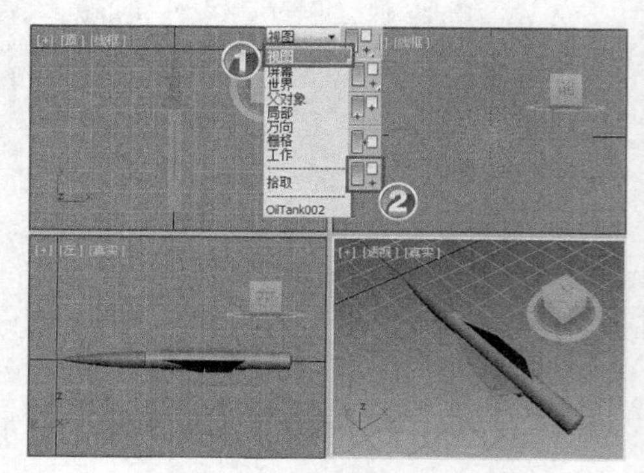

图2-100　恢复视图坐标系

(2)　创建弹尾模型，如图 2-101 所示。

①　在前视图中创建一个油罐。

②　在【修改】面板的【参数】卷展栏中设置【半径】为“30.5”，【高度】为“220”，【封口高度】为“10”，【边数】为“30”，【高度分段】为“20”。

③　调整油罐的位置使其与发动机部分相结合。

(3)　制作尾翼，如图 2-102 所示。

①　制作尾翼与制作弹翼类似，首先在左视图上拖动鼠标创建一个切角长方体。

②　在【修改】面板的【参数】卷展栏中设置【长度】为“30”，【宽度】为“80”，【高度】为“2”，【圆角】为“2”，【长度分段】为“6”，【宽度分段】为“6”，【高度分段】为“6”，【圆角分段】为“20”。

③　在左视图和前视图中调整切角长方体的位置，使其处于导弹弹尾。

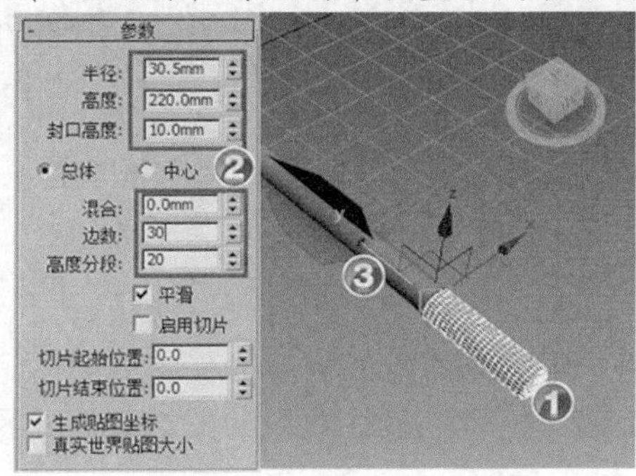

图2-101　创建弹尾模型

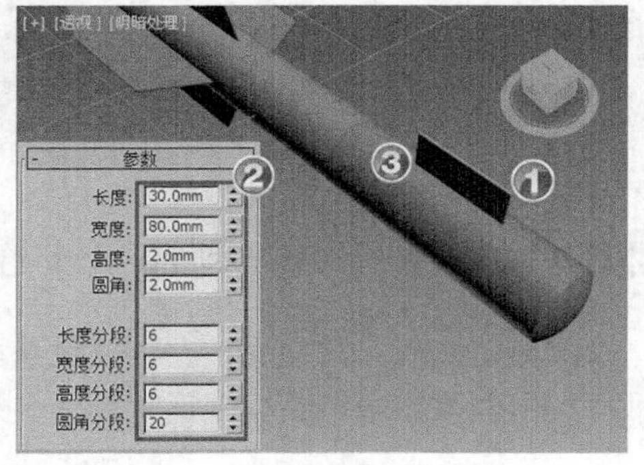

图2-102　制作尾翼

(4)　调整切角长方体的形状，如图 2-103 所示。

①　在【修改器列表】中选择【FFD 2×2×2】命令，为尾翼添加【FFD 2×2×2】修改器。

②　展开【FFD 2×2×2】修改器，单击选择【控制点】选项。

③　在左视图中框选左上端的控制点，然后向右和向上移动一段距离。

(5)　阵列复制，如图 2-104 和图 2-105 所示。

①　在工具栏上单击打开【选择参考坐标系】下拉列表框，然后选择【拾取】选项。选取弹尾为参考坐标系，并变换坐标中心。

②　选中尾翼，单击按钮打开【阵列】对话框。

③　单击 > 按钮。

④　设置旋转角度。

⑤　设置【对象类型】参数。

⑥　设置【阵列维度】参数。

⑦　单击 确定 按钮完成阵列操作，结果如图 2-106 所示。

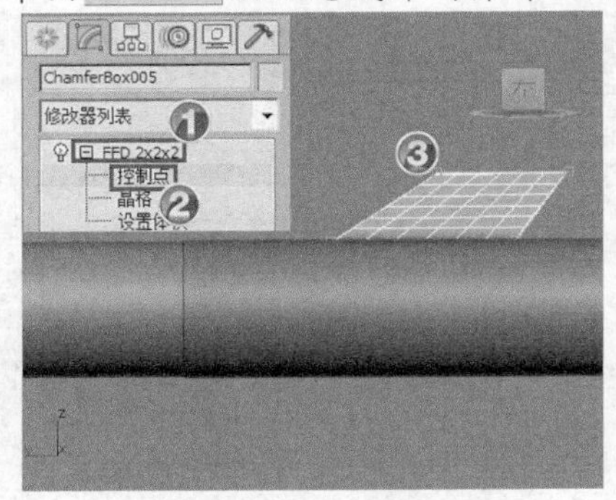

图2-103　调整切角长方体的形状

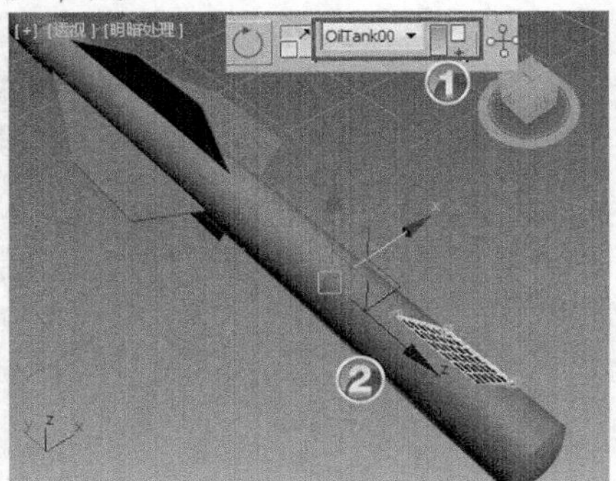

图2-104　设置参考坐标系

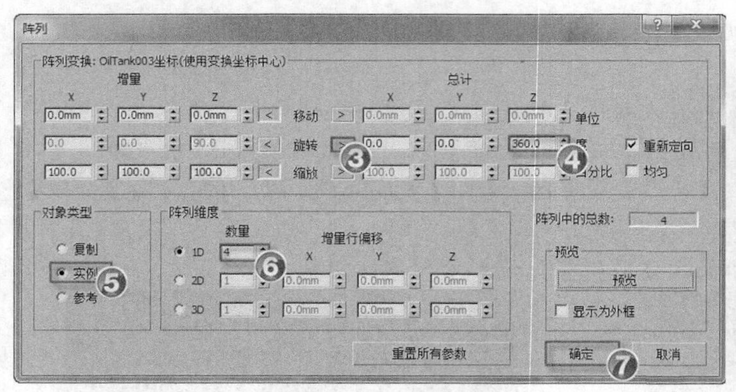

图2-105　设置【阵列】对话框

图2-106　复制尾翼后的效果

2.2.3 举一反三——制作“卡通企鹅”

修改器的作用非常强大，它可以将基本模型按照一定的修改方式修改为任意的模型。本实例将利用修改器来调整模型形状制作一只“卡通企鹅”模型。最终效果如图 2-107 所示。

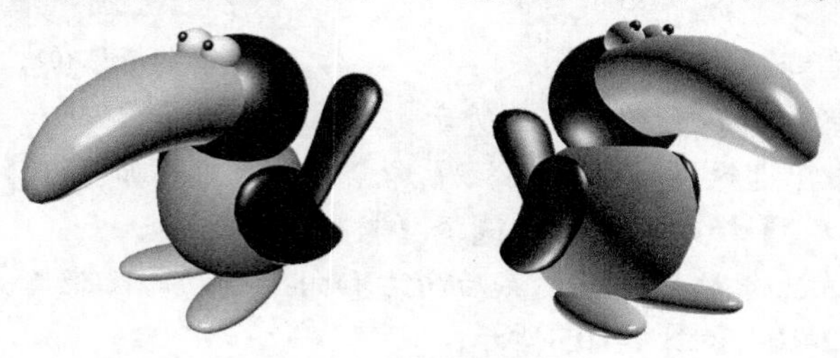
图2-107　最终效果

【操作步骤】

1.　制作企鹅躯体部分。

(1)　创建企基本体，如图 2-108 所示。

①　运行 3ds Max 2015，单击【创建】/【标准基本体】面板上的 球体 按钮，在透视图上拖动鼠标创建一个球体。

②　在【修改】面板的【参数】卷展栏中设置【半径】为“90”，【分段】为“48”。

(2)　添加【拉伸】修改器，如图 2-109 所示。

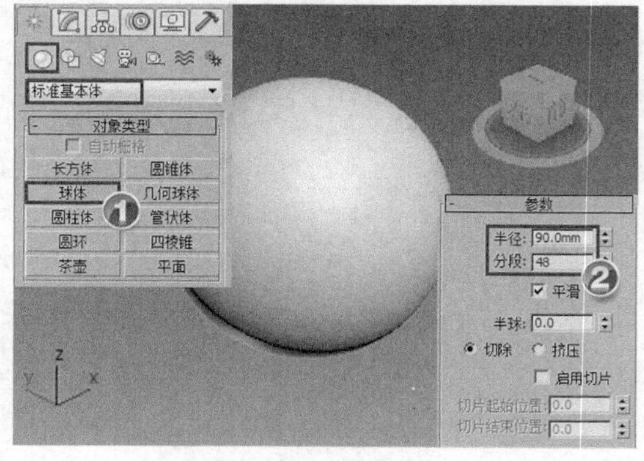

图2-108　创建基本体

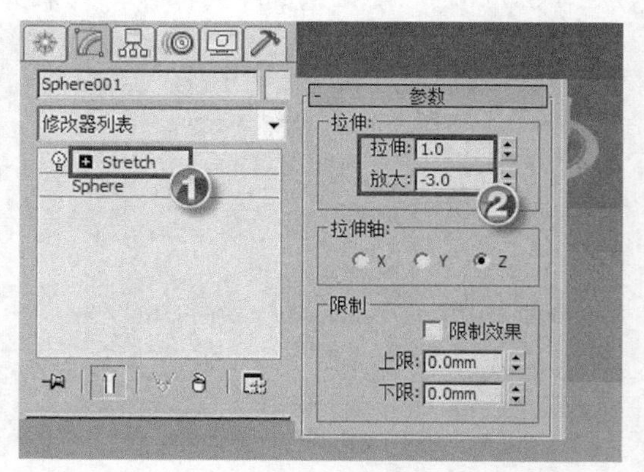

图2-109　添加【拉伸】修改器

① 在【修改器列表】中选择【拉伸】命令，为球体添加【拉伸】修改器。

② 在【参数】卷展栏中设置【拉伸】/【拉伸】为“1”，【放大】为“-3”。

(3) 添加【弯曲】修改器，如图2-110所示。

① 在【修改器列表】中选择【弯曲】命令，为球体添加【弯曲】修改器。

② 在【参数】卷展栏中设置【弯曲】/【角度】为“150”，【方向】为“-90”。

③ 在【限制】分组框中选择【限制效果】复选项，并设置【上限】为“0”，【下限】为“-500”。

(4) 添加【拉伸】修改器，如图2-111所示。

① 在【修改器列表】中选择【拉伸】命令，为球体添加【拉伸】修改器。

② 在【参数】卷展栏中设置【拉伸】/【拉伸】为“-1”，【放大】为“-20”。

③ 在【工具栏】面板上单击按钮，在【状态栏】面板上设置球体的坐标【X】为“0”，【Y】为“0”，【Z】为“0”。

要点提示　3ds Max 2015为用户提供了两种设置物体坐标位置的方法：一种是选中物体后在【工具栏】面板上右键单击按钮，弹出【移动变换输入】对话框，然后设置物体的坐标；另一种是选中物体后在【工具栏】面板上单击按钮，然后在界面底部的【状态栏】面板上设置物体的坐标，如图2-111右下角所示。

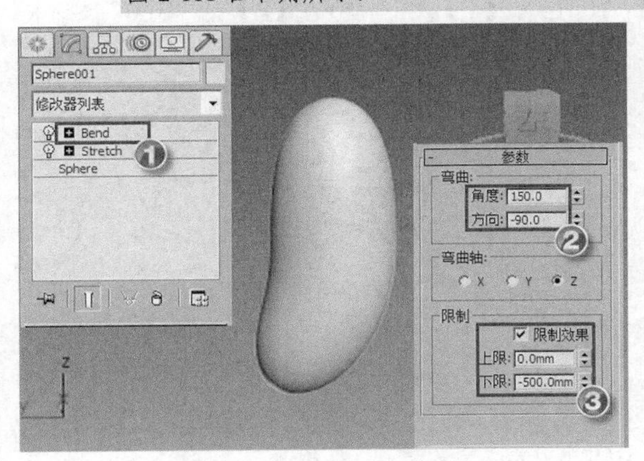

图2-110　添加【弯曲】修改器

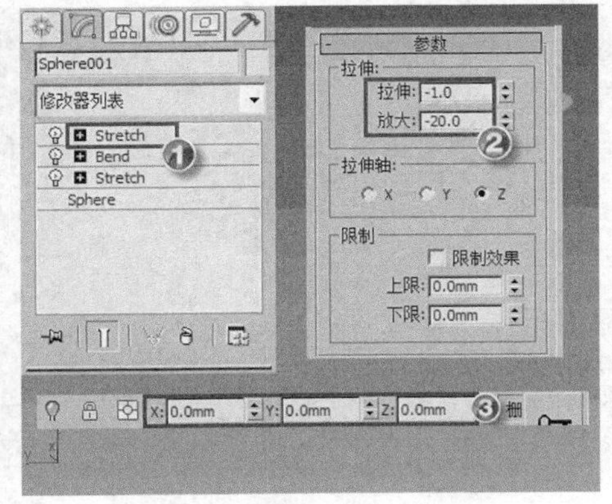

图2-111　添加【拉伸】修改器

2. 制作企鹅头部，如图2-112所示。

(1) 在前视图中创建一个球体。

(2) 在【修改】面板的【参数】卷展栏中设置【半径】为“65”，【分段】为“48”。

(3) 在【状态栏】面板设置球体的坐标【X】为“0”，【Y】为“0”，【Z】为“110”。

3. 制作眼睛。

(1) 制作眼睛轮廓，如图2-113所示。

① 在前视图中创建一个球体。

② 在【修改】面板的【参数】卷展栏中设置【半径】为“18”，【分段】为“48”。

③ 在【状态栏】面板中设置球体的坐标【X】为“-20”，【Y】为“-40”，【Z】为“160”。

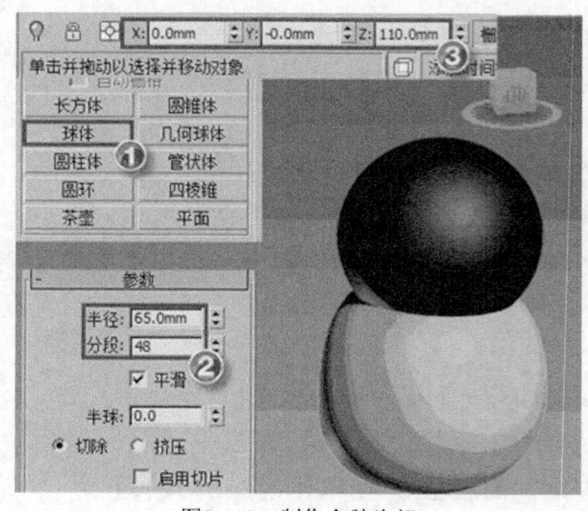

图2-112　制作企鹅头部

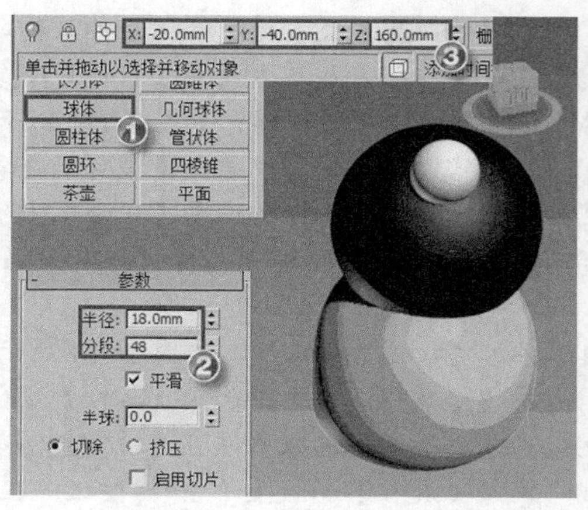

图2-113　制作眼睛轮廓

(2) 复制眼睛轮廓，如图 2-114 所示。

① 在前视图中选中眼睛轮廓，按住 Shift 键向右移动鼠标，释放鼠标弹出【克隆选项】对话框，在【对象】分组框中选择【实例】单选项，设置【副本数】为“1”，单击 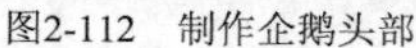 按钮复制一个眼睛轮廓。

② 在【状态栏】面板中设置对象的坐标【X】为“15”,【Y】为“-40”,【Z】为“160”。

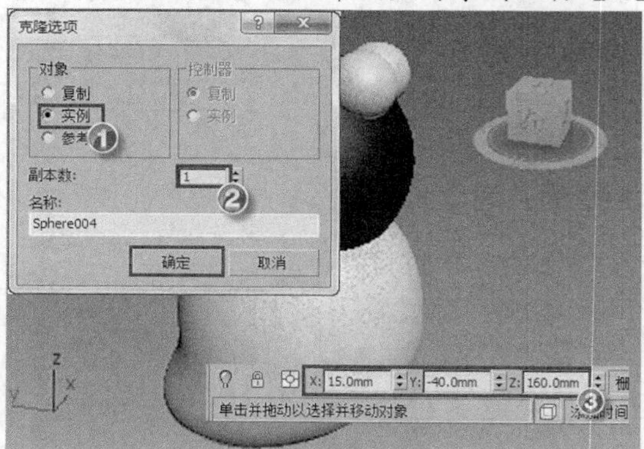

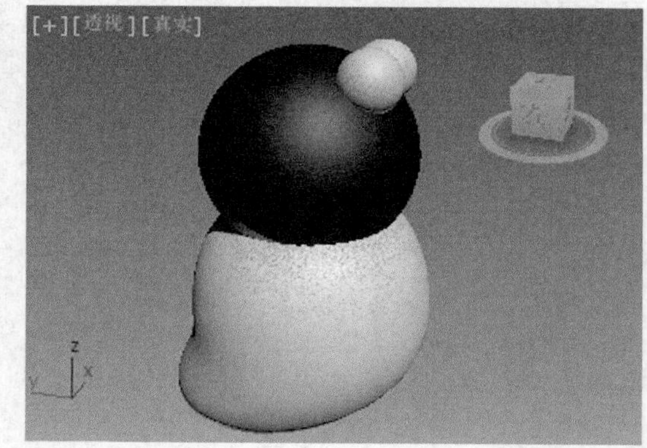

图2-114　复制眼睛轮廓

(3) 制作眼球，如图 2-115 所示。

图2-115　制作眼球

① 在前视图中创建一个球体。

② 在【修改】面板中的【参数】卷展栏中设置【半径】为“5”,【分段】为“48”。

③ 在【状态栏】面板中设置球体的坐标【X】为“-20”,【Y】为“-55”,【Z】为“170”。

④ 复制一个眼球，并设置坐标【X】为“15”,【Y】为“-55”,【Z】为“170”。

4. 制作长嘴。

(1) 创建球体，如图 2-116 所示。

① 在前视图中创建一个球体。

② 在【修改】面板的【参数】卷展栏中设置【半径】为“45”,【分段】为“48”,【半球】为“0.5”。

要点提示　设置【半球】的值为“0.5”，即可创建半球。

(2) 添加【拉伸】修改器，如图 2-117 所示。

① 在【修改器列表】中选择【拉伸】命令，为半球添加【拉伸】修改器。

② 在【参数】卷展栏中设置【拉伸】/【拉伸】为“3.5”,【放大】为“-60”。

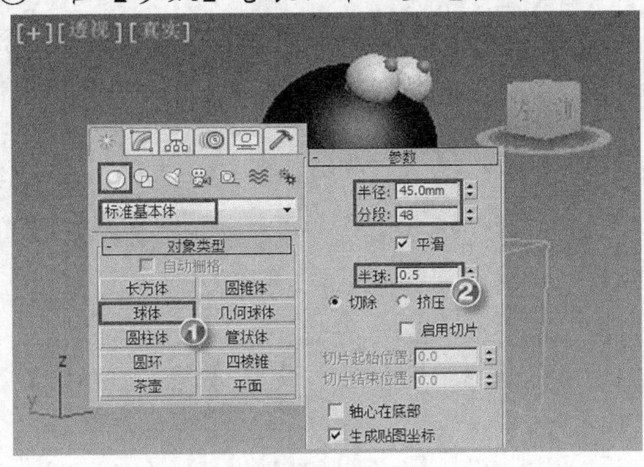

图2-116　创建球体

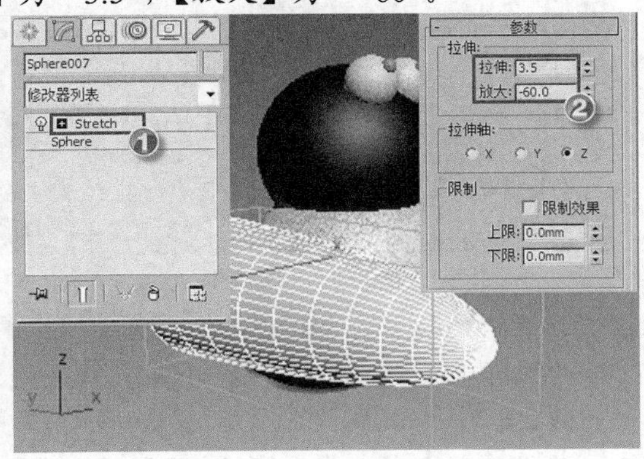

图2-117　添加【拉伸】修改器

(3) 添加【弯曲】修改器，如图 2-118 所示。

① 在【修改器列表】中选择【弯曲】命令，为球体添加【弯曲】修改器。

② 在【参数】卷展栏中设置【弯曲】/【角度】为“-60”,【方向】为“-90”。

(4) 调整弯曲效果，如图 2-119 所示。

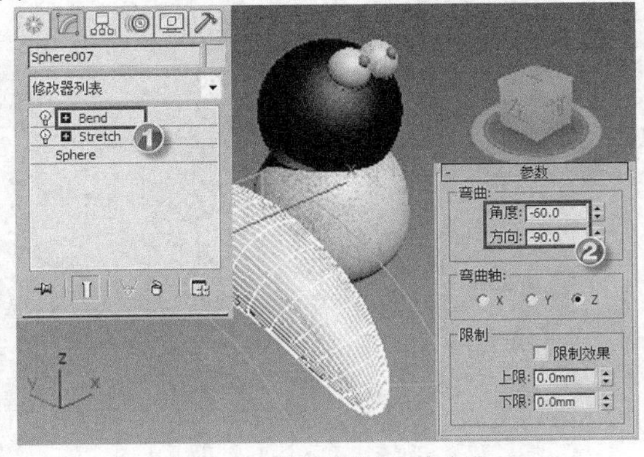

图2-118　添加【弯曲】修改器

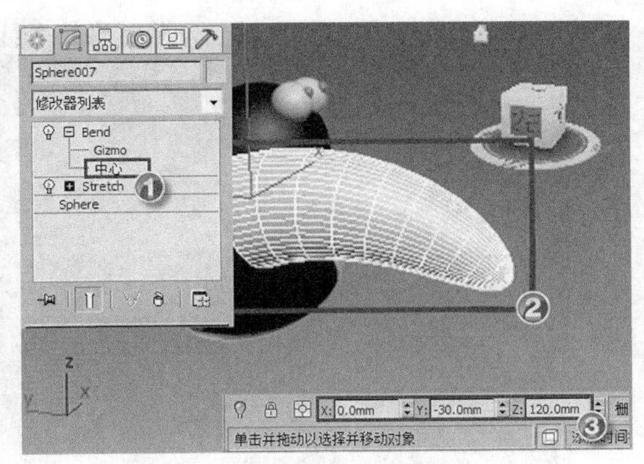

图2-119　调整弯曲效果

① 展开【弯曲】修改器，选择【中心】选项。

② 在左视图中向右移动【弯曲】修改的中心轴，使其弯曲更加自然。

③ 在【状态栏】面板中设置球体的坐标【X】为“0”，【Y】为“-30”，【Z】为“120”。

5. 制作脚。

(1) 创建球体，如图 2-120 所示。

① 在前视图中创建一个球体。

② 在【修改】面板中的【参数】卷展栏中设置【半径】为“75”，【分段】为“48”。

(2) 缩放球体，如图 2-121 所示。

选中创建的球体，在工具栏中右键单击按钮，弹出【缩放变换输入】对话框，设置【绝对:局部】/【X】为“50”，【Y】为“20”。

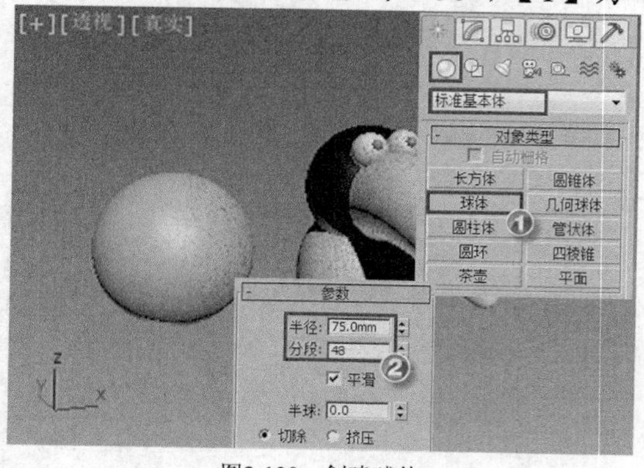

图2-120　创建球体

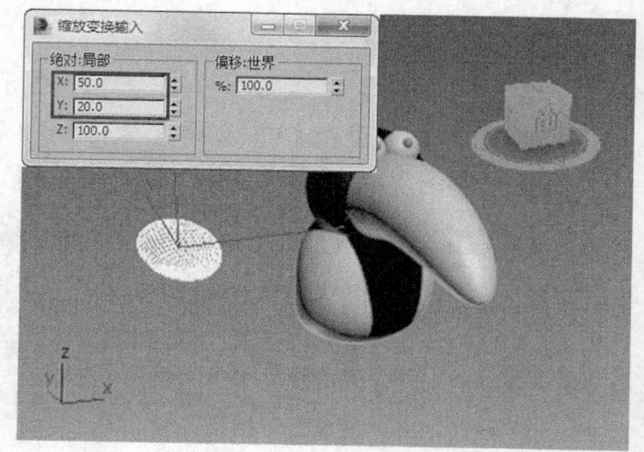

图2-121　缩放球体

(3) 设置脚的位置，如图 2-122 所示。

① 在工具栏中右键单击按钮，弹出【旋转变换输入】对话框，设置【绝对:世界】/【Z】为“-10”。

② 右键单击按钮在坐标栏中设置球体的坐标【X】为“-45”，【Y】为“0”，【Z】为“-70”。

(4) 复制脚，如图 2-123 所示。

① 在工具栏中用鼠标左键单击按钮，弹出【镜像:世界 坐标】对话框，在【镜像轴】分组框中选择【X】单选项，在【克隆当前选择】分组框中选择【复制】单选项，单击确定按钮，完成复制。

② 在【状态栏】面板中设置复制对象的坐标【X】为“45”，【Y】为“0”，【Z】为“-70”。

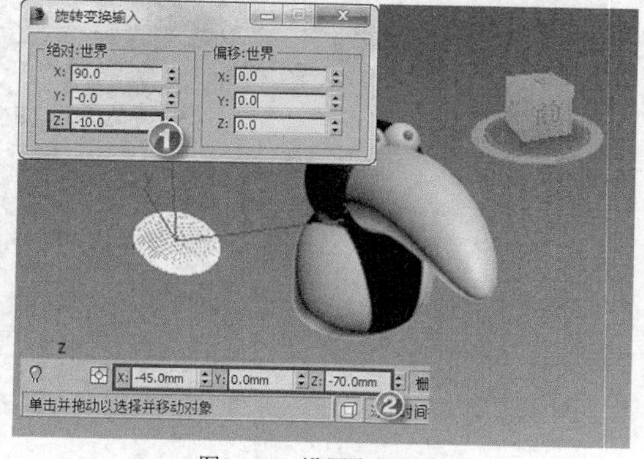

图2-122　设置脚的位置

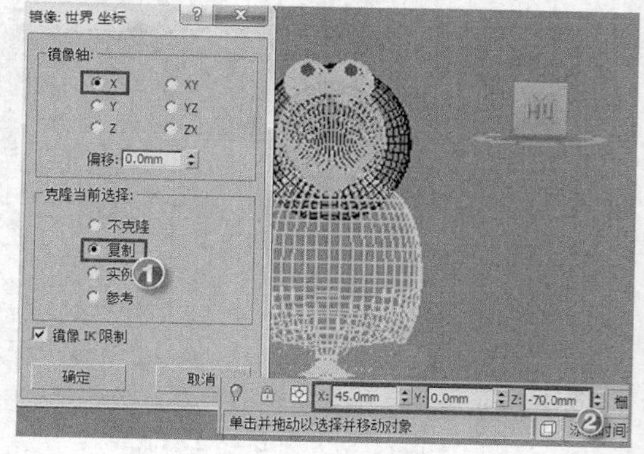

图2-123　复制脚

6.　创建翅膀。

(1)　创建球体，如图 2-124 所示。

①　在前视图中创建一个球体。

②　在【修改】面板中的【参数】卷展栏中设置【半径】为“50”，【分段】为“48”。

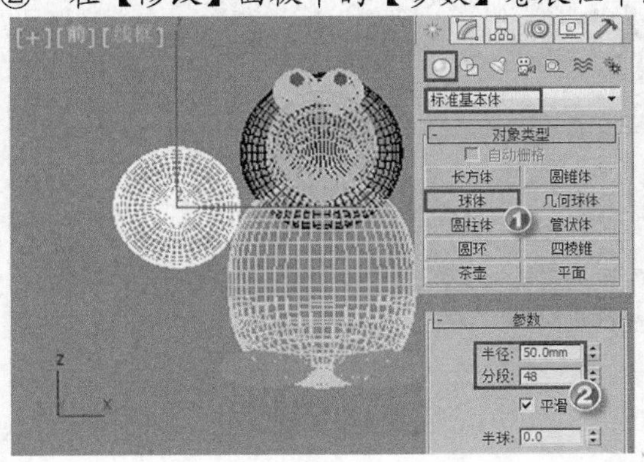

图2-124　创建球体

(2)　添加【FFD 3 × 3 × 3】修改器，如图 2-125 所示。

①　在【修改器列表】中选择【FFD 3 × 3 × 3】命令，添加【FFD 3 × 3 × 3】修改器。

②　展开【FFD 3 × 3 × 3】修改器，单击选择【控制点】选项。

③　在顶视图中依次框选左端 3 个控制点和右端 3 个控制点，然后向中间的控制点移动。

④　在左视图中依次框选左下端的控制点，然后调整其形状接近为翅膀。

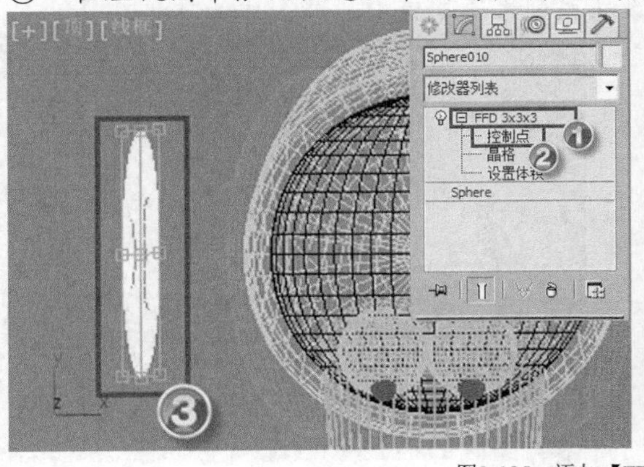

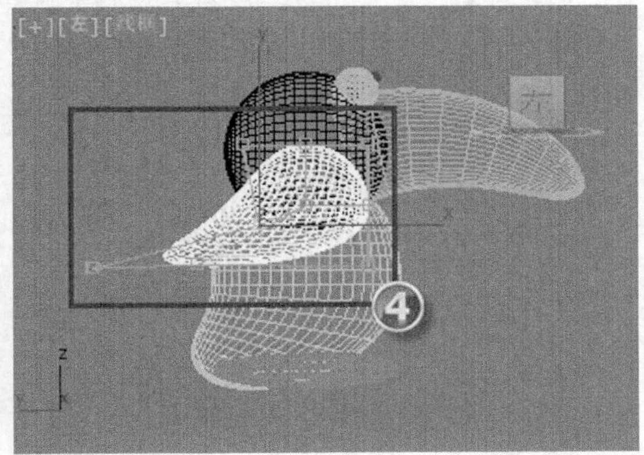

图2-125　添加【FFD 3×3×3】修改器

(3)　镜像复制翅膀，如图 2-126 所示。

①　退出【控制点】子对象层级，在【状态栏】面板设置翅膀坐标【X】为“-75”，【Y】为“5”，【Z】为“10”。

②　在工具栏中左键单击按钮，弹出【镜像:世界 坐标】对话框，在【镜像轴】分组框中选择【X】单选项，在【克隆当前选择】分组框中选择【复制】单选项，单击 确定 按钮，完成复制。

③　在【状态栏】面板中设置复制对象的坐标【X】为 75”，【Y】为“5”，【Z】为“10”。

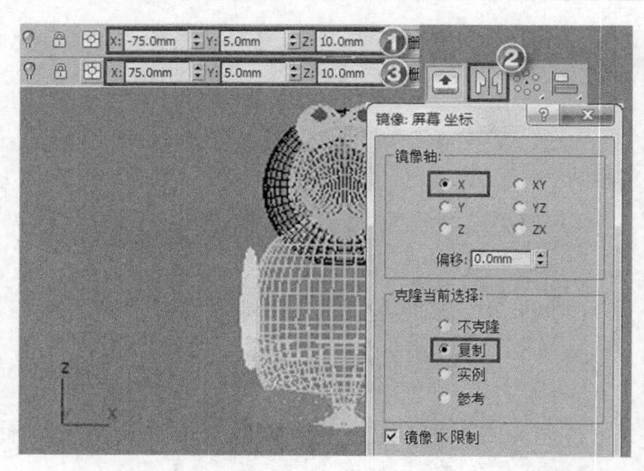

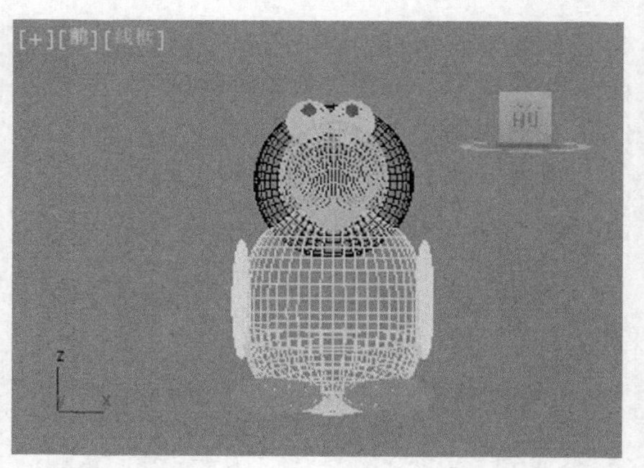

图2-126　镜像复制翅膀

7.　创建尾巴。

(1)　创建球体，如图 2-127 所示。

①　在前视图中创建一个球体。

②　在【修改】面板中的【参数】卷展栏中设置【半径】为“60”，【分段】为“48”。

(2)　添加【拉伸】修改器，如图 2-128 所示。

①　在【修改器列表】中选择【拉伸】命令，为球体添加【拉伸】修改器。

②　在【参数】卷展栏中设置【拉伸】/【拉伸】为“1”，【放大】为“1”。

③　展开【拉伸】修改器，进入【中心】子对象层级。

④　在左视图将弯曲的中心轴向右移动，使对象从左到右逐渐变小。

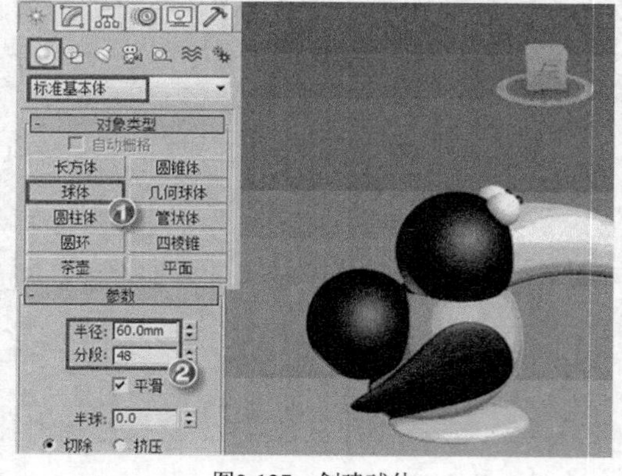

图2-127　创建球体

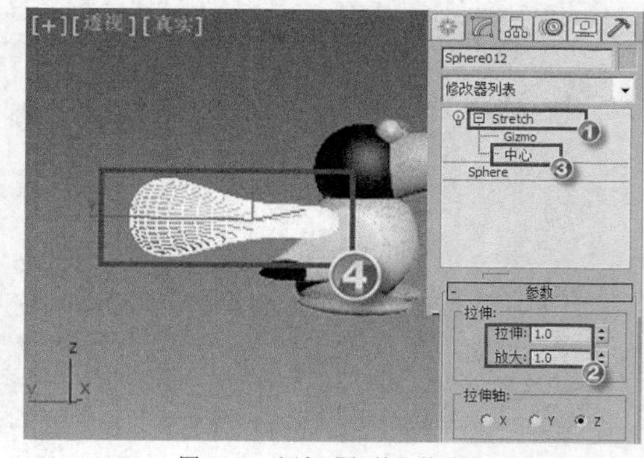

图2-128　添加【拉伸】修改器

(3)　添加【FFD 2 × 2 × 2】修改器，如图 2-129 所示。

①　在【修改器列表】中选择【FFD 2 × 2 × 2】命令，为尾巴添加【FFD 2 × 2 × 2】修改器。

②　展开【FFD 2 × 2 × 2】修改器，单击选择【控制点】选项。

③　在左视图中依次框选上端和下端的控制点，然后向中间移动。

(4)　旋转尾巴，如图 2-130 所示。

①　选中场景中的尾巴，在工具栏中右键单击按钮，弹出【旋转变换输入】对话框，设置【绝对:世界】/【X】为“160”。

②　在坐标栏中设置对象的坐标【X】为“-5”，【Y】为“100”，【Z】为“30”。

8.　设置企鹅各部分的颜色，最终效果如图 2-107 所示。

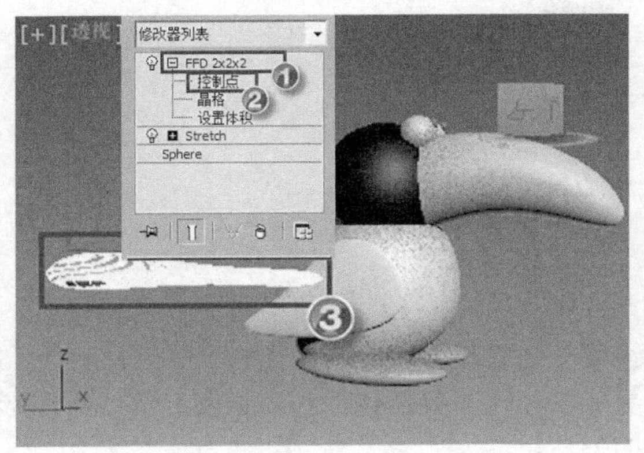

图2-129　添加【FFD 2×2×2】修改器

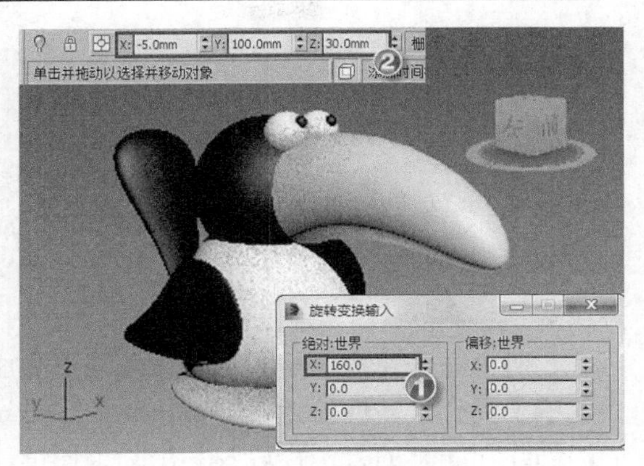

图2-130　旋转尾巴

2.3 思考题

1. 标准基本体有哪些类型，使用其建模有何特点？
2. 设置模型分段数时应注意什么问题？
3. 标准球体和几何球体在用法上有何不同？
4. 什么是修改器堆栈，有何用途？
5. 可以对一个对象使用多个修改器吗？
6. 为对象添加修改器的顺序不同，其结果会有区别吗？

第3章　二维建模

所为二维建模，是指利用二维图形生成三维模型的建模方法。二维建模是 3ds Max 2015 建模中具有技巧性的建模方法，能使三维设计更加多样化、灵活化。本章详细介绍二维图形的创建和编辑的方法，以及利用二维图形建模的方法。

3.1　创建和编辑二维图形

二维建模的主要流程：创建二维图形→编辑二维图形→将其转换为三维模型，如图 3-1 所示。因此，二维图形的创建和编辑是三维建模的基础。

图3-1　二维建模到三维建模的流程

3.1.1　知识解析——二维图形的应用

二维图形的创建是通过图形创建面板来完成的，如图 3-2 所示。使用面板上的工具按钮创建出来的对象都可以称为二维图形。

一、　二维图形的类型

3ds Max 2015 为用户提供的图形有基本二维图形和扩展二维图形两类。

(1)　基本二维图形。

基本二维图形是指一些几何形状图形对象，有线、矩形、圆、椭圆、弧、圆环、多边形、星形、文本、螺旋线和截面 11 种对象类型，如图 3-3 所示。

图3-2　图形创建面板

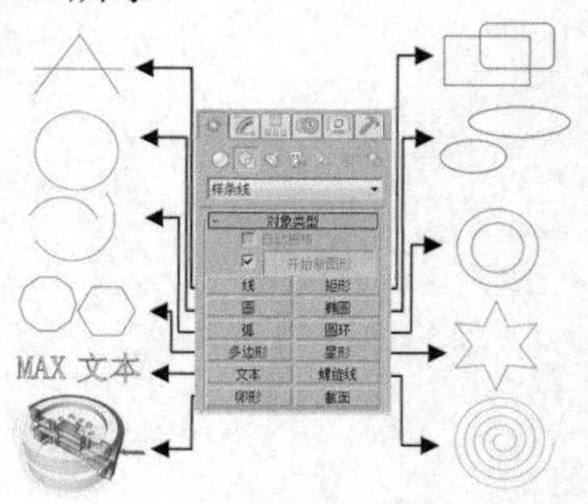

图3-3　基本二维图形

(2)　扩展二维图形。

扩展二维图形是对基本二维图形的一种补充，还包括 NURBS 曲线和扩展样条线两类，如图 3-4 和图 3-5 所示。

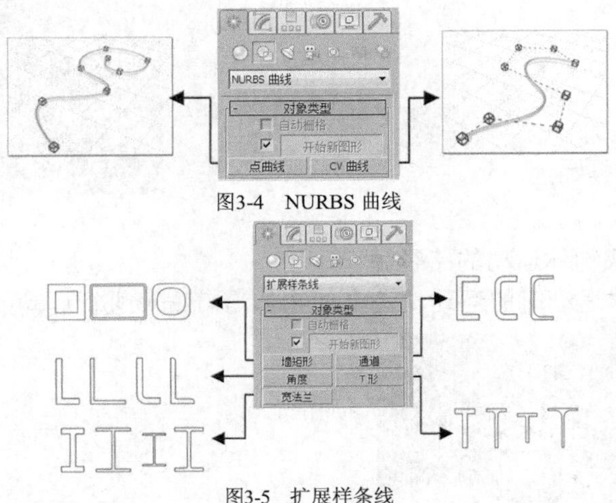

图3-4　NURBS 曲线

图3-5　扩展样条线

二、　二维图形的应用

二维图形在 3ds Max 2015 中的应用主要有以下 4 个方面。

(1)　作为平面和线条物体。

对于封闭图形，可以添加【编辑网格】修改器将其变为无厚度的薄片物体，用作地面、文字图案和广告牌等，如图 3-6 所示，还可以对其进行点面设置，产生曲面造型。

图3-6　添加【编辑网格】修改器制作广告牌

(2)　作为【挤出】、【车削】和【倒角】等修改器加工成型的截面图形。

- 【挤出】修改器可以将图形增加厚度，产生三维框，如图 3-7（a）所示。
- 【车削】修改器可以将曲线进行中心旋转放样，产生三维模型，如图 3-7（b）所示。
- 【倒角】修改器可以将二维图形进行挤出成型的同时在边界上加入线性或弧形倒角，从而创建带倒角的三维模型，如图 3-7（c）所示。

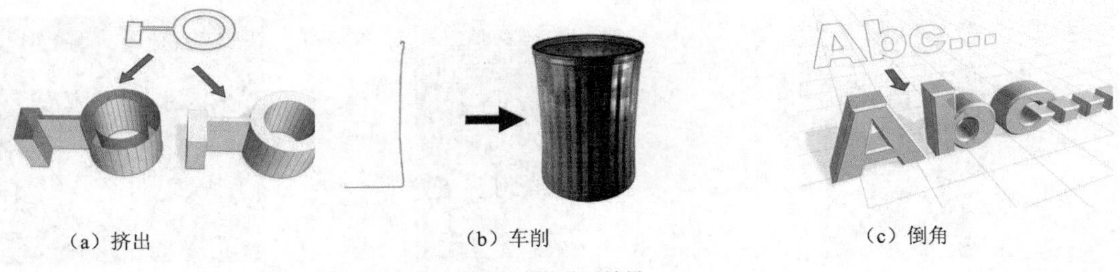

（a）挤出　　（b）车削　　（c）倒角

图3-7　应用修改器的前后效果

(3) 作为放样功能的截面和路径。

在放样过程中，图形可以作为路径和截面图形来完成放样造型，如图 3-8 所示。

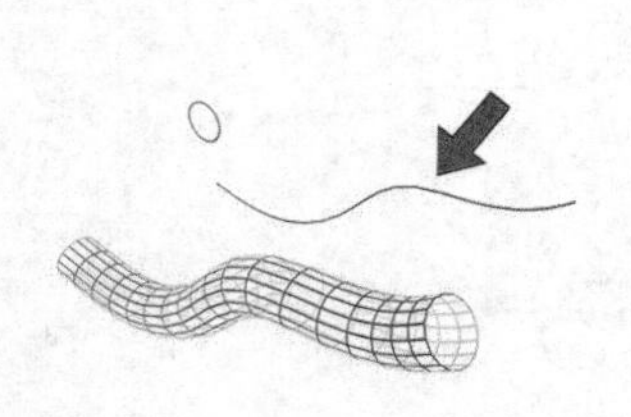

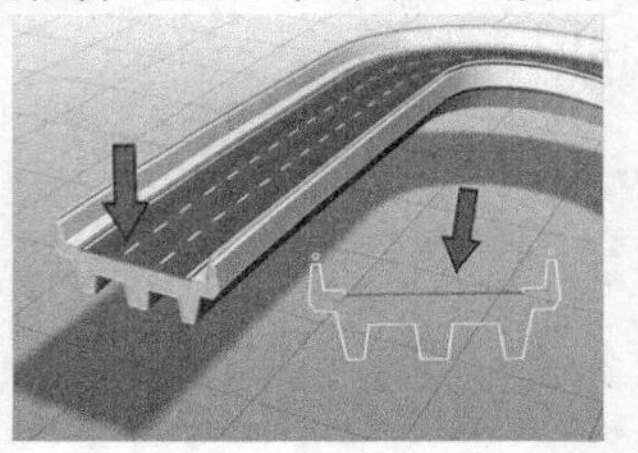

图3-8 放样造型

(4) 作为摄影机或物体运动的路径。

图形可以作为物体运动时的运动轨迹，使物体沿着线形进行运动，如图 3-9 所示。

图3-9 路径约束动画效果

三、 二维图形的创建方法

二维图形的创建方法和基本体的创建方法相似，都是通过鼠标左键的操作来进行的。下面介绍 3 种典型的二维图形的创建方法，其他类型可依此类推。

(1) 创建线。

线条是通过 线 工具绘制而成的，其创建步骤如下。

- 单击 按钮，切换到【创建】面板，单击 按钮，切换到【图形】面板，单击 线 按钮，即可选中【线】工具，如图 3-10 所示。
- 在【图形】面板中展开【创建方法】卷展栏。在【初始类型】分组框中选中【角点】单选项，在【拖动类型】分组框中选中【角点】单选项，如图 3-11 所示。
- 在视口中单击鼠标左键确定线条的第 1 个顶点，移动鼠标到另一个位置，单击鼠标左键创建第 2 个顶点，继续移动鼠标到另一个位置，再单击鼠标左键创建第 3 个顶点甚至更多点，最后单击鼠标右键即可结束样条线的创建，如图 3-12 所示。

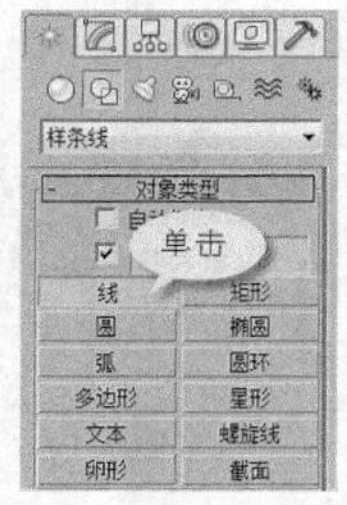

图3-10 图形创建面板

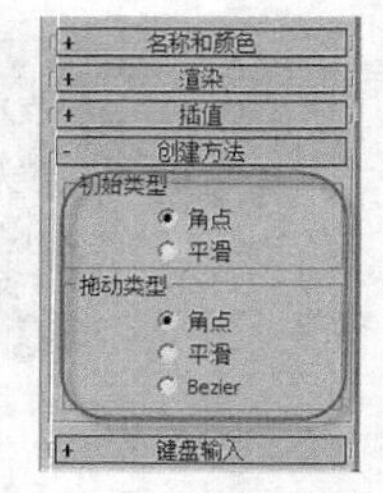

图3-11 展开【创建方法】卷展栏

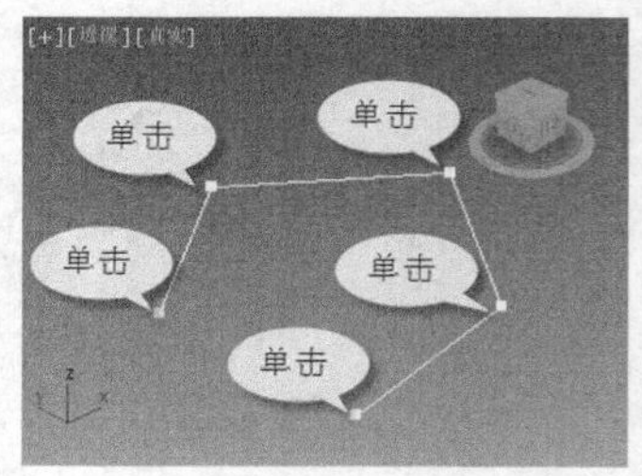

图3-12 绘制线条

要点提示 【初始类型】分组框主要用于设置线条类型，例如：【角点】对应直线，【平滑】对应曲线，如图 3-13 所示。【拖动类型】分组框主要是单击并按住鼠标左键拖曳时引出的曲线类型，包括【角点】、【平滑】和【Bezier】3 种。Bezier 曲线是最优秀的曲度调节方式，它通过两个手柄来调节曲线的弯曲。

要点提示 在绘制线条时，当线条的终点与起始点重合时，系统会弹出【样条线】对话框，如图 3-14 所示。单击 是(Y) 按钮即可创建一个封闭的图形。如果单击 否(N) 按钮，则继续创建线条。在绘制样条线时，按住 Shift 键可绘制直线。

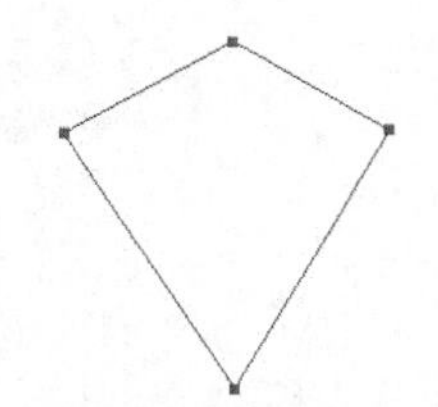

(a) 选择【角点】单选项

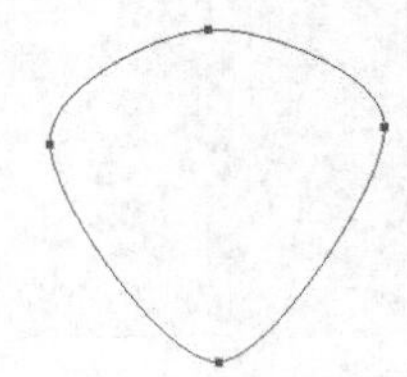

(b) 选择【平滑】单选项

图3-13　设置不同参数的绘制效果

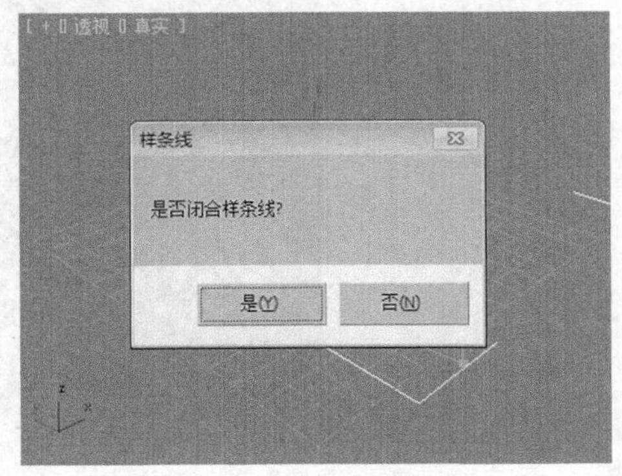

图3-14　【样条线】对话框

(2)　创建矩形。

矩形是通过 矩形 工具绘制而成的，其创建步骤如下。

- 单击 按钮切换到【创建】面板，单击 按钮切换到【图形】面板。单击 矩形 按钮，即可选中【矩形】工具。
- 在场景中按住鼠标左键并拖曳鼠标，即可创建矩形，如图 3-15 所示。
- 单击选中场景中的矩形，单击 按钮切换到【修改】面板。在【参数】卷展栏中设置【长度】为“150”，【宽度】为“200”，【角半径】为“20”，如图 3-16 所示。

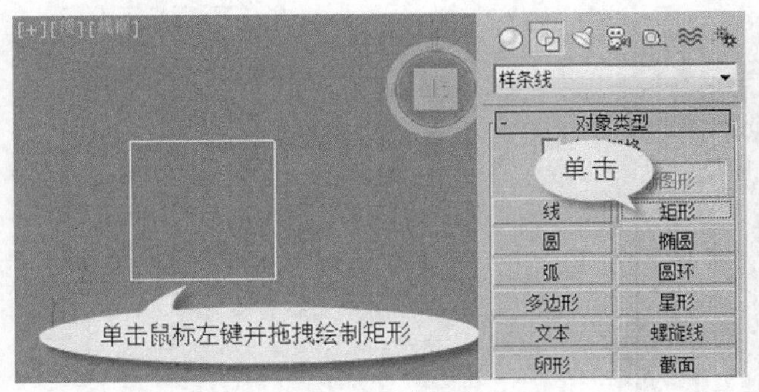

图3-15　创建矩形

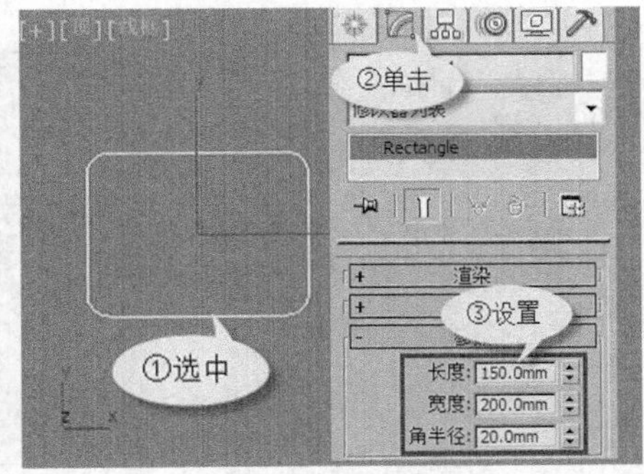

图3-16　设置矩形参数

(3)　创建二维复合图形。

使用二维图形工具创建的图形默认情况下是相互独立的，在建模过程经常会遇到用一些基本的二维图形来组合创建曲线，然后进行一系列剪辑等操作来满足用户的要求，此时就需要创建二维复合图形，其创建步骤如下。

- 单击 按钮切换到【创建】面板，单击 按钮切换到【图形】面板。
- 在【对象类型】卷展栏中取消对【开始新图形】复选项的选中状态。
- 在场景中绘制多个图形，此时绘制的图形会成为一个整体，它们共用一个轴心点，如图 3-17 所示。

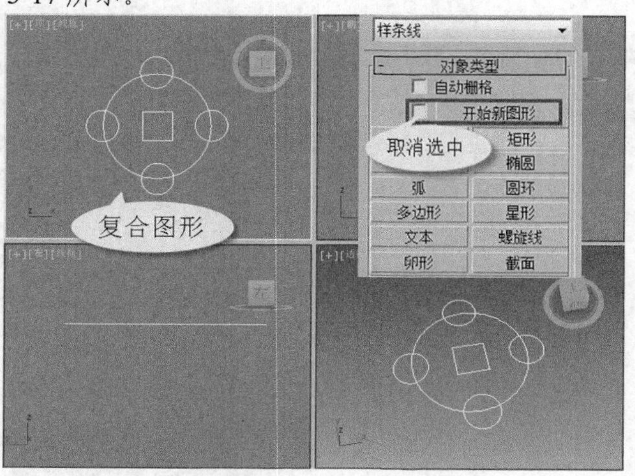

图3-17 创建复合图形

当需要重新创建独立图形时，需要重新选中【开始新图形】复选项。复合图形的线条通常具有相同的颜色，这是区分复合图形与其他独立图形最简易的方法。

四、 常用二维修改器的用法

下面介绍 3 种常用二维修改器的用法。

(1) 【车削】修改器。

【车削】修改器可以通过旋转二维图形产生三维模型，其效果如图 3-18 所示。

将修改器堆栈中的【车削】修改器展开后，在“轴”层级上可以进行变换和设置绕轴旋转动画，同时也可以通过调整车削参数改变造型外观，如图 3-19 所示。

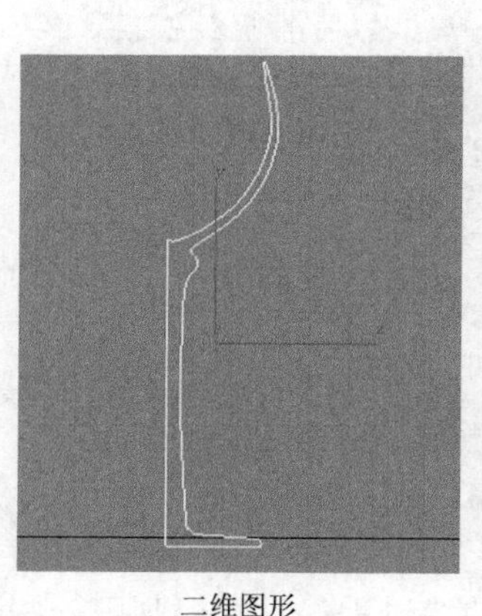

二维图形

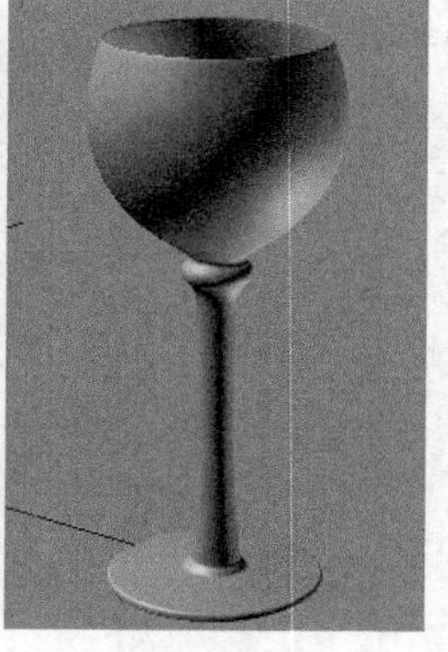

添加【车削】修改器

图3-18 车削效果

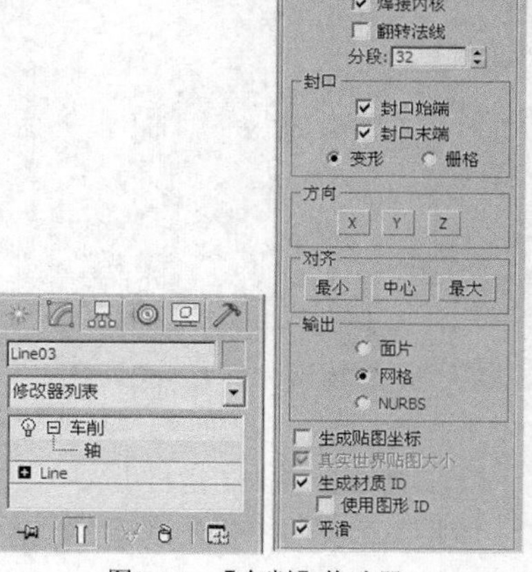

图3-19 【车削】修改器

在【参数】卷展栏中，可以设置【度数】、【封口】、【方向】、【对齐】等参数，常用的参数及功能如表 3-1 所示。

表 3-1　　　　　　　　　　**【车削】修改器中常用的参数及功能**

参数	功能
度数	设置旋转成型的角度，360° 为一个完整环形，小于 360° 为不完整的扇形
焊接内核	将中心轴向上重合的点进行焊接精减，以得到结构相对简单的造型，如果要作为变形物体，就不能选择此复选项
翻转法线	将造型表面的法线方向反转
分段	设置旋转圆周上的片段划分数，值越高，造型越光滑
封口始端	将顶端加面覆盖
封口末端	将底端加面覆盖
变形	不进行面的精简计算，以便用于变形动画的制作
栅格	进行面的精简计算，不能用于变形动画的制作
方向	设置旋转中心轴的方向。【X】/【Y】/【Z】分别用于设置不同的轴向
对齐	设置图形与中心轴的对齐方式。【最小】是将曲线内边界与中心轴对齐；【中心】是将曲线中心与中心轴对齐，【最大】是将曲线外边界与中心轴对齐

(2)　【倒角】修改器。

【倒角】修改器的作用是对二维图形进行挤出成型，并且在挤出的同时，在边界上加入线性或弧形倒角，主要用于对二维图形进行三维化操作，如图 3-20 所示。

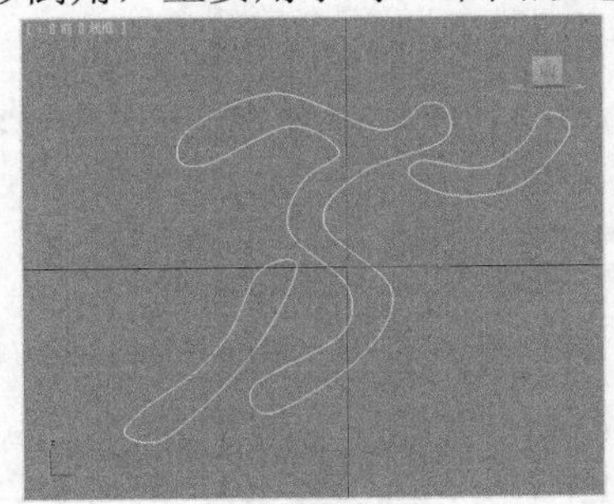

二维图形

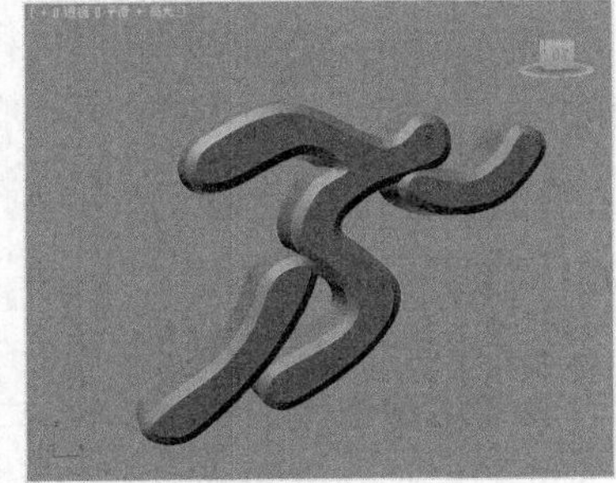

添加【倒角】修改器

图3-20　倒角效果

【倒角】修改器包含【参数】和【倒角值】两个卷展栏，如图 3-21 所示。

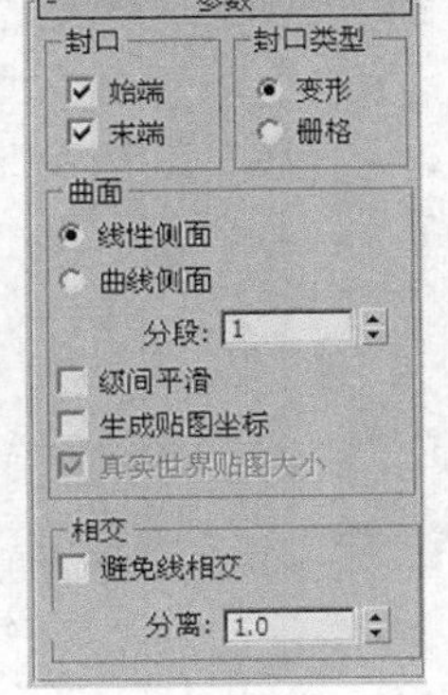

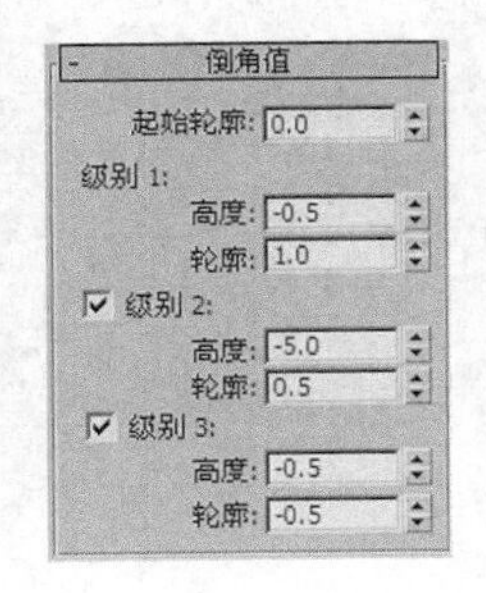

图3-21　【倒角】修改器

【倒角】修改器中常用参数的功能如表 3-2 所示。

表 3-2　　【倒角】修改器中常用的参数及功能

参数	功能
封口	对造型两端进行加盖控制，如果两端都加盖处理，则为封闭实体
始端	将开始截面封顶加盖
末端	将结束截面封顶加盖
封口类型	设置顶端表面的构成类型
变形	不处理表面，以便进行变形操作，制作变形动画
栅格	进行线面网格处理，它产生的渲染效果要优于【变形】方式
曲面	控制侧面的曲率、光滑度及指定贴图坐标
线性侧面	设置倒角内部片段划分为直线方式
曲线侧面	设置倒角内部片段划分为弧形方式
分段	设置倒角内部片段划分数，多的片段划分主要用于弧形倒角
级间平滑	控制是否将平滑组应用于倒角对象侧面。封口会使用与侧面不同的平滑组。启用此项后，对侧面应用平滑组，侧面显示为弧状。禁用此项后不应用平滑组，侧面显示为平面倒角
避免线相交	对倒角进行处理，但总保持顶盖不被光滑处理，防止轮廓彼此相交。它通过在轮廓中插入额外的顶点并用一条平直的线覆盖锐角来实现
分离	设置边之间所保持的距离。最小值为“0.01”
起始轮廓	设置原始图形的外轮廓大小，如果它为“0”时，将以原始图形为基准，进行倒角制作
级别 1、级别 2、级别 3	分别设置 3 个级别的【高度】和【轮廓】大小

(3)　【挤出】修改器。

【挤出】修改器的作用是将一个二维图形挤出一定的厚度，使其成为三维物体，使用该命令的前提是制作的造型必须由上到下具有一致的形状，如图 3-22 所示。

【挤出】修改器的【参数】卷展栏中包括图 3-23 所示的数量、分段等参数，常用的参数及功能如表 3-3 所示。

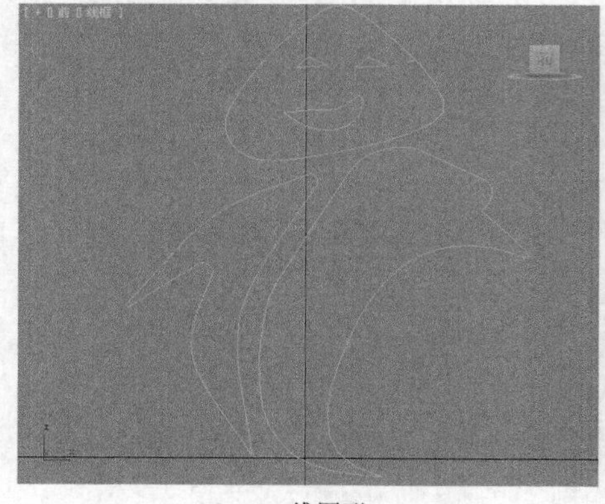

二维图形

添加【挤出】修改器

图3-22　挤出效果

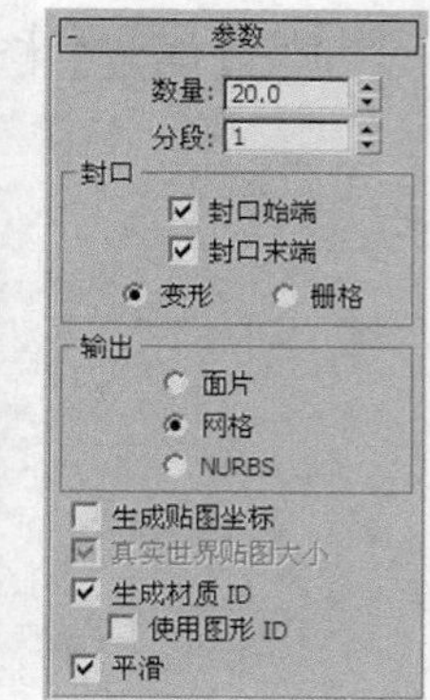

图3-23　【参数】卷展栏

表 3-3　　【挤出】修改器中常用的参数及功能

参数	功能
数量	设置挤出的深度
分段	设置挤出厚度上的片段划分数
封口始端	在顶端加面封盖物体
封口末端	在底端加面封盖物体
变形	用于变形动画的制作，保证点面恒定不变
栅格	对边界线进行重排列处理，以最精简的点面数来获取优秀的造型
面片	将挤出物体输出为面片模型，可以使用【编辑面片】修改器
网格	将挤出物体输出为网格模型
NURBS	将挤出物体输出为 NURBS 模型
生成材质 ID	对顶盖指定 ID 号为“1”，对底盖指定 ID 号为“2”，对侧面指定 ID 号为“3”
使用图形 ID	使用样条曲线中为【分段】和【样条线】分配的材质 ID 号
平滑	应用光滑到挤出模型

3.1.2　学以致用——制作“中式屏风”

本例通过绘制多个样条线，并对样条线进行修剪，然后添加【挤出】修改器来制作屏风的外形。本案例主要讲解了二维图形的绘制和调整方法与技巧。最终效果如图 3-24 所示。

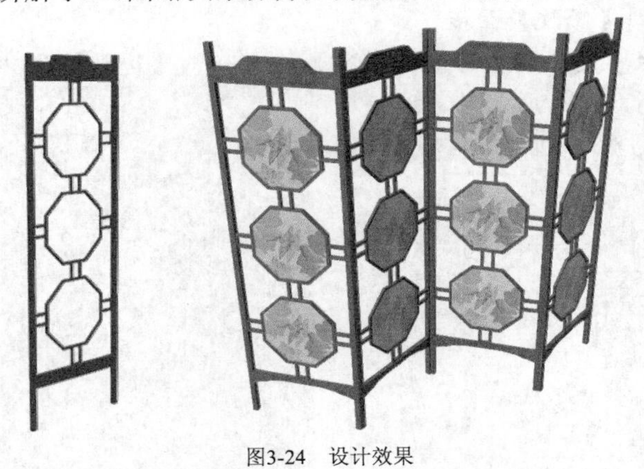

图3-24　设计效果

【操作步骤】

1. 制作屏风的支架。

(1) 创建矩形，如图 3-25 所示。

① 运行 3ds Max 2015，单击按钮切换到【创建】面板。

② 单击按钮切换到【图形】面板。

③ 单击 矩形 按钮。

④ 在前视图中按住鼠标左键并拖曳鼠标，创建一个矩形。

(2) 设置矩形参数，如图 3-26 所示。

① 选中创建的矩形。

② 单击按钮切换到【修改】面板。

③ 在【参数】卷展栏中设置矩形的【长度】为“220”,【宽度】为“10”。

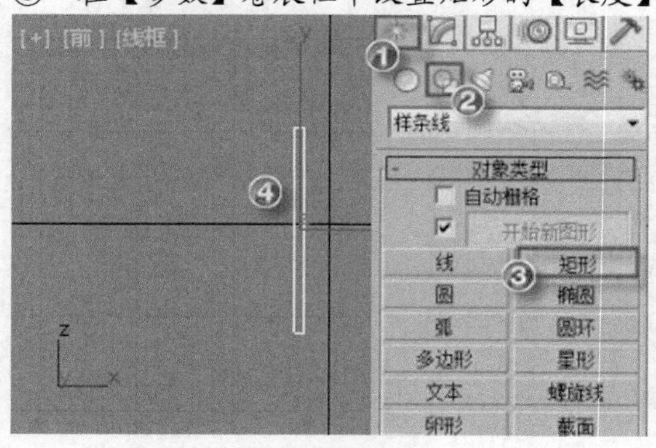

图3-25 创建矩形

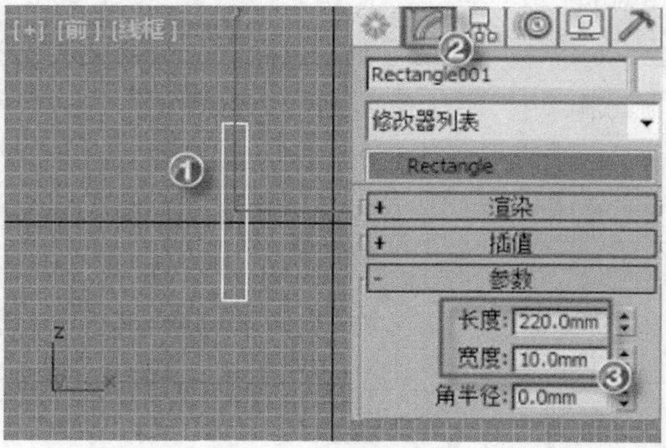

图3-26 设置矩形参数

(3) 创建多边形,如图 3-27 所示。

① 单击按钮切换到【创建】面板。

② 单击按钮切换到【图形】面板。

③ 单击 多边形 按钮。

④ 在前视图中创建一个多边形。

(4) 设置多边形参数,如图 3-28 所示。

① 选中创建的多边形。

② 单击按钮切换到【修改】面板。

③ 在【参数】卷展栏中设置多边形的【半径】为“30”,【边数】为“8”。

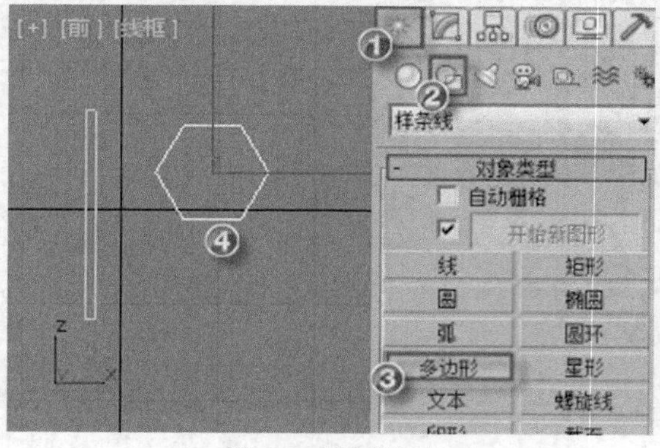

图3-27 创建多边形

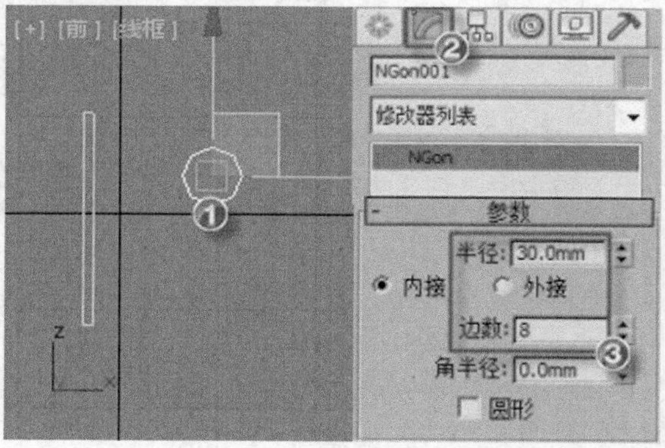

图3-28 设置多边形参数

(5) 旋转多边形,如图 3-29 所示。

① 选中场景中的多边形。

② 在【工具栏】面板上单击按钮。

③ 旋转多边形,使其底边平行于水平面。

(6) 对齐多边形,如图 3-30 所示。

① 选中场景中的多边形。

② 在【工具栏】面板上单击按钮。

③　单击拾取前面绘制的矩形，即可弹出【对齐当前选择】对话框。

④　在【对齐当前选择】对话框中勾选 X 位置　Y 位置　Z 位置选项，点选【当前对象】选项下的 轴点 选项和【目标对象】选项下的 轴点 选项。

⑤　单击 确定 按钮，使多边形对齐到矩形的中心。

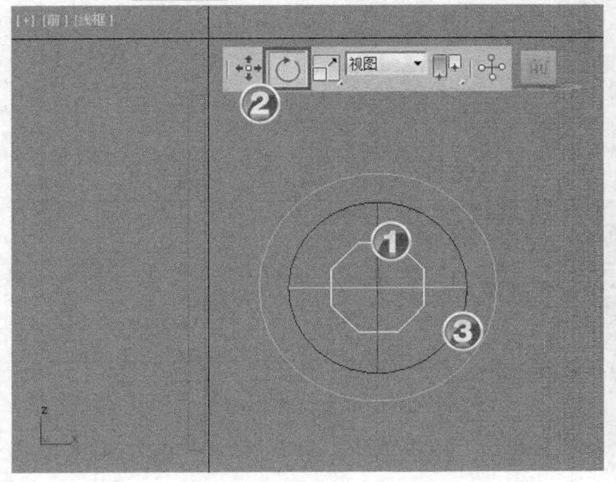

图3-29　旋转多边形

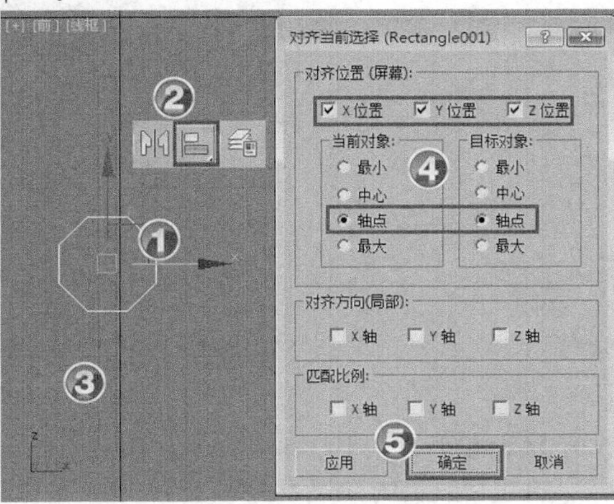

图3-30　对齐多边形

(7)　复制多边形，如图 3-31 所示。

①　选中场景中的多边形。

②　按住 Shift 向上移动多边形，即可弹出【克隆选项】对话框。

③　在【克隆选项】对话框中点选 复制 选项。

④　在【克隆选项】对话框中设置【副本数】为“2”。

⑤　单击 确定 按钮，完成复制。

⑥　移动 3 个多边形，使其在矩形上分布间隔相等。

(8)　再次创建矩形，如图 3-32 所示。

①　按照上面的方法在前视图中创建一个矩形。

②　在【参数】卷展栏设置矩形的【长度】为“10”，【宽度】为“80”。

③　让矩形对齐多边形的中心。

④　复制出 2 个矩形，并分别对齐到另外两个多边形的中心。

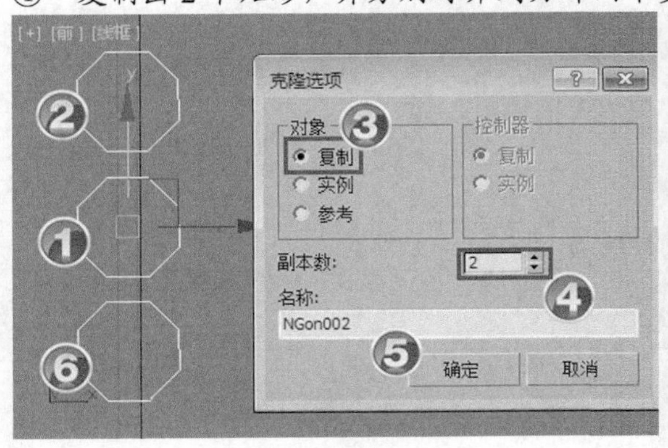

图3-31　复制矩形

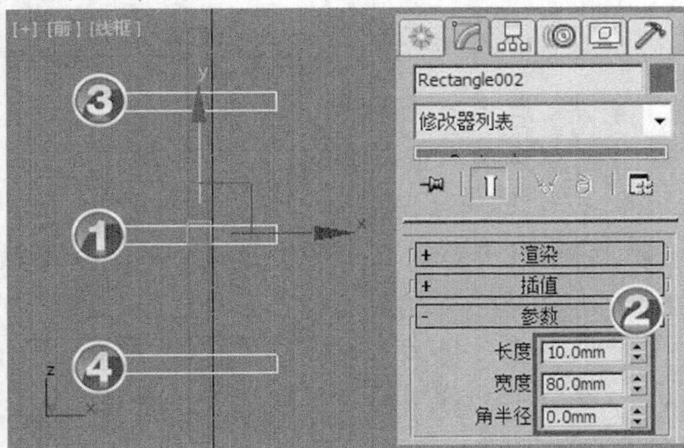

图3-32　再次创建矩形

(9)　转换为可编辑样条线，如图 3-33 所示。

① 选中图 3-25 中创建的矩形。

② 单击鼠标右键，在弹出的快捷菜单中选择【转换为可编辑样条线】命令，将矩形转换为可编辑样条线。

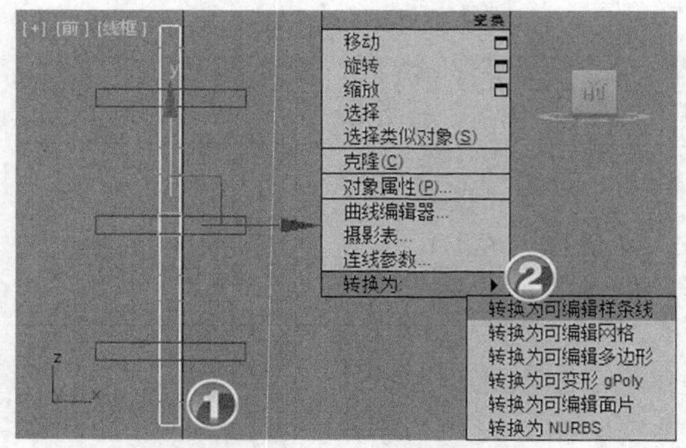

图3-33 转换为可编辑样条线

(10) 附加矩形，如图 3-34 所示。

① 选中转换为可编辑样条线的矩形。

② 单击按钮切换到【修改】面板。

③ 在【几何体】卷展栏中单击 附加多个 按钮，弹出【附加多个】对话框。

④ 在【附加多个】对话框中按住 Shift 键选中所有的对象。

⑤ 单击 附加 按钮，将所有的图形附加在一起。

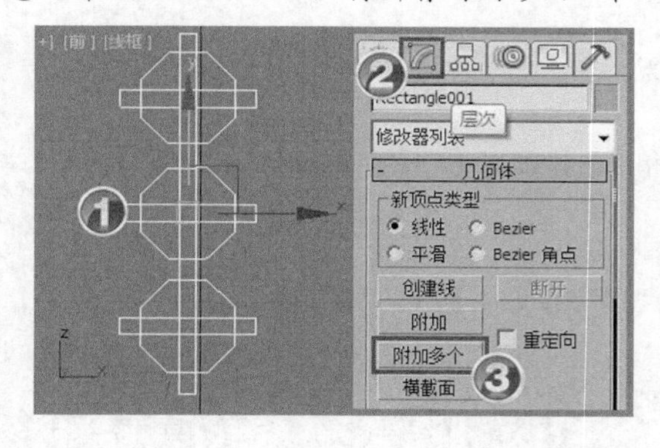

图3-34 附加矩形

(11) 修剪样条线，如图 3-35 所示。

① 选中场景中的样条线。

② 单击按钮切换到【修改】面板。

③ 单击展开修改器堆栈中的【可编辑样条线】选项。

④ 选择【样条线】子对象层级。

⑤ 单击【几何体】卷展栏中的 修剪 按钮。

⑥ 逐个单击剪切掉中间部分的样条线。

(12) 制作轮廓，如图 3-36 所示。

① 在场景框选所有的样条线。

② 在【几何体】卷展栏中设置【轮廓】值为“2”。

③　单击【几何体】卷展栏中的 轮廓 按钮，即可创建轮廓。

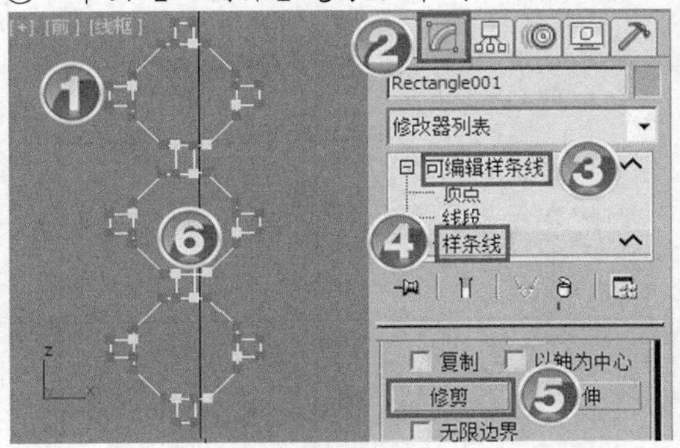

图3-35　修剪样条线

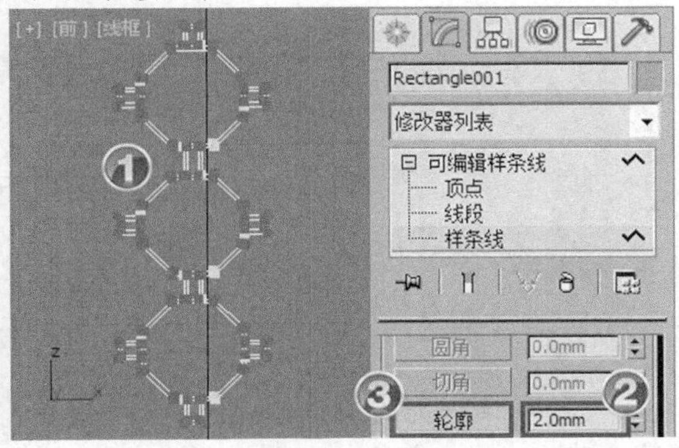

图3-36　制作轮廓

(13) 挤出图形，如图 3-37 所示。

①　将视图上的对象命名为"支架"。

②　在【修改器列表】中选择【挤出】命令，为"支架"添加【挤出】修改器。

③　在【参数】卷展栏中设置【数量】为"2"。

2.　制作屏风的左右轮廓。

(1)　创建长方体，如图 3-38 所示。

①　单击按钮切换到【创建】面板。

②　单击按钮切换到【标准基本体】面板。

③　单击 长方体 按钮。

④　在前视图中创建一个长方体。

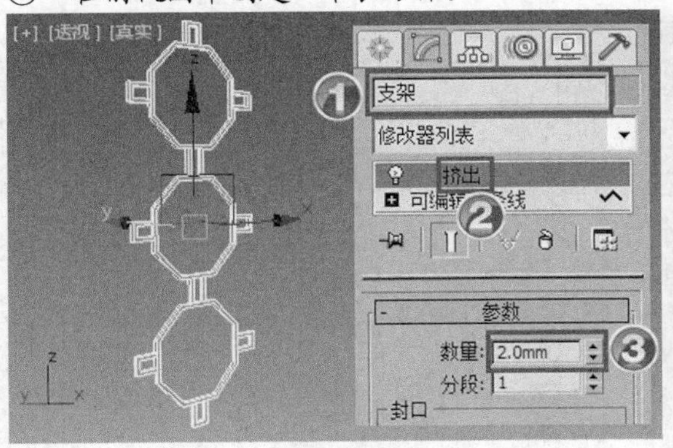

图3-37　挤出图形

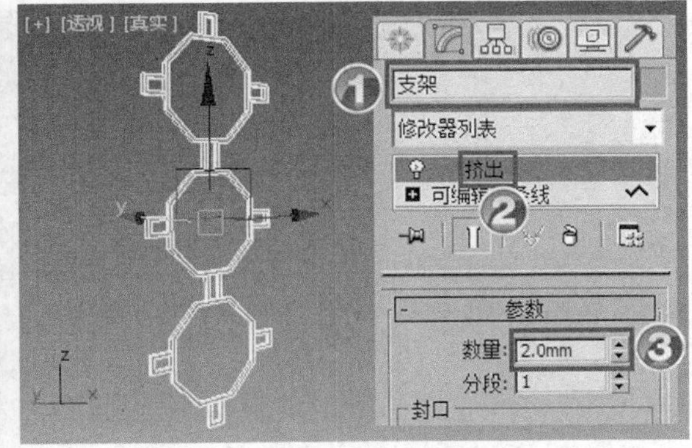

图3-38　创建长方体

(2)　设置长方体参数并复制矩形，如图 3-39 所示。

①　选中创建的长方体。

②　单击按钮切换到【修改】面板。

③　在【参数】卷展栏中设置长方体的【长度】为"280"，【宽度】为"4"，【高度】为"4"。

④　将长方体移至支架的边缘，然后复制出一个长方体，移至支架的另一边的边缘。

(3)　创建矩形并转换可编辑样条线，如图 3-40 所示。

①　在前视图中创建一个矩形，并移至支架的顶部。

②　在【参数】卷展栏设置矩形的【长度】为"10"，【宽度】为"80"。

③ 选中矩形，单击鼠标右键，在弹出的快捷菜单中选择【可编辑样条线】命令，将矩形转换为可编辑样条线。

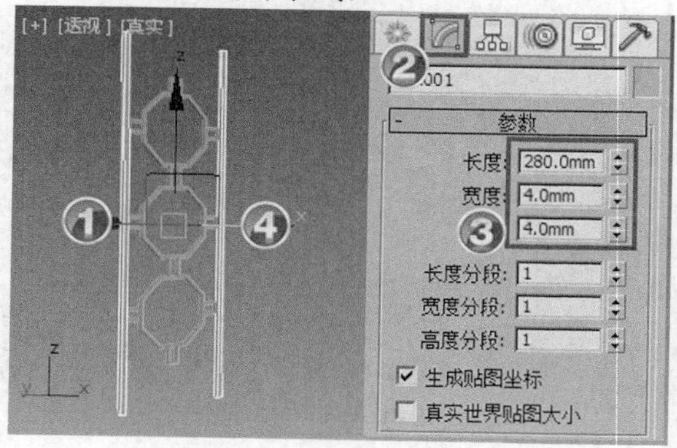

图3-39 设置长方体参数并复制矩形

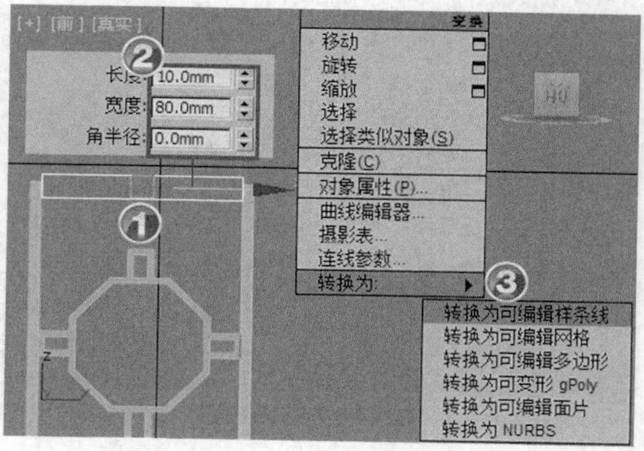

图3-40 创建矩形并转换为可编辑样条线

(4) 添加顶点，如图 3-41 所示。

① 选中转换后的可编辑样条线。

② 单击 按钮切换到【修改】面板。

③ 展开【可编辑样条线】选项，进入【顶点】子对象层级。

④ 在【几何体】卷展栏中单击 优化 按钮。

⑤ 在矩形上边上单击添加 4 个顶点。

(5) 调整矩形形状，如图 3-42 所示。

① 框选中间的两个顶点。

② 拖动鼠标向上移动选中的顶点。

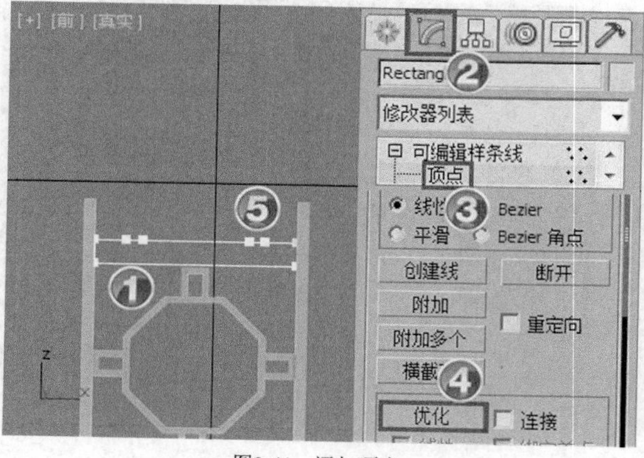

图3-41 添加顶点

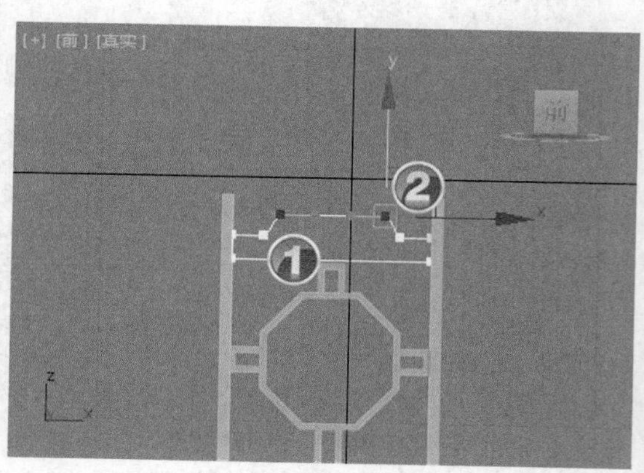

图3-42 调整矩形形状

(6) 挤出图形，如图 3-43 所示。

① 选中调整后的矩形。

② 在【修改】面板中添加【挤出】修改器。

③ 在【参数】卷展栏中设置【数量】为“3”。

(7) 创建矩形，如图 3-44 所示。

① 在前视图中创建一个矩形，并移至支架的底部。

② 在【参数】卷展栏设置矩形的【长度】为“10”，【宽度】为“80”。

③　选中矩形，单击鼠标右键，在弹出的快捷菜单中选择【可编辑样条线】命令，将矩形转换为可编辑样条线。

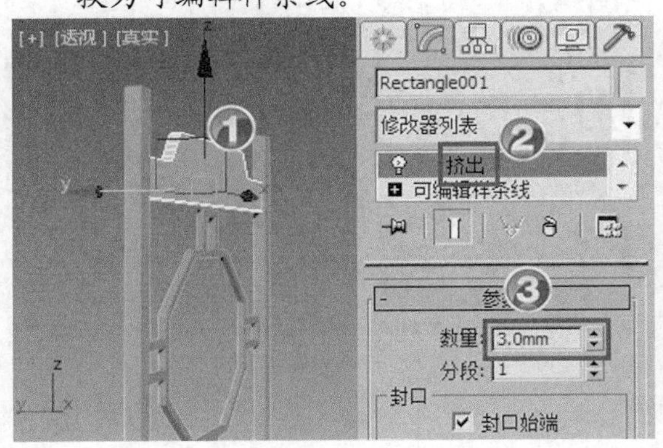

图3-43　挤出图形

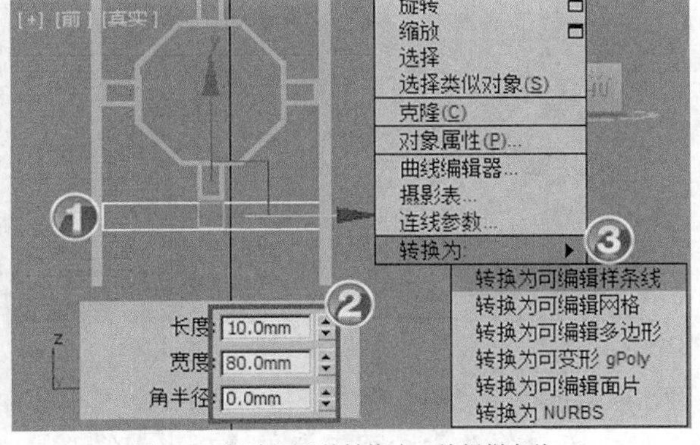

图3-44　创建矩形并转换为可编辑样条线

(8)　添加顶点，如图 3-45 所示。

①　选中转换后的可编辑样条线。

②　单击按钮切换到【修改】面板。

③　展开【可编辑样条线】选项，进入【顶点】子对象层级。

④　单击【几何体】卷展栏中的 优化 按钮。

⑤　在矩形底边单击添加 6 个顶点。

(9)　逐个选中添加的顶点，然后向上移动，使其形成阶梯状，如图 3-46 所示。

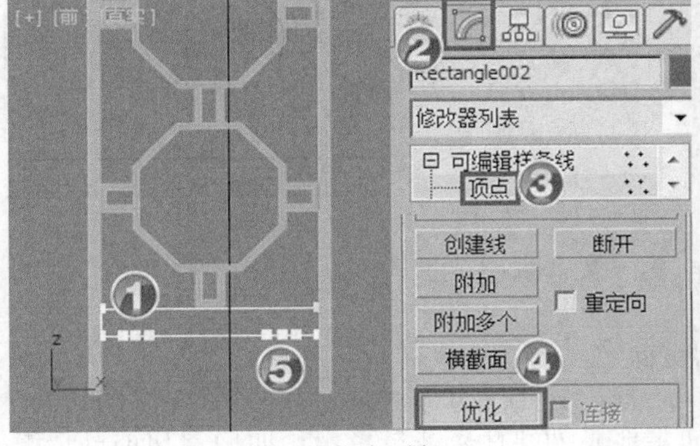

图3-45　添加顶点

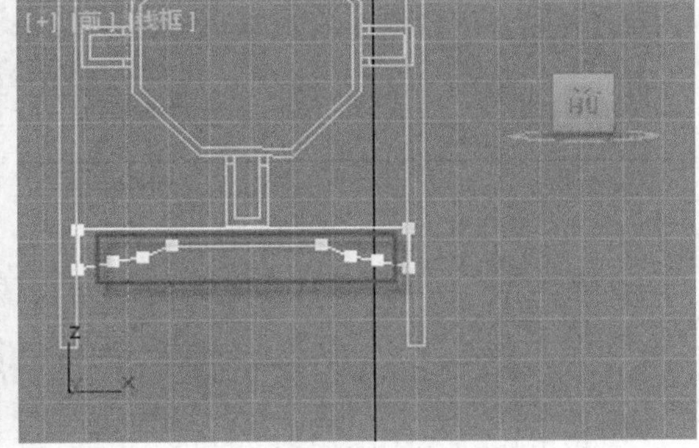

图3-46　调整矩形形状

(10) 挤出图形，如图 3-47 所示。

①　选中上一步创建的矩形。

②　在【修改】面板中添加【挤出】修改器。

③　在【参数】卷展栏中设置【数量】为“3”。

3.　制作画布。

(1)　创建多边形，如图 3-48 所示。

①　在前视图中创建一个多边形。

②　单击按钮切换到【修改】面板。

③　在【参数】卷展栏设置多边形的【半径】为“28”,【边形】为“8”。

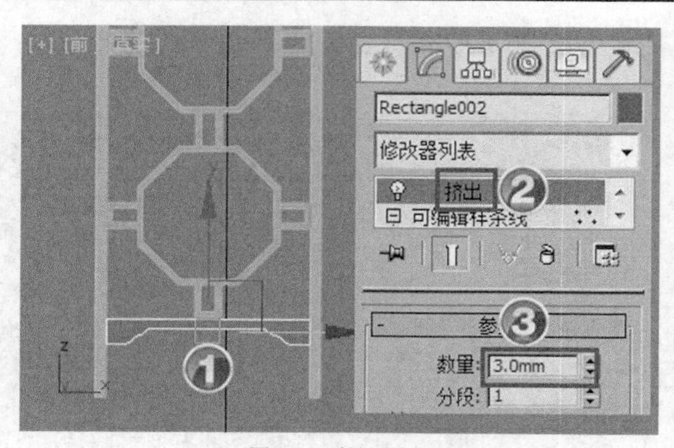

图3-47 挤出图形

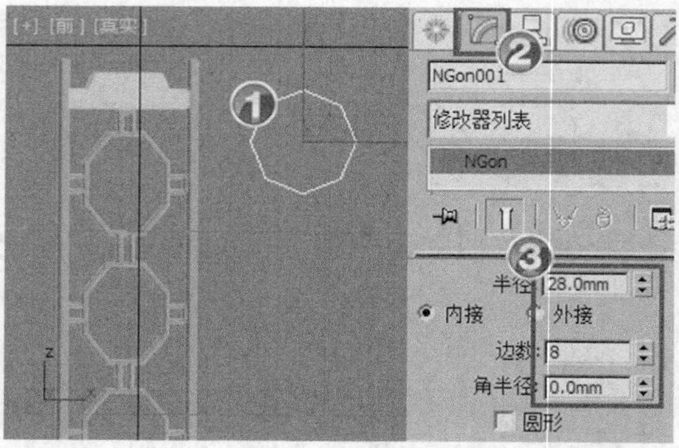

图3-48 创建多边形

(2) 挤出多边形，如图 3-49 所示。

① 在【修改】面板中添加【挤出】修改器。

② 在【参数】卷展栏中设置【数量】为“0.5”。

③ 复制出两个多边形，并分别将 3 个多边形放置到支架的 3 个方框中。

(3) 将创建好的屏风进行复制，然后组合到一起，如图 3-50 所示。

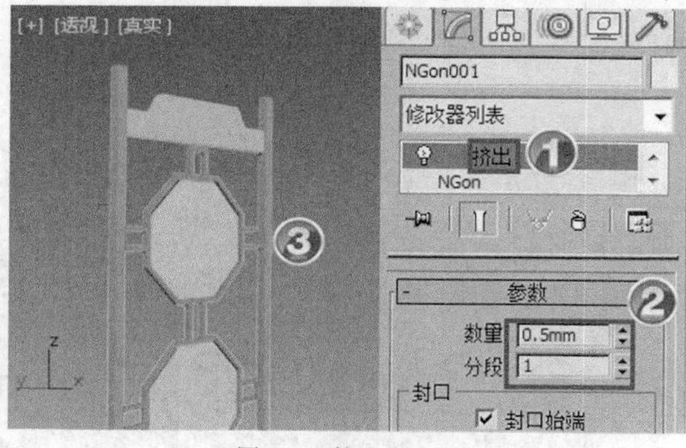

图3-49 挤出多边形

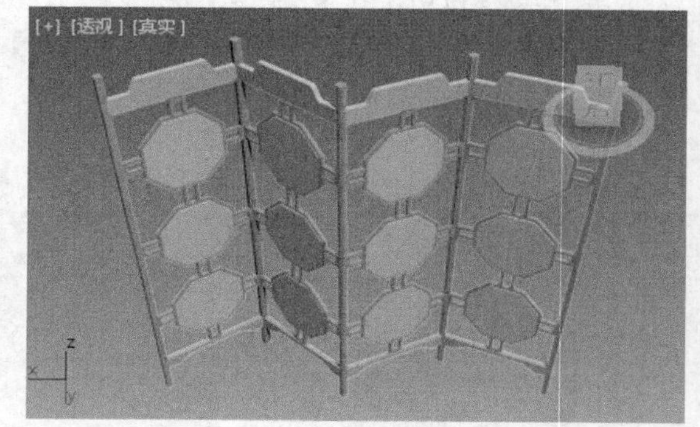

图3-50 复制屏风

(4) 按 Ctrl + S 组合键保存场景文件到指定目录，本案例制作完成。

3.1.3 举一反三——制作“古典折扇”

折扇是由扇面、扇骨和销钉构成的。扇面是通过创建样条线后挤出，而扇骨和销钉是用基本体制作而成。本实例重点讲解样条线的创建和修改，最终效果如图 3-51 所示。

图3-51 设计效果

【操作步骤】

1. 制作扇面。

(1) 创建样条线，如图 3-52 所示。

① 运行 3ds Max 2015，单击按钮切换到【创建】面板，单击按钮进入【图形】面板，单击 线 按钮。

② 展开【键盘输入】卷展栏，设置【X】的值为“-100”，【Y】和【Z】的值都为“0”，单击 添加点 按钮，即可创建一个顶点。

③ 重新设置【X】的值为“100”，【Y】和【Z】的值都为“0”，单击 添加点 按钮，即可创建第 2 个点，单击 完成 按钮，即可创建一条长 200 的线条。

(2) 显示顶点编号，如图 3-53 所示。

① 选中场景中的线条，单击按钮切换到【修改】面板。

② 展开修改器堆栈，选择【线段】子对象层级。

③ 在【选择】卷展栏的【显示】分组框中选择【显示顶点编号】复选项。

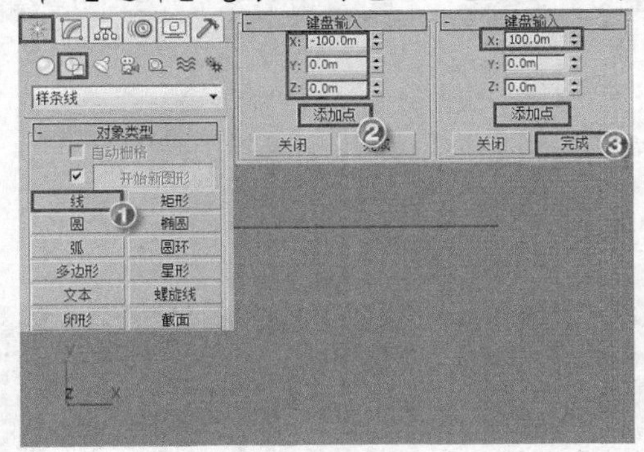

图3-52　创建样条线

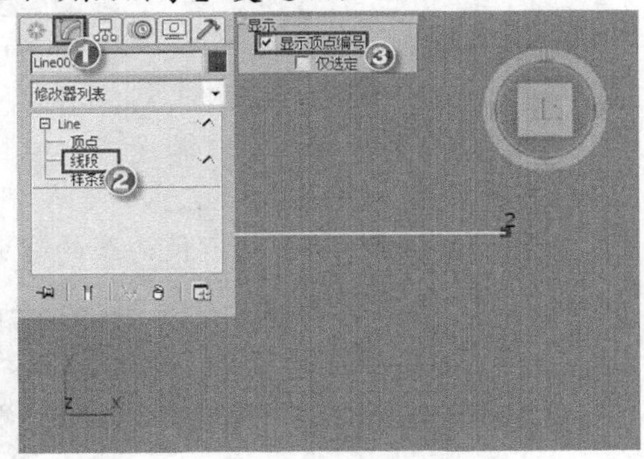

图3-53　显示顶点编号

显示顶点编号是为了让操作对象更加直接、清晰。

(3) 拆分线段，如图 3-54 所示。

① 选中视图中的线段，在【修改】面板中设置【几何体】/【拆分】为“28”。

② 单击 拆分 按钮，即可将线段拆分为 29 份。

(4) 转换顶点类型，如图 3-55 所示。

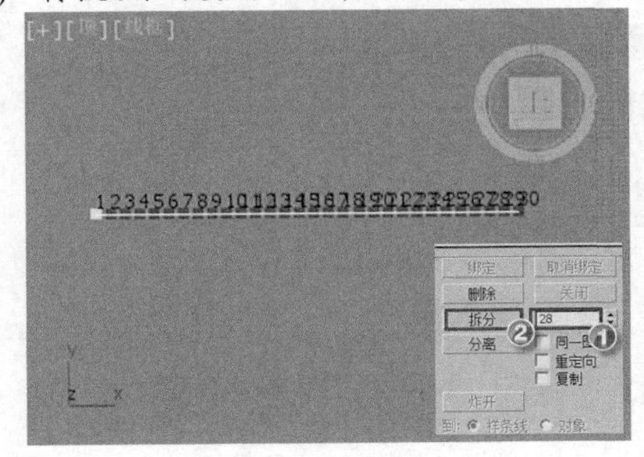

图3-54　拆分线段

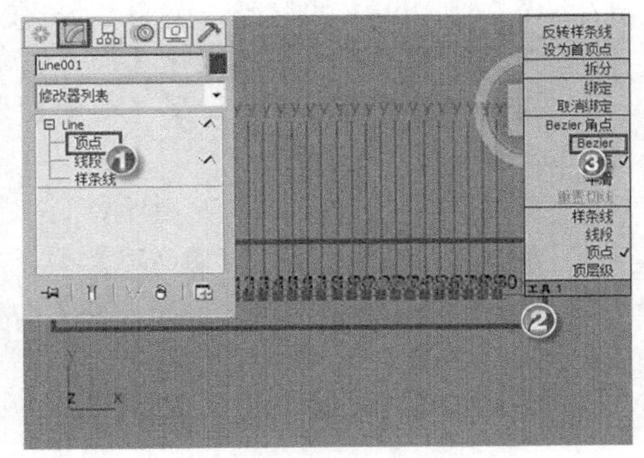

图3-55　转换顶点类型

① 在修改器堆栈中选择【顶点】子对象层级。

② 拖动鼠标框选所有顶点。

③ 单击鼠标右键，在弹出的快捷菜单中选择【Bezier】命令将选中的点转换为贝塞尔点。

(5) 调整线段形状 1，如图 3-56 所示。

① 按住 Ctrl 键依次单击选中偶数的顶点，然后向下移动一段距离。

② 选中顶点 1，调整手柄使曲线的弯曲接近斜线。

③ 用类似的方法调整顶点 30。

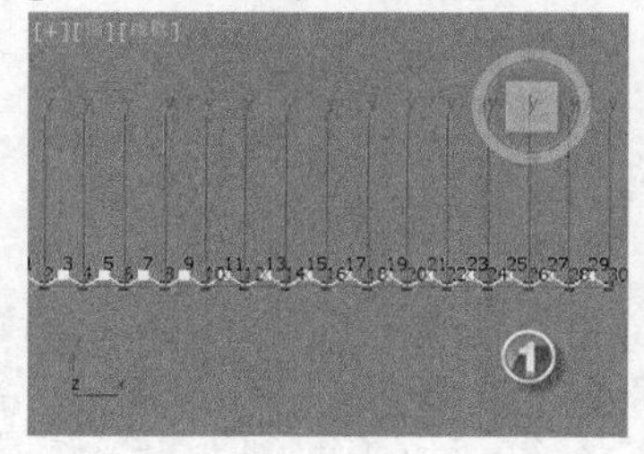
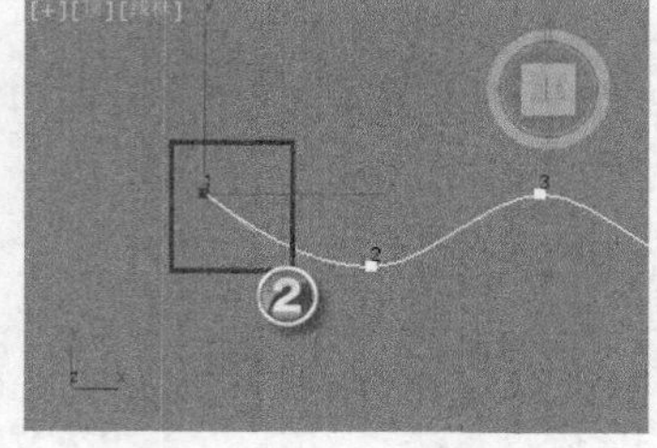
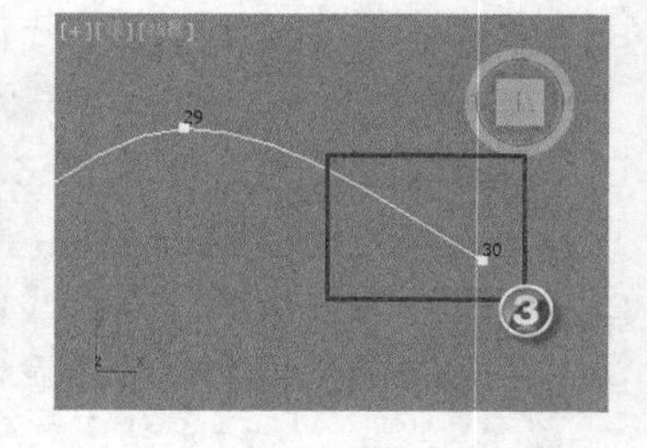

图3-56 调整线段形状 1

(6) 调整线段形状 2，如图 3-57 所示。

① 在【选择】卷展栏中选择【锁定控制柄】复选项。

② 选中 2 至 29 所有的顶点。

③ 沿 x 轴方向移动手柄，使曲线的弯曲接近斜线。

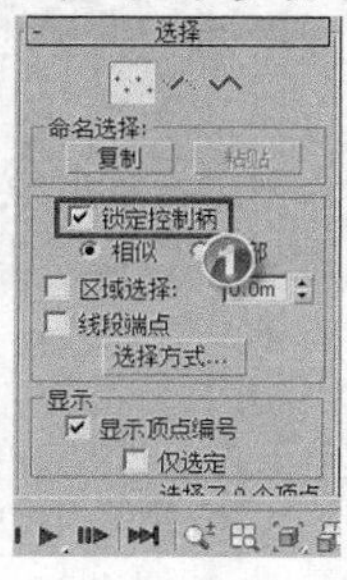

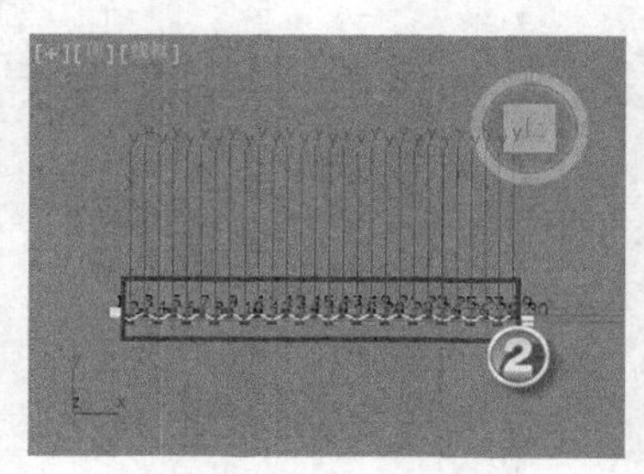
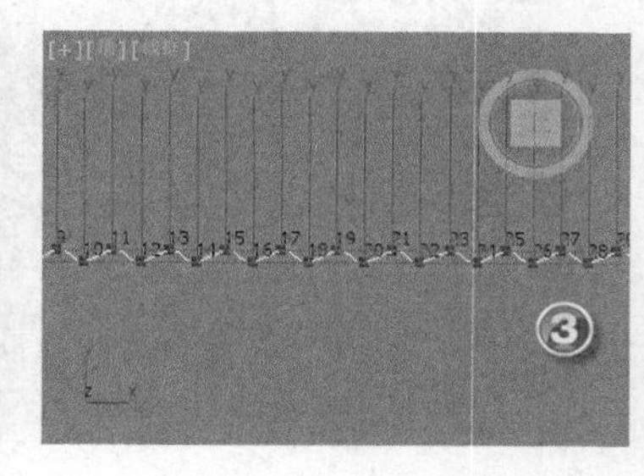

图3-57 调整线段形状 2

要点提示 选择【锁定控制柄】复选项后就能一起调整多个顶点的控制手柄。

(7) 添加【挤出】修改器，如图 3-58 所示。

① 在【修改器列表】中选择【挤出】命令，为样条线添加【挤出】修改器。

② 在【参数】卷展栏中设置【数量】为“120”。

2. 制作扇骨。

(1) 创建长方体，如图 3-59 所示。

① 单击 按钮，切换到【创建】面板。

② 单击 按钮切换到【标准基本体】面板。

③ 单击 长方体 按钮。

④ 在前视图中创建一个长方体。

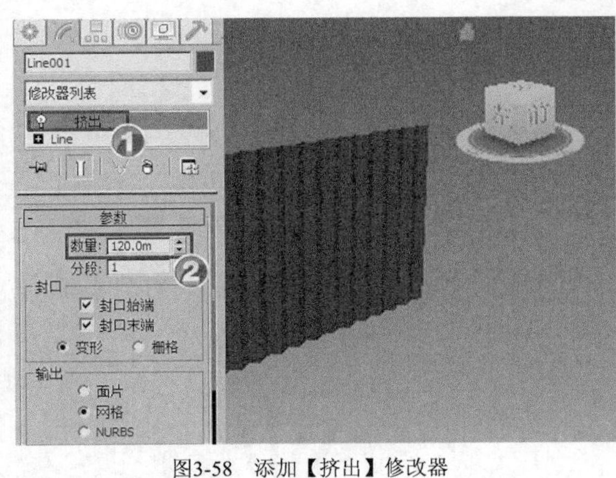

图3-58　添加【挤出】修改器

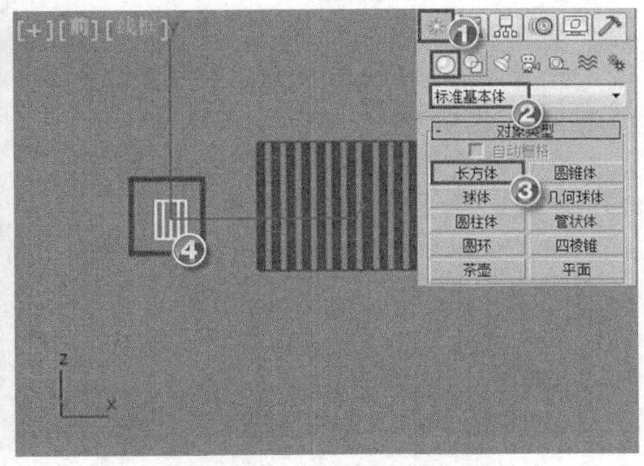

图3-59　创建长方体

(2)　设置长方体参数，如图 3-60 所示。

①　选中创建的长方体，单击按钮切换到【修改】面板。

②　在【参数】卷展栏中设置【长度】为“180”，【宽度】为“6”，【高度】为“1”，【宽度分段】为“4”。

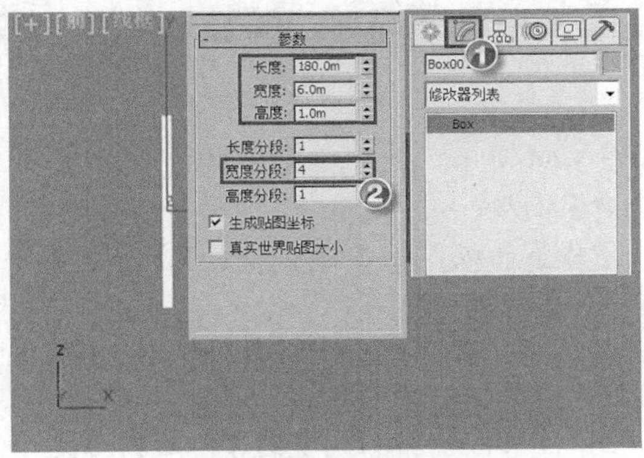

图3-60　设置长方体参数

(3)　旋转并复制长方体，如图 3-61 所示。

①　在顶视图中旋转长方体，使矩形靠近样条线。

②　在左视图中移动长方体，使其顶端对齐扇面的顶端。

③　在顶视图中复制矩形，使每一格都有一个矩形。

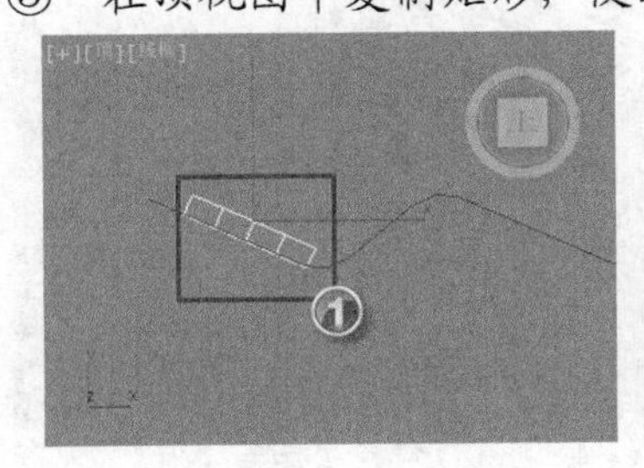
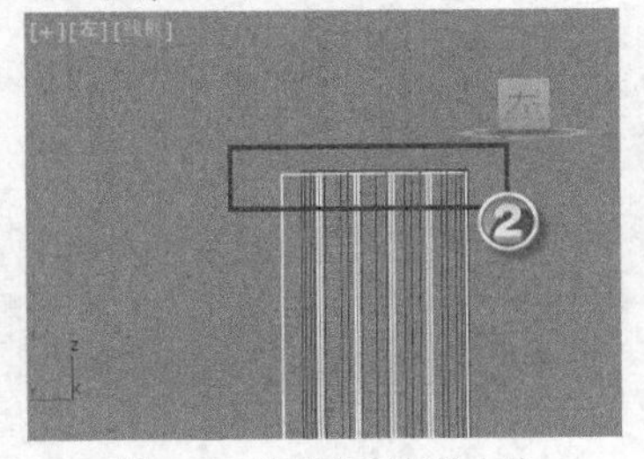
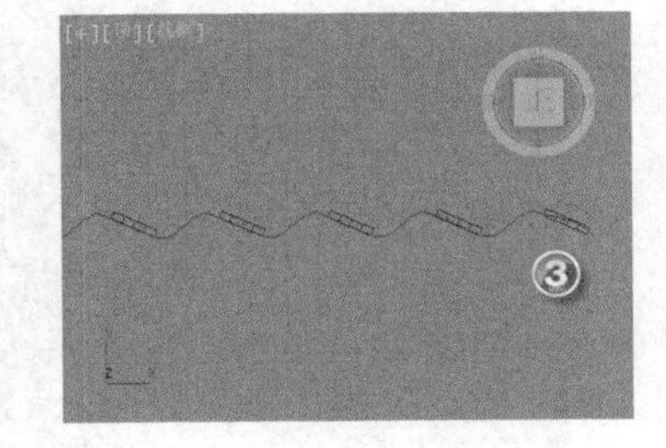

图3-61　旋转并复制长方体

(4)　添加【弯曲】修改器，如图 3-62 所示。

①　按 Ctrl+A 组合键选中所有的对象，单击按钮切换到【修改】面板。

②　在【修改器列表】中选择【弯曲】命令，为对象添加【弯曲】修改器。

③ 在【参数】卷展栏设置【弯曲】/【角度】为“170”。

④ 在【弯曲轴】分组框中选择【X】单选项。

(5) 调整弯曲中心，如图 3-63 所示。

① 在修改堆栈中，展开【弯曲】修改器。

② 单击选择【中心】子对象层级。

③ 在前视图中将中心向下移，使扇骨交点的下部分较小。

图3-62 添加【弯曲】修改器

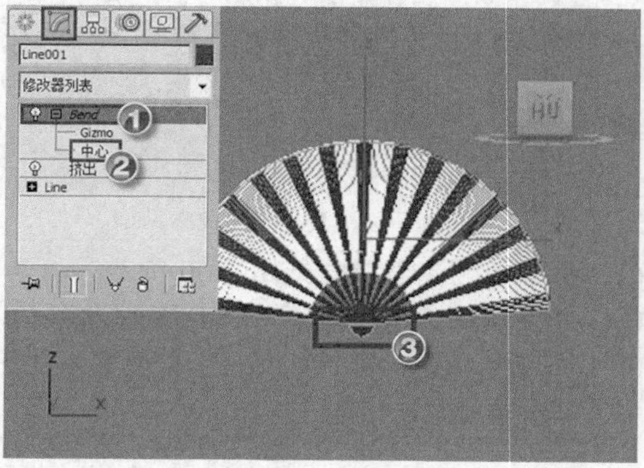

图3-63 调整弯曲中心

3. 制作销钉。

(1) 创建切角圆柱体，如图 3-64 所示。

① 单击按钮打开【创建】面板。

② 单击按钮打开【几何体】面板，在【标准基本体】下拉列表中选择【扩展基本体】选项，打开【扩展基本体】面板。

③ 单击 切角圆柱体 按钮，在前视图中创建一个切角圆柱体，移至扇骨交点处。

(2) 设置切角圆柱体的参数，如图 3-65 所示。

① 选中场景中的切角圆柱体，单击按钮切换到【修改】面板。

② 在【参数】卷展栏中设置【半径】为“1.5”，【高度】为“6.0”，【圆角】为“0.5”，【边数】为“32”。

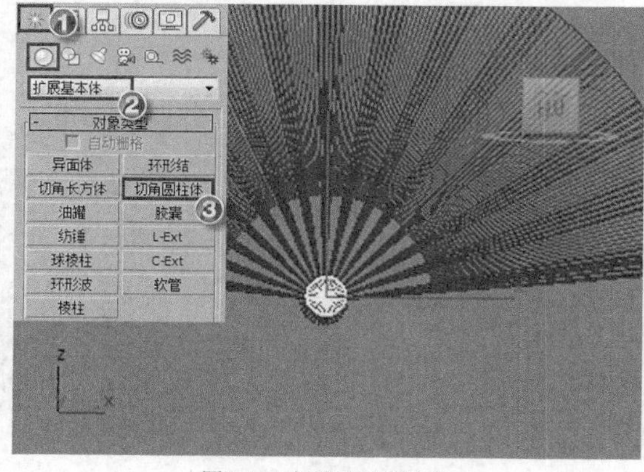

图3-64 创建切角圆柱体

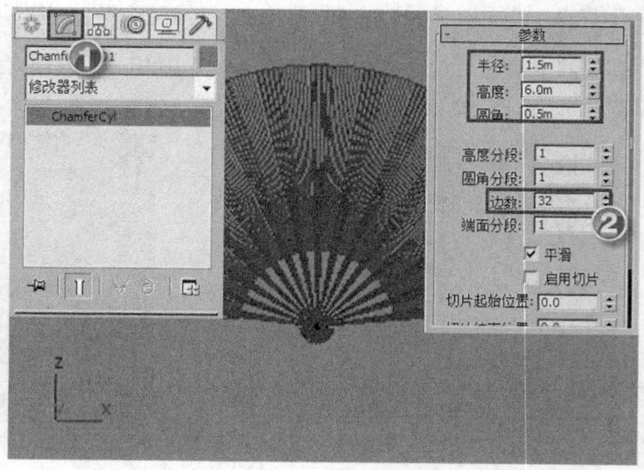

图3-65 设置切角圆柱体的参数

3.2　二维建模的方法

默认情况下，二维图形是不可渲染的，即在渲染场景时是看不到二维图形的，所以二维图形在创建后还需要进行一些操作将其转换为三维模型，经渲染后才能获得渲染效果。图 3-66 所示为二维建模效果。

图3-66　二维建模效果

3.2.1　知识解析——使用二维图形创建三维模型

直接使用图形工具创建的二维图形都是一些简单的基本图形，在实际运用中经常需要对二维图形的顶点、线段、样条线进行修改，如图 3-67 所示。

编辑前　　编辑后

图3-67　编辑二维图形

一、【顶点】选择集的修改

【顶点】选择集在修改时最常用。其主要的修改方式是通过在样条曲线上进行添加点、移动点、断开点、连接点等操作将图形修改至用户所需要的各种复杂形状。

下面通过为矩形添加【编辑样条线】修改器来学习【顶点】选择集的修改方法及常用的【顶点】修改命令。

要点提示

除【线】工具绘制的图形可直接使用【修改】面板进行全面修改外（见图 3-68），其他图形都只能在修改面板中对创建参数作简单修改，需要转换为可编辑样条线后才能全面修改。将图形转换为可编辑样条线有以下两种方法。

①为图形添加【编辑样条线】修改器，如图 3-69 所示，具体方法稍后介绍。

② 选择右键快捷菜单中的【转换为可编辑样条线】命令，如图 3-70 所示。

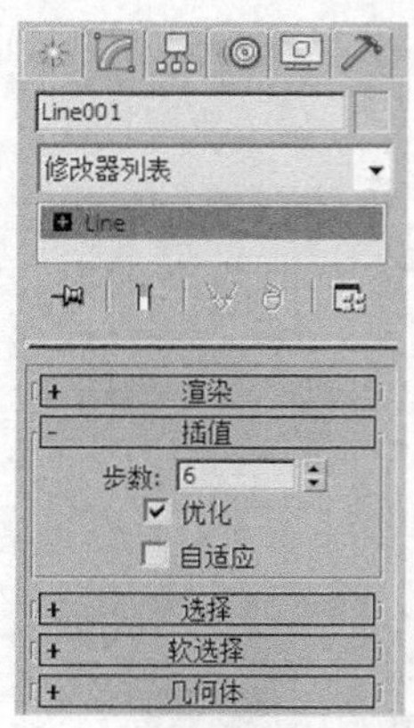

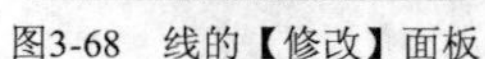

图3-68　线的【修改】面板

图3-69　添加【编辑样条线】修改器

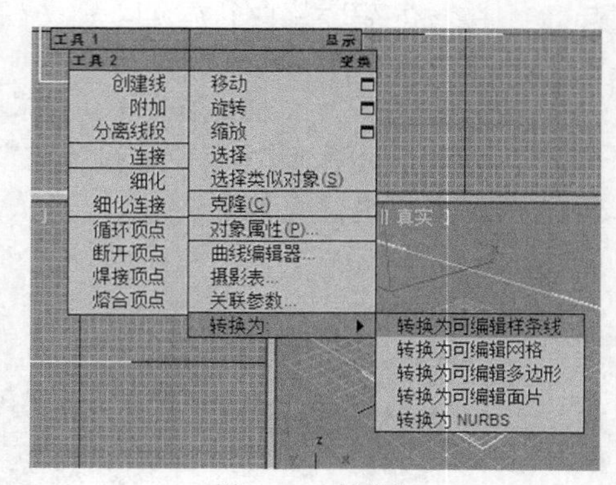

图3-70　右键菜单

1.　编辑顶点。

(1)　选择【矩形】工具，在前视图中创建一个矩形，如图 3-71 所示。

(2)　单击按钮切换到【修改】面板，在【修改器列表】中选择【编辑样条线】命令，为矩形添加【编辑样条线】修改器，如图 3-72 所示。

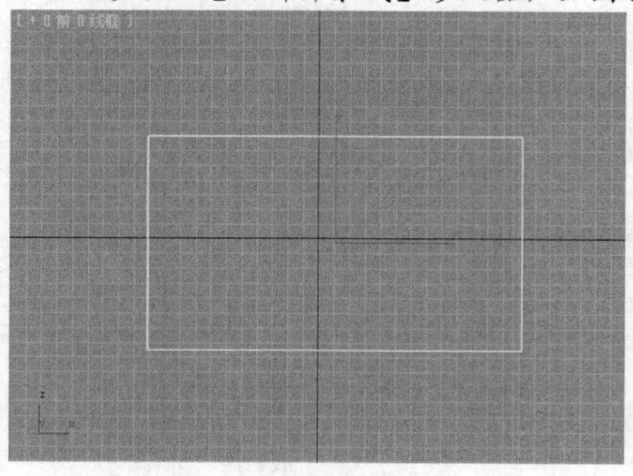

图3-71　创建矩形

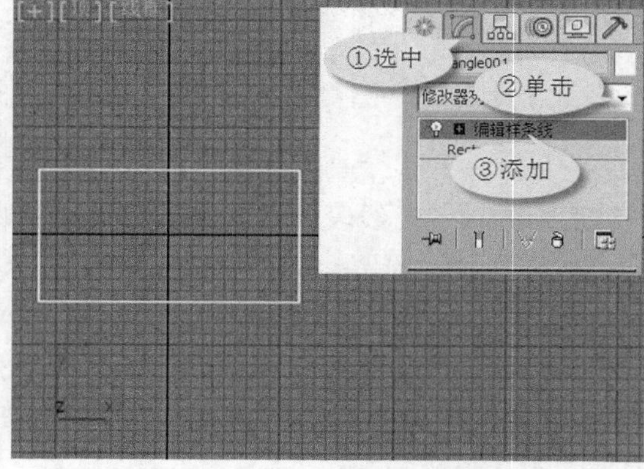

图3-72　添加【编辑样条线】修改器

(3)　单击【编辑样条线】修改器前面的符号，展开【编辑样条线】修改器的选项。单击选中【顶点】选项，如图 3-73 所示。

(4)　展开【几何体】卷展栏，单击 优化 按钮。

(5)　将鼠标指针移至矩形的线段上，单击鼠标左键就可以在相应的位置插入新的顶点。最后在视图中单击鼠标右键关闭优化按钮，设计效果如图 3-74 所示。

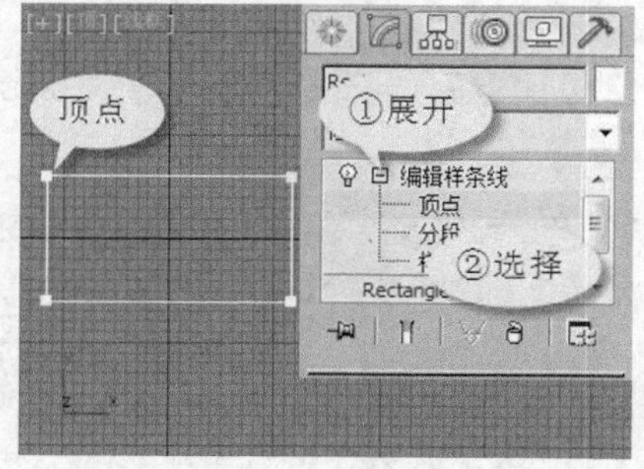

图3-73　选择【顶点】子对象层级

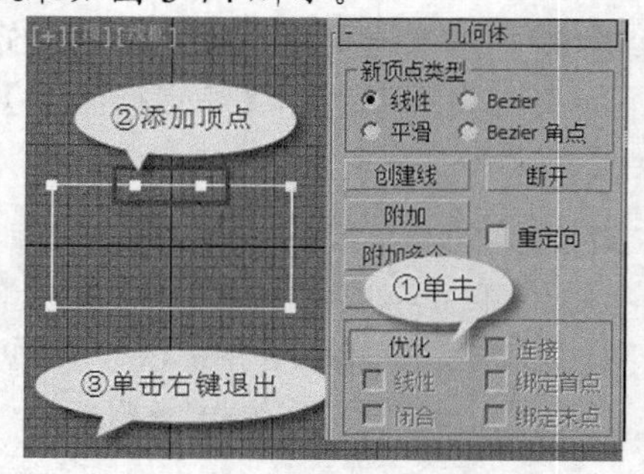

图3-74　添加顶点

2.　调整顶点。

(1)　在工具栏中单击按钮。

(2)　逐个选中顶点并移动顶点。最后获得的设计效果如图 3-75 所示。

当顶点被选中时，顶点左右会出现两个控制手柄，通过调节手柄可以调整样条线的曲度。

3ds Max 2015 为用户提供了 4 种类型的顶点：角点、平滑、Bezier 和 Bezier 角点。选择顶点后单击鼠标右键，在弹出快捷菜单的【工具 1】区内可以看到点的 4 种类型，如图 3-76 所示，选择其中的类型选项，就可以将当前点转换为相应的类型。它们的区别如下。

① 角点：角点类型会将顶点两侧的曲率设为直线，在两个顶点之间会产生尖锐的转折效果，如图 3-77（a）所示。

② 平滑：平滑类型会将线段切换为圆滑的曲线，平滑顶点处的曲率是由相邻顶点的间距决定的，如图 3-77（b）所示

③ Bezier：Bezier 类型在顶点上方会出现控制柄，两个控制柄会锁定成一条直线并与顶点相切，顶点处的曲率由切线控制柄的方向和距离确定，如图 3-77（c）所示。

④ Bezier 角点：Bezier 角点类型在顶点上方会出现两个不相关联的控制柄，分别用于调节线段两侧的曲率，如图 3-77（d）所示。

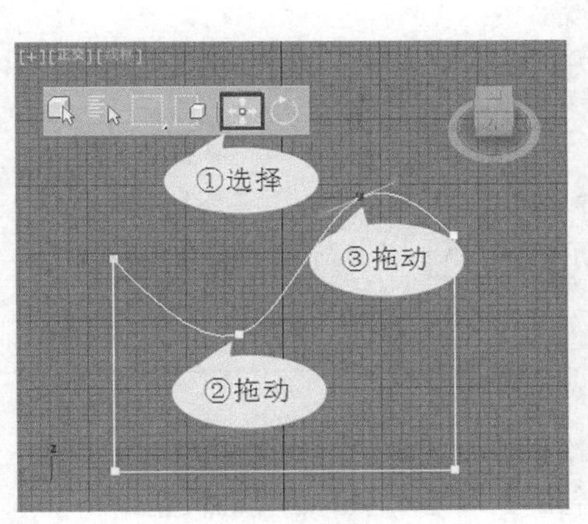

图3-75　调整顶点

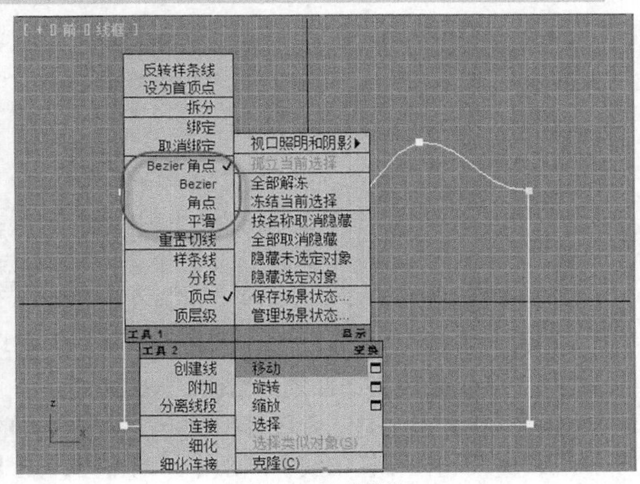

图3-76　右键菜单

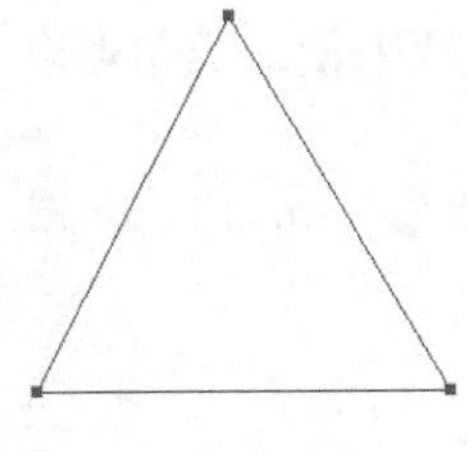

（a）角点

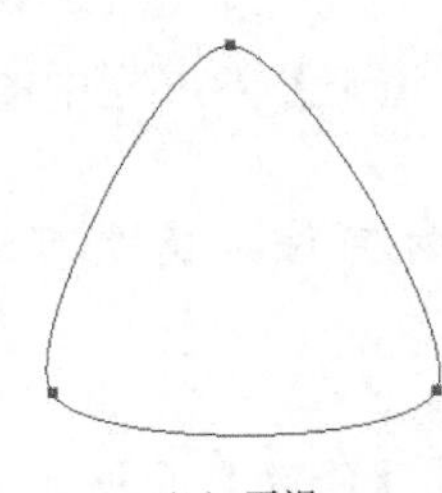

（b）平滑

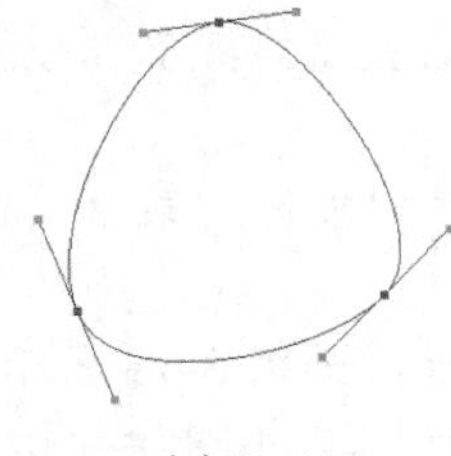

（c）Bezier

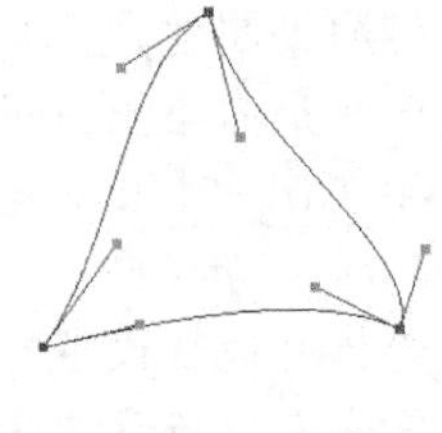

（d）Bezier 角点

图3-77　不同的顶点类型

在二维图形的【顶点】修改中，除了经常用 优化 按钮来进行添加点外，还有一些比较常用的命令，如表 3-4 所示。

表 3-4 常用的【顶点】修改命令

命令	功能
连接	连接两个断开的点
断开	使闭合图形变为开放图形
插入	该功能与 优化 命令相似，都是加点命令，只是 优化 命令是在保持原图形不变的基础上增加顶点，而【插入】命令是一边加点一边改变原图形的形状
设为首顶点	第一个顶点是用来标明一个二维图形的起点，在放样设置中各个截面图形的第一个节点决定【表皮】的形成方式，此功能就是使选中的点成为第一个顶点
焊接	将两个断点合并为一个顶点
删除	删除选中的顶点。选中顶点后，利用 Delete 键也可删除该顶点
锁定控制柄	该命令只对【Bezier】和【Bezier 角点】类型的顶点有效。选择该命令后，框选多个顶点，移动其中一个顶点的控制手柄，其他顶点的控制手柄也随着相应变动

二、 【分段】选择集的修改

如果要对线段进行调整，就需要在【编辑样条线】修改器选项中选择【分段】子对象层级，并在场景中单击选中线段，就可以对线段进行一系列的操作，包括移动、断开和拆分等，如表 3-5 所示。

表 3-5 常用的【分段】修改命令

命令	功能
断开	将选择的线段打断
优化	与顶点的优化功能相同，主要是在线条上创建新的顶点
拆分	通过在选择的线段上加点，将选择的线段分成若干条线段，通过在其后面的输入框中输入要加入顶点的数值，然后单击该按钮，即可将选择的线段细分为若干条线段
分离	将当前选择的线段分离

三、 【样条线】选择集的修改

【样条线】级别是二维图形中另一个功能强大的次物体修改级别，相连接的线段即为一条样条线曲线。在【样条线】级别中，最常用的是【轮廓】和【布尔】运算的设置。

四、 可渲染属性建模

可渲染属性建模是指通过设置【修改】面板上【渲染】卷展栏中的参数来使二维图形以管状形式来渲染出三维效果。

1. 按 Ctrl+O 组合键，打开素材文件“第 3 章\素材\可渲染属性\可渲染属性.max”，如图 3-78 所示。
2. 为栏杆边柱设置可渲染属性，如图 3-79 所示。

(1) 单击选中场景中的栏杆边柱。单击 按钮切换到【修改】面板。

(2) 在【渲染】卷展栏中选中【在视口中启用】和【在渲染中启用】复选项。

(3) 选中【径向】单选项，并设置【厚度】为“1”，【边】为“12”。

3. 为栏杆中心轮廓设置可渲染属性，如图 3-80 所示。

(1) 单击选中场景中栏杆的中心轮廓。单击 按钮切换到【修改】面板。

(2) 在【渲染】卷展栏中选中【在视口中启用】和【在渲染中启用】复选项。

(3) 选中【径向】单选项，并设置【厚度】为“1.0”，【边】为“12”。

最后获得的设计效果如图 3-81 所示。

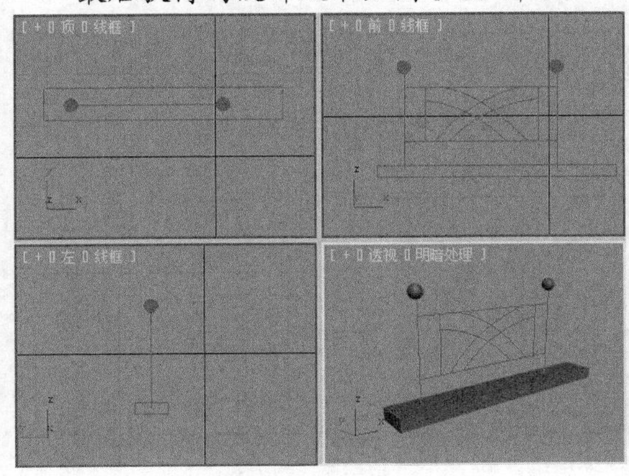
图3-78　打开模板

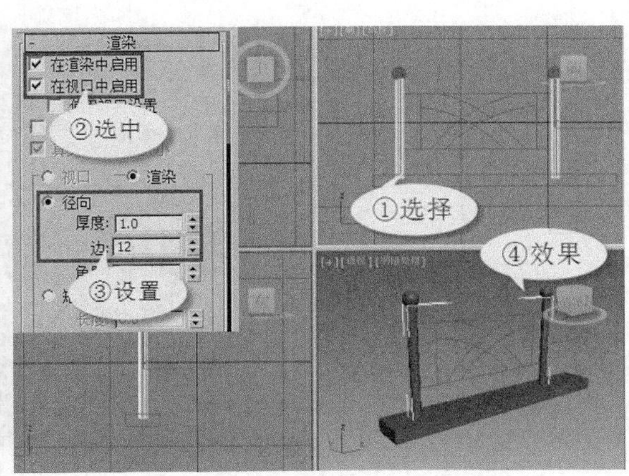

图3-79　为栏杆边柱设置可渲染属性

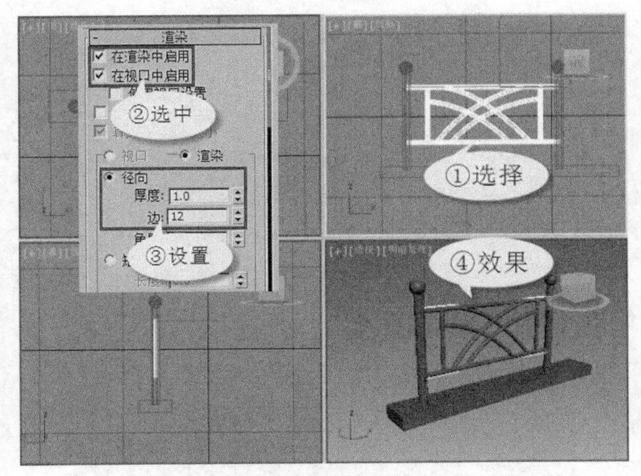

图3-80　为栏杆中心轮廓设置可渲染属性

图3-81　渲染结果

【渲染】卷展栏中的常用命令及功能如表 3-6 所示。

表 3-6　【渲染】卷展栏常用命令及功能

命令	功能
在渲染中启用	选中该复选项，可以将二维图形渲染输出为网格对象
在视口中启用	选中该复选项，可以直接在视口中显示二维曲线的渲染效果
使用视口设置	用于控制二维曲线按视口设置进行显示。只有选中【在视口中启用】复选项时该复选项才有用
生成贴图坐标	对曲线直接应用贴图坐标
视口	基于视口中的显示来调节参数（该选项对渲染不产生影响）。当选中【显示渲染网格】和【使用视口设置】两个复选项时，该选项可能被选择
渲染	基于渲染器来调节参数，当选中【渲染】单选项时，图形可以根据【厚度】参数值来渲染
厚度	设置曲线渲染时的粗细大小
边	控制被渲染的线条由多少个边的圆形作为截面。例如：将该参数设置为“4”，可以得到一个正方形的剖面
角度	调节横截面的旋转角度

3.2.2 学以致用——制作“立体广告文字”

立体文字在广告中有着很重要的地位，可以直接表达出作品的主题，本实例将利用【倒角】修改器制作一个立体文字效果，如图 3-82 所示。

图3-82　最终效果

【操作步骤】

1. 创建文字。

(1) 创建文本，如图 3-83 所示。

① 运行 3ds Max 2015，单击按钮切换到【创建】面板，单击按钮切换到【图形】面板。

② 单击 文本 按钮。

③ 在前视图中单击鼠标创建一个文本图形。

(2) 修改文本参数，如图 3-84 所示。

① 选中场景中的文本，单击按钮切换到【修改】面板。

② 在【参数】卷展栏设置【字体】为【Impact】。

③ 设置【文本内容】为“GOOD LUCK”。

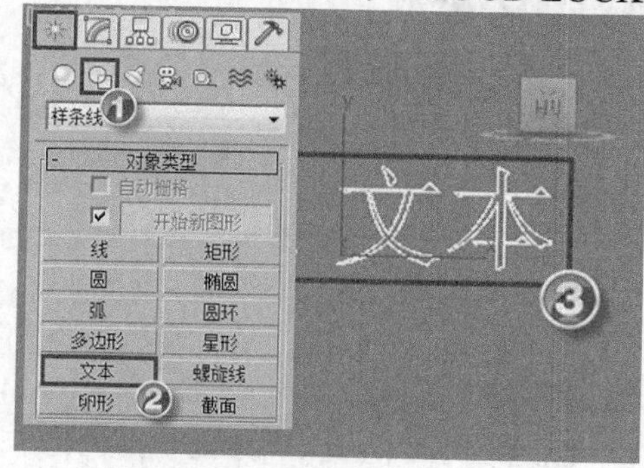

图3-83　创建文本

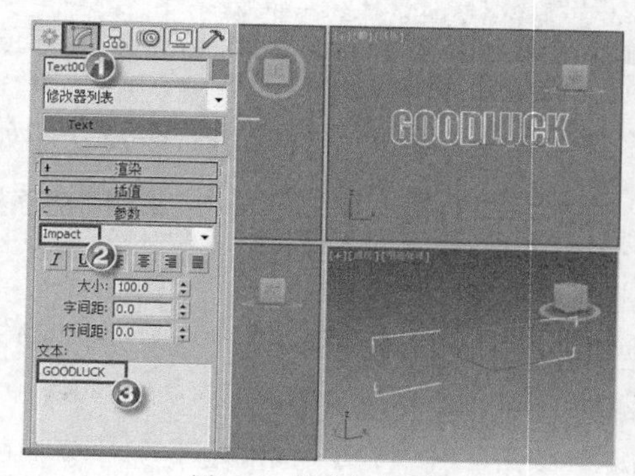

图3-84　修改文本参数

2. 设置文本的倒角效果。

(1) 添加【倒角】修改器，如图 3-85 所示。

① 选中场景中的文本，单击按钮切换到【修改】面板。

② 为文本添加【倒角】修改器。

(2) 设置修改器参数，如图 3-86 所示。

① 展开【参数】卷展栏，设置【曲面】/【分段】为“4”。

② 在【相交】分组框中选择【避免线相交】复选项。

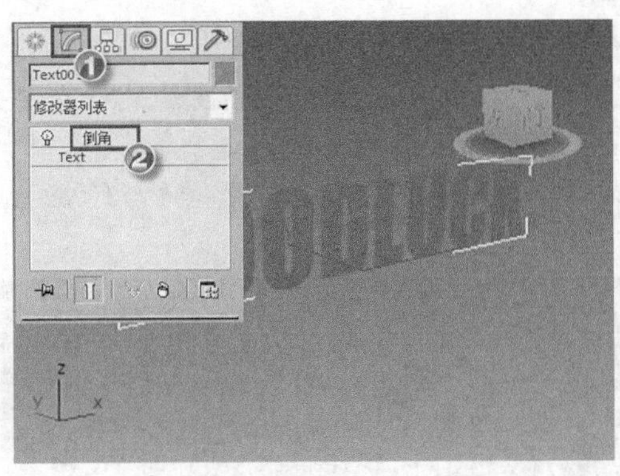

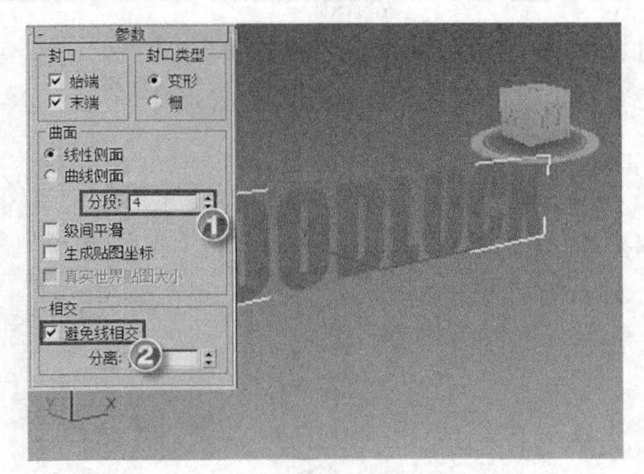

图3-85　添加【倒角】修改器

图3-86　设置修改器参数

(3)　设置倒角参数，如图 3-87 所示。

①　展开【倒角值】卷展栏，设置【级别 1】/【高度】为“25”。

②　勾选【级别 2】复选项，设置【级别 2】/【高度】为“2.0”，【轮廓】为“−2.0”。

(4)　按 Ctrl+S 组合键保存场景文件到指定目录，设计效果如图 3-88 所示。

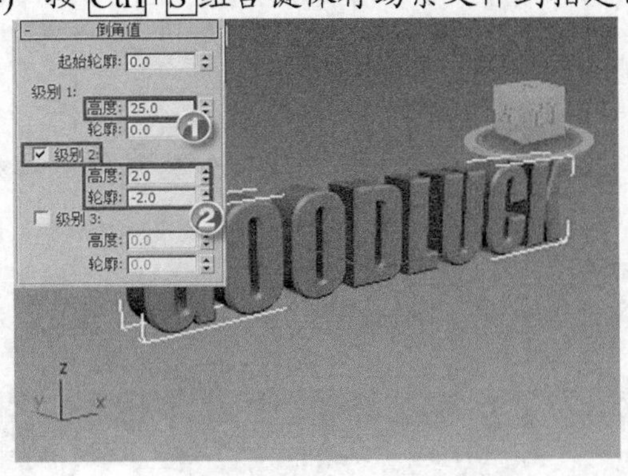

图3-87　设置倒角参数

图3-88　倒角效果

3.2.3　举一反三——制作“酷爽冰淇淋”

一个完整的冰淇淋是由冰淇淋、蛋筒和包装纸构成的，主要使用了【挤出】、【扭曲】和【锥化】等修改器来创建，最终效果如图 3-89 所示。

图3-89　最终效果

【操作步骤】

1.　绘制外形曲线 1，如图 3-90 所示。

(1) 运行 3ds Max 2015，单击按钮，切换到【创建】面板。

(2) 单击按钮，切换到【图形】面板，单击 星形 按钮，在顶视图中按住鼠标左键并拖曳鼠标制作一个星形。

(3) 单击按钮切换到【修改】面板，修改名称为“冰淇淋 01”，为模型设置适当的颜色。

(4) 设置【参数】卷展栏中的基本参数。

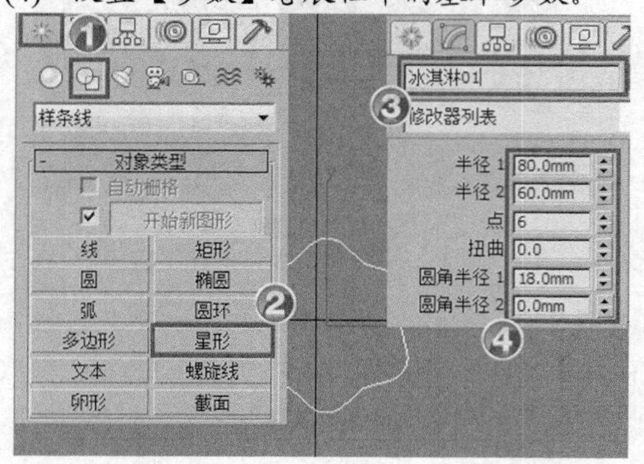

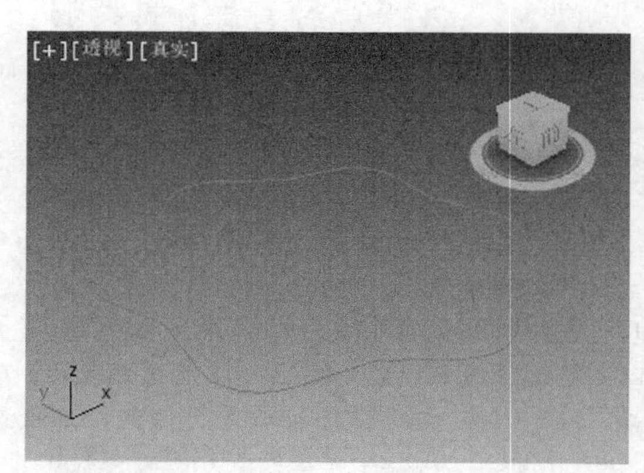

图3-90　绘制外形曲线 1

2. 绘制外形曲线 2，如图 3-91 所示。

(1) 使用同步骤 1 一样的方法再制作一个星形，名为“冰淇淋 2”，将两个星形的中心对齐，并设置对象颜色。

(2) 设置图形基本参数，【半径 1】、【半径 2】分别为“80”和“60”。

(3) 选中“冰淇淋 2”，在工具栏中用鼠标右键单击按钮，设置星形旋转的角度【Z】为“30”。

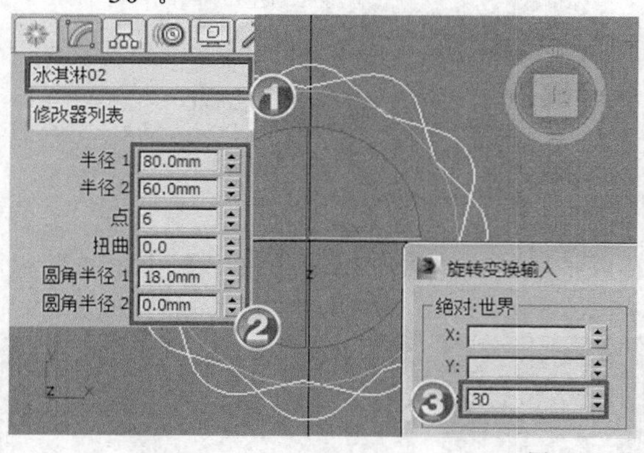

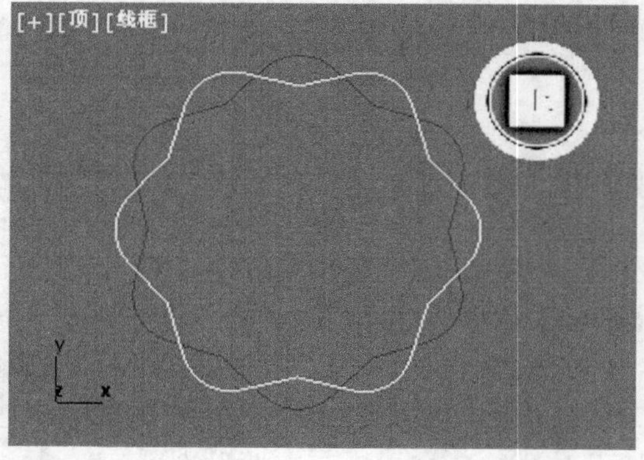

图3-91　绘制外形曲线 2

3. 制作冰淇淋外形 1，如图 3-92 所示。

(1) 选中“冰淇淋 01”图形。

(2) 在【修改器】列表中选择【挤出】选项，为星形添加【挤出】修改器。

(3) 在【参数】卷展栏中设置基本参数。

(4) 选中挤出模型，然后为星形添加【扭曲】修改器。

(5) 在【参数】卷展栏中设置基本参数。

(6) 选中挤出模型，在【修改】面板中为星形添加【锥化】修改器。

(7) 在【参数】卷展栏中设置基本参数：【数量】为“-1.0”，【曲线】为“1.5”。

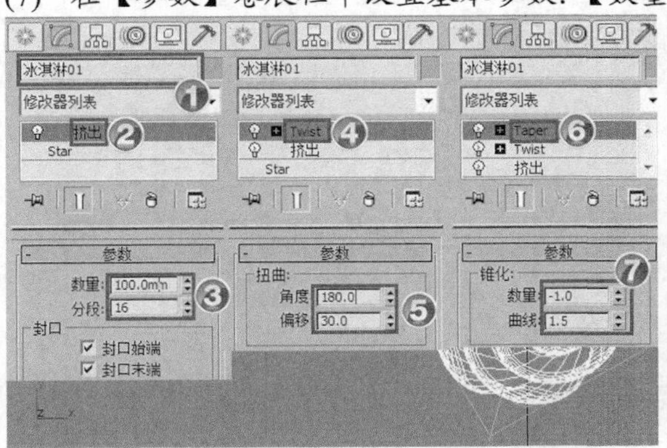

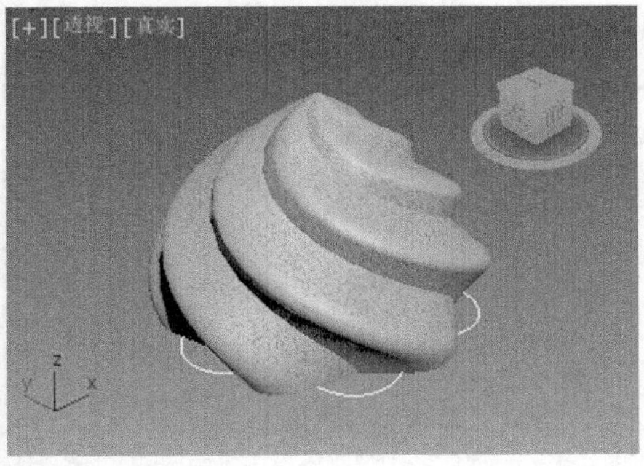

图3-92　绘制外形曲线 2

要点提示 在设置【挤出】修改器参数时，要注意【分段】值的设置，主要是让【扭曲】修改器能产生更理想的效果，设置参数值为“1”和设置参数值为“16”，锥化后的效果对比分别如图 3-93 和图 3-94 所示。

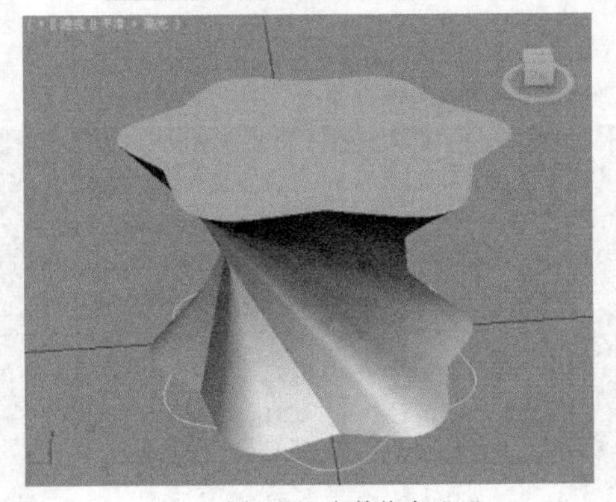

图3-93　参数值为“1”

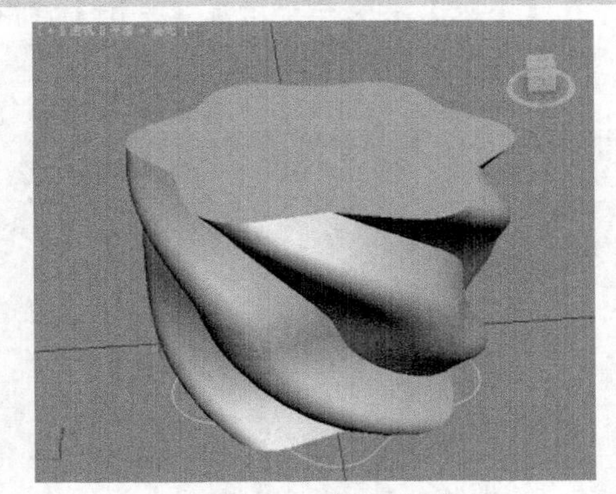

图3-94　参数值为“16”

4. 使用类似的方法制作冰淇淋 02，结果如图 3-95 所示。

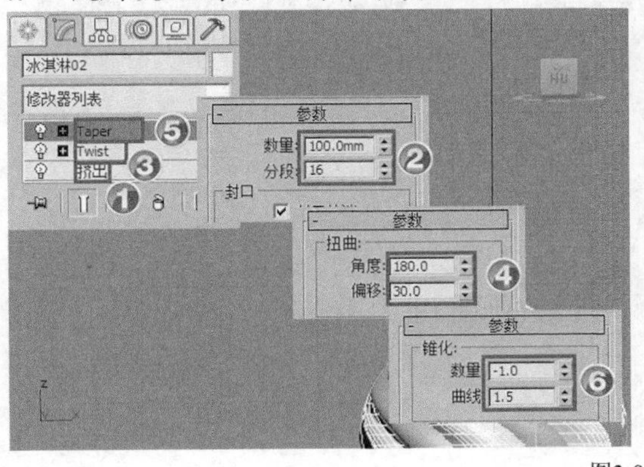

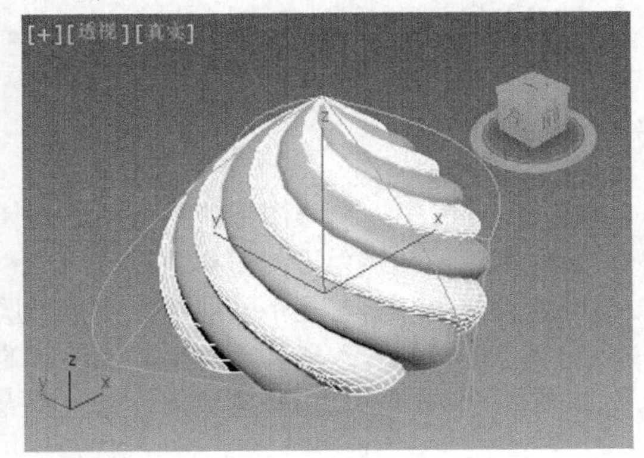

图3-95　制作冰淇淋 02

5. 移动冰淇淋 01，使两个冰淇淋上下错开，如图 3-96 所示。

6. 绘制蛋筒截面，如图 3-97 所示。

(1) 单击【创建】面板/【图形】面板上的 线 按钮，在前视图上绘制蛋筒粗略外形。

(2) 单击【修改】面板上的【顶点】按钮，在视图中调整蛋筒外形。

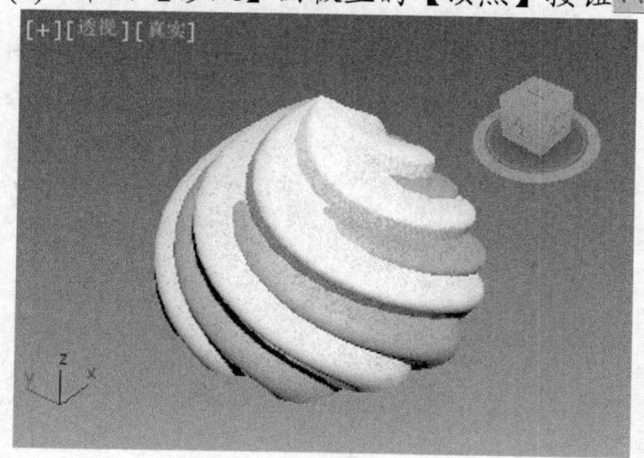

图3-96　移动冰淇淋

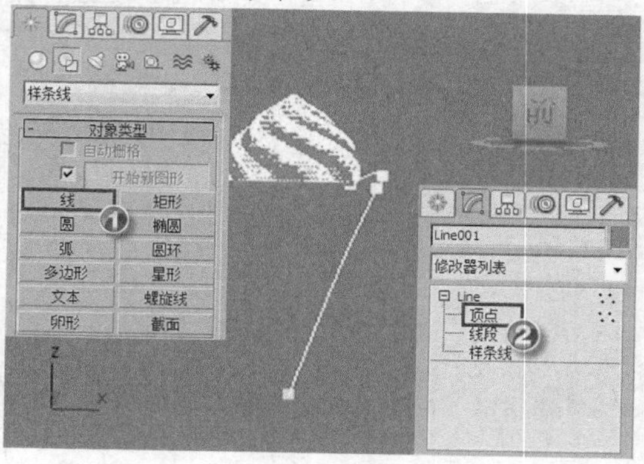

图3-97　绘制蛋筒截面

7. 制作蛋筒，如图 3-98 所示。

(1) 在【修改器】中选择【车削】选项，为样条线添加【车削】修改器。

(2) 在【参数】卷展栏中设置【车削】修改器参数。

8. 保存文件。

保存场景文件到指定目录，本案例制作完成，结果如图 3-99 所示。

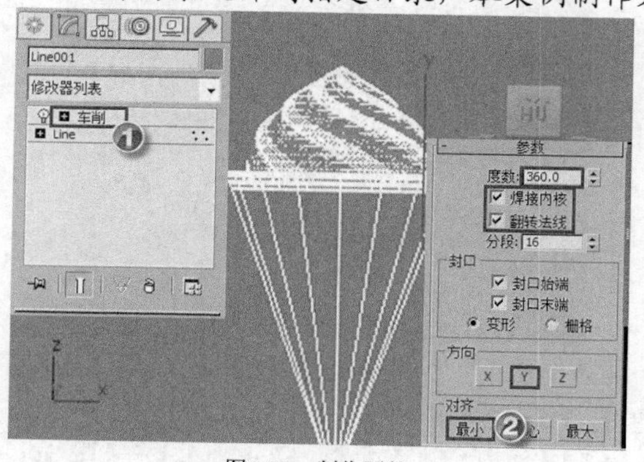

图3-98　制作蛋筒

图3-99　最终结果

3.3 思考题

1. 在 3ds Max 中，二维图形的主要用途是什么，简要列举 3 项。
2. 如何将矩形转换为可编辑样条线？
3. 可编辑样条线具有几个子层级，在每个层级下能进行哪些常用操作？
4. 说明【车削】修改器和【挤出】修改器的主要用途。
5. 二维图形的顶点有哪些模式，各有何特点？

第4章　高级建模

在 3ds Max 2015 中，通过复合建模和多边形建模可以创建各种各样形状复杂的曲面或三维模型，本章将详细介绍这两种建模方法的操作步骤。

4.1　复合建模

复合建模是 3ds Max 2015 中十分常用的建模方式，通过复合建模可以快速地将两个或两个以上的对象按照一定的规范组合成为一个新的对象，从而达到一定的建模目的。

4.1.1　知识讲解——认识复合建模工具

在【创建】面板的下拉列表中选取【复合对象】，3ds Max 2015 提供了变形、散布、连接及布尔等 12 种复合工具，各种工具的含义及用途如表 4-1 所示。

表 4-1　各种复合工具的含义及用途

复合工具名称	图样	复合工具名称	图样
变形 通过两个或两个以上物体间的形状变化来制作动画		散布 将一个物体无序地散布在另一个物体的表面上	
一致 将一个对象的顶点投射到另一个物体上，使被投射的物体变形		连接 将两个对象连成一个对象	
水滴网格 将距离很近的物体融合到一起，可用于表现流动的液体		图形合并 将二维对象融合到三维网格对象上	

续表

复合工具名称	图样	复合工具名称	图样
布尔 将物体按照交、并、减规则进行合成		地形 将一个或几个二维造型转化为一个面	
放样 将两个或两个以上的二维图形组合成为一个三维对象		网格化 以每帧为基准将程序对象转化为网格对象，这样可以应用修改器，如弯曲	
ProBoolean（超级布尔） 可将二维和三维对象组合在一起建模		ProCutter（超级切割） 用于爆炸、断开、装配、建立截面或将对象拟合在一起的工具	

一、 散布

散布可以将所选源对象散布为阵列或散布到分布对象的表面，用来制作头发、草地、胡须、羽毛或刺猬等。散布的参数面板如图 4-1 所示，主要参数用法如表 4-2 所示。

表 4-2　　“散布”工具主要参数说明

卷展栏	参数		含义
拾取分布对象	对象		显示使用 拾取分布对象 按钮选择的分布对象的名称
	拾取分布对象按钮		单击 拾取分布对象 按钮，然后在场景中单击一个对象，将其指定为分布对象
	参考/复制/移动/实例		用于指定将分布对象转换为散布对象的方式。它可以作为参考、副本、实例或移动的对象（如果不保留原始图形）进行转换
散布对象	分布	仅使用变换	使用分布对象根据分布对象的几何体来散布源对象
		使用分布对象	使用【变换】卷展栏上的偏移值来定位源对象的重复项。如果所有变换偏移值均保持为 0，则看不到阵列，这是因为重复项都位于同一个位置
	对象	源名	用于重命名散布复合对象中的源对象，可以修改
		分布名	用于重命名分布对象，可以修改
	源对象参数	重复数	指定散布的源对象的重复项数目，默认情况下，该值设置为 1，不过，如果要设置重复项数目的动画，则可以从零开始，将该值设置为 0
		基础比例	改变源对象的比例，同样也影响到每个重复项。该比例作用于其他任何变换之前
		顶点混乱度	对源对象的顶点应用随机扰动
		动画偏移	用于指定每个源对象重复项的动画随机偏移原点的帧数

续表

卷展栏	参数		含义
散布对象	分布对象参数	垂直	若启用，则每个重复对象垂直于分布对象中的关联面、顶点或边。若禁用，则重复项与源对象保持相同的方向
		仅使用选定面	使用选择的表面来分配散步对象
		区域	在分布对象的整个表面区域上均匀地分布重复对象
		偶校验	在允许区域内分布散步对象，使用偶校验方式进行过滤
		跳过 N 个	在放置重复项时跳过 *n* 个面。该可编辑字段指定了在放置下一个重复项之前要跳过的面数。如果设置为 0，则不跳过任何面。如果设置为 1，则跳过相邻的面，依此类推
		随机面	在分布对象的表面随机地应用重复项
		沿边	沿着分布对象的边随机地分配重复项
		所有顶点	在分布对象的每个顶点放置一个重复对象。【重复数】的值将被忽略
		所有边的中心	在每个分段边的中点放置一个重复项
		所有面的中心	分布对象上每个三角形面的中心放置一个重复对象
		体积	遍及分布对象的体积散布对象。其他所有选项都将分布限制在表面
	显示	结果	在视图中直接显示散布的对象
		操作对象	选择是否显示散布对象或散布之前的操作对象
变换	旋转		在 3 个轴向上旋转散布对象
	局部平移		沿散布对象的自身坐标进行位置改变
	在面上平移		沿所依附面的重心坐标进行位置改变
	比例		在 3 个轴向上缩放散布对象
	使用最大范围		若启用，则强制所有 3 个设置匹配最大值。其他两个设置将被禁用，只启用包含最大值的设置
	锁定纵横比		若启用，则保留源对象的原始纵横比
显示	代理		将源重复项显示为简单的楔子，在处理复杂的散布对象时可加速视口的重画
	网格		显示重复项的完整几何体
	显示		指定视口中所显示的所有重复对象的百分比。该选项不会影响渲染场景
	隐藏分布对象		隐藏分布对象。隐藏对象不会显示在视口或渲染场景中
	新建		生成新的随机种子数目
	种子		产生不同的散布分配效果，可以在相同设置下产生不同效果的散布结果
加载/保存预设	预设名		用于设置当前参数的名称
	保存预设		列出以前所保存的参数设置，退出 3ds Max 后仍有效
	加载		载入在列表中选择的参数设置，并且将它用于当前的分布对象
	保存		保存“预设名”字段中的当前名称并将其放入【保存预设】窗口
	删除		删除在参数列表框中选择的参数设置

“散布”的源对象必须是网格物体或可以转化为网格物体的对象，否则该工具不能被激活使用。

二、图形合并

使用图形合并工具可以将一个或多个图形嵌入到其他对象的网格中，或者从网格中移除该图形。图形合并的参数面板如图 4-2 所示，主要参数用法如表 4-3 所示。

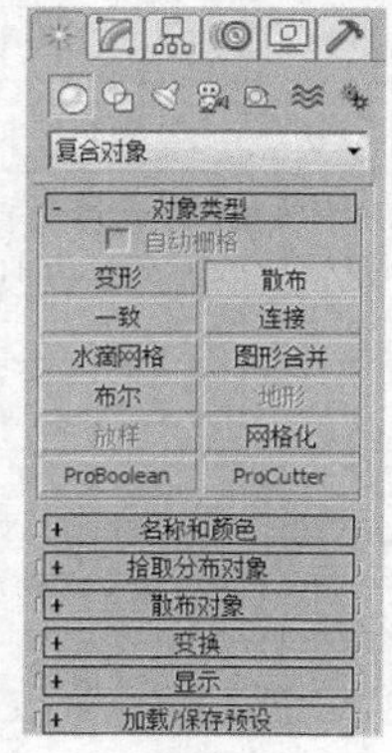

图4-1 “散布”的参数面板

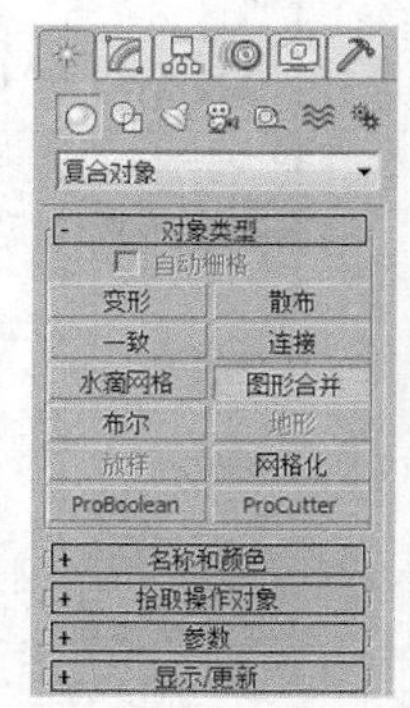

图4-2 “图形合并”的参数面板

表 4-3 “图形合并”工具主要参数说明

卷展栏	参数		含义
拾取操作对象	拾取图形		单击该按钮，然后单击要嵌入网格对象中的图形。此图形沿图形局部负 z 轴方向投射到网格对象上
	参考/复制/移动/实例		指定如何将图形传输到复合对象中
参数	操作对象		在复合对象中列出所有操作对象
	删除图形		从复合对象中删除选中图形
	提取操作对象		提取选中操作对象的副本或实例。只有在【操作对象】列表中选择操作对象时，该按钮才有效
	实例/复制		指定如何提取操作对象。可以作为实例或副本进行提取
	操作	饼切	切去网格对象曲面外部的图形
		合并	将图形与网格对象曲面合并
		反转	反转“饼切”或“合并”效果。使用【饼切】选项，此效果明显。禁用【反转】时，图形在网格对象中是一个孔洞。启用【反转】时，图形是实心的而网格消失
	输出子网格选择		它提供指定将哪个选择级别传送到“堆栈”中的选项
显示/更新	显示	结果	显示操作结果
		操作对象	显示操作对象
	更新	始终	始终更新显示
		渲染时	仅在场景渲染时更新显示
		手动	仅在单击 更新 按钮后更新显示
		更新	当选中除【始终】之外的任一选项时更新显示

三、布尔

布尔运算可以对两个或两个以上的物体进行并集、交集和差集运算，从而得到新的对象。布尔操作的参数面板如图 4-3 所示，主要参数用法如表 4-4 所示。

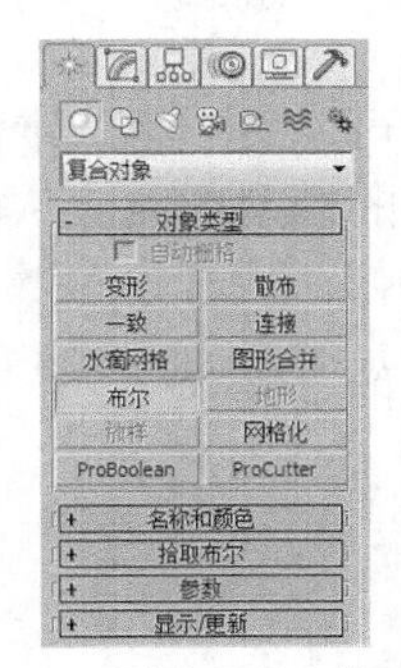

图4-3　“布尔”的参数面板

表 4-4　“布尔”工具主要参数说明

参数		含义
拾取操作对象 B		此按钮用于选择用以完成布尔操作的第二个对象
参考		将原始对象的参考复制品作为操作对象 B，若以后改变原始对象，则会改变布尔物体中的操作对象 B，但改变操作对象 B，不会改变原始对象
复制		复制一个原始对象为操作对象 B，不改变原始对象
移动		将原始对象直接作为操作对象 B，而原始对象本身不存在
实例		将原始对象的关联复制品作为操作对象 B，若以后对两者之中任意一个进行改变都会影响另外一个
操作对象		用来显示当前的操作对象
操作	并集	将两对象合并，移除几何体的相交部分或重叠部分
	交集	将两对象相交的部分保留下来，删除不相交的部分
	差集（A-B）	在 A 物体中减去与 B 物体重合的部分
	差集（B-A）	在 B 物体中减去与 A 物体重合的部分
	切割	用操作对象 B 切割操作对象 A，但不给操作对象 B 的网格添加任何东西。共有【优化】、【分割】、【移除内部】、【移除外部】4 个选项可供选择。【优化】是在 A 物体上沿着 B 物体与 A 物体相交的面来增加顶点和边数，以细化 A 物体的表面；【分割】是在 B 物体上切除 A 物体部分边缘，并且增加了一排顶点，利用这种方法可以根据其他物体的外形将一个物体分成两部分；【移除内部】删除位于操作对象 B 内部的操作对象 A 的所有面；【移除外部】删除位于操作对象 B 外部的操作对象 A 的所有面

要点提示　物体在进行布尔运算后随时可以对两个运算对象进行修改，最后产生的结果也随之修改。布尔运算的修改过程还可以记录为动画，产生出“切割”或“合并”等效果。

要点提示　【拾取布尔】卷展栏中 4 个选项的作用如下。

- 【参考】：可使对原始对象所应用的修改器产生的更改与操作对象 B 同步，反之则不行。
- 【复制】：如果希望在场景中重复使用操作对象 B 几何体，则可使用【复制】。
- 【移动】：如果创建操作对象 B 几何体仅仅为了创建布尔对象，再没有其他用途，则可使用【移动】方式。
- 【实例】：使用【实例】方式可使布尔对象的动画与对原始对象 B 所做的动画更改同步，反之亦然。

四、放样

放样操作可以将一组二维图形作为沿着一定路径分布的模型剖面，从而创建出具有复杂外形的物体。放样的参数面板如图 4-4 所示，主要参数用法如表 4-5 所示。

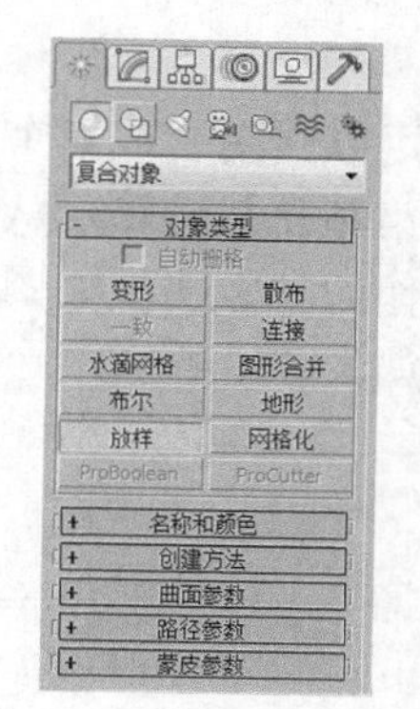

图4-4 “放样”的参数面板

表 4-5 “放样”工具主要参数说明

参数	含义
获取路径	将路径指定给选定图形或更改当前指定的路径
获取图形	将图形指定给选定图形或更改当前指定的路径
移动/复制/实例	用于指定路径或图形转换为放样对象的方式
缩放	可以从单个图形中放样对象，该图形在其沿着路径移动时只改变其缩放
扭曲	使用【扭曲】变形可以沿着对象的长度创建盘旋或扭曲的对象。扭曲将沿着路径指定旋转量
倾斜	【倾斜】变形围绕局部 x 轴和 y 轴旋转图形
倒角	使用【倒角】变形可以制作出具有倒角效果的对象
拟合	使用【拟合】变形可以使用两条【拟合】曲线来定义对象的顶部和侧剖面

4.1.2 学以致用——制作“时尚鼠标”

本案例将制作一个外观时尚的无线蓝牙鼠标模型，首先使用【放样】工具快速地创建出曲面模型，然后使用【布尔】工具可以对已有模型进行二次加工，结果如图 4-5 所示。

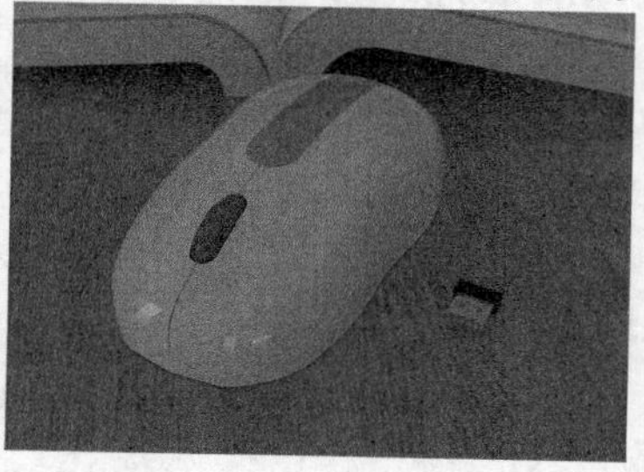

图4-5 最终效果

【操作步骤】

1. 放样鼠标模型。

(1) 打开制作模板。

① 运行 3ds Max 2015，按 Ctrl+O 组合键打开素材文件“第 4 章\素材\时尚鼠标\鼠标.max”。

② 场景中绘制了鼠标 3 个视图方向上的轮廓图形。

③　模板场景如图 4-6 所示。

(2)　执行放样操作，如图 4-7 所示。

①　选中场景中绘制的线段。

②　单击按钮。

③　设置创建对象类型为【复合对象】。

④　单击 放样 按钮。

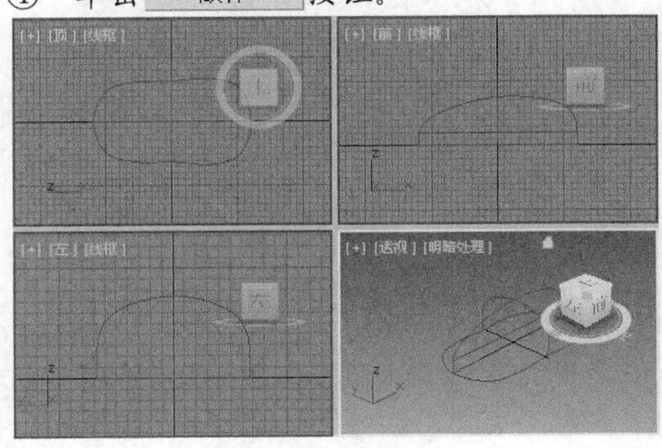

图4-6　打开制作模板

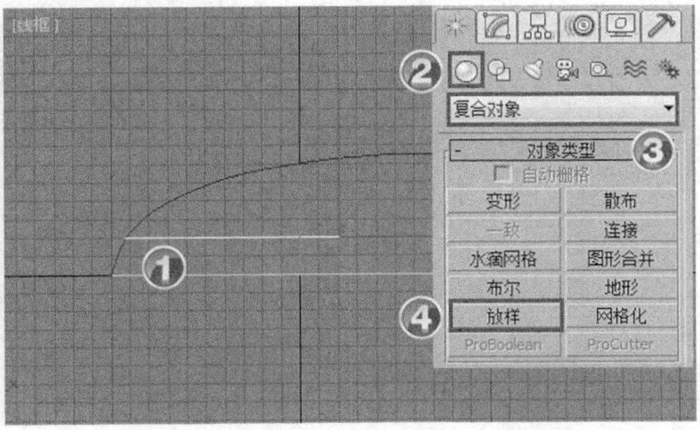

复合对象
对象类型
自动栅格
变形
散布
一致
连接
水滴网格
图形合并
布尔
地形
放样
网格化
ProBoolean
ProCutter

图4-7　执行放样操作

(3)　生成放样对象，如图 4-8 所示。

①　单击【创建方法】卷展栏中的 获取图形 按钮。

②　选中【左视图】中绘制的图形生成放样对象。

(4)　旋转截面图形，如图 4-9 所示。

①　在【修改】面板中选中“图形”子层级。

②　按 E 键选中【选择并旋转】工具。

③　按 A 键激活【角度捕捉】。

④　选中放样对象的截面图形，将截面图形绕 x 轴逆时针旋转 90°。

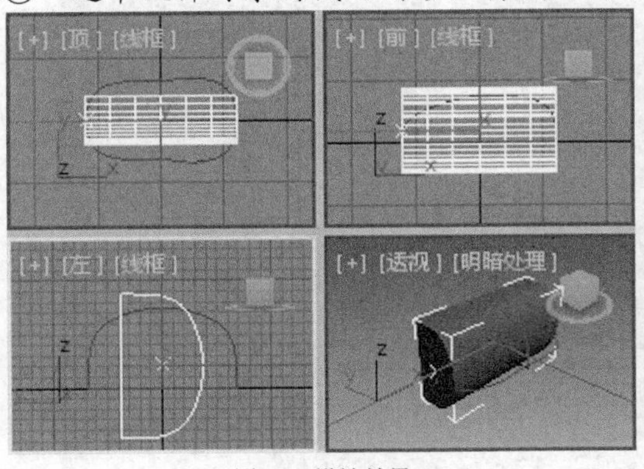

图4-8　设计效果

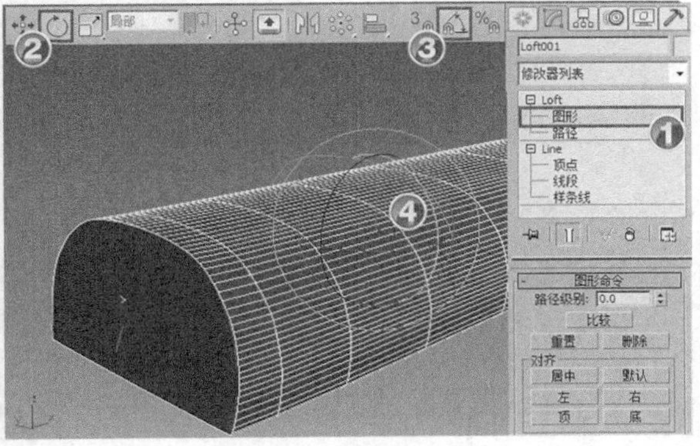

图4-9　旋转截面图形

(5)　进行 x 轴拟合变形，如图 4-10 所示。

①　返回父层级。

②　在【变形】卷展栏中单击 拟合 按钮打开【拟合变形】窗口。

③　释放按钮。

④　按下按钮。

⑤ 单击按钮。

⑥ 选中【前视图】中绘制的图形。

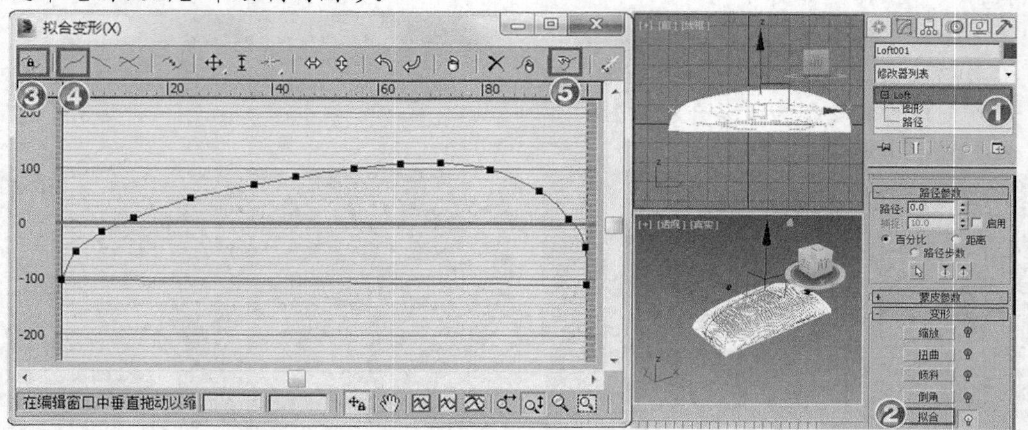

图4-10 进行 x 方向拟合变形

(6) 进行 y 轴拟合变形，如图 4-11 所示。

① 按下按钮。

② 单击按钮。

③ 选中【顶视图】中绘制的图形。

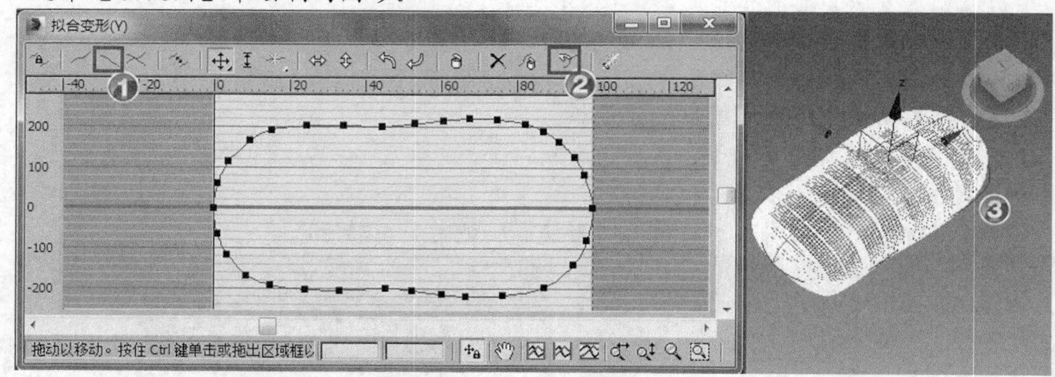

图4-11 进行 y 方向拟合变形

2. 修饰鼠标外形。

(1) 创建圆弧图形，如图 4-12 所示。

① 在【创建】面板中单击按钮。

② 单击 弧 按钮。

③ 在【前视图】中绘制一条圆弧。

④ 设置圆弧参数。

⑤ 设置圆弧坐标参数。

(2) 增加圆弧轮廓，如图 4-13 所示。

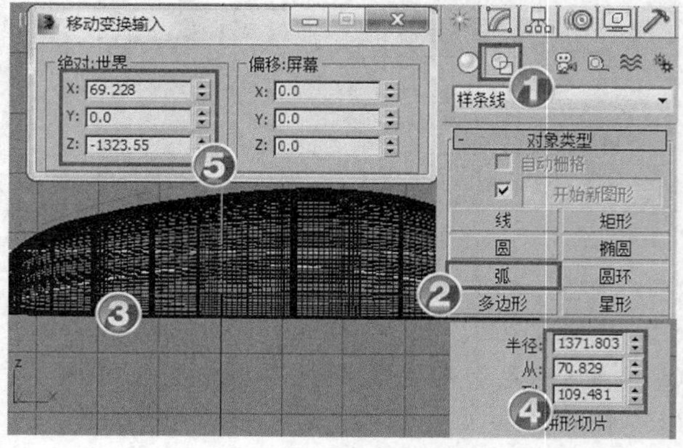

图4-12 绘制圆弧图形

① 确认圆弧处于选中状态，单击鼠标右键，在弹出的快捷菜单中选择【转换为】/【转换为可编辑样条线】命令。
② 进入“样条线”子层级。
③ 选中图形中的样条线。
④ 在【几何体】卷展栏中设置轮廓参数为“1”，按 Enter 键增加轮廓形状。

图4-13　增加圆弧轮廓

(3) 添加【挤出】修改器，如图 4-14 所示。
① 返回父层级。
② 添加修改器：【挤出】。
③ 设置【数量】为“480”。
④ 按 W 键在【顶视图】中向上移动，使鼠标模型完全位于其中。
(4) 绘制矩形，如图 4-15 所示。
① 在【顶视图】绘制第 1 个矩形。
② 设置矩形参数。
③ 设置坐标参数。

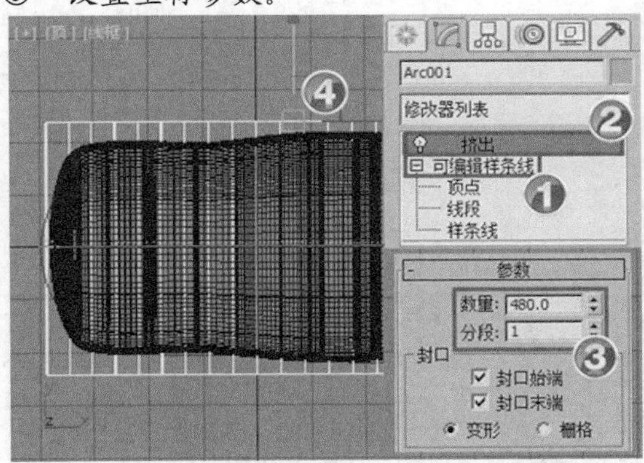

图4-14　添加【挤出】修改器

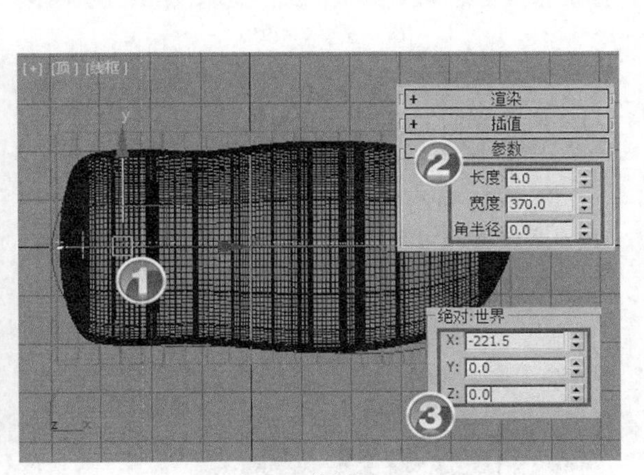

图4-15　绘制矩形 1

(5) 继续绘制第 2 个矩形，设置其参数如图 4-16 所示。
(6) 继续绘制第 3 个矩形，设置其参数如图 4-17 所示。

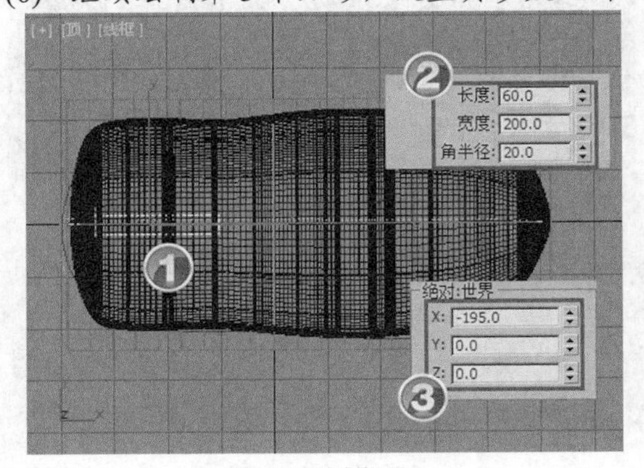

图4-16　绘制矩形 2

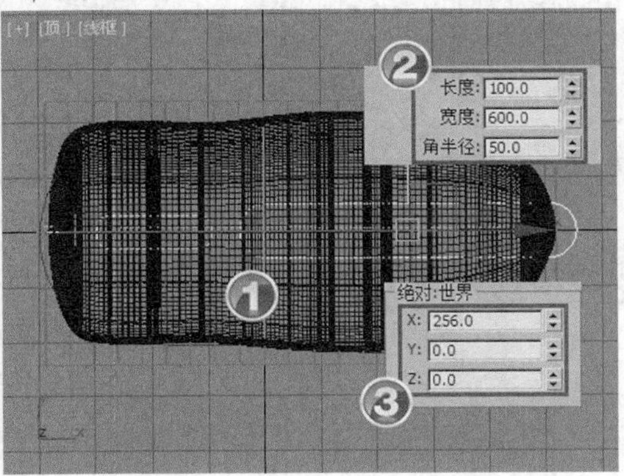

图4-17　绘制矩形 3

(7) 继续绘制第 4 个矩形，设置其参数如图 4-18 所示。

(8) 转换并附加图形，如图 4-19 所示。

① 单击鼠标右键，在弹出的快捷菜单中选择【转换为】/【转换为可编辑样条线】命令。

② 在【修改】面板的【几何体】卷展栏中单击 附加 按钮。

③ 依次选中前面绘制的 3 个矩形，完成后单击右键退出附加状态。

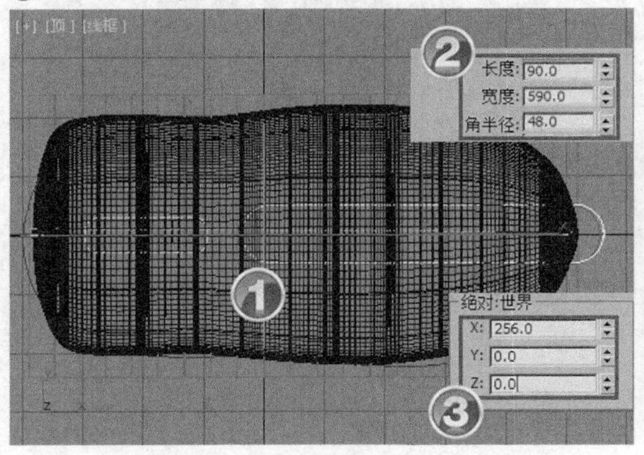

图4-18 绘制矩形 4

图4-19 转换并附加图形

3. 完善设计。

(1) 整合图形，如图 4-20 所示。

① 选中“样条线”子层级。

② 选中绘制的第 1 个矩形。

③ 在【几何体】卷展栏中单击 布尔 按钮。

④ 依次选中第 2 个和第 3 个矩形进行整合。

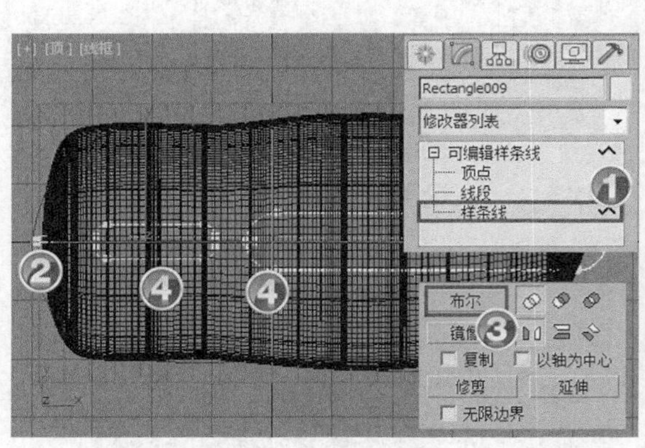

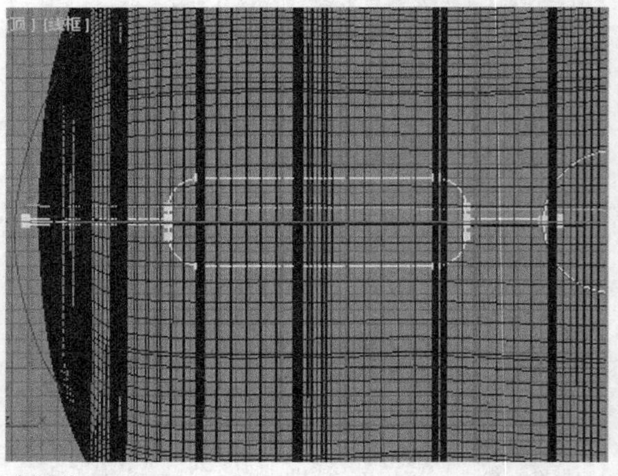

图4-20 整合图形

要点提示 在“样条线”子层级进行布尔运算时，有时会出现不能生成正确布尔结果的情况，此时可单击 修剪 按钮，单击不需要的线段进行去除，如图 4-21 所示。

修剪完成后，选中“顶点”子层级，框选所有顶点，单击 焊接 按钮将修剪过的图形连接到一起，如图 4-22 所示。

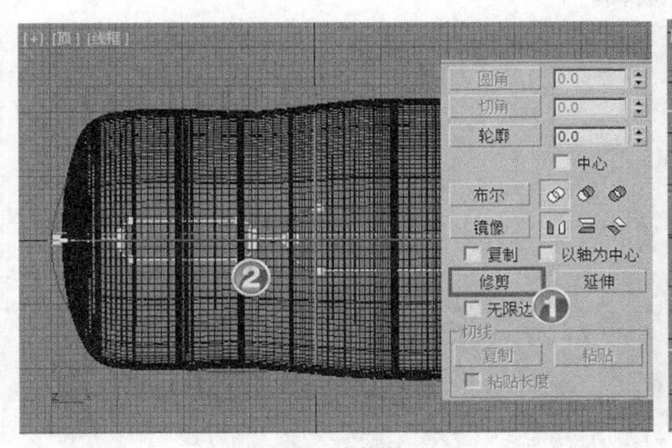

图4-21　修剪图形

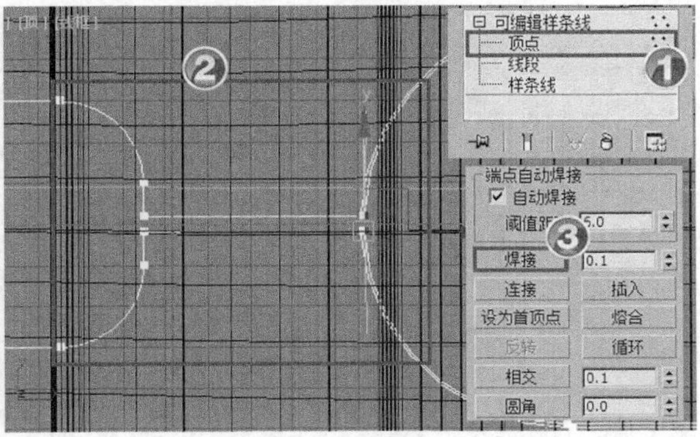

图4-22　焊接顶点

(2) 挤出模型，如图 4-23 所示。

① 返回父层级。

② 添加修改器：【挤出】。

③ 设置【数量】为“230”。

④ 按 W 键在【前视图】中向下移动挤出模型，使鼠标模型完全位于其中。

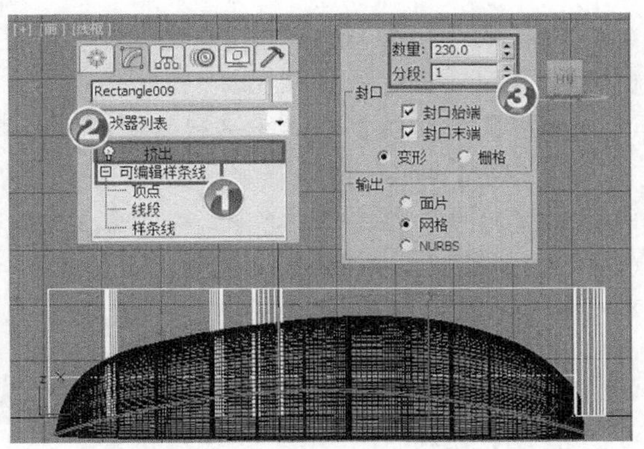

图4-23　挤出模型

(3) 布尔切割挤出模型，如图 4-24 所示。

① 选中挤出的模型。

② 设置创建对象类型为【复合对象】。

③ 单击 布尔 按钮。

④ 确认选中 差集(A-B) 单选项。

⑤ 单击 拾取操作对象 B 按钮。

⑥ 选中圆弧挤出模型进行布尔运算。

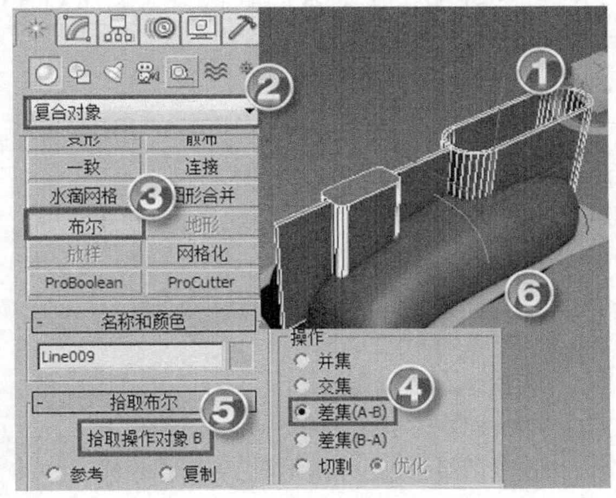

图4-24　布尔切割挤出模型

(4) 提取圆弧挤出模型，如图 4-25 所示。

① 在【修改】面板的【拾取布尔】卷展栏中选中“操作对象 B”。

② 选中 复制 单选项。

③ 单击 提取操作对象 按钮将圆弧挤出模型复制一份。

(5) 删除模型多余部分，如图 4-26 所示。

① 确认布尔对象处于选中状态。

② 单击鼠标右键，在弹出的快捷菜单中选择【转换为】/【转换为可编辑多边形】命令。

③ 选中“元素”子层级。

④ 框选模型下侧的元素，按 Delete 键删除。

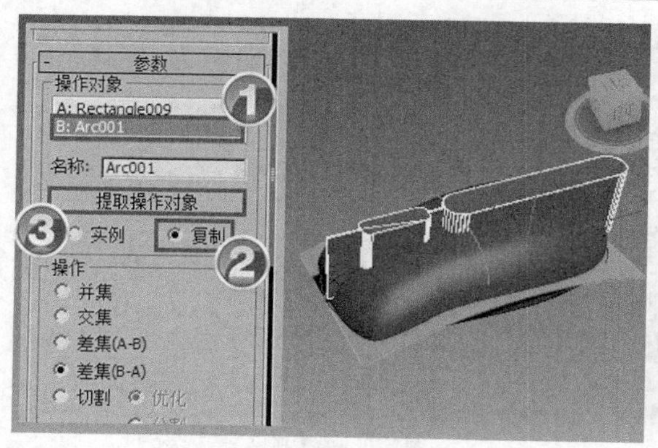

图4-25　提取圆弧挤出模型

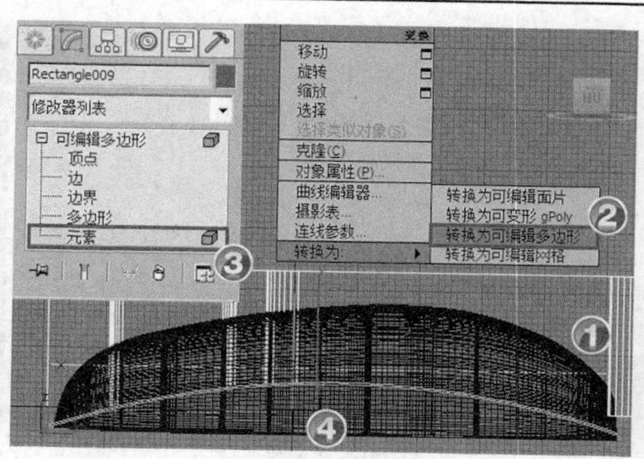

图4-26　删除模型多余部分

(6)　克隆鼠标模型，如图 4-27 所示。

①　选中放样出的鼠标模型。

②　单击鼠标右键，在弹出的快捷菜单中选择【克隆】命令。

③　在【对象】组中选中 复制 单选项。

④　单击 确定 按钮进行克隆。

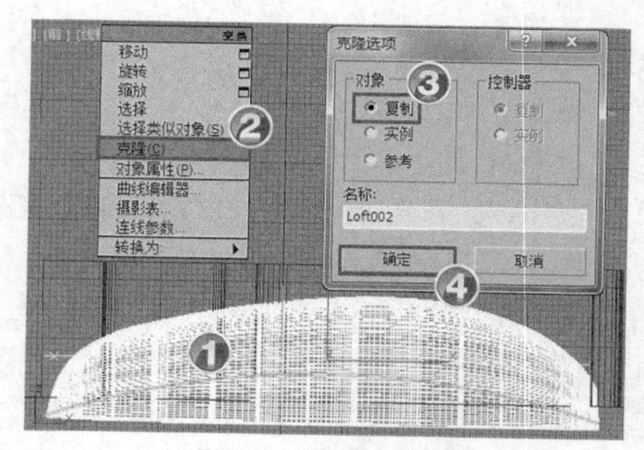

图4-27　克隆鼠标模型

4.　修饰模型，如图 4-28 所示。

(1)　调整鼠标大小。

①　用鼠标右键单击工具栏中的【选择并缩放】按钮。

②　在弹出的对话框中设置缩放参数。

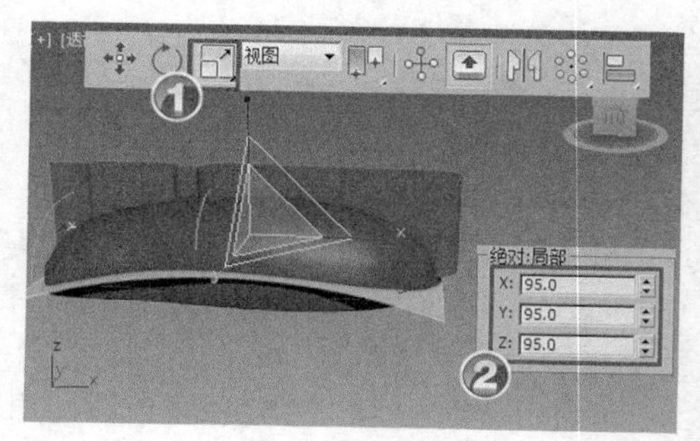

图4-28　调整鼠标大小

(2)　布尔运算去除圆弧模型内部，如图 4-29 所示。

①　选中圆弧挤出模型。

②　在【创建】面板中单击 布尔 按钮。

③　单击 拾取操作对象 B 按钮。

④　选中内部克隆出的鼠标模型进行布尔运算。

⑤　单击鼠标右键完成布尔操作。

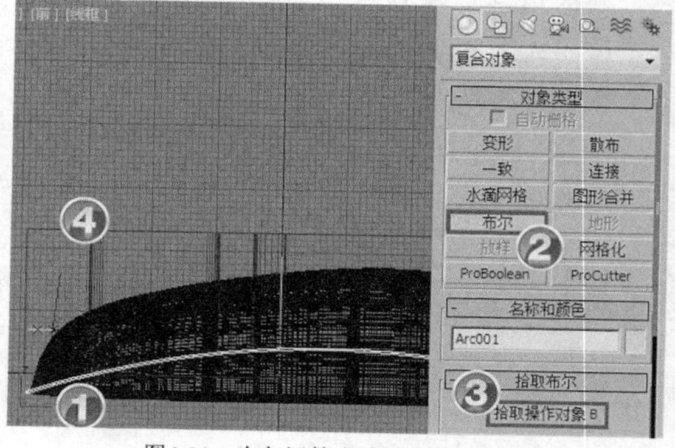

图4-29　布尔运算去除圆弧模型内部

(3)　修饰鼠标上部，如图 4-30 所示。

①　选中鼠标模型。

②　单击 布尔 按钮。

③　单击 拾取操作对象 B 按钮。

④　选中圆弧上面的模型进行布尔运算。

⑤　单击鼠标右键完成布尔操作。

(4)　修饰鼠标侧面，如图 4-31 所示。

①　单击 布尔 按钮。

②　单击 拾取操作对象 B 按钮。

③　选中圆弧挤出模型进行布尔。

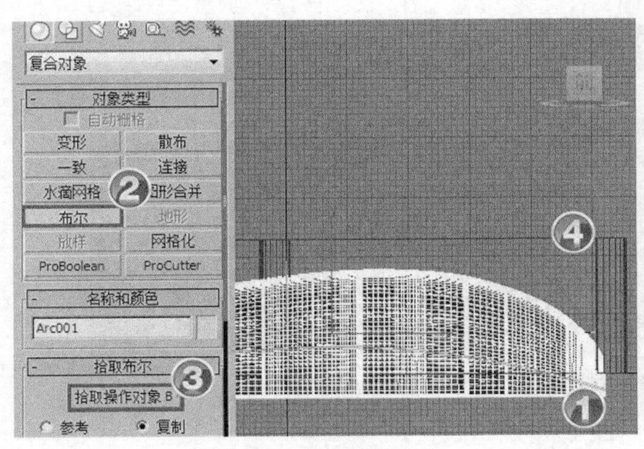

图4-30　修饰鼠标上部

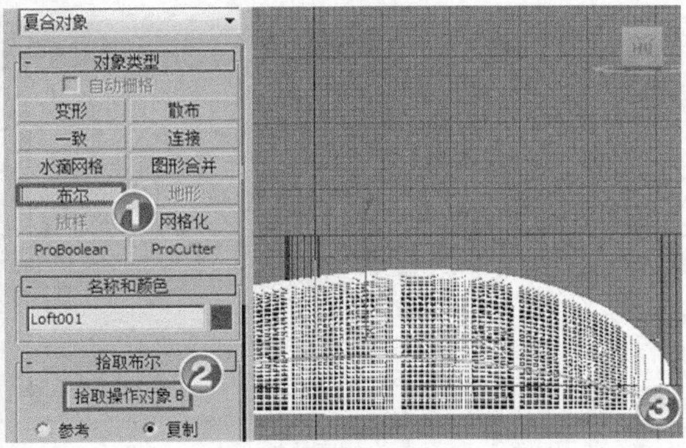

图4-31　修饰鼠标侧面

(5)　平滑模型，如图 4-32 所示。

①　在【修改】面板中添加修改器：【平滑】。

②　选中☑ 自动平滑 复选框。

5.　制作滚轮和蓝牙接收器。

(1)　制作鼠标滚轮，如图 4-33 所示。

①　设置创建对象类型为【标准基本体】。

②　单击 圆环 按钮。

③　在【前视图】中绘制一个圆环。

④　设置圆环参数。

⑤　设置坐标参数。

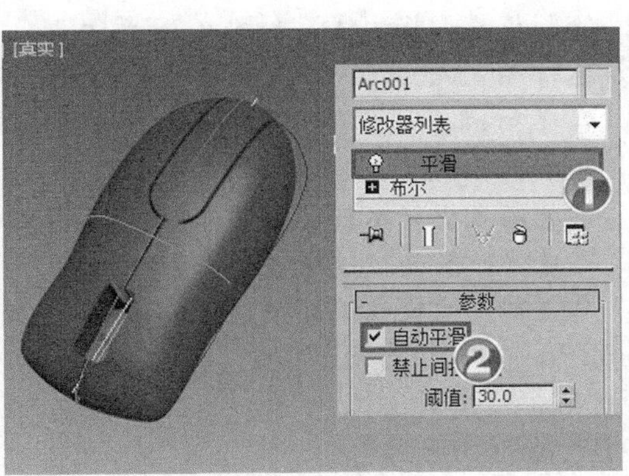

图4-32　平滑模型

(2)　制作蓝牙接收器，如图 4-34 所示。

①　单击 长方体 按钮。

②　在【左视图】中绘制两个长方体，分别设置其参数和位置坐标。

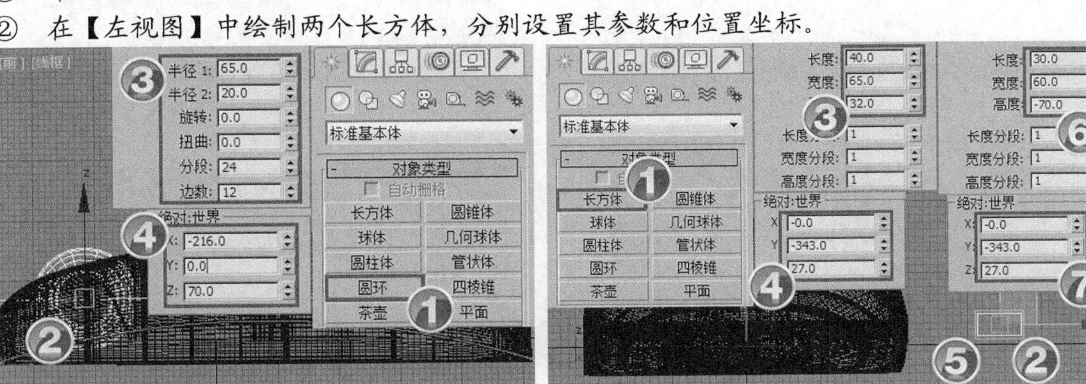

图4-33　制作鼠标滚轮

图4-34　制作蓝牙接收器

(3)　按 Ctrl+S 组合键保存场景文件到指定目录，本案例制作完成。

4.1.3　举一反三——制作“红玫瑰”

本案例将运用【放样】功能制作一支浪漫的红玫瑰，完成后的效果如图 4-35 所示。

图4-35　最终效果

【操作步骤】

1.　绘制花瓣放样曲线。

(1)　绘制花瓣形状曲线，如图 4-36 所示。

①　运行 3ds Max 2015，在【创建】面板中单击按钮，单击 线 按钮。

②　在【初始类型】分组框中选择【平滑】单选项，在【前视图】中绘制一条由 4 个顶点形成的曲线。

(2)　调整顶点坐标参数，如图 4-37 所示。

①　在【修改】面板选中【顶点】子层级。

②　从上到下依次设置 4 个顶点的 x 和 z 坐标参数。

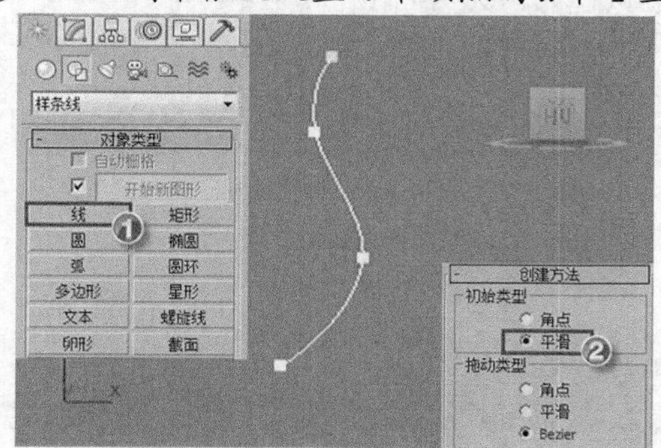

图4-36　绘制花瓣形状曲线

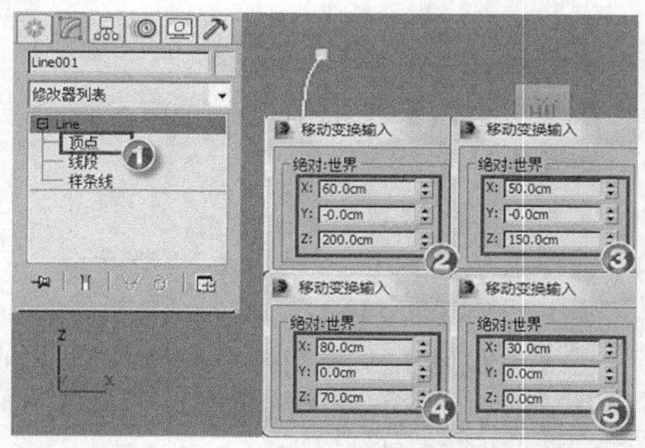

图4-37　调整顶点坐标参数

(3)　绘制花瓣截面曲线，如图 4-38 所示。

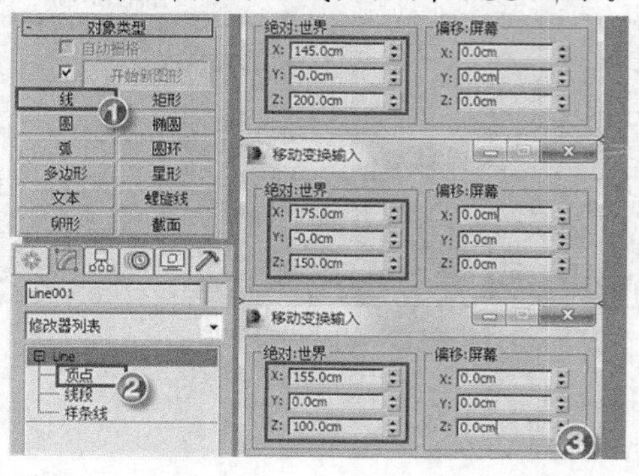

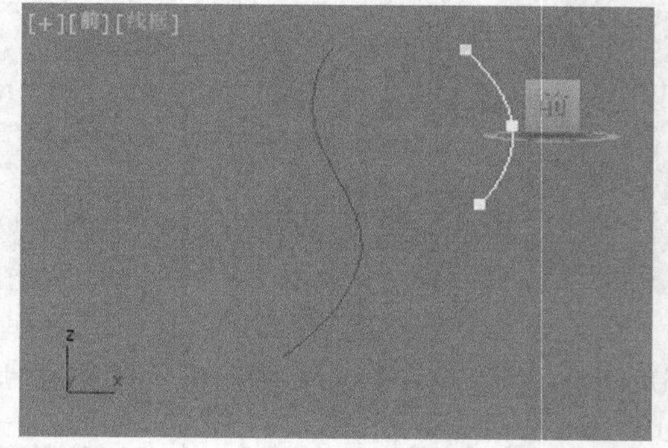

图4-38　绘制花瓣截面曲线

①　在【创建】面板中单击 线 按钮，在【前视图】中绘制一条由 3 个顶点形成的曲线。

②　在【修改】面板选中【顶点】子层级。

③　依次调整各个顶点的 x 和 z 坐标参数。

2. 制作花瓣。

(1)　放样花瓣，如图 4-39 所示。

①　选中花瓣形状曲线，在【创建】面板中单击○按钮，设置创建对象类型为【复合对象】。

②　单击 放样 按钮。

③　单击 获取图形 按钮。

④　选择花瓣截面曲线。

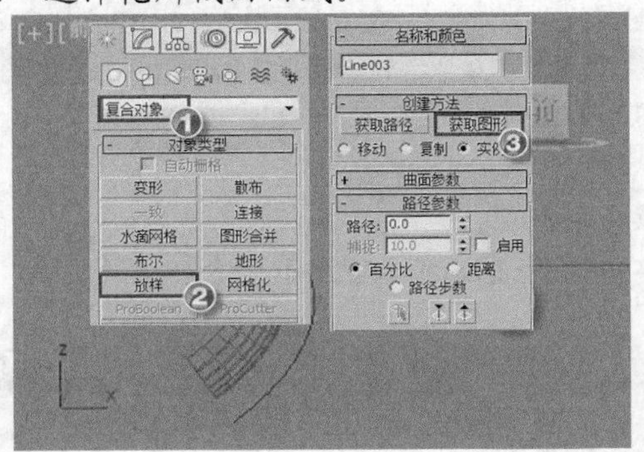

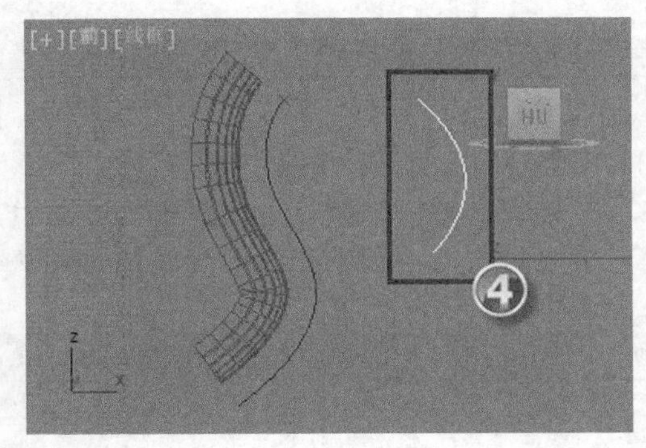

图4-39　放样花瓣

(2)　调整放样模型，如图 4-40 所示。

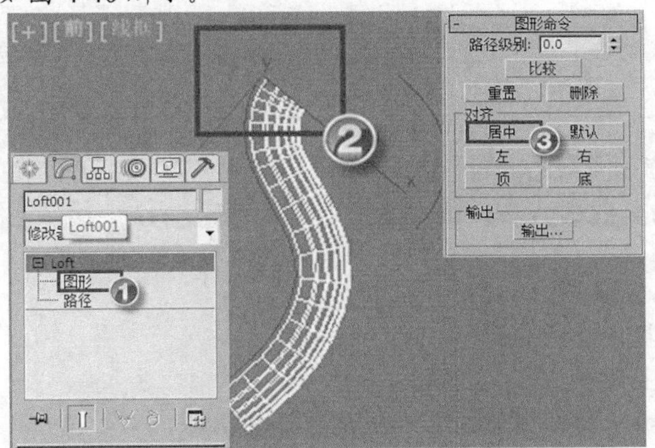

图4-40　调整放样模型

①　在【修改】面板中选中【图形】子层级。

②　选中放样模型上的截面图形。

③　单击 居中 按钮。

(3)　调整缩放变形 1，如图 4-41 所示。

①　单击返回父层级，在【变形】卷展栏中单击 缩放 按钮，打开【缩放变形】窗口。

②　单击选中左侧控制点，设置垂直方向位置参数为“1.5”。

③　在控制点上单击鼠标右键，在弹出的快捷菜单中选择【Bezier-角点】命令。

④　调整控制手柄位置。

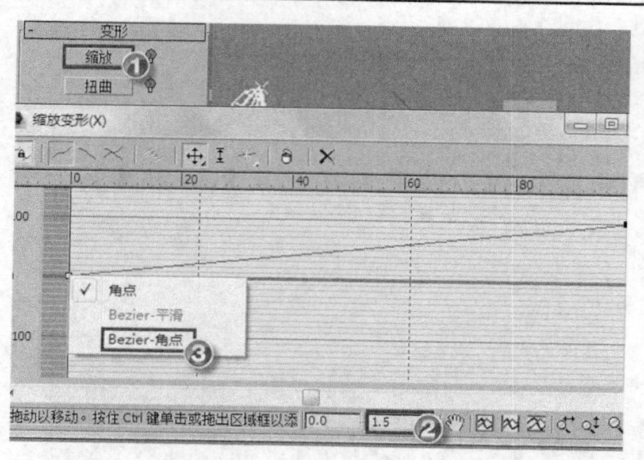

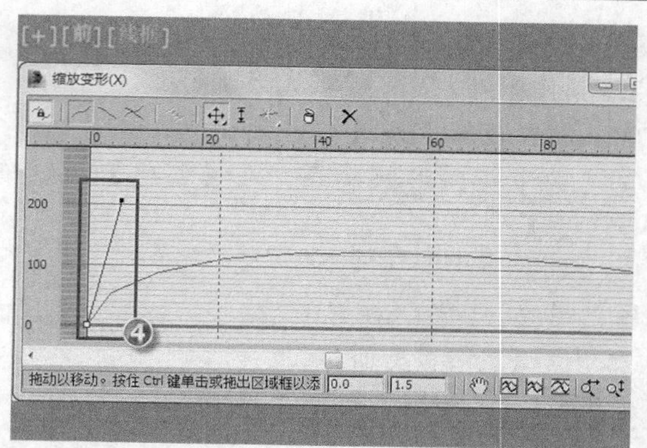

图4-41　调整缩放变形 1

(4)　调整缩放变形 2，如图 4-42 所示。

①　单击选中右侧控制点，设置垂直方向位置参数为“30”。

②　在控制点上单击鼠标右键，在弹出的快捷菜单中选择【Bezier-角点】命令。

③　调整控制手柄位置。

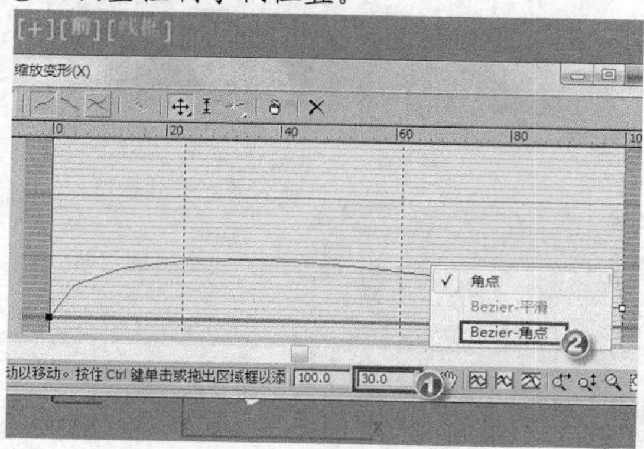

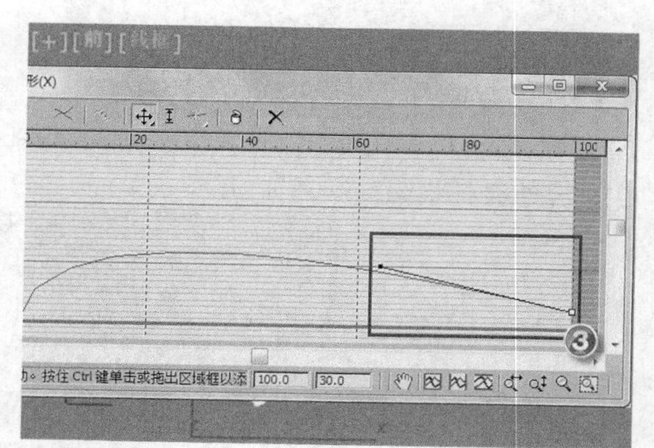

图4-42　调整缩放变形 2

(5)　调整轴，如图 4-43 所示。

①　选中【层次】面板。

②　单击 仅影响轴 按钮。

③　设置轴的坐标参数，单击【修改】面板退出调整状态。

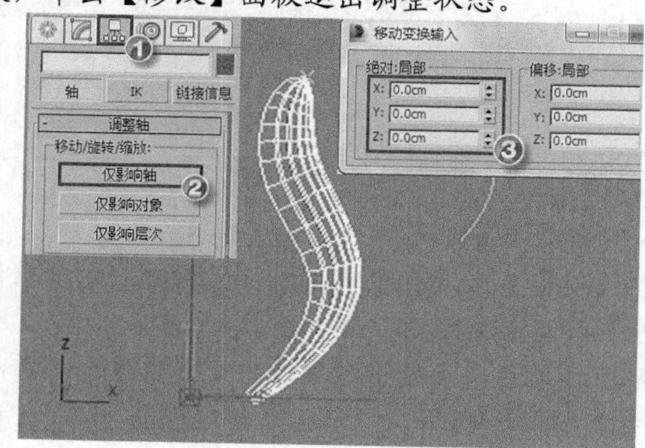

图4-43　调整轴

3.　复制和调整花瓣。

(1)　旋转复制花瓣，如图 4-44 所示。

①　按E键，激活【选择并旋转】工具。

②　按A键打开【栅格和捕捉设置】对话框，设置【角度】为“90”。

③　按住Shift键不放，将放样对象绕 z 轴旋转 90°。

④　设置【副本数】为“3”，单击确定按钮完成复制。

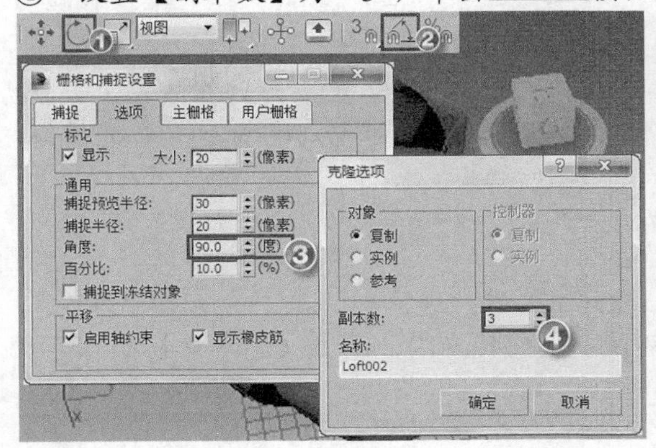

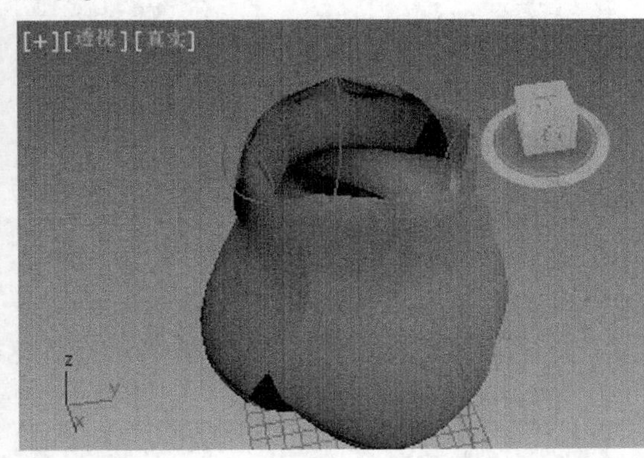

图4-44　旋转复制花瓣 1

(2)　克隆花瓣，如图 4-45 所示。

①　选中第 1 个放样出的花瓣，在其上单击鼠标右键，在弹出的快捷菜单中选择【克隆】命令。

②　接受默认设置，在弹出的对话框中单击确定按钮完成克隆操作。

③　调整对象位置，如图 4-46 所示。

④　设置克隆花瓣旋转参数。

⑤　设置克隆花瓣缩放参数。

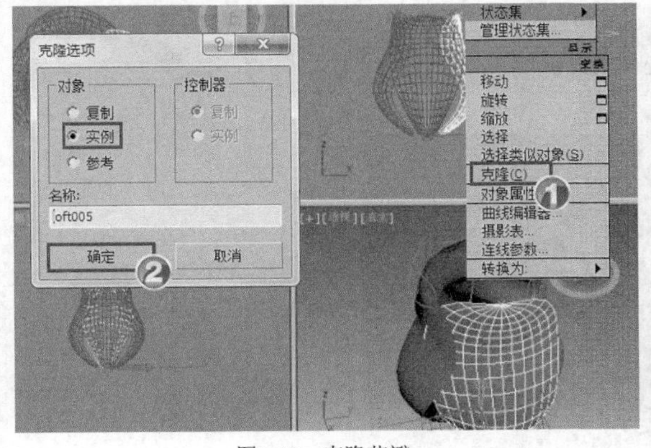

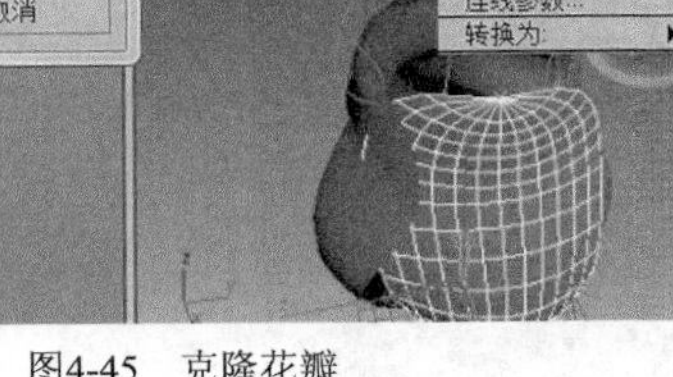

图4-45　克隆花瓣　　　　图4-46　调整克隆花瓣

(3)　旋转复制花瓣。按住Shift键不放，将花瓣绕 z 轴旋转 90°，设置【副本数】为“3”，单击确定按钮完成复制，如图 4-47 所示。

(4)　克隆花瓣。选中内层第 1 个花瓣，单击鼠标右键，在弹出的快捷菜单中选择【克隆】命令，从内对花瓣进行克隆操作，如图 4-48 所示。

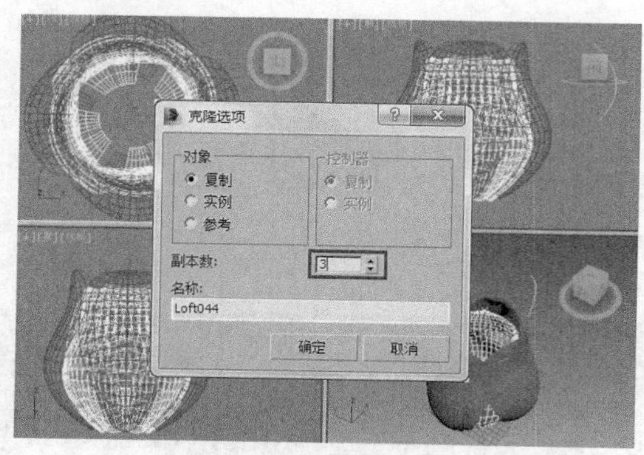

图4-47 旋转复制花瓣 2

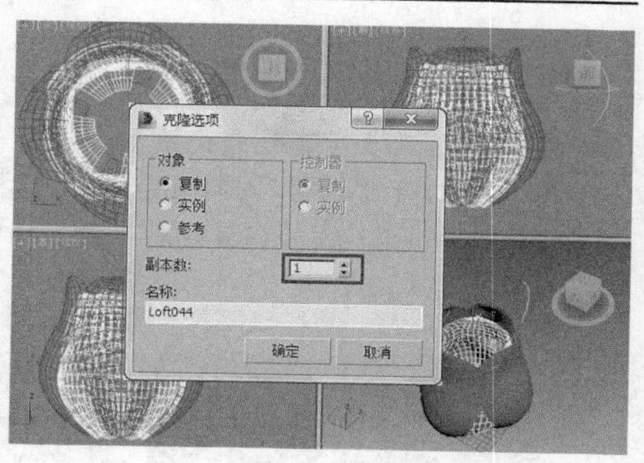

图4-48 克隆花瓣

(5) 调整对象位置，如图 4-49 所示。

① 设置克隆花瓣旋转参数。

② 设置克隆花瓣缩放参数。

③ 旋转复制花瓣。按住 Shift 键不放，将花瓣绕 z 轴旋转 90°，设置【副本数】为“3”，如图 4-50 所示。

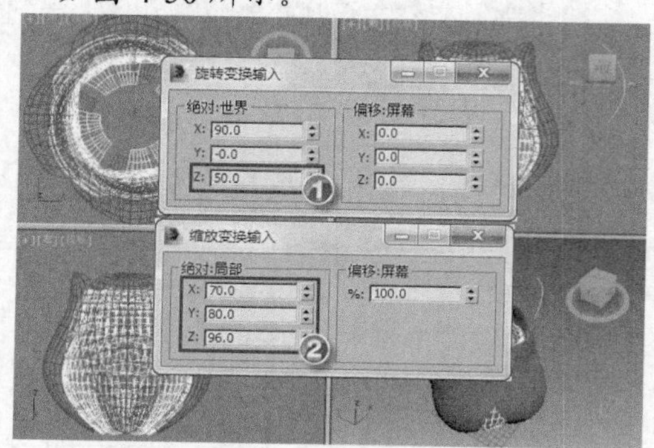

图4-49 调整对象位置

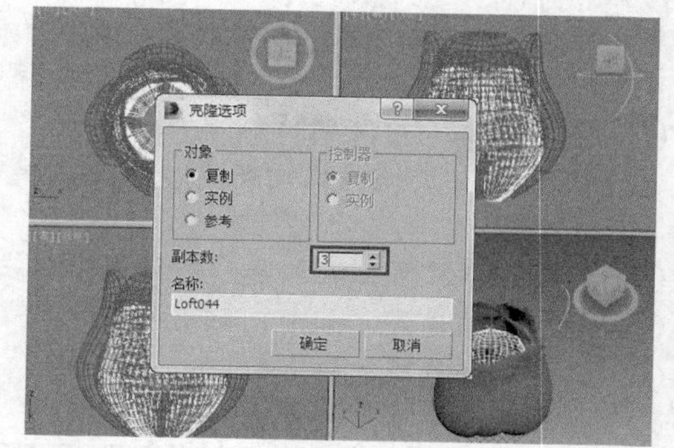

图4-50 旋转复制花瓣 3

(6) 继续克隆内层花瓣，将其旋转 25°，x 轴缩小 10%，y 轴缩小 5%，z 轴缩小 2%，再进行 90° 旋转复制。最终使花朵看上去比较饱满，如图 4-51 所示。

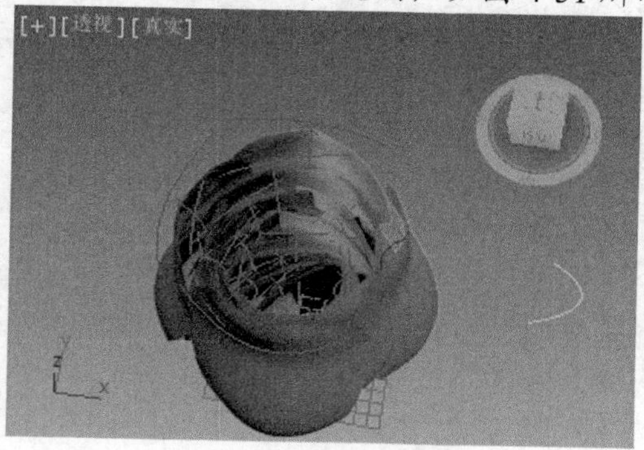

图4-51 继续克隆花瓣

4. 制作花萼。

(1) 绘制花萼形状曲线，如图 4-52 所示。

① 在【创建】面板中单击 线 按钮。

② 在【初始类型】分组框中选中【平滑】单选项。

③ 在【前视图】绘制一条由 4 个顶点组成的曲线。

(2) 调整曲线形状，如图 4-53 所示。

① 在【修改】面板中选中【顶点】子层级。

② 调整各个顶点的 x 和 z 坐标参数。

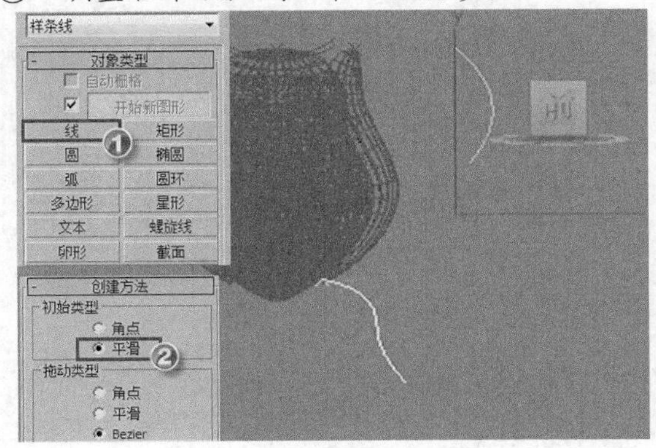

图4-52　绘制花萼形状曲线

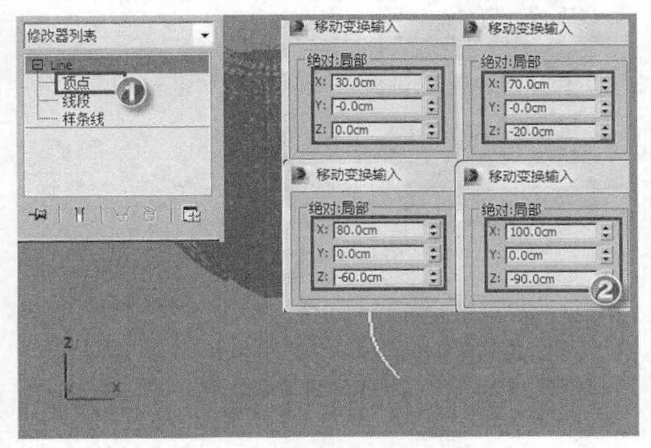

图4-53　调整曲线形状

(3) 绘制截面曲线，如图 4-54 所示。

① 在【创建】面板中单击 线 按钮。

② 在【前视图】中绘制一条长 50 的垂直线段。

要点提示　绘制直线时，可按 S 键激活【捕捉开关】，在绘制时注意观察状态栏的如下提示：栅格点 捕捉 场景根 的坐标位置：[150.0, 0.0, 0.0]，以方便绘制指定长度的线段。

(4) 放样花萼，如图 4-55 所示。

① 单击 按钮，设置创建对象类型为【复合对象】。

② 选中花萼形状曲线，单击 放样 按钮。

③ 单击 获取图形 按钮，选中花萼截面线创建放样物体。

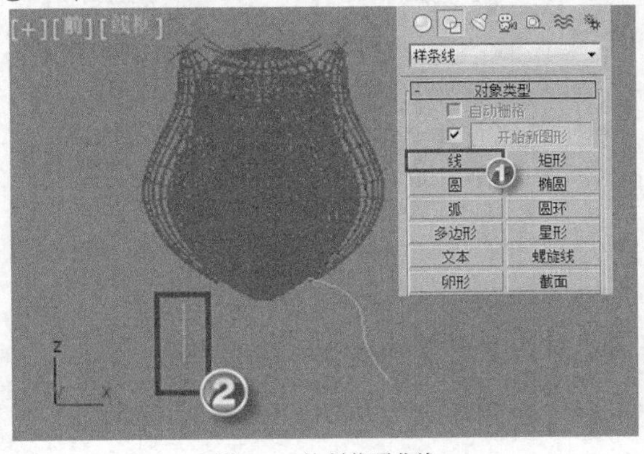

图4-54　绘制截面曲线

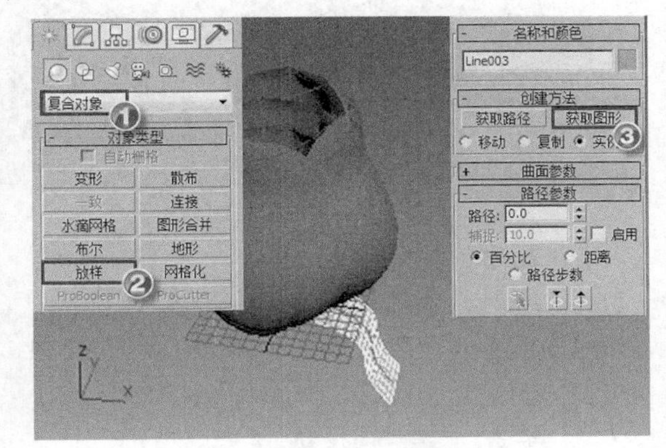

图4-55　放样花萼

(5) 调整缩放变形 1，如图 4-56 所示。

① 在【修改】面板中单击 缩放 按钮，打开【缩放变形】窗口，单击选中左侧控制点。

② 在控制点上单击鼠标右键，在弹出的快捷菜单中选择【Bezier-角点】命令。

(6) 调整缩放变形 2。选中右侧控制点，设置垂直方向位置参数为“0”，如图 4-57 所示。

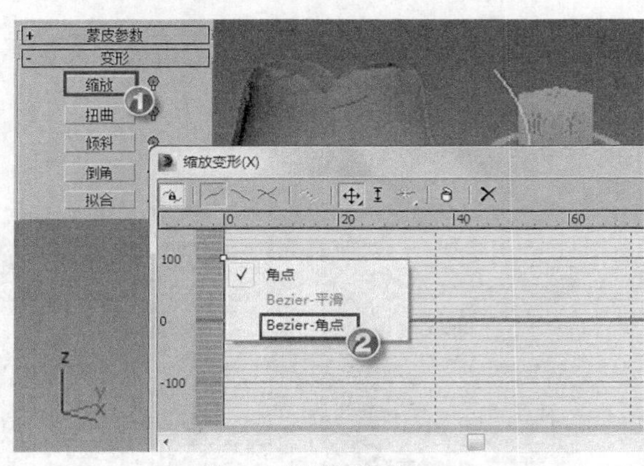

图4-56　调整缩放变形 1

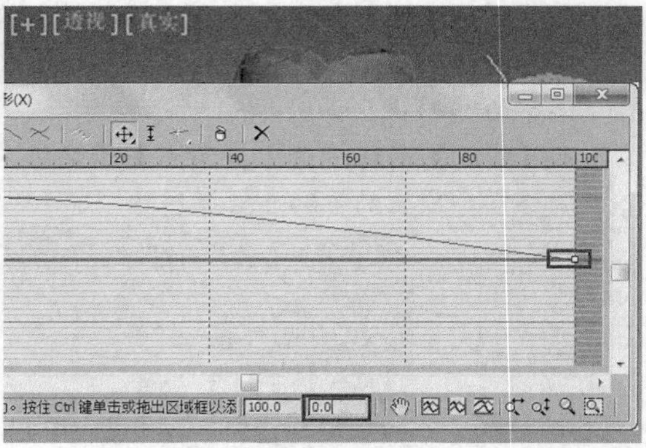

图4-57　调整缩放变形 2

(7)　调整花萼的轴心，如图 4-58 所示。

①　选中【层次】面板。

②　单击 仅影响轴 按钮。

③　设置轴的坐标参数，单击【修改】面板退出调整状态。

(8)　旋转复制花萼，如图 4-59 所示。

①　按E键，激活【选择并旋转】工具。

②　按A键，激活【角度捕捉切换】工具。

③　按住Shift键不放，将花萼绕 z 轴旋转约 72°　。

④　设置【副本数】为“4”，单击 确定 按钮完成复制。

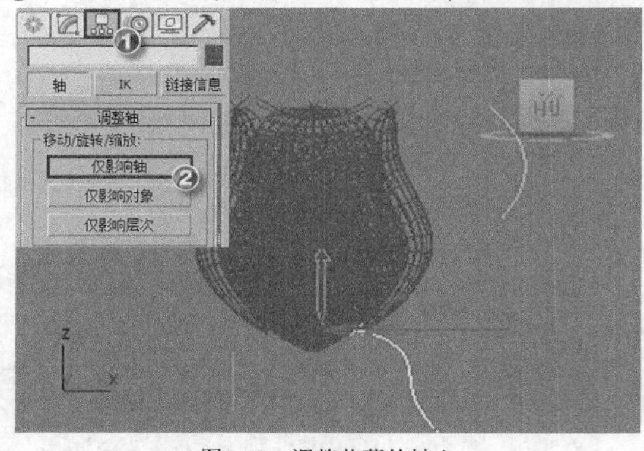

图4-58　调整花萼的轴心

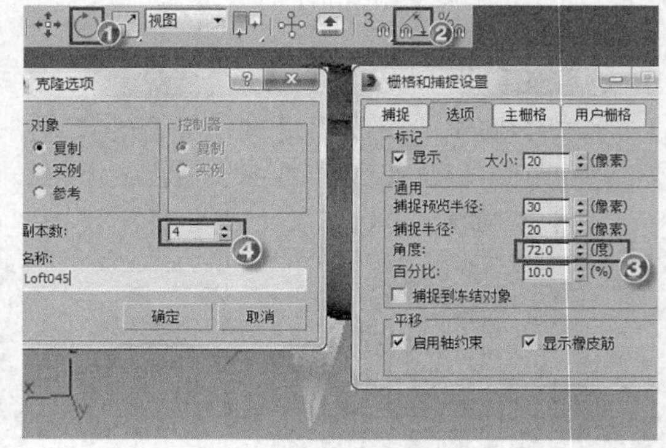

图4-59　旋转复制花萼

5.　制作花茎。

(1)　绘制花茎形状曲线，如图 4-60 所示。

在【创建】面板中单击 线 按钮，在【前视图】中绘制一条较长的曲线。

(2)　绘制截面图形，如图 4-61 所示。

①　单击 圆 按钮。

②　在【前视图】中绘制一个圆，设置【半径】为“35”。

(3)　放样花茎，如图 4-62 所示。

①　选中花茎形状曲线。

②　单击○按钮，单击 放样 按钮。

③　单击 获取图形 按钮，选中绘制的圆形截面。

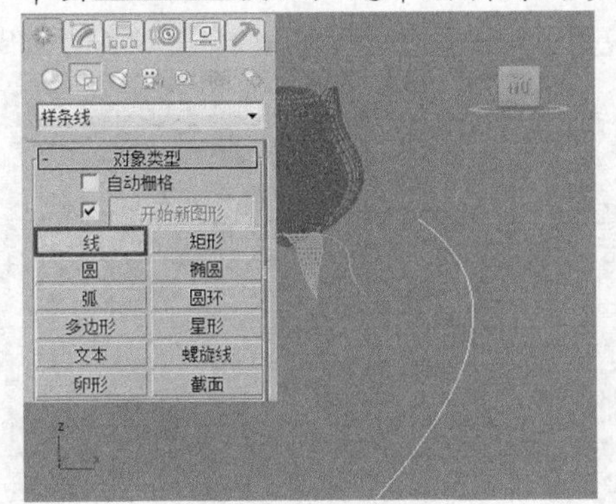

图4-60　绘制花茎形状曲线

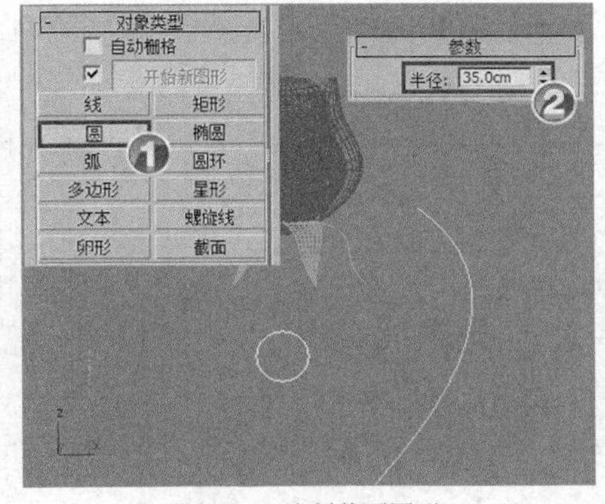

图4-61　绘制截面图形

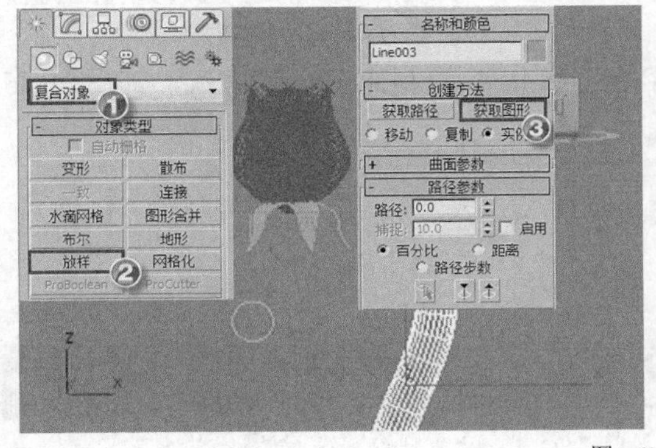

图4-62　放样花茎

(4)　调整缩放变形，如图 4-63 所示。

①　在【修改】面板中单击 缩放 按钮打开【缩放变形】窗口。

②　单击 按钮，在控制线上单击添加一个控制点。

③　在添加的控制点上单击鼠标右键，在弹出的快捷菜单中选择【Bezier-平滑】命令。

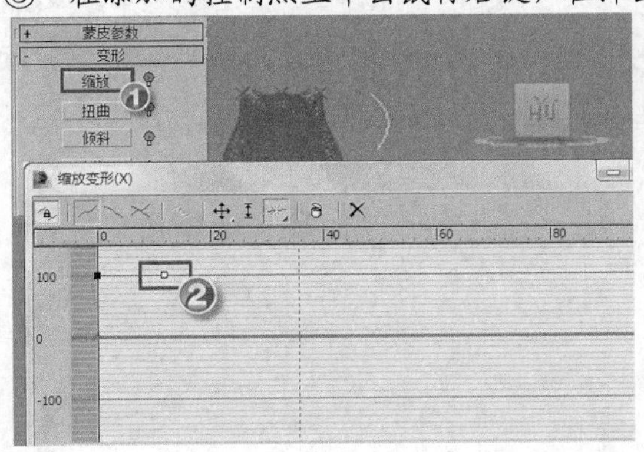

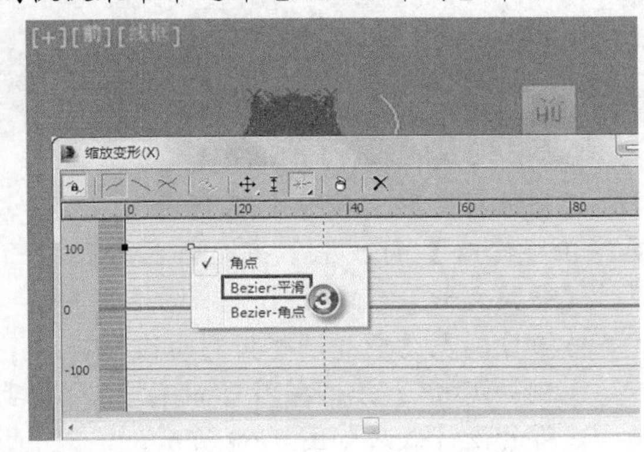

图4-63　调整缩放变形

(5)　调整控制点位置，如图 4-64 所示。

①　单击 按钮，框选第 2 个和第 3 个控制点，设置垂直方向位置参数为“10”。

②　按 W 键，向左移动花茎至花朵下面。

6.　制作叶子。

(1) 绘制叶子形状曲线，如图 4-65 所示。

在【创建】面板中单击 线 按钮，在【前视图】中绘制一条由 3 个顶点形成的曲线。

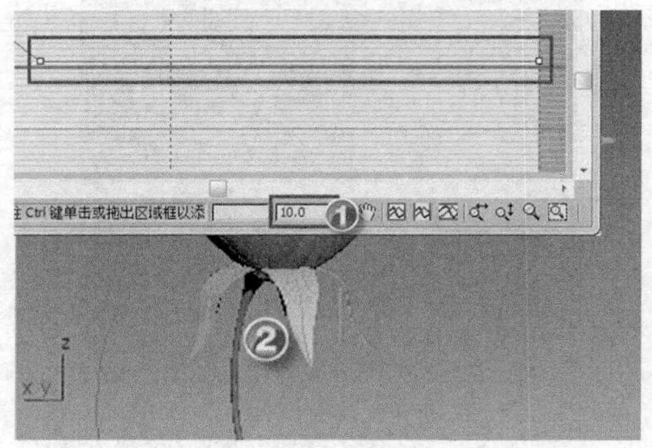

图4-64 调整控制点位置

图4-65 绘制叶子形状曲线

(2) 绘制叶子截面曲线。单击 线 按钮，绘制一条由 3 个顶点形成的曲线，如图 4-66 所示。

(3) 放样叶子，如图 4-67 所示。

① 选中叶子形状曲线，单击○按钮，选择复合对象。

② 单击 放样 按钮。

③ 单击 获取图形 按钮，选中叶子截面曲线。

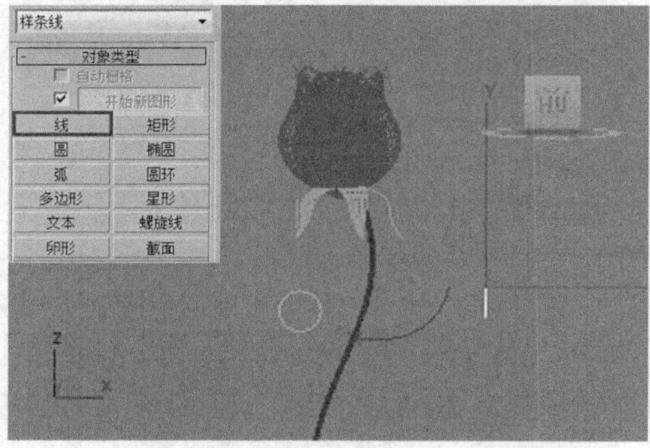

图4-66 绘制叶子截面曲线

图4-67 放样叶子

(4) 调整缩放变形，如图 4-68 所示。

① 在【修改】面板中单击 缩放 按钮打开【缩放变形】窗口。

② 转换控制点类型并调整控制曲线形状。

(5) 复制一片叶子并调整叶子的位置，最后获得的设计效果如图 4-69 所示。

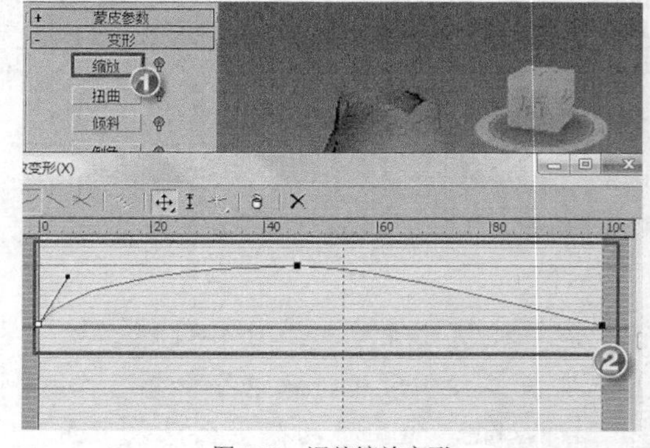

图4-68 调整缩放变形

图4-69　设计效果

(6)　按 Ctrl+S 组合键保存场景文件到指定目录，本案例制作完成。

4.2　多边形建模

多边形建模是最早也是应用最广泛的建模方法。一般模型都是由许多面组成的，每个面都有不同的尺寸和方向。通过创建和排列面可以创建出复杂的三维模型。

4.2.1　知识讲解——创建多边形物体

与基本形体以“搭积木”的方式来创建的“堆砌建模”不同，多边形建模属于“细分建模”，就是将物体表面划分为不同大小的多边形，然后对其进行“精雕细琢”。

一、　多边形建模的流程

多边形建模的一般流程如图 4-70 所示。

(1)　通过创建几何体或其他方式建模得到大致的模型。

(2)　将基础模型转化（塌陷）为可编辑多边形，进入可编辑多边形的子级别进行编辑。

(3)　使用【网格平滑】或【涡轮平滑】修改器对模型进行平滑处理。

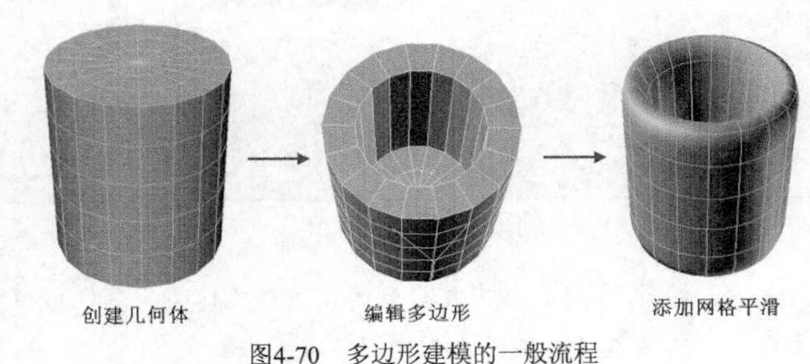

图4-70　多边形建模的一般流程

二、　将对象转化为多边形物体的方法

多边形物体不是使用特殊方法创建出来的，而是将各种对象通过塌陷等方式转换而来的，具体有以下 4 种方法。

(1)　为物体添加【编辑多边形】修改器，如图 4-71 所示。

(2)　在物体上单击鼠标右键，在弹出的快捷菜单中选择【转换为】/【转换为可编辑多边形】命令即可将其转化为可编辑多边形，如图 4-72 所示。

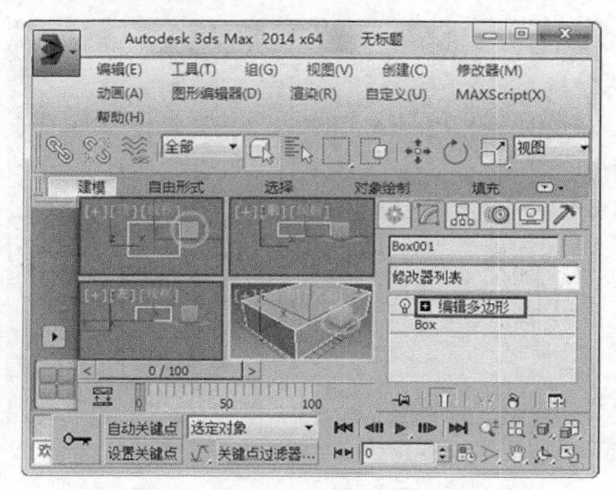

图4-71 转化为可编辑多边形方法 1

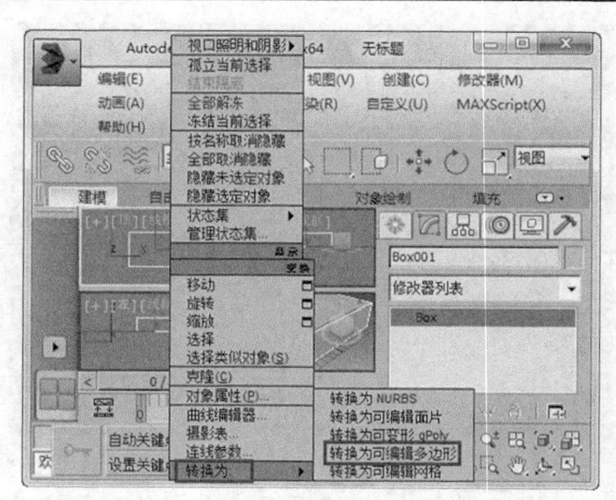

图4-72 转化为可编辑多边形方法 2

(3) 在修改器堆栈中选中物体，然后单击鼠标右键，在弹出的快捷菜单中选择【可编辑多边形】命令也可将其转化为可编辑多边形，如图 4-73 所示。

(4) 选中物体，在【Graphite 建模工具】工具栏中单击 建模 按钮，然后单击 多边形建模 ▾ 按钮，在弹出的面板中选择【转化为多边形】，如图 4-74 所示。

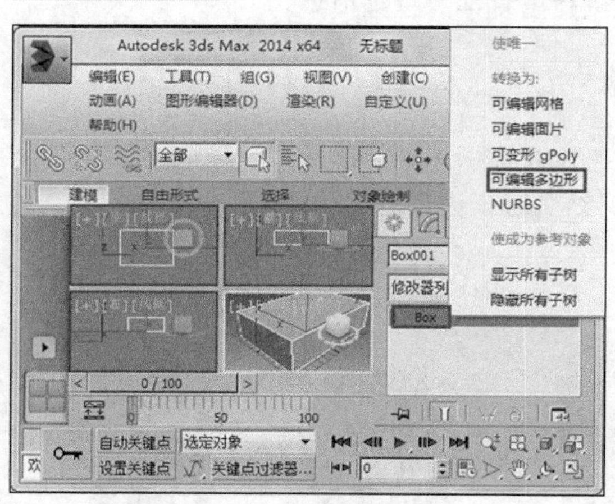

图4-73 转化为可编辑多边形方法 3

图4-74 转化为可编辑多边形方法 4

除使用第 1 种方法得到的多边形物体将全部保留模型的创建参数外，使用其余 3 种方法创建的多边形物体将丢失全部创建参数。

三、 多边形物体的层级

将物体转化为可编辑多边形后进入【修改】面板，展开【可编辑多边形】选项可以分别进入其子选项进行编辑，用户可以看到其下的 5 个层级。

(1) 顶点。

顶点是多边形网格线的交点，用来定义多边形的基础结构，当移动或编辑顶点时，可以局部改变几何体的形状。在参数面板中单击 按钮进入顶点级别后，即可使用图 4-75 所示的工具对多边形物体的顶点进行编辑，如图 4-76 所示。

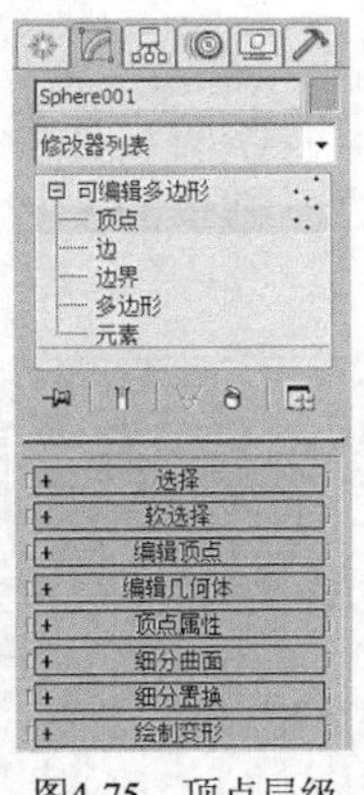

图4-75　顶点层级

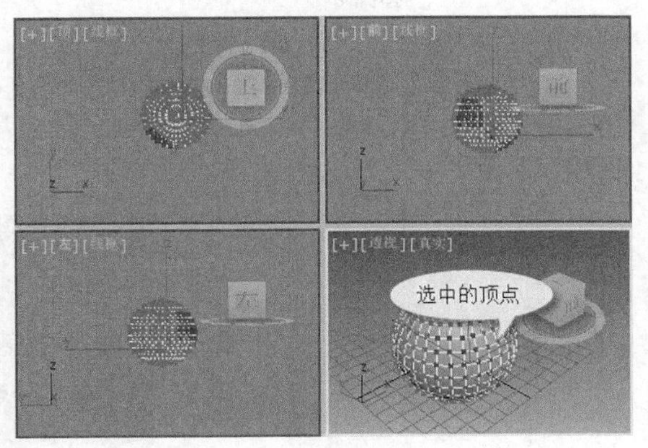

图4-76　编辑顶点

(2)　边。

边是连接两个顶点间的线段，但在多边形物体中，一条边不能由两个以上多边形共享。在参数面板中单击◁按钮进入边级别后，即可使用图 4-77 所示的工具对多边形物体的边进行编辑，如图 4-78 所示。

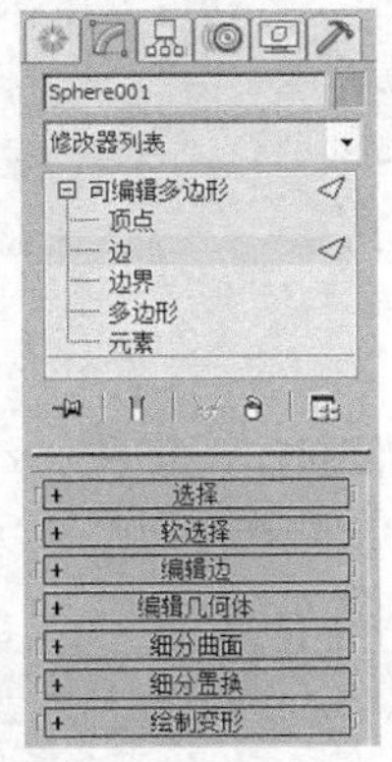

图4-77　边层级

图4-78　编辑边

(3)　边界。

边界是网格的线性部分，通常可描述为空洞的边缘，如创建物体后，删除其上选定的多边形区域，则将形成边界。在参数面板中单击按钮进入边界级别后，即可使用图 4-79 所示的工具对多边形物体的边界进行编辑，如图 4-80 所示。

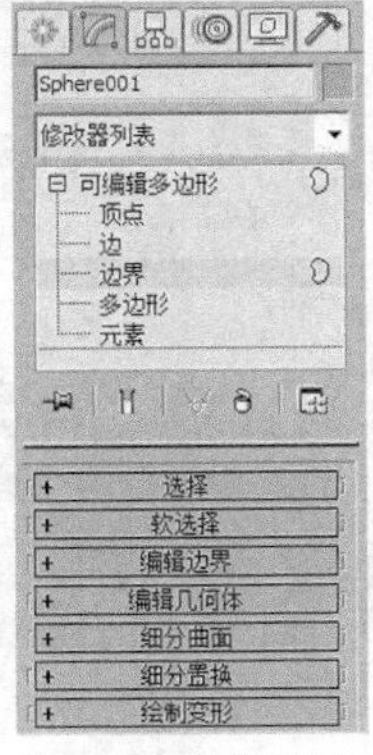

图4-79　边界层级

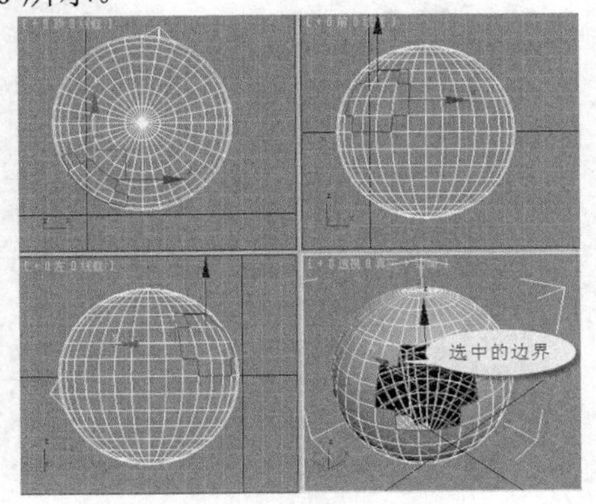

图4-80　编辑边界

(4) 多边形。

多边形是通过曲线连接的一组边的序列，为物体提供可渲染的曲面。在参数面板中单击■按钮进入多边形级别后，即可使用图 4-81 所示的工具对多边形物体的多边形进行编辑，如图 4-82 所示。

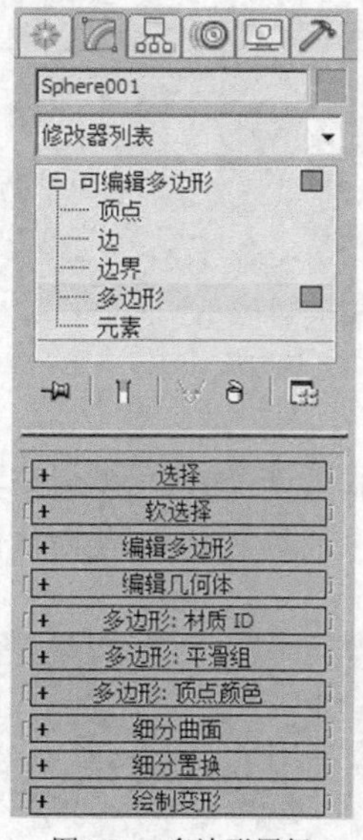

图4-81 多边形层级

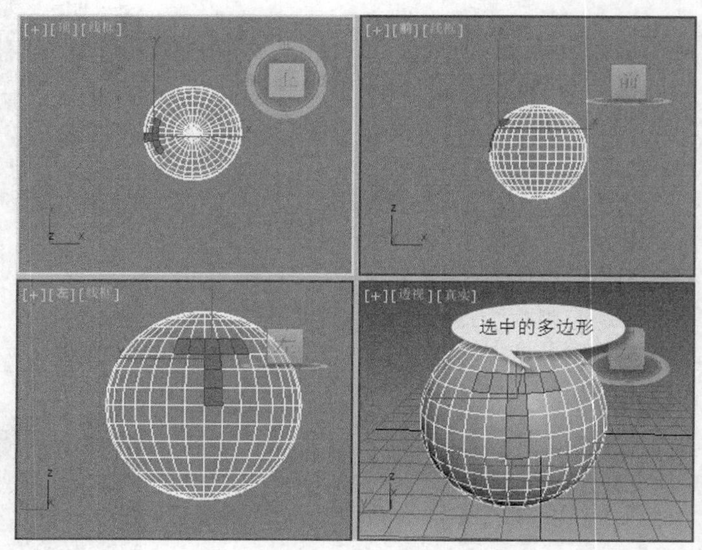

图4-82 编辑多边形

(5) 元素。

元素是指单个独立的网格对象，可将其组合为更大的多边形物体，如将一个物体删除中间部分形成两个独立区域时，则形成两个元素。在参数面板中单击■按钮进入元素级别后，即可使用图 4-83 所示的工具对多边形物体的元素进行编辑，如图 4-84 所示。

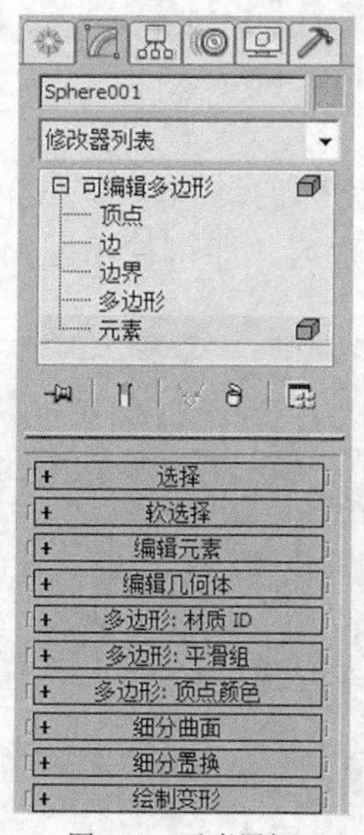

图4-83 元素层级

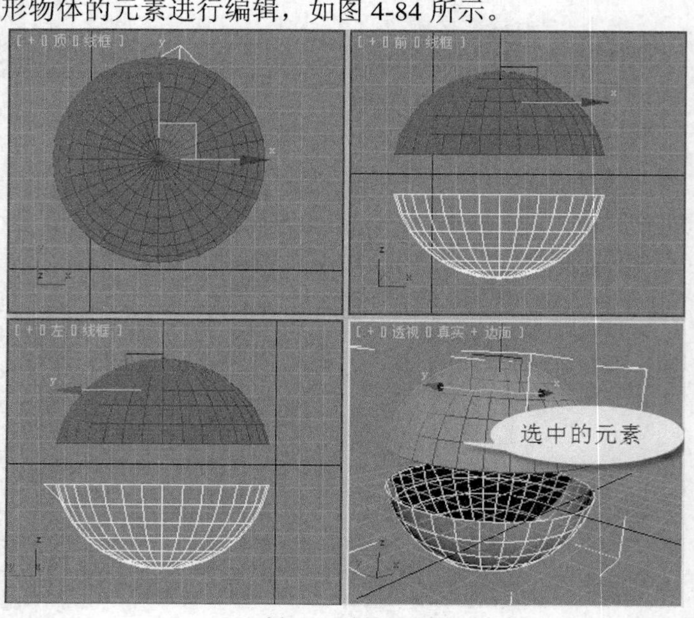

图4-84 编辑元素

四、 多边形建模中的基本工具

多边形物体在不同的级别下能实现的操作和基本工具都有所差异，下面分别对这些工具和参数的用法进行简要介绍。

(1) 公共参数卷展栏。

无论当前处于何种层级下，参数卷展栏中都具有相同的公共参数，主要包括【选择】和【软选择】两项，下面对其中常用参数作简要介绍。

① 【选择】卷展栏。

【选择】卷展栏的内容如图 4-85 所示，各主要参数的用法如表 4-6 所示。

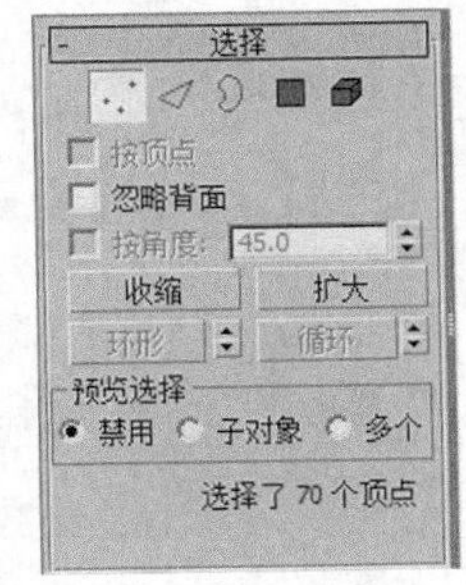

图4-85　【选择】卷展栏

表 4-6　**【选择】卷展栏主要参数说明**

参数	含义
（顶点）、（边）、（边界）、（多边形）、（元素）	这一组按钮分别表示 5 个层级，单击每个按钮可以进入相应的子对象层级进行编辑操作
按顶点	启用该项时，只有通过选择所用的顶点才能选择子对象，单击某顶点时将选中使用该顶点的所有对象（如在【边】层级下单击选择某顶点，则可以选中与该顶点相连的所有边）。该功能在【顶点】层级下无效
忽略背面	启用该项后，选择子对象时将只影响朝向用户这一侧的对象，不影响其背侧的对象，否则将同时选中两侧对象，如图 4-86 所示 当在非透视视口中使用框选方式选择对象时必须明确是否启用了该功能
按角度	该功能只在【多边形】层级下有效，启用该项时，选择一个多边形会基于该复选项右侧设置的角度值大小同时选中相邻多边形，该值用于确定要选择的相邻多边形之间的最大角度
收缩	单击一次该按钮，可以在当前选择范围内减少一圈对象
扩大	与【收缩】相反，单击一次该按钮，选择范围向外扩大一圈
环形	只能在【边】和【边界】级别中使用。当选定一部分对象后，单击该按钮可以自动选中平行于该对象的其他对象，如一个球面上与选定边同纬度的其他边
循环	只能在【边】和【边界】级别中使用。选定一部分对象后，单击该按钮可以自动选择与当前对象在同一曲线上的其他对象

② 【软选择】卷展栏。

【软选择】卷展栏的内容如图 4-87 所示，各主要参数的用法如表 4-7 所示。

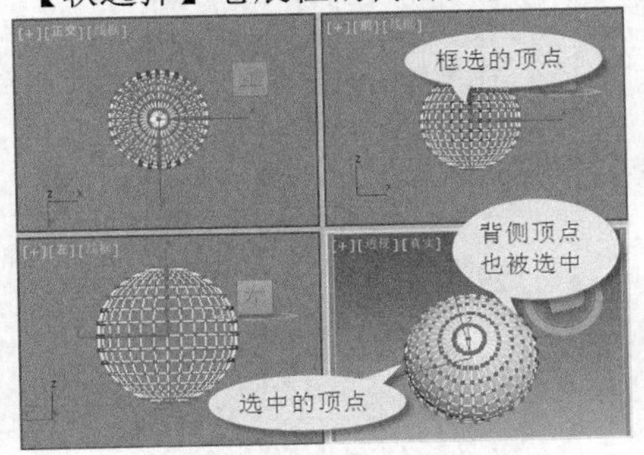

图4-86　【忽略背面】的应用

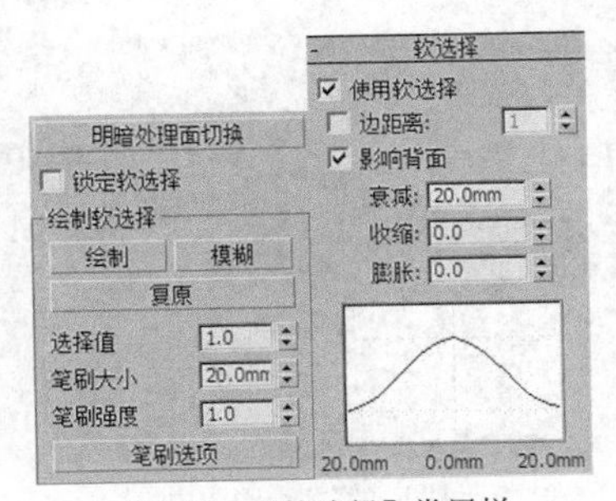

图4-87　【软选择】卷展栏

表 4-7　　【软选择】卷展栏主要参数说明

参数	含义
使用软选择	选中该复选项后，会将修改应用到选定对象周围未选定的其他对象上
边距离	选中该复选项后，将软选择限定到指定的面数
影响背面	选中该复选项后，法线方向与选定子对象平均法线方向相反的、取消选择的面将会受到软选择的影响
衰减	用来定义软选择影响区域的距离，衰减值越高，衰减曲线越平缓，软选择的范围也越大
收缩	设置选择区域的"突出度"，沿着垂直方向升高或降低曲线的顶点，为负值时将形成凹陷
膨胀	设置选择区域的"丰满度"，沿垂直方向展开或收缩曲线
软选择曲线图	以图形方式显示软选择效果
锁定软选择	锁定当前选择，以防止被修改

要点提示　在图 4-88 中，均只选中一个顶点，未启用软选择时，移动该顶点，周围顶点并不发生移动；启用软选择后，移动该顶点，周围顶点将跟随移动，距离选定顶点越近的顶点移动距离较大，距离选定顶点较远的顶点移动距离较小。

(2)　子物体层级卷展栏。

在选择不同的子物体层级时，相应的参数卷展栏也将有所不同，例如在【顶点】层级下有【编辑顶点】和【顶点属性】卷展栏；在【边】层级下有【编辑边】卷展栏。

①　【编辑几何体】卷展栏。

【编辑几何体】卷展栏下的工具适用于所有的子对象级别，如图 4-89 所示，主要用于对多边形物体进行全局性的修改，其主要参数用法如表 4-8 所示。

图4-88　软选择的应用

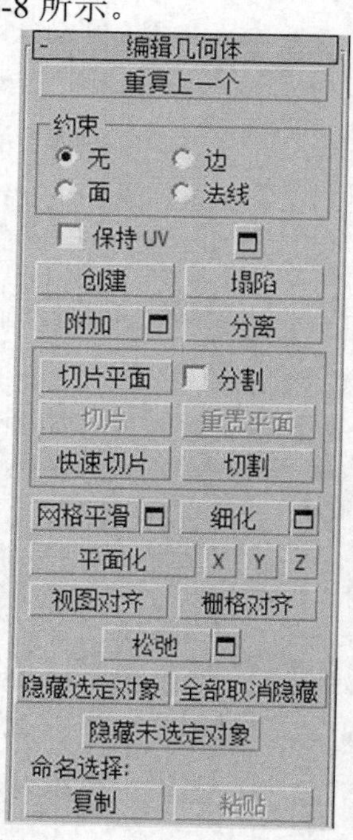

图4-89　【编辑几何体】卷展栏

表 4-8　　【编辑几何体】卷展栏主要参数说明

参数	含义
重复上一个	单击该按钮可以重复使用上一次用过的命令
约束	使用现有几何体来约束子对象的变换，其中包含了 4 种约束方式
保持 UV	启用该选项后，在编辑子对象时不影响其 UV 贴图
设置	打开图 4-90 所示的【保持贴图通道】对话框，指定要保持的贴图通道
创建	创建新的几何体
塌陷	将顶点与选择中心的顶点焊接，使连续选定的子对象产生塌陷
附加	将场景中的其他对象加入到当前多边形网格物体中
分离	将选定对象作为单独的对象或元素分离出来
切片平面	用于沿某一平面分开网格物体
分割	可以使用 快速切片 工具和 切割 工具在划分边的位置处创建出两个顶点集合
切割	在一个或多个多边形上创建出新的边
网格平滑	使选定的对象产生平滑效果
细化	增加局部网格的密度，以方便对对象细节进行处理
平面化	强制所有选择的子对象共面
视图对齐	使视图中的所有顶点与活动视图所在的平面对齐
栅格对齐	使选定对象中的所有顶点与活动视图所在的平面对齐
隐藏选定对象	隐藏所选择的子对象
全部取消隐藏	取消对全部隐藏对象的隐藏操作，使之可见
隐藏未选定对象	隐藏未被选中的所有子对象

②　【编辑顶点】卷展栏。

选中【顶点】层级后，将展开【编辑顶点】卷展栏，如图 4-91 所示，其主要参数用法如表 4-9 所示。

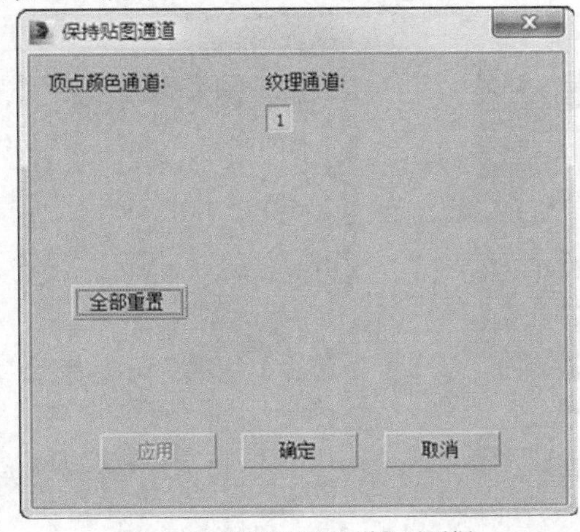

图4-90　【保持贴图通道】对话框

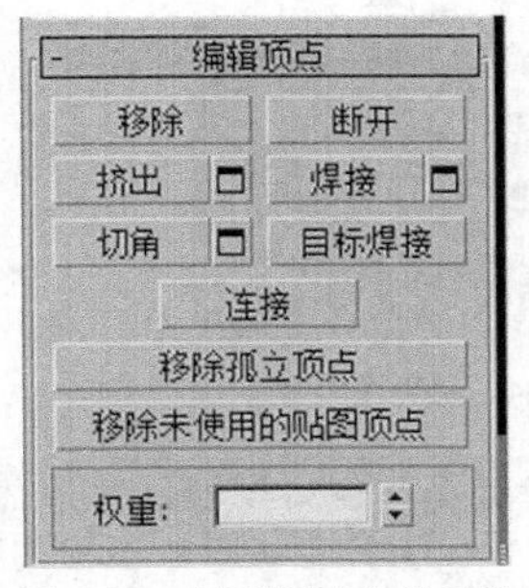

图4-91　【编辑顶点】卷展栏

表 4-9　　【编辑顶点】卷展栏主要参数说明

参数	含义
移除	删除选定的顶点
断开	在与选定顶点相连的每个多边形上都创建一个新顶点，使得每个多边形在此位置都拥有独立的顶点
挤出	选中顶点后，按住鼠标左键并拖曳鼠标可以手动对其进行挤出操作，形成凸起或凹陷的结构，如图 4-92 所示。单击 挤出 按钮右侧的□按钮，可以在弹出的对话框中设置详细的参数
焊接	选择需要焊接的顶点后，单击 焊接 按钮可以将其焊接到一起。单击□按钮，在打开的对话框中设置阈值（焊接顶点间的最大距离）大小，在此距离内的顶点都将焊接到一起，如图 4-93 所示
切角	单击该按钮后，可以拖动选定点进行切角处理，如图 4-94 所示。单击□按钮，可以在弹出的对话框中设置详细的参数
目标焊接	用于焊接成对的连续顶点，选择一个顶点将其焊接到相邻的目标顶点。单击一个顶点后将出现一条目标线，选取一个相邻顶点即可
连接	在选定顶点之间创建新边，如图 4-95 所示
移除孤立顶点	删除所有不属于任何多边形的顶点
移除未使用的贴图顶点	移除所有没有使用的贴图顶点

选定顶点后，按键盘上的 Delete 键可以删除该顶点，这会在网格中留下一个空洞。而移除顶点则不同，删除顶点后并不会破坏表面的完整性，顶点周围会重新接合起来形成多边形，如图 4-96 所示。

图4-92　挤出操作

图4-93　焊接操作

图4-94　切角操作

图4-95　连接操作

图4-96　删除与移除的区别

【编辑几何体】卷展栏中的“塌陷”工具与【编辑顶点】卷展栏中的“焊接”工具用法类似，但是“塌陷”工具不需要设置“阈值”就可以实现类似于“焊接”的操作。

③　【编辑边】卷展栏。

选中【边】层级后，将展开【编辑边】卷展栏，如图 4-97 所示，常用参数的含义如表 4-10 所示。

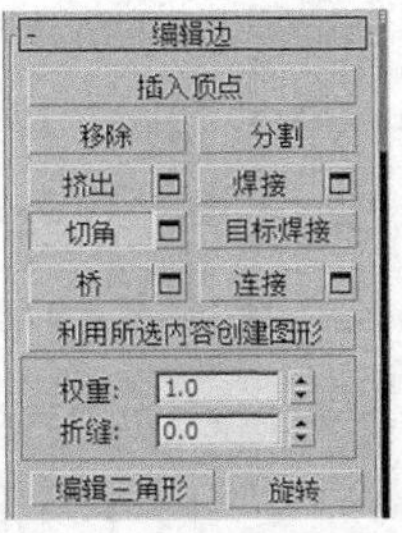

图4-97　【编辑边】卷展栏

表 4-10　　【编辑边】卷展栏主要参数说明

参数	含义
插入顶点	在选定边上插入顶点，进一步细分该边，如图 4-98 所示
移除	删除选定边并将剩余边线组合为多边形
分割	沿指定边分割网格，网格在指定边线处分开
桥	使用多边形的“桥”连接对象的边。“桥”只连接边界边，选中两边后，将在其间创建类似“桥”的曲面，如图 4-99 所示
连接	在选定边之间创建新边，如图 4-100 所示
编辑三角形	用于修改绘制内边或对角线时多边形细分为三角形的方式
旋转	用于通过单击对角线修改多边形细分为三角形的方式

图4-98　【插入顶点】操作

图4-99　【桥】操作

图4-100　【连接】操作

④　【编辑边界】卷展栏。

选中【边界】层级后，将展开【编辑边界】卷展栏，如图 4-101 所示，常用参数的含义如表 4-11 所示。

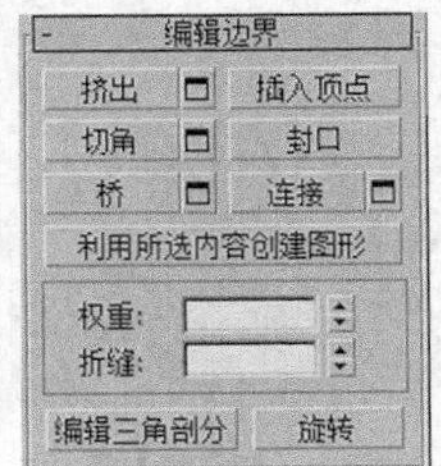

图4-101　【编辑边界】卷展栏

表 4-11　　【编辑边界】卷展栏主要参数说明

参数	含义
挤出	对选定边界进行手动挤出操作，如图 4-50 所示
插入顶点	在选定边界上添加顶点
切角	对选定边界进行切角操作，如图 4-51 所示
封口	使用单个多边形封住整个边界，如图 4-52 所示

图4-102　【挤出】操作

图4-103　【切角】操作

图4-104　【封口】操作

⑤　【编辑多边形】卷展栏。

选中【多边形】层级后，将展开【编辑多边形】卷展栏，如图 4-105 所示，常用参数的含义如表 4-12 所示。

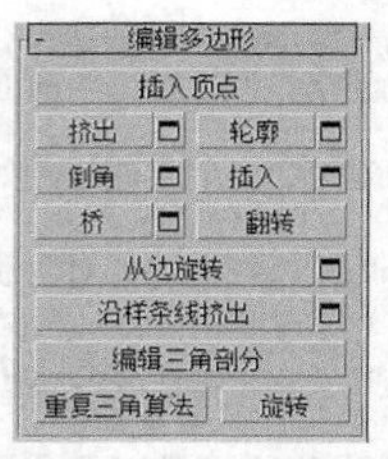

图4-105　【编辑多边形】卷展栏

表 4-12　　【编辑多边形】卷展栏主要参数说明

参数	含义
轮廓	用于增大或减少选定多边形的外边轮廓尺寸，如图 4-106 所示
倒角	对选定的多边形进行手动倒角操作，如图 4-107 所示
插入	在选定的多边形平面内执行插入操作，如图 4-108 所示
翻转	翻转选定多边形的法线方向

图4-106　【轮廓】操作

图4-107　【倒角】操作

图4-108　【插入】操作

(3)　【编辑元素】卷展栏。

选中【元素】层级后，将展开【编辑元素】卷展栏，其中大部分参数与前面 5 种层级下的同名参数含义类似。

4.2.2　学以致用——制作“马克杯”

本案例将使用多边形建模方式来制作一个马克杯模型，案例制作完成后的效果如图 4-109 所示。

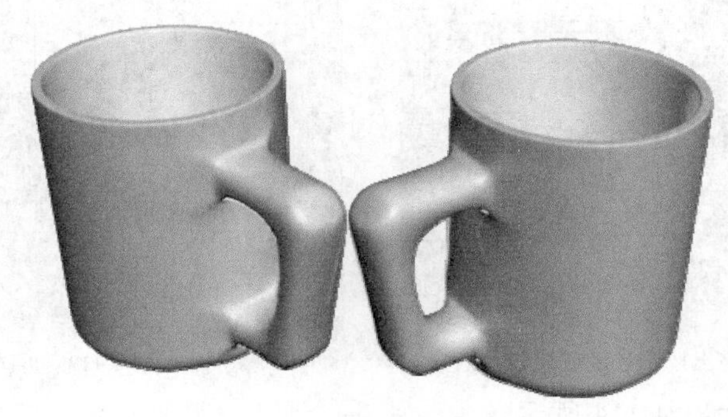

图4-109　最终效果

【操作步骤】

1.　制作杯子把手。

(1)　创建圆柱体，如图 4-110 所示。

①　运行 3ds Max 2015，在【创建】面板中单击 圆柱体 按钮。

②　在【透视图】中绘制一个圆柱体。

③　设置圆柱参数。

(2)　转换为可编辑多边形，如图 4-111 所示。

①　选中绘制的圆柱体。

②　单击鼠标右键，在弹出的快捷菜单中选择【转换为】/【转换为可编辑多边形】命令。

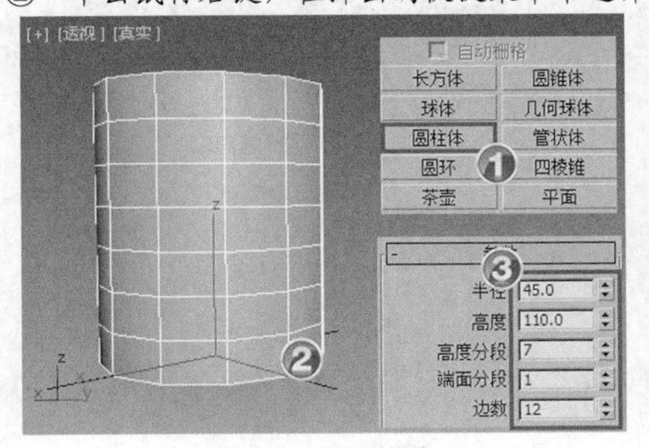

图4-110　创建圆柱体

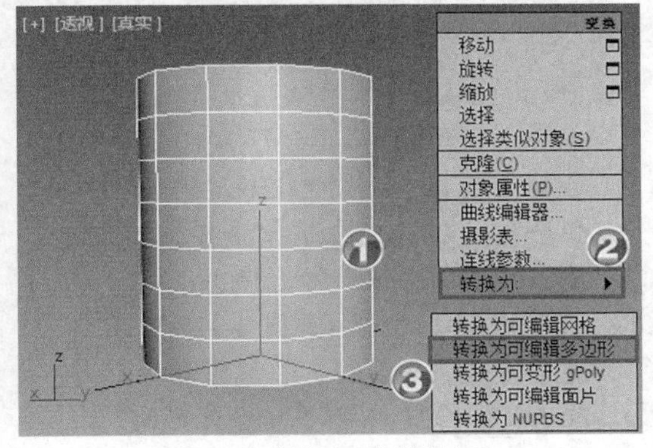

图4-111　转换为可编辑多边形

(3)　挤出把手上部，如图 4-112 所示。

①　选中【多边形】子层级。

②　选中把手上部位置的面。

③ 单击 挤出 后的□按钮。

④ 设置挤出参数。

(4) 再次进行挤出，如图 4-113 所示。

① 单击 挤出 后的□按钮。

② 设置挤出参数。

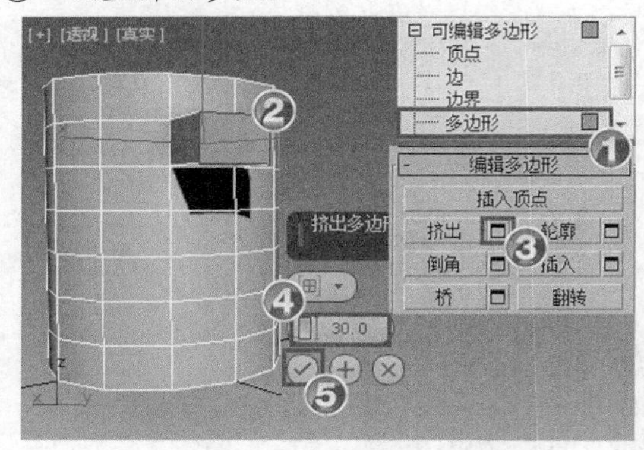

图4-112 挤出把手上部

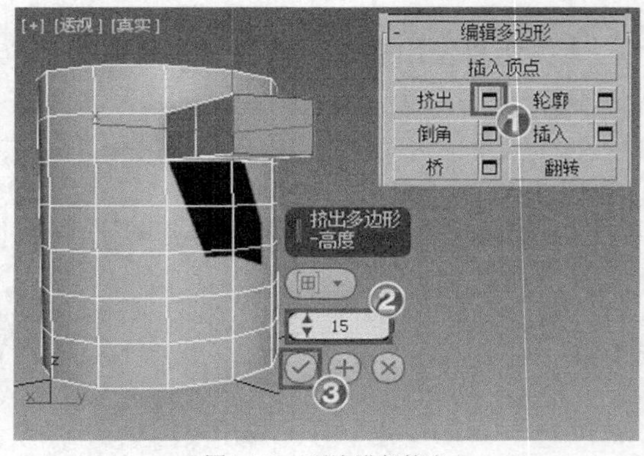

图4-113 再次进行挤出

(5) 挤出把手下部，如图 4-114 所示

① 选中把手下部位置的面。

② 单击 挤出 后的□按钮。

③ 设置挤出参数。

(6) 再次进行挤出，最后获得的设计效果如图 4-115 所示。

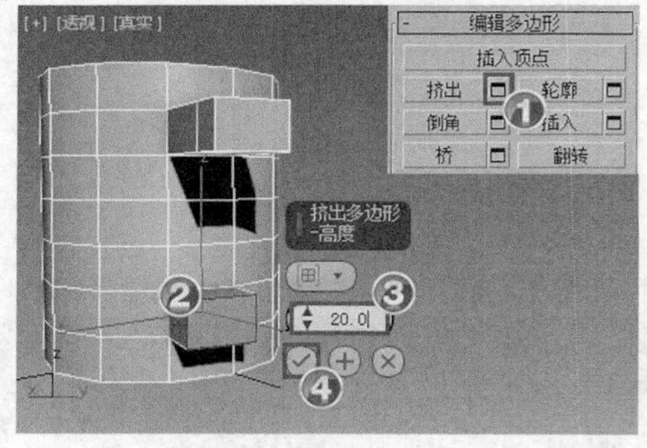

图4-114 挤出把手下部

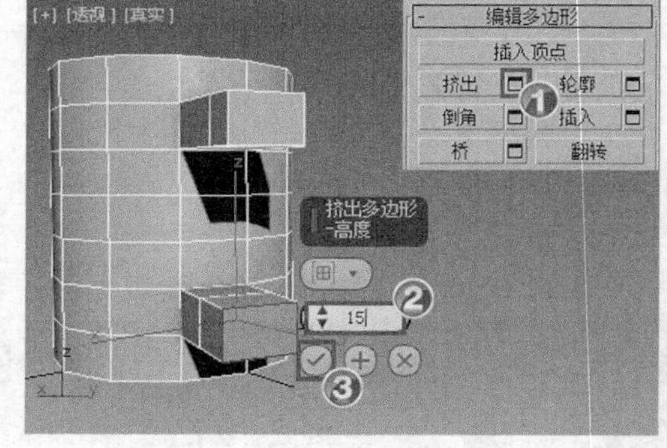

图4-115 再次进行挤出

(7) 连接上下把手，图 4-116 所示。

① 配合 Ctrl 键选中上下把手相对的面。

② 单击 桥 按钮进行连接。

(8) 选择转角处的边，如图 4-117 所示。

① 选中【边】子层级。

② 配合 Ctrl 键选中把手转角处的边。

(9) 进行切角，如图 4-118 所示。

① 单击 切角 后的□按钮。

② 设置切角参数。

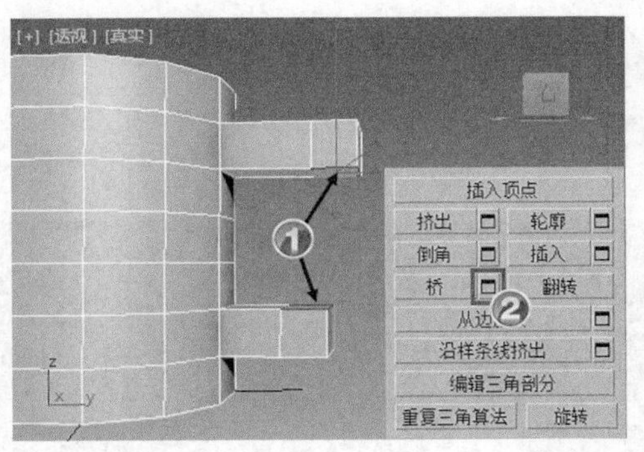

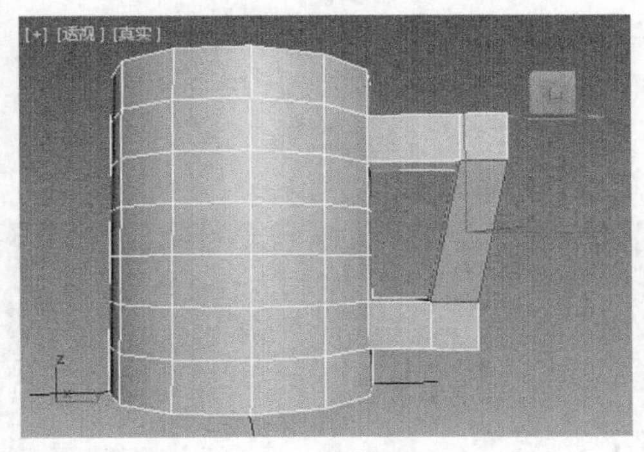

图4-116　连接上下把手

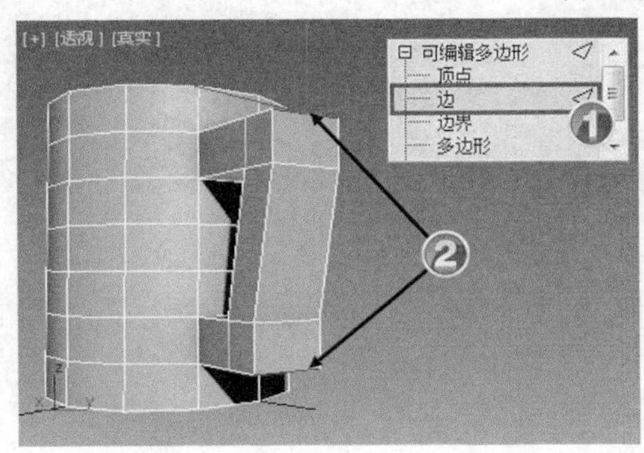

图4-117　选择转角处的边

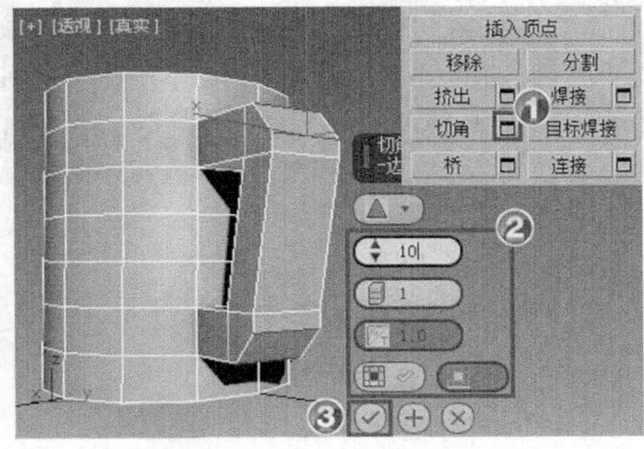

图4-118　进行切角

2.　制作杯体。

(1)　创建杯壁，如图 4-119 所示。

①　选中【多边形】子层级。

②　选中杯子顶面。

③　单击 插入 后的□按钮。

④　设置插入参数。

(2)　向下挤出杯底，如图 4-120 所示。

①　单击 挤出 后的□按钮。

②　设置挤出参数。

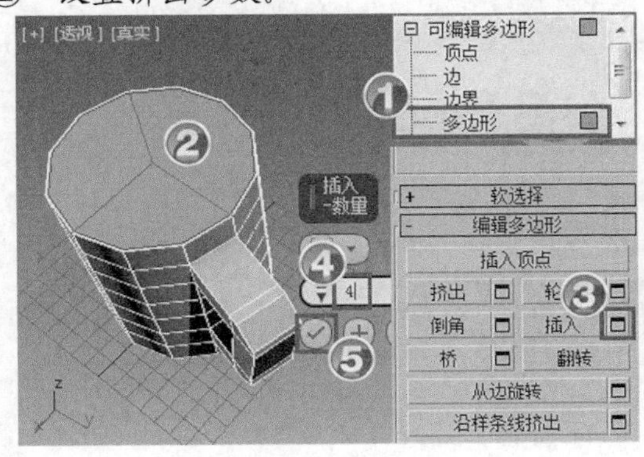

图4-119　创建杯壁

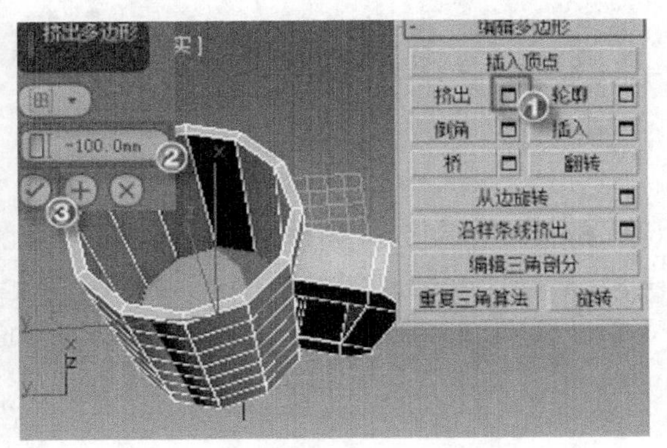

图4-120　向下挤出杯底

(3)　选中需要切角的边，如图 4-121 所示。

①　选中【边】子层级。

② 配合 Ctrl 键选中杯壁顶端和杯底边线。

(4) 进行切角，如图 4-122 所示。

① 单击 切角 后的□按钮。

② 设置切角参数。

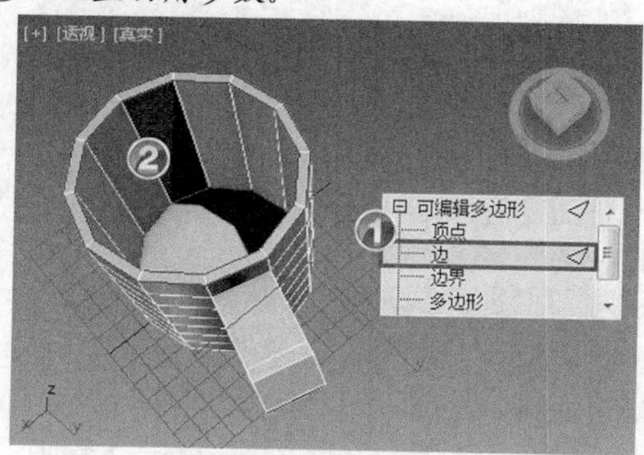

图4-121 选中需要切角的边

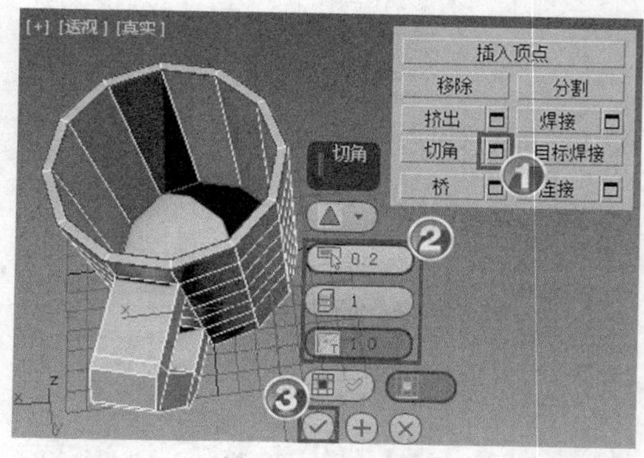

图4-122 进行切角

(5) 进行切角，如图 4-123 所示。

① 配合 Ctrl 键选中把手与杯体连接处的边。

② 单击 切角 后的□按钮。

③ 设置切角参数。

(6) 进行平滑处理，如图 4-124 所示。

① 返回父层级。

② 添加修改器：【网格平滑】。

③ 设置【迭代次数】为 “3”。

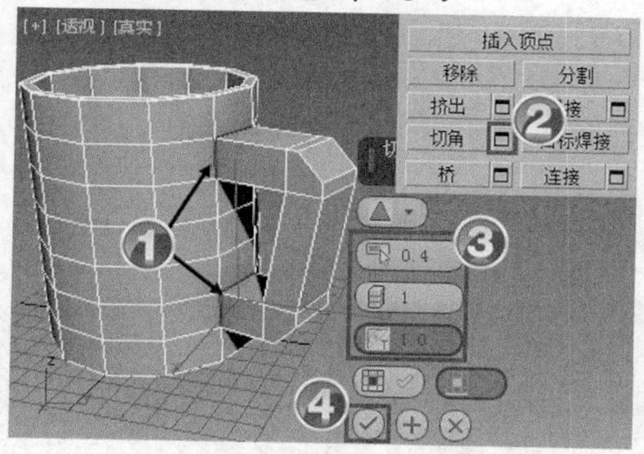

图4-123 进行切角

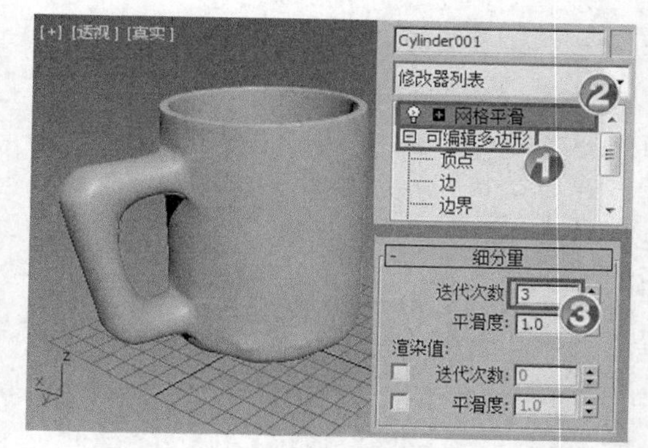

图4-124 进行平滑处理

(7) 按 Ctrl+S 组合键保存场景文件到指定目录，本案例制作完成。

要点提示 在添加【网络平滑】修改器之前，需要对外观保持不变的边进行切角处理，以保持模型的整体外形。如果不进行切角就添加修改器，则产生的效果将不理想，如图 4-125 所示。

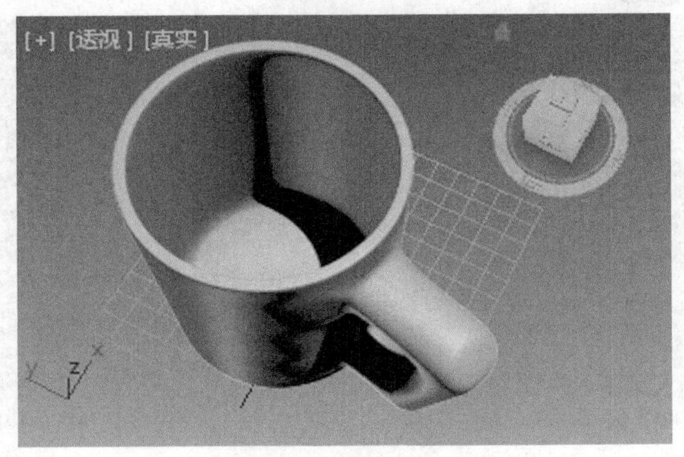

图4-125　进行切角

4.2.3 举一反三——制作“水晶鞋”

本案例将使用多边形建模方式来制作一双精美的水晶高跟鞋，案例制作完成后的效果如图 4-126 所示。

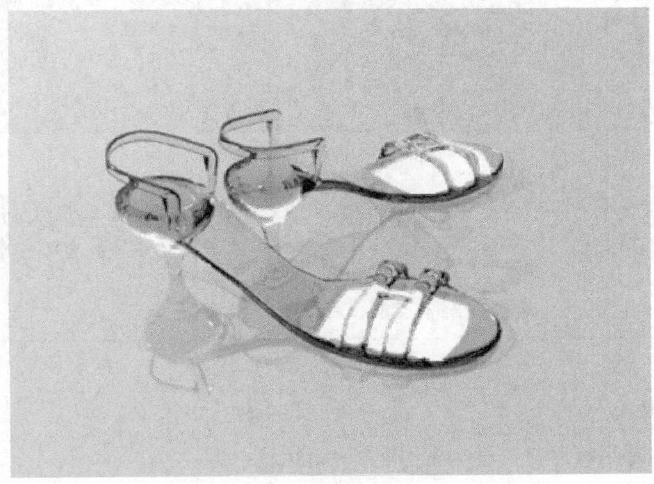

图4-126　最终效果

【操作步骤】

1.　制作鞋底。

(1)　创建长方体，如图 4-127 所示。

①　在【创建】面板中单击 长方体 按钮。

②　在【顶视图】中绘制一个长方体，设置长方体的参数。

③　设置长方体的坐标参数。

(2)　转换为可编辑多边形，如图 4-128 所示。

①　选中绘制的长方体。

②　单击鼠标右键，在弹出的快捷菜单中选择【转换为】/【转换为可编辑多边形】命令。

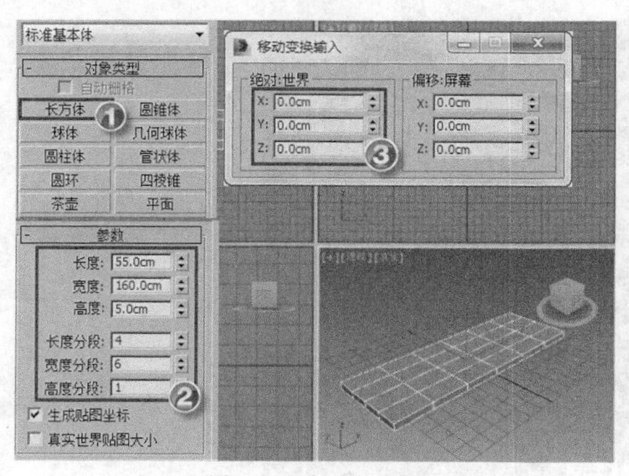

图4-127　创建长方体

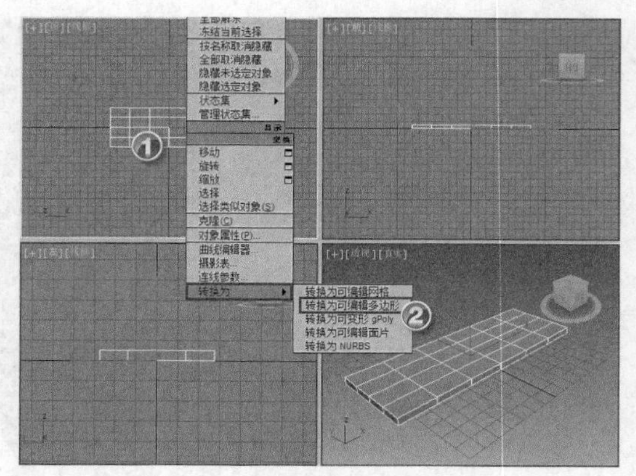

图4-128　转换为可编辑多边形

(3)　调整鞋底外形，如图 4-129 所示。

①　选中【顶点】子层级。

②　单独框选各处顶点，按 W 键对其位置进行调整。

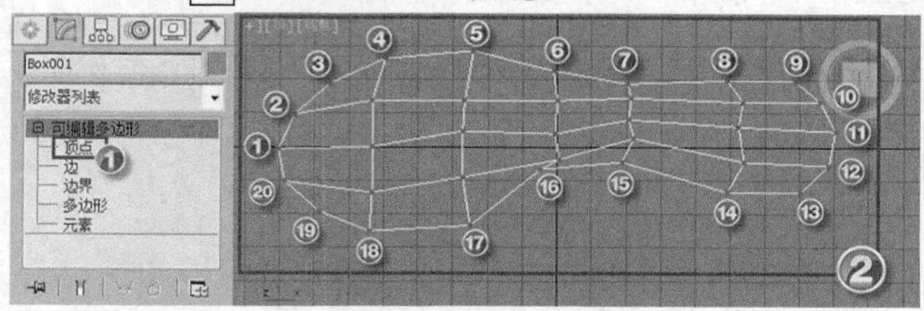

图4-129　调整鞋底外形

要点提示 鞋的外形可根据个人喜好进行调整，但大体结构应与图中相同，特别是鞋后跟处。表 4-13 给出了图 4-129 中外轮廓各点的 x 和 y 坐标值供读者参考，里面各点需配合外轮廓点进行适当调整。

表 4-13　　鞋外轮廓各点的 x 和 y 坐标参考值

序号	(x,y)	序号	(x,y)	序号	(x,y)
(1)	(-80.392,-0.732)	(2)	(-75.712,9.607)	(3)	(-65.447,18.886)
(4)	(-49.594,26.145)	(5)	(-24.181,28.377)	(6)	(-1.118,22.545)
(7)	(20.296,18.662)	(8)	(48.852,19.741)	(9)	(68.635,19.541)
(10)	(75.959,13.347)	(11)	(80.315,4.562)	(12)	(78.496,-5.611)
(13)	(70.341,-13.564)	(14)	(49.099,-13.499)	(15)	(18.736,-4.62)
(16)	(-4.822,-6.776)	(17)	(-25.034,-23.51)	(18)	(-53.983,-25.174)
(19)	(-68.586,-19.273)	(20)	(-78.642,-10.389)		

(4)　调整后跟位置，如图 4-130 所示。

①　框选后跟处的顶点，在【前视图】中向上移动 35 个单位。

②　框选中间顶点，调整其位置。

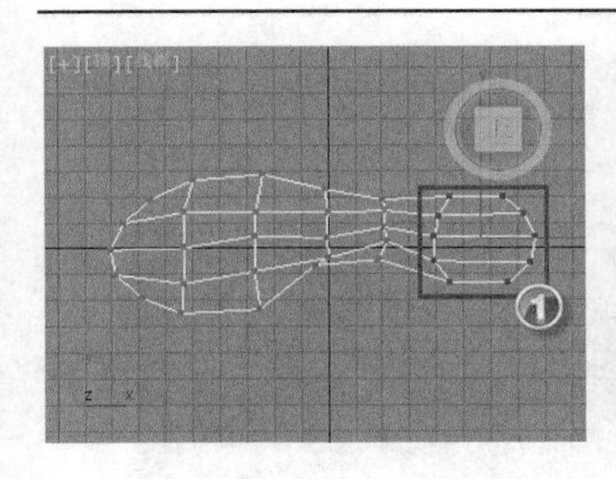
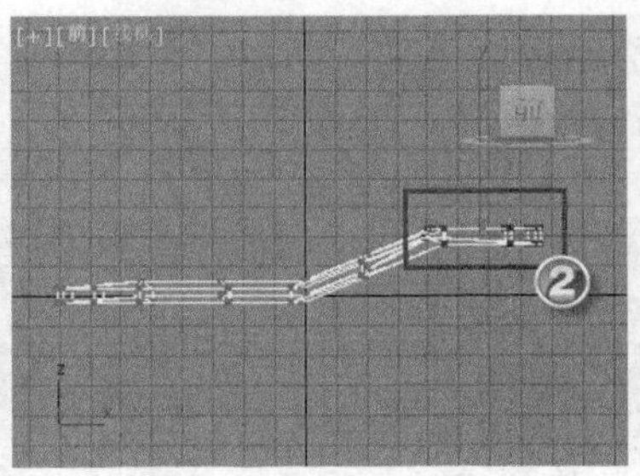
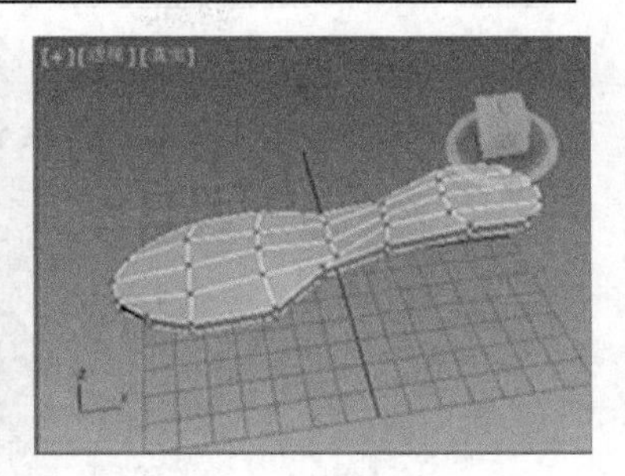

图4-130　调整后跟位置

2.　制作鞋跟。

(1)　删除多余线段，如图 4-131 所示。

①　选中【边】子层级。

②　框选后跟内部的线段。

③　单击 移除 按钮进行删除。

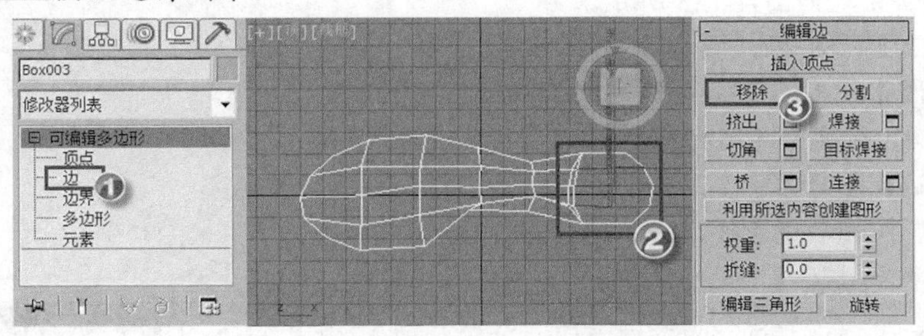

图4-131　删除多余线段

(2)　挤出鞋跟 1，如图 4-132 所示。

①　选中【多边形】子层级。

②　选中后跟下侧的面。

③　单击 倒角 按钮后的□按钮。

④　设置倒角参数。

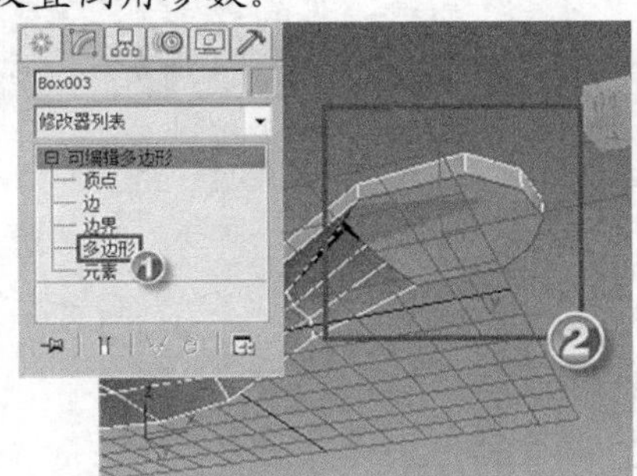

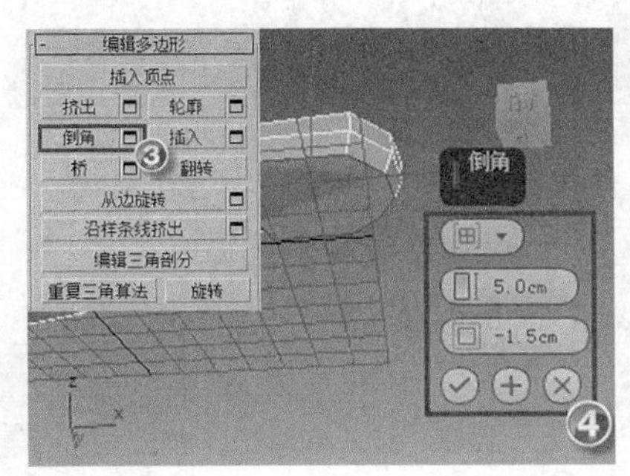

图4-132　挤出鞋跟 1

要点提示　在进行多边形编辑时，可按 F4 键进入边面显示状态，从而方便选择操作。

(3)　挤出鞋跟 2，如图 4-133 所示。

①　单击 倒角 按钮后的□按钮。

②　设置倒角参数。

(4) 挤出鞋跟 3，如图 4-134 所示。

① 单击 倒角 按钮后的□按钮。

② 设置倒角参数。

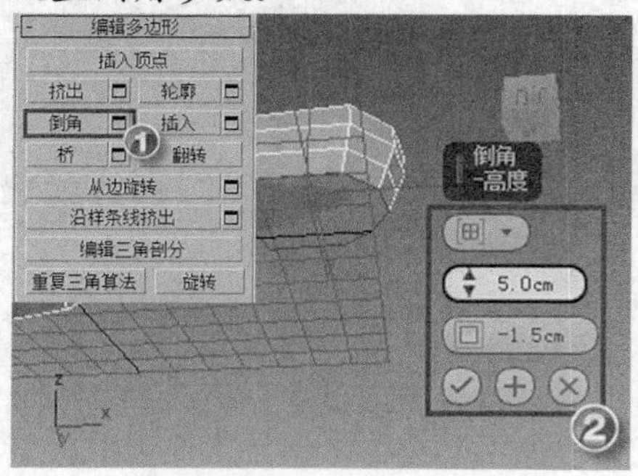

图4-133 挤出鞋跟 2

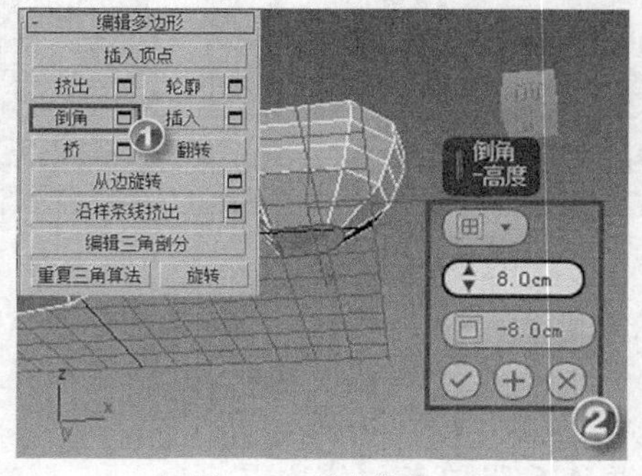

图4-134 挤出鞋跟 3

(5) 调整顶点位置，如图 4-135 所示。

① 选中【顶点】子层级。

② 在【顶视图】中对内部各个顶点的位置进行调整。

(6) 挤出鞋跟 4，如图 4-136 所示。

① 选中【多边形】子层级。

② 单击 倒角 按钮后的□按钮。

③ 设置倒角参数。

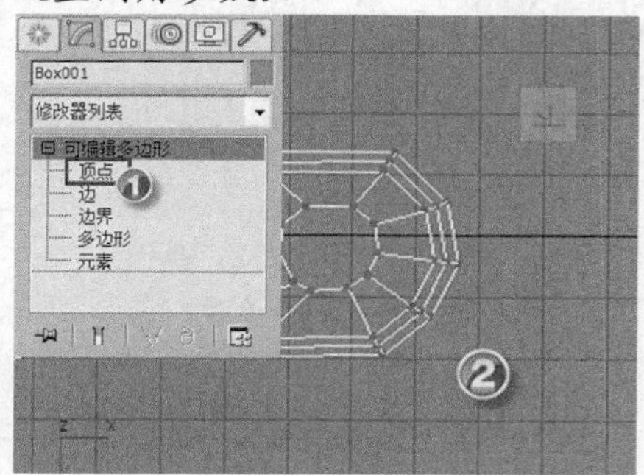

图4-135 调整顶点位置

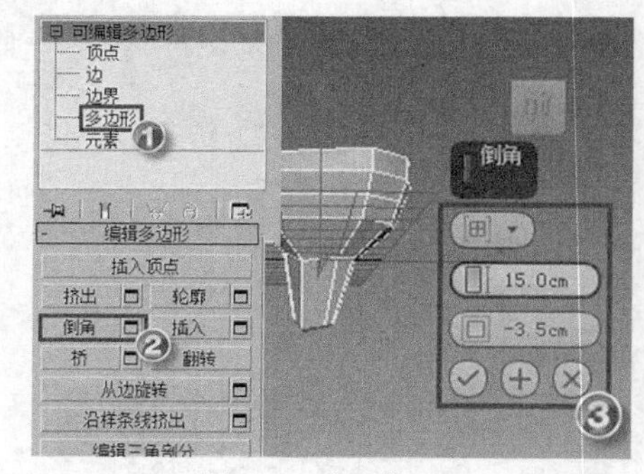

图4-136 挤出鞋跟 4

(7) 挤出鞋跟 5，如图 4-137 所示。

① 单击 挤出 按钮后的□按钮。

② 设置挤出参数。

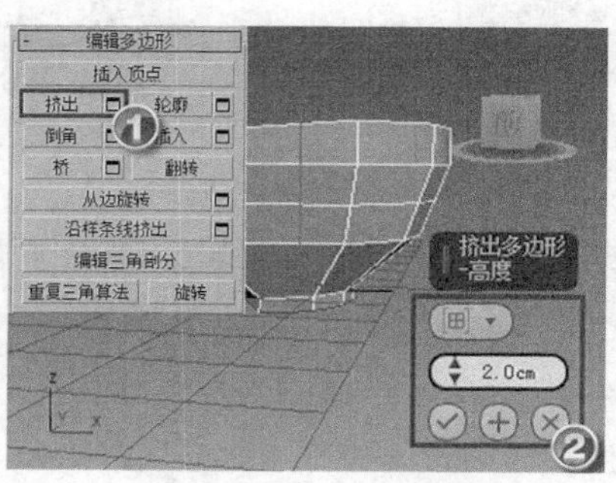

图4-137 挤出鞋跟 5

3.　制作鞋面。

(1)　新增连线 1，如图 4-138 所示。

①　选中【边】子层级。

②　按住 Ctrl 键不放，选前后两条边。

③　单击 连接 按钮新增一条连线。

④　按 W 键调整其位置。

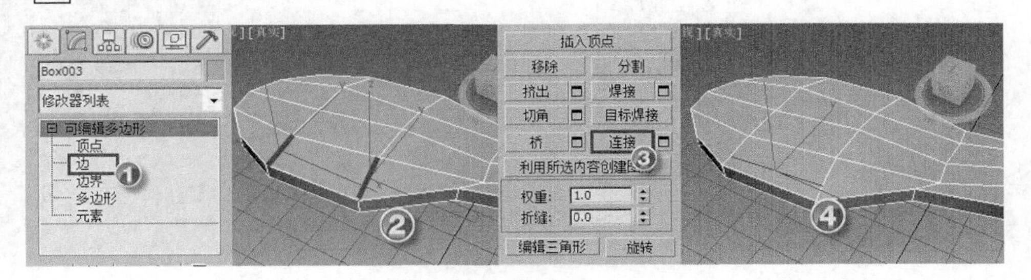

图4-138　新增连线 1

(2)　新增连线 2，如图 4-139 所示。

①　按住 Ctrl 键不放，选中外侧两条边。

②　单击 连接 按钮新增一条连线。

③　查看设计结果。

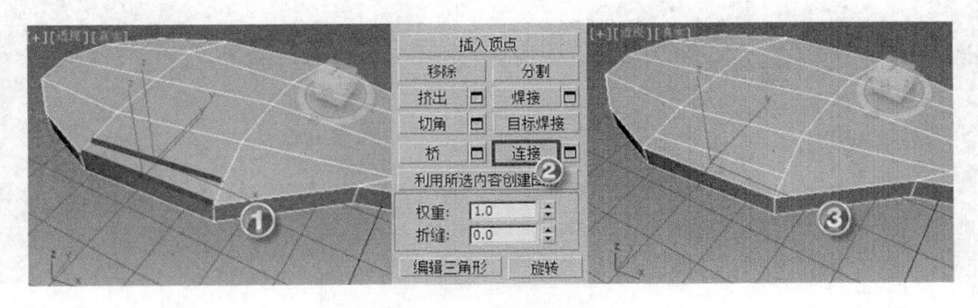

图4-139　新增连线 2

(3)　对边进行切角，如图 4-140 所示。

①　单击 切角 按钮后的□按钮。

②　设置切角参数。

(4)　在另一侧也创建出需要的边线，最后获得的设计效果如图 4-141 所示。

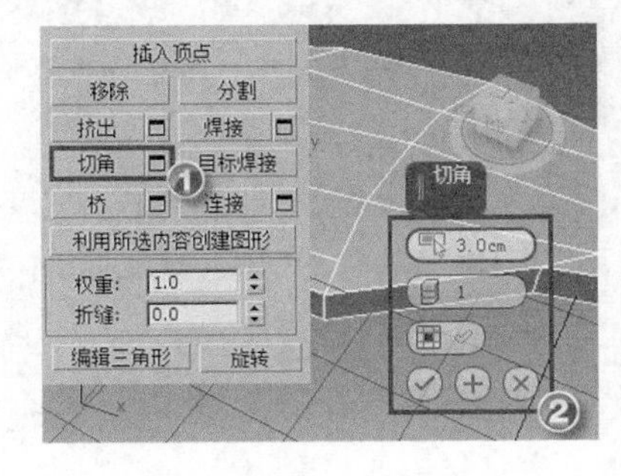

图4-140　对边进行切角

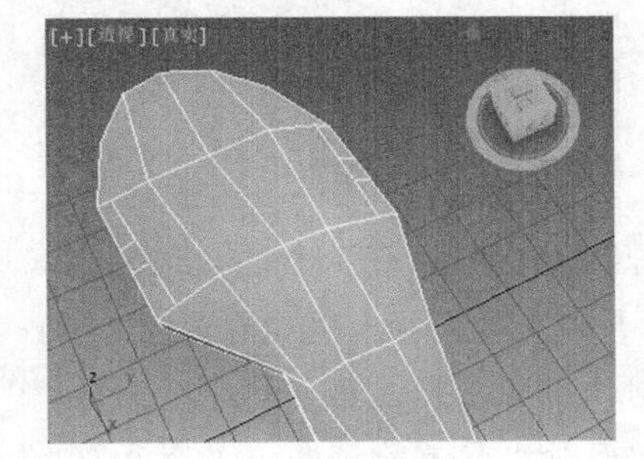

图4-141　在另一侧创建边线

(5)　选中需要调整的面，如图 4-142 所示。

① 选中【多边形】子层级。

② 配合Ctrl键选中需要调整的面。

(6) 进行旋转挤出 1，如图 4-143 所示。

① 单击 从边旋转 按钮后的□按钮。

② 单击 拾取转枢 按钮，选中内侧第 1 条线段，设置【角度】和【分段】参数。

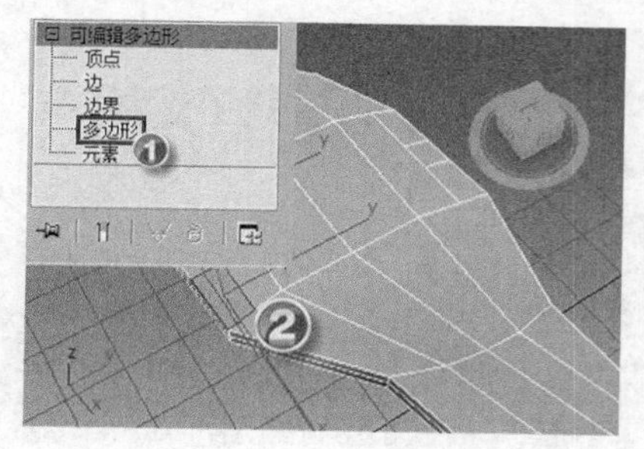

图4-142 对边进行切角

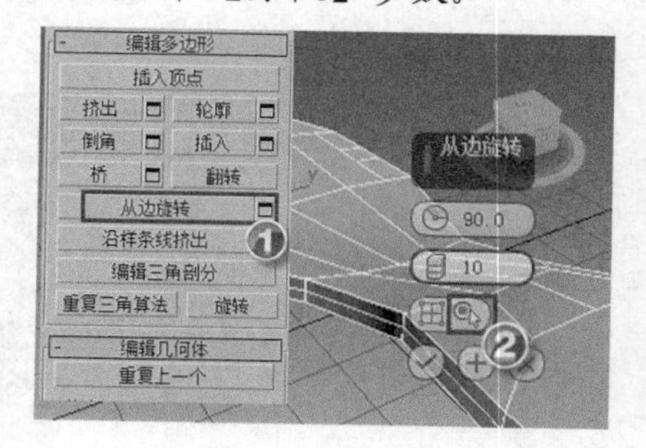

图4-143 进行旋转挤出 1

(7) 对另一侧相对应的面也进行旋转挤出，最后获得的设计效果如图 4-144 所示。

(8) 对挤出鞋面进行桥连接，如图 4-145 所示。

① 配合Ctrl键选中相对的两个面，单击 桥 按钮后的□按钮，设置桥连接参数。

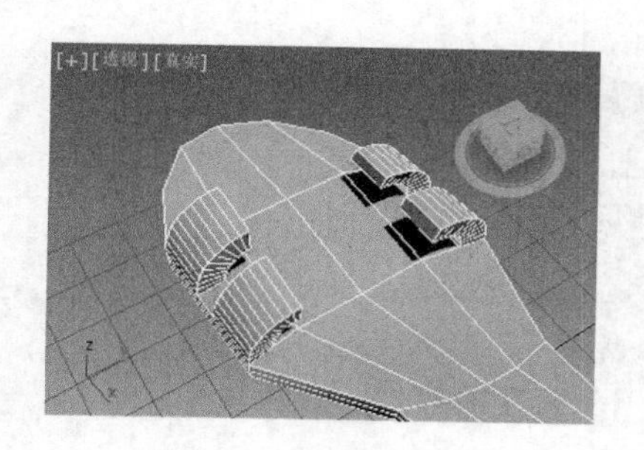

图4-144 进行旋转挤出 2

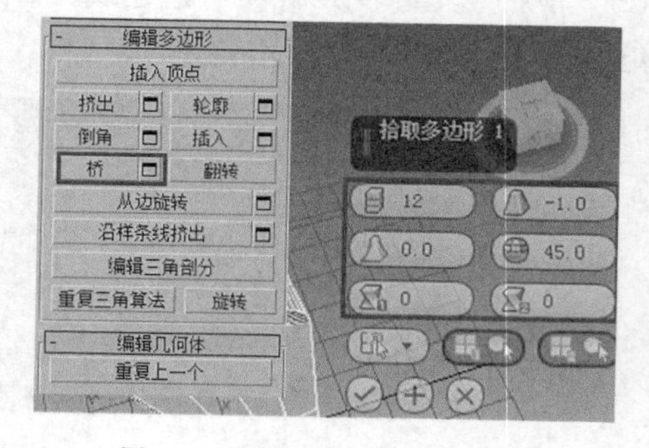

图4-145 对挤出鞋面进行桥连接 1

② 对另一条鞋面也进行桥连接，最后获得的设计效果如图 4-146 所示。

(9) 在两条鞋面之间也进行桥连接，最后获得的设计效果如图 4-147 所示。

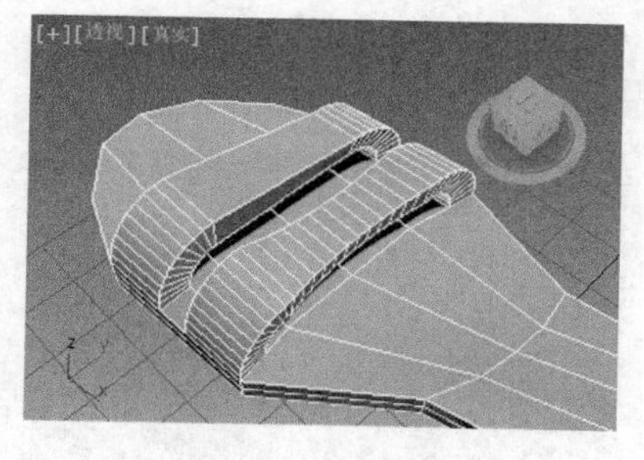

图4-146 对挤出鞋面进行桥连接 2

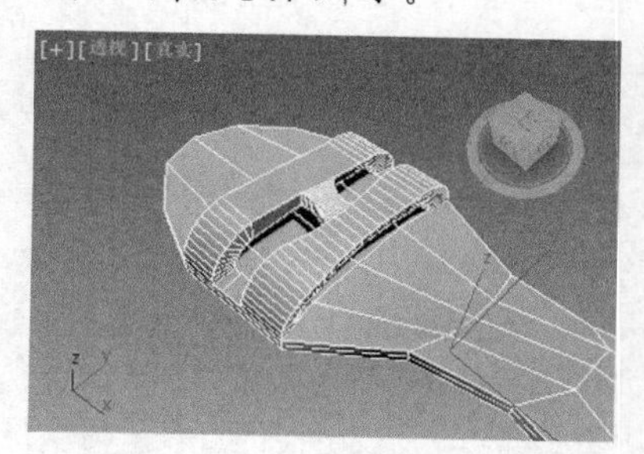

图4-147 对挤出鞋面进行桥连接 3

4. 制作后跟鞋带。

(1) 向内挤出鞋带轮廓面，如图 4-148 所示。

① 选中【多边形】子层级。

② 选中后跟上侧的面，单击 插入 按钮后的□按钮。

③　设置插入参数。

(2)　向上复制鞋带面，如图 4-149 所示。

①　选中后半圈轮廓面。

②　按住 Shift 键不放，将选中的面向上移动 20 个单位。

③　选中【克隆到元素】单选项。

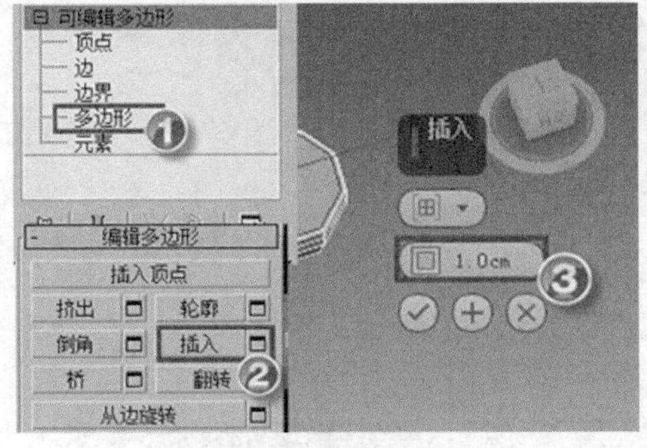

图4-148　向内挤出鞋带轮廓面

图4-149　向上复制鞋带面

(3)　挤出鞋带，如图 4-150 所示。

①　单击 挤出 按钮后的□按钮。

②　设置挤出参数。

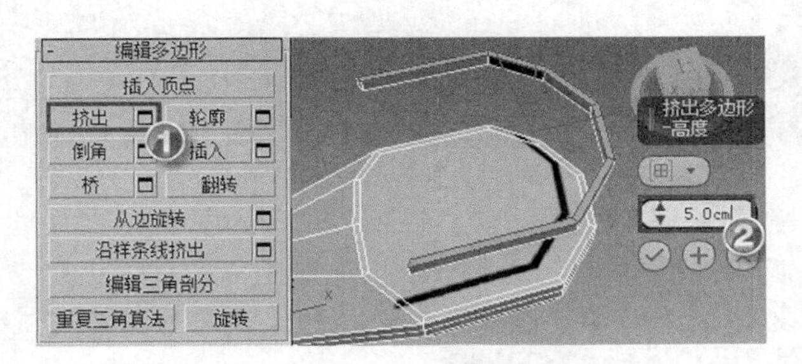

图4-150　挤出鞋带

(4)　旋转挤出鞋带端面，如图 4-151 所示。

①　选中鞋带端面。

②　单击 从边旋转 按钮后的□按钮，单击 拾取转枢 按钮，选中端面的底边。

③　设置【角度】和【分段】参数。

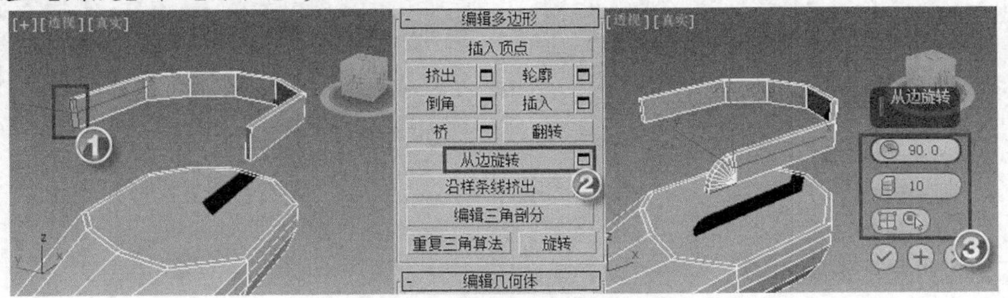

图4-151　旋转挤出鞋带端面 1

(5)　对另一侧端面也进行旋转挤出，最后获得的设计效果如图 4-152 所示。

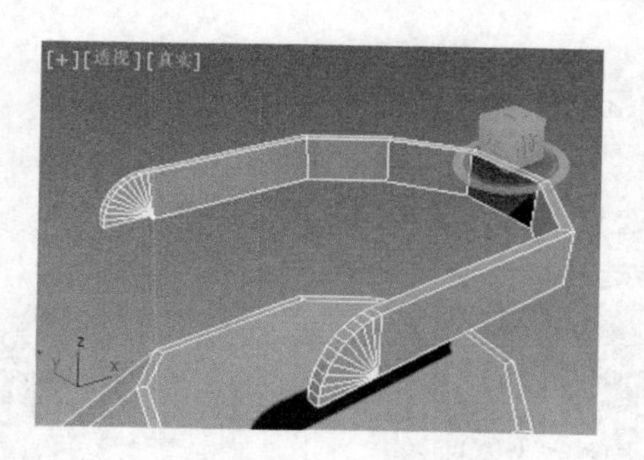

图4-152 旋转挤出鞋带端面 2

(6) 向下挤出鞋带端面，如图 4-153 所示。

① 配合 Ctrl 键同时选中鞋带两侧端面。

② 单击 挤出 按钮后的□按钮。

③ 设置挤出参数。

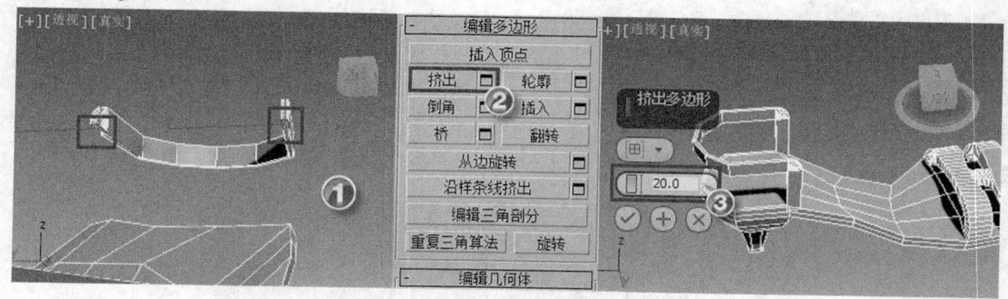

图4-153 向下挤出鞋带端面

(7) 调整鞋带外形，如图 4-154 所示。

选中【顶点】子层级，对鞋带外形进行适当调整。

(8) 进行平滑处理。为对象添加【网格平滑】修改器，效果如图 4-155 所示。

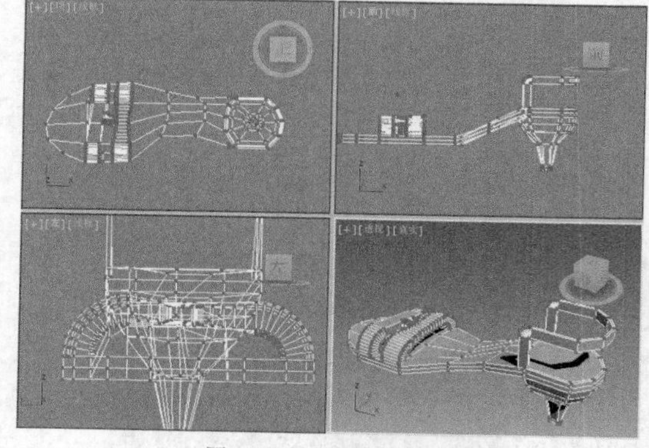

图4-154 调整鞋带外形

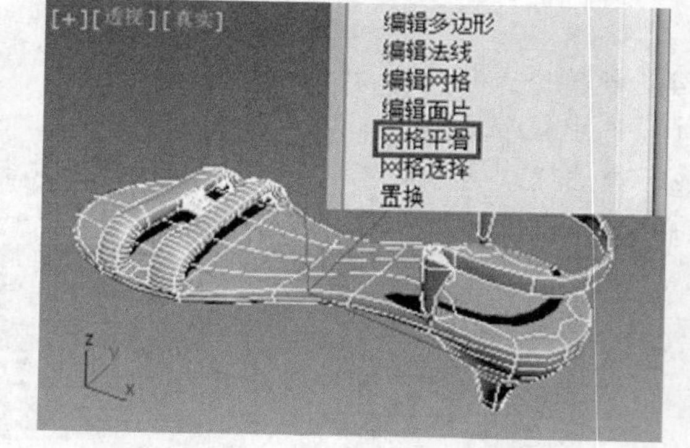

图4-155 进行平滑处理

(9) 镜像克隆出另一只鞋，如图 4-156 所示。

① 在工具栏中单击 按钮。

② 在【镜像轴】分组框中选中【Y】单选项。

③ 设置【偏移】参数为“-55”。

④ 在【克隆当前选择】分组框中选中【实例】单选项。

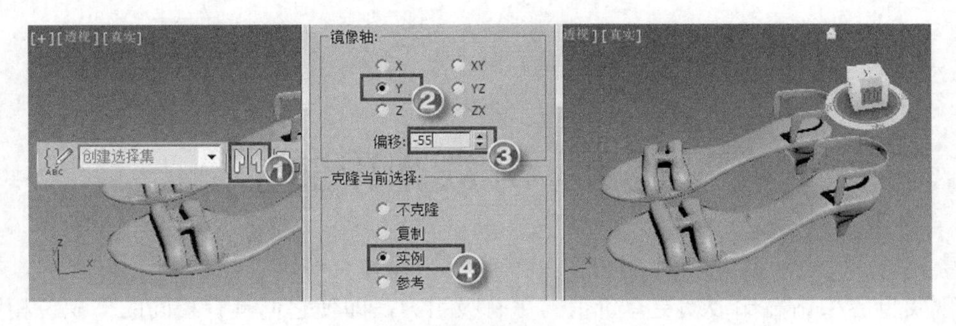

图4-156　镜像克隆出另一只鞋

(10) 按Ctrl+S组合键保存场景文件到指定目录，本案例制作完成。

4.3　思考题

1. 什么是复合对象，使用该方法建模有什么特点？
2. 什么是布尔运算，如何创建两个几何体的差运算？
3. 怎样将对象转换为可编辑多边形？
4. 多边形物体在【顶点】层级下，可以实现哪些主要操作？
5. 可编辑多边形有哪些子层级，在每个层级下有哪些工具可以使用？
6. 【网格平滑】修改器在多边形建模中有何用途？

第5章 材质和贴图

在现实世界中钻石比玻璃更有价值、更有吸引力，即使它们具有相同的体积、相同的外形，这是为什么呢？原因在于钻石具有比普通玻璃更加珍贵的材质。在三维世界里面没有被赋予材质的模型就像是橡皮泥，只有被赋予了材质的模型才有表现特定事物的功能，可见材质在三维设计中的重要性。本章将对材质进行详细讲解。

5.1 使用材质

所谓工欲善其事必先利其器，在开始讲解如何制作材质之前，首先来介绍材质的概念。

5.1.1 基础知识——认识材质编辑器

材质是材料和质感的结合，也称为物体的质地。

一、 材质的概念。

材质是模型表面各种可视属性的集合，这些视觉属性来自于物体表面的色彩、纹理、光滑度、透明度、反射率、折射率及发光等属性。同一模型被赋予不同材质后，表现的质地完全不同，如图 5-1 所示。因为材质的存在，使得三维世界创建的物体和现实世界一样多彩。

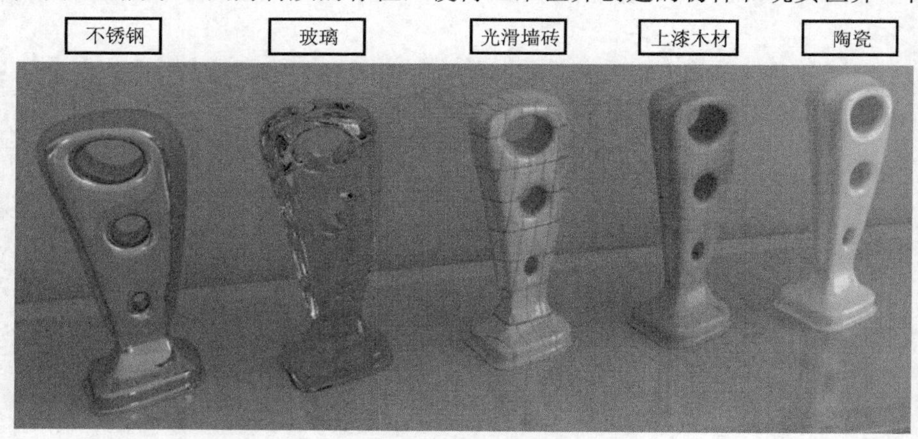

图5-1　不同材质的物体

世间万物能够被人眼所识别都是反射光的缘故。光作为事物可见的源头对事物的外观表达有着十分重要的作用。例如，在一个漆黑的环境中，往往不能分辨物体的材质，而在充足照明的环境中却很容易分辨。

在彩色光照时，物体自身的颜色很难区分，而在白色光照的情况下则很容易区分，如图 5-2 所示。所以要制作出高品质的效果图，使用正确的光来反映相应的材质是十分重要的。

二、 材质编辑器

运行 3ds Max 2015 软件后，按 M 键可以打开【Slate 材质编辑器】窗口，选择【模式】/【精简材质编辑器】命令，可以打开【材质编辑器窗口】，它主要分为材质示例区、工具按钮区和参数控制区 3 大部分，如图 5-3 所示。

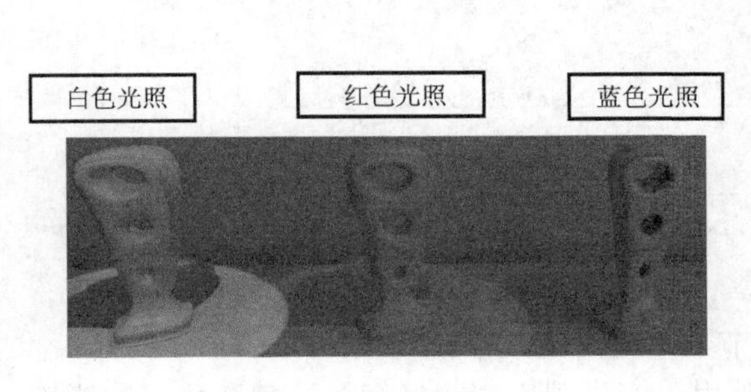

图5-2　不同颜色光照的效果

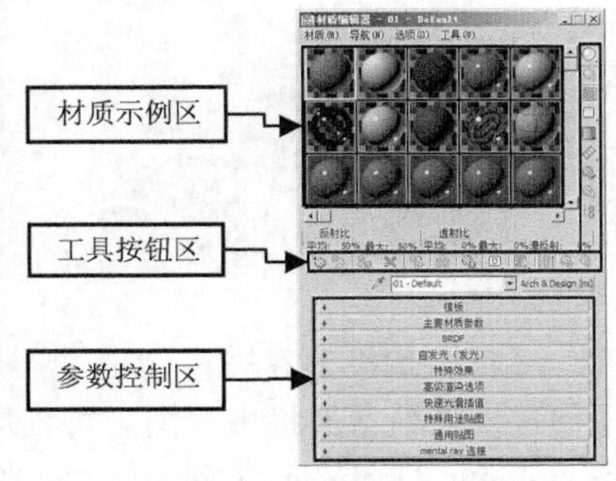

图5-3　【材质编辑器】窗口

本章针对【Arch & Design(mi)】材质进行讲解。这样做的原因，其一是该材质很优秀，只要熟练掌握就可以满足材质制作的要求；其二是目前材质制作工具太多，专注学习一种渲染工具对于初学者来说可以更快更好地掌握渲染技术。

(1) 认识材质面板。

围绕材质示例区的纵横两排工具按钮用来对材质进行控制。纵排按钮针对的是材质示例区中的显示效果，横排按钮用来为材质指定保存和层级跳跃，常用工具按钮的功能如图 5-4 所示。

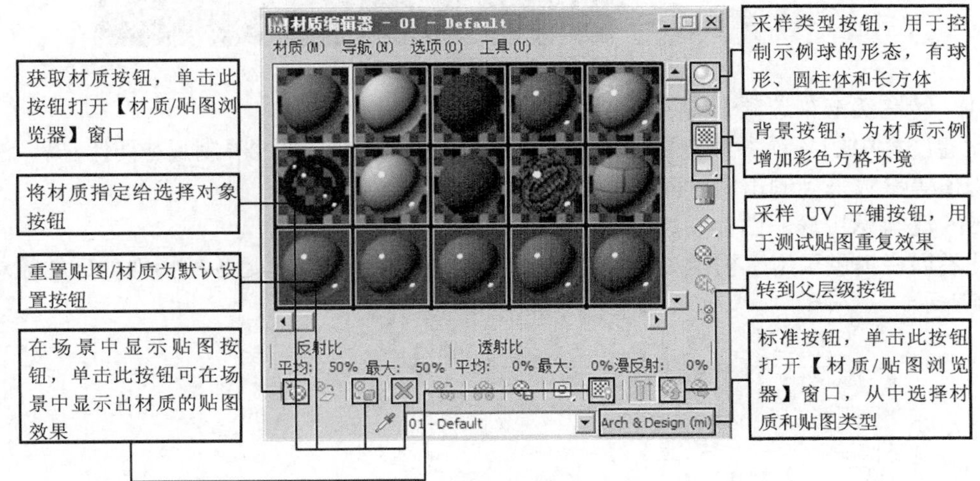

图5-4　常用工具按钮的功能

(2) 【主要材质参数】卷展栏。

此卷展栏包括【漫反射】、【反射】、【折射】和【各向异性】设置项，这些都是决定材质的基本属性，通过调节可以模拟各种视觉属性的材质。

图 5-5 所示为【主要材质参数】卷展栏和漫反射、反射、折射示意图。

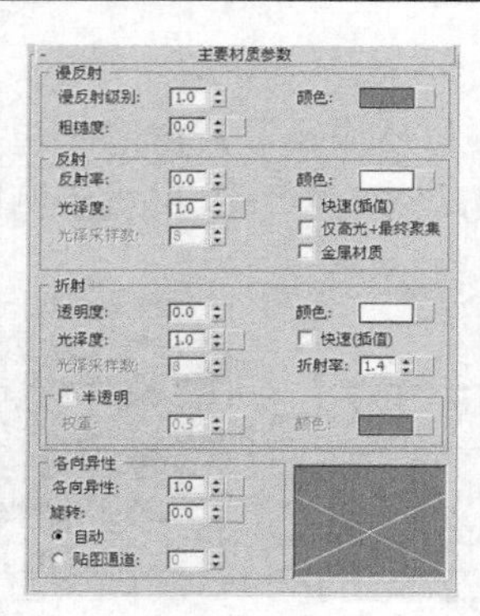

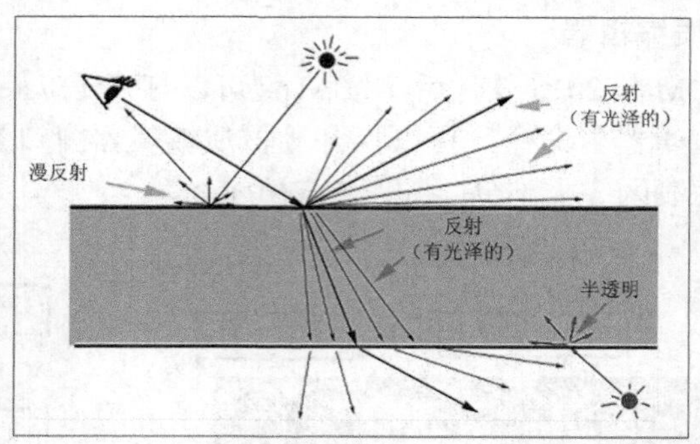

图5-5 【主要材质参数】卷展栏

(3) 【特殊效果】卷展栏。

【特殊效果】卷展栏主要用于增强场景细节，提高出图效果。

【Ambient Occlusion】（环境光阻光）选项用于产生阴影连接的细节，使物体与阴影连接得更加紧密。

【圆角】选项用于使模型的棱角边缘被圆化，且只产生在渲染效果中，不影响实际的模型，如图 5-6 所示。

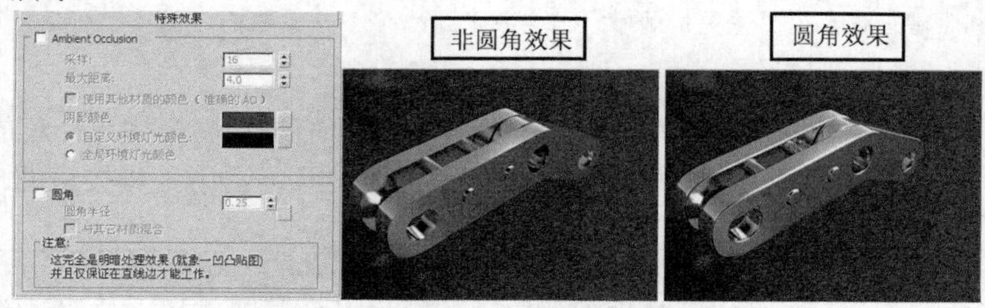

图5-6 【特殊效果】卷展栏

(4) 【高级渲染选项】卷展栏。

此卷展栏中的各项参数主要用于提高出图效率，例如，通过限制反/折射距离、深度、中止阈值等参数来控制出图时间，如图 5-7 所示。

(5) 【特殊用途贴图】卷展栏。

此卷展栏提供了用于模拟更多复杂材质效果的贴图通道来满足各种特殊材质的需求，如图 5-8 所示。

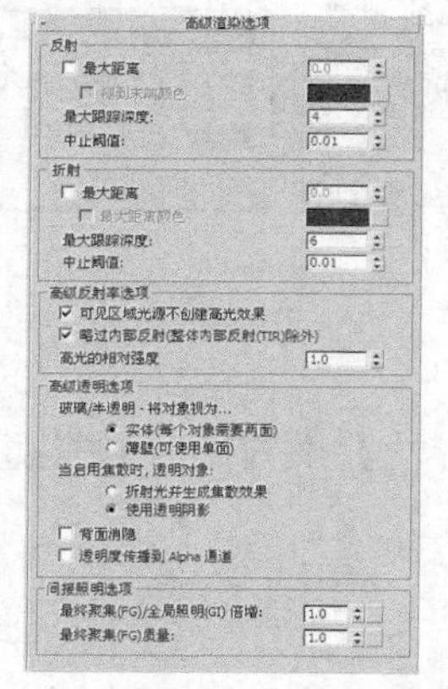

图5-7 【高级渲染选项】卷展栏

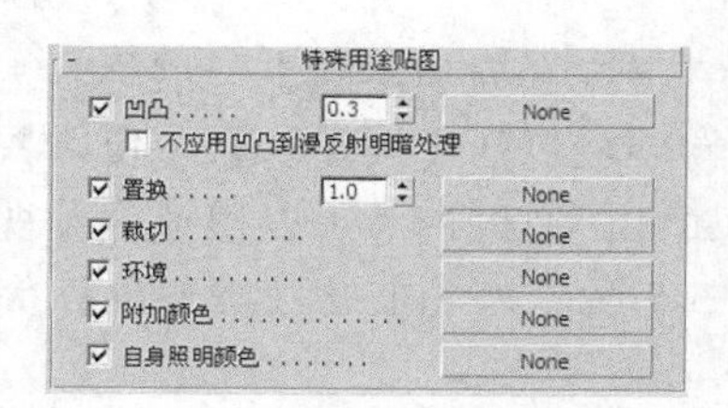

图5-8 【特殊用途贴图】卷展栏

三、 玻璃材质

仔细观察图 5-9 所示两个玻璃水杯的效果，读者能够区分出哪个玻璃水杯效果符合现实物理现象吗？

图5-9　玻璃水杯效果

经过仔细的观察，发现左边的玻璃水杯效果是正确的，而右边的是错误的，理由如下。

(1)　右边玻璃水杯中的液体没有发生液体折射到杯壁的现象。

(2)　右边玻璃杯水杯中的气泡看起来也不真实。

制作玻璃、水、有色玻璃、磨砂玻璃、有色液体、玉石等透明和半透明的材质都可以使用【玻璃（实心几何体）】预设模板。

只需通过设置不同的折射颜色、折射率或折射最大距离即可得到各种透明效果，如图 5-10 所示。

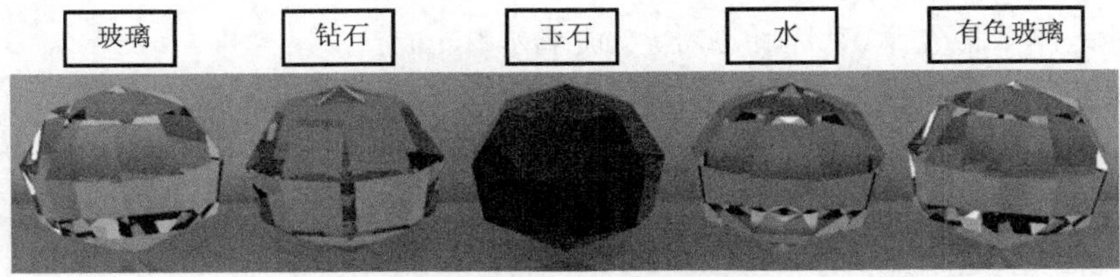

图5-10　各种透明及半透明材质

四、 金属材质

金属具有反射性，这意味着它们需要一些物体进行反射。图 5-11 所示为只有地板和天光环境下的金属对象，此时与地板能产生反射的面效果比较好，而其他的面效果就不理想。

此时可以通过给环境贴一张 HDRI 环境贴图，得到图 5-12 所示的反射效果，现在的金属效果就非常好了。

仔细观察图 5-12 所示的效果，球体和环形节对象的金属效果非常真实，但是矩形块的效果就差了许多。

这主要是由于在真实世界中完全的直角边是存在的，而且越圆滑的曲面模型得到的金属效果越好，所以这里可以通过金属材质的【圆角】设置来给矩形块添加一个圆角效果，如图 5-13 所示。

图5-11　无环境

图5-12　有环境

图5-13　圆角金属效果

5.1.2　学以致用——制作“玻璃水杯”

本例将使用【玻璃】材质模板，并通过设置不同的“折射率”“折射颜色”及其他参数调制出非常好的玻璃、液体和磨砂玻璃效果，设计结果如图 5-14 所示。

图5-14　最终效果

【操作步骤】

1. 制作玻璃材质。

(1) 打开制作模板，如图 5-15 所示。

① 打开素材文件“第 5 章\素材\玻璃水杯\玻璃水杯.max”。

② 场景中设置了全局照明效果。

③ 场景中为除水杯和桌子以外的物体设置了材质。

④ 场景中创建了两架摄像机，分别用于对水杯和桌子进行特写渲染。

(2) 创建“玻璃”材质，如图 5-16 所示。

① 按 M 键打开【材质编辑器】窗口。

② 选中一个空白材质球。

③ 将材质重命名为“玻璃”。

④ 设置当前使用的材质类型为【Arch & Design】。

⑤ 单击按钮添加材质球环境。

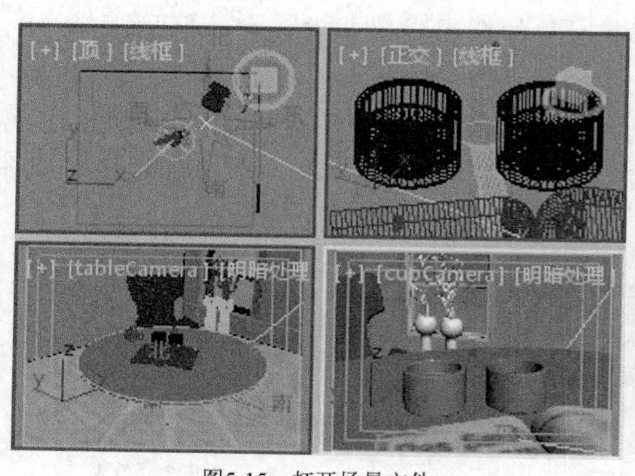

图5-15　打开场景文件

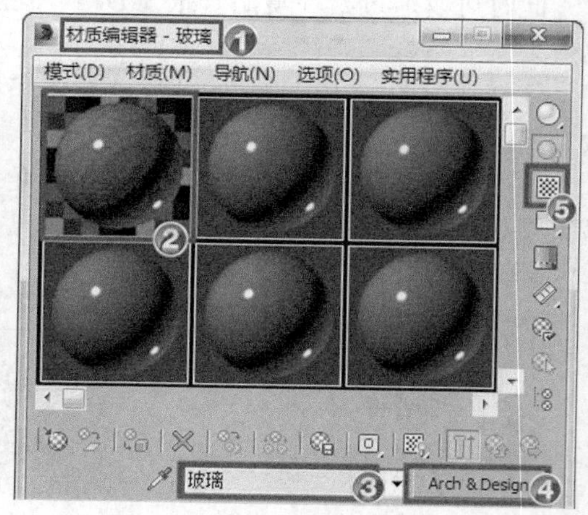

图5-16　创建“玻璃”材质

(3) 设置“玻璃”材质参数，如图 5-17 所示。

① 在【模板】卷展栏中的设置材质类型为【玻璃（实心几何体）】。

② 在【主要材质参数】卷展栏中设置【折射】/【颜色】为“白色”。

③ 设置【折射】/【折射率】为“1.5”。

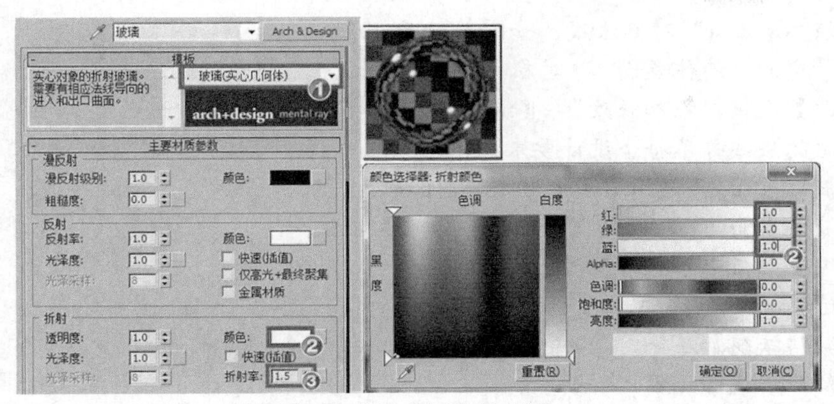
图5-17　设置"玻璃"材质参数

使用 mental Ray 渲染时，材质参数完全按照真实世界的客观数据进行设定。例如：水的折射率为 1.33、玻璃为 1.5，除此折射率不同外，水和玻璃的制作方法基本相同。

其他常见事物的折射率如表 5-1 所示。

表 5-1　　常见事物的折射率

事物名称	折射率	事物名称	折射率
真空	1.0	酒精	1.36
融化的石英	1.46	王冠玻璃	1.52
钻石	2.42	冰	1.3090
水晶	2.0	碘晶体	3.34
石英	11.6440	氯化钠（食盐）	21.6440

(4)　查看"水杯外壁 1"对象法线，如图 5-18 所示。

①　选中场景中的"水杯外壁 1"对象。

②　在【修改】面板中添加修改器：【编辑法线】。

③　法线方向正确，无需调整。

(5)　为"水杯外壁 1"对象赋材质，如图 5-19 所示。

①　选中"玻璃"材质球。

②　单击按钮将"玻璃"材质赋予"水杯外壁 1"对象。

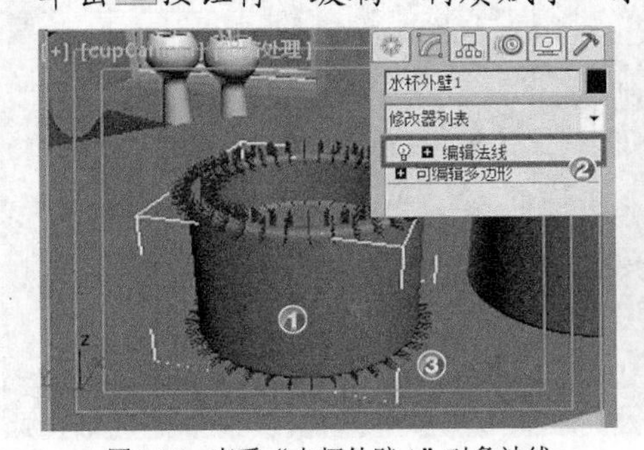
图5-18　查看"水杯外壁 1"对象法线

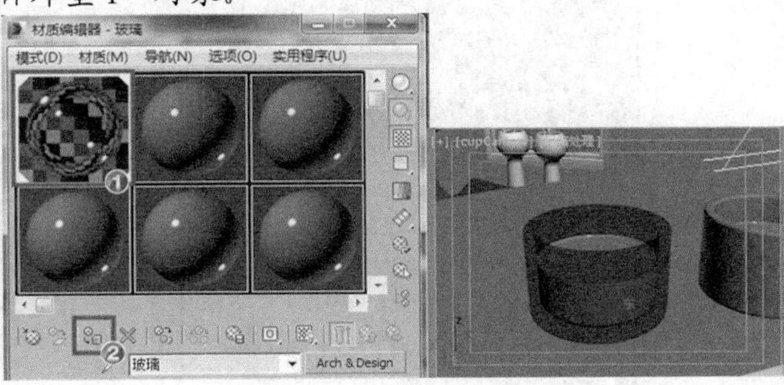
图5-19　为"水杯外壁 1"对象赋材质

2.　制作液体材质。

(1) 查看“液体表面 1”对象法线，如图 5-20 所示。

① 选中场景中的“液体表面 1”对象。

② 在【修改】面板中添加修改器：【编辑法线】。

③ 观察此时的法线并不符合设计要求。

(2) 修改“液体表面 1”对象法线，如图 5-21 所示。

① 选择“液体表面 1”对象的【可编辑多边形】层级。

② 在【修改】面板中添加修改器：【法线】。

③ 确认勾选☑ 翻转法线 选项。

④ 返回【编辑法线】层级。

⑤ 观察可知，法线已正确。

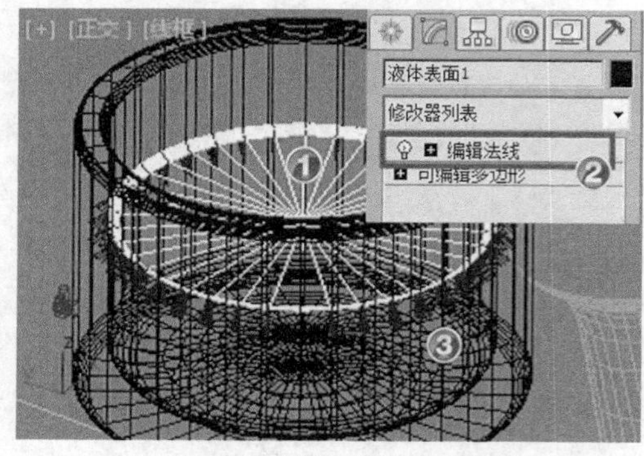

图5-20 查看“液体表面 1”对象法线

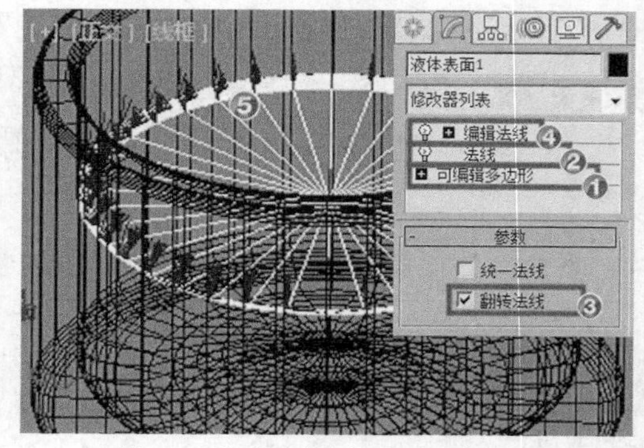

图5-21 修改“液体表面 1”对象法线

(3) 创建“液体表面”材质，如图 5-22 所示。

① 按住鼠标左键不放，将“玻璃”材质球拖到一个默认空白材质球上。

② 将其重命名为“液体表面”。

③ 设置【折射】/【折射率】为“1.33”。

④ 单击按钮将“液体表面”材质赋予“液体表面 1”对象。

(4) 编辑“液体内部 1”对象法线，如图 5-23 所示。

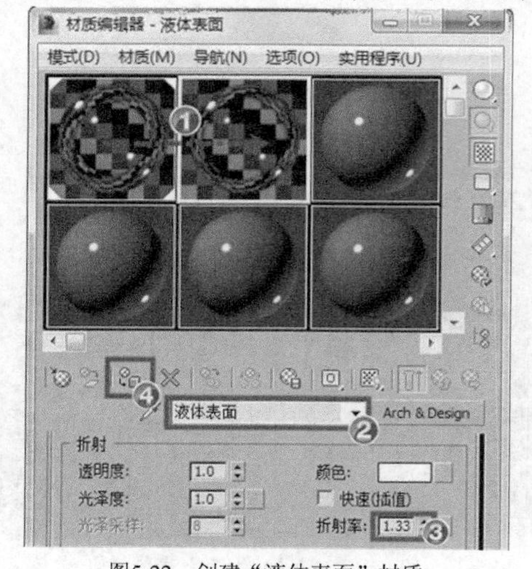

图5-22 创建“液体表面”材质

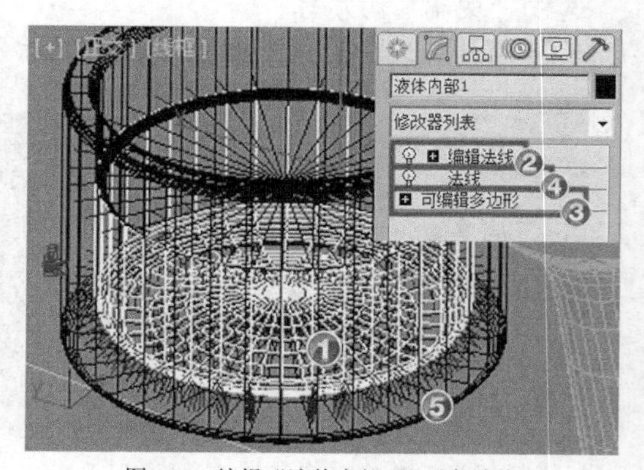

图5-23 编辑“液体内部 1”对象法线

① 选中场景中的“液体内部 1”对象。

② 在【修改】面板中为其添加修改器：【编辑法线】，观察发现其法线与设计要求不符。

③ 进入【可编辑多边形】层级。

④ 在【修改】面板中为其添加修改器：【法线】。

⑤ 观察可知，法线已正确。

(5) 制作“液体内部”材质，如图 5-24 所示。

① 按住鼠标左键不放，将“液体表面”材质球拖到一个默认空白材质球上。

② 将其重命名为“液体内部”。

③ 设置折射【折射率】为“0.8”。

④ 单击按钮将“液体内部”材质赋予“液体内部 1”对象。

⑤ 按F9键进行渲染，参考结果如图 5-24 右图所示。

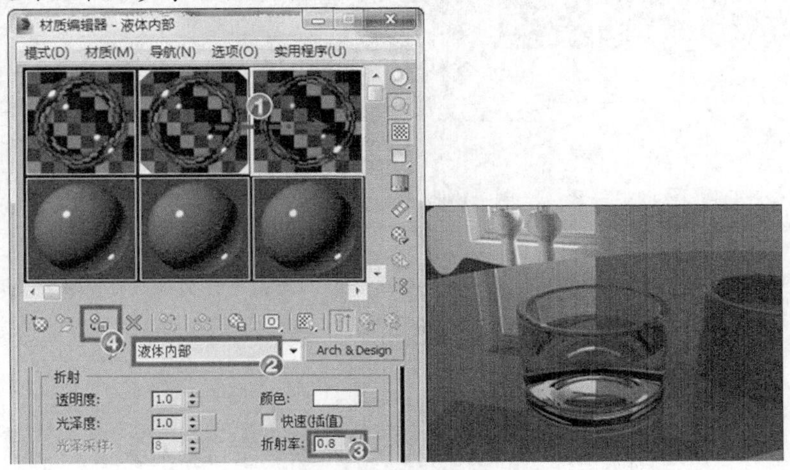

图5-24　制作“液体内部”材质

当出图工作还未完成时，往往需要对局部效果进行渲染观察，可以单击按钮打开【渲染窗口】，单击按钮即可在视图窗口中框选要渲染的区域，通过区域可以返回视口渲染模式，如图 5-25 所示。

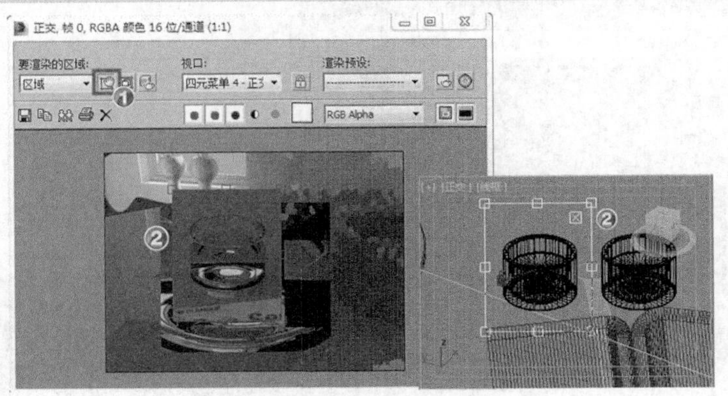

图5-25　编辑法线

(6) 使用相同的方法为场景中的“水杯外壁 2”“液体表面 2”和“液体内部 2”3 个对象设置正确的法线方向。

(7) 制作“液体表面 2”和“液体内部 2”材质，如图 5-26 所示。

① 使用“液体表面”和“液体内部”材质复制出“液体表面 2”和“液体内部 2”材质。
② 设置“液体表面 2”和“液体内部 2”材质的【折射】/【颜色】。
③ 单击按钮分别将“玻璃”“液体表面 2”和“液体内部 2”材质赋予场景中的“水杯外壁 1”“液体表面 2”和“液体内部 2”对象。
④ 按F9键进行渲染，查看渲染结果。

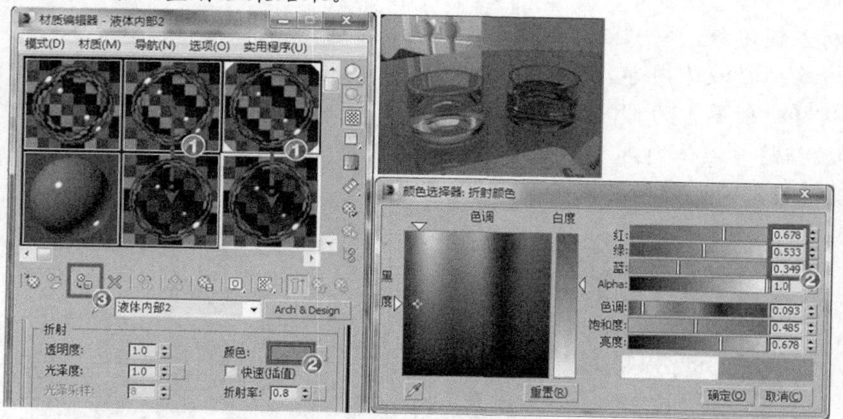

图5-26 制作有色液体材质

要点提示 通过设置不同的折射率可以调制出不同特性的透明材质效果，而通过不同的折射颜色则可以制作出各种有色玻璃和有色液体效果。

3. 制作磨砂玻璃材质。

(1) 创建“磨砂玻璃”材质，如图 5-27 所示。
① 按住鼠标左键不放，将“玻璃”材质球拖到一个默认空白材质球上。
② 将材质重命名为“磨砂玻璃”。
③ 设置折射【光泽度】值为“0.5”，设置折射【光泽采样数】为“20”。
④ 选中场景中的“桌面”对象。
⑤ 单击按钮将“磨砂玻璃”材质赋给“桌面”对象。

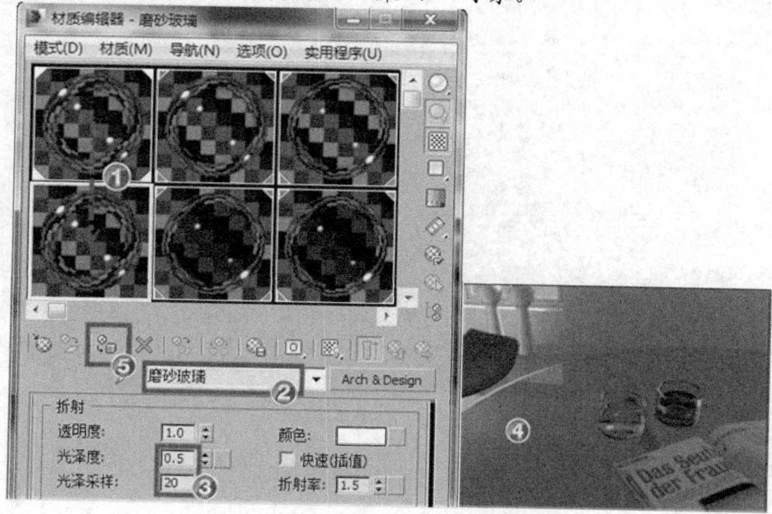

图5-27 创建“磨砂玻璃”材质

要点提示

折射【光泽度】：该值越大，玻璃的磨砂效果就越来越强烈，同时渲染时间也会增加。当值为“0”时为完全漫反射，值为“1”时为真实镜面反射。

折射【光泽采样数】：该值越大，可以得到更加细腻的模糊颗粒，同时渲染时间也会增加。

在实际应用中，最好采用适中设置即可，折射【光泽度】为 0.5，折射【光泽采样数】为 15~20，图 5-28 所示为 4 种不同折射【光泽度】和折射【光泽采样数】的组合效果。

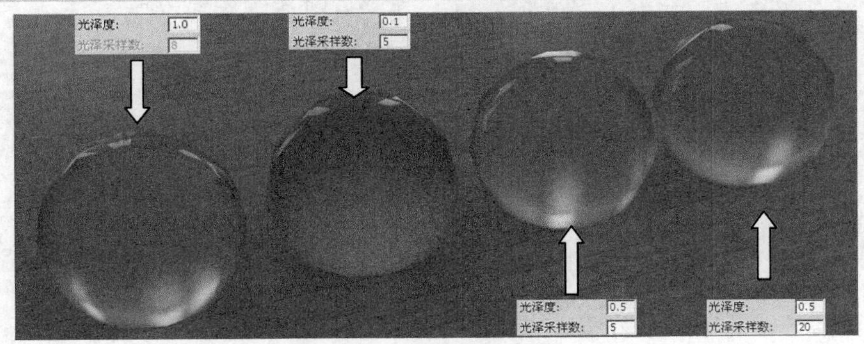

图5-28　各种磨砂玻璃球

(2) 分别使用“cupCamera”和“tableCamera”摄像机视图渲染，即可得到图 5-14 所示的水杯特写和桌子特写效果。

(3) 按 Ctrl+S 组合键保存场景文件到指定目录，本案例制作完成。

5.1.3　举一反三——制作“雕花圆盘”

在上一个案例中，我们介绍了制作玻璃材质的方法。本案例将在此基础上，在【折射颜色】参数中添加一张黑白贴图来制作出精美的雕花圆盘效果，参考结果如图 5-29 所示。

图5-29　最终效果

【操作步骤】

1. 设置材质 ID。

(1) 打开制作模板，如图 5-30 所示。

① 打开素材文件“第 5 章\素材\雕花圆盘\雕花圆盘.max”。

② 场景中设置了全局照明效果。

③ 场景中为除“圆盘”以外的物体设置了材质。

④ 场景中创建了一架摄像机，用于对“圆盘”进行特写渲染。

(2) 设置“圆盘”所有面的材质 ID，如图 5-31 所示。

① 激活左视图然后按 F 键换到前视图。

② 选中场景中的“圆盘”对象。

③ 进入“圆盘”对象的【多边形】层级。

④ 按Ctrl+A组合键选中“圆盘”对象的所有面。

⑤ 在【多边形：材质 ID】卷展栏设置【设置 ID】为“1”，按Enter键确认。

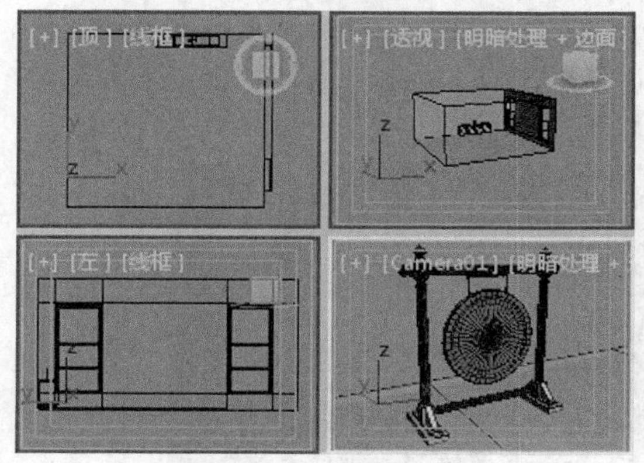

图5-30　打开制作模板

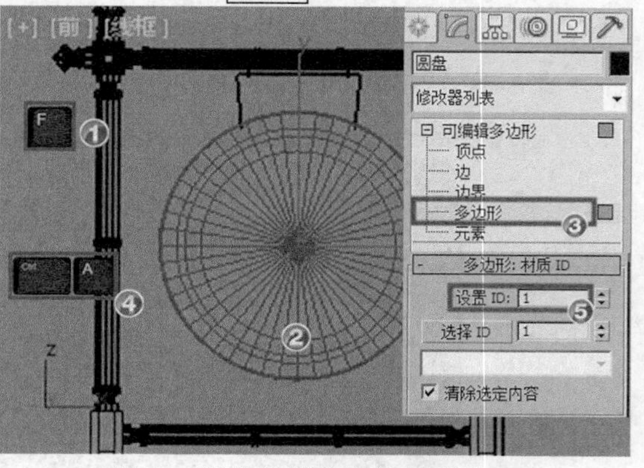

图5-31　设置“圆盘”所有面的材质 ID

(3) 设置“圆盘”内圈面的材质 ID，如图 5-32 所示。

① 连续按Q键，设置【圈选方式】为【圆形圈选方式】。

② 勾选☑忽略背面选项。

③ 圈选“圆盘”对象最里圈的多边形。

④ 在【多边形：材质 ID】卷展栏设置【设置 ID】为“2”，按Enter键确认。

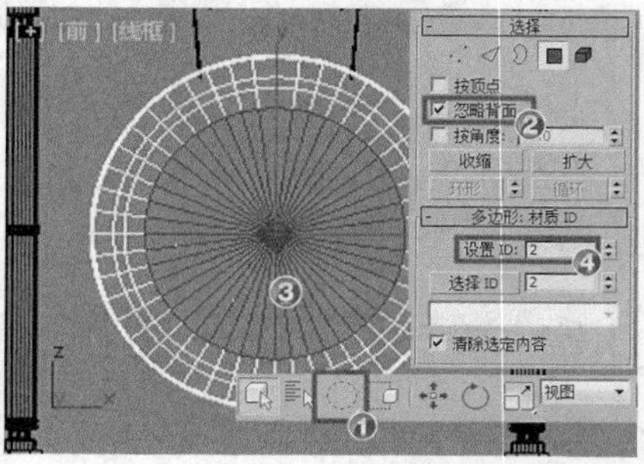

图5-32　设置“圆盘”内圈面的材质 ID

2. 设置雕花圆盘材质。

(1) 创建“雕花圆盘”材质，如图 5-33 所示。

① 按M键打开【材质编辑器】窗口。

② 选中一个空白材质球。

③ 将材质重命名为“雕花圆盘”。

④ 单击Arch & Design按钮打开【材质/贴图浏览器】对话框。

⑤ 双击多维/子对象选项，弹出【替换材质】对话框。

⑥ 选中【丢弃旧材质】选项。

⑦ 单击确定按钮。

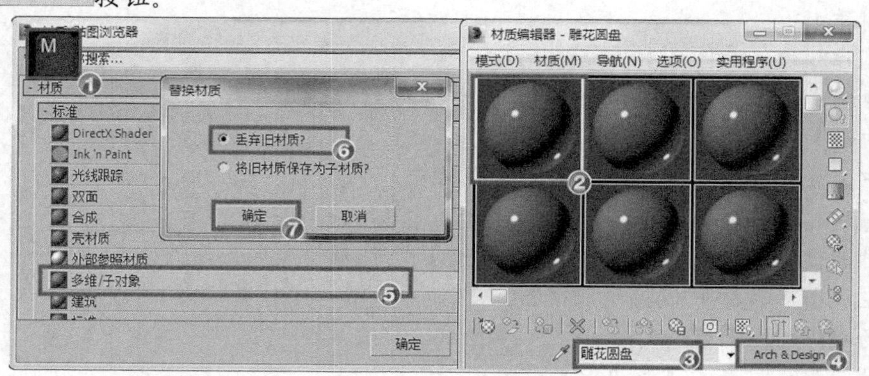

图5-33　创建“雕花圆盘”材质

(2) 设置材质数量，如图 5-34 所示。

① 单击 设置数量 按钮，打开【设置材质数量】对话框。

② 设置【材质数量】为“2”。

③ 单击 确定 按钮。

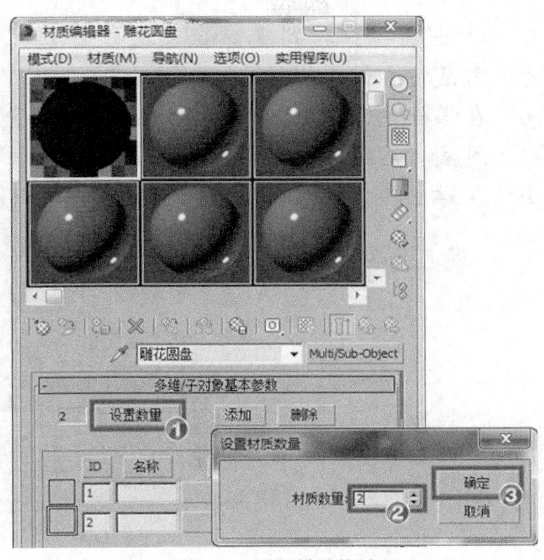

图5-34　设置材质数量

(3) 设置子材质 1，如图 5-35 所示。

① 单击子通道 1 的 无 按钮。

② 为其添加【标准】材质，然后单击按钮返回父层级查看设置结果。

③ 单击 Material #12（Standard）按钮进入子材质 1 通道。

④ 设置【材质类型】为【Arch & Design】。

⑤ 在【模板】卷展栏中的设置材质类型为“玻璃（实心几何体）”。

⑥ 设置【折射】/【颜色】为“白色”。

⑦ 在【高级渲染选项】卷展栏中勾选 最大距离 和 最大距离颜色 选项。

⑧ 设置【最大距离】为“3”，【最大距离颜色】为“淡绿色”。

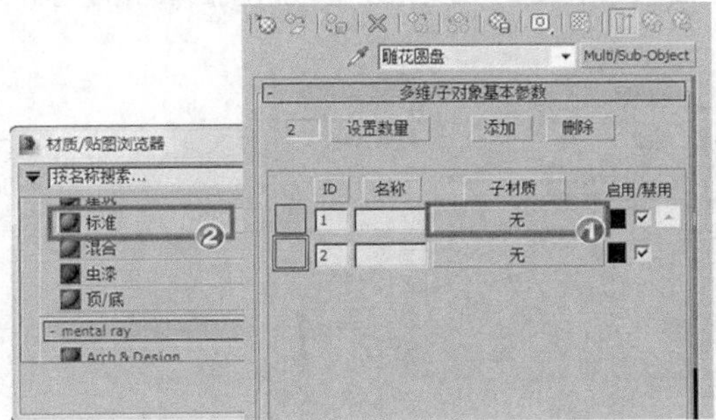

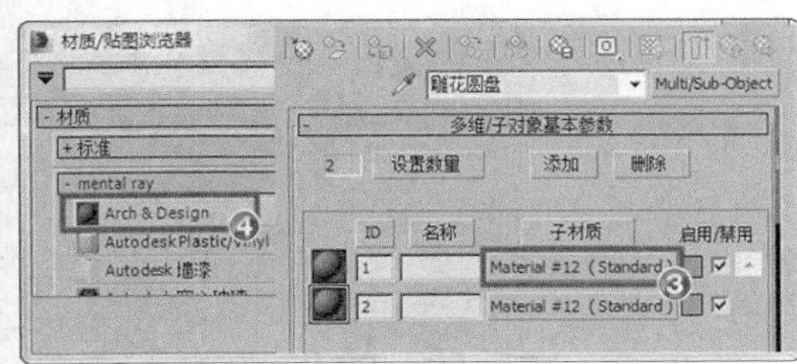

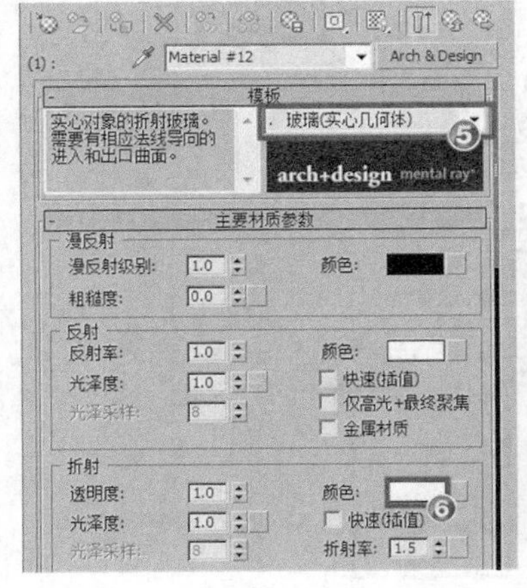

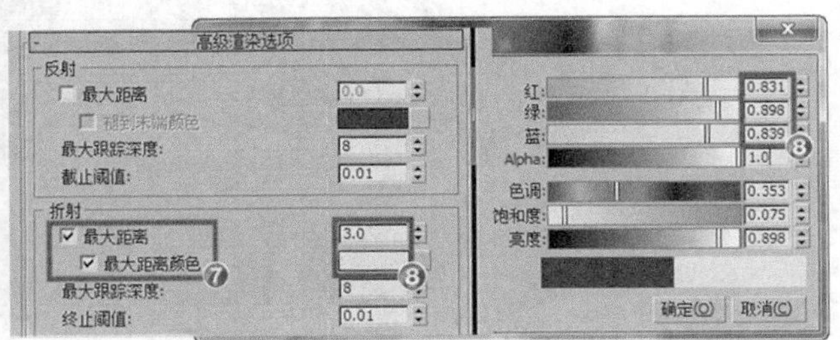

图5-35　设置子材质 1

(4) 复制材质，如图 5-36 所示。

① 单击按钮转到【多维/子材质】层级。
② 用鼠标右键单击 rial #12（Arch & Design）按钮。
③ 在弹出的快捷菜单中选择【复制】命令。
④ 用鼠标右键单击 无 按钮。
⑤ 在弹出快捷菜单中选择【粘贴（复制）】命令。

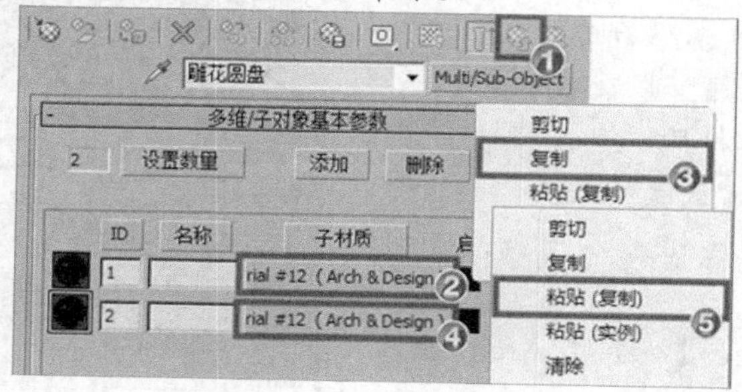

图5-36 复制材质

(5) 修改材质 2 的参数，如图 5-37 所示。
① 单击子通道 2 的 rial #12（Arch & Design）按钮。
② 在【主要材质参数】卷展栏中的【折射】/【颜色】右边的按钮。
③ 在【材质/贴图浏览器】对话框中双击 位图 选项。
④ 在【选择位图图像文件】中双击素材文件“第 5 章\素材\雕花圆盘\maps\图腾.jpg”。
⑤ 单击按钮返回父层级。

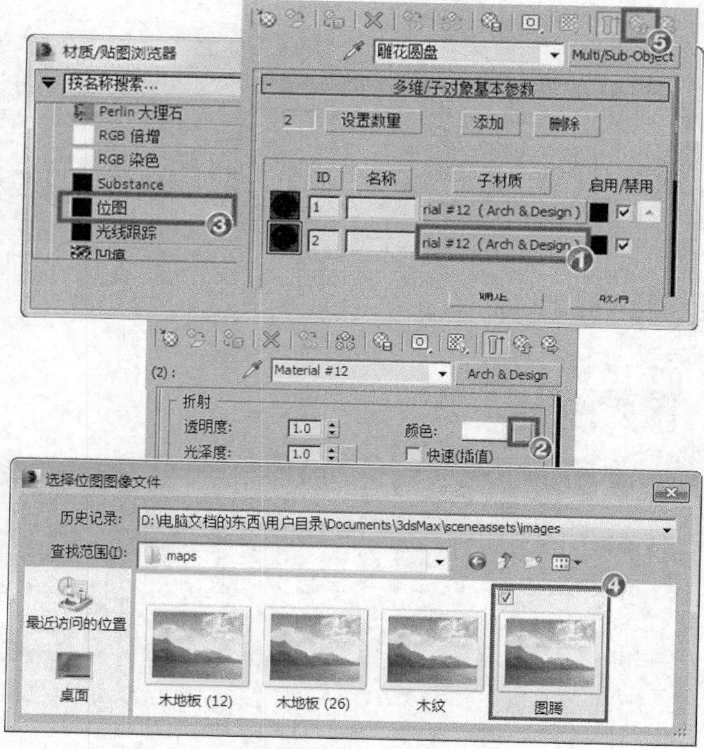

图5-37 修改材质 2 的参数

要点提示　【Arch & Design】材质的折射强度可以通过【折射颜色】来控制，纯白为全折射，纯黑是完全不折射。故这里通过指定一张灰白的雕花贴图来控制其折射区域和效果，其中白色区域全折射，灰色区域半折射。

(6)　复制材质，如图 5-38 所示。

①　用鼠标右键单击【折射】/【颜色】右边的 M 按钮。

②　在弹出的快捷菜单中选择【复制】命令。

③　在【特殊用途贴图】卷展栏上的☑ 凹凸选项右边设置【凹凸数量】为“0.17”，并在 无 上单击鼠标右键。

④　在弹出的快捷菜单中选择【粘贴（复制）】命令。

⑤　单击按钮返回到【多维/子材质】层级。

(7)　为“圆盘”对象赋材质，如图 5-39 所示。

①　选中场景中的“圆盘”对象。

②　单击按钮将“雕花圆盘”材质赋予“圆盘”对象。

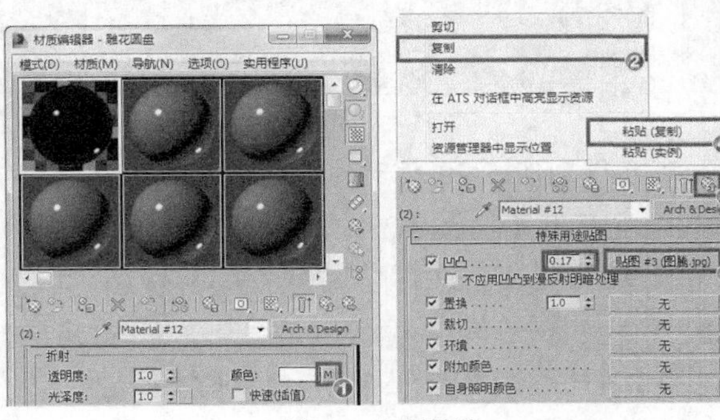

图5-38　复制材质

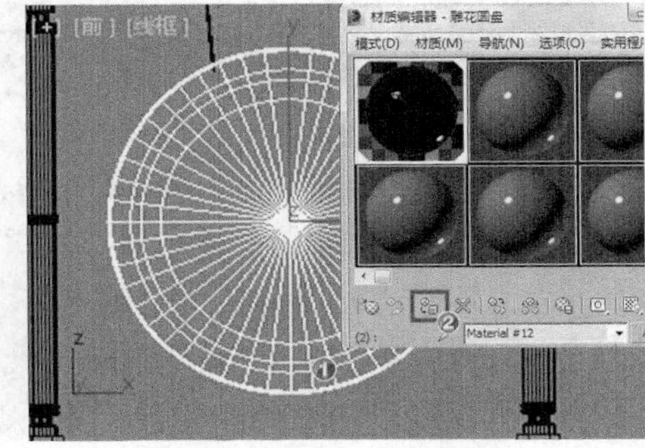

图5-39　为“圆盘”对象赋材质

3.　渲染及修改。

(1)　按 F9 键对“圆盘”对象部分进行渲染，如图 5-40 所示。

要点提示　图 5-41 所示为“雕花.jpg”，观察可知此时的渲染雕花部分只显示雕花贴图的部分效果，这并非我们所愿的。这时需为“圆盘”对象添加一个【UVW 贴图】修改器来设置图片的效果。

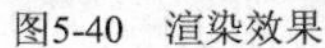

图5-40　渲染效果

图5-41　雕花贴图

(2)　为“圆盘”对象添加【UVW 贴图】修改器，如图 5-42 所示。

①　选中场景中的“圆盘”对象。

② 在【修改】面中为其添加：【UVW 贴图】。

③ 确认 平面被选中。

④ 取消勾选 真实世界贴图大小选项。

⑤ 设置【长度】和【高度】值。

(3) 按F9键对"圆盘"对象部分进行渲染，如图 5-43 所示。此时效果非常好。

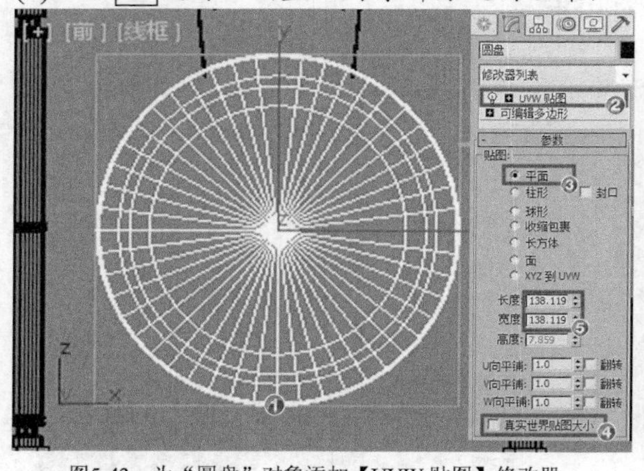

图5-42 为"圆盘"对象添加【UVW 贴图】修改器

图5-43 正确渲染效果

(4) 使用"Camera01"摄像机视图进行渲染，即可得到图 5-29 所示的雕花圆盘效果。

(5) 按Ctrl+S组合键保存场景文件到指定目录，本案例制作完成。

要点提示 分别进入"雕花圆盘"的两个子材质，设置其【最大距离】值为 1，如图 5-44 所示。然后渲染得到图 5-45 所示的效果，此时的玻璃更像玉，这是由于光线进入玻璃材质中的 1 个单位距离就开始衰减，从而影响材质的不透明度。此时制作的效果可以用于模拟简单的玉石效果。

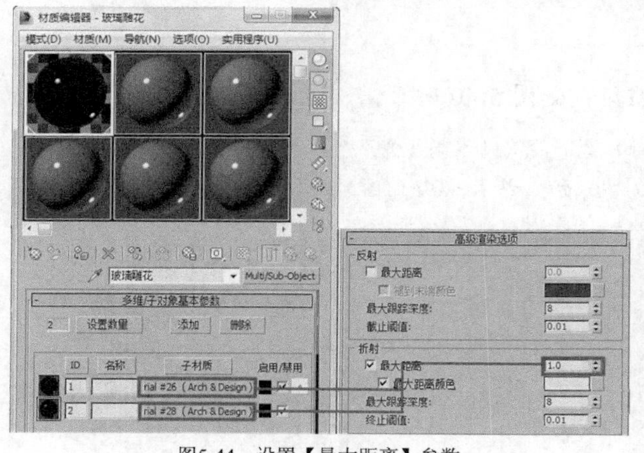

图5-44 设置【最大距离】参数

图5-45 玉石效果

5.2 使用贴图

贴图在形体表现、静态效果及动画展示上都起着举足轻重的作用。一些栩栩如生、近乎真实的人物；一些梦幻唯美、让人神往的场景；一些豪华尊贵、超越现实的效果，都是通过基本贴图来完成的。3ds Max 2015 的贴图已经实现了高度的集中管理，使用简便、快捷。

5.2.1　基础知识——认识贴图的类型

3ds Max 2015 中的贴图主要分为 2D 贴图、3D 贴图及合成器贴图等类型。

一、　认识 2D 贴图

2D 贴图是二维图像，通常贴在几何对象的表面，或用作环境贴图来为场景创建背景。位图是最简单、最常用的 2D 贴图。

(1)　2D 贴图的修改选项。

所有的 2D 贴图都有两大修改选项——【坐标】和【噪波】，当为材质添加了 2D 贴图后，这两大选项也随之出现。在【坐标】卷展栏中，通过调整坐标参数，可以相对于应用贴图的对象表面移动贴图，以实现其他效果，如图 5-46 所示。

噪波是用于创建外观随机图案的方式，非常复杂，但是应用广泛。主要是对原贴图进行扭曲变化，如图 5-47 所示。

(2)　位图 2D 贴图。

位图 2D 贴图是最为常用的一种贴图方式，可以用来创建多种材质，从木纹和墙面到蒙皮和羽毛，也可以使用动画或视频文件替代位图来创建动画材质，如图 5-48 所示。

图5-46　【坐标】卷展栏控制效果

图5-47　【噪波】卷展栏控制效果

图5-48　位图 2D 贴图

(3)　方格贴图。

方格贴图将两色的棋盘图案应用于材质。这里的两色可以是任意颜色，也可以是贴图，如图 5-49 所示。

(4)　渐变贴图。

渐变贴图是从一种颜色到另一种颜色进行明暗处理。为渐变指定两种或三种颜色，3ds Max Design 将插补中间值，如图 5-50 所示。

(5)　渐变坡度贴图。

渐变坡度贴图是与渐变贴图相似的 2D 贴图。它从一种颜色到另一种颜色进行着色。在这个贴图中，可以为渐变指定任何数量的颜色或贴图，并且几乎任何参数都可以设置动画，如图 5-51 所示。

(6)　平铺贴图。

使用平铺贴图，可以创建砖、彩色瓷砖或材质贴图，如图 5-52 所示。

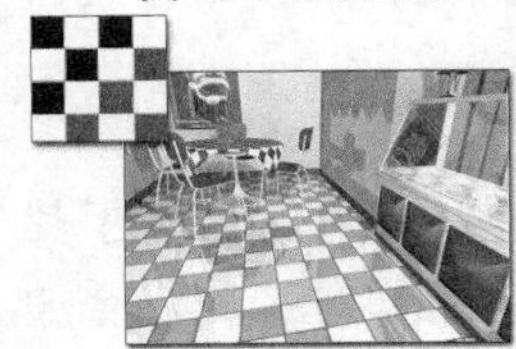

图5-49　方格贴图

图5-50　渐变贴图

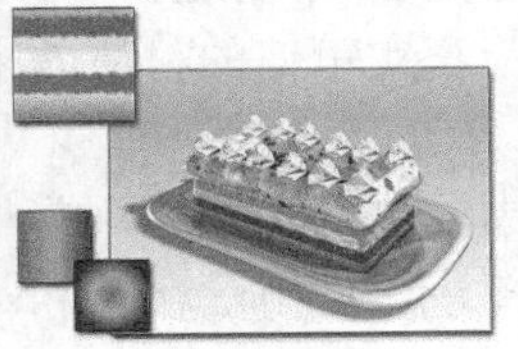

图5-51　渐变坡度贴图

图5-52　平铺贴图

二、 认识 3D 贴图

3D 贴图是通过程序以三维方式生成的图案。例如，使用“大理石”贴图不但可以创建材质表面的大理石纹理，将对象切除一部分后，其内部依然有大理石纹理。

(1) 细胞贴图。

细胞贴图是一种程序贴图，生成用于各种视觉效果的细胞图案，包括马赛克瓷砖、鹅卵石表面，甚至海洋表面，如图 5-53 所示。

(2) 凹痕贴图。

凹痕贴图是 3D 程序贴图，它根据分形噪波产生随机图案，图案的效果取决于贴图类型，如图 5-54 所示。

(3) 衰减贴图。

衰减贴图基于几何体曲面上面法线的角度衰减来生成从白到黑的值，如图 5-55 所示。

图5-53 细胞贴图

图5-54 凹痕贴图

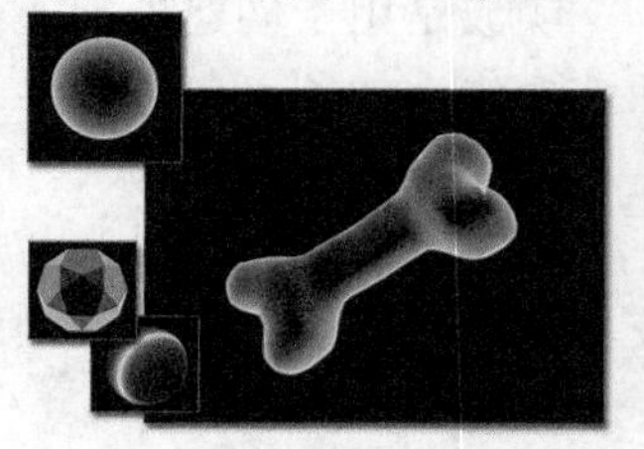

图5-55 衰减贴图

(4) Perlin 大理石贴图。

Perlin 大理石贴图使用“Perlin 湍流”算法生成大理石图案，如图 5-56 所示。

(5) 斑点贴图。

斑点贴图是一个 3D 贴图，它生成斑点的表面图案，该图案用于漫反射贴图和凹凸贴图以创建类似花岗岩的表面和其他图案的表面，如图 5-57 所示。

(6) 木材贴图。

木材贴图是 3D 程序贴图，此贴图将整个对象的体积渲染成波浪纹图案，可以控制纹理的方向、粗细和复杂度，如图 5-58 所示。

图5-56 Perlin 大理石贴图

图5-57 斑点贴图

图5-58 木材贴图

三、 合成器贴图

在图像处理中，图像的合成是指将两个或多个图像以不同的方式进行混合。使用合成器贴图能帮助我们创建更为真实可信的材质效果。

(1) 合成贴图。

合成贴图类型同时由几个贴图组成，并且可以使用Alpha 通道和其他方法将某层置于其他层之上。对于此类贴图，可使用已含 Alpha 通道的叠加图像，或使用内置遮罩工具仅叠加贴图中的某些部分，原理如图 5-59 所示。

(2)　遮罩贴图。

遮罩贴图通过使用一个黑白图像或灰度图像覆盖另一个图像上的部分区域，原理如图 5-60 所示。

图5-59　合成贴图

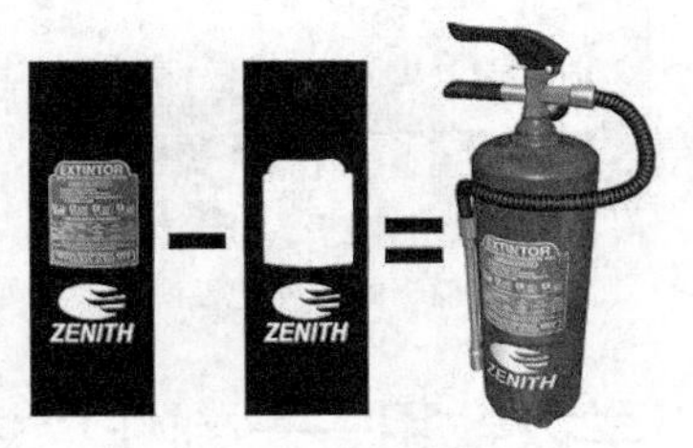

图5-60　遮罩贴图

要点提示　默认情况下，浅色（白色）的遮罩区域不透明，显示贴图。深色（黑色）的遮罩区域透明，显示基本材质。

(3)　混合贴图。

混合贴图将两种颜色或材质合成在曲面的一侧。也可以将“混合数量”参数设为动画，然后画出使用变形功能曲线的贴图来控制两个贴图随时间混合的方式，原理如图 5-61 所示。

要点提示　混合贴图和混合材质是一样的，只不过混合贴图是混合两个贴图通道，而混合材质混合的是两种不同的材质，它们的卷展栏也很相似。

(4)　RGB 相乘贴图。

RGB 相乘贴图将两个贴图或颜色的 RGB 值进行相乘计算，通常用于凹凸贴图，在此可能要组合两个贴图，以获得正确的效果，原理如图 5-62 所示。

图5-61　混合贴图

图5-62　RGB 相乘贴图

四、　颜色修改器贴图

使用颜色修改器贴图可以调整贴图的色彩、亮度、颜色的均衡度等。如果使用好这部分贴图，就不需要使用像 Photoshop 这样的软件在后期处理图片的饱和度和颜色了。

(1)　RGB 染色贴图。

RGB 染色贴图可以调整贴图中的红、绿、蓝 3 种颜色，原理如图 5-63 所示。

(2)　顶点颜色贴图。

顶点颜色贴图应用于可渲染对象的顶点颜色，可以使用顶点绘制修改器、指定顶点颜色工具指定顶点颜色，也可以使用可编辑网格顶点控件、可编辑多边形顶点控件指定顶点颜色，原理如图 5-64 所示。

图5-63　RGB 染色贴图

图5-64　顶点颜色贴图

5.2.2　学以致用——制作“熔岩星球”

本案例将使用“衰减”贴图进行主体色彩控制制作一个“熔岩星球”模型。其中第一颜色控制熔岩星球的暗部，第二颜色控制熔岩星球的亮部，第一颜色与第二颜色都被赋予了“细胞”贴图，可以很好地模拟星球熔岩般的外形，最终效果如图 5-65 所示。

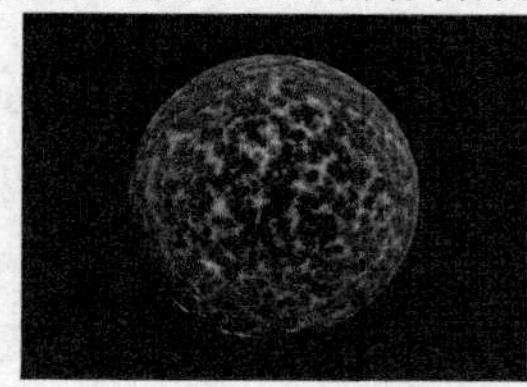

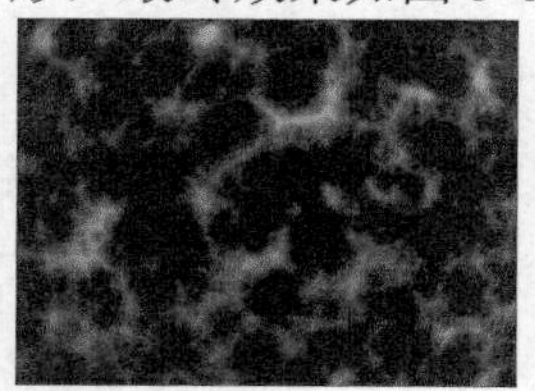

图5-65　最终效果

【操作步骤】

1.　设置漫反射贴图。

(1)　打开制作模板，如图 5-66 所示。

①　打开素材文件“第 5 章\素材\熔岩星球\熔岩星球.max”。

②　场景中创建了一个“星球”几何体。

③　场景中创建了一架摄影机，用来对场景进行渲染（摄影机已隐藏，读者可在【显示】面板中取消摄影机类别的隐藏）。

(2)　创建“熔岩”材质，如图 5-67 所示。

①　按 M 键打开【材质编辑器】窗口。

②　选中一个空白材质球。

③　将其重命名为“熔岩”。

④　单击 Arch & Design 按钮。

⑤　选中 标准 材质类型。

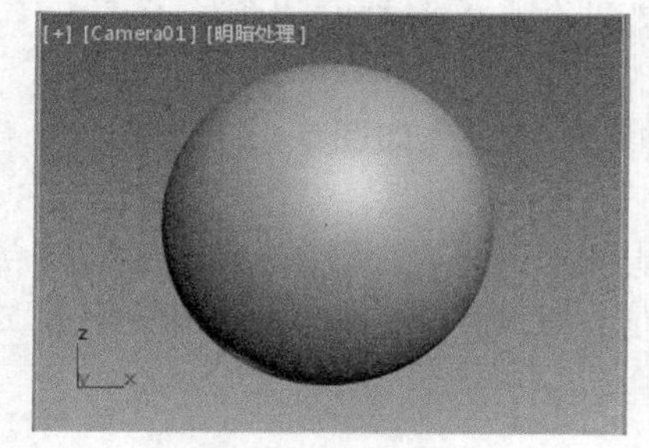

图5-66　打开制作模板

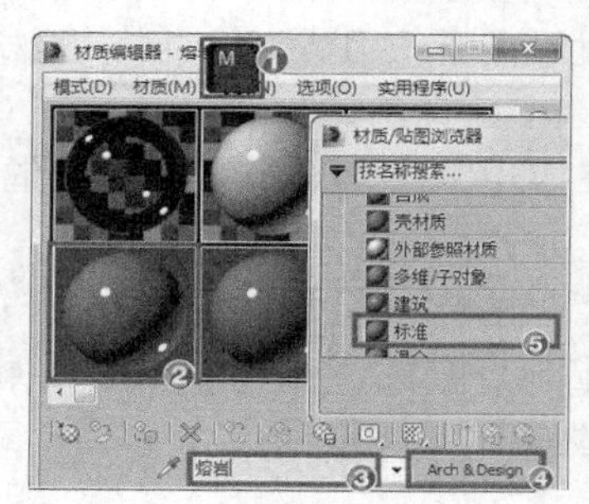

图5-67　创建“熔岩”材质

(3) 为漫反射添加“衰减”贴图，如图 5-68 所示。

① 选中“熔岩”材质球。

② 单击漫反射: 上的按钮。

③ 在弹出的【材质/贴图浏览器】对话框中双击衰减选项。

(4) 设置“衰减”贴图中的“混合曲线”，如图 5-69 所示

① 在“混合曲线”卷展栏中单击按钮。

② 在曲线上单击，添加两个控制点。

③ 单击按钮。

④ 移动新增的两个控制点至所需位置。

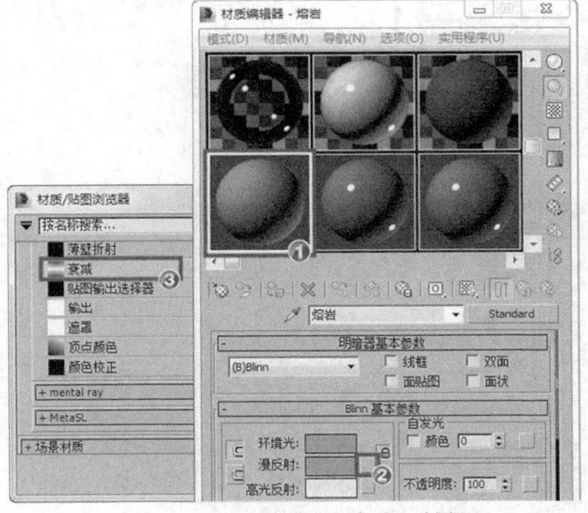

图5-68　为漫反射添加“衰减”贴图

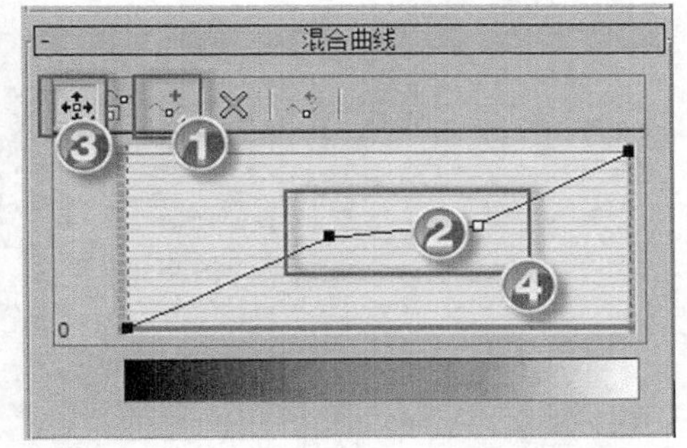

图5-69　设置“衰减”贴图中的“混合曲线”

要点提示 “混合曲线”所控制的是“衰减”贴图中两个颜色的过渡方式，“混合曲线”为对角线形式时，过渡最为平缓。

(5) 为“衰减”贴图添加“细胞”贴图，如图 5-70 所示。

① 在“衰减”贴图级别下单击 无 按钮。

② 双击细胞选项。

③ 单击按钮返回“衰减”贴图级别。

④ 使用相同方法为另一个颜色添加“细胞”贴图。

(6) 为第一个颜色的“细胞”贴图设置参数，如图 5-71 所示。

① 单击 100.0 贴图 #1（Cellular）上的 贴图 #1（Cellular）按钮。

② 设置相关参数。

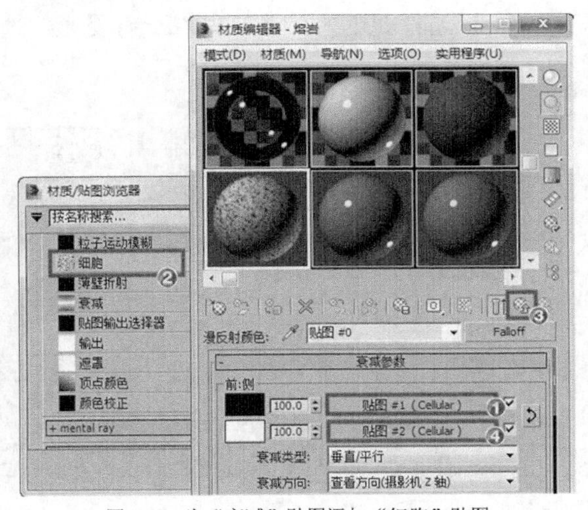

图5-70　为“衰减”贴图添加“细胞”贴图

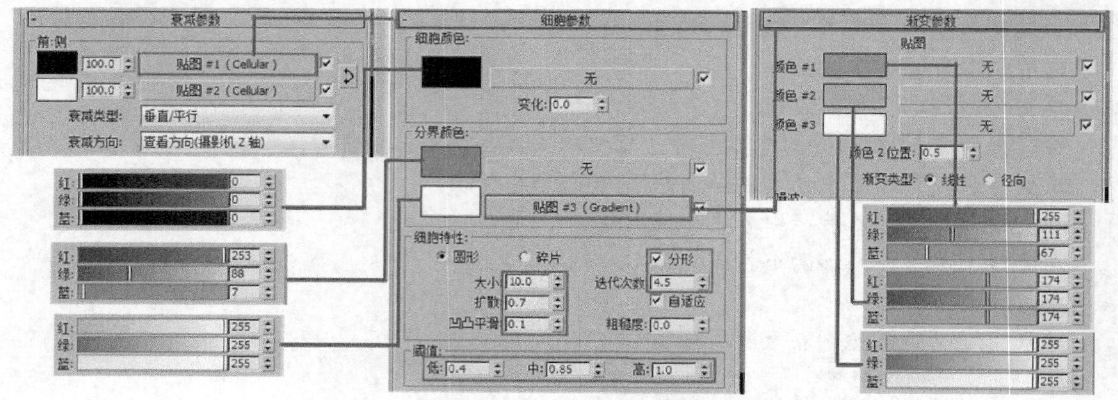

图5-71　为第一个颜色的“细胞”贴图设置参数

(7) 为第 2 个颜色的“细胞”贴图设置参数，如图 5-72 所示。

① 单击 100.0 贴图 #2 (Cellular) 上的 贴图 #2 (Cellular) 按钮。

② 设置相关参数。

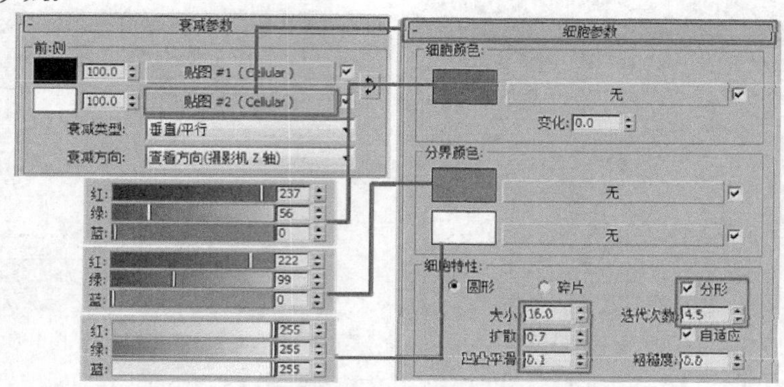

图5-72　为第二个颜色的“细胞”贴图设置参数

2. 设置自发光贴图。

为自发光赋予“细胞”贴图，如图 5-73 所示。

① 单击按钮返回父层级，在“自发光”选项栏中单击按钮。

② 双击细胞选项。

③ 设置“细胞”贴图参数。

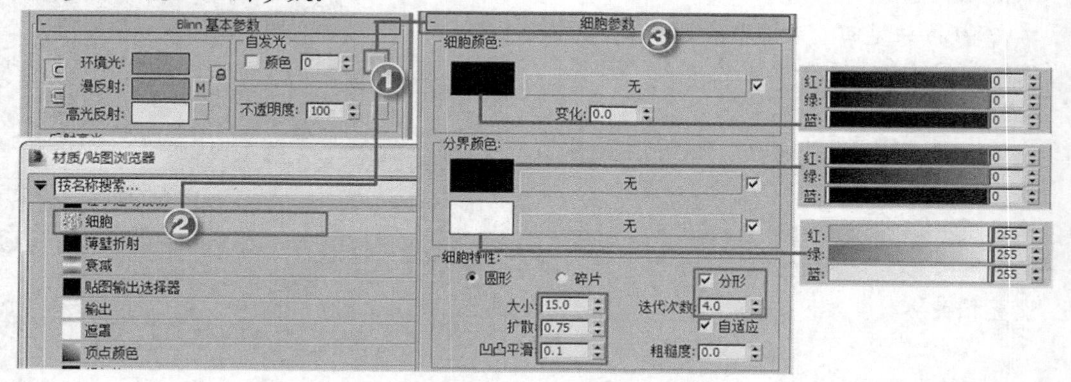

图5-73　为自发光赋予“细胞”贴图

3.　渲染设置。

(1)　将“熔岩”材质赋予“星球”，如图 5-74 所示。

①　在场景中选中“星球”对象。

②　在【材质编辑器】窗口中选中“熔岩”材质球。

③　单击按钮。

④　单击按钮使贴图能够在窗口中显示。

(2)　调整“熔岩”贴图，如图 5-75 所示。

①　选中“星球”对象。

②　单击按钮进入【修改】面板。

③　在【修改】面板中添加修改器：【UVW 贴图】。

④　勾选 球形 选项。

⑤　取消勾选 真实世界贴图大小 选项。

(3)　使用“Camera01”摄影机视图渲染，即可得到图 5-75 所示的动画效果。

(4)　按快捷键 Ctrl+S 保存场景文件到指定目录，本案例制作完成。

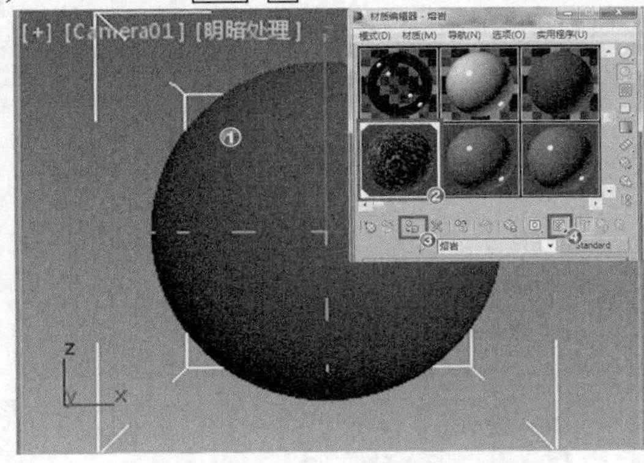

图5-74　将“熔岩”材质赋予“星球”

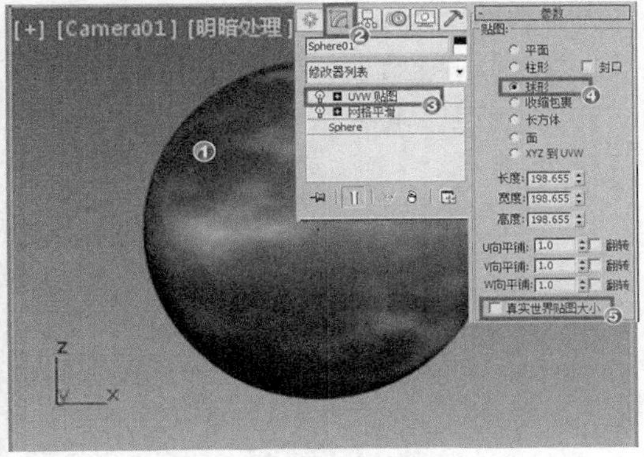

图5-75　调整“熔岩”贴图

要点提示　在使用“UVW 贴图”修改器时，通常将贴图类型设置为与所修改对象外形相近，如本案例中设置为“球形”，上一案例中设置为“平面”。

5.2.3　举一反三——制作“被遗忘的角落”

本案例主要练习位图的应用，学习如何使用材质和贴图表现现实生活中的一些层次复杂的室外景观场景，最终制作完成的效果如图 5-76 所示。

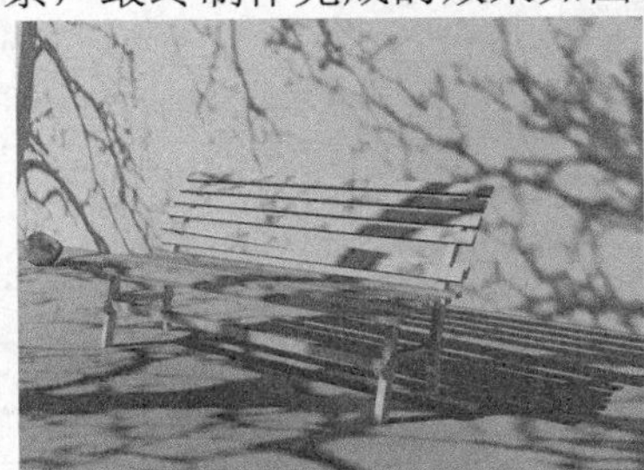

图5-76　效果图

【操作步骤】

1. 制作“墙体”材质。

(1) 打开制作模板。

① 打开素材文件“第 5 章\素材\被遗忘的角落\被遗忘的角落.max”，如图 5-77 所示。

② 场景中创建了“墙”“地面”和“长椅”等对象。

③ 场景中创建了灯光，用于照明并烘托环境。

④ 场景中给主光源添加了投影贴图。

⑤ 场景中创建了一架摄影机，用于对场景进行特写渲染。

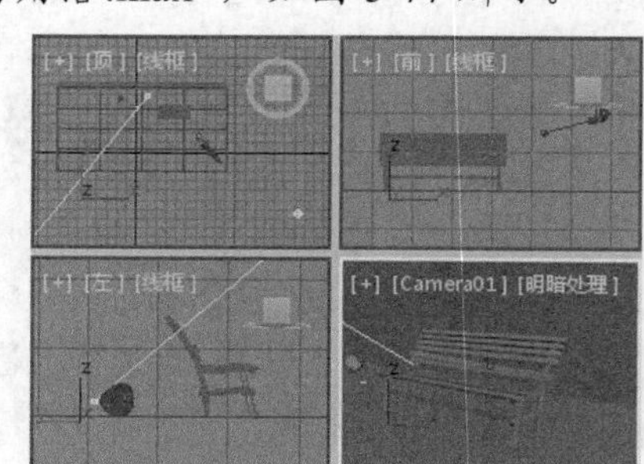

图5-77　打开制作模板

(2) 创建“墙体”材质，如图 5-78 所示。

① 按M键打开【材质编辑器】窗口。

② 选中一个空白材质球。

③ 将材质重命名为“墙体”。

④ 单击 Arch & Design 按钮打开【材质/贴图浏览器】对话框。

⑤ 在【材质/贴图浏览器】对话框中双击 混合 选项打开【替换材质】对话框。

⑥ 在【替换材质】对话框中选择 丢弃旧材质? 选项。

⑦ 单击 确定 按钮。

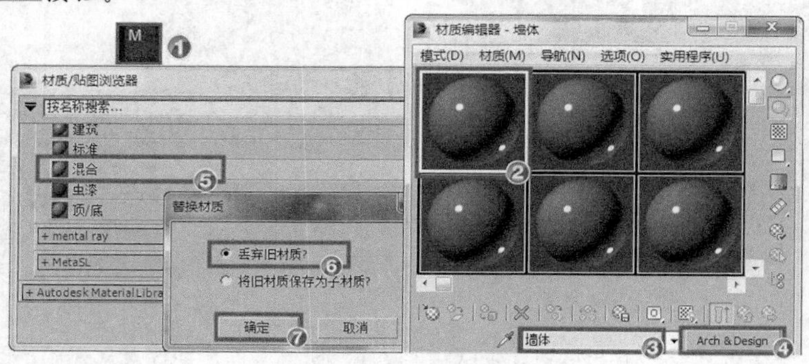

图5-78　创建“墙体”材质

(3) 设置【材质 1】的【高光级别】参数，如图 5-79 所示。

① 在【混合基本参数】卷展栏中单击【材质 1】选项后面的 Material #0（Standard） 按钮。

② 在【Blinn 基本参数】卷展栏中设置【高光级别】为“10”。

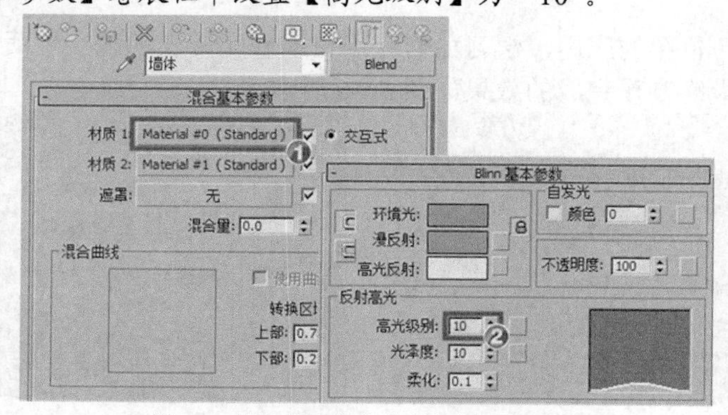

图5-79　设置【材质 1】的【高光级别】参数

(4) 为【漫反射颜色】添加位图，如图 5-80 所示。

① 展开【贴图】卷展栏，单击【漫反射颜色】选项后的 无 按钮，打开【材质/贴图浏览器】对话框。

② 在【材质/贴图浏览器】对话框中双击 位图 选项，打开【选择位图图像文件】对话框。

③ 在【选择位图图像文件】对话框中双击“砖块.jpg”文件（素材文件“第 5 章\素材\被遗忘的角落\maps\砖块.jpg”）为【漫反射颜色】添加一张位图。

④ 在【坐标】卷展栏中设置 U、V 向的【平铺】为“3”。

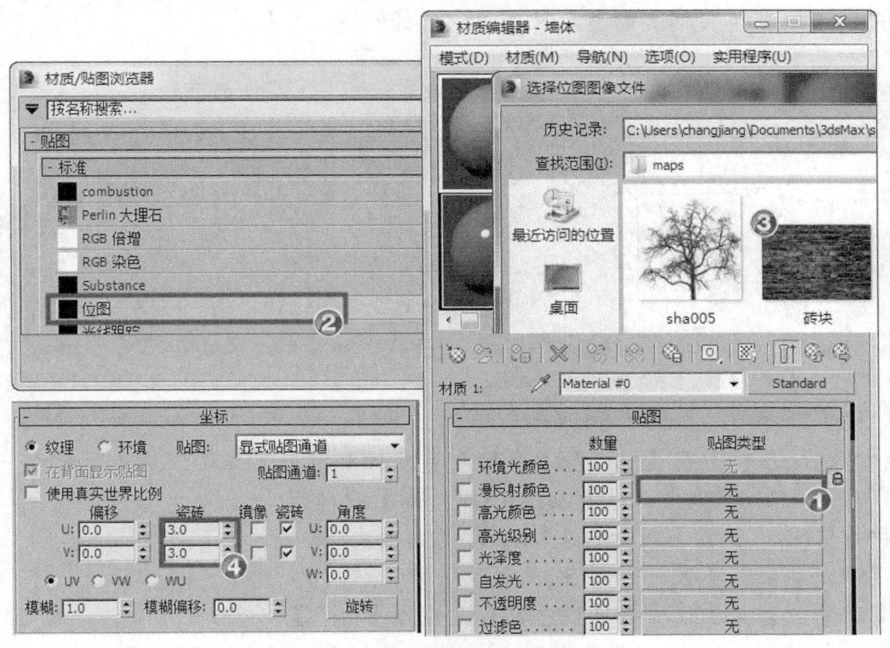

图5-80　为【漫反射颜色】添加位图

(5) 为【凹凸】添加位图，如图 5-81 所示。

① 单击 按钮返回上一层级。

② 在【贴图】卷展栏中使用同样的方法为【凹凸】指定一张位图：“砖块凹凸.jpg”。

③ 设置【凹凸】为“100”。

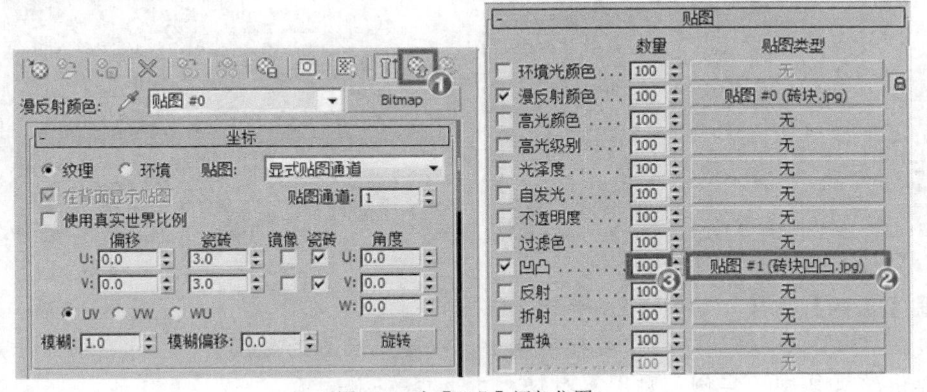

图5-81　为【凹凸】添加位图

(6) 为【材质 2】的【漫反射颜色】添加位图，如图 5-82 所示。

① 返回材质的父层级，在【混合基本参数】卷展栏中单击【材质 2】选项后面的 Material #1（Standard）按钮。

② 展开【贴图】卷展栏，为【漫反射颜色】添加一张位图："墙面贴图.jpg"。

(7) 为【凹凸】添加位图，如图 5-83 所示。

① 单击按钮返回上一层级，在【贴图】卷展栏中将"墙面贴图.jpg"拖曳到【凹凸】贴图通道上，弹出【复制（实例）贴图】对话框。

② 在弹出的【复制（实例）贴图】对话框中选择 复制 选项。

③ 设置【凹凸】为"-40"。

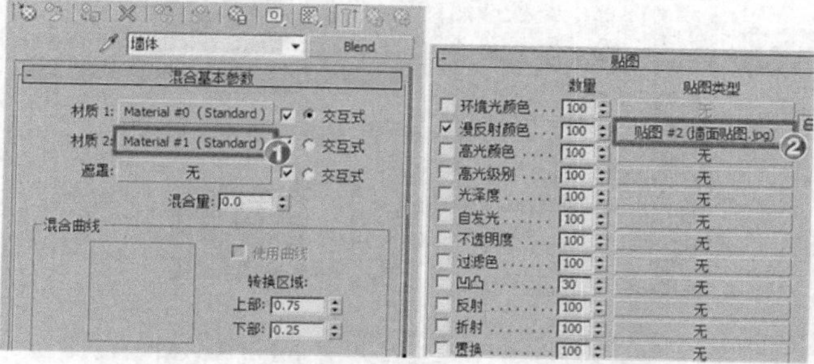

图5-82 为【材质 2】的【漫反射颜色】添加位图

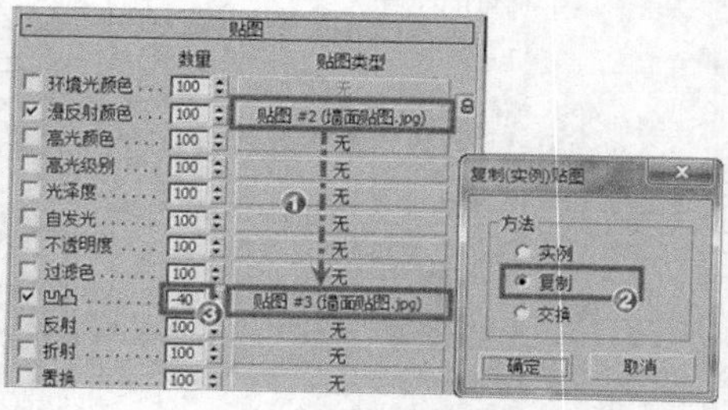

图5-83 为【凹凸】添加位图

(8) 设置"遮罩"材质，如图 5-84 所示。

① 返回材质的父层级，在【混合基本参数】卷展栏中单击【遮罩】选项后面的 无 按钮，打开【材质/贴图浏览器】对话框。

② 在【材质/贴图浏览器】对话框中双击 渐变 选项。

(9) 设置【渐变参数】参数，如图 5-85 所示。

① 在【渐变参数】卷展栏中将【颜色#1】设置为【白色】。

② 单击【颜色#2】选项后的 无 按钮，打开【材质/贴图浏览器】对话框。

③ 在【材质/贴图浏览器】对话框中双击 凹痕 选项。

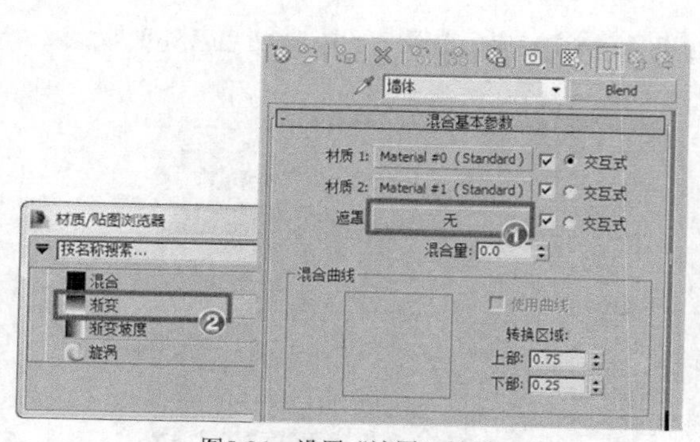

图5-84 设置"遮罩"材质

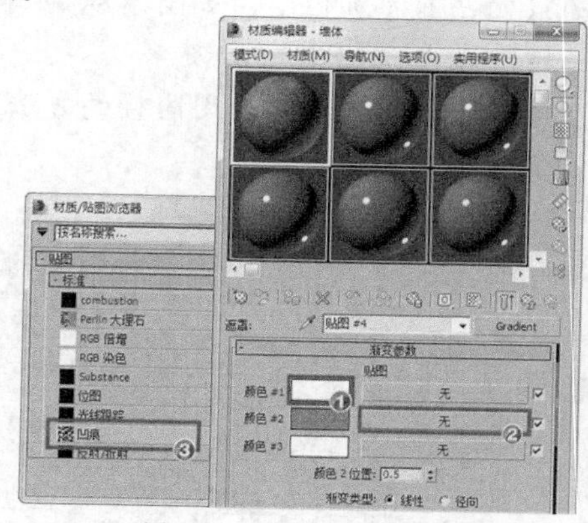

图5-85 设置"渐变参数"

(10) 设置【坐标】参数，如图 5-86 所示。

① 拖曳 Dent 按钮到一个空白材质球上，以观察贴图的变化。

② 在弹出的【复制（实例）贴图】对话框中选择 实例 选项。

③ 在【坐标】卷展栏中设置 x、y 向的【平铺】为"0.5"。

(11) 为【颜色#3】添加位图，如图 5-87 所示。

① 选中“墙体”材质。

② 单击按钮返回上一层级。

③ 在【渐变参数】卷展栏中给【颜色#3】添加一张位图：“遮罩 1.jpg”。

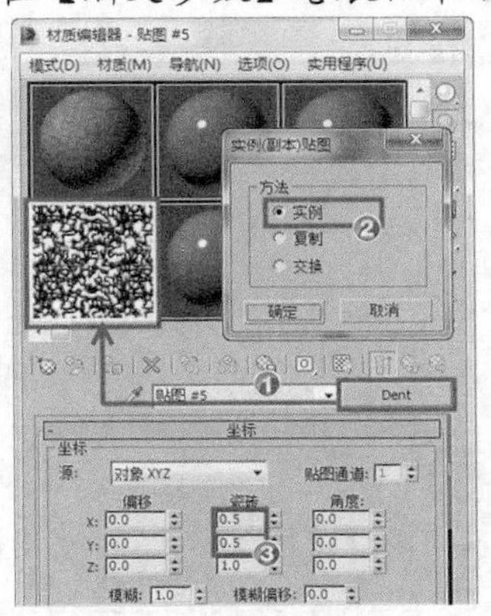

图5-86　设置【坐标】参数

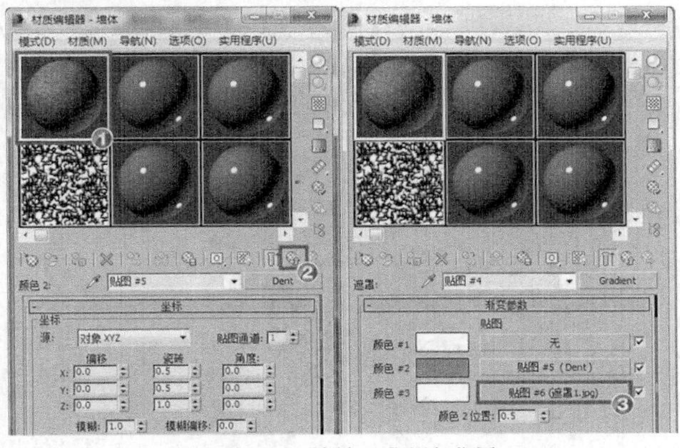

图5-87　为【颜色#3】添加位图

(12) 至此，“墙体”材质编辑完毕，将其赋予场景中的“墙体”模型，渲染摄影机视图，效果如图 5-88 所示。

图5-88　渲染结果

2. 制作“地面”材质。

(1) 创建“地面”材质，如图 5-89 所示。

① 选中一个空白材质球。

② 将材质重命名为“地面”。

③ 单击 Arch & Design 按钮打开【材质/贴图浏览器】对话框。

④ 在【材质/贴图浏览器】对话框中双击 混合 选项，在弹出对话框中确认【丢弃旧材质】。

(2) 设置【材质 1】的【高光级别】和【光泽度】参数，如图 5-90 所示。

① 在【混合基本参数】卷展栏中单击【材质 1】选项后面的 Material #3 (Standard) 按钮。

② 在【Blinn 基本参数】卷展栏中设置【高光级别】为“30”，【光泽度】为“15”。

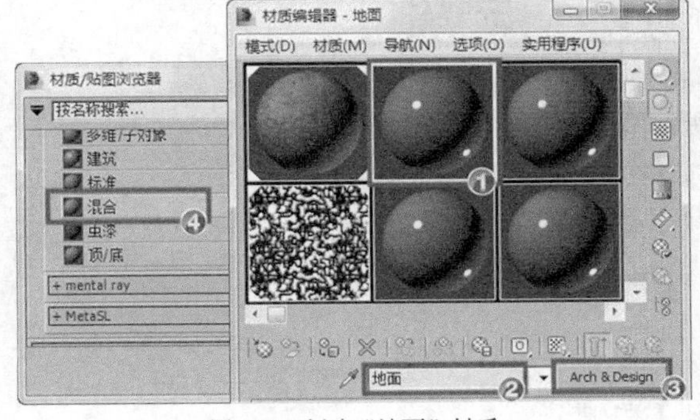

图5-89　创建“地面”材质

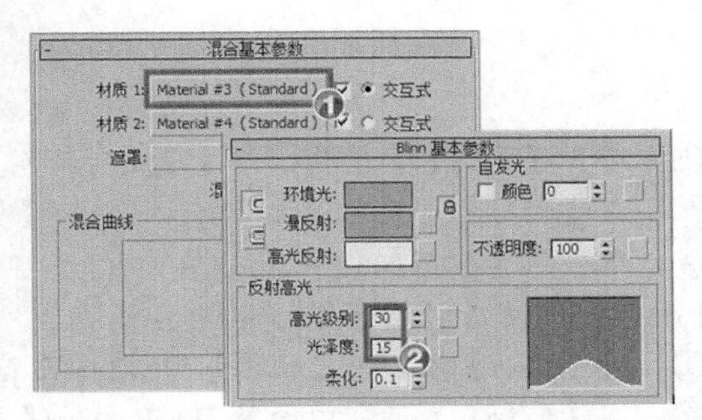

图5-90　设置【材质 1】的【高光级别】和【光泽度】参数

(3) 为【漫反射颜色】和【凹凸】添加位图，如图 5-91 所示。

① 展开【贴图】卷展栏，为【漫反射颜色】添加一张位图："墙面贴图.jpg"。

② 单击按钮返回上一层级，为【凹凸】添加一张位图："遮罩 3.jpg"。

③ 单击按钮返回上一层级，设置【凹凸】为"30"。

(4) 设置【材质 2】的【高光级别】和【光泽度】参数，如图 5-92 所示。

① 返回父层级，单击【材质 2】选项后面的 Material #4 (Standard) 按钮。

② 在【Blinn 基本参数】卷展栏中设置【高光级别】为"30"，【光泽度】为"15"。

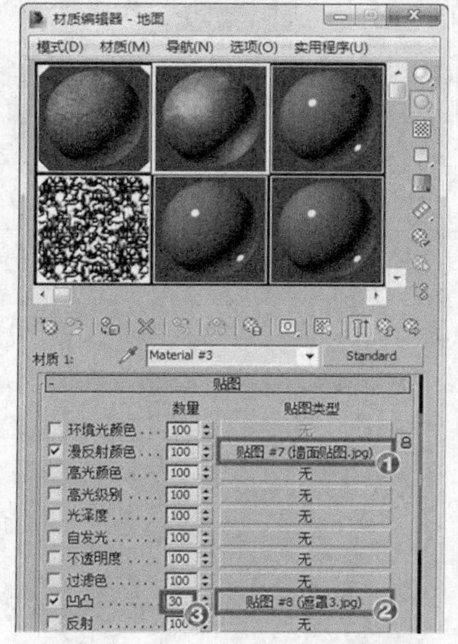

图5-91 为【漫反射颜色】和【凹凸】添加位图

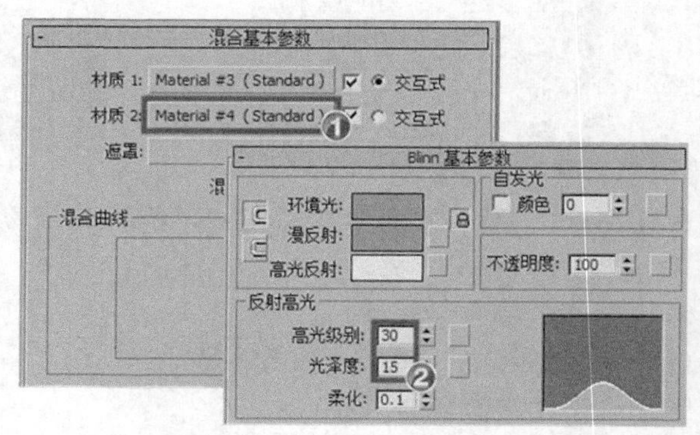

图5-92 设置【材质 2】的【高光级别】和【光泽度】

(5) 为【漫反射颜色】添加位图，如图 5-93 所示。

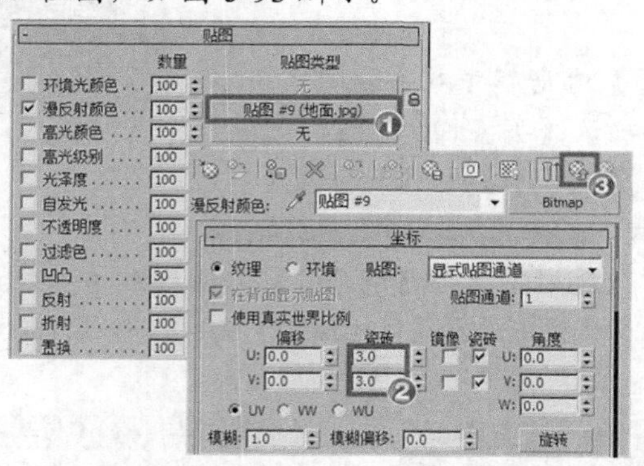

图5-93 为【漫反射颜色】添加位图

① 展开【贴图】卷展栏，为【漫反射颜色】添加一张位图："地面.jpg"。

② 在【坐标】卷展栏中设置 *U*、*V* 向的【平铺】为"3"。

③ 单击按钮返回上一层级。

(6) 为【凹凸】添加位图，如图 5-94 所示。

① 为【凹凸】添加一张位图："地面凹凸.jpg"

② 在【坐标】卷展栏中设置 *U*、*V* 向的【平铺】为"3"。

③ 返回上一层级，在【贴图】卷展栏中设置【凹凸】为"50"。

(7) 返回父层级，为【遮罩】添加一张位图："遮罩 4.jpg"，如图 5-95 所示。

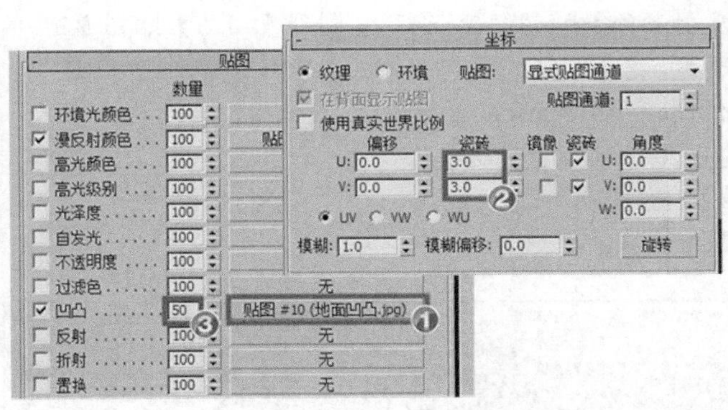

图5-94　为【凹凸】添加位图

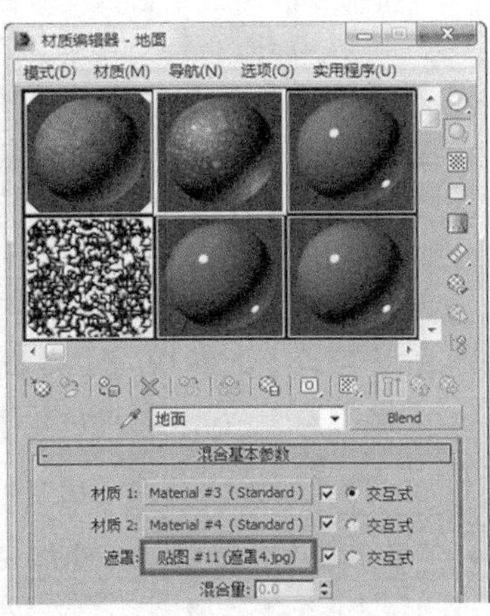

图5-95　为【遮罩】添加位图

(8)　至此，“地面”材质编辑完毕，将其赋予场景中的“地面”模型，渲染摄影机视图，效果如图 5-96 所示。

图5-96　渲染效果

3.　制作“长椅”材质。

(1)　创建“长椅”材质，如图 5-97 所示。

①　选中一个空白材质球。

②　将材质重命名为“长椅”。

③　使用同样方法设置材质类型为【混合】。

(2)　设置【材质 1】的材质，如图 5-98 所示。

①　单击按钮返回上一层级，单击【材质 1】选项后面的 Material #6（Standard） 按钮。

②　展开【贴图】卷展栏，为【漫反射颜色】添加一张位图：“木纹.jpg”。

③　单击按钮返回上一层级，为【凹凸】添加一张位图：“木纹凹凸.jpg”。

④　单击按钮返回上一层级，设置【凹凸】为“–140”。

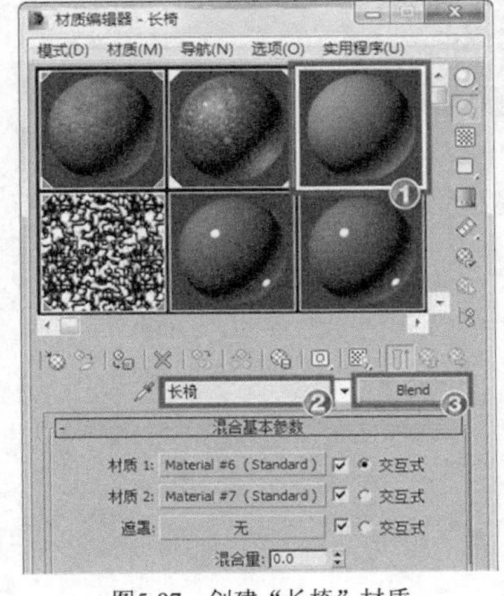

图5-97　创建“长椅”材质

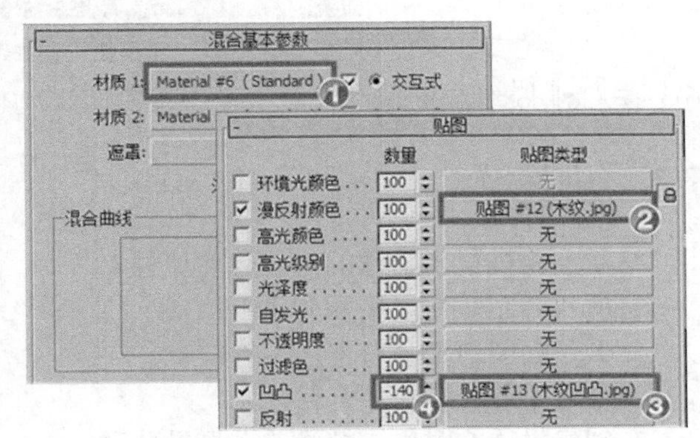

图5-98　设置【材质 1】的材质

(3)　设置【材质 2】的材质，如图 5-99 所示。

① 单击按钮返回上一层级，单击【材质 2】选项后面的 Material #7（Standard） 按钮。
② 展开【贴图】卷展栏，为【漫反射颜色】添加一张位图：“纹理.jpg”。
③ 单击按钮返回上一层级，将【漫反射颜色】的“纹理.jpg”复制到【凹凸】贴图通道。
(4) 设置【遮罩】的材质，如图 5-100 所示。
① 返回父层级，为【遮罩】添加一张位图：“遮罩 1.jpg”。
② 在【位图参数】卷展栏勾选 ☑应用 选项。
③ 单击 查看图像 按钮弹出【指定裁剪/放置】对话框。
④ 在【指定裁剪/放置】对话框中设置裁剪区域。

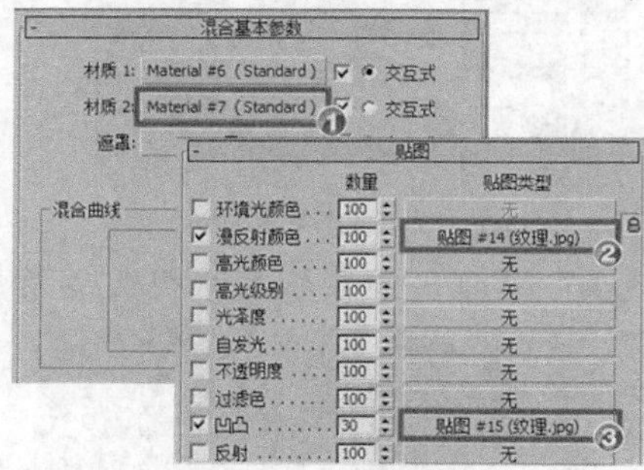

图5-99 设置【材质 2】的材质

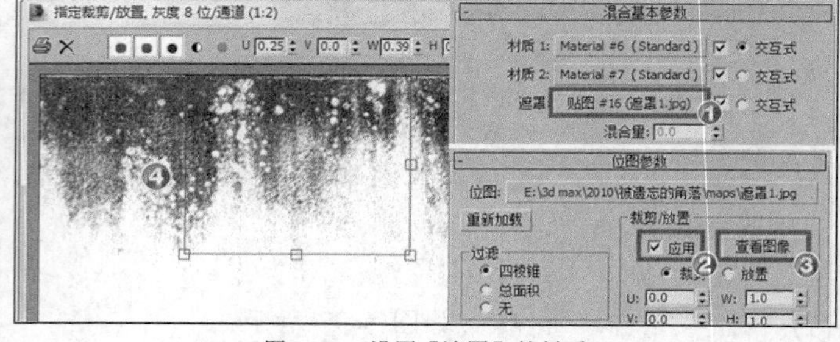

图5-100 设置【遮罩】的材质

(5) 至此，“长椅”材质编辑完毕，将其赋予场景中的“椅子”模型，渲染摄影机视图，效果如图 5-101 所示。

图5-101 渲染结果

(6) 按 Ctrl+S 组合键保存场景文件到指定目录，本案例制作完成。

5.3 思考题

1. 材质主要模拟了物体的哪些自然属性？
2. 材质和贴图有何区别和联系？
3. 什么是贴图通道，有何用途？
4. 混合材质与合成材质有何区别？
5. 在创建材质的时候，灯光的布局重要吗？

第6章 渲染、环境和效果

环境特效是制作三维效果中常用的一种效果，包含多种现实生活中常见的特效，如雾气、火焰等。利用 3ds Max 2015 的环境特效可以制作出很多真实的效果，如燃烧的火焰、爆炸时产生的火焰、大雾弥漫及一些体积光特效等。

6.1 渲染

渲染是 3ds Max 制作流程的最后一步。所谓渲染就是给场景着色，将场景中的模型、材质、灯光及大气环境等设置处理成图像或动画的形式并保存。

6.1.1 功能讲解——渲染及其应用

渲染就是对创建场景的各项程序进行运算，以获得最终设计结果的过程。对场景进行渲染操作后，将生成完全独立于 3ds Max 的影像作品。

一、 认识渲染器

渲染器就是用于渲染的工具，渲染器的实质是一套求解算法，渲染器之间的本质区别主要是渲染算法的不同。3ds Max 支持的渲染器非常多，内置的渲染器包括“默认扫描线渲染器”和“mental ray 渲染器”，另外还有大量的外挂渲染器，如 Brazil、VRay、Maxwell、Final Render 等。

二、 指定渲染器的方法

在渲染过程中，通常会根据需要指定渲染器的种类，其操作步骤为：按F10键打开【渲染设置】窗口，在【公用】选项卡底部展开【指定渲染器】卷展栏，单击【产品级】右边的...按钮，弹出【选择渲染器】对话框，在列表框中选择需要的渲染器，单击确定按钮完成渲染器的指定，如图 6-1 所示。

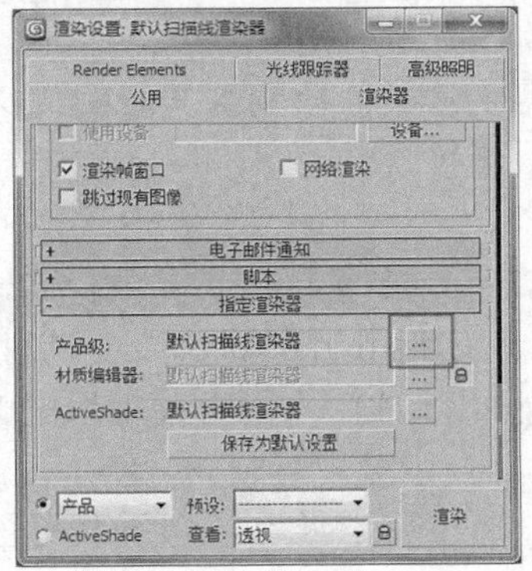

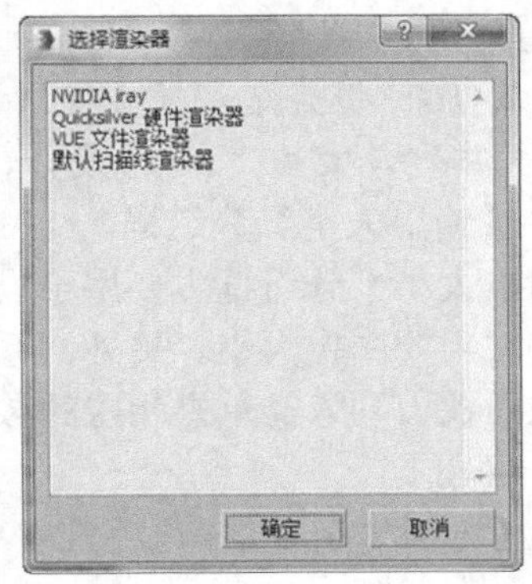

图6-1 指定渲染器

三、 渲染器公用参数介绍

【公用参数】卷展栏中的参数是最常用到的，如图 6-2 所示，其各分组框的功能说明如下。

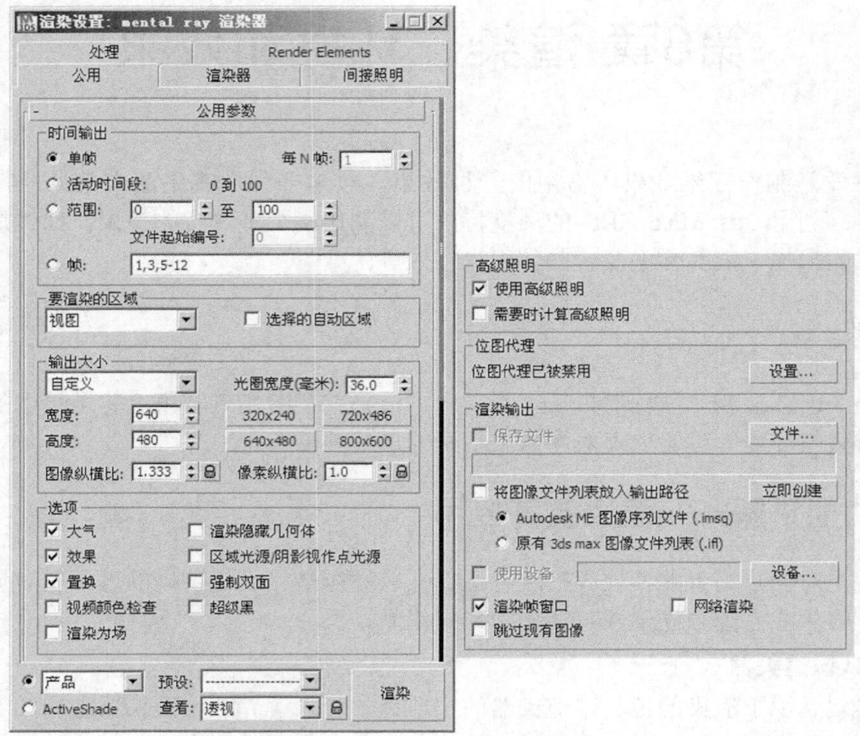

图6-2 【公用参数】卷展栏

(1) 【时间输出】分组框。

【时间输出】分组框主要用于确定要对哪些帧进行渲染。

- 【单帧】：主要用于渲染静态效果。通常在查看固定的某一帧的效果时使用这种方式。
- 【活动时间段】：用于渲染动画，使用该选项可以从时间轴开始的第 0 帧渲染动画，直至时间轴最后 1 帧。
- 【范围】：该选项允许用户指定一个动画片段进行渲染，其格式为“开始帧”至“结束帧”。
- 【帧】：渲染选定帧。使用该选项可以直接将需要渲染的帧输入其右侧的文本框中，单帧用“,”号隔开，时间段之间用“-”连接。

(2) 【输出大小】分组框。

【输出大小】分组框主要用于设置输出图像的大小，其中在【自定义】下拉列表中可以指定一些常用的图像大小。另外，系统还为用户提供了一些常用的图像尺寸，并以按钮的形式放置在面板上，只需单击相应的按钮即可定义图像的输出尺寸。下面对分组框中的参数进行简要介绍。

- 【光圈宽度】：该选项只有在激活了【自定义】选项后才可用，它不改变视口中的图像。

- 【高度】和【宽度】：用于指定渲染图像的高度和宽度，单位为像素。如果锁定了【图像纵横比】，则其中一个数值的改变将影响到另外一个数值。
- 预设分辨率按钮组：单击其中任意一个按钮可以将渲染图像的尺寸改变为指定的大小。在这些按钮上单击鼠标右键，可以打开【配置预设】对话框，通过该对话框可对图像的大小进行设置，如图 6-3 所示。

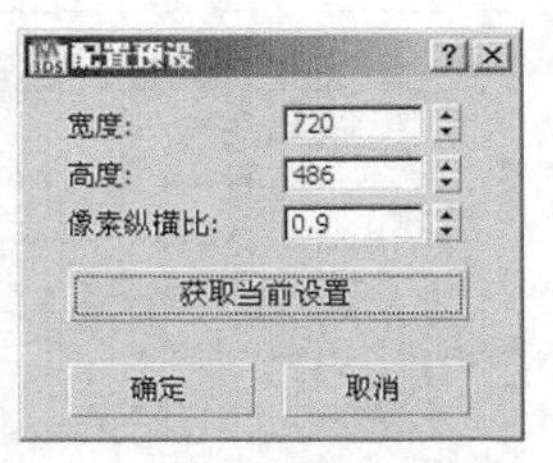

图6-3　【配置预设】对话框

- 【图像纵横比】：用于决定渲染图像的长宽比。通过设置图像的高度和宽度可以自动决定长度比，也可以通过设置图像的长宽比及高度或宽度中的某一个数值来决定另外一个选项的数值。长宽比不同得到的图像也不同。
- 【像素纵横比】：用于决定图像像素本身的长宽比。如果渲染的图像将在非正方形像素的设备上显示，那么就应该设置此选项。例如，标准的 NTSC 电视机的像素的长宽比为 0.9。

(3)　【选项】分组框。

【选项】分组框主要用来选择是否渲染所设置的大气效果、渲染效果、隐藏效果及是否渲染隐藏物体等。

- 【大气】：如果禁用该选项，则不渲染雾和体积光等大气效果。
- 【效果】：如果禁用该选项，则不渲染镜头光效、火焰等一些特效。
- 【置换】：如果禁用该选项，则不渲染【置换】贴图。
- 【视频颜色检查】：扫描渲染图像，寻找视频颜色之外的颜色。当启用该选项后，将选择【首选项设置】对话框中的【渲染】选项卡下的视频颜色检查选项。
- 【渲染为场】：启用该选项后，将渲染到视频场，而不是视频帧。
- 【渲染隐藏几何体】：启用该选项后将渲染场景中隐藏的对象。如果场景比较复杂，则在建模时经常需要隐藏对象，而在渲染时又需要渲染这些对象，此时就应启用该选项。
- 【区域光源/阴影视作点光源】：将所有的区域光源或区域阴影都作为发光点来进行渲染，从而可以加速渲染过程。
- 【强制双面】：启用该选项将强制渲染场景中的所有面的背面，这对法线有问题的模型将非常有用。
- 【超级黑】：启用该选项则背景图像变为黑色。如果要合成渲染的图像，则该选项非常有用。

(4)　【高级照明】分组框。

【高级照明】分组框中提供了两个关于高级照明的选项。

- 【使用高级照明】：将启用高级照明渲染功能，该选项使用较频繁。
- 【需要时计算高级照明】：在需要的情况下启用高级照明。

(5)　【渲染输出】分组框。

【渲染输出】分组框用于设置渲染输出的文件格式，其操作方法为：单击 文件... 按钮打开【渲染输出文件】对话框，设置文件的保存路径，输入文件名并指定保存类型，如图 6-4 所示。在渲染时将把渲染好的图片或图片序列保存起来。

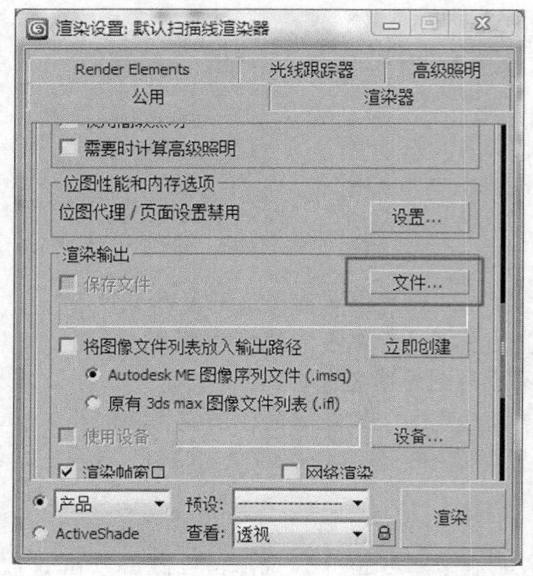

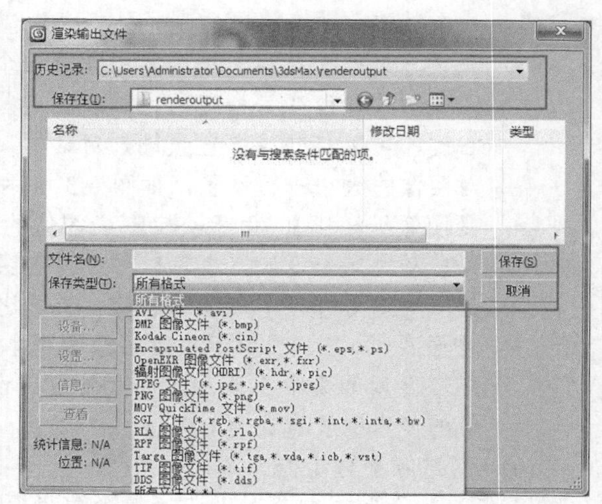

图6-4　输出文件

6.1.2 学以致用——制作“焦散效果”

焦散是透明物体普遍具有的特性，本例将详细介绍使用渲染产生焦散效果的方法。该范例完成后的最终效果如图 6-5 所示。

图6-5　设计效果

【操作步骤】

1. 查看最初效果。

(1) 打开素材文件“第 6 章\素材\焦散效果\焦散效果.max”，如图 6-6 所示。

(2) 在工具栏中单击 按钮渲染摄影机视图，得到图 6-7 所示的效果。

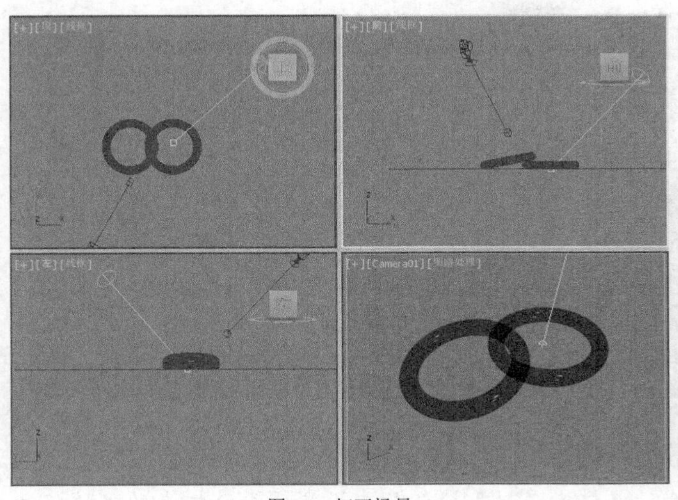

图6-6　打开场景

图6-7　初次渲染场景

2.　设置对象属性，如图 6-8 所示。

(1)　同时选中场景中的两个“圆环”对象，单击鼠标右键，在弹出的快捷菜单中选择【对象属性】命令，打开【对象属性】对话框。

(2)　选择【mental ray】选项卡，在【焦散和全局照明(GI)】分组框中选择【生成焦散】选项。

(3)　选择场景中的“mr 区域聚光灯 01”。

(4)　在【修改】面板中展开【mental ray 间接照明】卷展栏，设置【能量】参数为“0.1”。

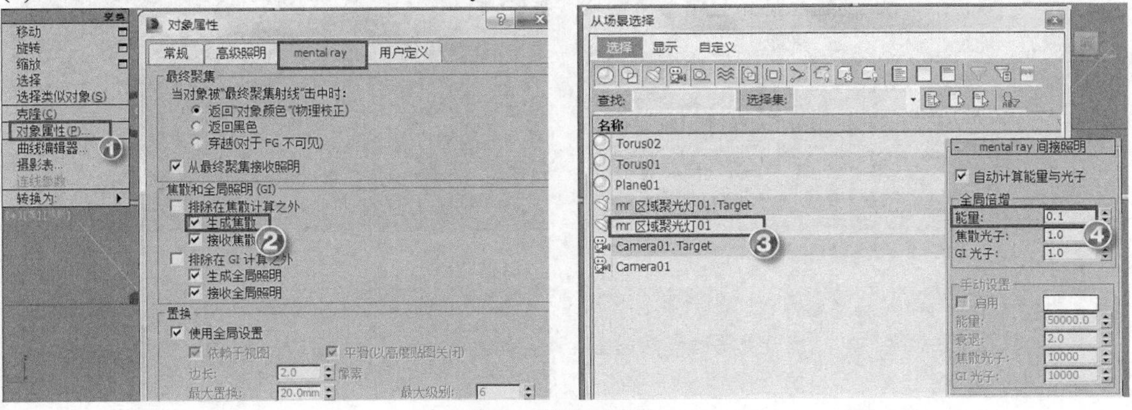

图6-8　设置对象属性

3.　渲染设置。

(1)　按 F10 键打开【渲染设置】窗口，进入【全局照明】选项卡；在【焦散和光子贴图(GI)】卷展栏的【焦散】分组框中选择【启用】选项，设置【每采样最大光子数】参数为“200”；选择【最大采样半径】选项，设置参数为“2.0”；单击【过滤器】后面的下拉列表，选择【圆锥体】选项，如图 6-9 所示。

(2)　渲染摄影机视图，可以看出已经有焦散效果，但场景中还有一些明显的光斑，如图 6-10 所示。

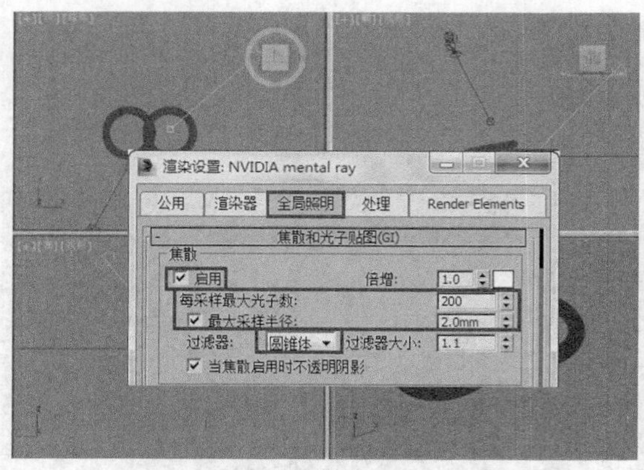

图6-9 设置渲染器参数 1

图6-10 渲染效果 1

4. 提升品质，渲染最终效果。

(1) 在【焦散和全局照明(GI)】卷展栏的【灯光属性】分组框中设置【每个灯光的平均焦散光子数】为“500000”，如图 6-11 所示。

(2) 渲染摄影机视图，得到焦散的最终效果如图 6-12 所示。

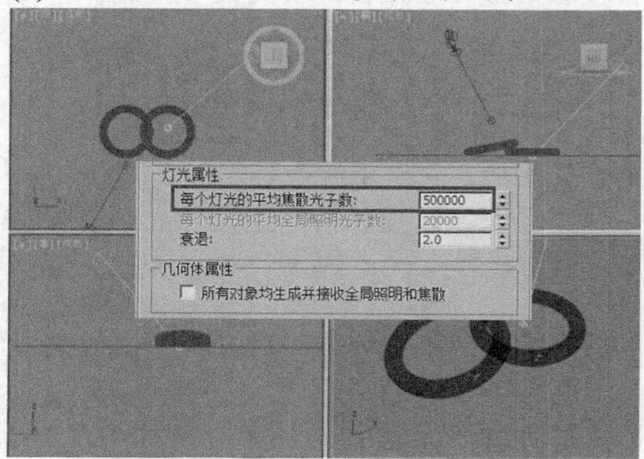

图6-11 设置渲染器参数 2

图6-12 渲染效果 2

【每个灯光的平均焦散光子数】的值越大，渲染得到的焦散效果越好，但相应的渲染时间也会越长，用户可根据计算机的性能合理设置该值。

6.1.3 举一反三——制作“阳光休闲大厅”

本例使用 GI 首先对间接光照时形成的黑斑进行处理，然后配合 FG 高效地制作出高画质的图像。此种方式是目前最为流行的出图方式，望读者精心制作、细心思考，最终效果如图 6-13 所示。

图6-13 最终效果

【操作步骤】

1. 创建“日光”对象。

(1) 打开制作模板。

① 打开素材文件“第 6 章\素材\阳光休闲大厅\阳光休闲大厅.max”，如图 6-14 所示。

② 场景中提供了本例所需的模型并赋予了材质。

③ 场景中创建了一架摄影机，用于对房间进行特写渲染。

(2) 创建“日光”对象，如图 6-15 所示。

① 在【创建】面板上单击 按钮。

② 单击 日光 按钮打开【创建日光系统】对话框。

③ 单击 是 按钮。

④ 在顶视图中单击完成创建。

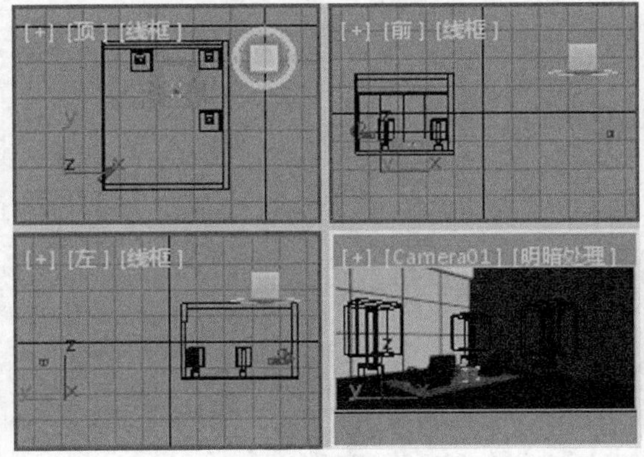

图6-14　打开制作模板

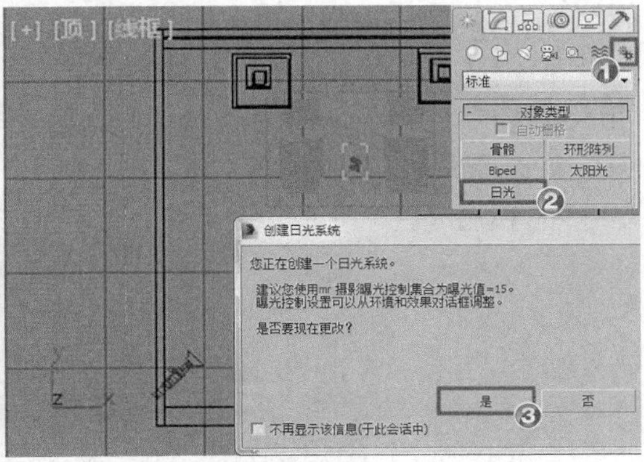

图6-15　创建“日光”对象

要点提示　观察创建完成的“日光”对象可以发现，一个“日光”对象由“Compass01”（指南针）和“Daylight01”（日光）两部分组成。在【修改】面板中可以分别对两个对象进行设置。

关于日光的知识点将在后面章节中详细讲解，这里读者按照本例操作即可。

(3) 修改“指南针 001”参数，如图 6-16 所示。

① 选中场景中的“指南针 001”对象（可使用按照名称选择方式）。

② 在【修改】面板中设置其【半径】为“40”。

③ 用鼠标右键单击 按钮，弹出【移动变换输入】对话框。

④ 设置【绝对:世界】/【X】为“0”,【Y】为“0”,【Z】为“0”。

(4) 修改“Daylight01”（日光）参数，如图 6-17 所示。

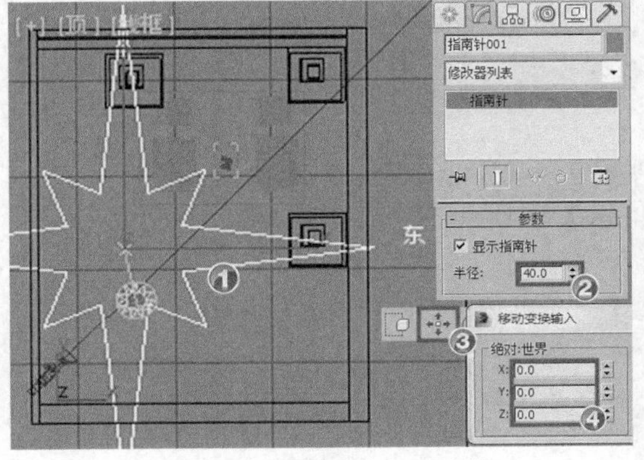

图6-16　修改“指南针 001”参数

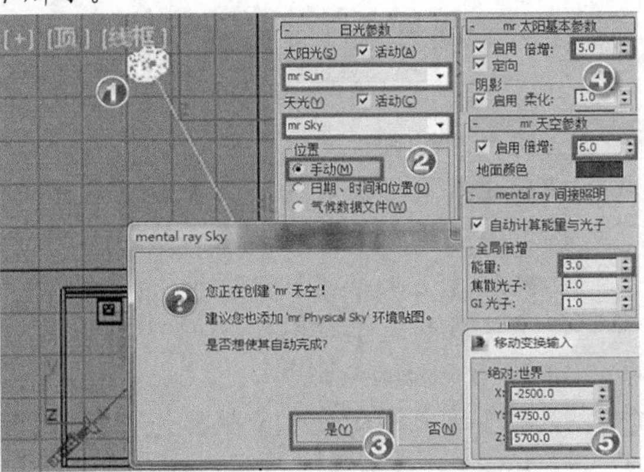

图6-17　修改“Daylight01”（日光）参数

① 选中场景中的“Daylight01”对象。
② 在【修改】面板中设置【日光参数】，在【位置】分组框中选择【自动】选项，在第一个下拉列表中选择【mr Sun】选项，在第二个下拉列表中选择【mr Sky】选项，随后弹出【mental ray Sky】对话框。
③ 单击 是(Y) 按钮。
④ 在【修改】面板中设置其他参数。
⑤ 在【移动变换输入】对话框中设置【绝对:世界】/【X】为“–2500”，【Y】为“4750”，【Z】为“5700”。

(5) 测试渲染，如图 6-18 所示。
① 单击按钮打开渲染窗口。
② 在【视口】下拉列表中选择【四元菜单 4-Camera01】选项。
③ 单击按钮锁定渲染视口。
④ 单击按钮启动渲染。

图6-18 测试渲染

要点提示 观察此时的渲染效果，画面中除了直接光照和材质反射以外没有全局照明效果，故没有光线的地方一片漆黑。接下来我们通过全局照明设置来提亮场景。

2. 全局照明设置。

(1) 设置【每采样最大光子数】和【最大采样半径】参数，如图 6-19 所示。
① 按F10键打开【渲染设置：NVIDIA mental ray】窗口。
② 切换到【全局照明】选项卡。
③ 在【焦散和光子贴图（GI）】卷展栏中勾选【光子贴图（GI）】设置项中的☑启用选项。
④ 勾选☑最大采样半径:选项。
⑤ 设置【每采样最大光子数】为“2”，【最大采样半径】为“10”。
⑥ 按F9键渲染场景。

图6-19　设置【每采样最大光子数】和【最大采样半径】参数

要点提示　观察渲染结果，场景中出现了一些亮点，这就是光子，场景中光子密度越集中的地方越明亮，从而使得画面的明暗分界非常明显。如果要通过光子获得平滑的图像效果，可以增加 GI 光子的半径或数量。

(2)　增大【最大采样半径】参数，操作步骤如图 6-20 所示。

①　设置【最大采样半径】为“100”。

②　按 F9 键渲染场景。

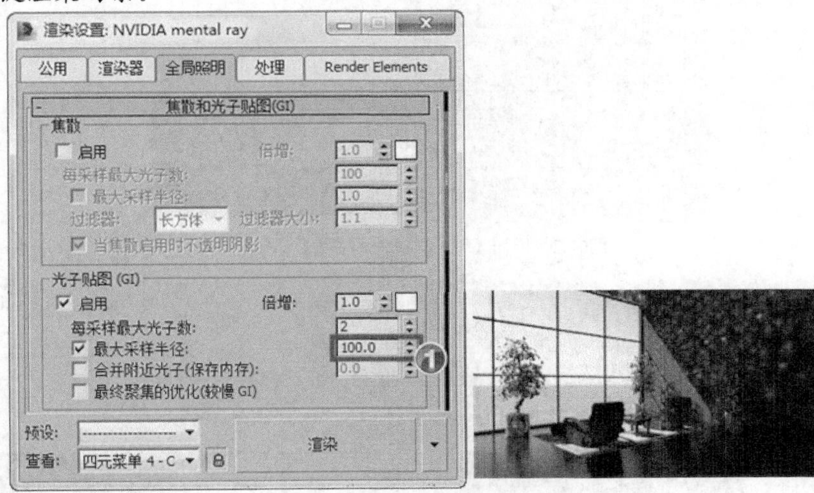

图6-20　增大【最大采样半径】参数

观察渲染结果可以发现，随着光子半径的增加，光子之间出现了重叠，明亮的区域也开始增多，但是目前图像很不平滑。

图 6-21 所示为光子【最大采样半径】为“200”“400”“1000”时的效果，对比可以发现，即使再加大光子半径，画面也没有得到改善。这是由于目前场景中的光子数量太少，而一般中等质量的图像效果至少需要 100 个光子，高品质需要 10000 个光子以上。接下来将对光子数量进行调整。

图6-21　各种【最大采样半径】参数的效果

(3) 增加【每采样最大光子数】参数，如图 6-22 所示。

① 设置【每采样最大光子数】为“100”，【最大采样半径】为“300”。

② 按F9键渲染场景。

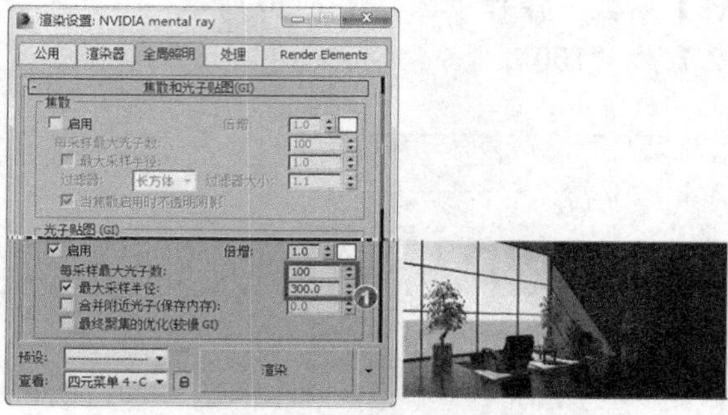

图6-22　增加【每采样最大光子数】参数

要点提示 通过观察发现，此时画面的明暗效果已经变得平滑，同时也可以看出增加【每采样最大光子数】参数对于画面的作用，但是此时的画面还是有黑斑现象。

图 6-23 所示为光子数为“1000”和“20000”的渲染效果，画面依然有黑斑问题，但继续增加光子数并不可取，接下来我们介绍其他的方法。

图6-23　各种【每采样最大光子数】参数的效果

(4) 设置【灯光属性】和【几何体属性】参数，如图 6-24 所示。

① 在【光子贴图（GI）】设置项中勾选☑最终聚集的优化(较慢 GI)选项。

② 设置【灯光属性】/【每个灯光的平均全局照明光子数】为“20000”。

③ 勾选【几何体属性】设置项中的☑所有对象产生&接收全局照明和焦散选项。

④ 按F9键渲染场景。

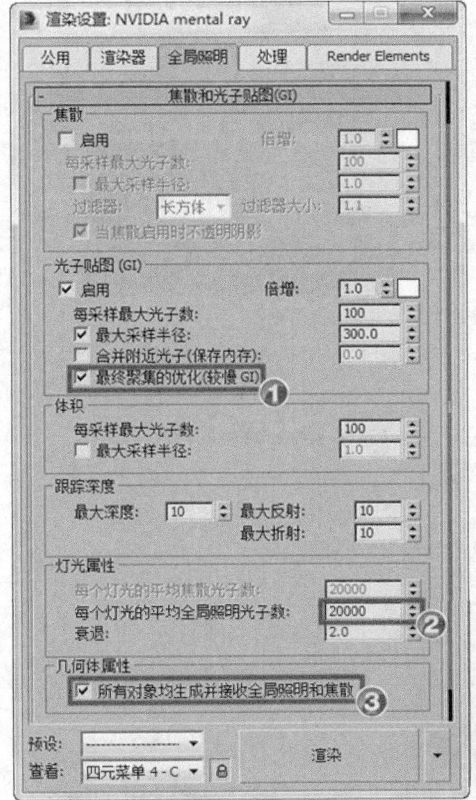

图6-24　设置【灯光属性】和【几何体属性】参数

要点提示　通过观察读者可能会发现，增加光子数并不能很好地解决黑斑问题，那为什么要在这里将【每个灯光的平均全局照明光子数】设置为“20000”呢？

第一，场景中设置为 20000 效果略好于 1000。第二，GI 计算速度非常快，可以在使用 GI 的情况下尽量解决黑斑问题，后期加入 FG 之后可以不必再为其困扰。

(5) 设置【倍增】参数并保存光子贴图，如图 6-25 所示。

① 设置【光子贴图（GI）】设置项中的【倍增】为“1.5”。

② 在【重用（最终聚集和全局照明磁盘缓存）】卷展栏的【焦散和全局照明光子贴图】设置项中的下拉列表中选择【将光子读取/写入到贴图文件】选项。

③ 单击...按钮打开【另存为】对话框，设置光子贴图的保存路径和文件名。

④ 按F9键渲染场景。

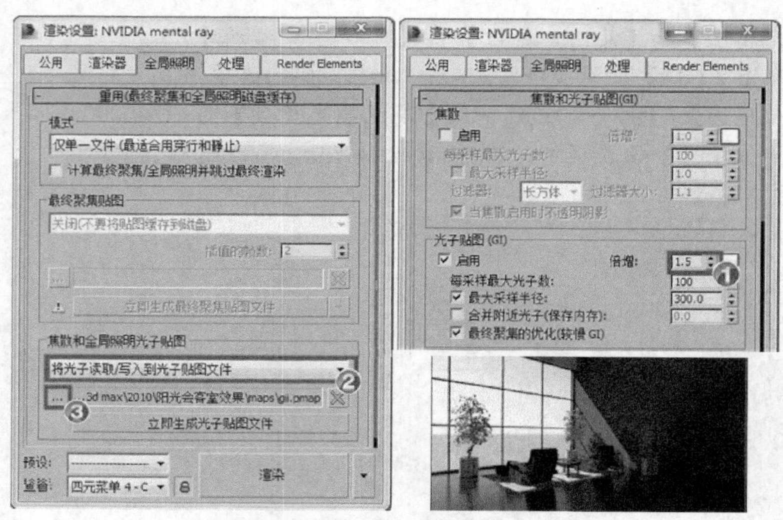

图6-25　设置【倍增】参数并保存光子贴图

3. 全局照明设置。

(1) 开启最终聚集，如图 6-26 所示。

① 在【最终聚集】卷展栏的【基本】设置项中勾选☑ 启用最终聚集选项。

② 设置【最终聚集精度预设】为【草图级】。

③ 按F9键渲染场景。

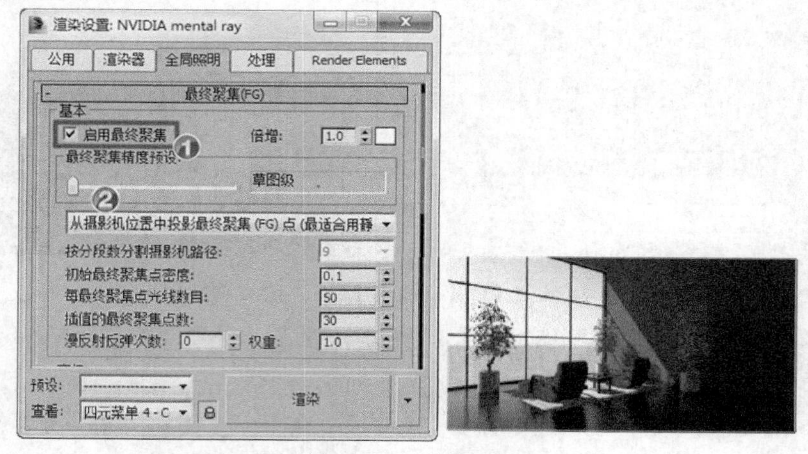

图6-26　开启最终聚集

要点提示　观察可知，目前虽然将【最终聚集精度预设】仅设为【草图级】，但是场景中的黑斑已经完全被解决掉了，这都是前面对 GI 正确设置的结果。接下来解决场景中光线不足的问题。

(2) 调整最终聚集参数，如图 6-27 所示。

① 设置【最终聚集】参数。

② 在【重用（最终聚集和全局照明磁盘缓存）】卷展栏的【最终聚集贴图】设置项中的下拉列表中选择【逐渐将最终聚集点添加到最终聚集贴图文件】选项。

③ 单击…按钮打开【另存为】对话框，设置 FG 光子图的保存路径和文件名。

④ 按F9键渲染场景，因保存光子图所以渲染时间会比较长。

图6-27　调整最终聚集参数

(3) 设置出图参数，如图 6-28 所示。

① 在【最终聚集贴图】中的下拉列表中选择【仅从现有贴图文件中读取最终聚集点】选项。

② 在【焦散和全局照明光子贴图】中的下拉列表中选择【仅从现有的贴图文件中读取光子】选项。

③ 在【渲染器】选项卡中，设置【每像素采样数】/【最小值】为“4”，【最大值】为“16”。

④ 在【公用】选项卡中，设置【输出大小】/【宽度】为“900”，【高度】为“459”。

⑤ 按F9键渲染场景。

(4) 按Ctrl+S组合键保存场景文件到指定目录，本例制作完成。

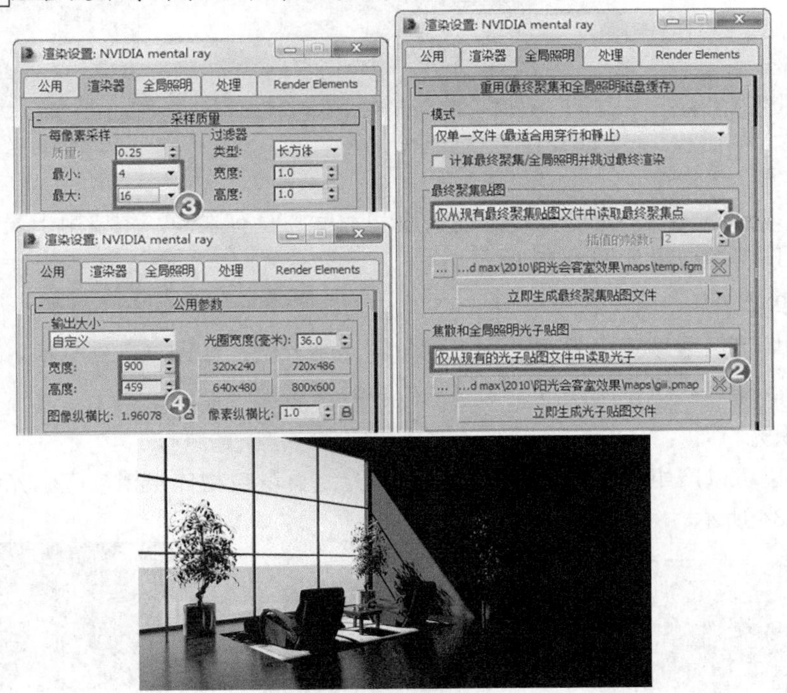

图6-28　设置出图参数

6.2 环境

在环境中应用最多的就是大气效果，利用大气效果功能可以非常容易地在场景中模拟出燃烧、云雾和阳光的体积光等特效，从而使场景看上去更加真实，更具感染力。

6.2.1 基础知识——大气效果的应用

在 3ds Max 2015 中提供了 4 种大气效果，分别是火效果、雾、体积雾和体积光，如图 6-29 所示。

一、 火效果

火效果用于制作火焰、烟雾和爆炸等效果，如图 6-30 所示。通过修改相关参数还可方便地制作出云层效果。

二、 雾

雾用于制作晨雾、烟雾、蒸汽等效果，分为标准雾和分层雾两种类型。

(1) 标准雾。

标准雾的深度是由摄影机的环境范围进行控制的，所以要求场景中必须创建摄影机。标准雾的效果如图 6-31 所示。

图6-29 大气效果列表

图6-30 火效果

图6-31 标准雾效果

(2) 分层雾。

分层雾在场景中具有一定的高度，而长度和宽度则没有限制，主要用于表现舞台和旷野中的雾效。分层雾的效果如图 6-32 所示。

三、 体积雾

体积雾效果可以在场景中生成密度不均匀的三维云团，如图 6-33 所示。它能够像分层雾一样使用澡波参数，适合制作可以被风吹动的云雾效果。

四、 体积光

体积光效果可以产生具有体积的光线，这些光线可以被物体阻挡，产生光线透过缝隙的效果，如图 6-34 所示。

图6-32 分层雾效果

图6-33 体积雾效果

图6-34 体积光效果

6.2.2 学以致用——制作“美丽海岛”

本例使用雾和火效果制作海岛上的云雾效果，制作完成后的效果如图 6-35 所示。

图6-35　最终效果

【操作步骤】

1.　制作雾效果。

(1)　打开制作模板。

①　打开素材文件“第 6 章\素材\美丽海岛\美丽海岛.max”。

②　场景中制作了海面、海岛和天空，并加入了一艘油轮。

③　场景中添加了一个摄影机，并默认从摄影机视图观察。

④　模板场景及其渲染效果如图 6-36 所示。

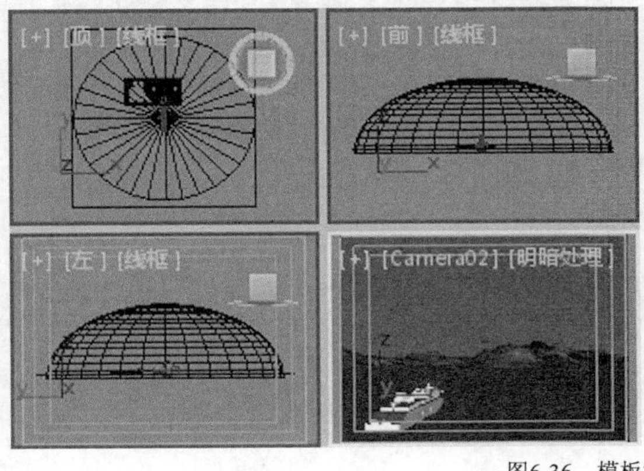

图6-36　模板场景及其渲染效果

(2)　添加雾效果。

①　按8键打开【环境和效果】窗口。

② 在【大气】卷展栏中单击 添加... 按钮。

③ 双击【雾】选项为场景添加雾效果。

④ 渲染摄影机视图获得的设计效果如图 6-37 所示。

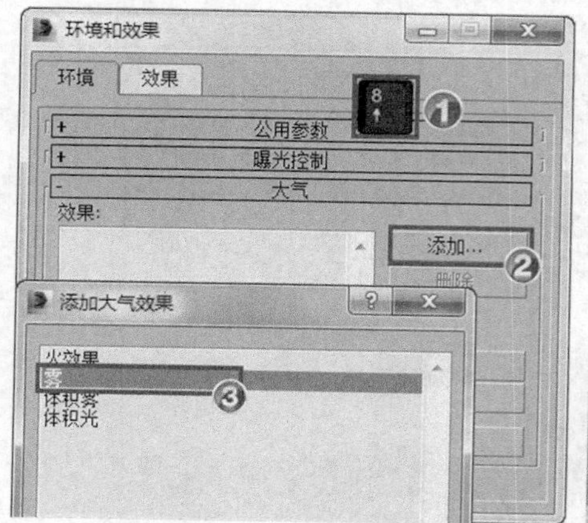

图6-37 添加雾效果

(3) 调整雾效果。

① 在【雾参数】卷展栏中勾选 指数 选项。

② 设置【远端】参数为“30”。

③ 渲染摄影机视图获得的设计效果如图 6-38 所示。

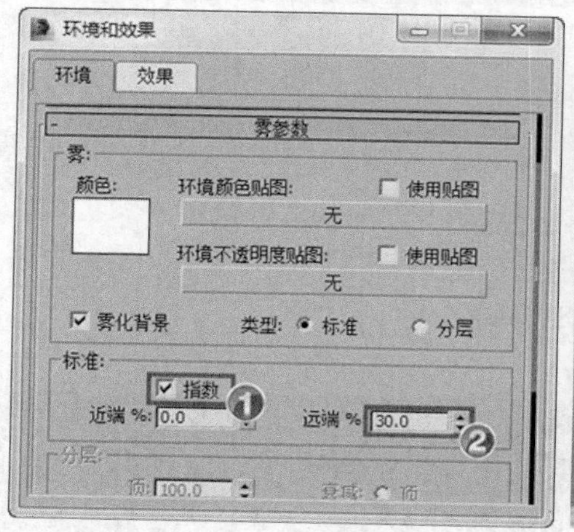

图6-38 调整雾效果

2. 制作天空云层效果。

(1) 创建云层容器，如图 6-39 所示。

① 在【创建】面板中单击 按钮。

② 设置创建对象类型为【大气装置】。

③ 单击 长方体 Gizmo 按钮。

④ 在【顶视图】绘制一个长方体 Gizmo。

⑤ 设置长方体 Gizmo 的参数。

⑥ 设置坐标参数。

(2) 创建云层容器，如图 6-40 所示。

① 单击 长方体 Gizmo 按钮。

② 在【顶视图】绘制一个长方体 Gizmo。

③ 设置长方体 Gizmo 的参数。

④ 设置坐标参数。

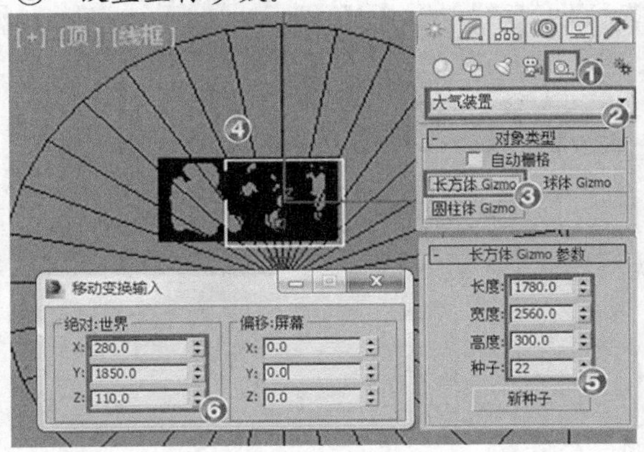

图6-39 添加体积雾容器 1

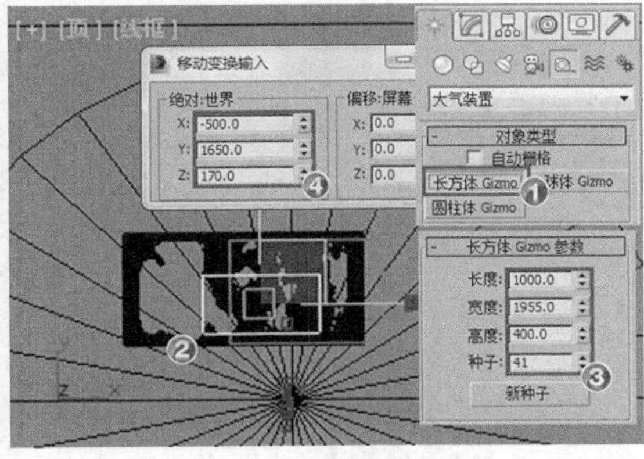

图6-40 添加体积雾容器 2

(3) 继续在【顶视图】中绘制两个长方体 Gizmo，最后获得的设计效果如图 6-41 所示。

(4) 继续在【顶视图】中绘制两个长方体 Gizmo，最后获得的设计效果如图 6-42 所示。

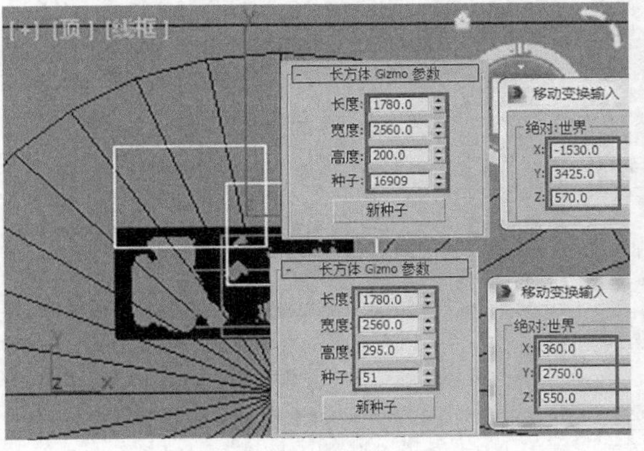

图6-41 添加体积雾容器 3

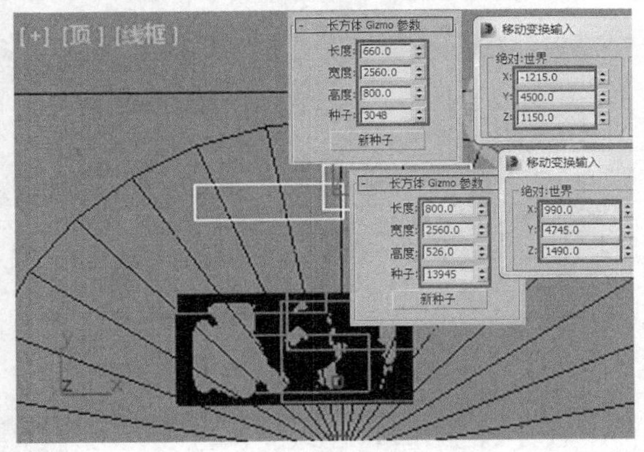

图6-42 添加体积雾容器 4

(5) 添加大气效果，如图 6-43 所示。

① 按 8 键打开【环境和效果】窗口。

② 在【大气】卷展栏中单击 添加... 按钮。

③ 双击【火效果】选项。

④ 在【火效果参数】卷展栏中单击 拾取 Gizmo 按钮。

⑤ 按 H 键打开【拾取对象】窗口。

⑥ 配合 Ctrl 键选中列表中所有的 Gizmo 对象。

⑦ 单击 拾取 按钮。

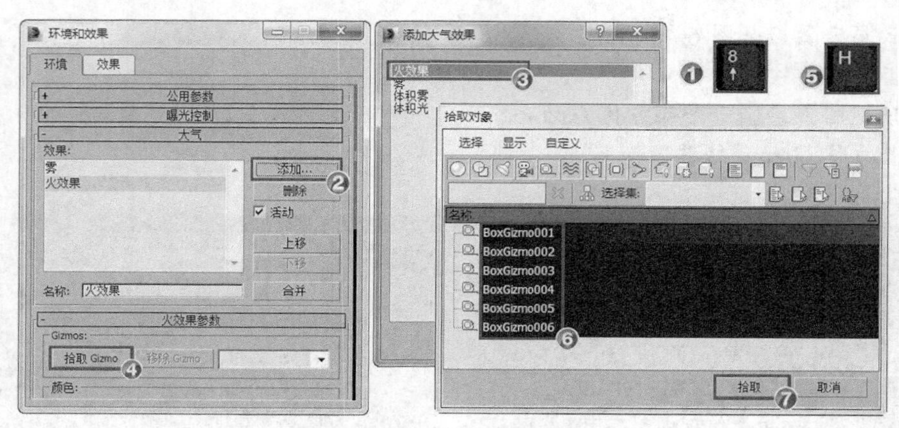

图6-43　添加大气效果

(6) 调整参数，如图 6-44 所示。

① 单击【内部颜色】下的色块。

② 设置颜色参数。

③ 单击【外部颜色】下的色块，设置相同的颜色参数。

④ 在【特性】组中设置参数。

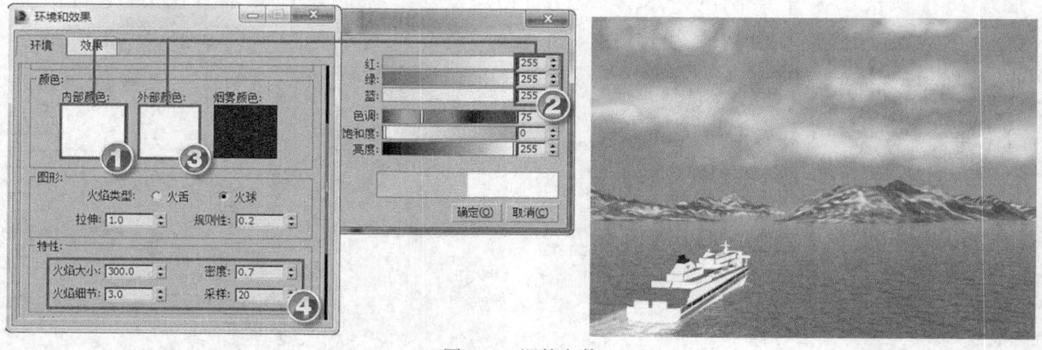

图6-44　调整参数

3. 制作山尖云层效果。

(1) 创建云层容器，如图 6-45 所示。

① 在【创建】面板中单击 长方体 Gizmo 按钮。

② 在【顶视图】中绘制两个长方体 Gizmo。

③ 分别设置参数和坐标。

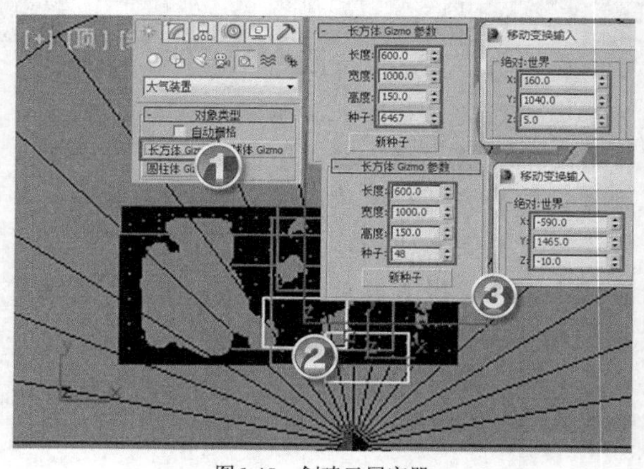

图6-45　创建云层容器

(2) 添加大气效果，如图 6-46 所示。

① 按 8 键打开【环境和效果】窗口。

② 在【大气】卷展栏中单击 添加... 按钮。

③　双击【火效果】选项。

④　在【火效果】参数卷展栏中单击 拾取 Gizmo 按钮。

⑤　按 H 键打开【拾取对象】对话框。

⑥　配合 Ctrl 键选中最后绘制的两个 Gizmo 对象。

⑦　单击 拾取 按钮。

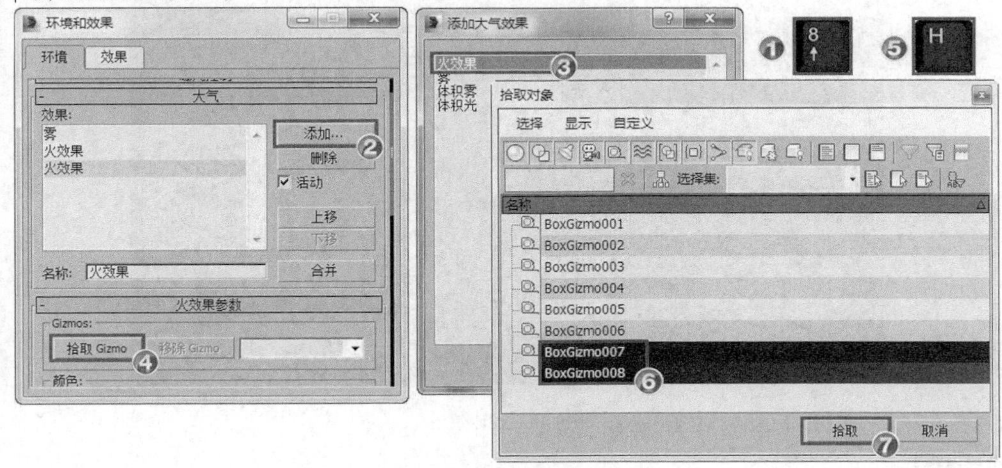

图6-46　添加大气效果

(3)　调整参数，如图 6-47 所示。

①　单击【内部颜色】下的色块。

②　设置颜色参数。

③　单击【外部颜色】下的色块，设置相同的颜色参数。

④　在【特性】组中设置参数。

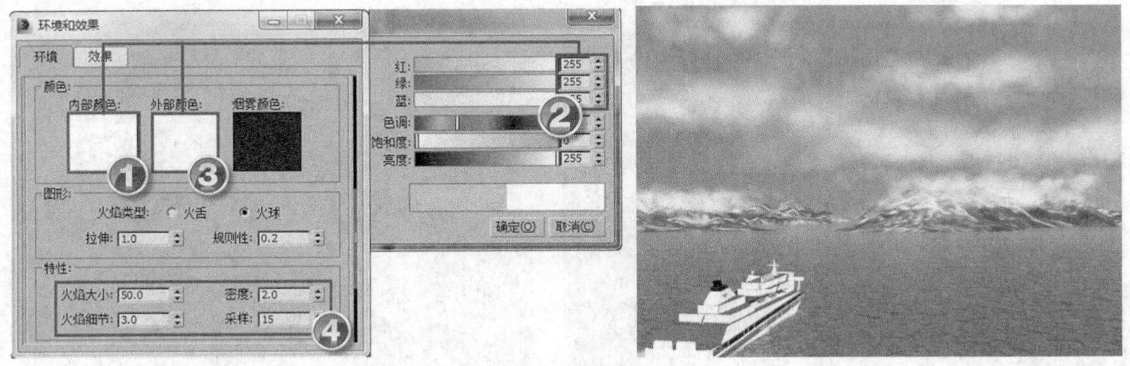

图6-47　调整参数

(4)　按 Ctrl+S 组合键保存场景文件到指定目录，本例制作完成。

6.2.3　举一反三——制作“水底世界”

本例将使用雾和体积光效果模拟太阳光照射到水面以下的效果。案例制作完成后的效果如图 6-48 所示。

图6-48　设计效果

【操作步骤】

1.　制作雾效果。

(1)　打开制作模板，如图 6-49 所示。

①　打开素材文件“第 6 章\素材\水底世界\水底世界.max”。

②　场景中制作了海底沙面，并加入了鱼和水草等海底生物。

③　场景中添加了一个平行光和一个天光用于照明。

④　场景中添加了一个摄影机，并选择摄影机视图。

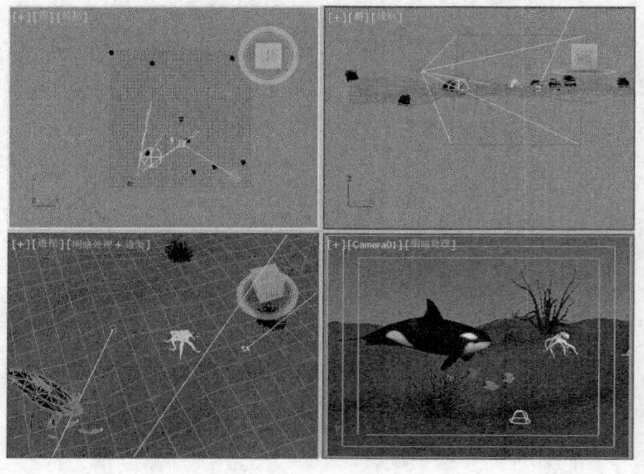

图6-49　打开模板

(2)　添加雾效果，如图 6-50 所示。

①　按8键打开【环境和效果】窗口。

②　在【大气】卷展栏中单击 添加... 按钮。

③　双击【雾】选项为场景添加雾效果。

④　初次渲染摄影机视图。

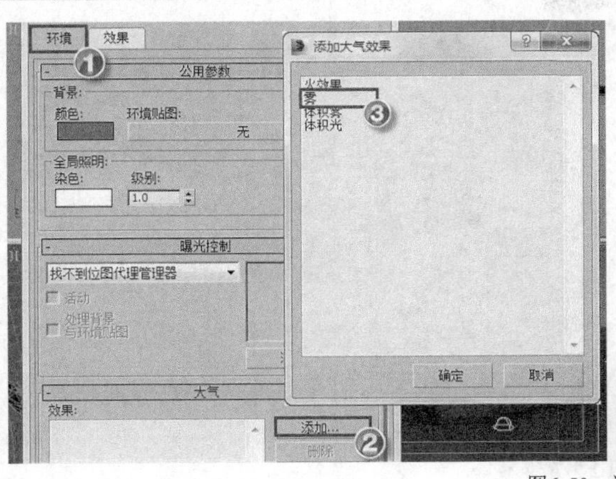

图6-50　添加雾效果

(3) 调整雾效果，如图 6-51 所示。

① 单击【颜色】色块。

② 设置颜色参数。

③ 在【雾参数】卷展栏中选择【指数】选项。

④ 设置【远端】参数为“80”。

⑤ 再次渲染场景。

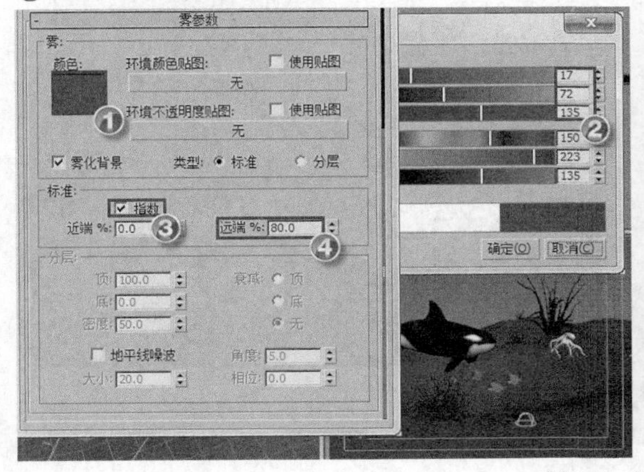

图6-51　调整雾效果

2. 制作体积光效果。

(1) 创建体积光，如图 6-52 所示。

① 按 8 键打开【环境和效果】窗口，在【大气】卷展栏中单击 添加... 按钮。

② 双击【体积光】选项。

③ 单击 拾取灯光 按钮。

④ 按 H 键打开【拾取对象】对话框。

⑤ 双击列表中的【Direct01】灯光。

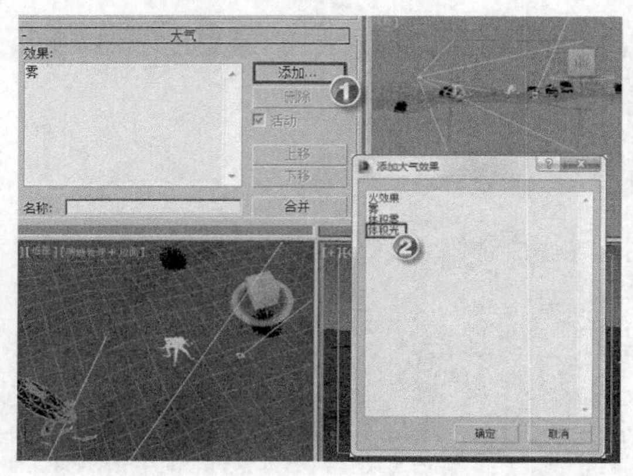

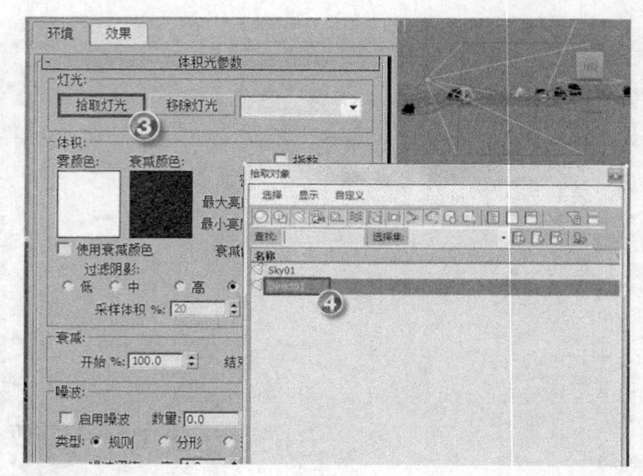

图6-52　添加体积光效果

(2) 调整体积光参数，如图 6-53 所示。

① 设置【密度】和【最大亮度】参数。

② 设置【过滤阴影】为【高】。

③ 设置【衰减】参数。

④ 最后获得的设计效果如图 6-53 右图所示。

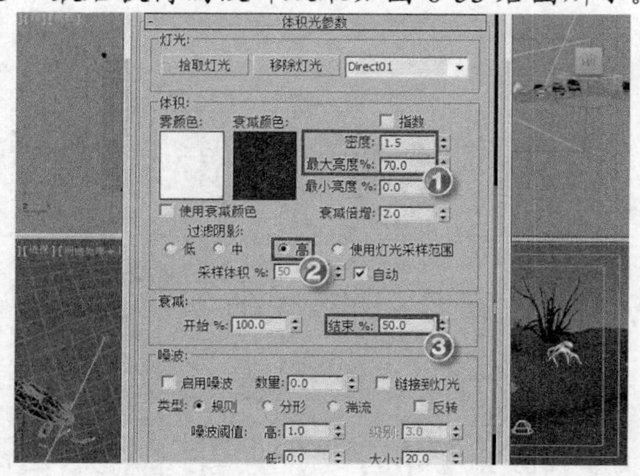

图6-53　调整体积光参数

(3) 按 Ctrl+S 组合键保存场景文件到指定目录，本例制作完成。

6.3 效果

在效果编辑器中可以为场景添加并编辑各种特效效果。在 3ds Max 2015 中特效编辑器属于一个独立的部分，不会影响其他操作。

6.3.1 基础知识——效果的应用

在 3ds Max 2015 中提供了 10 种特效效果，如图 6-54 所示。其中常用的有镜头效果、模糊、胶片颗粒和景深等。

一、 镜头效果

镜头效果用于模拟与镜头相关的各种真实效果，包括光晕、光环、射线、自动二级光斑、手动二级光斑、星形和条纹 7 种类型，如图 6-55 所示。

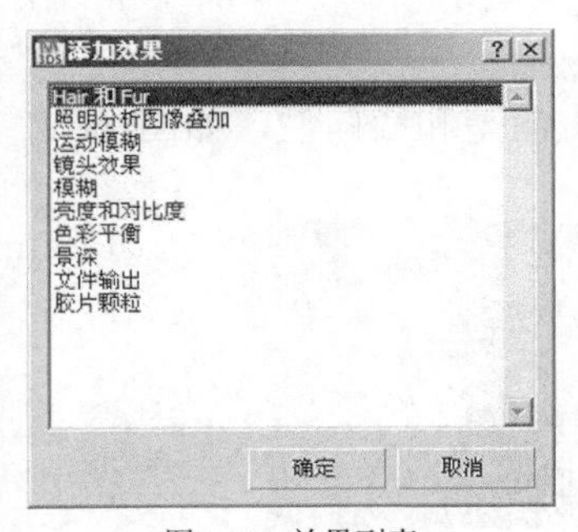

图6-54　效果列表

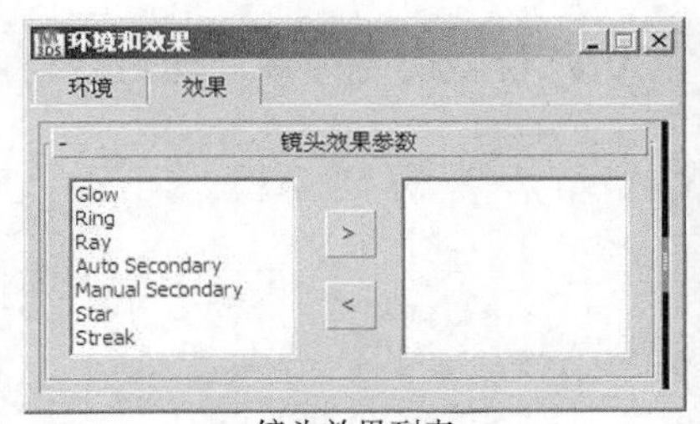

镜头效果列表

效果图

图6-55　镜头效果

(1)　光晕。

光晕用于在指定对象的周围添加光环。例如，对于爆炸粒子系统，给粒子添加光晕使它们看起来更明亮且更热。光晕效果如图 6-56 所示。

(2)　光环。

光环是环绕源对象中心的环形彩色条带，其效果如图 6-57 所示。

(3)　射线。

射线是从源对象中心发出的明亮的直线，为对象提供亮度很高的效果。使用射线可以模拟摄影机镜头元件的划痕，其效果如图 6-58 所示。

图6-56　光晕效果

图6-57　光环效果

图6-58　射线效果

(4)　自动（手动）二级光斑。

二级光斑是可以正常看到的一些小圆，沿着与摄影机位置相对的轴从镜头光斑源中发出，如图 6-59 所示。这些光斑由灯光从摄影机中不同的镜头元素折射而产生。随着摄影机的位置相对于源对象的更改，二级光斑也随之移动。

(5)　星形。

星形比射线效果要大，由 0～30 个辐射线组成，而不像射线由数百个辐射线组成，如图 6-60 所示。

(6)　条纹。

条纹是穿过源对象中心的条带，如图 6-61 所示。在实际使用摄影机时，使用失真镜头拍摄场景时会产生条纹。

图6-59　二级光斑效果

图6-60　星形效果

图6-61　条纹效果

二、 模糊

模糊特效提供了 3 种不同的方法使图像变模糊：均匀型、方向型和径向型，如图 6-62 所示。

原始效果

均匀型

方向型

径向型

图6-62 模糊效果

三、 胶片颗粒

胶片颗粒用于在渲染场景中重新创建胶片颗粒的效果，如图 6-63 所示。

四、 景深

景深效果模拟在通过摄影机镜头观看时，前景和背景场景元素的自然模糊，如图 6-64 所示。

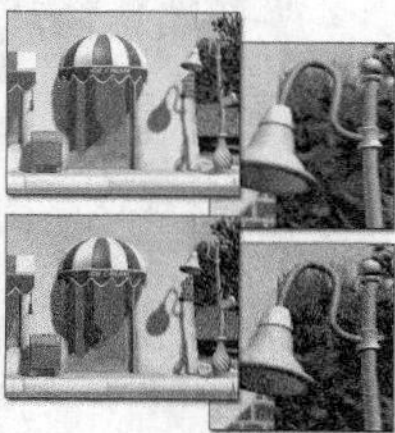

图6-63 将胶片颗粒应用于场景前后

图6-64 景深效果

6.3.2 学以致用——制作“浪漫烛光”

本例通过添加镜头效果制作一个浪漫的心形烛光场景，制作完成后的效果如图 6-65 所示。

图6-65 最终效果

【操作步骤】

1. 制作火焰效果。

(1) 打开制作模板。

① 打开素材文件“第 6 章\素材\浪漫烛光\浪漫烛光.max”。

② 场景中制作了一根蜡烛模型，如图 6-66 所示。

③ 蜡烛的渲染效果如图 6-67 所示。

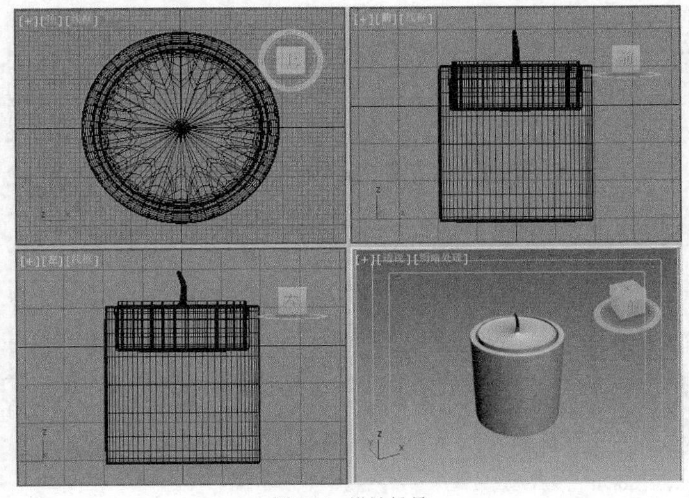
图6-66　设计场景

图6-67　渲染效果

(2) 创建火焰容器，如图 6-68 所示。

① 在【创建】面板中单击按钮。

② 设置创建对象类型为【大气装置】。

③ 单击 球体 Gizmo 按钮。

④ 在【顶视图】中绘制一个球体 Gizmo，设置【半径】为“20”。

(3) 调整火焰容器，如图 6-69 所示。

① 选中球体 Gizmo，用鼠标右键单击按钮，设置 z 轴缩放参数。

② 按 W 键调整其位置。

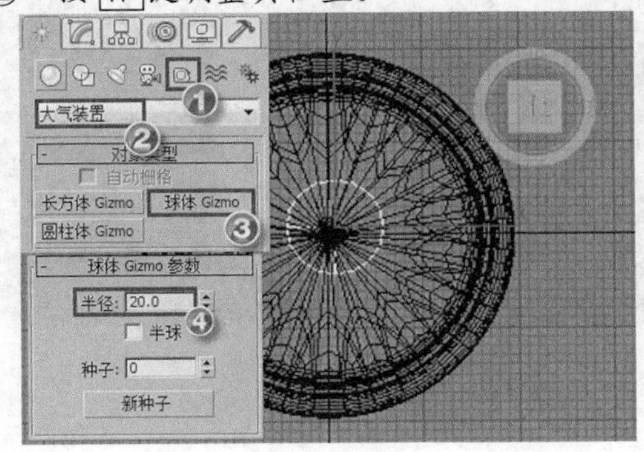

图6-68　创建火焰容器

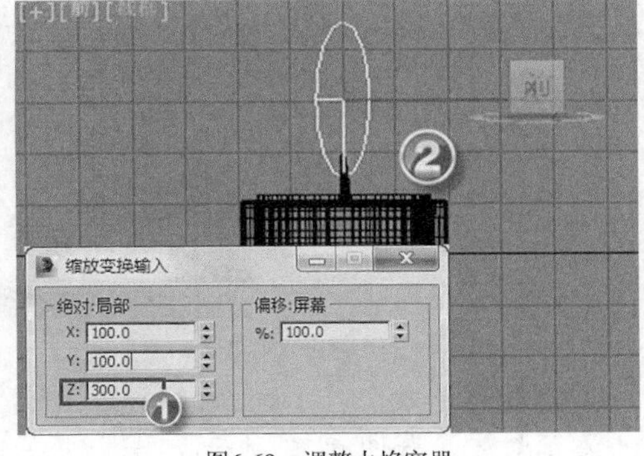

图6-69　调整火焰容器

(4) 添加火效果，如图 6-70 所示。

① 按 8 键打开【环境和效果】窗口。

② 在【大气】卷展栏中单击 添加... 按钮。

③ 双击【火效果】选项。

④ 在【火效果】参数卷展栏中单击 拾取 Gizmo 按钮。

⑤ 选择绘制的球体 Gizmo。

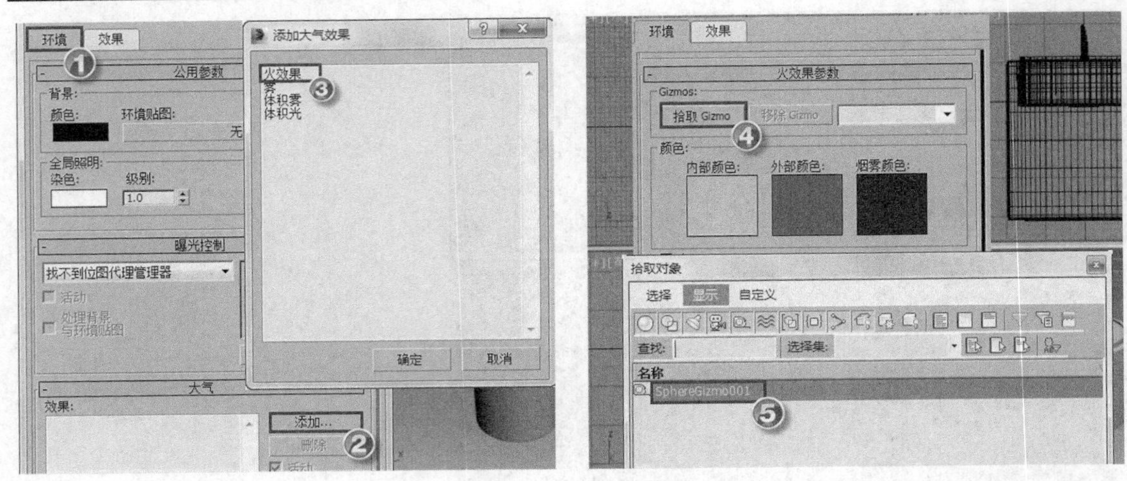

图6-70 添加火效果

(5) 调整火焰效果，如图 6-71 和图 6-72 所示。

① 设置【火焰类型】为【火舌】。

② 设置【规则性】、【火焰大小】和【密度】等参数。

③ 渲染透视图。

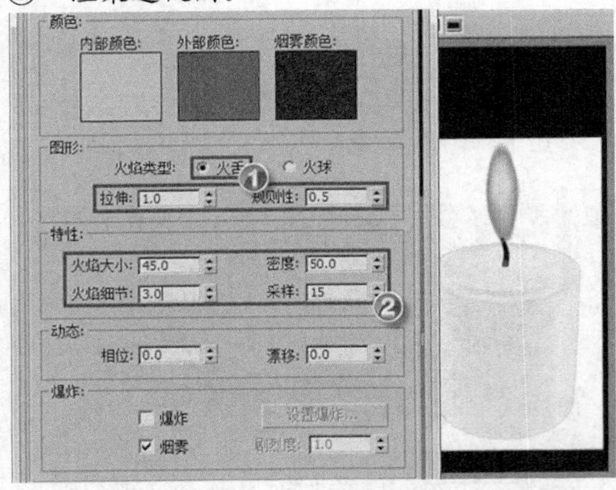

图6-71 调整火焰效果

图6-72 渲染结果

2. 制作灯光特效。

(1) 添加灯光，如图 6-73 所示。

① 在【创建】面板中单击按钮。

② 设置创建对象类型为【标准】。

③ 单击 泛光 按钮。

④ 在球体 Gizmo 的中心单击创建一盏泛光灯。

⑤ 设置【阴影】类型为【区域阴影】。

⑥ 在【强度/颜色/衰减】卷展栏中设置灯光的相关参数。

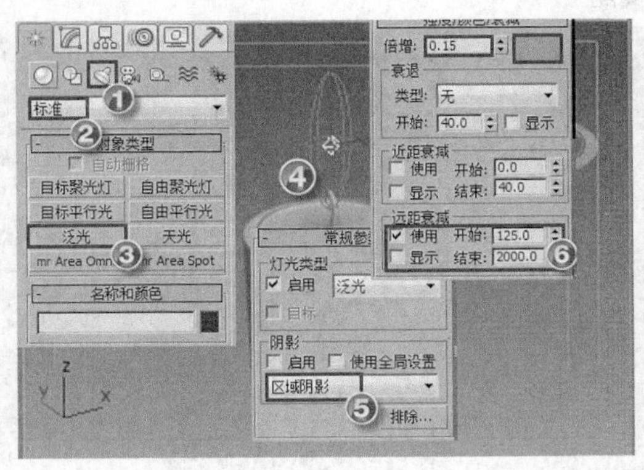

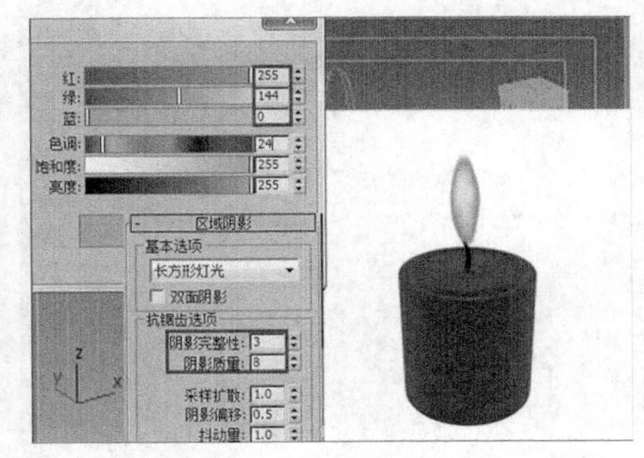

图6-73　添加灯光

(2) 添加镜头效果，如图 6-74 所示。

① 按 8 键打开【环境和效果】窗口，进入【效果】选项卡。

② 单击 添加... 按钮。

③ 双击【镜头效果】选项，效果如图 6-74 右图所示。

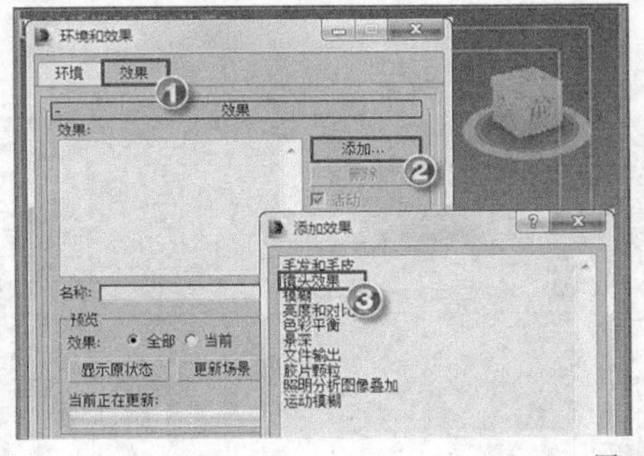

图6-74　添加镜头效果

(3) 设置镜头效果参数，如图 6-75 和图 6-76 所示。

① 在左侧的列表中选中【星形】选项。

② 单击 > 按钮添加效果。

③ 单击 拾取灯光 按钮。

④ 按 H 键打开【拾取对象】对话框，双击选中列表中的灯光。

⑤ 设置【星形】参数。

⑥ 设置【镜头效果】参数，效果如图 6-76 右图所示。

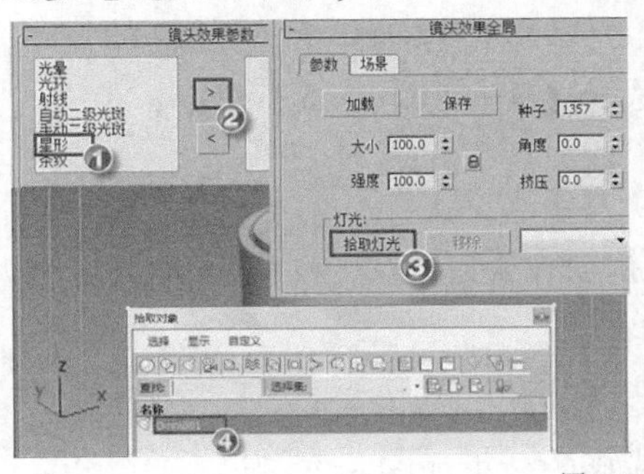

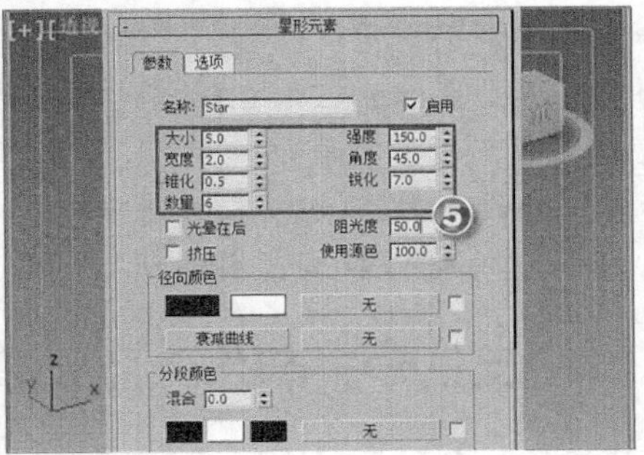

图6-75　设置镜头效果参数 1

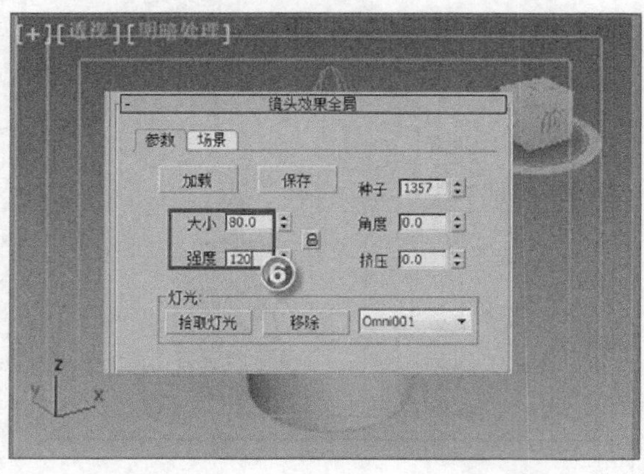

图6-76 设置镜头效果参数 2

3. 调整最终效果。

(1) 复制蜡烛。

① 在【顶视图】中框选场景中的所有对象，按住Shift键不放，拖动选中对象进行复制，单击 确定 按钮完成复制，如图 6-77 所示。

② 继续进行复制并调整位置，最后获得的设计效果如图 6-78 所示。

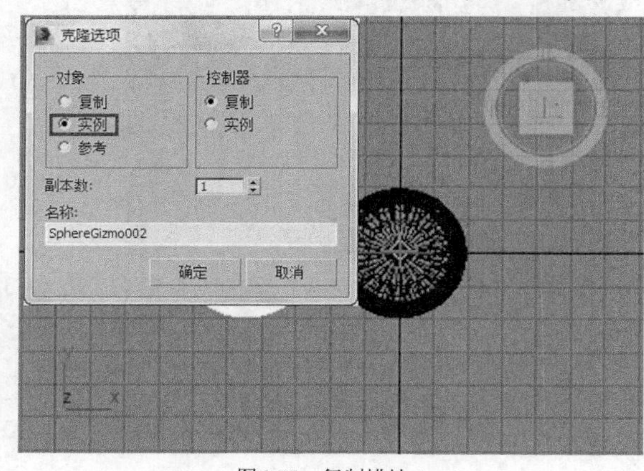

图6-77 复制蜡烛 1

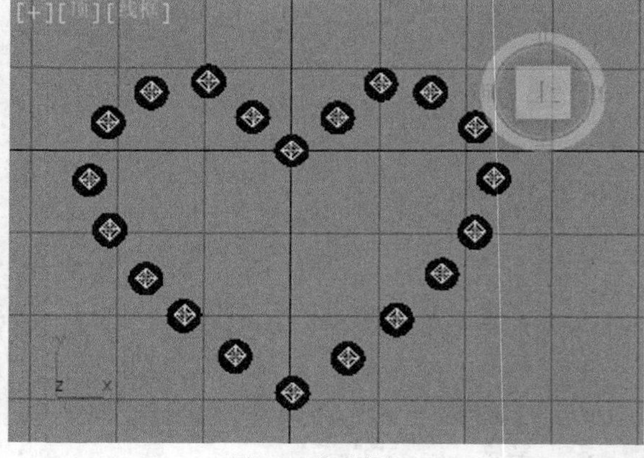

图6-78 复制蜡烛 2

在调整心形时，可先将复制出的对象摆放到几个特殊的位置，再对心形进行完善。

(2) 添加地板并调整视角。

① 在场景中单击鼠标右键，在弹出的快捷菜单中选择【全部取消隐藏】命令。

② 按C键切换到摄影机视图。

③ 最后获得的设计效果如图 6-65 所示。

(3) 按Ctrl+S组合键保存场景文件到指定目录，本例制作完成。

6.3.3 举一反三——制作“烈日晴空”

本例通过添加各种效果模拟太阳光照，制作完成后的效果如图 6-79 所示。

图6-79　最终效果

【操作步骤】

1.　添加模糊效果。

(1)　打开制作模板。

①　打开素材文件“第 6 章\素材\烈日晴空\烈日晴空.max”。

②　场景中制作了一片草地和一座风车。

③　场景中添加了摄影机和灯光。

④　模板场景及其渲染效果如图 6-80 所示。

图6-80　模板场景及渲染效果

(2)　添加模糊效果。

①　按 8 键打开【环境和效果】窗口。

②　选中【效果】选项卡。

③　单击 添加... 按钮。

④　双击【模糊】选项。

⑤　渲染摄影机视图获得的设计效果如图 6-81 所示。

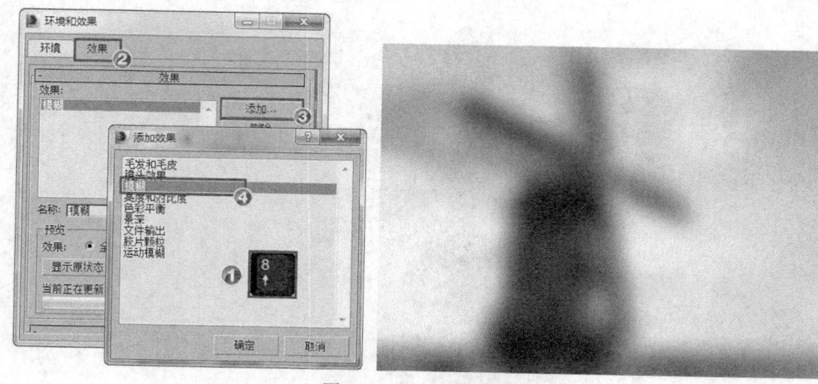

图6-81　添加模糊效果

(3) 设置模糊参数。

① 在【模糊参数】卷展栏中选中【像素选择】选项卡。

② 取消勾选 整个图像 选项。

③ 勾选 亮度 选项。

④ 设置【加亮】和【混合】参数。

⑤ 渲染摄影机视图获得的设计效果如图 6-82 所示。

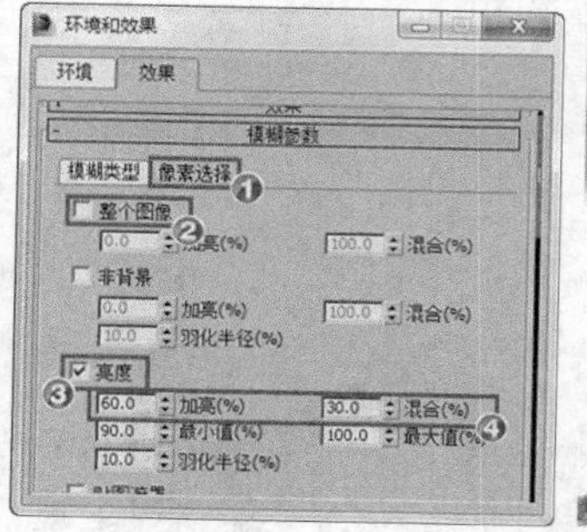

图6-82　设置模糊参数

(4) 调整亮度和对比度。

① 单击 添加... 按钮。

② 双击【亮度和对比度】选项。

③ 设置【亮度】和【对比度】参数。

④ 渲染摄影机视图获得的设计效果如图 6-83 所示。

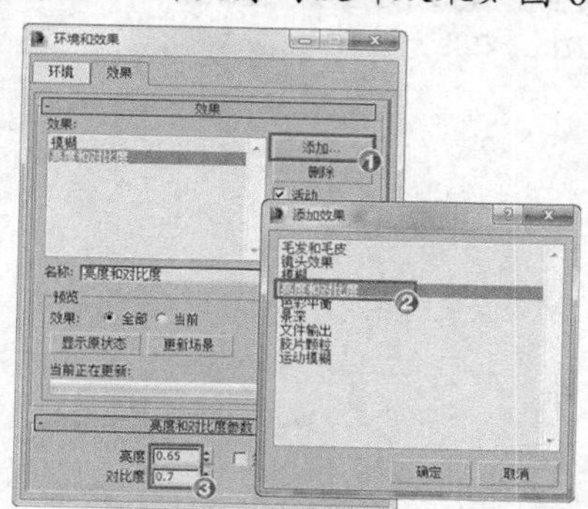

图6-83　调整亮度和对比度

2. 添加太阳光照效果。

(1) 添加镜头效果，如图 6-84 所示。

① 单击 添加... 按钮。

② 双击【镜头效果】选项。

③ 在【镜头效果全局】卷展栏中设置【大小】和【强度】参数。

④ 单击 拾取灯光 按钮。

⑤ 按 H 键打开【拾取对象】对话框。

⑥ 双击选中列表中的“Direct01”灯光。

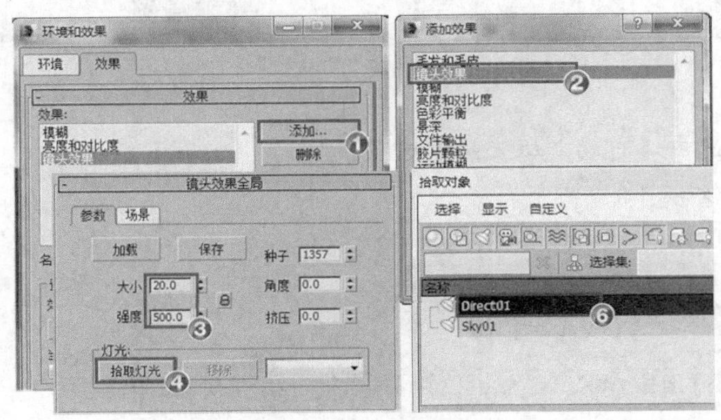

图6-84　添加镜头效果

(2) 添加光晕效果，如图 6-85 所示。

① 在【镜头效果参数】卷展栏左侧的列表中选中【光晕】选项。

② 单击 > 按钮添加效果。

③ 单击【径向颜色】组中的第 1 个色块。

④ 设置颜色参数。

⑤ 单击第 2 个色块。

⑥ 设置颜色参数。

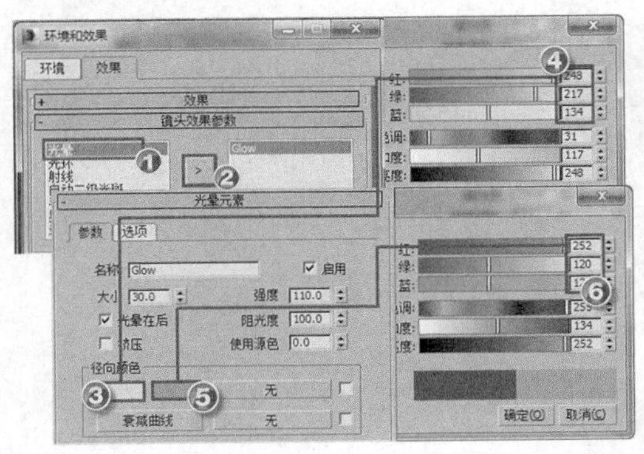

图6-85　添加光晕效果

(3) 添加射线效果。

① 在左侧的列表中选中【射线】选项。

② 单击 > 按钮添加效果。

③ 渲染摄影机视图获得的设计效果如图 6-86 所示。

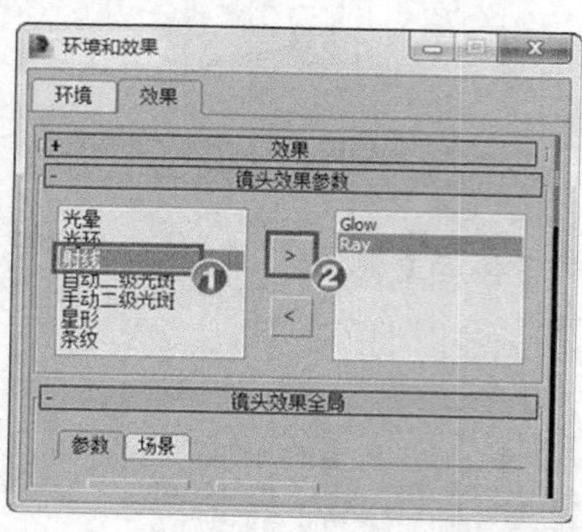

图6-86 添加射线效果

(4) 添加光斑效果。

① 在左侧列表中选中【自动二级光斑】选项。

② 单击 > 按钮添加效果。

③ 渲染摄影机视图获得的设计效果如图 6-87 所示。

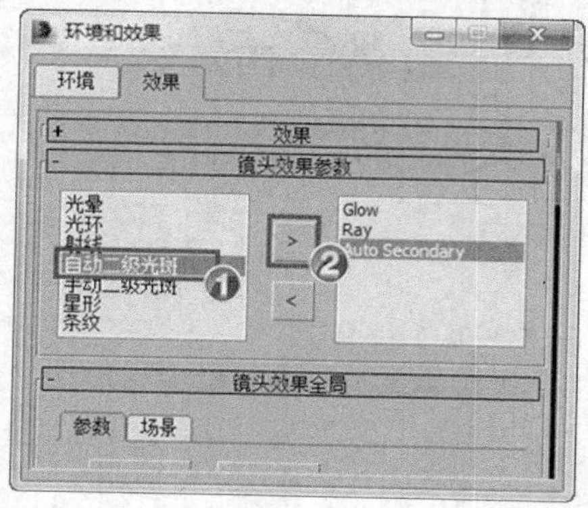

图6-87 添加光斑效果

(5) 按 Ctrl+S 组合键保存场景文件到指定目录，本例制作完成。

6.4 复习题

1. 什么是渲染，模型在渲染前后有什么本质区别？
2. 如何将作品渲染成视频格式文件？
3. “雾”有哪些类型，各有何用途？
4. 3ds Max 中常用的特效有哪些类型？
5. 如何在场景中添加大气效果？

第7章 摄影机与灯光

3ds Max 2015 中的摄影机是调整观察场景视角的重要工具，使用摄影机不仅便于观察场景，还可提供许多模拟真实摄影机的特效。三维场景中离不开灯光，它可以照亮场景，使模型显示出各种反射效果并产生阴影，只有应用了灯光，为模型设置的各种材质才有意义。

7.1 摄影机

3ds Max 2015 中的摄影机与现实世界中的摄影机十分相似，摄影机的位置、摄影角度、焦距等都可以随意调整，这样不仅方便观看场景中各部分的细节，而且可以利用摄影机的移动创建浏览动画，另外，使用摄影机还可以制作景深和运动模糊等特效。

7.1.1 基础知识——摄影机及其应用

一、 摄影机的种类

3ds Max 2015 中提供了两种类型的摄影机。

(1) 目标摄影机。

目标摄影机除了有摄影机对象外，还有一个目标点，摄影机的视角始终向着目标点，以查看所放置的目标点周围的区域。摄影机和目标点的位置都可自由调整，如图 7-1 所示。

(2) 自由摄影机。

自由摄影机只有一个对象，不仅可以自由移动位置坐标，还可以沿自身坐标自由旋转和倾斜，如图 7-2 所示。当创建摄影机沿着一条路径运动的动画时，使用自由摄影机可方便地实现转弯等效果。

二、 摄影机的参数

3ds Max 2015 中的摄影机主要通过两个参数控制其观察效果：焦距和视野，如图 7-3 所示。这两个参数分别用摄影机【参数】卷展栏中的【镜头】和【视野】参数指定，如图 7-4 所示。

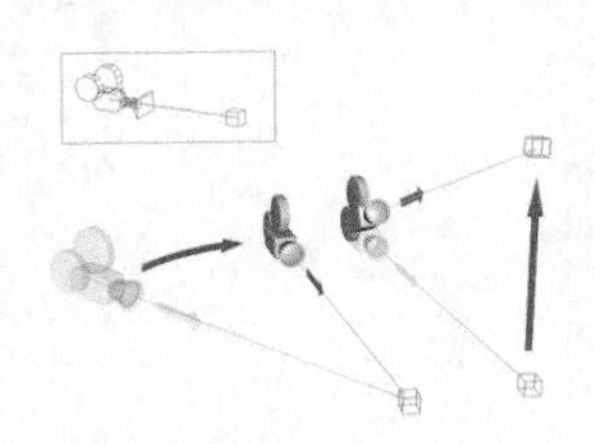
图7-1 目标摄影机

图7-2 自由摄影机

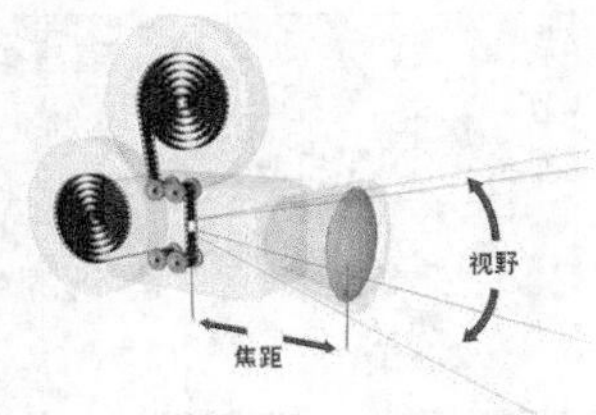

图7-3 摄影机的焦距和视野

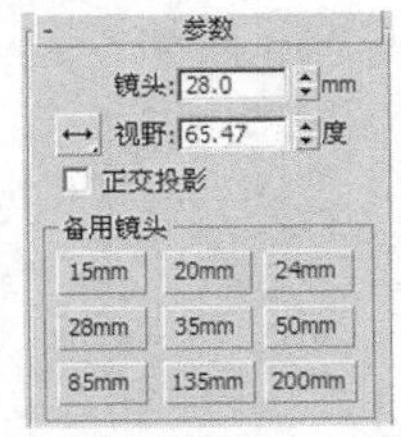

图7-4 摄影机参数

(1) 焦距。

焦距决定了被拍摄物体在摄影机视图中的大小。以相同的距离拍摄同一物体时，焦距越

长，被拍摄物体在摄影机视图上显示得就越大；焦距越短，被拍摄物体在摄影机视图上显示得就越小，摄影机视图中包含的场景也就越多。

(2) 视野（FOV）。

视野用于控制场景可见范围的大小，视野越大，在摄影机视图中包含的场景就越多。视野与焦距相互联系，改变其中一个的值，另一个也会相应地改变。

三、 摄影机视角的调整

摄影机的观察角度除了可以通过工具栏上的移动和旋转工具进行调整外，在摄影机视图中，还可通过右下角视图控制区提供的导航工具对摄影机的视角进行调整，导航工具及其功能说明如图 7-5 所示。

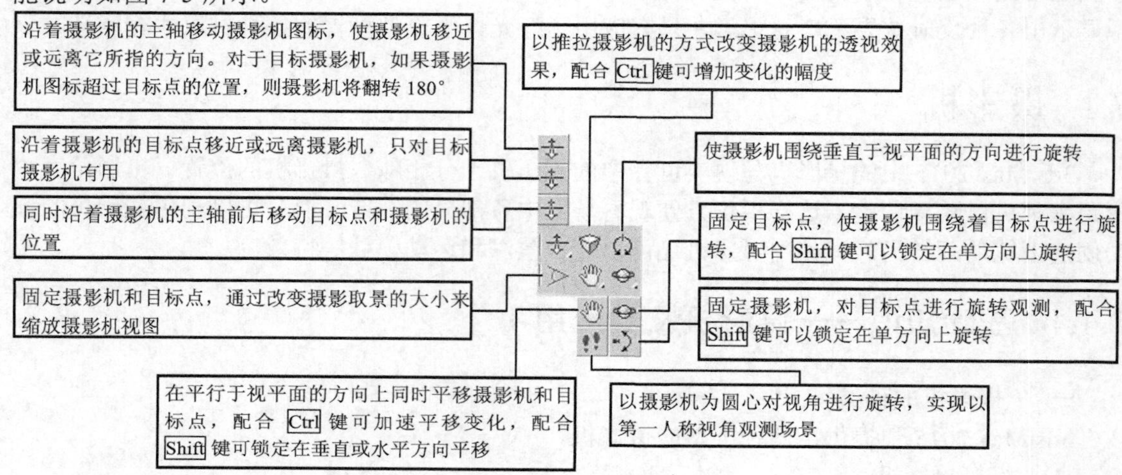

图7-5 导航工具及其功能说明

四、 景深运动模糊效果

在【多过程效果】设置项中勾选☑启用选项，即可通过参数设置制作景深和运动模糊效果，如图 7-6 所示。

景深是摄影术语，当镜头的焦距调整在聚焦点上时，只有唯一的点会在焦点上形成清晰的影像，其他部分会形成模糊的影像，在焦点前后出现清晰区。

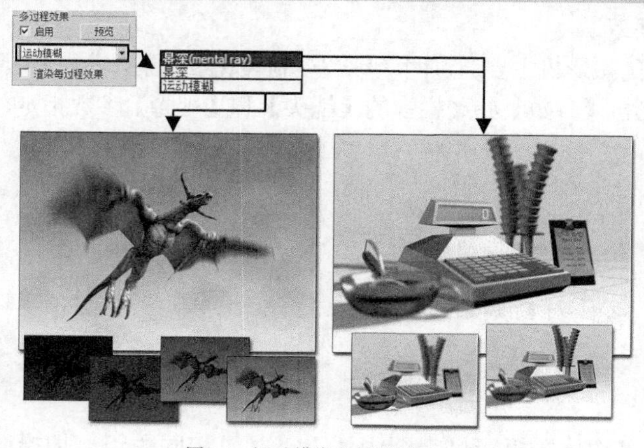

图7-6 运动模糊和景深效果

7.1.2 学以致用——制作“画室景深效果”

本例使用摄影机的景深功能对画室中的不同对象制作景深效果，并通过案例向读者讲解景深参数的设置技巧，最终效果如图 7-7 所示。

图7-7　最终效果

【操作步骤】

1.　创建摄影机。

(1) 打开制作模板。

①　打开素材文件“第 7 章\素材\画室景深效果\画室景深效果.max”，如图 7-8 所示。

②　场景中提供了本例所需的模型并赋予材质。

(2) 创建目标摄影机，如图 7-9 所示。

①　单击按钮切换到【创建】面板。

②　单击按钮切换到【摄影机】面板。

③　单击 目标 按钮。

④　在【顶视图】中按下鼠标左键，拖动鼠标创建目标摄影机。

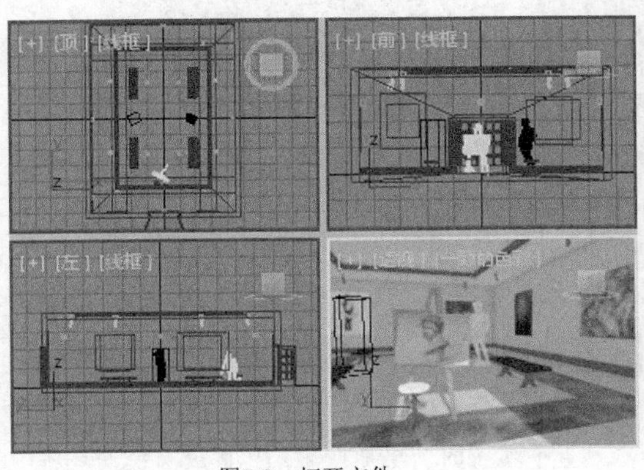

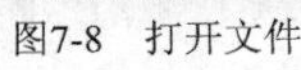

图7-8　打开文件

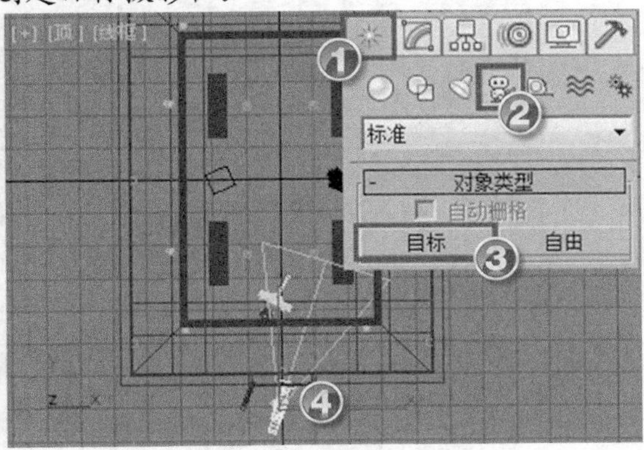

图7-9　创建目标摄影机

2.　制作“画架”对象的景深效果。

(1) 设置摄影机位置，如图 7-10 所示。

①　选中“Camera01”对象，设置其位置参数。

②　选中“Camera01.Target”对象，设置其位置参数。

要点提示 在透视图中观察可以发现，此时“Camera01.Target”对象正处在画架对象的前面，这样做的目的就是确定场景中画架对象为渲染画面中的清晰对象，而其他对象都会被模糊掉。

(2) 设置景深参数，如图 7-11 所示。

① 选中场景中的“Camera01”对象。

② 在【修改】面板的【多过程效果】设置项中勾选☑启用选项。

③ 设置【景深类型】为【景深（mental ray）】。

④ 设置【f 制光圈】为“0.5”。

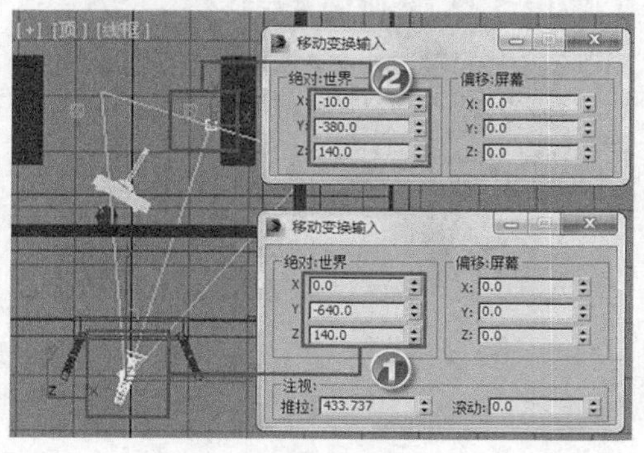

图7-10 设置摄影机位置

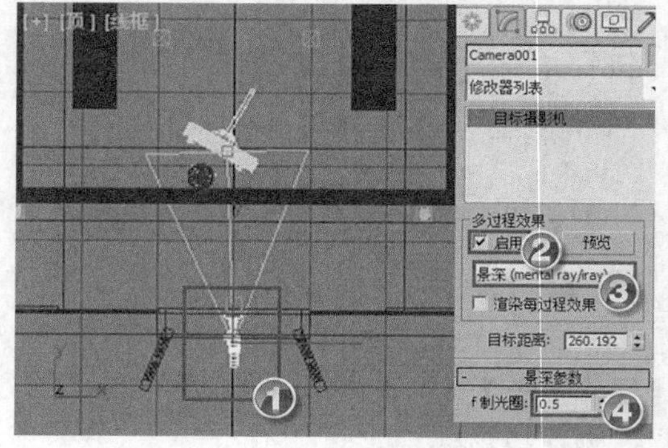

图7-11 设置景深参数

(3) 设置【mental ray】渲染参数，如图 7-12 所示。

① 按F10键打开【渲染设置：NVIDIA mental ray】窗口。

② 单击【渲染器】选项卡，在【景深（仅透视视图）】设置项中设置参数。

③ 按F9键渲染场景，效果如图 7-12 右图所示。

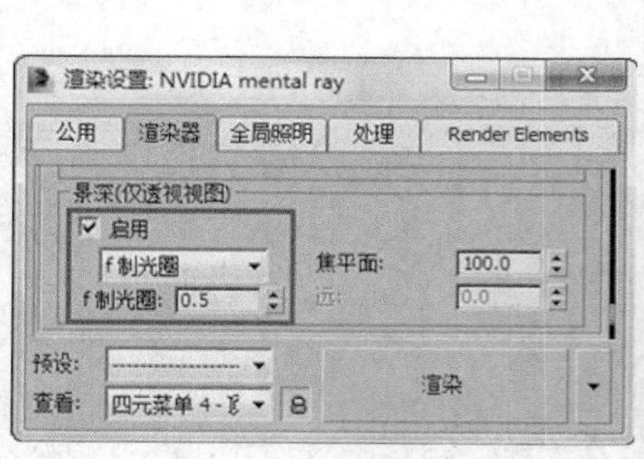

图7-12 设置 mental ray 渲染参数

要点提示 设置摄影机的【f 制光圈】参数。增加【f 制光圈】参数使景深变短，减小【f 制光圈】参数使景深变长。默认设置是 2.0。

对于真实的摄影机来说，【f 制光圈】参数小于 1.0 是不现实的，但是在场景比例没有使用现实单位的情况下，可以用这个值帮助调整场景的景深。

3. 制作“石膏模型 1”对象的景深效果。

(1) 修改“Camera01.Target”对象位置，如图 7-13 所示。

① 选中场景中的“Camera01.Target”对象。

② 设置“Camera01.Target”对象的位置参数。

(2) 渲染景深效果。

① 按C键切换到摄影机视图。

② 按F9键渲染，效果如图 7-14 所示。

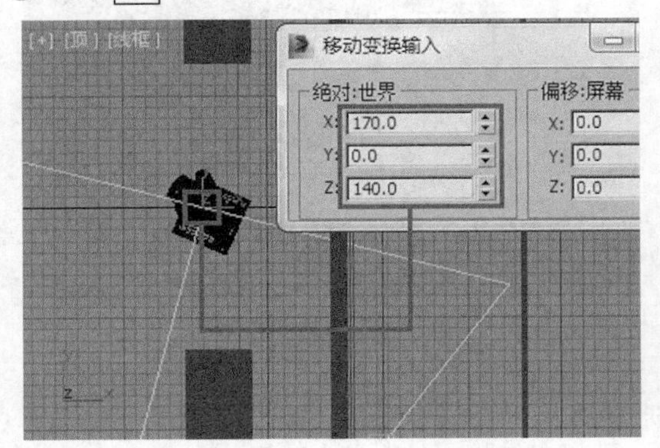

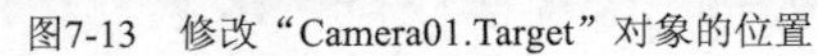

图7-13　修改“Camera01.Target”对象的位置

图7-14　渲染景深效果

(3) 按Ctrl+S组合键保存场景文件到指定目录，本例制作完成。

7.1.3　举一反三——制作“穿越动画”

自由摄影机由于其使用非常灵活，故方便用来制作摄影机的动画，本例将使用自由摄影机制作一个长城上穿越烽火台的动画，最终效果如图 7-15 所示。

图7-15　最终效果

【操作步骤】

1.　创建自由摄影机对象。

(1) 打开场景模板，如图 7-16 所示。

① 打开素材文件“第 7 章\素材\穿越动画\穿越动画.max”。

② 场景中提供了本例所需的模型并赋予材质。

③ 场景中绘制了一条用于摄影机路径的样条线：“穿越路径”。

(2) 创建自由摄影机，如图 7-17 所示。

① 单击按钮切换到【创建】面板。

② 单击按钮切换到【摄影机】面板。

③ 单击 自由 按钮。

④ 在【顶视】窗口中单击鼠标左键创建自由摄影机。

图7-16　打开制作模板

图7-17　创建自由摄影机

2.　制作摄影机路径约束动画。

(1) 为“Camera01”添加路径约束，如图 7-18 所示。

① 选中场景中的“Camera01”对象。

② 选择【动画】/【约束】/【路径约束】命令。

③ 单击场景中的“穿越路径”样条线。

④ 设置“Camera01”旋转参数。

(2) 设置“Camera01”旋转参数，如图 7-19 所示

① 按 C 键切换到摄影机视图。

② 单击 ▶ 按钮在摄影机视图预览动画效果。

(3) 预览效果已经满足预期效果，按 F9 键进行渲染，效果如图 7-15 所示。

(4) 按 Ctrl+S 组合键保存场景文件到指定目录，本例制作完成。

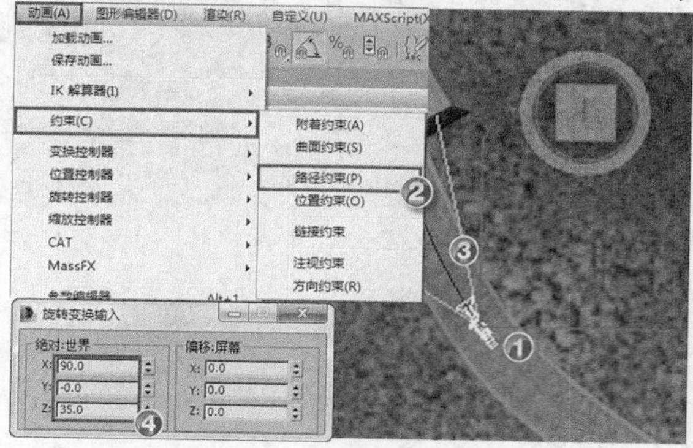

图7-18　为“Camera01”添加路径约束

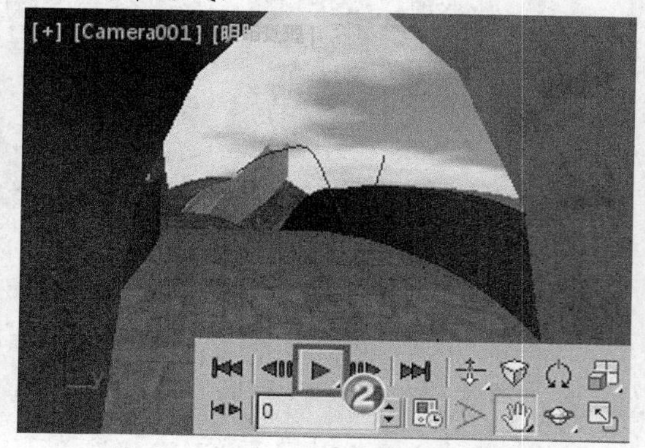

图7-19　设置“Camera01”旋转参数

7.2　使用标准灯光

3d Max 中灯光的主要作用就是照亮物体、增加场景的真实感和模拟真实世界中的各种光源类型，此外，灯光也是表现场景基调和烘托气氛的重要手段。良好的照明不仅能够使场景更加生动、更具表现力，而且可以带动人的感官，让人产生身临其境的感觉。

7.2.1 基础知识——灯光及其应用

3ds Max 可以模拟真实世界中的各种光源类型。

一、 灯光类型

在 3ds Max 2015 中提供了 3 种类型的灯光：光度学灯光、标准灯光和日光系统。

(1) 光度学灯光。

光度学灯光使用光度学（光能）值可以更精确地定义灯光，就像在真实世界中一样。用户可以创建具有各种分布和颜色特性的灯光，或导入照明制造商提供的特定光度学文件。

在 3ds Max 2015 中提供了 3 种类型的光度学灯光：目标灯光、自由灯光和 mr 天空入口，如图 7-20 所示。

(2) 标准灯光。

标准灯光基于计算机的模拟灯光对象，不同种类的灯光对象可用不同的方式投影灯光，用于模拟真实世界不同种类的光源，如家庭或办公室灯具、舞台灯光设备及太阳光等。与光度学灯光不同，标准灯光不具有基于物理的强度值。

在 3ds Max 2015 中提供了 8 种类型的标准灯光：目标聚光灯、自由聚光灯、目标平行光、自由平行光、泛光灯、天光、mr 区域泛光灯和 mr 区域聚光灯，如图 7-21 所示。

(3) 日光系统。

日光系统遵循太阳的运动规律，使用它可以方便地创建太阳光照的效果。用户可以通过设置日期、时间和指南针方向改变日光照射效果，也可以设置日期和时间的动画，从而动态模拟不同时间不同季节太阳光的照射效果，如图 7-22 所示。

图7-20　光度学灯光

图7-21　标准灯光

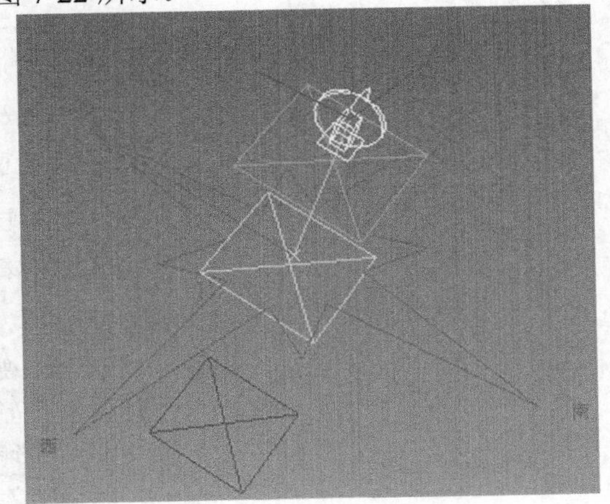

图7-22　日光系统

二、 标准灯光的种类和用途

3ds Max 2015 提供了 8 种标准灯光，其种类和用途如表 7-1 所示。

表 7-1　　标准灯光的种类和用途

标准灯光类型	用途
目标聚光灯	聚光灯能投影出聚焦的光束，目标聚光灯具有可移动的目标对象
自由聚光灯	自由聚光灯与目标聚光灯的参数基本一致，只是它无法对发射点和目标点分别进行调节

续表

标准灯光类型	用途
目标平行光	目标平行光可以产生一个照射区域，主要用来模拟自然光线的照射效果
自由平行光	自由平行光能产生一个平行的照射区域，常用于模拟太阳光
泛光灯	泛光灯从单个光源向各个方向投影光线 泛光灯用于将“辅助照明”添加到场景中，或模拟点光源，但是在一个场景中如果使用太多泛光灯可能导致场景明暗层次变暗，缺乏对比
天光	天光主要用来模拟天空光。可以设置天空的颜色或将其指定为贴图，对天空建模作为场景上方的圆屋顶
Mr 区域泛光灯	使用mental ray 渲染器渲染场景时，区域泛光灯从球体或圆柱体而不是从点光源发射光线 使用默认的扫描线渲染器，区域泛光灯像其他标准的泛光灯一样发射光线
Mr 区域聚光灯	使用mental ray 渲染器渲染场景时，区域聚光灯从矩形或圆盘形区域发射灯光，而不是从点光源发射 使用默认的扫描线渲染器，区域聚光灯像其他标准的聚光灯一样发射光线

三、 标准灯光参数

3ds Max 中的灯光具有多种参数，而且不同类型的灯光参数也不同，下面以“目标聚光灯”为例介绍其常用参数用法。

(1) 【常规参数】卷展栏。

【常规参数】卷展栏的内容如图 7-23 所示，各主要参数的用法如表 7-2 所示。

表 7-2 【常规参数】卷展栏参数用法

参数组	参数	含义
启用设置	启用	启用和禁用灯光 当【启用】复选项处于选中状态时，使用灯光着色和渲染以照亮场景 当【启用】复选项处于禁用状态时，进行着色或渲染时不使用该灯光
	目标距离	光源点到灯光目标点的距离
阴影参数	启用	决定当前灯光是否投射阴影
	使用全局设置	选中该复选项，将会把下面的阴影参数应用到场景的全部灯光上
	阴影类型列表框	决定渲染器是使用阴影贴图、光线跟踪阴影、高级光线跟踪阴影还是区域阴影生成该灯光的阴影。常用的阴影类型如图 7-24 所示，其对比如表 7-3 所示
	排除...	将选定对象排除于灯光效果之外 排除的对象仍在着色视图中被照亮。只有当渲染场景时排除才起作用

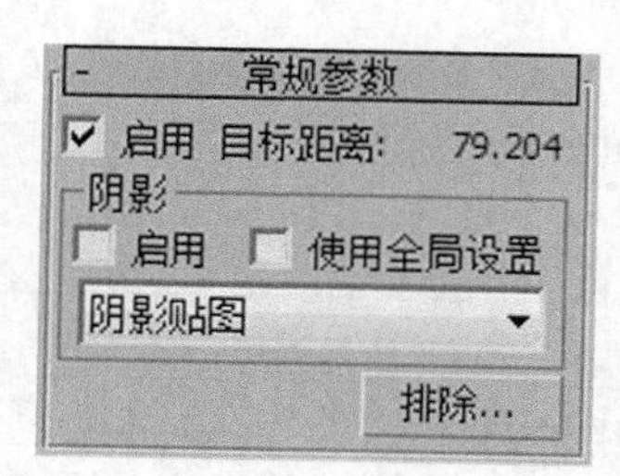

图7-23 【常规参数】卷展栏

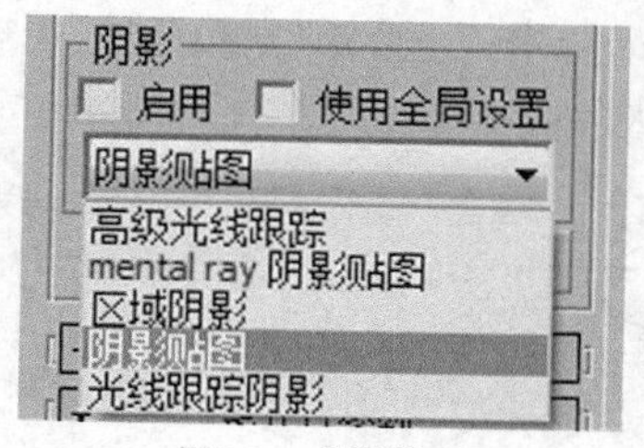

图7-24 阴影类型

表 7-3　　各种类型阴影的优缺点

阴影类型	优点	缺点
区域阴影	支持透明和不透明贴图，使用内存少，适合在包含众多灯光和面的复杂场景中使用	与阴影贴图相比速度较慢，不支持柔和阴影
mental ray 阴影贴图	使用 mental ray 阴影贴图可能比光线跟踪阴影更快	不如光线跟踪阴影精确
高级光线跟踪	支持透明和不透明贴图，与光线跟踪相比使用内存较少，适合在包含众多灯光和面的复杂场景中使用	与阴影贴图相比计算速度较慢，不支持柔和阴影，对每一帧都进行处理
阴影贴图	能产生柔和的阴影，只对物体进行一次处理，计算速度较快	使用内存较多，不支持对象的透明和半透明贴图
光线跟踪阴影	支持透明和不透明贴图，只对物体进行一次处理	与阴影贴图相比使用内存较多，不支持柔和阴影

由于【mental ray】渲染器只支持“mental ray 阴影贴图”“阴影贴图”和“光线跟踪阴影”，所以若使用【mental ray】渲染器，则不能使用“区域阴影”和“高级光线跟踪”。

(2)　【强度/颜色/衰减】卷展栏。

【强度/颜色/衰减】卷展栏的内容如图 7-25 所示，各主要参数的用法如表 7-4 所示。

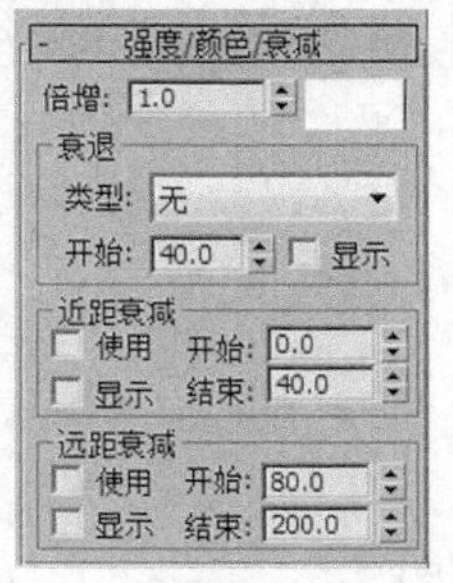

图7-25　【强度/颜色/衰减】卷展栏

表 7-4　　【强度/颜色/衰减】卷展栏参数用法

参数组	参数	含义
倍增和颜色	倍增	设置灯光的强度 标准值为 1，如果设置为 2，则强度增加 1 倍 如果设置为负值，则会产生吸收光的效果
	颜色	显示灯光的颜色 单击色样□，将显示【颜色选择器】对话框，该对话框用于选择灯光的颜色
衰退（设置灯光随着距离衰退的效果，降低远处灯光的照射强度）	类型	选择要使用的衰退类型 无（默认设置）：不应用衰退 倒数：以倒数方式计算衰退，灯光强度与距离成反比 平方反比：应用平方反比衰退，灯光强度以距离倒数的平方方式快速衰退。这也是真实世界灯光的衰退效果
	开始	如果不使用衰减，则设置灯光开始衰退的距离
	显示	在视图中显示衰退范围

续表

参数组	参数	含义
近距衰减（设置灯光从开始衰减到衰减程度最强的区域）	使用	启用灯光的近距衰减
	显示	在视图中显示近距衰减范围设置 选中该复选项后，在灯光周围将出现表示灯光衰减开始和结束的圆圈，如图 7-26 所示
	开始	设置灯光开始淡入的距离
	结束	设置灯光衰减结束的地方，也就是灯光停止照明的距离，在开始衰减和结束衰减两个区域之间灯光按照线性衰减
近距衰减（设置灯光从衰减开始到完全消失的区域）	使用	启用灯光的远距衰减
	显示	在视图中显示远距衰减范围设置 选中该复选项后，在灯光周围将出现表示灯光衰减开始和结束的圆圈，如图 7-27 所示
	开始	设置灯光开始淡出的距离。只有比该区域更远的照射范围才发生衰减
	结束	设置灯光衰减结束的位置，也就是灯光停止照明的区域

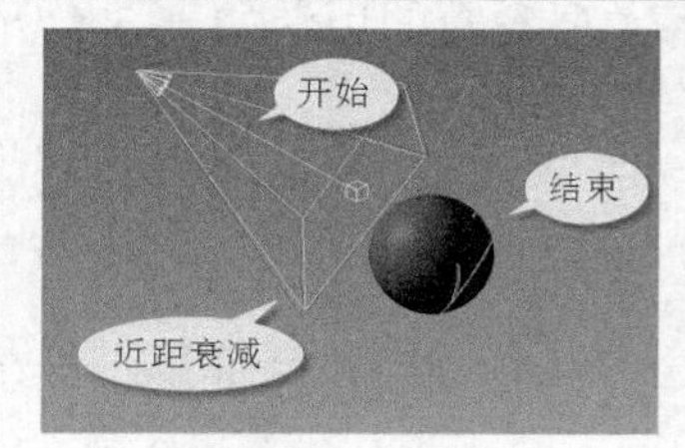

图7-26　近距衰减

图7-27　远距衰减

(3)　【聚光灯参数】卷展栏。

【聚光灯参数】卷展栏的内容如图 7-28 所示，各主要参数的用法如表 7-5 所示。

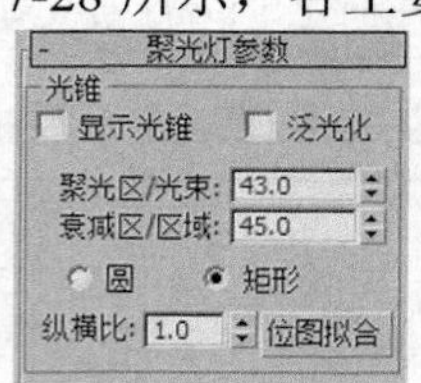

图7-28　【聚光灯参数】卷展栏

表 7-5　【聚光灯参数】卷展栏参数用法

参数	含义
显示光锥	启用或禁用圆锥体的显示
泛光化	启用泛光化后，灯光在所有方向上投影灯光。但是，投影和阴影只发生在其衰减圆锥体内
聚光区/光束	调整灯光圆锥体的角度。聚光区值以度为单位进行测量
衰减区/区域	调整灯光衰减区的角度。衰减区值以度为单位进行测量
圆/矩形	确定聚光区和衰减区的形状
纵横比	设置矩形光束的纵横比。使用位图拟合按钮可以使纵横比匹配特定的位图
位图拟合	如果灯光的投影纵横比为矩形，应设置纵横比以匹配特定的位图。当灯光用作投影灯时，该选项非常有用

(4)　【高级效果】卷展栏。

【高级效果】卷展栏的内容如图 7-29 所示，各主要参数的用法如表 7-6 所示。

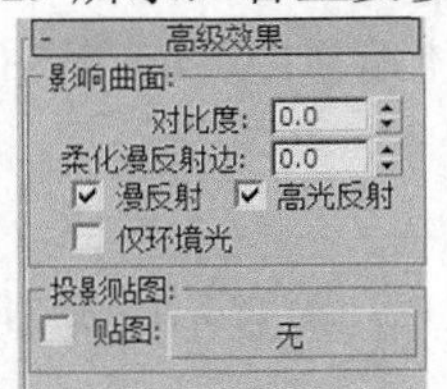

图7-29　【高级效果】卷展栏

表 7-6　【高级效果】卷展栏参数用法

参数组	参数	含义
影响曲面	对比度	调整曲面的漫反射区域和环境光区域之间的对比度
	柔化漫反射	增加“柔化漫反射边”的值可以柔化曲面的漫反射部分与环境光部分之间的边缘
	漫反射	启用此选项后，灯光将影响对象曲面的漫反射属性。禁用此选项后，灯光在漫反射曲面上没有效果
	高光反射	启用此选项后，灯光将影响对象曲面的高光属性。禁用此选项后，灯光在高光属性上没有效果
	仅环境光	启用此选项后，灯光仅影响照明的环境光组件
投影贴图	贴图	为阴影加载贴图
	无	为投影加载贴图

四、　光度学灯光的种类

光度学灯光提供了诸如“白炽灯”和“荧光灯”等灯光类型，用户还可以直接导入照明制造商提供的特定光度学文件。

3ds Max 2015 提供了以下 3 种光度学灯光类型。

(1)　目标灯光。

目标灯光具有可以用于指向灯光的目标对象，可采用球形分布、聚光灯分布及 web 分布方式，如图 7-30 所示。创建目标灯光时，系统自动为其指定注视控制器，且灯光目标对象指定为“注视”目标。

(2)　自由灯光。

自由灯光不具备目标子对象，也可采用球形分布、聚光灯分布及 web 分布方式，如图 7-31 所示。

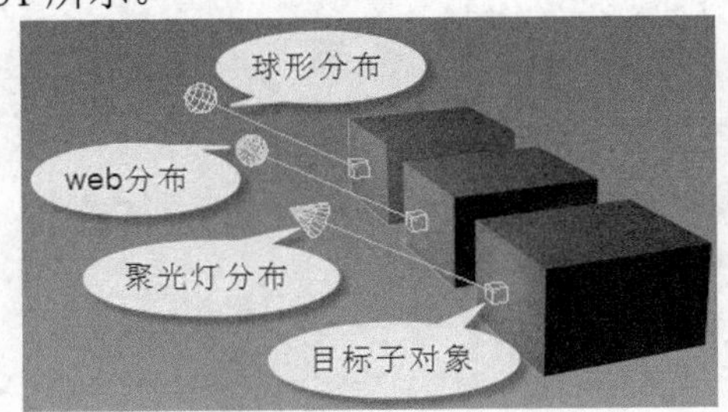

图7-30　目标灯光

图7-31　自由灯光

(3) mr 天空入口。

mr 天空入口提供了一种“聚集”内部场景中现有天空照明的有效方法，这是一种 mental ray 灯光，它必须配合天光才能使用。mr 天空入口实际上是一种区域灯光，能从环境中导出其亮度和颜色。

五、 光度学灯光常用设置

3ds Max 中的灯光具有多种参数，而且不同类型的灯光参数设置也不同，下面主要介绍光度学灯光的常用设置。

(1) 灯光模板。

在【模板】卷展栏的下拉列表中列出了一些常用灯值，可以方便地使用这些值作为定义光度学灯光的参考，如图 7-32 所示。

(2) 图形/区域阴影。

在这里可以选择用于生成阴影的灯光图形，共有 6 种形状，如图 7-33 所示。

① 点光源：计算阴影时，如同点在发射灯光一样。

② 线：计算阴影时，如同线在发射灯光一样。线性图形提供了长度控件。

③ 矩形：计算阴影时，如同矩形区域在发射灯光一样。区域图形提供了长度和宽度控件。

④ 圆形：计算阴影时，如同圆形在发射灯光一样。圆图形提供了半径控件。

⑤ 球体：计算阴影时，如同球体在发射灯光一样。球体图形提供了半径控件。

⑥ 圆柱体：计算阴影时，如同圆柱体在发射灯光一样。圆柱体图形提供了长度和半径控件。

要点提示 这些渲染设置只适用于 mental ray 渲染器。扫描线渲染器不计算光度学区域阴影，而且扫描线渲染器不会将光度学区域灯光呈现为自供照明，或在渲染中显示光度学区域灯光的形状。

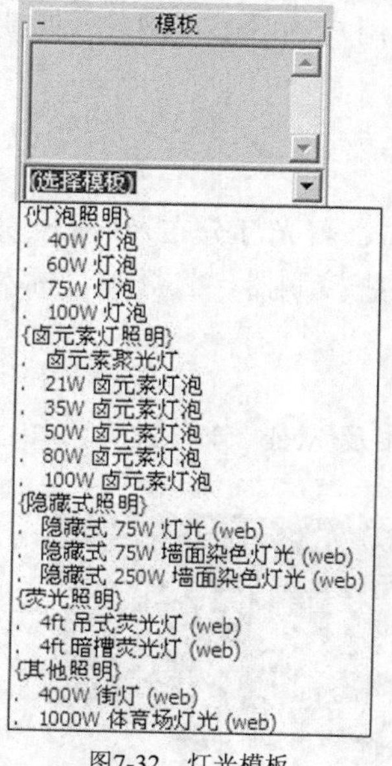

图7-32 灯光模板

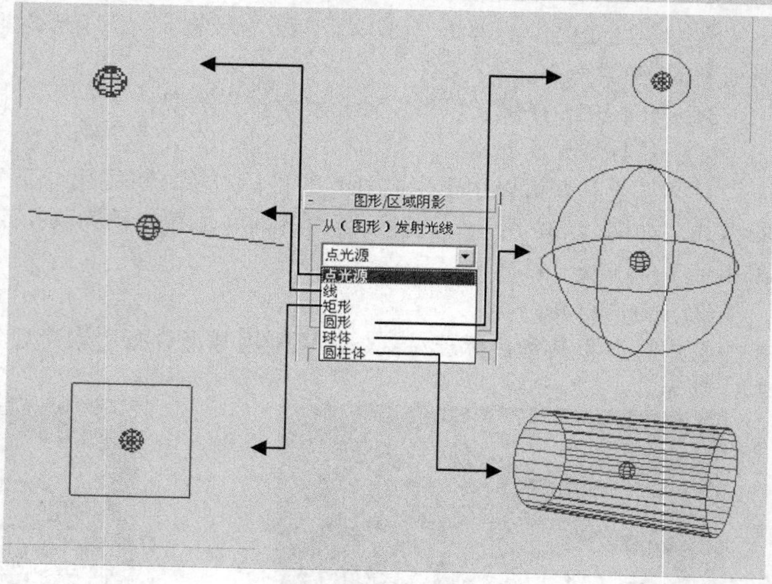

图7-33 图形/区域阴影

六、 光度学灯光参数

下面以“目标灯光”为例来介绍光度学灯光的参数，如表 7-7 所示。

表 7-7　　【目标灯光】卷展栏重要参数

卷展栏	参数	含义
常规参数	目标	启用此选项之后，该灯光将具有目标 禁用此选项之后，可使用变换指向灯光 通过切换，可将目标灯光更改为自由灯光，反之亦然
	使用全局设置	启用此选项以使用该灯光投射阴影的全局设置 禁用此选项以启用阴影的单个控件
	排除...	将选定对象排除于灯光效果之外 排除的对象仍在着色视图中被照亮。只有当渲染场景时“排除”效果才起作用
	灯光分布（类型）列表	通过灯光分布下拉列表可选择灯光分布的类型
强度/颜色/衰减	灯光列表	选取公用灯光的种类
	开尔文	通过调整色温微调器设置灯光的颜色。色温以开尔文度数显示
	过滤颜色	使用颜色过滤器模拟置于光源上的过滤色的效果
	暗淡（百分比）	设置该参数后，可以按照该数值降低灯光的“倍增”值
	光线暗淡时白炽灯颜色会切换	启用此选项之后，灯光可在暗淡时通过产生更多黄色来模拟白炽灯
图形/区域阴影	从（图形）发射光线	选择阴影生成的图形类型，包括“点光源”“线”“矩形”“圆形”“球体”及“圆柱体”
	灯光图形在渲染中可见	启用此选项后，如果灯光对象位于视野内，灯光图形在渲染中就会显示为自供照明（发光）的图形 关闭此选项后，将无法渲染灯光图形，而只能渲染它投影的灯光
阴影参数	颜色	单击色样以显示【颜色选择器】，然后为此灯光投射的阴影选择一种颜色
	密度	调整阴影的密度
	贴图	单击以打开【材质/贴图浏览器】并将贴图指定给阴影。贴图颜色与阴影颜色混合起来
阴影贴图参数	偏移	启用此选项之后，将更改阴影偏移。增加该值将使阴影移离投射阴影的对象
	大小	设置阴影贴图的大小。贴图大小是此值的平方。分辨率越高要求处理的时间越长，但会生成更精确的阴影
	采样范围	决定阴影内平均有多少个区域
	绝对贴图偏移	若启用，则阴影贴图的偏移是不标准化的，但在固定比例上以 3ds Max 为单位来表示
	双面阴影	若启用，计算阴影时物体的背面也将产生阴影

7.2.2 学以致用——制作“台灯照明效果”

本例将通过向场景中添加标准灯光模拟台灯的照明效果，最终效果如图 7-34 所示。

图7-34　设计效果

【操作步骤】

1. 查看最初效果。

(1) 打开素材文件“第 7 章\素材\台灯照明\台灯照明.max”，如图 7-35 所示。

(2) 在工具栏中单击按钮渲染摄影机视图，得到图 7-36 所示的效果。

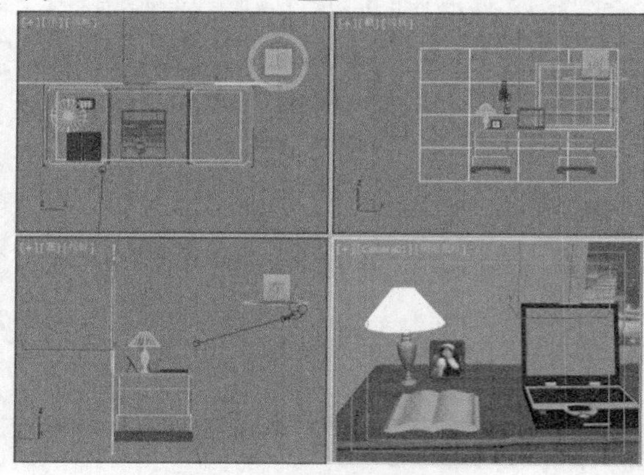

图7-35　打开场景文件

图7-36　初次渲染效果

2. 添加主光。

(1) 在【创建】面板中单击按钮，在下拉列表中选择【标准】选项，在【对象类型】卷展栏中单击 目标聚光灯 按钮，在左视图中按下鼠标左键并向下拖动鼠标，创建目标聚光灯，同时选中灯光和目标点，移动位置到台灯模型中心，如图 7-37 所示。

要同时选中灯光和目标点，可单击灯光与目标点之间的连接线进行快速选择。

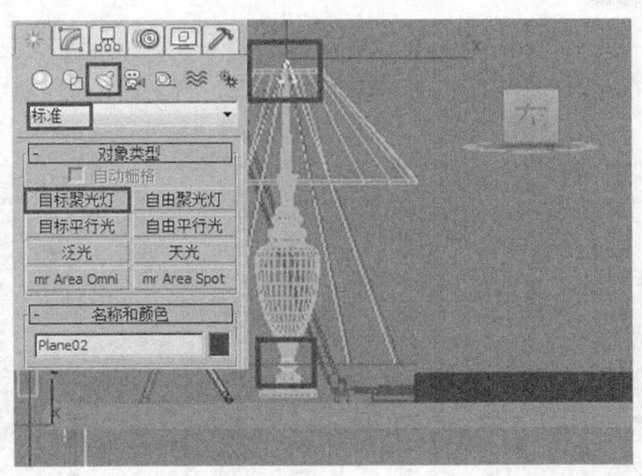

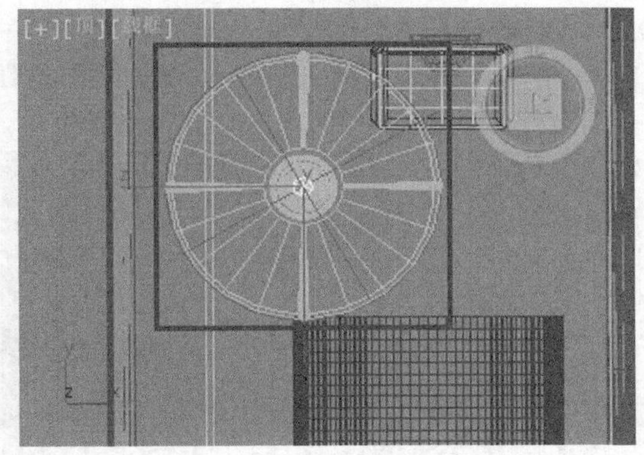

图7-37　添加主光

(2) 单独选中灯光，在【修改】面板的【强度/颜色/衰减】卷展栏中单击【倍增】后面的色块，设置灯光颜色的 RGB 值分别为“253”“238”和“214”；在【远距衰减】分组框中选择【使用】和【显示】复选项，设置【开始】值为“208”，【结束】值为“2800”，如图 7-38 所示。

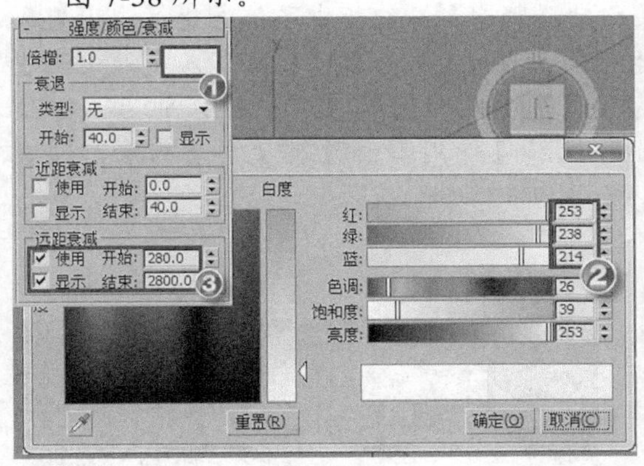

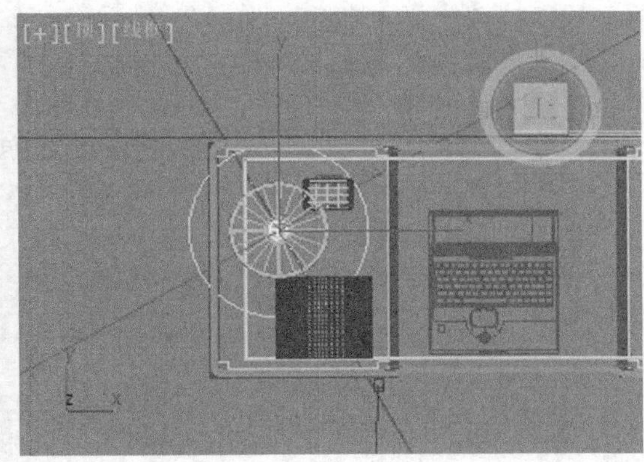

图7-38　设置灯光参数 1

(3) 在【聚光灯参数】卷展栏中选择【显示光锥】复选项，设置【聚光区/光束】参数为“105”，设置【衰减区/区域】参数为“157”，如图 7-39 所示。

(4) 在【阴影贴图参数】卷展栏中设置【偏移】为“1.0”、【大小】为“512”、【采样范围】为“4.0”，再次渲染摄影机视图查看主光照明效果，如图 7-40 所示。

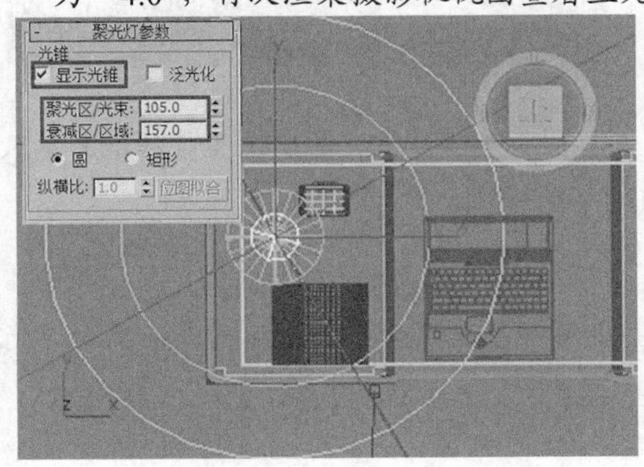

图7-39　设置灯光参数 2

图7-40　设置灯光参数 3

3. 添加辅光。

(1) 切换到【创建】面板，单击 泛光 按钮，在左视图中单击创建泛光灯，然后调整其位置到台灯模型的中心，如图 7-41 所示。

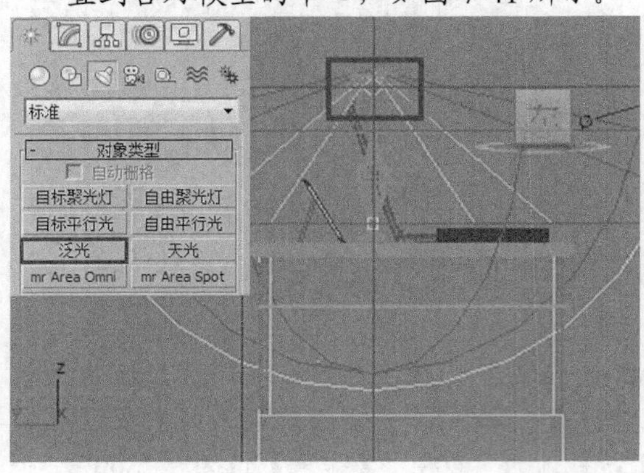

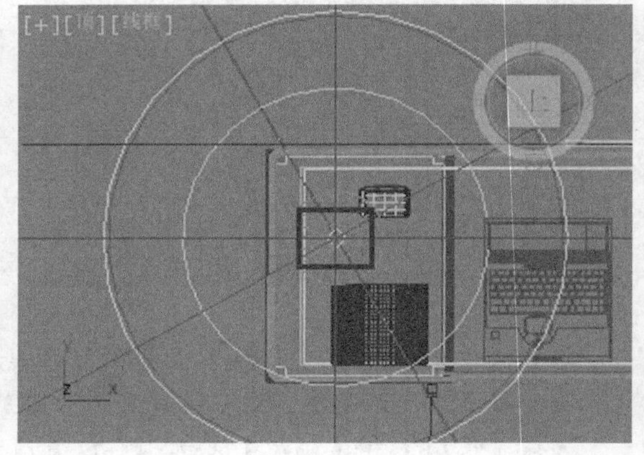

图7-41 创建泛光灯

(2) 切换到【修改】面板，在【常规参数】卷展栏的【阴影】分组框中取消选择【启用】和【使用全局设置】复选项，使泛光灯不产生阴影；在【强度/颜色/衰减】卷展栏中设置【倍增】参数为“0.5”，单击其后的色块，设置灯光颜色的 RGB 值分别为“252”“224”和“181”；在【远距衰减】分组框中选择【使用】和【显示】复选项，设置【开始】值为“140”、【结束】值为“805”，如图 7-42 所示。

(3) 渲染摄影机视图，得到图 7-43 所示的效果。

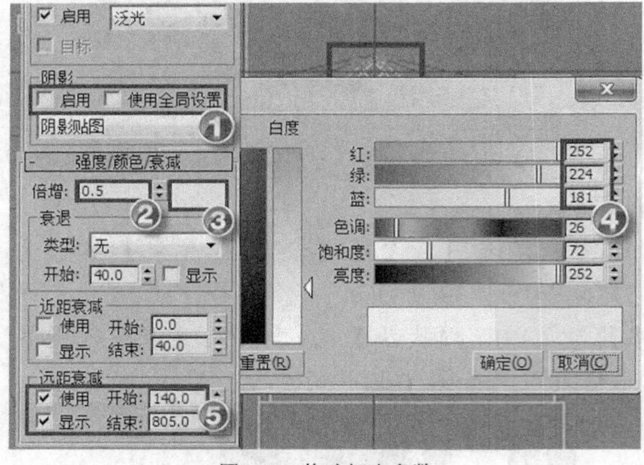

图7-42 修改灯光参数

图7-43 渲染效果

(4) 切换到【创建】面板，单击 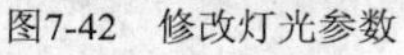 按钮，在【天光参数】卷展栏中设置【倍增】参数为“0.2”，在左视图中任意位置单击创建一个天光，如图 7-44 所示。

(5) 渲染摄影机视图，得到图 7-45 所示的效果。

4. 渲染设置。

(1) 按 F10 键打开【渲染设置】窗口，进入【高级照明】选项卡，在下拉列表中选择【光跟踪器】选项，参数使用默认值，如图 7-46 所示。

(2) 渲染摄影机视图，结果如图 7-47 所示。

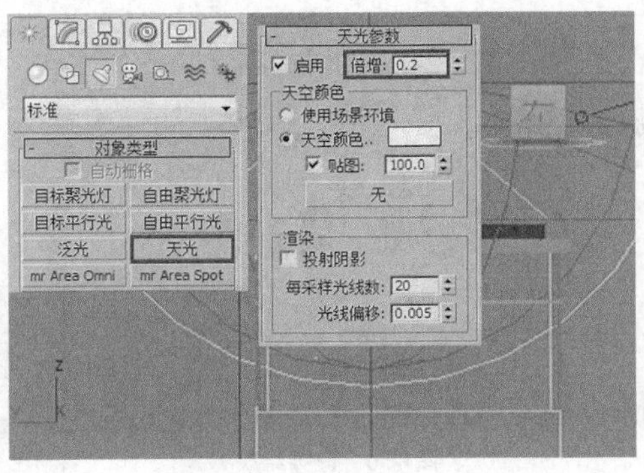

图7-44　创建天光

图7-45　渲染效果

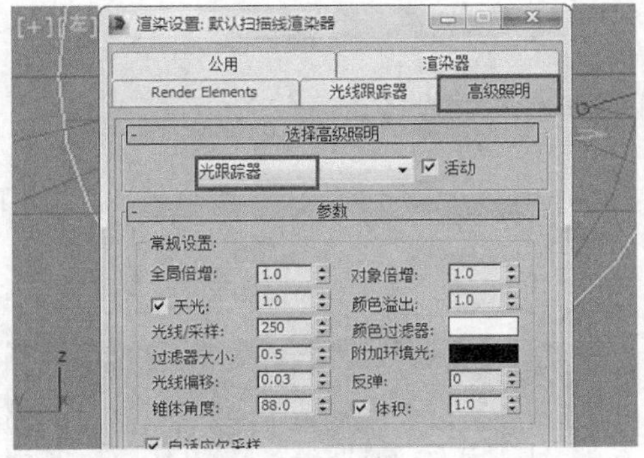

图7-46　渲染设置

图7-47　渲染效果

7.2.3　举一反三——制作“夜幕降临”效果

本例将使用光度学灯光中的“自由灯光”来模拟夜幕下使用各种灯光照明获得的视觉效果，案例制作完成后的结果如图 7-48 所示。

图7-48　设计效果

【操作步骤】

1.　打开素材文件。

(1) 打开素材文件“第 7 章\素材\夜幕降临\夜幕降临.max”，场景中制作了一个海边别墅，如图 7-49 所示。

(2) 对场景进行渲染，效果如图 7-50 所示，这是用默认灯光照明后的渲染结果，显得极为平淡。

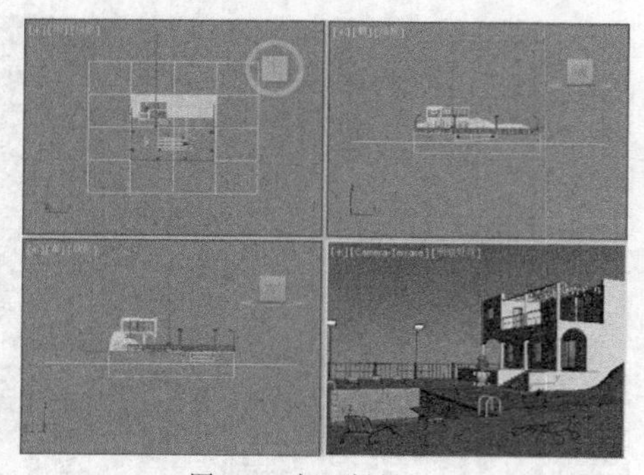

图7-49　打开场景

图7-50　渲染结果

2.　制作走廊的照明效果

(1) 创建光度学灯光，如图 7-51 所示。

① 在【创建】面板中单击按钮，确保当前使用的灯光类型为【光度学】。

② 单击 自由灯光 按钮。

③ 在弹出的【创建光度学灯光】提示框中单击 是 按钮。

④ 单击鼠标左键在顶视图中创建一盏灯光。

⑤ 在按钮上单击鼠标右键，然后设置灯光的坐标参数。

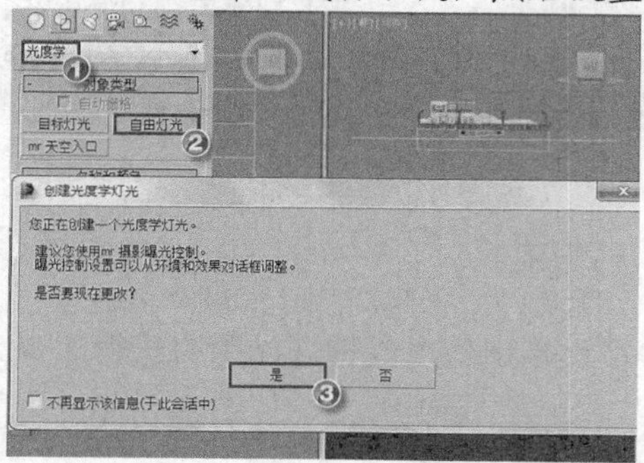

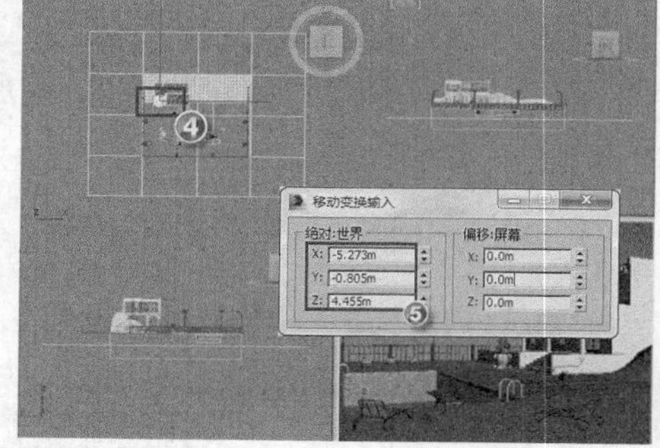

图7-51　创建光度学灯光

(2) 调整参数并克隆灯光，如图 7-52 和图 7-53 所示。

① 打开【修改】面板，在【模板】卷展栏中设置模板为【嵌入式 75W 灯光（web）】。

② 在顶视图中按住 Shift 键沿 x 轴以“实例”方式克隆一盏灯光。

③ 在按钮上单击鼠标右键，设置灯光的坐标参数。

④ 使用同样的方法克隆一盏灯光，然后设置灯光的坐标参数。

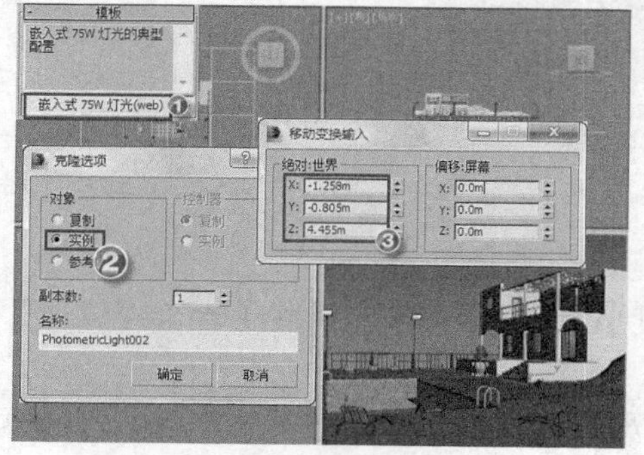

图7-52　调整参数并克隆灯光

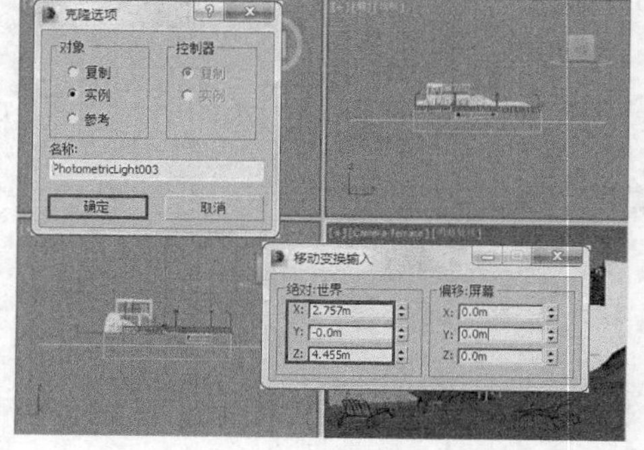

图7-53　克隆灯光

(3) 调整曝光控制，如图 7-54 所示。

① 按 8 键打开【环境和效果】窗口，在【mr 摄影曝光控制】卷展栏中设置【预设值】为【基于物理的灯光、室外夜间】。

② 通过渲染摄影机视图获得的设计效果，可以明显地看到走廊灯光的光照效果。

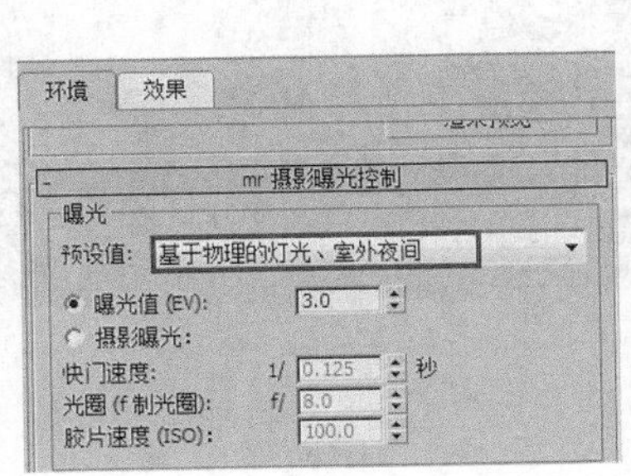

图7-54　调整曝光控制

3.　制作阳台的照明效果。

(1) 创建自由灯光。

① 在【创建】面板中单击 自由灯光 按钮。

② 在顶视图中单击创建一盏灯光。

③ 按照图 7-55 所示设置灯光坐标参数。

(2) 调整参数并克隆灯光，如图 7-56 所示。

① 在【修改】面板中设置模板为“100W 灯泡”。

② 在【颜色】组中选中第 1 个单选框：“D65 Illuminant（基准白色）”。

③ 按住 Shift 键移动灯光并以“实例”方式克隆灯光，然后设置克隆灯光的坐标参数。

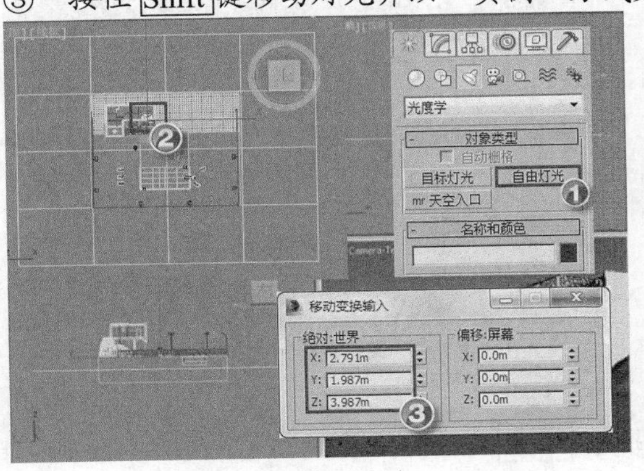
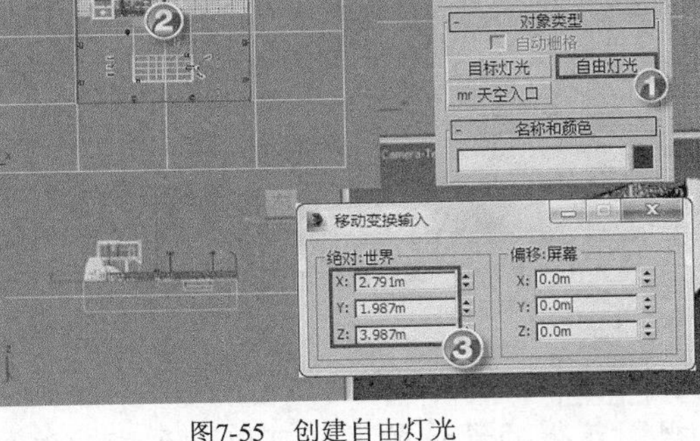

图7-55　创建自由灯光

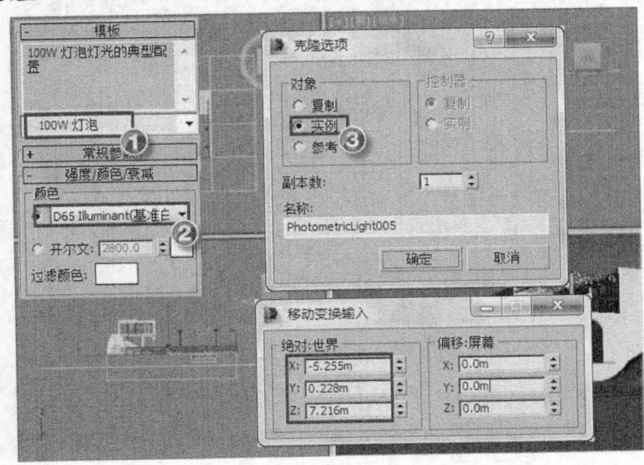

图7-56　调整参数并克隆灯光

(3) 创建并克隆灯光，如图 7-57 所示。

① 在【创建】面板中单击 自由灯光 按钮，在顶视图中单击创建一盏灯光。

② 设置灯光模板为“100W 灯泡”。

③ 设置灯泡坐标参数。

④ 按住 Shift 键移动灯光并以“实例”方式克隆灯光。

⑤ 设置克隆灯光的坐标参数。

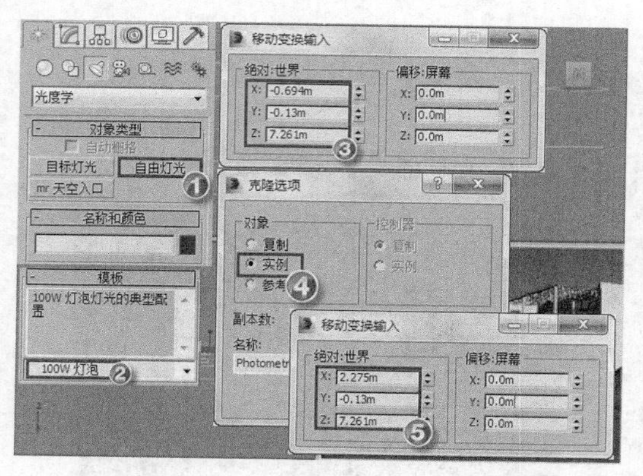

图7-57　创建并克隆灯光

4.　制作游泳池照明效果。

(1) 创建灯光，如图 7-58 所示。

① 在【创建】面板中单击 自由灯光 按钮，在顶视图中单击创建一盏灯光。

② 按照图示设置灯光坐标参数。

(2) 调整并克隆灯光，如图 7-59 所示。

① 在【修改】面板中设置灯光模板为“80W 卤素灯泡”。

② 设置【开尔文】参数为“8000”。

③ 按住 Shift 键沿 x 轴移动灯光至泳池中线处，在【克隆选项】对话框中设置【副本数】为“2”。

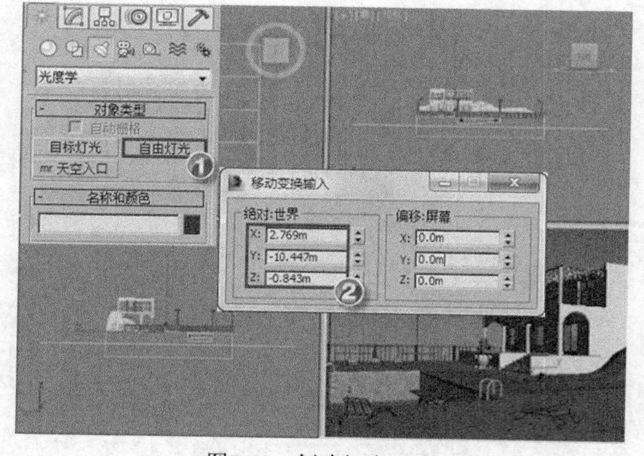

图7-58　创建灯光

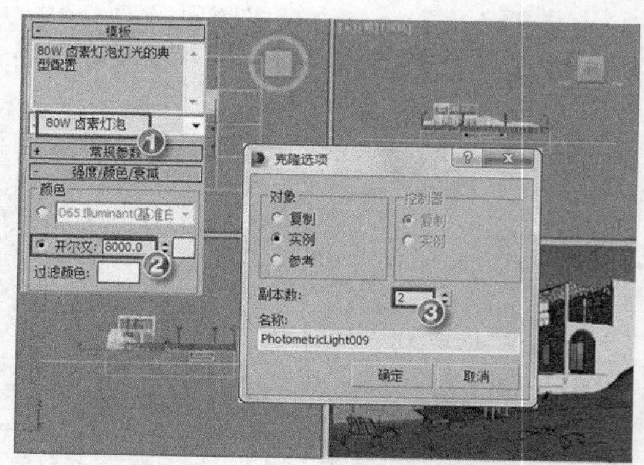

图7-59　调整参数并克隆灯光

(3) 继续克隆灯光，如图 7-60 所示。

按住 Ctrl 键同时选中泳池中的 3 个灯光，按住 Shift 键沿 y 轴移动灯光至泳池另一侧，以“实例”方式克隆灯光，通过渲染摄影机视图获得的设计效果，可以看到游泳池中的灯光照明效果。

5.　制作灯柱照明效果。

(1) 创建灯光，如图 7-61 所示。

① 在【创建】面板中单击 自由灯光 按钮，在顶视图中单击创建一盏灯光。

② 设置灯光坐标参数。

(2) 调整灯光参数，如图 7-62 所示。

① 在【修改】面板中设置灯光模板为“4ft 暗槽荧光灯（web）”。

② 设置灯光的【图形】参数，调整灯光的形状和大小。

③ 在按钮上单击鼠标右键，调整灯光旋转参数。

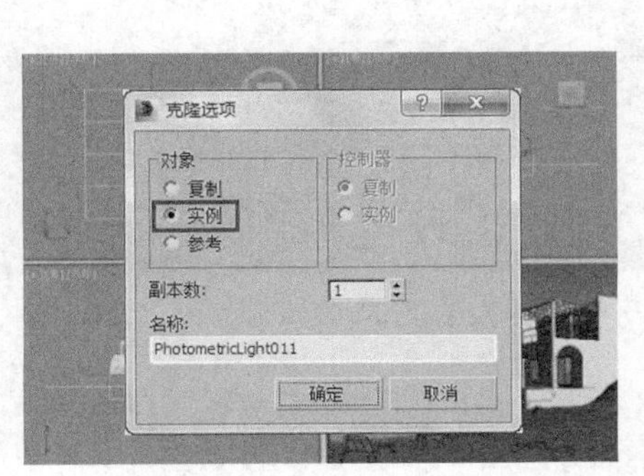

图7-60　创建并克隆灯光

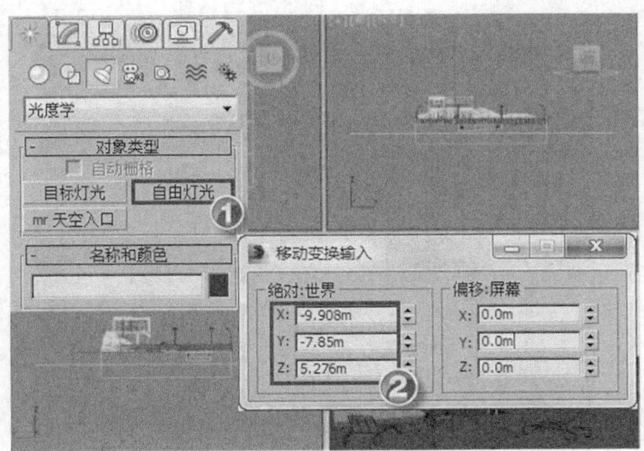

图7-61　创建灯光

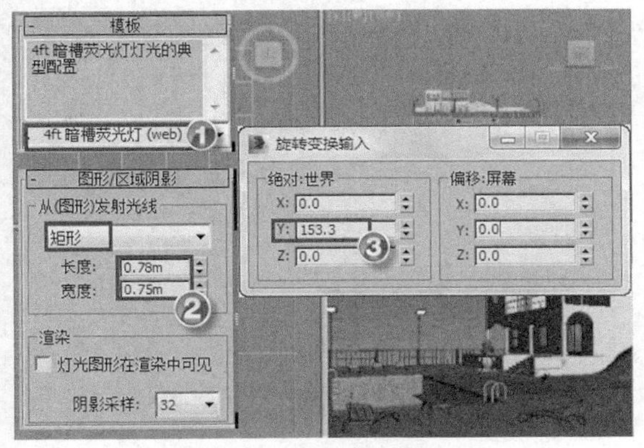

图7-62　调整灯光参数

(3) 克隆灯光，如图 7-63 和图 7-64 所示。

① 按住 Shift 键沿 y 轴移动灯光至下侧灯罩内并以“实例”方式克隆。

② 同时选中灯罩内的两盏灯光，按住 Shift 键并沿 x 方向克隆。

③ 将最后克隆出的两盏灯光旋转 180°，并将两盏灯光沿 x 轴移动至右侧灯罩内，渲染结果如图 7-64 右图所示。

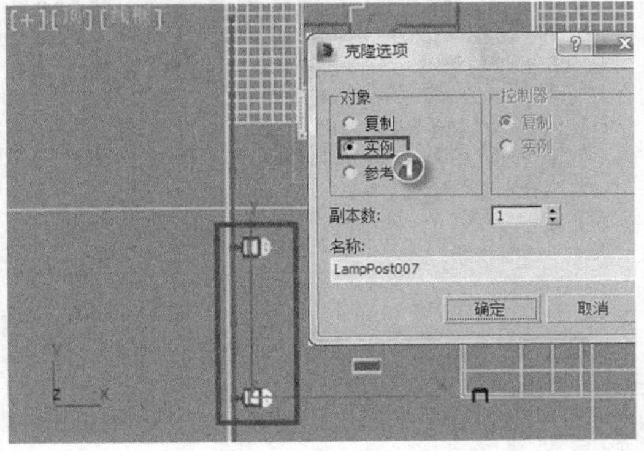

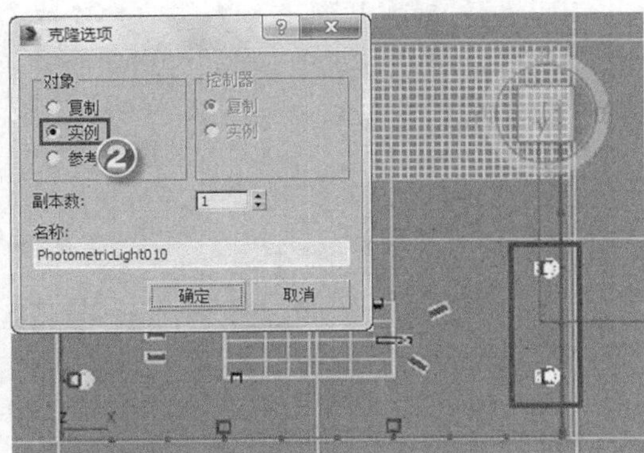

图7-63　创建并克隆灯光 1

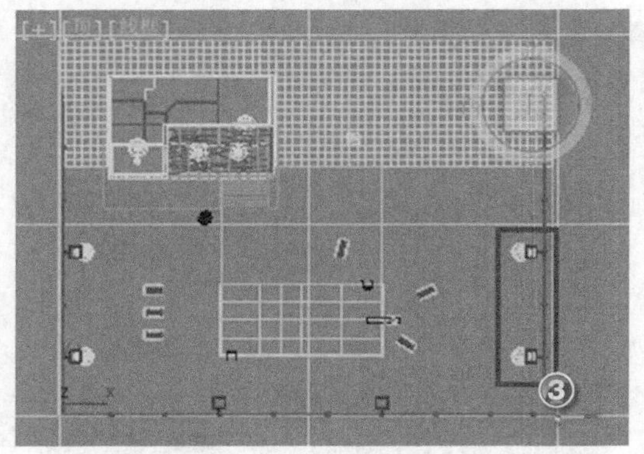

图7-64 创建并克隆灯光 2

(4) 调整并克隆灯光，如图 7-65 所示。

① 再次对右侧灯罩内的两盏灯光进行克隆。

② 将克隆后的灯光顺时针旋转 90°，调整灯光位置至灯罩内。最后渲染摄影机视图。

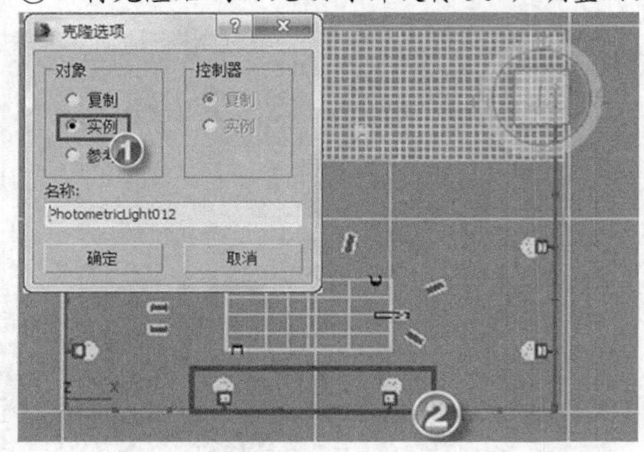

图7-65 调整并克隆灯光

(5) 调整灯光强度，如图 7-66 所示。

① 任意选中一个灯罩内的灯光。

② 在【修改】面板中设置其【结果强度】为“200%”。最后渲染摄影机视图。

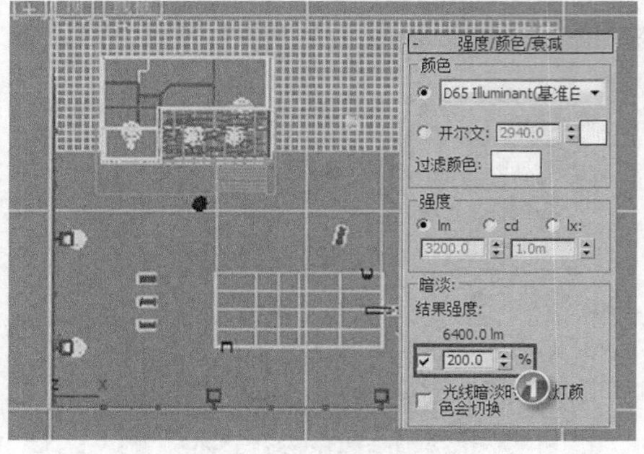

图7-66 调整灯光强度

(6) 按 Ctrl+S 组合键保存场景文件到指定目录，本例制作完毕。

7.3　使用日光系统和全局照明

光度学灯光与真实世界中的灯光类似，具有各种颜色特性，通过光度学（光能）值，可以更加精确地定义灯光。日光系统可以模拟地球围绕太阳运行的效果，遵循太阳在地球上的某一给定位置符合地理学的位置和运动。

7.3.1　基础知识——熟悉日光系统和全局照明的用法

一、　日光系统

使用日光系统用户可以选择位置、日期、时间和指南针方向，也可以设置日期和时间的动画，其参数用法如表 7-8 所示。

表 7-8　　日光系统参数及其用法

参数组	参数	含义
日光参数	IES 太阳光	IES 太阳光是模拟太阳光的基于物理的灯光对象 当与日光系统配合使用时，将根据地理位置、时间和日期自动设置 IES 太阳光的值
	IES 天光	“IES 天光”是基于物理的灯光对象，该对象模拟天光的大气效果
	mr 太阳	mr 太阳使用 mr 太阳光来模拟太阳
	天光	天光用于建立日光的模型，可以设置天空的颜色或将其指定为贴图
	mr 天空	mr 天空主要在 mental ray 太阳和天空组合中使用
	标准	使用目标直接光来模拟太阳
	设置...	选择“手动或日期、时间和位置”后，打开【运动】面板，可调整日光系统的时间、位置和地点
控制参数	方位和海拔高度	显示太阳的方位和海拔高度。方位是太阳的罗盘方向，海拔高度是太阳距离地平线的高度，以度为单位
	获取位置...	显示【地理位置】对话框，可以通过从地图或城市列表中选择一个位置来设置经度和纬度值
	北向	设置罗盘在场景中的旋转方向。默认情况下，北为 0 并指向地平面 y 轴的正向
	轨道缩放	设置太阳（平行光）与罗盘之间的距离

二、　全局照明

在现实世界中，光能从一个曲面反射到另一个曲面，使得阴影变得柔和，照明效果更加均匀。但是在 3ds Max 的默认情况下，光线并不反射，必须使程序生成反射照明的模型。将由 mental ray 渲染器提供的方法称为全局照明。

全局照明使用的光子与用于渲染焦散的光子相同。实际上，全局照明和焦散都属于同一个总类别，将该类别称为间接照明。

在场景中，可以使用全局照明来创建平滑的、外观自然的照明，仅需用相对较少的光源和增加相对较短的渲染时间。

7.3.2 学以致用——制作“日光照明”效果

本例将通过添加日光系统完成场景的日光照明效果，案例制作完成后的效果如图 7-67 所示。

图7-67 最终效果

【操作步骤】

1. 打开制作模板。

(1) 打开素材文件“第 7 章\素材\日光照明\日光照明.max”，其中制作了一个海边别墅的场景，如图 7-68 所示。

(2) 对场景进行渲染，效果如图 7-69 所示。

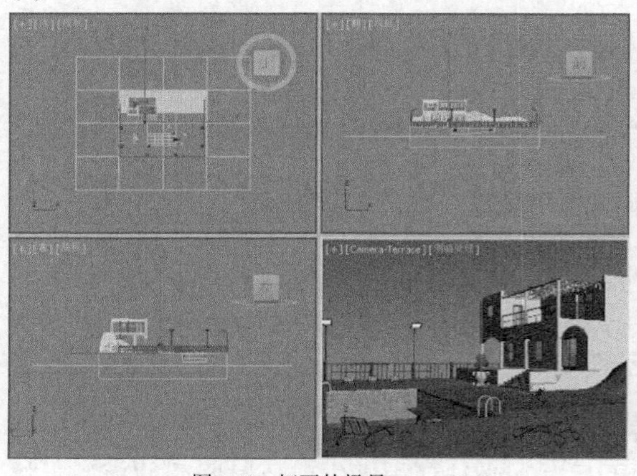

图7-68 打开的场景

图7-69 渲染效果

2. 创建日光系统，如图 7-70 所示。

(1) 在【创建】面板中单击 按钮。

(2) 单击 日光 按钮。

(3) 在弹出的【创建日光系统】提示框中单击 是 按钮。

(4) 在顶视图中单击鼠标并略微拖动鼠标以创建指南针，松开鼠标，向上移动鼠标以定位日光对象，单击完成创建。

(5) 在修改面板中修改参数。

(6) 在弹出的提示框中单击按钮。

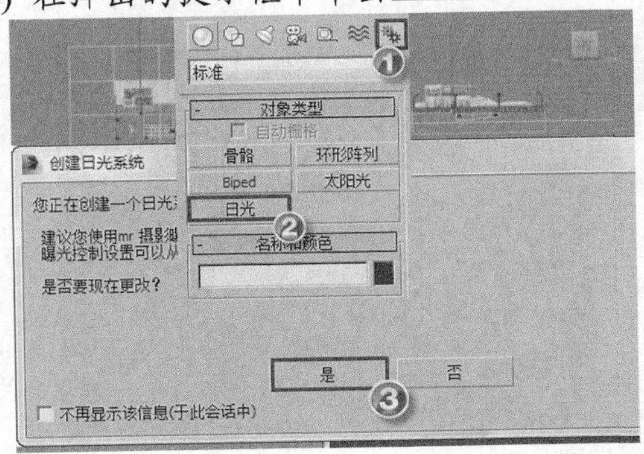

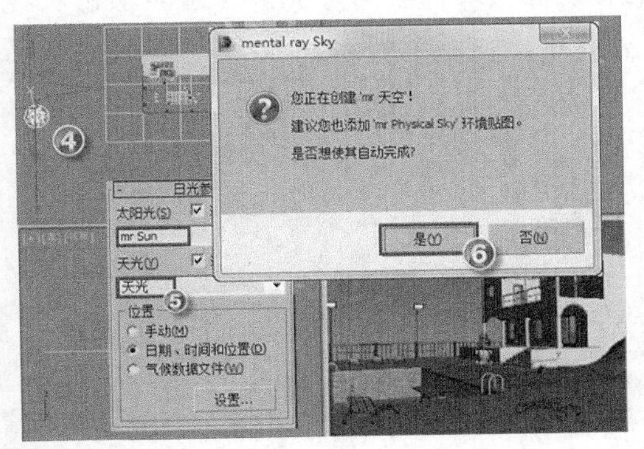

图7-70　创建日光系统

3.　设置中午照明效果，如图 7-71 所示。

(1) 在【修改】面板中单击 设置... 按钮转到【控制参数】面板。

(2) 设置【时间】为“15:00”。渲染摄影机视图。

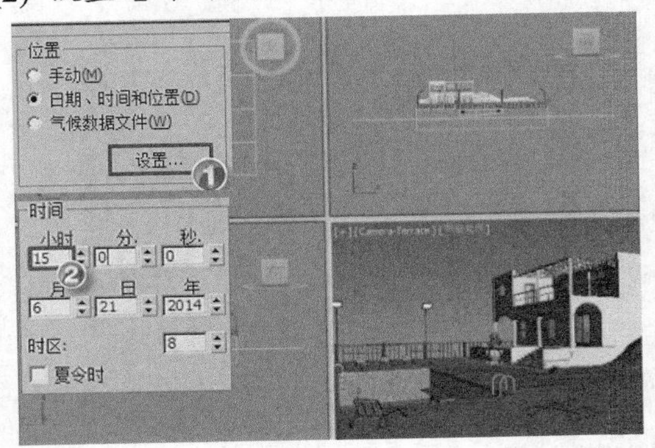

图7-71　设置中午照明效果

4.　启用最终聚集，如图 7-72 所示。

(1) 按F10键打开【渲染设置:NVIDIA mental ray 渲染器】对话框，进入【全局照明】选项卡。

(2) 勾选【启用最终聚集】复选项。渲染摄影机视图。

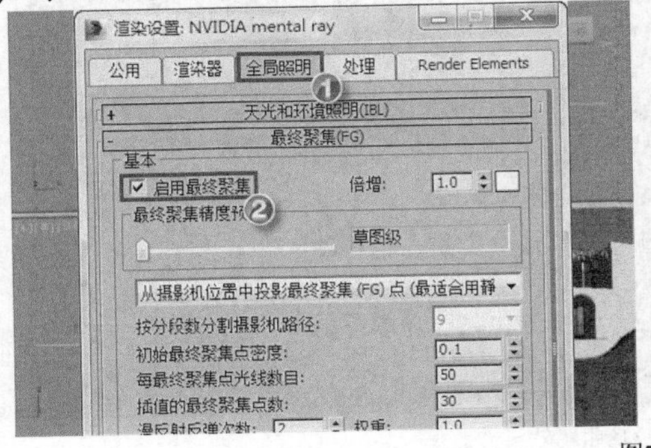

图7-72　启用最终聚集

5.　制作下午照明效果，如图 7-73 所示。

(1) 在【控制参数】面板中设置【时间】为“18:20”。

(2) 设置【北向】为“345”。渲染摄影机视图。

图7-73　调整日光系统参数

6.　调整曝光控制，如图 7-74 所示。

(1) 按8键打开【环境和效果】窗口。

(2) 在【mr 摄影曝光控制】卷展栏中点选【摄影曝光:】单选项。

(3) 设置【光圈】为“5.6”。渲染摄影机视图。

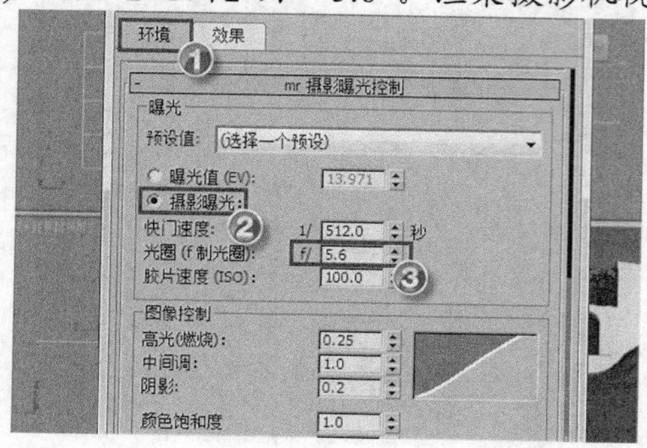

图7-74　调整曝光控制

7.　制作傍晚照明效果，如图 7-75 所示。

在【控制参数】卷展栏中设置【时间】为“19:35”。渲染摄影机视图。

图7-75　制作傍晚照明效果

8.　调整曝光控制，如图 7-76 所示。

在【环境和效果】窗口中设置【快门速度】为“100”，渲染摄影机视图获得的设计效果如图 7-76 右图所示。

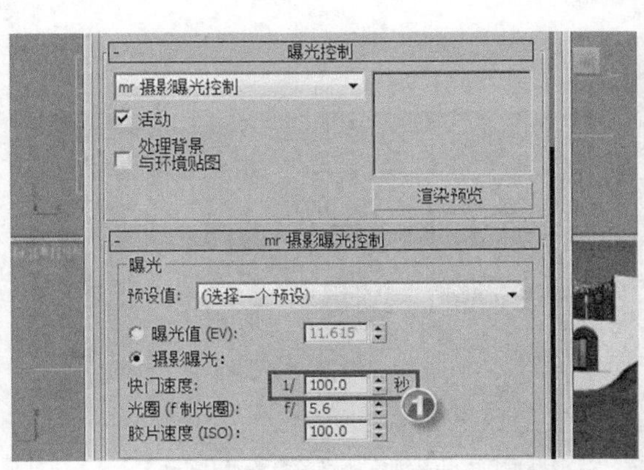

图7-76　调整曝光控制

9.　按 Ctrl+S 组合键保存场景文件到指定目录，本例制作完成。

7.3.3　举一反三——制作“书房效果”

本例同样使用【最终聚集】来模拟全局照明，并对场景中的模型赋予适合的材质，通过此案例再次巩固【最终聚集】的知识点，最终效果如图 7-77 所示。

图7-77　最终效果

【操作步骤】

1.　打开制作模板。

(1) 打开素材文件“第 7 章\素材\书房效果\书房效果.max”，如图 7-78 所示。

(2) 场景中提供了本例所需的模型。

(3) 场景中创建了一架摄影机，用于对房间进行特写渲染。

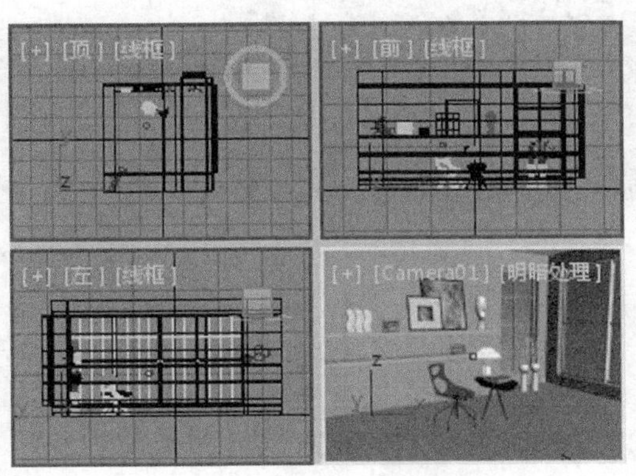

图7-78　打开制作模板

2.　调整场景光照亮度。

(1) 打天光并设置天光参数，如图 7-79 所示。

① 单击 天光 按钮在顶视图中创建一盏天光。

② 设置灯光参数。

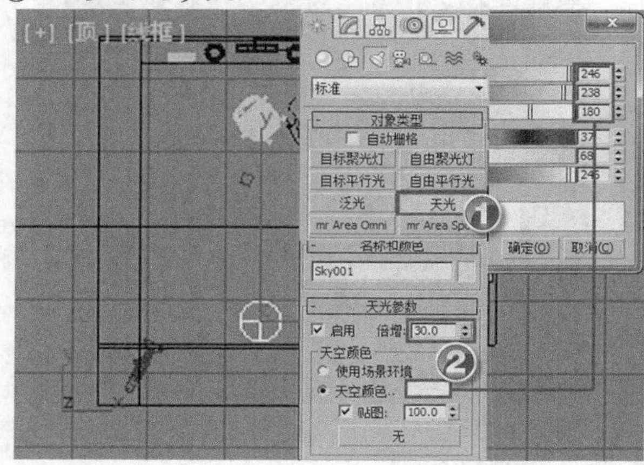

图7-79　打天光并设置天光参数

(2) 设置环境参数并查看曝光效果，如图 7-80 所示。

① 按 M 键打开材质编辑器，选取一个空白材质球，单击按钮打开【材质/贴图浏览器】窗口，在 mental ray 贴图列表（注意，不是材质列表）中双击 mr Physical Sky。

② 按 8 键打开【环境与效果】对话框，设置【倍增】参数。

③ 将刚创建的材质球拖到【背景】分组框中的 无 按钮上，在弹出的对话框中选择【实例】选项，再单击 确定 按钮。

④ 设置其余参数。

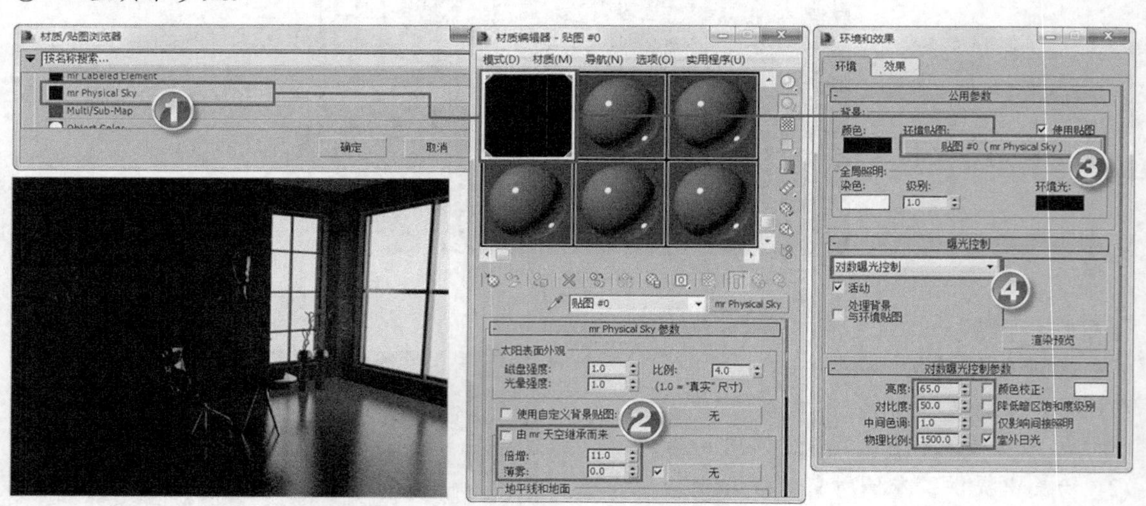

图7-80　设置环境参数改善曝光效果

(3) 设置【最终聚集】参数再次调亮场景并渲染结果，如图 7-81 所示。

① 在【渲染】菜单中选择【渲染设置】打开【渲染设置:NVIDIA mental ray 渲染器】对话框，切换到【全局照明】选项卡。

② 设置全局照明参数。

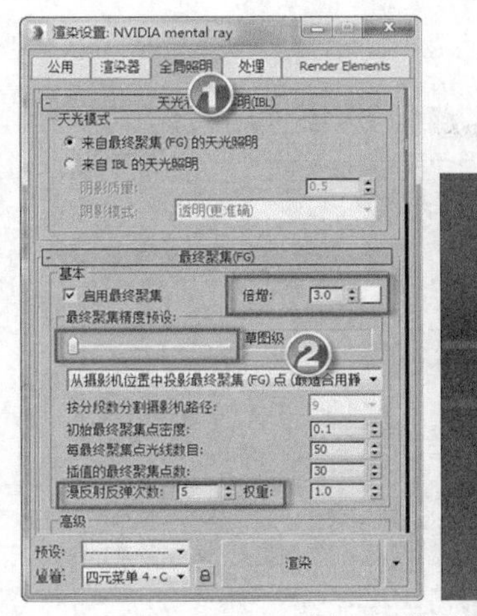

图7-81　设置【最终聚集】参数再次调亮场景

(4) 增加图像细节。

① 继续在【最终聚集】卷展栏中设置【初始最终聚集点密度】参数增加场景光照细节，如图 7-82 所示。

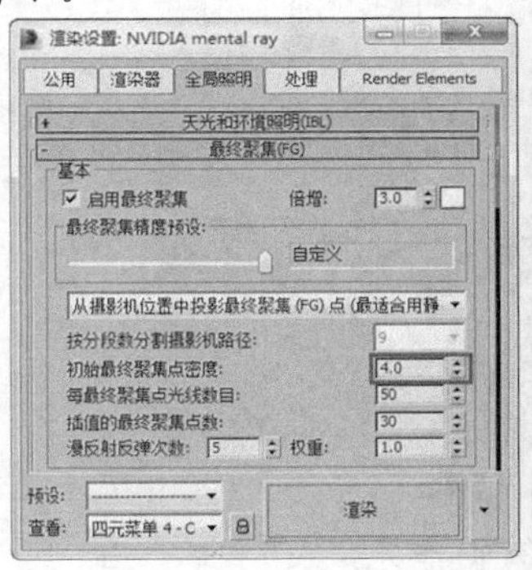

图7-82　设置【初始最终聚集点密度】参数增加场景光照细节

② 设置【每最终聚集点光线数目】参数消除黑斑，如图 7-83 所示。

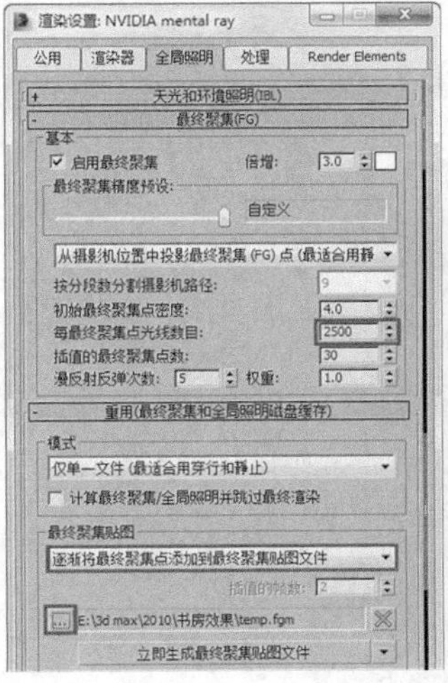

图7-83　设置【每最终聚集点光线数目】参数消除黑斑

③ 设置抗锯齿参数，如图 7-84 所示。

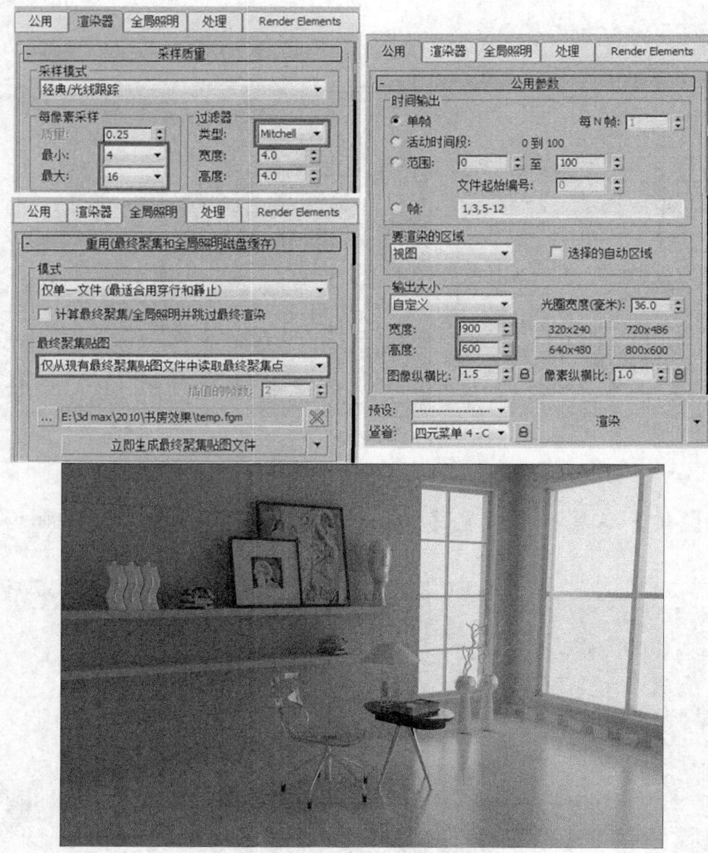

图7-84　设置抗锯齿参数

3.　按 Ctrl+S 组合键保存场景文件到指定目录，本例制作完成。

7.4 练习题

1. 简要说明透视图、灯光视图与摄影机视图的区别。
2. 摄影机的焦距和视野之间有什么联系？
3. 3ds Max 中主要使用了哪些灯光？
4. 灯光的阴影有哪些类型，各有何特点？
5. 标准灯光与光度学灯光在用途上有何不同？

第8章　制作基本动画

动画是影视特效及三维展示的重要手段，目前，国内外很多三维动画片都使用 3ds Max 来完成。3ds Max 为设计师提供了丰富多样的动画设计工具和动画控制器，使用这些工具可以创建出风格各异的动画作品。

8.1　制作关键点动画

在制作三维动画前，首先来了解动画的原理、动画控制工具及关键点动画的制作方法。

8.1.1　基础知识——了解动画的基本知识

动画是连续播放的一系列静止的画面。在 3ds Max 中可以将对象的参数变换设置为动画，这些参数随着时间的推移发生改变就产生了动画效果。

一、　动画的原理

动画是以人类视觉的原理为基础：如果快速查看一系列相关的静态图像，就会感觉到这是一个连续的运动。每一个单独的图像称为一帧，如图 8-1 所示。

3ds Max 的动画制作原理和制作电影一样，就是将每个动作分成若干个帧，然后将所有帧连起来播放，在人的视觉中就形成了动态的视觉效果。

3ds Max 的动画功能非常强大，既可以通过记录摄影机、灯光、材质的参数变化来制作动画，也可以用动力学系统来模拟各种物理动画，如图 8-2 所示。

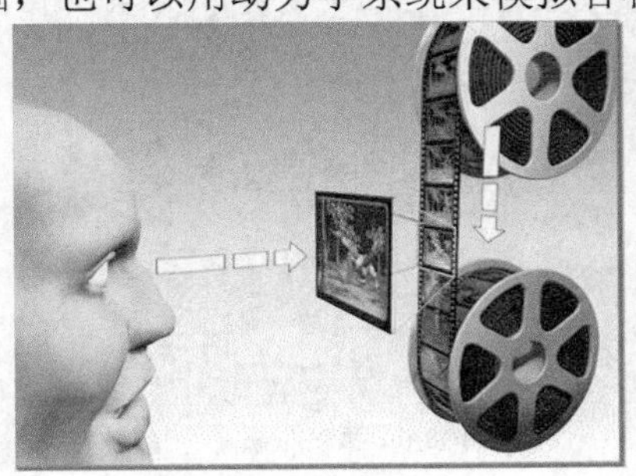

图8-1　动画原理

图8-2　模拟物理现象

二、　创建关键点动画

在 3ds Max 2015 中创建关键点动画有两种方式：一种是“自动关键点”模式，另一种是“设置关键点”模式。

1.　自动关键点模式。

(1)　运行 3ds Max 2015，在场景中创建一个小球，然后赋予地球的贴图材质（也可以打开素材文件“第 8 章\素材\案例\maps”）。

(2) 在主界面右下方的动画控制区中单击自动关键点按钮，开启动画记录模式，如图 8-3 所示。

(3) 将时间滑块拖曳到第 60 帧，将其沿 y 轴旋转 180°，如图 8-4 所示。

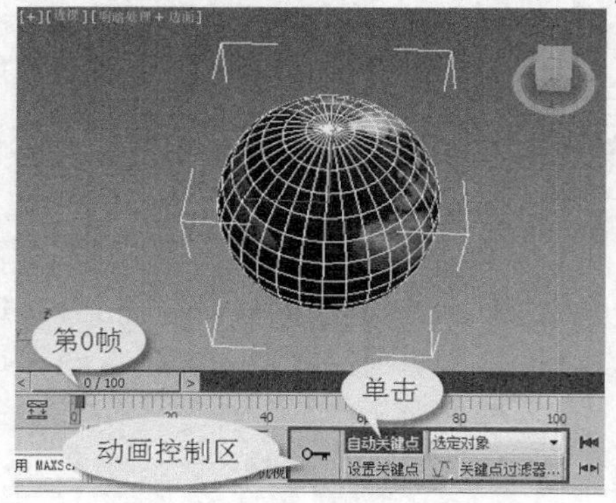

图8-3 开启自动关键点模式

图8-4 旋转模型

(4) 在时间控制区中单击▶按钮，播放动画，可以观看动画效果。

单击自动关键点按钮后，当前激活的视图以红色边框显示，表示已经开启了自动关键点模式，将时间滑块拖曳到一个帧上，然后对模型进行移动、旋转等操作，系统就会自动将模型的变化记录为动画。

2. 设置关键点模式。

(1) 重新打开“自动关键点模式”中的小球素材。

(2) 在动画控制区中单击设置关键点按钮，设置关键点模式。

(3) 在第 0 帧单击⊶按钮创建一个关键帧，如图 8-5 所示。

(4) 将时间滑块拖曳到第 60 帧，并移动对象，再次单击⊶按钮创建一个关键帧，如图 8-6 所示。

图8-5 设置关键帧

图8-6 移动对象

(5) 在时间控制区中单击▶按钮，播放动画，可以观看动画效果。

要点提示

单击设置关键点按钮后，开启了设置关键点模式，它能够在独立轨迹上创建关键帧，当一个对象的状态调整至理想状态，可以使用该项状态创建关键帧。如果移动到另一个时间而没有设置关键帧（未按下⊶按钮），那么该状态将被放弃。

三、 认识关键帧

关键帧是指用户设置的动画帧，设置好动画的起始和终止两个关键帧及中间的动作方式，关键帧之间的所有动画就会由 3ds Max 自动生成。

创建关键点动画后，在时间滑块上将显示关键帧标记，关键帧标记会根据类型的不同用不同的颜色进行显示，红色代表位置信息、绿色代表旋转信息、蓝色代表缩放信息，如图 8-7 所示，关键帧的相关操作如表 8-1 所示。

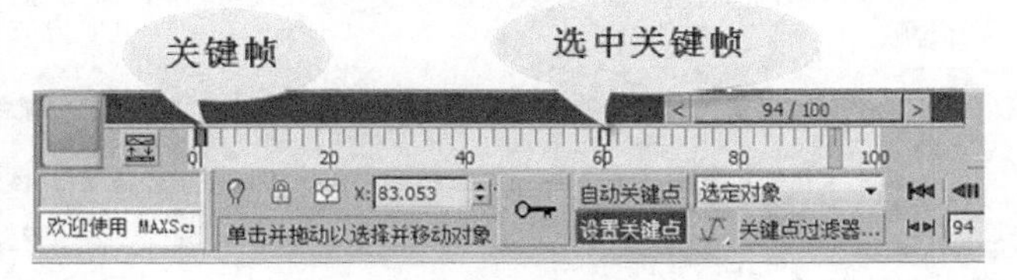

图8-7　创建关键帧

表 8-1　**关键帧相关操作**

选项	采用方法
移动关键帧	选中需要移动的关键帧，按住鼠标左键并拖动鼠标，即可进行移动
复制关键帧	选中需要复制的关键帧，按住 Shift 键并按住鼠标左键拖动鼠标，然后进行复制
删除关键帧	选中需要删除的关键帧，按 Delete 键进行删除

要点提示　在遇到多个参数的关键帧时，可以选中关键帧，单击鼠标右键，然后对需要改变的关键帧进行操作。

四、 时间控制区

时间控制区中的工具如图 8-8 右下角所示，除了具有播放动画的功能外，还可以对动画的时间进行设置，具体的功能如表 8-2 所示。

图8-8　时间控制区

表 8-2　**时间控制区功能**

选项	功能介绍
（转至开头）	将时间滑块移动到活动时间段的第 1 帧
（上一帧）	将时间滑块移动到上一帧
（播放动画）	在激活的视图中播放动画
（下一帧）	将时间滑块移动到下一帧

续表

选项	功能介绍
（转至结尾）	将时间滑块移动到活动时间段的最后一帧
（关键点模式切换）	在关键帧之间跳转，单击该按钮后单击按钮或按钮，可以由一个关键帧跳到下一个关键帧
0	显示时间滑块当前所处的时间，在此输入数值后，时间滑块可以跳到输入数值所处的时间上
（时间配置）	单击该按钮，打开【时间配置】对话框，在该对话框中提供了帧速率、时间显示、播放和动画的设置参数

五、【时间配置】对话框

单击图 8-8 所示的时间控制区右下方的按钮，打开【时间配置】对话框，如图 8-9 所示，该对话框中各选项的具体功能见表 8-3。

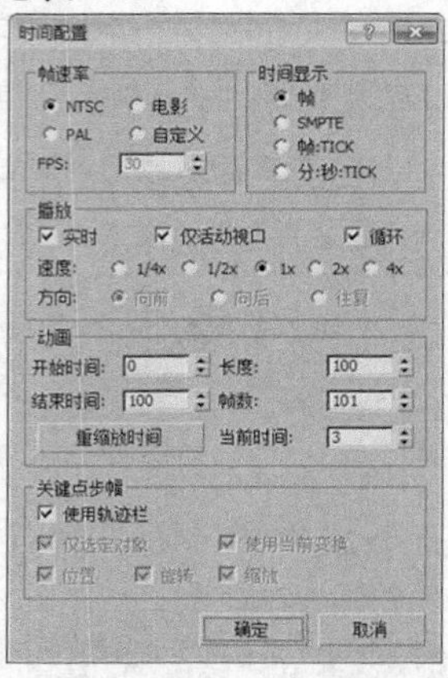

图8-9 【时间配置】对话框

表 8-3 【时间配置】对话框各选项的具体功能

分组框	参数	功能介绍
【帧速率】分组框	NTSC	美国和日本视频标准，帧速率为 30 帧/s
	PAL	我国和欧洲视频标准，帧速率为 25 帧/s
	电影	电影胶片标准，帧速率为 24 帧/s
	自定义	选中该项后，可以在下面的【FPS】文本框中自定义帧速率
【时间显示】分组框	帧	完全使用帧显示时间 这是默认的显示模式。单个帧代表的时间长度取决于所选择的当前帧速率。例如，在 NTSC 视频中每帧代表 1/30s
	SMPTE	使用电影电视工程师协会格式显示时间 这是一种标准的时间显示格式，适用于大多数专业的动画制作。SMPTE 格式从左到右依次显示分钟、秒和帧
	帧:TICK	使用帧和程序的内部时间增量（称为“tick”）显示时间 每秒包含 4800tick，所以实际上可以访问最小为 1/4800s 的时间间隔
	分:秒:TICK	以分钟 (min)、秒钟 (s) 和 tick 显示时间，其间用冒号分隔。例如，02:16:2240 表示 2min、16s 和 2240tick

续表

分组框	参数	功能介绍
【动画】分组框	开始时间	设置动画的开始时间
	结束时间	设置动画的结束时间
	长度	设置动画的总长度
	帧数	设置可渲染的总帧数，它等于动画的时间总长度加 1
	当前时间	设置时间滑块当前所在的帧
	重缩放时间	单击该按钮后会弹出【重缩放时间】对话框，在改变时间长度的同时，可以把动画的所有关键帧通过增加或减少中间帧的方式缩放到修改后的时间内

8.1.2 学以致用——制作“花苞绽放”

本案例将使用基本体创建花朵模型，然后使用关键点动画制作方法制作出花朵绽放的动画效果，效果如图 8-10 所示。

图8-10　效果图

【操作步骤】

1. 制作花瓣。

(1) 运行 3ds Max 2015，新建一个场景文件。

(2) 创建球体，如图 8-11 所示。

① 单击【创建】面板上的 球体 按钮，在顶视图上绘制一个球体。

② 在【修改】面板中设置【名称】为“花蕊”。

③ 修改半径和分段数。

④ 修改位置参数。

(3) 复制对象，如图 8-12 所示。

① 按住 Shift 键拖动复制出 1 个小球，设置属性为【复制】。

② 命名对象为“花瓣 001”，最后单击 确定 按钮。

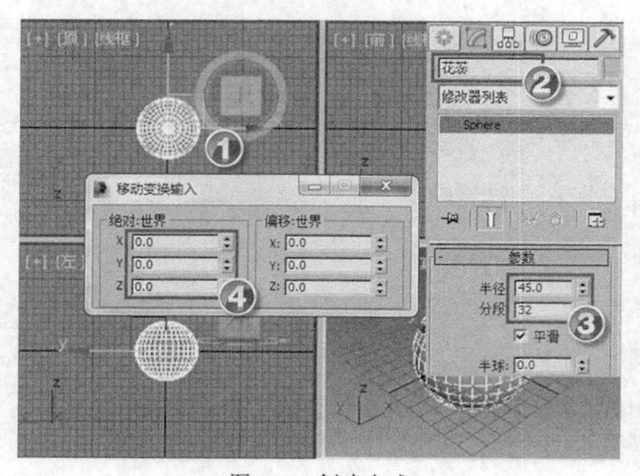

图8-11 创建小球

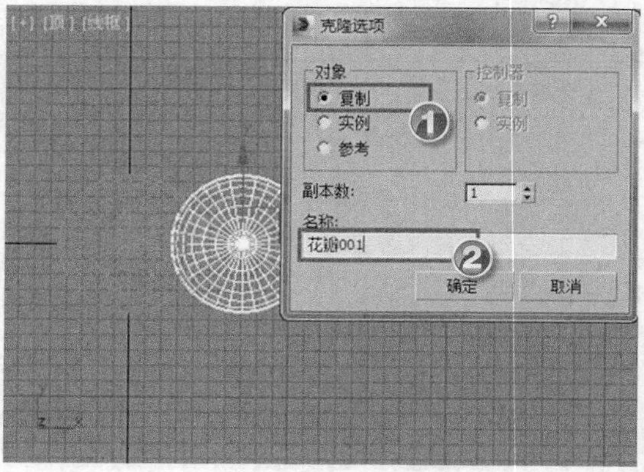

图8-12 复制小球

(4) 调整对象参数，如图 8-13 和图 8-14 所示。

① 选中名为“花瓣 001”的小球，设置其半径为 20。

② 用鼠标右键单击主工具栏上的按钮，在弹出的【缩放变换输入】对话框中设置缩放变形参数，并调整花瓣的位置。

③ 单击【层次】面板上【调整轴】卷展栏中的 仅影响轴 按钮，然后按 W 键，在顶视图中，将坐标轴移动到“花瓣 001”的左端。

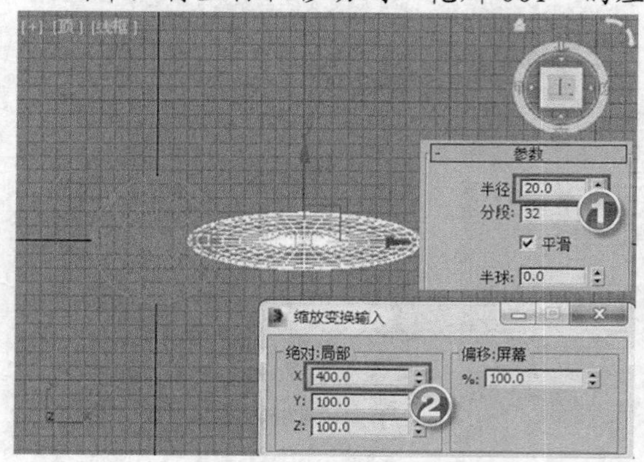

图8-13 改变小球形状

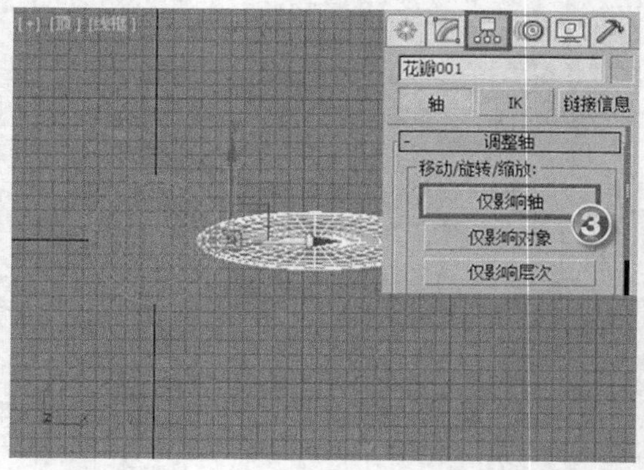

图8-14 移动坐标轴

(5) 设置坐标系和克隆对象，如图 8-15 和图 8-16 所示。

① 确认“花瓣 001”处于选中状态，按 E 键，单击中心轴按钮，设定为形态，单击参考坐标系选框，选择【拾取】选项，然后单击“花蕊”对象，这时参考坐标系选框中的坐标系变为“花蕊”。

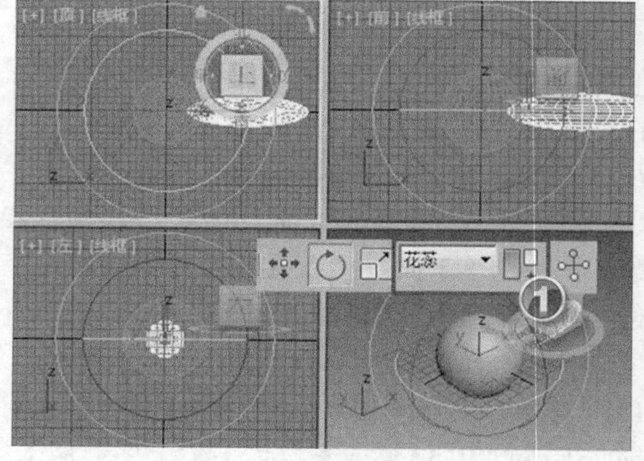

图8-15 设置旋转参考坐标系

这里设置的目的是设置对象“花蕊”为参考坐标系，然后才能使花瓣以“花蕊”为基准中心进行旋转。

② 在顶视图中，按住 Shift 键拖动“花瓣 01”沿 y 轴旋转 30°，弹出【克隆选项】对话框，设置复制参数。

最后的设计结果如图 8-17 所示。

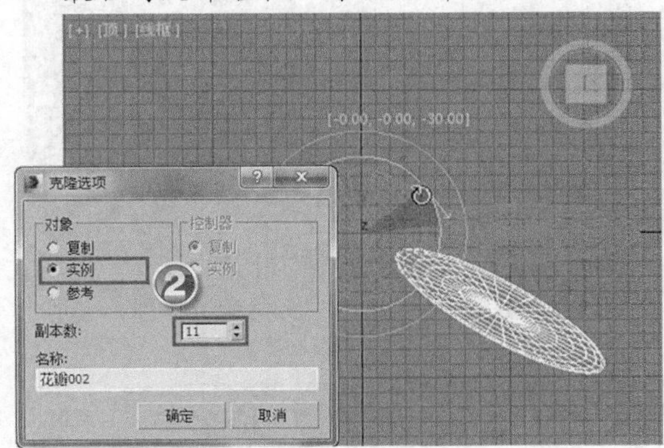

图8-16　复制花瓣

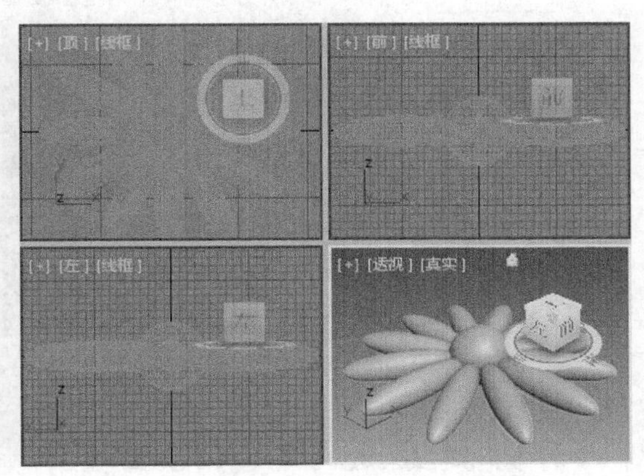

图8-17　花瓣效果图

要点提示　这里复制完成后，将参考坐标系设置为“视图”，中心轴设定为默认形态。

2.　制作花茎和叶子。

(1)　制作花茎和叶子，如图 8-18 到图 8-21 所示。

① 单击【创建】面板上的 圆柱体 按钮，在顶视图上绘制 1 个圆柱体。

② 在【修改】面板中设置【名称】为“花茎”，并设置其他参数。

③ 在前视图上选择名为“花瓣 001”的对象，按住 Shift 键用鼠标拖动复制出 1 个小球，并命名为“叶子”。

④ 选中名为“叶子”的对象，在【修改】面板中添加【FFD3×3×3】修改器，进入修改器的“控制点”级别。

⑤ 在视图中调整对象，使其达到图示效果。

⑥ 选择【实例】方式复制另一片“叶子”，并调整两片叶子的位置。

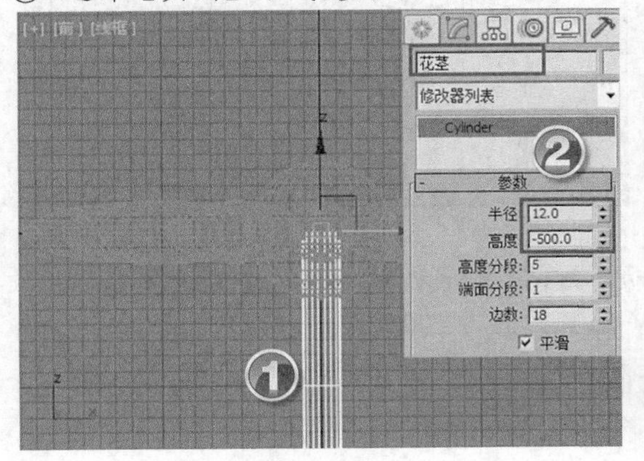

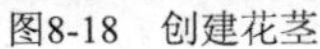

图8-18　创建花茎

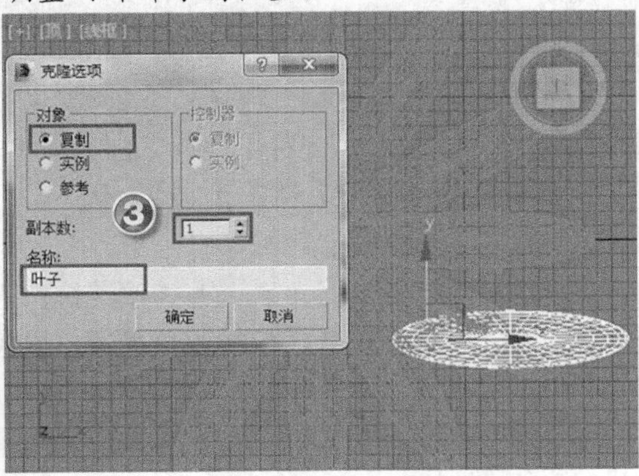

图8-19　创建叶子

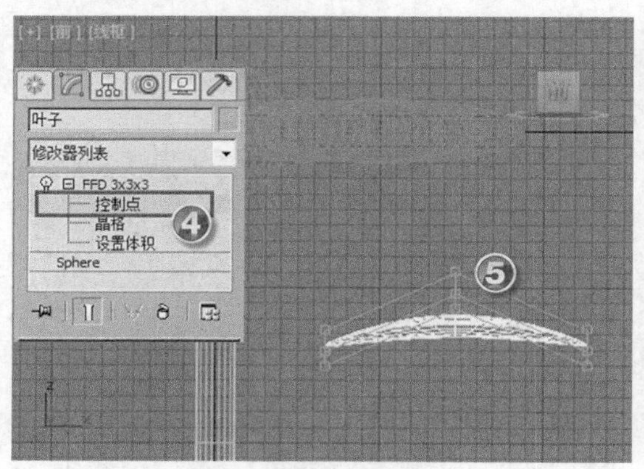

图8-20　调整叶子形状

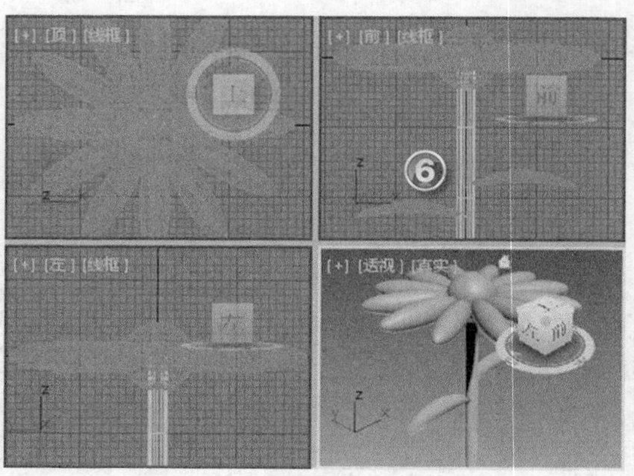

图8-21　复制叶子

(2)　渲染视图。

按 F9 键渲染透视图，效果如图 8-22 所示。

图8-22　渲染效果图

3.　设置动画。

(1)　在参考坐标系选框中，选择【局部】选项，选中名为“花瓣 001”的对象，将其沿 y 轴旋转 100°，效果如图 8-23 所示。

(2)　使用同样的方法将其他花瓣沿 y 轴旋转 100°，效果如图 8-24 所示。

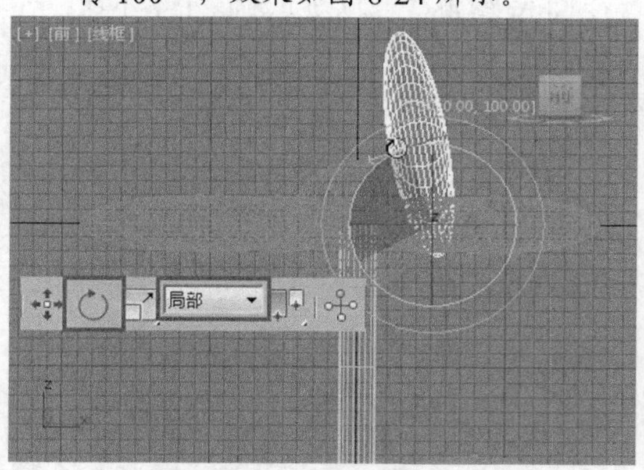

图8-23　旋转花瓣

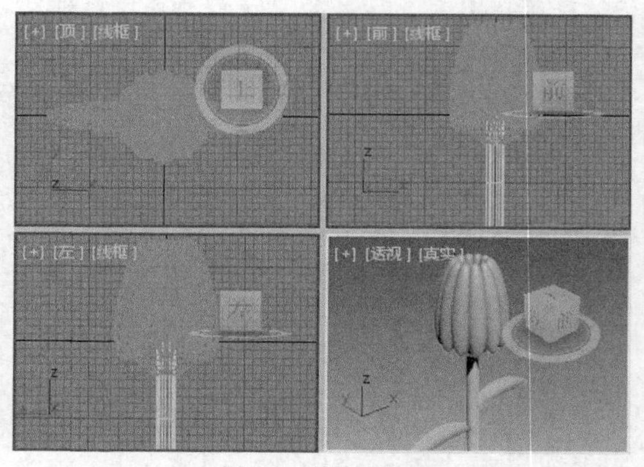

图8-24　花苞效果图

(3)　花苞制作完成后，单击自动关键点按钮，启动动画记录模式，移动时间滑块到第 60 帧，向下旋转花瓣对象，旋转的角度可以自定，这里设置为 100°。

(4)　设置完成后，关闭动画记录模式。左右拖动时间轴上的时间滑块，便可观看花苞绽放的动画效果。

4.　渲染动画。

(1)　单击菜单栏中的按钮打开【材质编辑器】窗口，单击按钮打开【材质/贴图浏览器】对话框，选中【打开材质库】选项，然后将附带光盘“第 8 章\素材\花苞绽放\5-1-2.mat”中的全部材质拖入不同材质球中，如图 8-25 所示。

(2) 将“花瓣”材质赋给“花瓣”对象，“花蕊”材质赋给“花蕊”对象，“花茎”材质赋给所有“花茎”对象，最后为场景打上灯光，得到图 8-26 所示的效果。

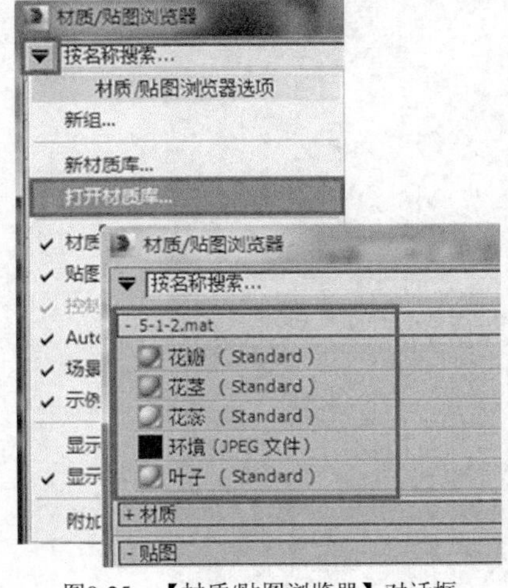

图8-25　【材质/贴图浏览器】对话框

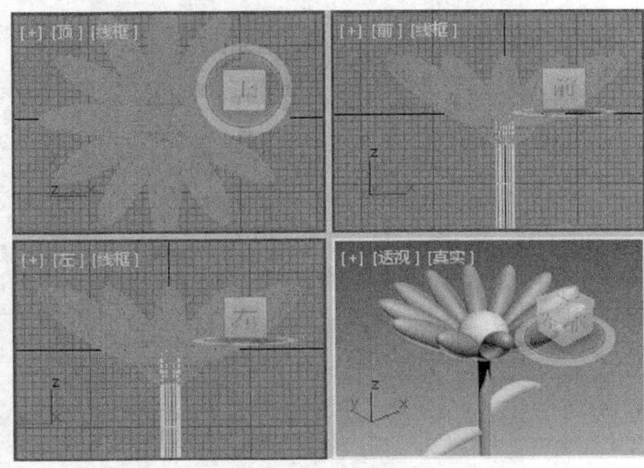

图8-26　添加材质后的效果

(3) 选择【渲染】/【环境】命令，打开【环境和效果】窗口，然后将“环境”材质赋给“背景”。

(4) 按 F10 键，打开【渲染设置】窗口，设置时间输出为“范围：0 至 60”，设置渲染窗口为“640 × 480”，设置渲染器为“默认扫描线渲染器”，并设置保存的格式和路径，然后进行动画渲染。

(5) 按 Ctrl+S 组合键保存场景文件到指定目录，本案例制作完成。

8.1.3 举一反三——制作“水墨画效果”

要想灵活运用关键点动画，还需要掌握它各个方面的运用，本例将结合关键点动画和空间扭曲中的波浪对象设计一幅生动而有趣的水墨画作品，效果如图 8-27 所示。

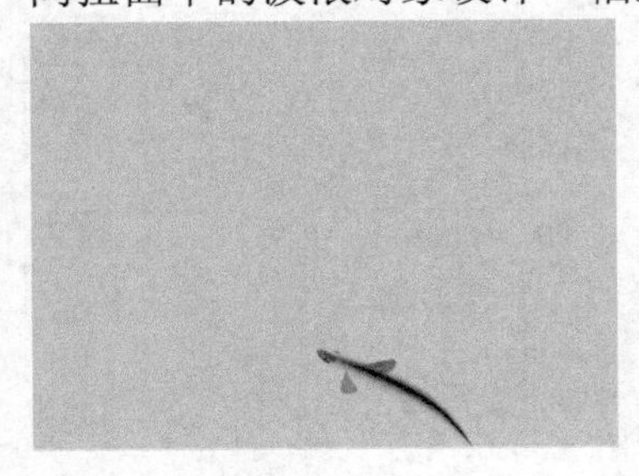

图8-27　设计效果

【操作步骤】

1. 添加空间扭曲对象。

(1) 打开制作模板，如图 8-28 所示。

① 打开素材文件“第 8 章\素材\水墨画效果\水墨画效果.max”。

② 场景中对所有的鱼设置了材质。

③ 场景中创建了一架摄影机，用于对鱼游动的效果进行动画渲染。

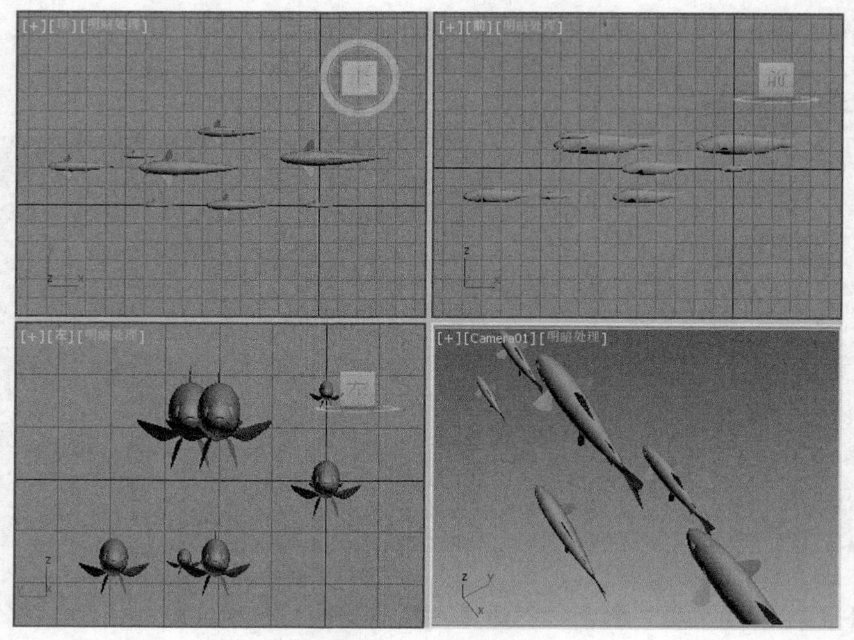

图8-28　打开的场景

(2) 创建线性波浪，如图 8-29 所示。

① 选择菜单命令【创建】/【空间扭曲】/【几何/可变形】/【波浪】，在前视图中创建一个“波浪”对象。

② 重命名“波浪”对象为“波浪 01”，在【参数】面板中设置参数。

③ 设置其位置坐标和旋转变换参数。

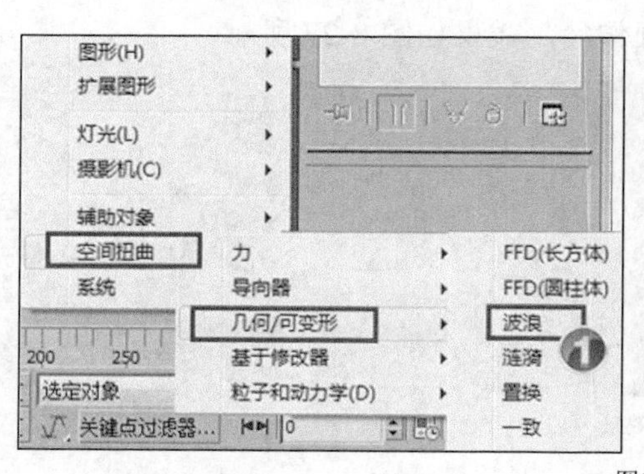

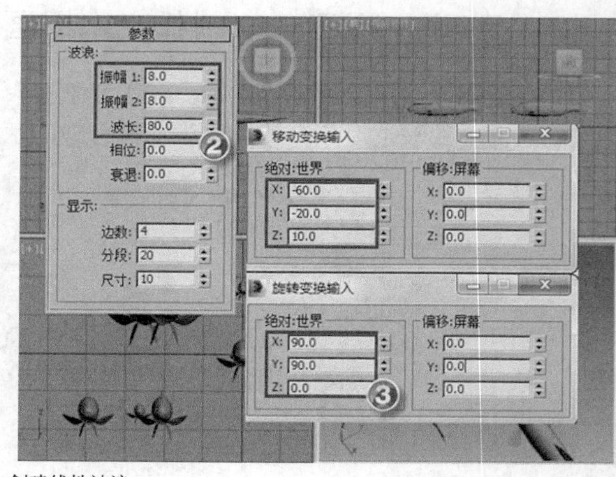

图8-29　创建线性波浪

(3) 复制线性波浪，如图 8-30 所示。

① 选中“波浪 01”对象，按 Ctrl+V 组合键打开【克隆选项】对话框，点选【复制】单选项，设置其名称为“波浪 02”。

② 在【参数】面板中设置参数。

③ 设置其位置坐标为“X:−45,Y:−20,Z:10”。

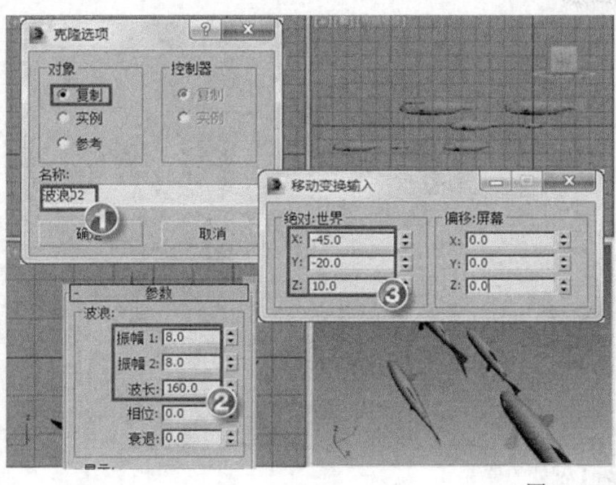

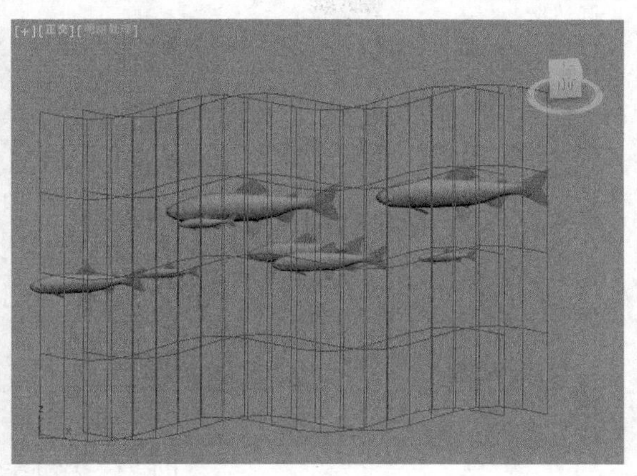

图8-30　复制线性波浪

2.　制作鱼的游动动画。

(1)　绑定对象，如图 8-31 所示。

①　单击按钮打开【从场景选择】对话框，同时选中“fish06”和“fish07”对象，先单击按钮，再单击按钮打开【选择空间扭曲】对话框。

②　双击“波浪 02”对象。

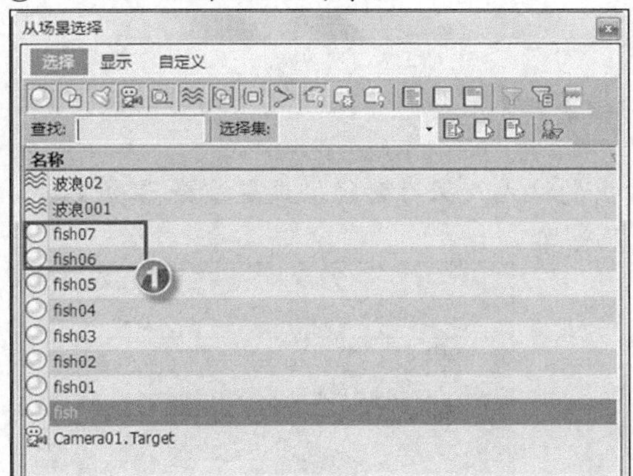

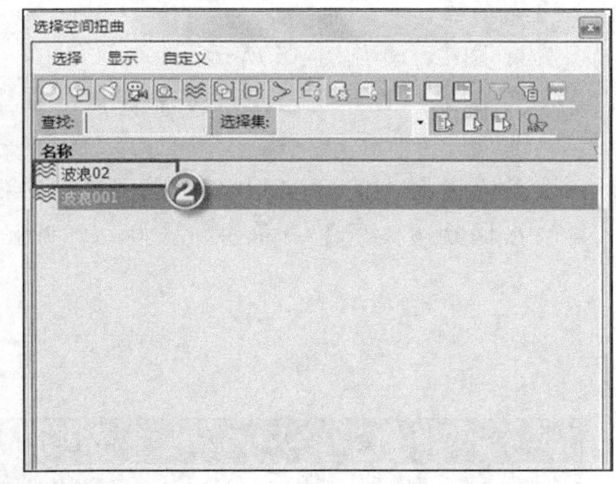

图8-31　绑定对象到空间扭曲 1

(2)　使用同样的方法将剩下的鱼和“波浪 01”对象进行绑定，绑定完成后，按 W 键取消绑定到空间扭曲状态，如图 8-32 所示。

(3)　设置所有鱼第 1 帧处的位置，如图 8-33 所示。

①　按 H 键打开【从场景选择】对话框，选中所有的鱼。

②　在前视图中水平向右移动一段距离，直到所有的鱼在摄影机视图外部。

图8-32　绑定对象到空间扭曲 2

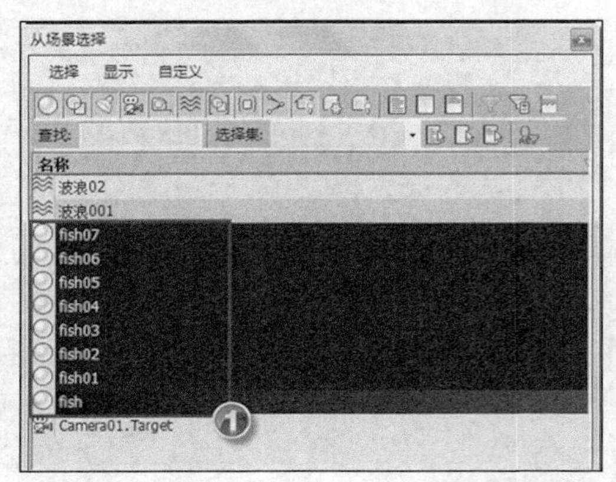

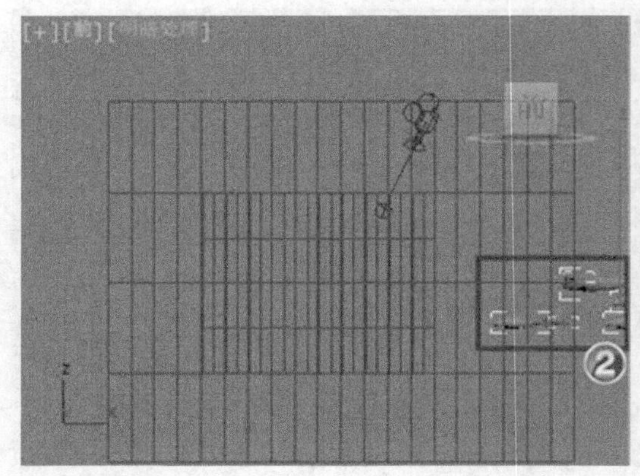

图8-33 设置所有鱼第 1 帧处的位置

(4) 设置所有鱼第 300 帧处的位置，如图 8-34 所示。

① 单击自动关键点按钮，启动动画记录模式。

② 移动时间滑块到第 300 帧。

③ 在前视图中水平向左移动一段距离，直到所有的鱼在摄影机视图外部，单击自动关键点按钮关闭动画记录模式。

3. 渲染动画。

(1) 渲染设置，如图 8-35 所示。

① 按F10键，打开【渲染设置】窗口，在【公用参数】卷展栏中点选【活动时间段：】单选项。

② 设置输出大小为“640 × 480”。设置渲染输出的格式及保存路径。设置渲染器为【默认扫描线渲染器】，单击渲染按钮，开始动画渲染。

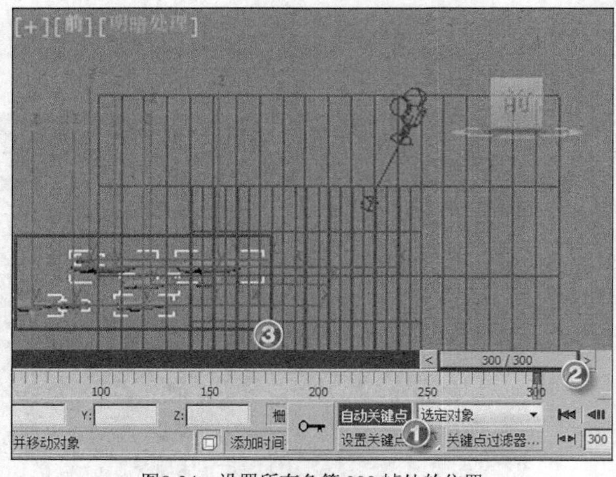

图8-34 设置所有鱼第 300 帧处的位置

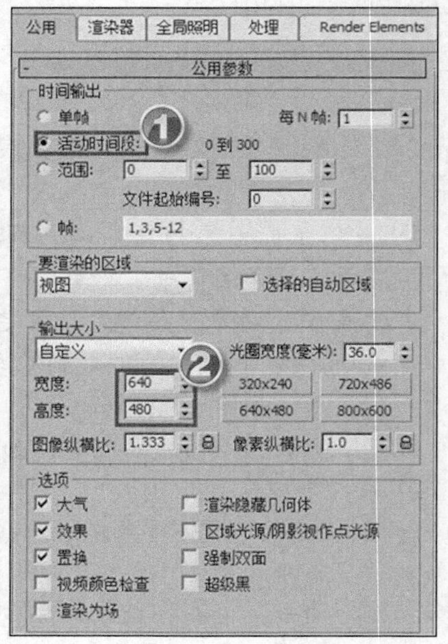

图8-35 渲染设置

(2) 按Ctrl+S组合键保存场景文件到指定目录，本案例制作完成。

8.2 使用动画制作工具

在现实生活中，物体的运动几乎都是变速运动。例如，重物从高处下落、有弹性物体的运动等。模拟这类运动单靠关键帧是远远不够的，利用轨迹视图等工具却能收到很好的效果。

8.2.1 基础知识

一、 认识轨迹视图

在轨迹视图中，可以通过设置关键点的属性参数来控制物体的运动方向和轨迹。在介绍这些工具之前首先来创建一个简单的动画场景。

1. 使用“扩展基本体”中的 软管 工具，在透视图中创建一个软管模型，参数设置如图 8-36 所示。
2. 单击 自动关键点 按钮，启动动画记录模式，移动时间滑块到第 30 帧，将软管在 x 轴的位移设置为“70”，将 z 轴的位移设置为“50”，并将【高度】设置为“80”，如图 8-37 所示。

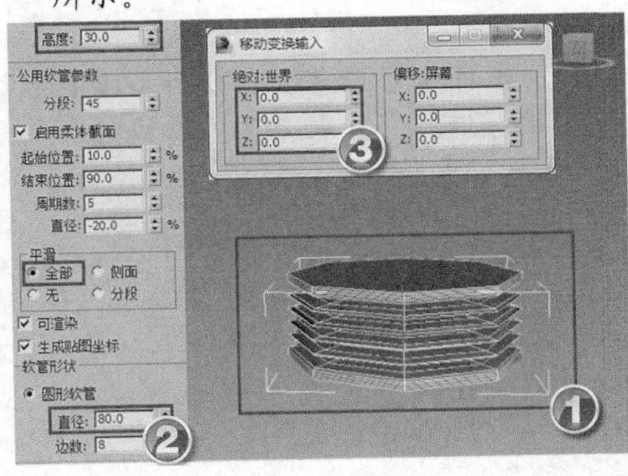

图8-36　创建软管

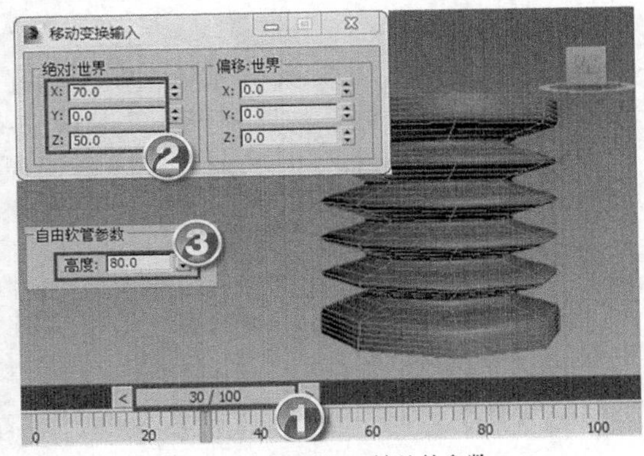

图8-37　设置第 30 帧处的参数

3. 移动时间滑块到第 60 帧，将 x 和 z 的位移分别改为“120”和“0”，并将【高度】改为“30”，如图 8-38 所示。
4. 关闭动画记录模式。选择【图形编辑器】/【轨迹视图-曲线编辑器】命令，打开【轨迹视图 - 曲线编辑器】窗口，在编辑框中可以看到两条功能曲线，红色代表 x 轴的位移，蓝色代表 z 轴的位移，如图 8-39 所示。

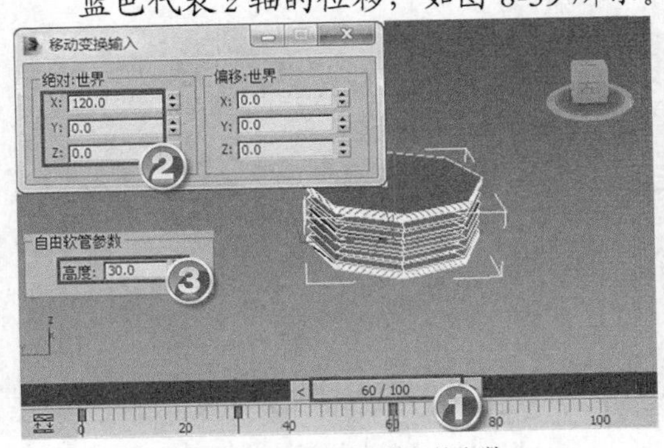

图8-38　设置第 60 帧处的参数

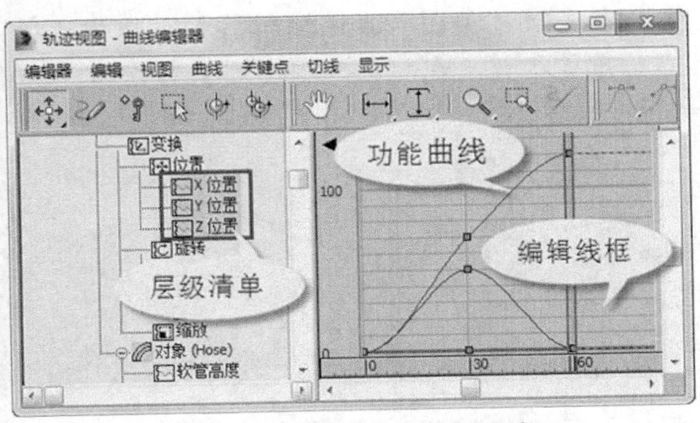

图8-39　【轨迹视图-曲线编辑器】窗口

进入【轨迹视图-曲线编辑器】窗口的另一种简单方法为：选中需要编辑的对象，单击鼠标右键，在弹出的快捷菜单中选择【曲线编辑器】命令，便可直接进入该对象的【轨迹视图 - 曲线编辑器】窗口。

5. 在级别清单中选择软管的【X 位置】和【Z 位置】两个选项，下面来研究位置的功能曲线。框选功能曲线上的所有关键点，在工具栏中单击按钮，这时曲线没有变化，如图 8-40 所示，因为这是功能曲线的默认方式。使用该按钮可以使物体运动的变换进行平滑过渡。

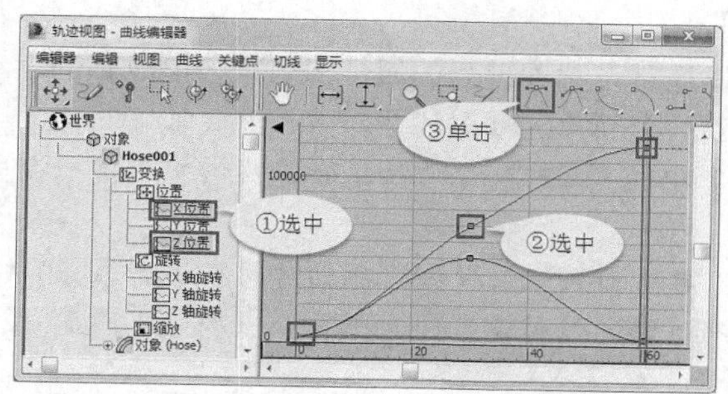

图8-40　软管高度的功能曲线轨迹

6. 单击按钮，这时关键点的控制手柄可用于编辑。选择【X 位置】，使用曲线上的中间关键点的控制手柄进行调整，如图 8-41 所示。设置完成后，拖动时间滑块观察，发现软管在运动到第 30 帧处，缓冲一下再往前运动。

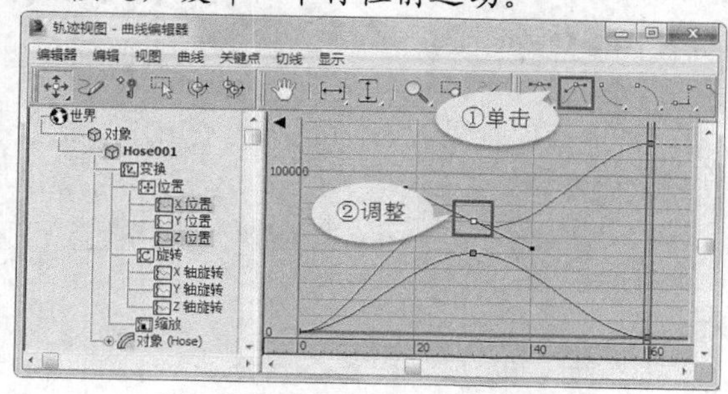

图8-41　设置功能曲线为自定义状态

7. 按 Ctrl+Z 组合键撤销操作，单击按钮，将关键点的功能曲线设置为线性曲线，如图 8-42 所示，操作完成后，拖动时间滑块观察软管运动的状态，从 0 帧 ~ 第 30 帧，从第 30 帧 ~ 第 60 帧都做匀速运动。

8. 在【轨迹视图 - 曲线编辑器】窗口中选择菜单命令【控制器】/【超出范围类型】，打开【参数曲线超出范围类型】对话框，如图 8-43 所示，其功能如表 8-4 所示。

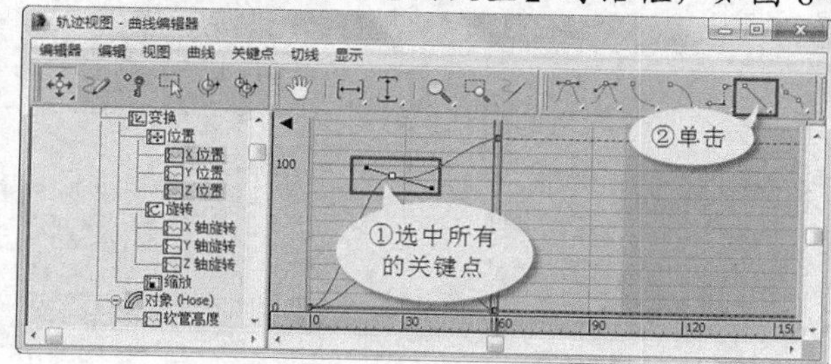

图8-42　设置功能曲线为线性状态

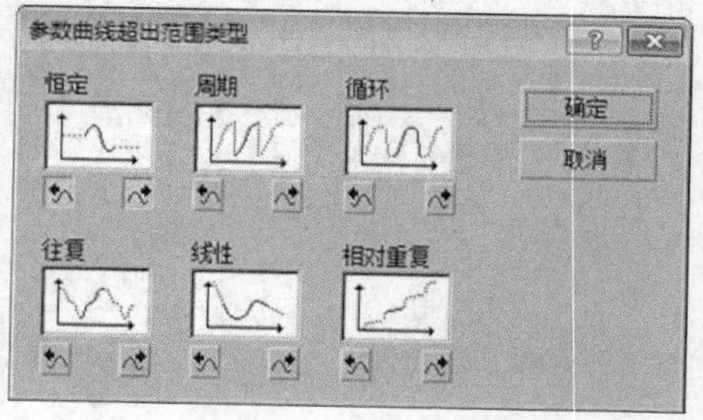

图8-43　【参数曲线超出范围类型】对话框

表 8-4　　　　【参数曲线超出范围类型】对话框中各选项的功能

选项	功能介绍
恒定	在所有帧范围内保留末端关键点的值。如果要在范围的起始关键点之前或结束关键点之后不再使用动画效果，应该使用该选项
周期	在一个范围内重复相同的动画。如果起始关键点和结束关键点的值不同，动画就会从结束帧到起始帧显示出一个突然的“跳跃”效果
循环	在一个范围内重复相同的动画，但是会在范围内的结束帧和起始帧之间进行插值来创建平滑的循环。如果初始和结束关键点同时位于范围的末端，循环实际上就会与周期类似
往复	在动画重复范围内切换向前或向后
线性	在范围末端沿着切线到功能曲线来控制动画的值。如果想要动画以一个恒定速度进入或离开，应选择该项
相对重复	在一个范围内重复相同的动画，但可以调节重复动画的位置偏移量

二、 约束动画

约束动画可以在对象之间添加约束条件来制作动画，主要有附着约束、曲面约束、路径约束、位置约束、链接约束、注视约束和方向约束等类型，下面简要介绍路径约束和注视约束的使用方法。

（1）路径约束。

路径约束可以将对象约束到运动路径上。运动路径可以是任意类型的样条线，也可以是多个样条线，使用多个样条线是控制运动对象在这些样条线的平均距离上的运动。

1. 打开素材文件“第 8 章\素材\路径约束\路径约束.max”，该场景中有一个皮球和两条路径。
2. 选中“皮球”对象，选择【动画】/【动画约束】/【路径约束】命令，然后单击“路径 01”对象。这时活动时间段上会自动生成两个关键点，播放动画，皮球已经沿着路径运动，如图 8-44 所示。
3. 通过观察可以发现，皮球的运动还有些呆板，在打开的【运动】面板中的【路径参数】卷展栏下启用【跟随】复选项，并选中【Y】单选项，如图 8-45 所示。再次播放动画，观察发现此时皮球会跟随路径的变化自动调整自身的位置。

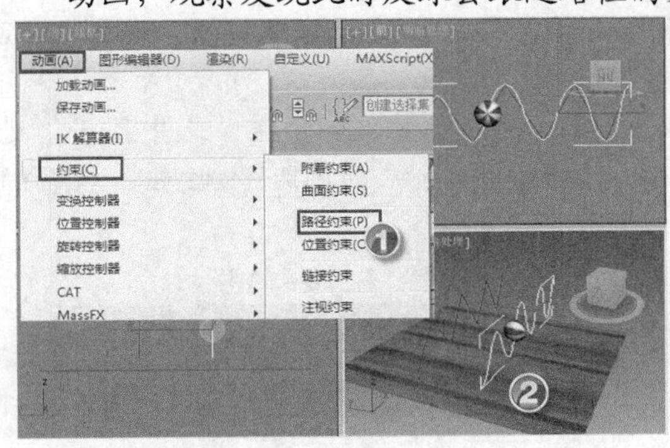

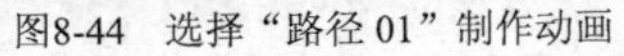

图8-44　选择“路径 01”制作动画

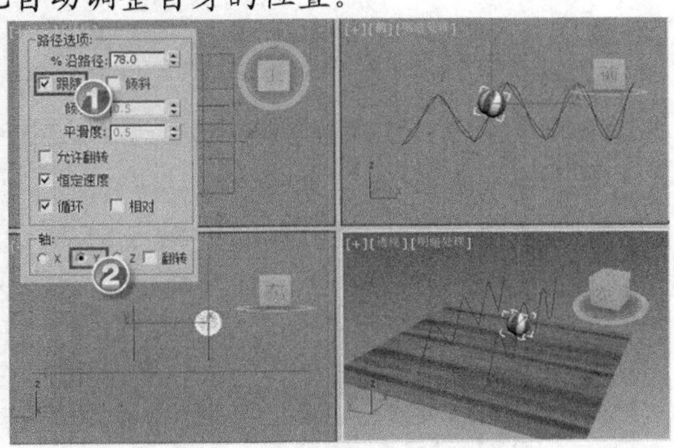

图8-45　设置【路径参数】

4. 使用多个路径约束对象。在【路径参数】卷展栏下单击 添加路径 按钮，然后在视图中选取“路径 02”路径，可以发现皮球在两条路径中间运动，如图 8-46 所示。
5. 在【路径参数】卷展栏下有个【权重】选项，它可以控制路径对皮球的影响程度，在【目标 权重】分组框中选择“路径 01”，然后设置其【权重】值为“20”；再选择“路径 02”，设置其【权重】值为“100”，再次观察效果，如图 8-47 所示。

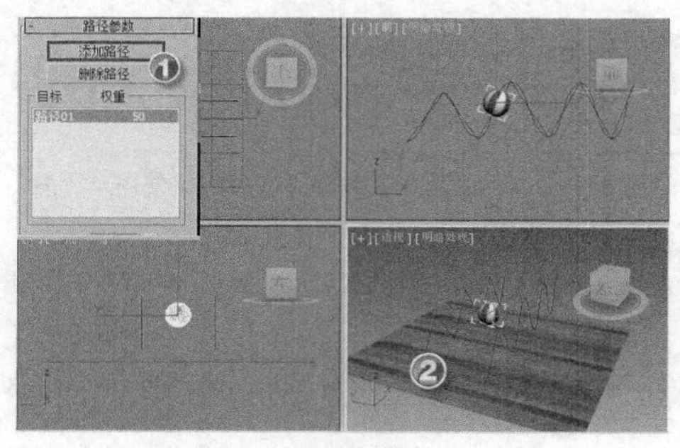

图8-46　选择“路径 02”

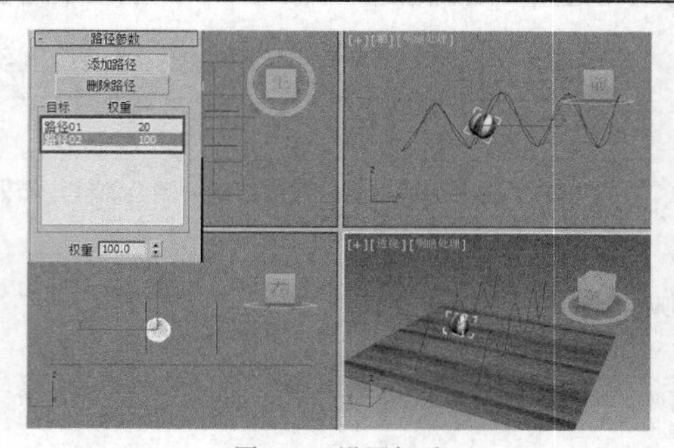

图8-47　设置权重

（2）注视约束。

注视约束会控制对象的方向使它一直注视另一个对象。同时它会锁定对象的旋转度，使对象一个轴点朝向目标对象。例如，控制摄影机环绕某个对象进行旋转等。

1. 重置 3ds Max 2015，在场景中创建一个茶壶、一个小球和一个平面，如图 8-48 所示。
2. 选择“茶壶”对象，选择菜单命令【动画】/【约束】/【注视约束】，然后单击“小球”对象，如图 8-49 所示。

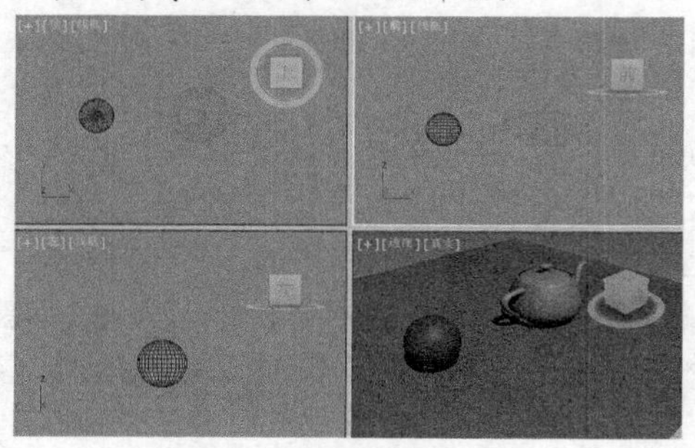

图8-48　创建场景

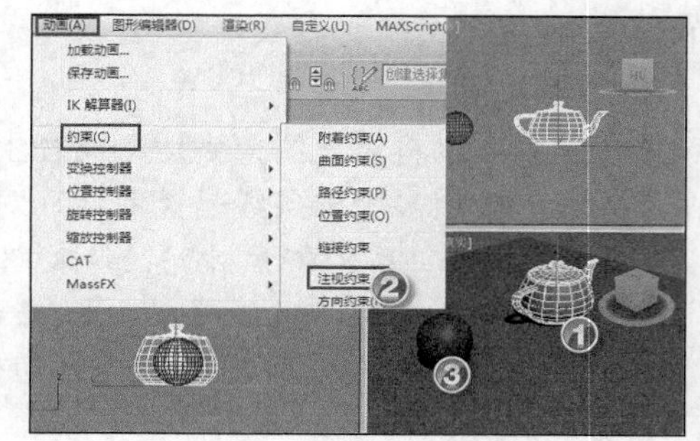

图8-49　设置注视约束

3. 在添加注视约束之后，茶壶和小球的轴心连线上会出现一条浅蓝色的线，表示已经应用约束，不过这时茶壶反转了方向，这是因为系统在【运动】面板的【注视约束】卷展栏下启用了【翻转】复选项，用户可以根据实际需要决定是否选中该项，如图 8-50 所示。
4. 观察图 8-50 可以发现茶壶已经不在平面上，并有一个向上的偏移角度。选中茶壶，进入【层次】面板，单击 仅影响轴 按钮，然后单击 居中到对象 按钮，将轴的中心移动到茶壶的中心，如图 8-51 所示。
5. 移动小球，可以观察注视约束的动画效果，茶壶始终“注视”着小球的移动。

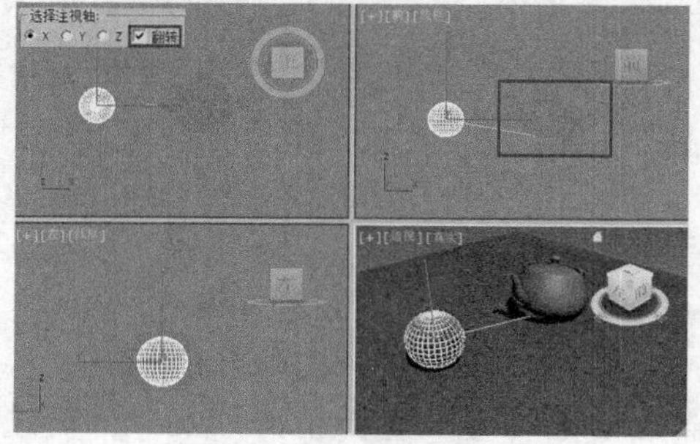

图8-50　调整注视轴

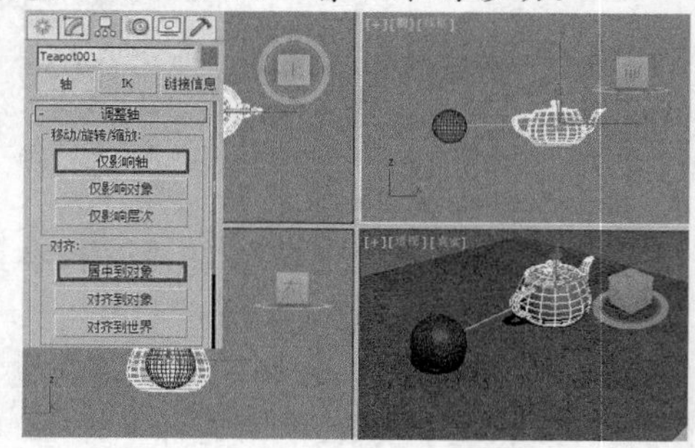

图8-51　调整茶壶本身的轴

8.2.2 学以致用——制作“翻书效果”

本例将结合关键帧编辑及轨迹视图工具对对象的位置、旋转角度及修改器下的参数进行动画设置，从而模拟出逼真的翻书效果，如图 8-52 所示。

图8-52　设计效果

【操作步骤】

1. 创建主体模型。

(1) 创建长方体，如图 8-53 所示。

① 在顶视图中创建一个“长方体”对象，重命名“长方体”对象为“book01”。

② 在【参数】面板中设置参数。

③ 设置其位置坐标为“X:0,Y:0,Z:0”。

(2) 复制长方体，如图 8-54 所示。

① 按住 Shift 键拖动“book01”对象，在【克隆选项】对话框中选择【复制】单选项。

② 设置其名称为“book002”。

③ 设置其位置坐标为“X:0,Y:0,Z:8”。

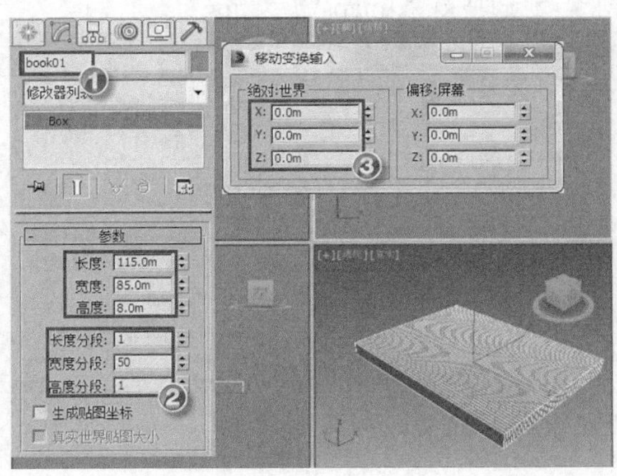

图8-53　创建长方体

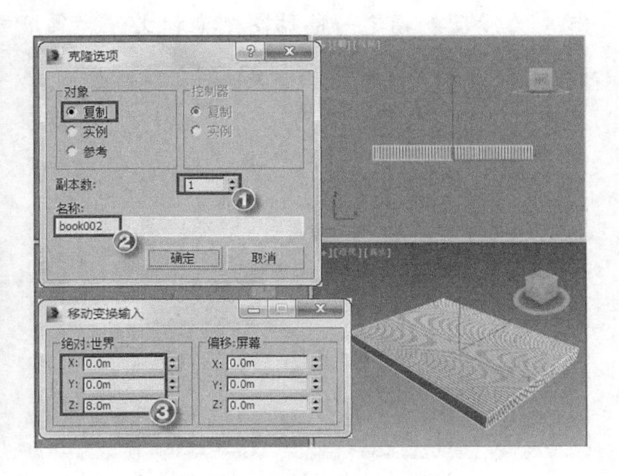

图8-54　复制长方体

2. 设置材质。

(1) 为了贴图操作方便，隐藏名为“book002”的对象，如图 8-55 所示。

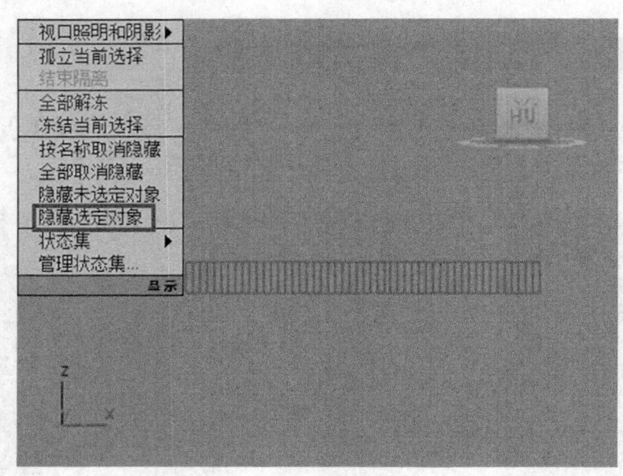

图8-55 隐藏对象

(2) 制作对象“下部”材质，如图 8-56 所示。

① 按M键打开【材质编辑器】窗口，选中一个空白材质球，重命名材质为“下部”。

② 单击 Standard 按钮打开【材质/贴图浏览器】对话框。

③ 双击【多维/子对象】选项，打开【替换材质】对话框。

④ 点选【丢弃旧材质？】单选项，然后单击 确定 按钮。

(3) 设置子材质，如图 8-57 所示。

① 在【多维/子对象基本参数】卷展栏中单击 设置数量 按钮，弹出【设置材质数量】对话框。

② 设置数量为“6”。

③ 单击 无 按钮，在弹出的【材质/贴图浏览器】对话框中选择【标准】选项，进入子材质 1 通道。

④ 重命名材质为“中页”。

⑤ 为漫反射指定一幅贴图：素材文件“第 8 章\素材\翻书效果\maps\正文.jpg”。

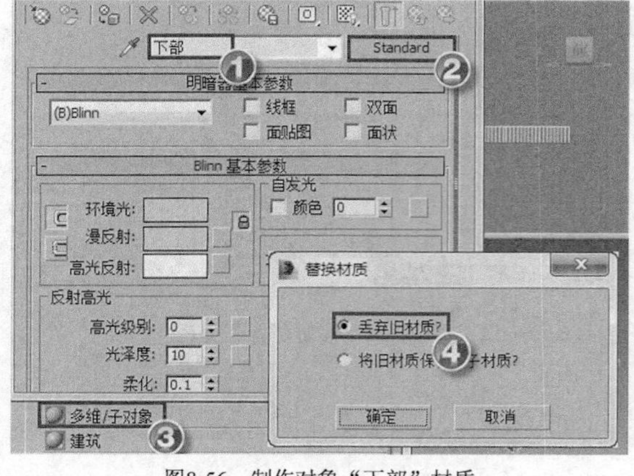

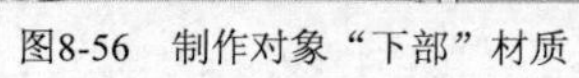
图8-56 制作对象“下部”材质

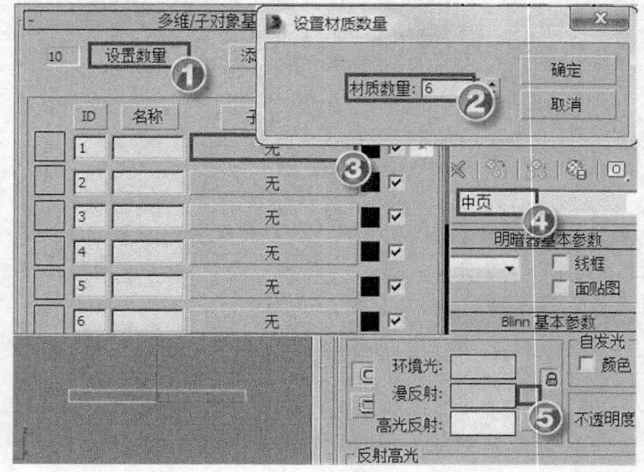

图8-57 设置子材质

(4) 设置贴图参数，如图 8-58 所示。

① 在【坐标】卷展栏中设置位图的【大小】。

② 在【裁剪/放置】分组框中勾选【应用】复选项。

③ 单击 查看图像 按钮，打开【指定裁剪/放置】对话框。

④　在【指定裁剪/放置】对话框中设置裁剪参数。

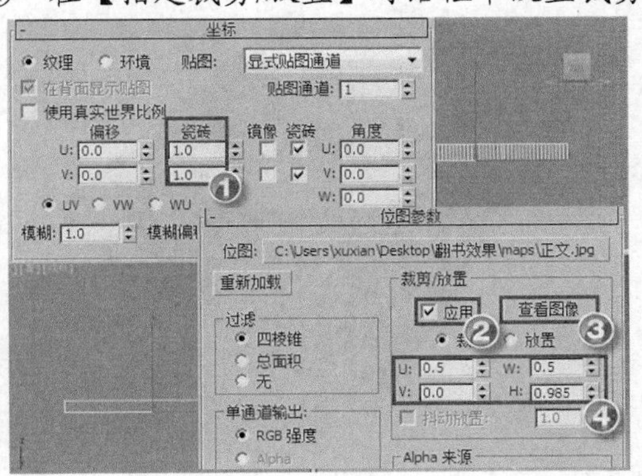

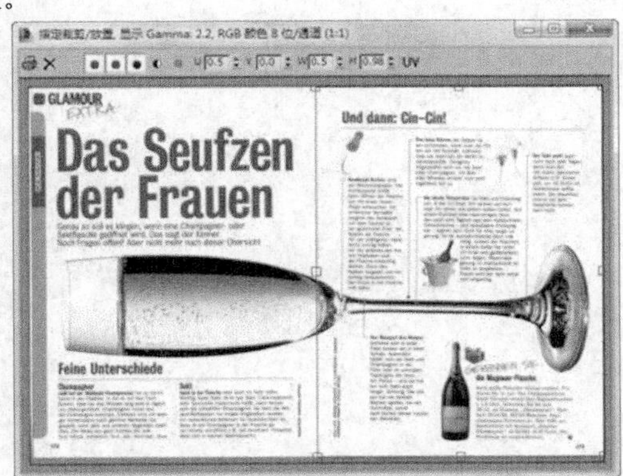

图8-58　设置贴图参数

(5)　使用同样的方法为其他 5 个子材质设置贴图，并修改其名称，如图 8-59 所示。

图8-59　设置其余贴图

(6)　制作对象“上部”材质，如图 8-60 所示。

选中一个空白材质球，重命名材质为“上部”，使用同样的方法创建多维材质，并对子材质进行贴图设置，具体操作可以参考光盘中的范例视频。

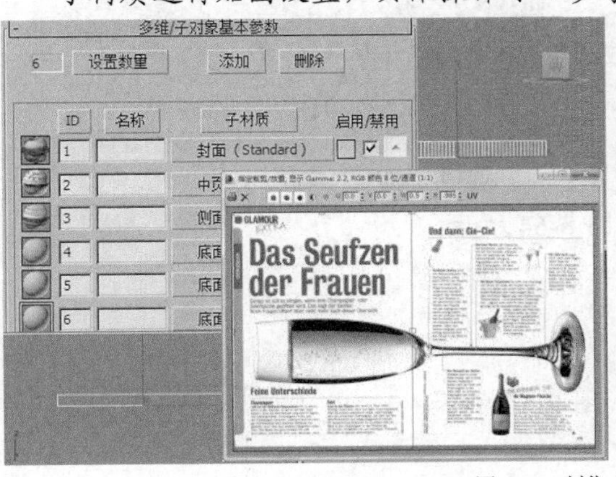

图8-60　制作对象“上部”材质

(7)　取消隐藏“book02”对象，然后将“上部”材质赋予“book01”对象，将“下部”材质赋予“book02”对象，如图 8-61 所示。

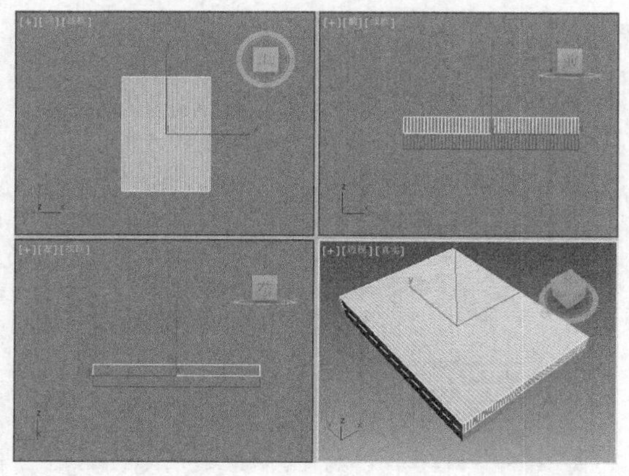

图8-61　添加材质

要点提示　在对“book01”和“book02”对象贴图时，一定要进入它们的“box”层级的【参数】面板上取消选择【真实世界贴图大小】复选项，这样才能保证贴图效果正确。

3. 设置动画。

(1) 调整“book02”对象的轴，如图 8-62 所示。

① 选中“book02”对象，在【层次】面板中单击 仅影响轴 按钮。

② 设置轴的位置坐标为“X:-42.5,Y:0,Z:8”。

(2) 为“book02”对象添加【弯曲】修改器，如图 8-63 所示。

① 在【修改】面板中为“book02”对象添加【弯曲】修改器。

② 设置【弯曲轴】为【X】轴。

③ 设置【限制效果】中的【上限】为“100”。

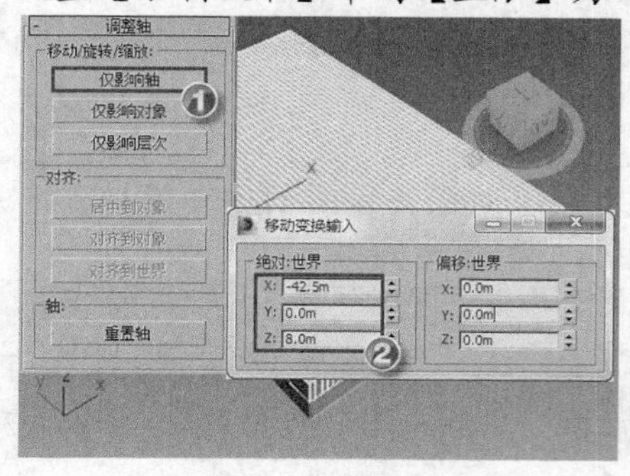

图8-62　调整轴心

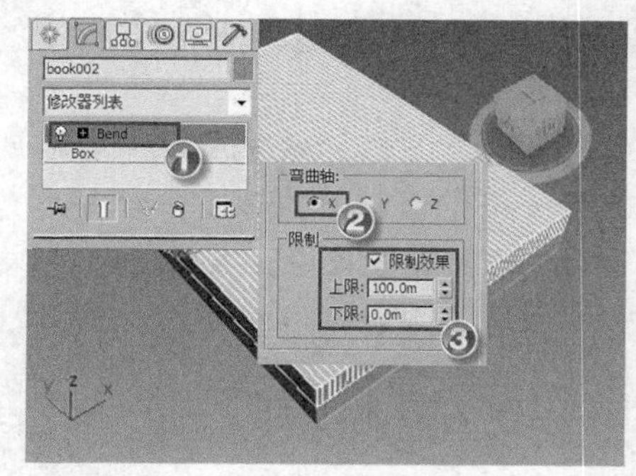

图8-63　添加修改器

(3) 设置“book02”对象第 50 帧处的参数，如图 8-64 所示。

① 单击 自动关键点 按钮，启动动画记录模式。

② 移动时间滑块到第 50 帧。

③ 设置角度值和限制值。

(4) 设置“book02”对象第 100 帧处的参数，如图 8-65 所示。

① 移动时间滑块到第 100 帧。

② 设置角度值和限制值。

③ 设置旋转参数。

④ 设置移动参数，然后单击 自动关键点 按钮，关闭动画记录模式。

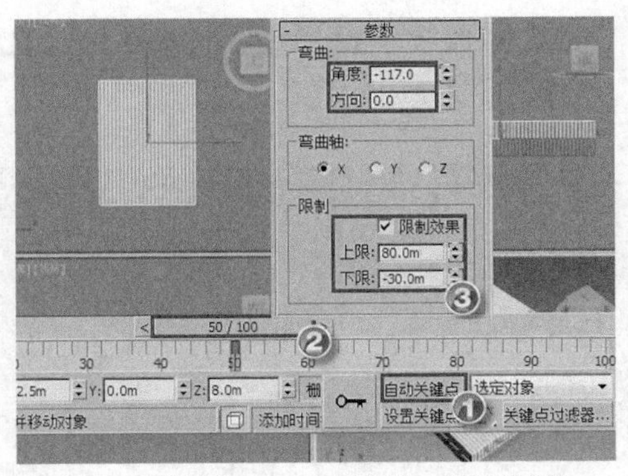

图8-64　设置“book02”对象第 50 帧处的参数

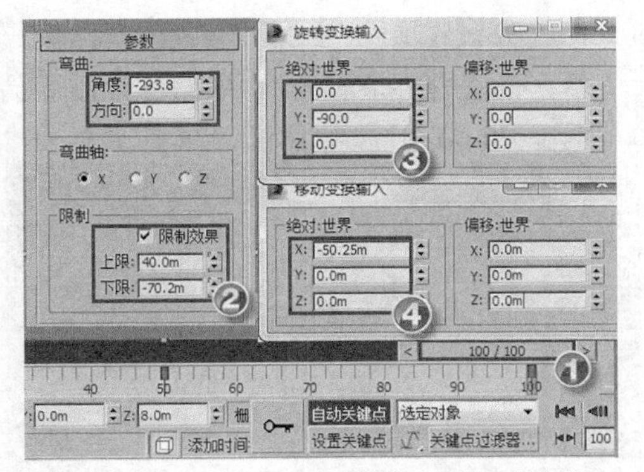

图8-65　设置“book02”对象第 100 帧处的参数

(5) 调整“book02”对象的动画轨迹，如图 8-66 所示。

单击按钮，打开【轨迹视图-曲线编辑器】窗口，选择“book02”对象的所有功能曲线，设置其轨迹为线性功能曲线。

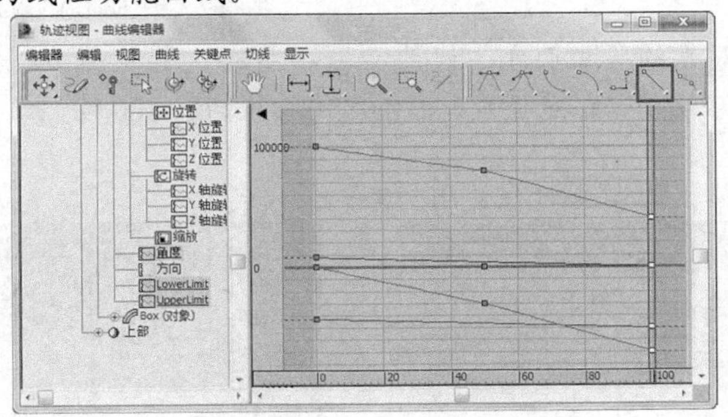

图8-66　调整“book02”对象的动画轨迹

(6) 定位“book02”对象的关键帧，如图 8-67 所示。

选中“book02”对象的【X 位置】、【Z 位置】、【Y 轴旋转】的第 1 个关键帧，在关键帧文本框中输入“50”。

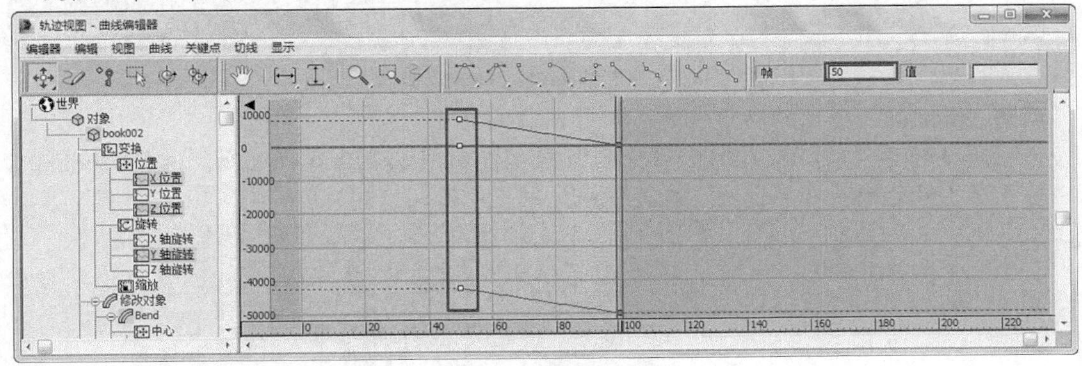

图8-67　定位关键帧

(7) 调整“book01”对象的轴，如图 8-68 所示。

选中“book01”对象，在【层次】面板中单击 仅影响轴 按钮，设置轴的位置坐标为“X:−42.5,Y:0,Z:0”。

(8) 为“book01”对象添加【弯曲】修改器，如图 8-69 所示。

① 在【修改】面板中为“book01”对象添加【弯曲】修改器，设置【弯曲轴】为【X】轴，设置【限制效果】中的【上限】为“12”、【下限】为“-5”。

② 调整“book01”对象轴的位置坐标为“X:-42.5,Y:0,Z:8”。

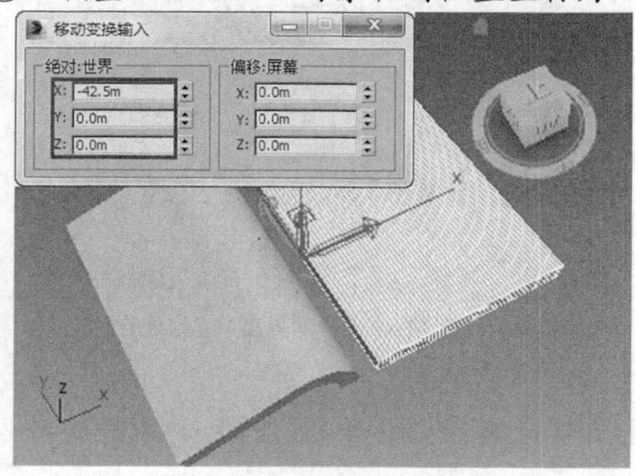

图8-68 调整轴心

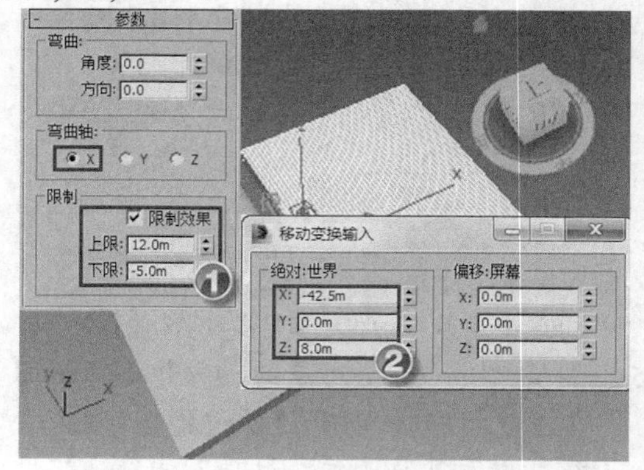

图8-69 为“book01”对象添加【弯曲】修改器

(9) 制作“book01”对象的弯曲动画，如图 8-70 所示。

① 单击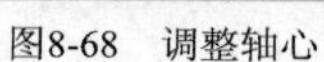按钮启动动画记录模式，移动时间滑块到第 100 帧，设置角度值和限制值。

② 设置移动参数。

③ 设置旋转参数，单击自动关键点按钮关闭动画记录模式。

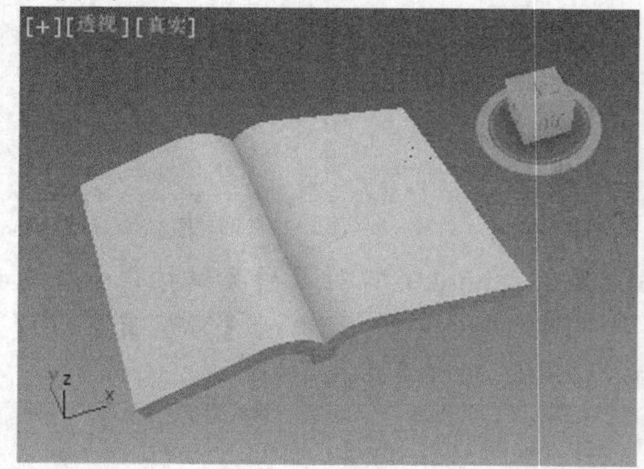

图8-70 制作“book01”对象的弯曲动画

4. 调整“book01”对象的动画轨迹，如图 8-71 所示。

使用同样的方法将“book01”对象的所有功能曲线设置为线性曲线，选择“book01”对象第 1 帧处的所有关键帧，在关键帧文本框中输入“50”。

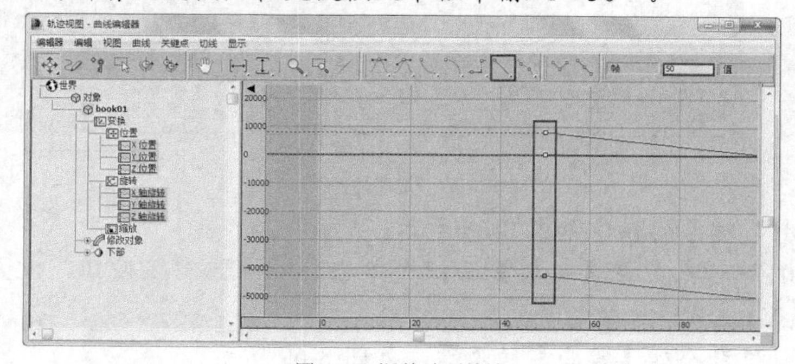

图8-71 调整动画轨迹

5. 添加场景元素

(1) 创建“地面”对象，如图8-72所示。

① 在顶视图中创建一个“平面”对象，重命名“平面”对象为“地面”，在【参数】面板中设置参数。

② 设置其位置坐标为“X:0,Y:85,Z:0”。

(2) 导入“地面”对象所需材质，如图8-73所示。

① 按M键打开【材质编辑器】窗口，选中一个空白材质球。

② 单击按钮打开【材质/贴图浏览器】窗口。

③ 选择【材质库】单选项，打开素材文件“第8章\素材\翻书效果\maps\木纹.mat”，双击“木纹”材质，将其赋予到当前材质球上。

④ 将“木纹”材质赋给“地面”对象。

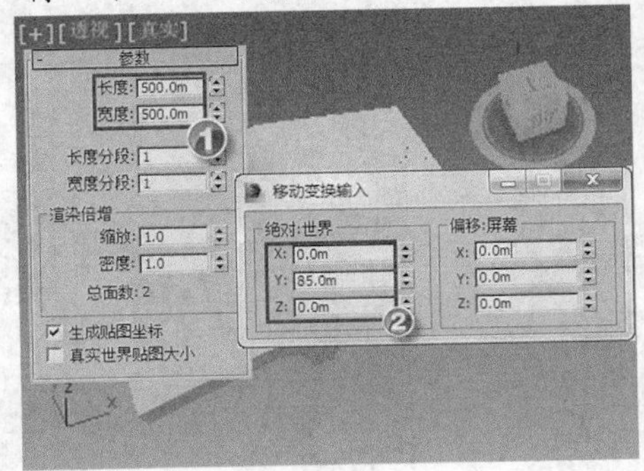

图8-72　创建“地面”对象

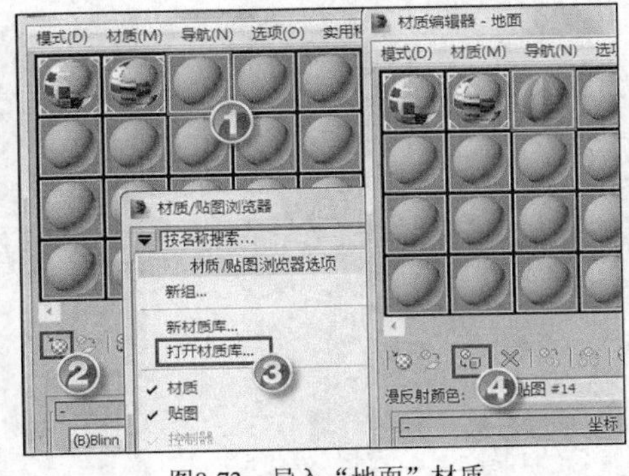

图8-73　导入“地面”材质

(3) 创建摄影机，如图8-74所示。

① 在【顶视】窗口中创建一个目标摄影机，调整其位置坐标。

② 调整其目标位置。

(4) 创建灯光，如图8-75所示。

① 在场景中添加两盏泛光灯，【倍增】为“0.1”。

② 在场景中添加一盏目标聚光灯，【倍增】为“0.1”。

③ 在场景中添加天光。

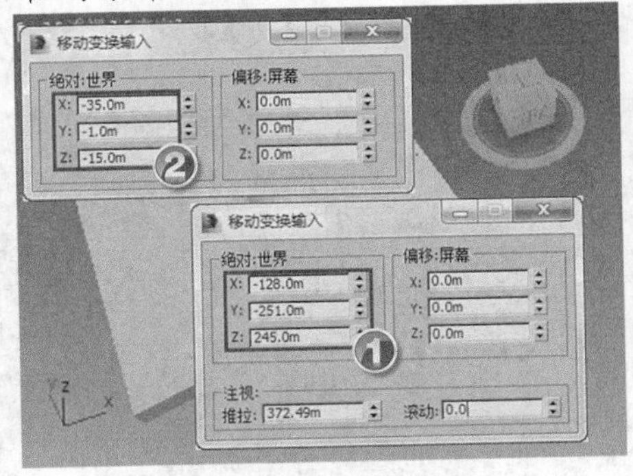

图8-74　创建摄影机

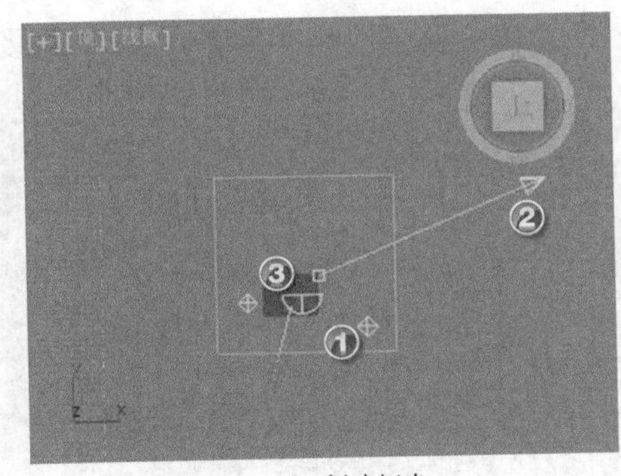

图8-75　创建灯光

6. 渲染动画。

(1) 渲染设置。

① 按F10键，打开【渲染设置】窗口。

② 选中【范围】单选项，设置渲染范围为 0~300 帧。

③ 设置输出大小为“640×480”。

④ 设置渲染输出的格式及保存路径。

⑤ 设置渲染器为“mental ray 渲染器”。

⑥ 单击 渲染 按钮，开始动画渲染。

(2) 按 Ctrl+S 组合键保存场景文件到指定目录，本案例制作完成。

8.2.3 举一反三——制作“环游会议室”的效果

本例将为场景添加一个摄影机，利用注视和路径约束为摄影机制作出一个环游会议室的动画效果，效果如图 8-76 所示。

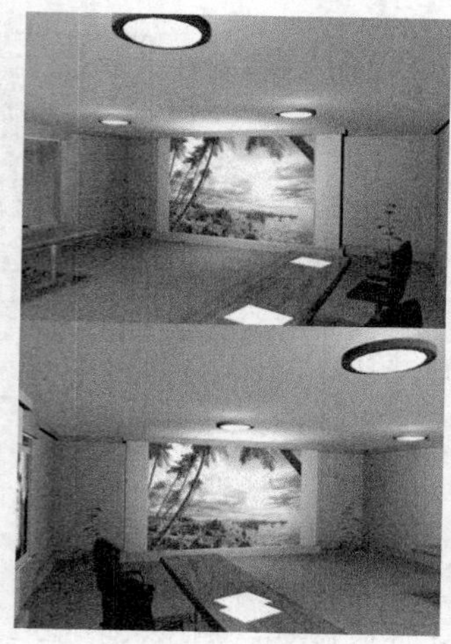

图8-76 效果图

【操作步骤】

1. 打开素材文件。

(1) 打开素材文件“第 8 章\素材\环游会议室\环游会议室.max”，如图 8-77 所示。场景中是一个构建完整的会议室模型，在透视图中还可以看到贴图效果。

(2) 为了提高显示的刷新频率，选择【视图】/【视口中的材质显示为】/【没有贴图的明暗处理材质】命令将视图中的材质贴图关闭，效果如图 8-78 所示。

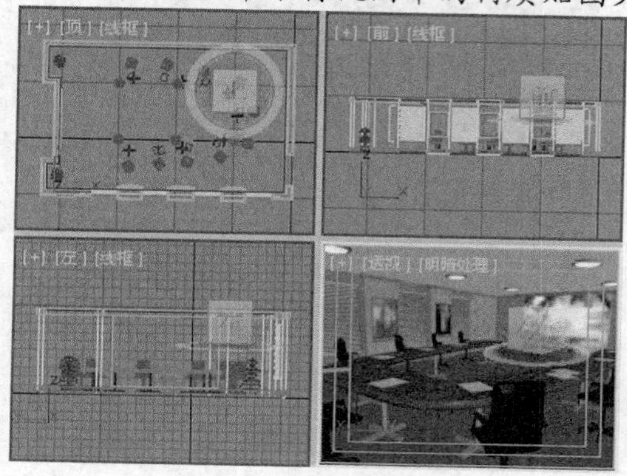

图8-77 素材文件

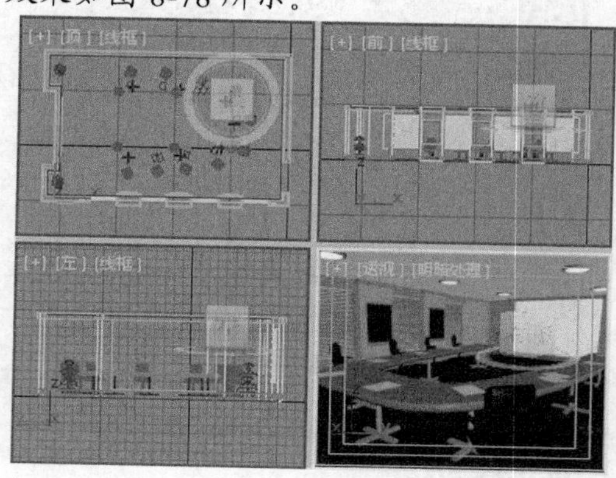

图8-78 关闭贴图显示

要点提示 在使用 3ds Max 时，如果视图的贴图材质显示过多，当调整或改变视图时经常会遇到卡屏或需要等待很长时间才能显示，这时可以采用此方法进行调整。

2. 添加摄影机。

(1) 单击【创建】面板上的 自由 按钮，在前视图上任意位置单击一下，便创建了一部自由摄影机，如图 8-79 所示。

(2) 选中创建的自由摄影机，单击鼠标右键激活透视图，选择【创建】/【摄影机】/【从视图创建摄影机】命令，系统将会把刚才创建的自由摄影机和激活的透视图进行对位操作。

(3) 在透视图中按 C 键将视图转换为摄影机视图，如图 8-80 所示。

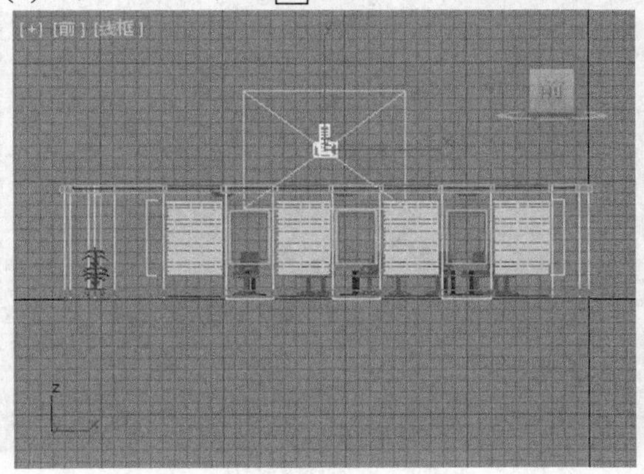

图8-79　创建摄影机

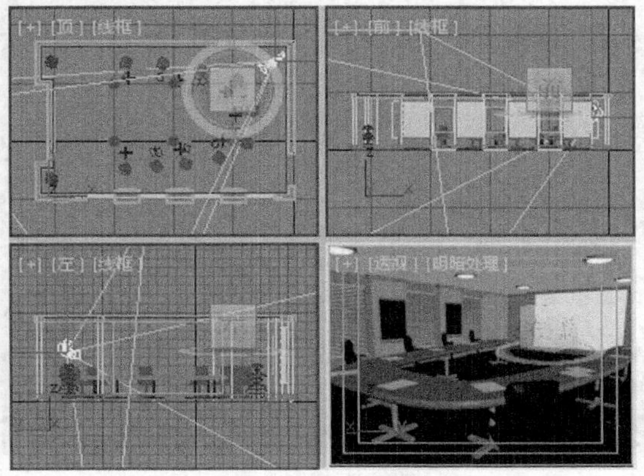

图8-80　调整摄影机

3. 制作摄影机动画。

(1) 为摄影机添加注视约束，选中摄影机，选择【动画】/【旋转控制器】/【注视约束】命令，为旋转指定一个注视约束，如图 8-81 所示。

要点提示 这里为摄影机制作一个环游会议室的动画，模仿的效果是：像是一个摄影师在会议室中进行摄影操作。

(2) 在【注视约束】级别下单击 添加注视目标 按钮，选择名为“Box01”（线框图为绿色，可以使用“按名称选择”）的对象，并设置相应的参数，如图 8-82 所示。

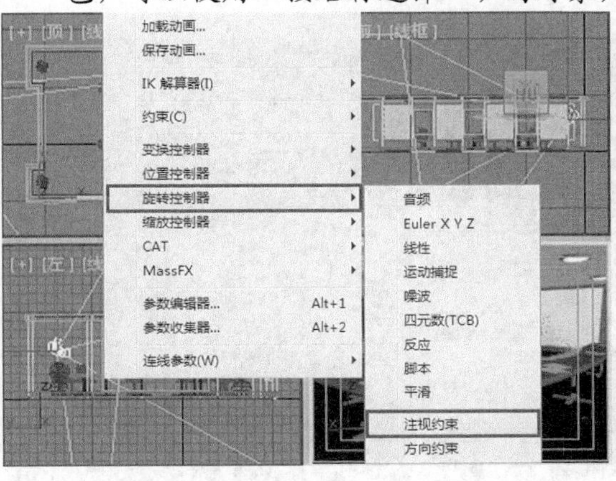

图8-81　添加注视约束

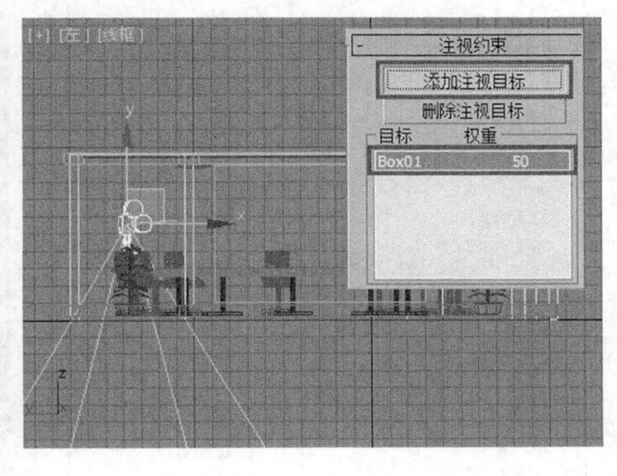

图8-82　设置注视约束参数

(3) 在当前的会议室中制作一个沿着路径运动的虚拟体，首先绘制路径，单击【创建】面板上的 线 按钮，在顶视图中绘制一条路径，如图 8-83 所示。

> **要点提示** 使用线工具绘制路径后，进入修改面板选中“顶点”层级，然后选中线上的全部顶点，单击鼠标右键，在右键菜单中选取【平滑】命令，最后再适当调整曲线的形状，使曲线过渡光滑、自然。

(4) 单击【创建】面板上的 虚拟对象 按钮，在顶视图中创建一个虚拟对象，位置在路径的起始位置，如图 8-84 所示。

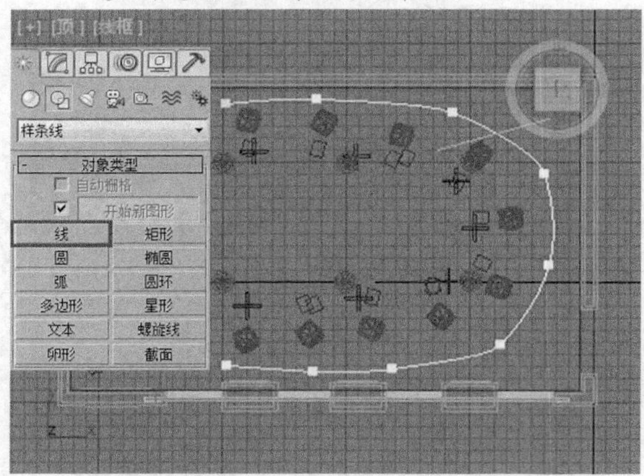

图8-83 绘制路径

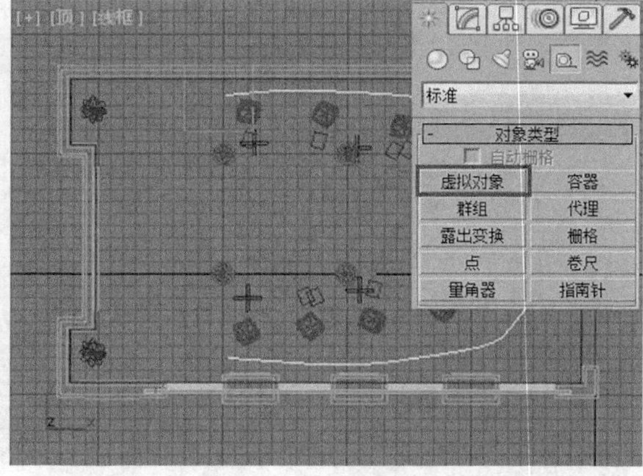

图8-84 创建虚拟对象

(5) 选择虚拟对象，进入【运动】面板，在【指定位置控制器】面板中为位置指定一个路径约束，如图 8-85 所示。

(6) 在【路径参数】卷展栏下单击 添加路径 按钮，在顶视图中选择刚刚绘制的路径，如图 8-86 所示。

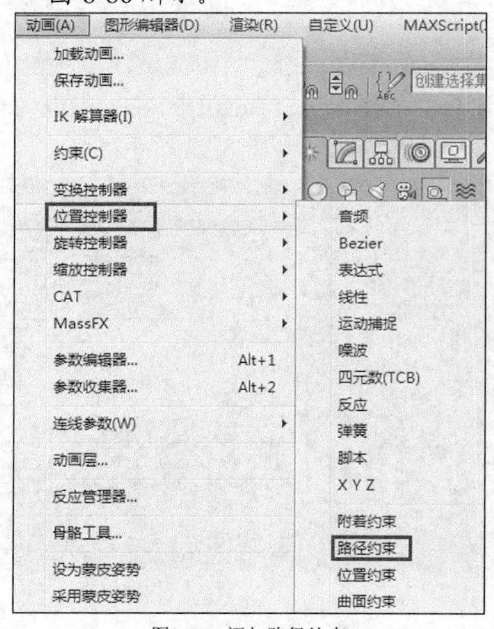

图8-85 添加路径约束

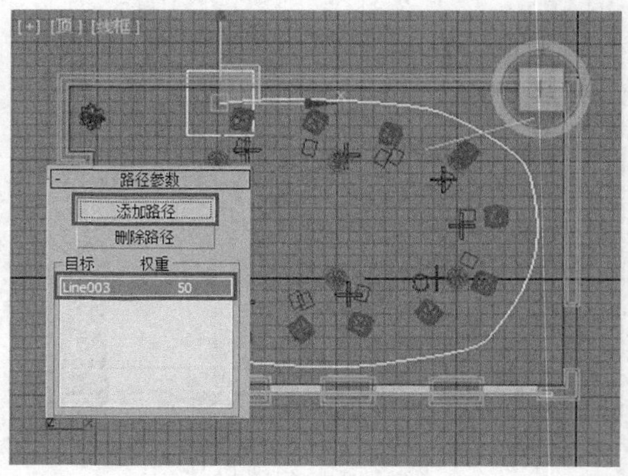

图8-86 选择路径

(7) 选择摄影机，在主工具栏上单击按钮，再选择虚拟物体，将摄影机同虚拟对象对齐，但 z 轴方向不进行对齐操作，如图 8-87 所示。

(8) 制作摄影机跟随虚拟体操作。选中摄影机，在主工具栏上单击按钮，再单击按钮打开【按名称选择】对话框，选取虚拟对象“Dummy001”将二者链接在一起，如图 8-88 所示。

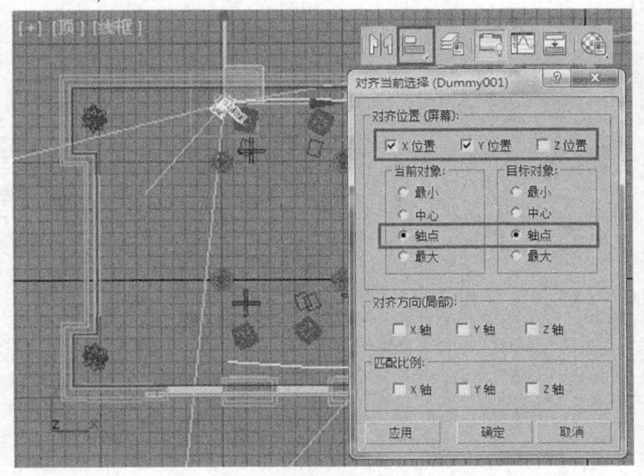

图8-87　添加路径约束

图8-88　链接摄影机和虚拟对象

(9) 移动时间滑块，发现摄影机视图有一个俯视的效果，而没有扛在肩上拍摄的效果，所以在左视图中调整摄影机的位置，使其与注视目标点水平，如图 8-89 所示。

① 选择摄影机“Camera001”，单击【PRS 参数】卷展栏中的【旋转】按钮。

② 在【注视约束】卷展栏中单击【设置方向】按钮。

③ 使用“旋转工具”调整摄影机的位置，使其与注视目标点水平。

(10) 最后显示视图中所有的贴图，如图 8-90 所示。

至此，摄影机的约束动画制作完成。

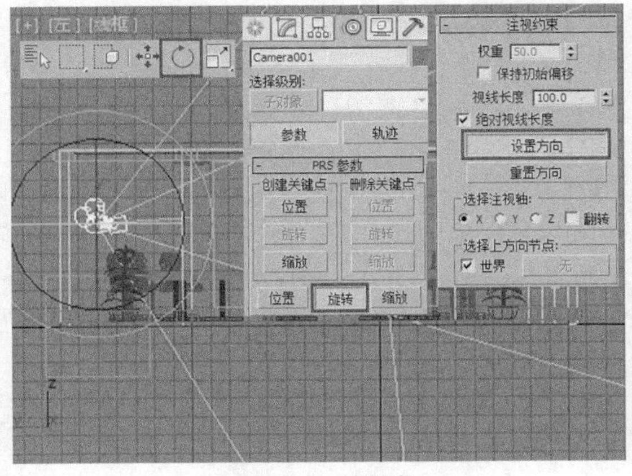

图8-89　移动摄影机

图8-90　显示所有贴图

4. 渲染动画。

按 F10 键，打开【渲染设置】窗口，设置【时间输出】为“活动时间段：0 到 200”，设置输出大小为“640 × 480”，设置渲染器为“默认扫描线渲染器”，并设置保存的格式和路径，然后进行动画渲染。

8.3 复习题

1. 简要说明制作动画的基本原理。
2. 简要说明“自动关键点”模式与“设置关键点”模式在用途上的差异。
3. 什么是关键帧，在动画制作中关键帧有何用途？
4. 轨迹视图在动画制作中有何用途？
5. 渲染动画作品时，应该如何设置渲染参数？

第9章 粒子系统与空间扭曲

3ds Max 2015 拥有强大的粒子系统，可以创建暴风雪、水流或爆炸等动画效果，常用于制作影视片头动画、影视特效、游戏场景特效及广告等。空间扭曲常配合粒子系统完成各种特效任务，没有空间扭曲，粒子系统将失去意义。

9.1 使用粒子系统

粒子系统可以用来控制密集的对象群的运动效果，常用于制作云、雨、风、火、烟雾、暴风雨及爆炸等效果，为动画场景增加更生动逼真的自然特效。

9.1.1 基础知识——认识粒子系统

3ds Max 2015 提供了喷射、雪、超级喷射、暴风雪、粒子阵列和粒子云等粒子系统，以便模拟雪、雨、尘埃等效果，如图 9-1 所示。

一、 雪粒子

雪粒子可以模拟雪花及纸屑等飘落现象。如图 9-2 所示，在【创建】面板中单击 雪 按钮，按住鼠标左键并拖曳鼠标创建雪粒子，其主要参数设置如图 9-3 所示。

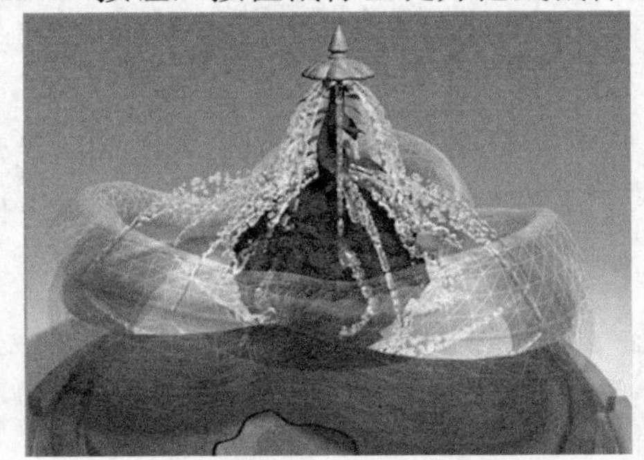

图9-1 粒子系统应用示例

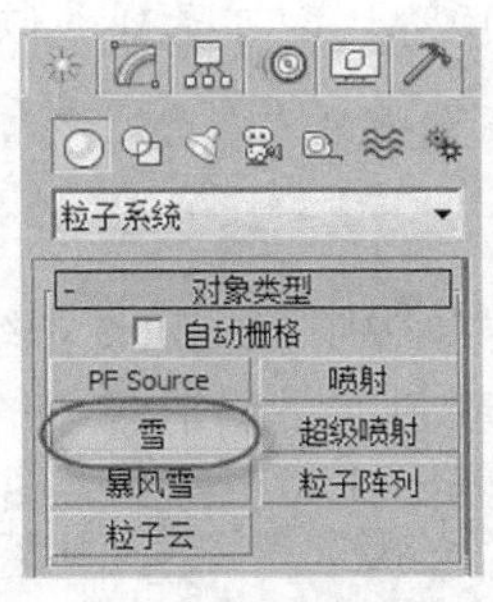

图9-2 【创建】面板

- 【视口计数】：设置粒子在视口中显示的总数。
- 【渲染计数】：设置在渲染效果图中渲染的粒子总数。
- 【雪花大小】：设置粒子的尺寸大小，默认值为“2”。
- 【速度】：设置粒子离开发射器的速度，其值越大，速度越快。
- 【变化】：设置雪花飘落的范围，其值越大，下雪的范围越广泛。
- 【翻滚】、【翻滚速率】：其值越大，雪花的形状样式越多。
- 【雪花】、【圆点】、【十字叉】：设置视口中显示的雪花形状。
- 【六角形】、【三角形】、【面】：设置渲染时粒子的显示方式。

- 【开始】：设置粒子开始出现的帧数，默认值为 0，可以设置为负值，使动画开始前即开始出现粒子。
- 【寿命】：设置粒子从开始到消失所经历的动画帧数，默认值为 30。
- 【恒定】：选中后，粒子寿命结束后持续下落到动画结束。
- 【宽度】、【长度】：设置粒子发生器大小，从而决定粒子飘落的长度和长度范围。
- 【隐藏】：选中后将隐藏粒子发生器（一个矩形图标）。

二、 喷射粒子

喷射粒子主要用于模拟飘落的雨滴、喷射的水流及水珠等，其用法如下。

1. 在【创建】面板中单击 喷射 按钮，然后在顶视图中按住鼠标左键并拖曳鼠标创建喷射图标。
2. 按照图 9-4 所示设置粒子参数。

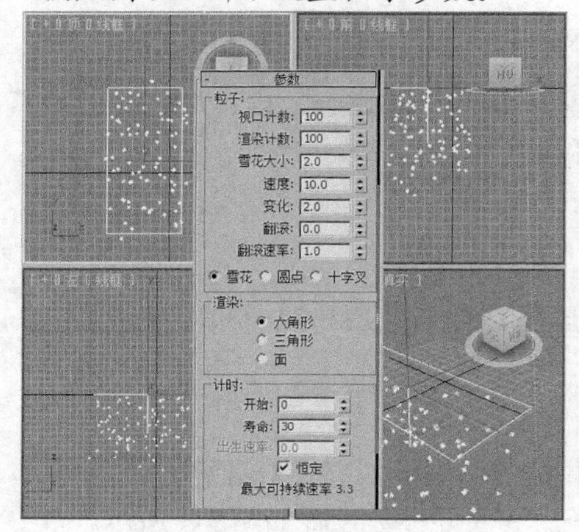

图9-3 创建雪粒子

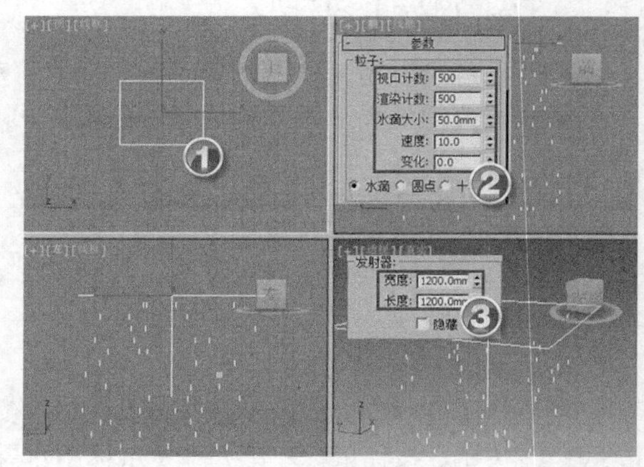

图9-4 创建喷射

3. 拖动时间滑块即可看到类似下雨的效果，如图 9-5 所示。

要点提示 “超级喷射”是“喷射”的一种更强大、更高级的版本，“暴风雪”同样也是“雪”的一种更强大、更高级的版本，它们都提供了后者的所有功能及其他一些特性。

三、 “超级喷射”粒子系统

“超级喷射”是喷射粒子的升级，可制作暴雨、喷泉等效果。超级喷射从中心发射粒子，与喷射器图标大小无关，图标箭头指示方向为粒子喷射的初始方向，如图 9-6 所示。

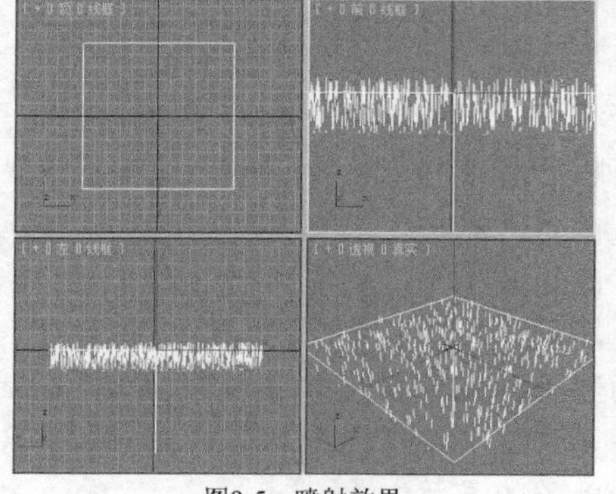

图9-5 喷射效果

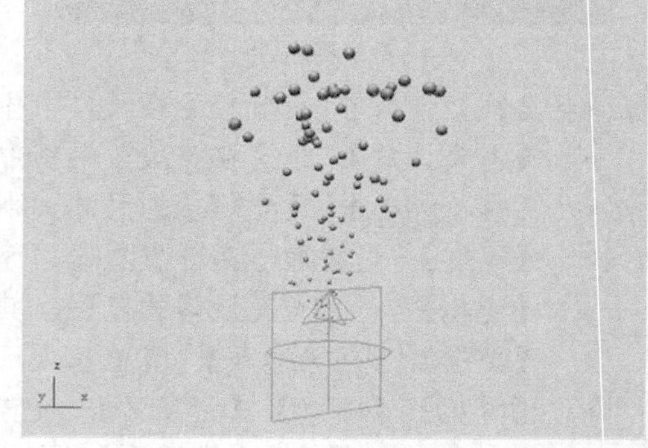

图9-6 “超级喷射”粒子系统

四、“暴风雪”粒子系统

“暴风雪”粒子系统由一个面发射受控制的粒子喷射，且只能以自身的图标为发射器对象，可以产生变化更为丰富的雪粒子效果，是“雪”粒子的升级版，如图 9-7 所示。

五、“粒子云”粒子系统

粒子云可以创建一群鸟、一个星空或一队在地面行军的士兵，它可以使用场景中任意具有深度的对象作为体积，如图 9-8 所示。

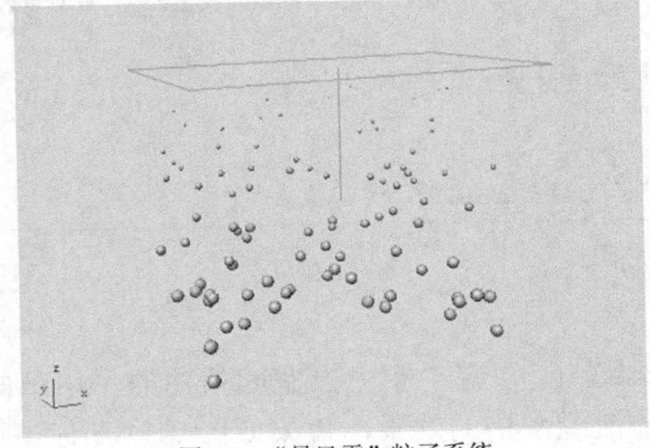

图9-7　“暴风雪”粒子系统

图9-8　“粒子云”粒子系统

六、“粒子阵列”粒子系统

“粒子阵列”粒子系统可将粒子分布在几何体对象上，如图 9-9 所示。“粒子阵列”粒子系统可按不同方式将粒子分布在几何体对象上，如图 9-10 所示。

图9-9　“粒子阵列”粒子系统

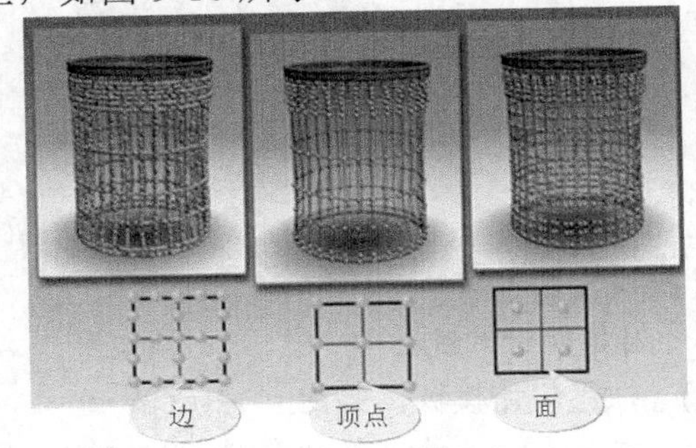

图9-10　“粒子阵列”的粒子分布

下面以“粒子阵列”粒子系统为例对重要参数进行介绍，如表 9-1 所示。

表 9-1　“粒子阵列”粒子系统重要参数说明

参数名称	功能
粒子分布	此分组框中的选项用于确定标准粒子在基于对象的发射器曲面上最初的分布方式。如果在【粒子类型】卷展栏中选择了【对象碎片】单选项，则这些控件不可用
粒子类型	☆　变形球粒子：彼此接触的球形粒子将会互相融合，主要用于制作液体效果 ☆　对象碎片：使用发射器对象的碎片创建粒子。只有粒子阵列可以使用对象碎片，主要用于创建爆炸或破碎动画 ☆　实例几何体：拾取场景中的几何体作为粒子，实例几何体粒子对创建人群、畜群或非常细致的对象流非常有效
	一个“粒子阵列”粒子系统只能使用一种粒子。不过，一个对象可以绑定多个粒子阵列，每个粒子阵列可以发射不同类型的粒子

续表

参数名称	功能
粒子繁殖	☆ 碰撞后消亡：粒子在碰撞到绑定的导向器（如导向球）时消失 ☆ 碰撞后繁殖：在与绑定的导向器碰撞时产生繁殖效果 ☆ 消亡后繁殖：在每个粒子的寿命结束时产生繁殖效果 ☆ 方向混乱：指定繁殖的粒子的方向可以从父粒子的方向变化的量。将粒子的数量设置大些，此项目效果的观察将会很明显 ☆ 速度混乱：可以随机改变繁殖的粒子与父粒子的相对速度 ☆ 缩放混乱：对粒子应用随机缩放 ☆ 繁殖拖尾：在每帧处，从现有粒子繁殖新粒子，但新生成的粒子并不运动

9.1.2 学以致用——制作“清清流水”

本案将使用“粒子云”粒子系统发射“变形球粒子”，在“重力”空间扭曲的作用下向下流动，最终通过“全导向器”空间扭曲模拟液体流经水槽的效果，效果如图 9-11 所示。

图9-11 最终效果

【操作步骤】

1. 创建粒子系统。

(1) 打开制作模板，如图 9-12 所示。

① 打开素材文件“第 9 章\素材\清清流水\清清流水.max”。

② 场景中设置了全局照明效果。

③ 场景中为所有物体设置了材质。

④ 场景中创建了一架摄影机，用于对水流进行特写渲染。

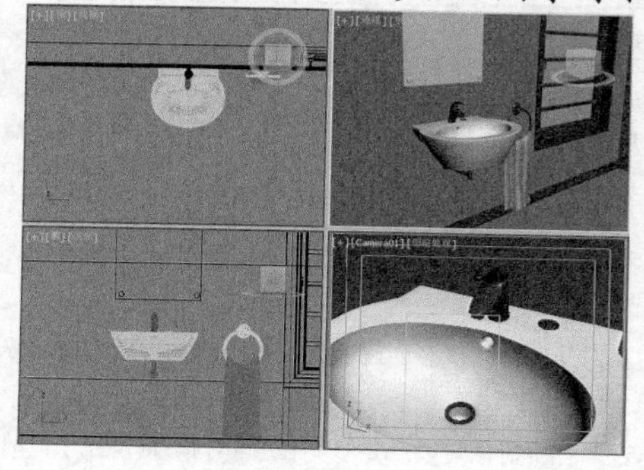
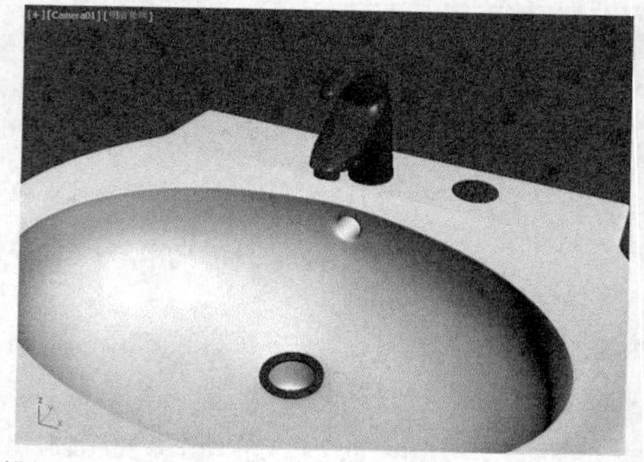

图9-12 打开制作模板

(2) 创建“粒子云”粒子系统，如图 9-13 所示。

① 选择【创建】面板的创建类别为【粒子系统】。

② 单击 粒子云 按钮。

③ 在顶视图中创建粒子云。

④ 单击按钮进入【修改】面板，将“粒子系统”对象重命名为“粒子云”。

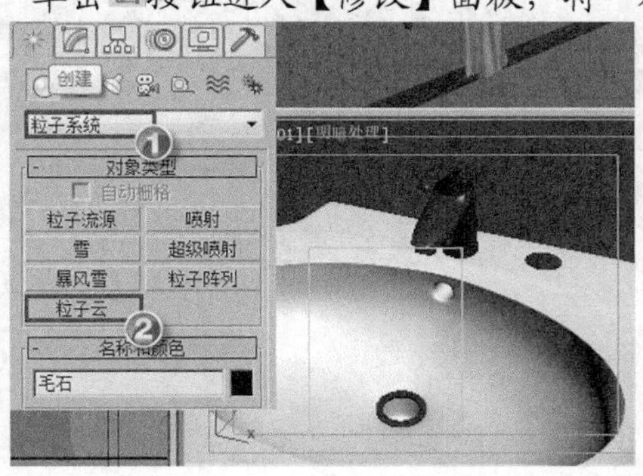

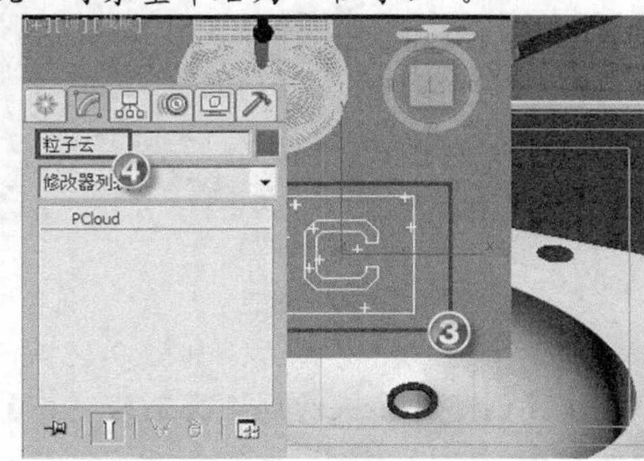

图9-13　创建“粒子云”粒子系统

(3) 设置“粒子云”发射器形状，如图 9-14 所示。

① 选中“粒子云”对象，进入【修改】面板。

② 在【粒子分布】分组框中选择【球体发射器】单选项。

③ 在【显示图标】分组框中设置【半径/长度】为“10.0”。

要点提示　将“粒子云”发射器的分布方式改为“球体”，是为了更好地配合水龙头圆形的出水口，当然也可以改为“圆柱体”。

(4) 设置“粒子云”的位置参数，如图 9-15 所示。

选中“粒子云”对象，用鼠标右键单击按钮打开【移动变换输入】对话框，设置位置参数。

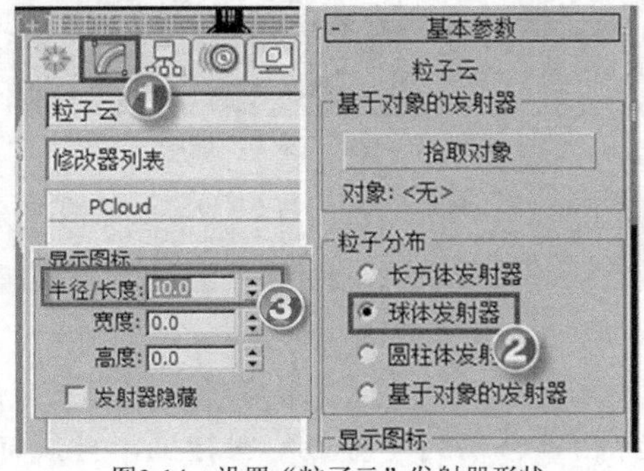

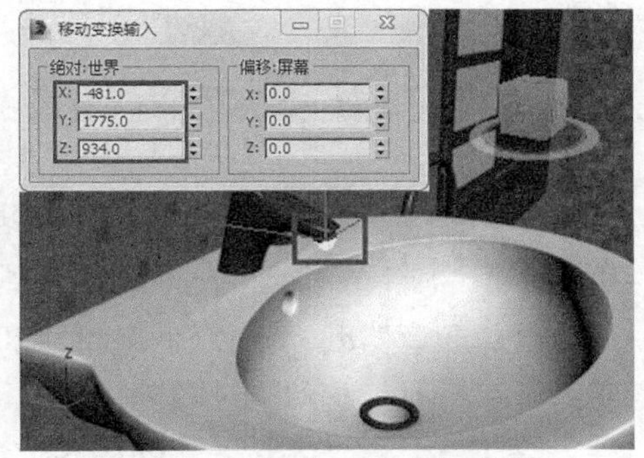

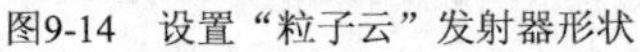

图9-14　设置“粒子云”发射器形状　　图9-15　设置“粒子云”的位置参数

(5) 设置粒子动画参数。

选中“粒子云”对象，在【修改】面板中设置参数，如图 9-16 所示。随后拖动时间滑块，预览设计结果如图 9-17 所示。

要点提示　“变形球粒子”会随机地进行相互之间的融合，以模拟液体的存在形式，在使用“变形球粒子”时，粒子的“大小”应设置得大些，并适当地提高“变化”百分率，以使粒子之间融合得更自然。

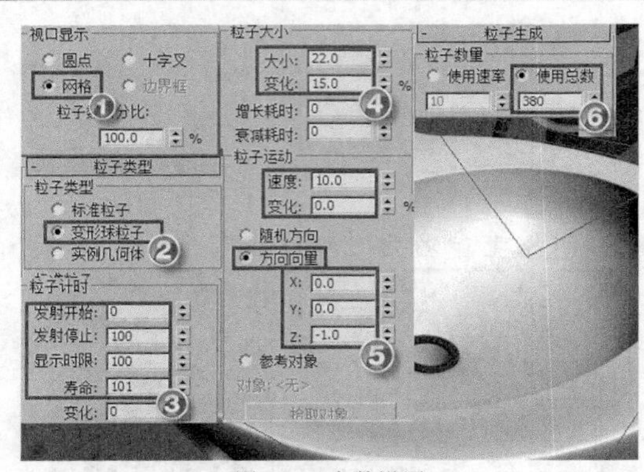

图9-16 参数设置

图9-17 预览效果

2. 创建“重力”空间扭曲。

(1) 创建“重力”空间扭曲，如图 9-18 所示。

① 选择【创建】面板的创建类别为【力】。

② 单击 重力 按钮。

③ 在顶视图中创建重力，“重力”对象重命名为“重力”。

(2) 设置“重力”参数，如图 9-19 所示。

① 选中“重力”对象，在【移动变换输入】对话框中设置位置参数。

② 在【修改】面板中设置力参数。

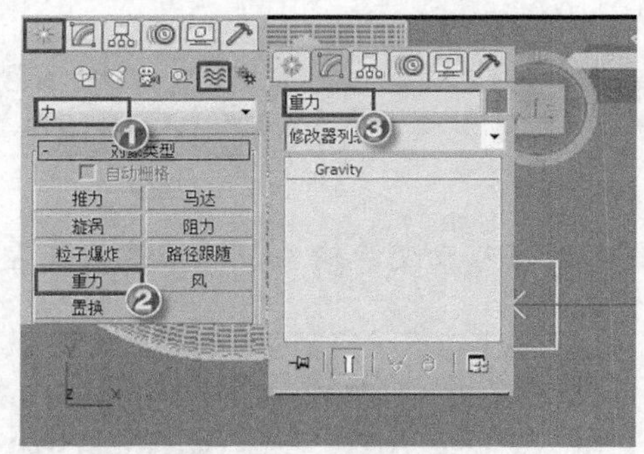

图9-18 创建“重力”空间扭曲

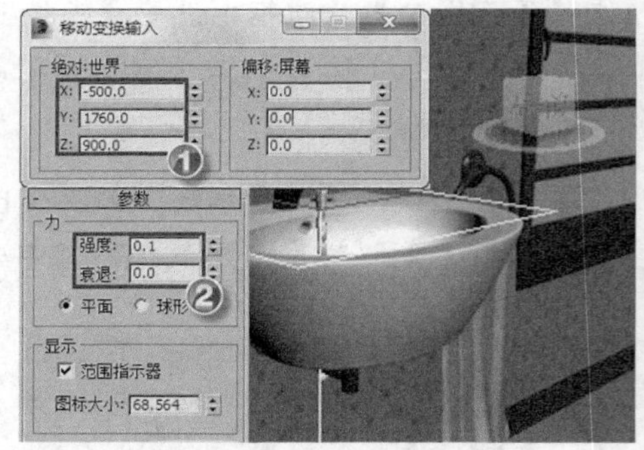

图9-19 设置“重力”参数

> **要点提示** 平面形式的“重力”图标（“重力”图标可设置为平面或球形），其大小和位置不会影响重力对粒子系统的作用，这里对图标的位置进行设置是为了便于观察。

(3) 绑定“粒子云”到“重力”，如图 9-20 所示。

① 单击主工具栏左侧的按钮。

② 在“粒子云”图标上按住鼠标左键不放，将鼠标指针移动到“重力”图标上，当鼠标指针形状变为时，松开鼠标左键完成绑定（绑定的物体会以白色闪现）。

③ 选中“粒子云”对象，查看其修改器堆栈状态。

3. 创建“全导向器”空间扭曲。

(1) 创建“全导向器”空间扭曲，如图 9-21 所示。

① 选择【创建】面板的创建类别为【导向器】。

② 单击 全导向器 按钮。

③ 在顶视图中创建全导向器，“全导向器”对象重命名为“全导向器”。

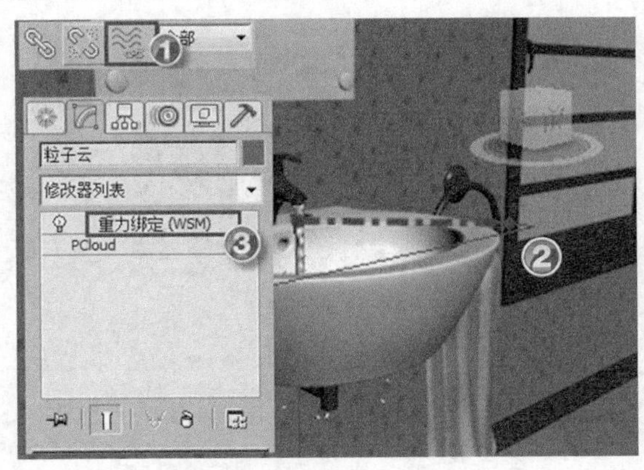

图9-20　绑定“粒子云”到“重力”

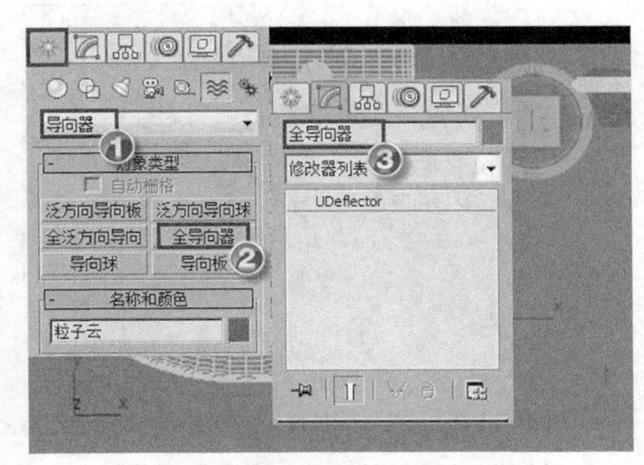

图9-21　创建“全导向器”空间扭曲

(2) 设置“全导向器”参数，如图 9-22 所示。

① 选中“全导向器”对象，在【移动变换输入】对话框中设置位置参数。

② 在“全导向器”的修改面板中单击 拾取对象 按钮。

③ 选中“水槽”对象完成拾取操作。

④ 在【修改】面板中设置导向器参数。

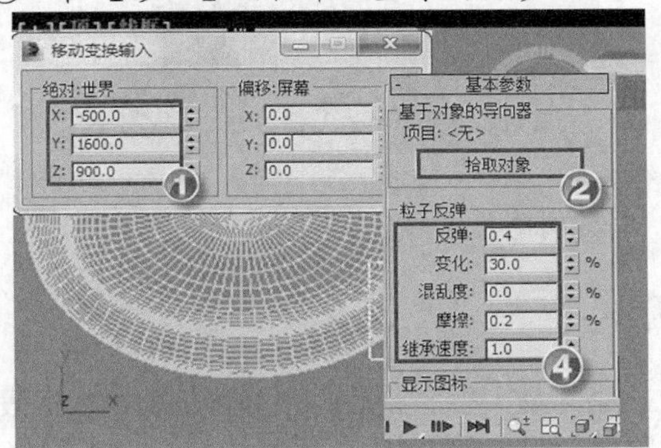

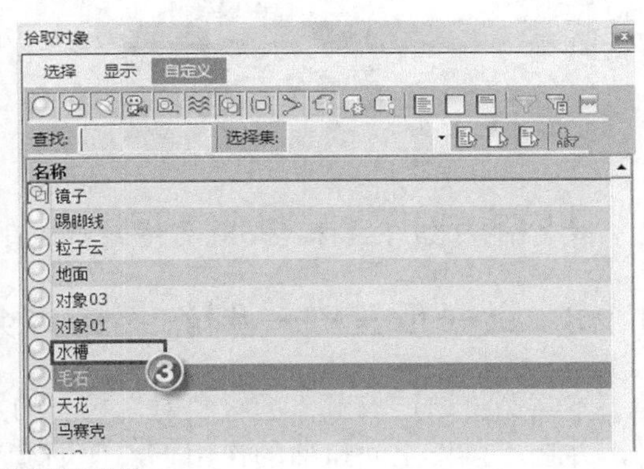

图9-22　设置“全导向器”参数

(3) 绑定“粒子云”到“全导向器”，如图 9-23 所示。

① 单击主工具栏左侧的按钮。

② 绑定“粒子云”到“全导向器”。

③ 选中“粒子云”对象，查看其修改器堆栈状态。

要点提示 “力”和“导向器”是在使用粒子系统中不可缺少的两个元素，前者为粒子运动提供外力，后者为粒子运动提供导向功能，以便让粒子产生折射、碰撞和反弹等效果，这部分知识将在下一小节中详细介绍。

4. 为粒子赋予材质。

(1) 为粒子赋予“水”材质，如图 9-24 所示。

选中“粒子云”对象，按 M 键打开【材质编辑器】窗口，选中“水”材质，单击按钮将“水”材质赋予“粒子云”对象。

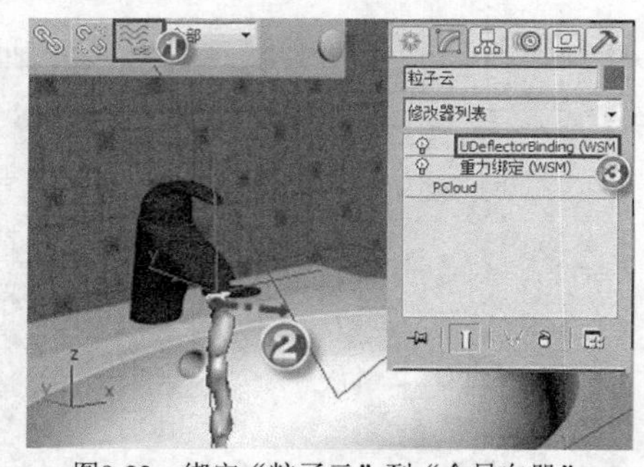

图9-23 绑定“粒子云”到“全导向器”

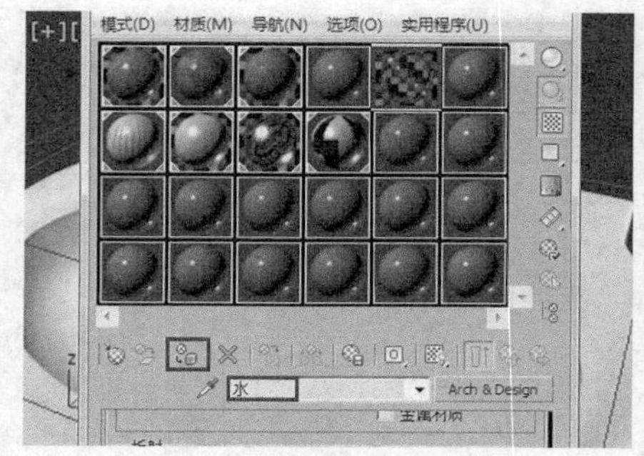

图9-24 为粒子赋予“水”材质

(2) 拖动时间滑块查看动画效果，如图 9-25 所示。

(3) 渲染“Camera01”摄影机视图，结果如图 9-11 所示。

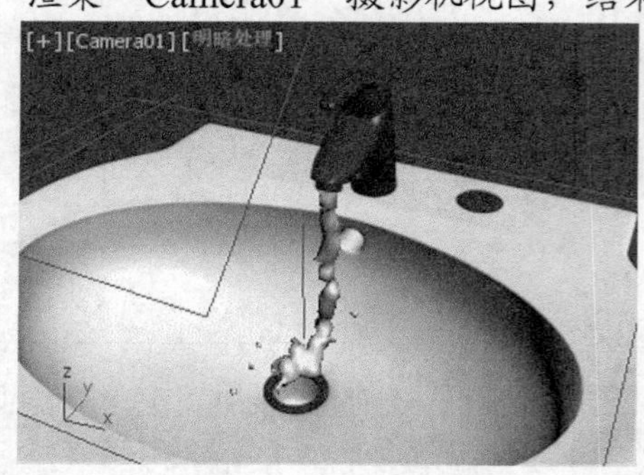

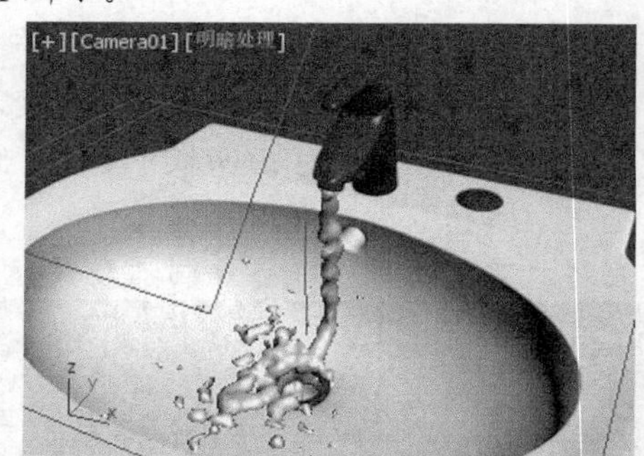

图9-25 查看动画效果

5. 按 Ctrl+S 组合键保存场景文件到指定目录，本案例制作完成。

9.1.3 举一反三——制作“蜡烛余烟”

本案例将通过调节“超级喷射”粒子的数量、速度及大小等参数产生烟雾形状的粒子发射，并在“风”空间扭曲的作用下，使烟雾产生飘散效果，如图 9-26 所示。

图9-26 最终效果

【操作步骤】

1. 创建“烟”效果。

(1) 打开制作模板，场景如图 9-27 所示。

① 打开素材文件“第 9 章\素材\蜡烛余烟\蜡烛余烟.max”。

② 场景中创建了墙壁，托盘和蜡烛。

③ 场景中为墙壁，托盘和蜡烛赋予了材质。

④ 场景中创建了一个“烟”材质。

⑤ 场景中创建了 4 盏灯光用于照明并烘托环境。（灯光已隐藏，读者可在【显示】面板中取消灯光类别的隐藏）

⑥ 场景中创建了一架摄影机，用来对动画进行渲染。（摄影机已隐藏，读者可在【显示】面板中取消摄影机类别的隐藏）

(2) 创建“烟”，如图 9-28 所示。

① 设置【创建】面板的创建类别为【粒子系统】。

② 单击 超级喷射 按钮。

③ 在顶视图中创建超级喷射。

④ 将“超级喷射”对象重命名为“烟”。

⑤ 在【移动变换输入】对话框中设置位置参数。

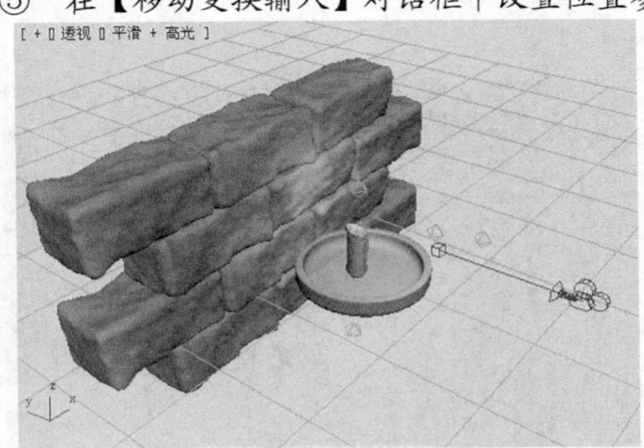

图9-27　打开制作模板

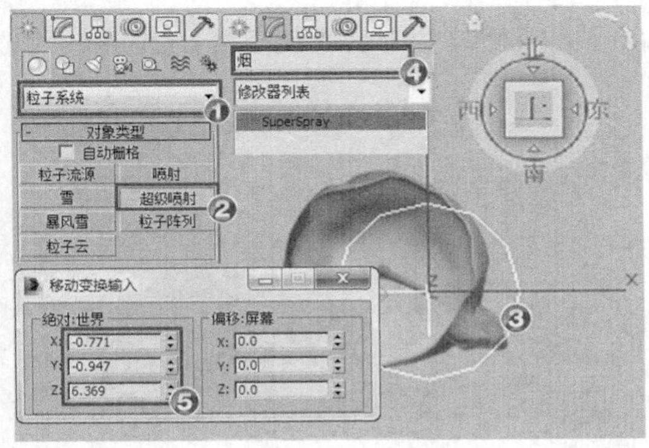

图9-28　创建“烟”

要点提示　在顶视图中创建超级喷射时，会无法看到所创建的图标，这是由于图标被托盘遮挡，为避免造成“丢失”，请读者创建完成后直接使用移动工具将其移出。

(3) 设置“烟”的参数，如图 9-29 所示。

① 选中“烟”对象。

② 在【修改】面板中设置相关参数。

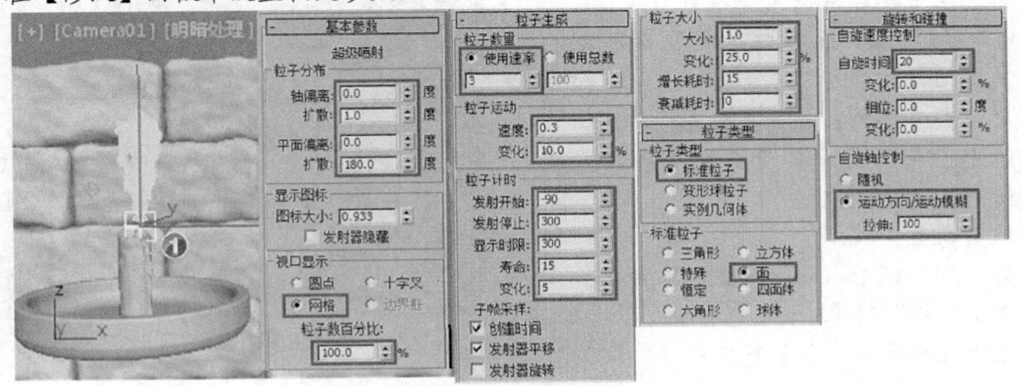

图9-29　设置“烟”的参数

要点提示 在制作烟、火等粒子动画时，常将粒子类型设为“面”，为粒子发射的面贴图形成所需特效。本案例中已将“烟”材质给出，读者可细细研究其原理。

“超级喷射”粒子系统的图标大小相关问题：在创建超级喷射时改变图标大小仅仅影响图标本身的大小，与所发射的粒子无关，但是创建并修改粒子发射相关参数后再改变图标大小，会造成所发射粒子的形态也跟着改变，请读者注意这一点。

2. 创建“风”效果。

(1) 创建“风”，如图 9-30 所示。

① 设置【创建】面板的创建类别为【力】。

② 单击 风 按钮。

③ 在顶视图中创建风。

④ 在【移动变换输入】对话框中设置位置参数。

(2) 设置“风”参数，如图 9-31 所示。

① 选中“风”对象。

② 在【修改】面板中设置参数。

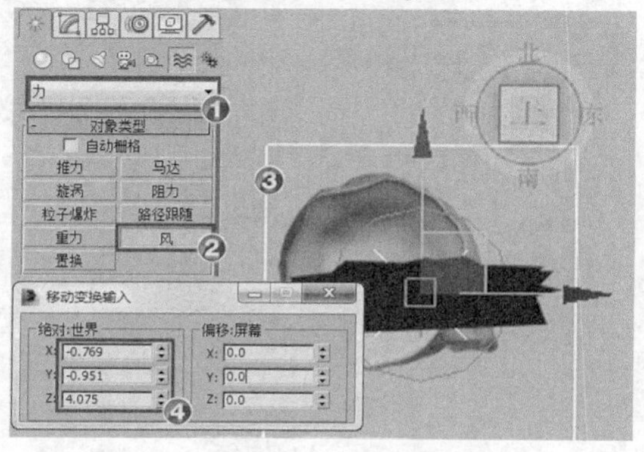

图9-30 创建“风”

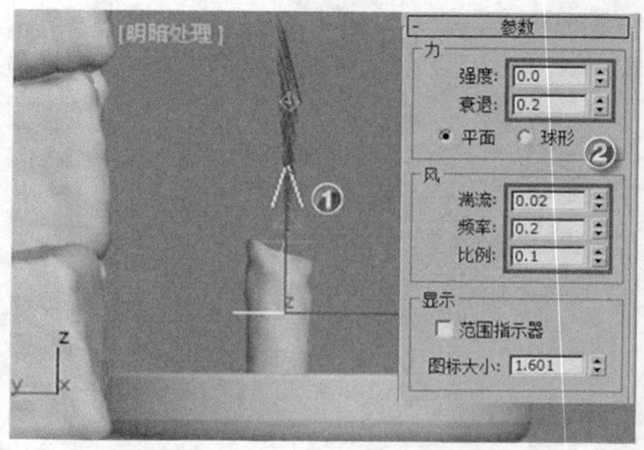

图9-31 设置“风”参数

要点提示 在设置“风”参数时，将“强度”参数设为“0”是为了不使其对粒子有吹动作用，但这并不影响“风”的湍流效果，事实上本案例只需要“风”的湍流作用。

(3) 绑定“烟”到“风”，如图 9-32 所示。

① 单击主工具栏左侧的按钮。

② 在“烟”图标上按住鼠标左键不放，鼠标指针移动到“风”图标上，当指针形状变为时，松开鼠标完成绑定。

③ 选中“烟”对象，查看其修改器堆栈状态。

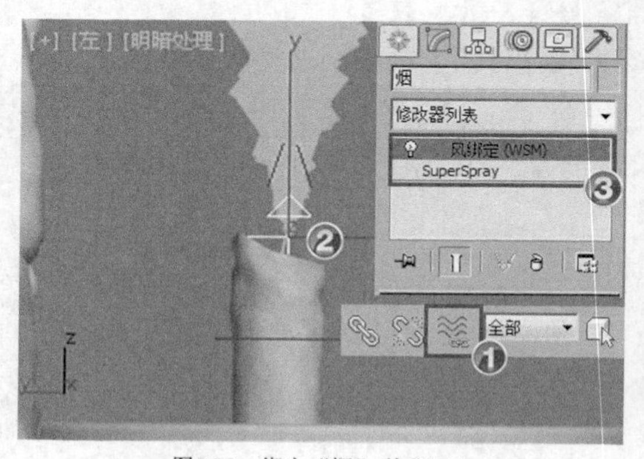

图9-32 绑定“烟”到“风”

3. 渲染设置。

(1) 为“烟”赋予材质，如图 9-33 所示。

① 选中“烟”对象。

② 选中【材质编辑器】窗口中的“烟”材质球。

③　单击按钮将“烟”材质赋予“烟”对象。

(2)　取消灯光类别的隐藏，如图 9-34 所示。

①　单击按钮打开【显示】面板。

②　取消勾选灯光选项。

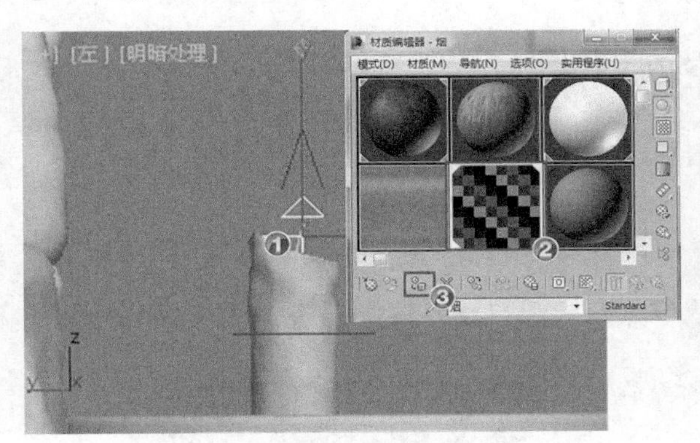

图9-33　为“烟”赋予材质

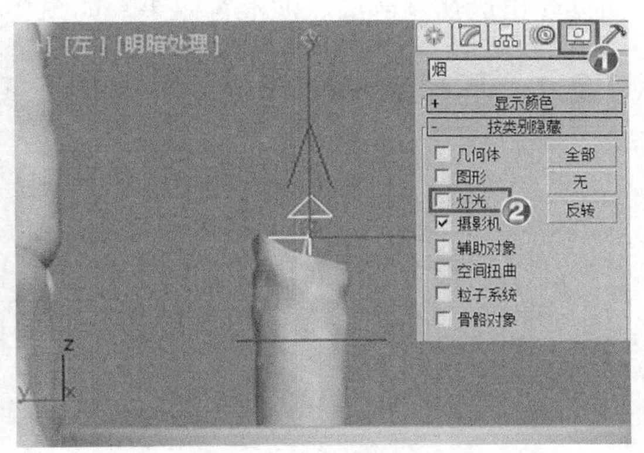

图9-34　取消灯光类别的隐藏

要点提示　场景中的灯光是在模板中已给出的，这里将灯光显示出来是为设置灯光对“烟”的照射，我们只需要其中一盏灯光对“烟”产生影响，下面将对此进行设置。

(3)　为灯光设置排除，如图 9-35 和图 9-36 所示。

①　选中“Omin01”对象。

②　单击按钮进入【修改】面板。

③　单击排除...按钮打开【排除/包含】界面。

④　在左侧栏目中选中“烟”对象。

⑤　单击>>按钮完成排除。

⑥　使用同样的方法为其他灯光设置排除。

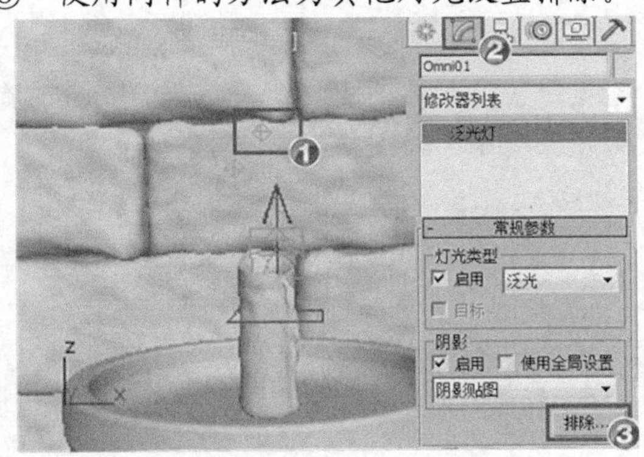

图9-35　设置“Omin01”的排除

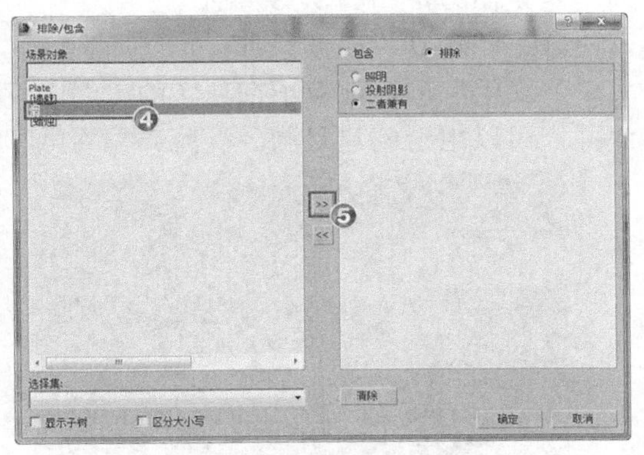

图9-36　为其他灯光设置排除

要点提示　为灯光设置排除后灯光将不予照射所排除对象。

(4)　使用“Camera01”摄影机渲染视图，即可得到图 9-26 所示的动画效果。

4.　按 Ctrl+S 组合键保存场景文件到指定目录，本案例制作完成。

9.2 使用空间扭曲

“力”空间扭曲可以模拟环境中的各种“力”效果，能创建使其他对象变形的力场，从而创建出爆炸、涟漪、波浪等效果，如图 9-37 所示。

9.2.1 基础知识——认识“力”空间扭曲

“力”可以为粒子系统提供外部影响，对粒子运动时产生驱动或阻碍效果。

一、 认识“力”空间扭曲

(1) “推力”空间扭曲。

“推力”可以为粒子运动产生正向或负向均匀的单向力，使得粒子在某一方向上加速或减速，如图 9-38 所示。

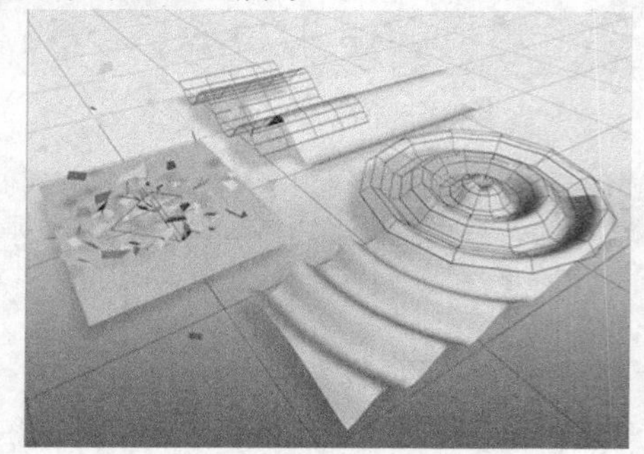

图9-37 空间扭曲

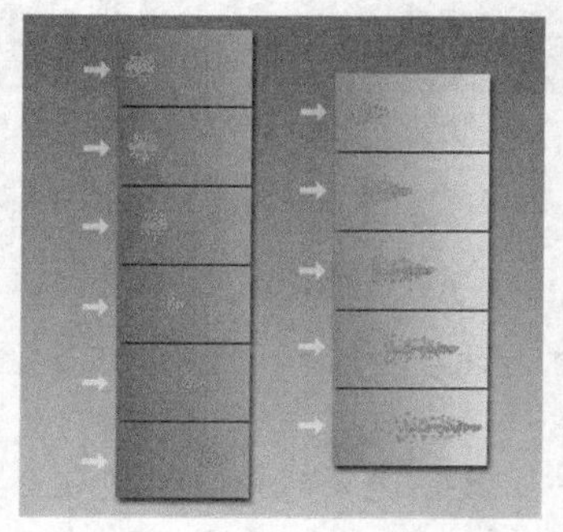

图9-38 “推力”空间扭曲

(2) “马达”空间扭曲。

“马达”的工作方式类似于推力，但“马达”对受影响的粒子或对象应用的是转动扭矩而不是定向力，如图 9-39 所示。

(3) “漩涡”空间扭曲。

“漩涡”可以使粒子在急转的漩涡中旋转，还能使其向下移动成一个长而窄的喷流或旋涡井，可以用于创建黑洞、涡流、龙卷风和其他漏斗状对象，如图 9-40 所示。

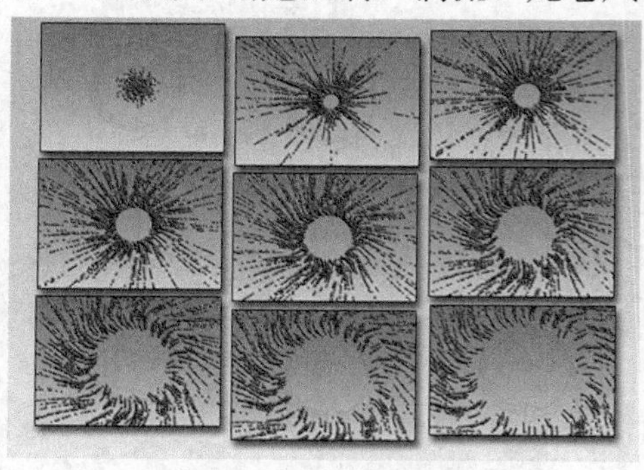

图9-39 “马达”空间扭曲

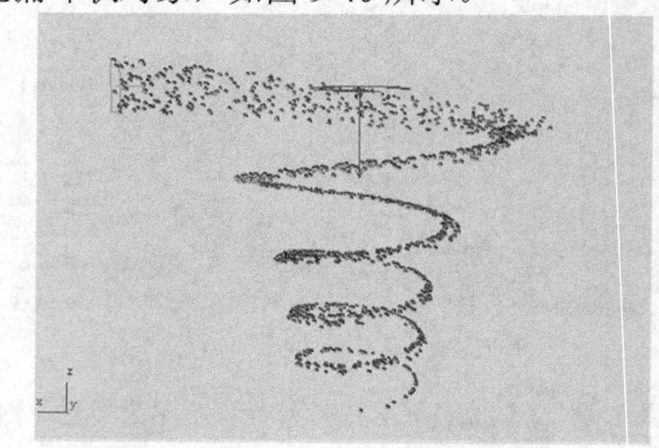

图9-40 “漩涡”空间扭曲

(4) “阻力”空间扭曲。

“阻力”是一种在指定范围内按照指定量降低粒子速率的阻尼器，常用于模拟风阻、致密介质（如水）中的移动、力场的影响及其他类似的情景，如图 9-41 所示。

(5)　“粒子爆炸”空间扭曲。

“粒子爆炸”能创建一种粒子系统爆炸的冲击波，尤其适合于“粒子阵列”系统。该空间扭曲还会将冲击作为一种动力学效果加以应用，如图 9-42 所示。

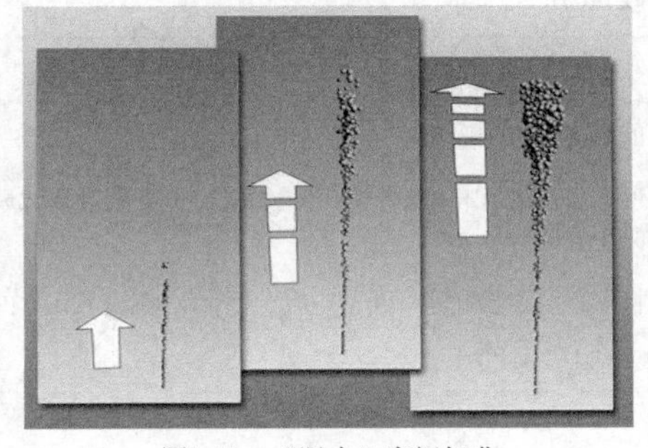

图9-41　“阻力”空间扭曲

图9-42　“粒子爆炸”空间扭曲

(6)　“路径跟随”空间扭曲。

“路径跟随”可以强制粒子对象沿螺旋形路径运动，如图 9-43 所示。

(7)　“重力”空间扭曲。

“重力”可以在粒子系统所产生的粒子上对自然重力的效果进行模拟，从而使物体产生由于自重而下坠的效果，如图 9-44 所示。

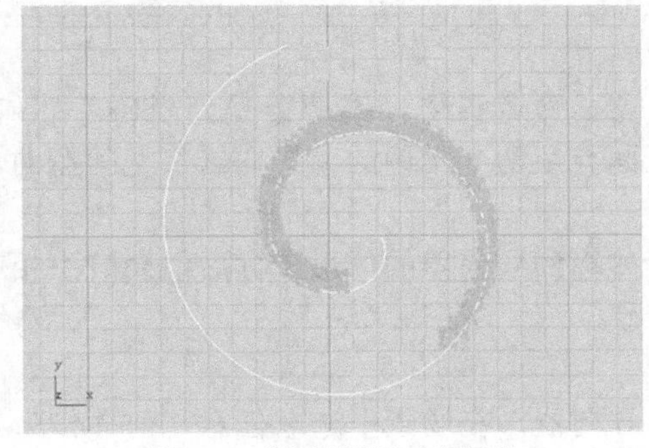

图9-43　“路径跟随”空间扭曲

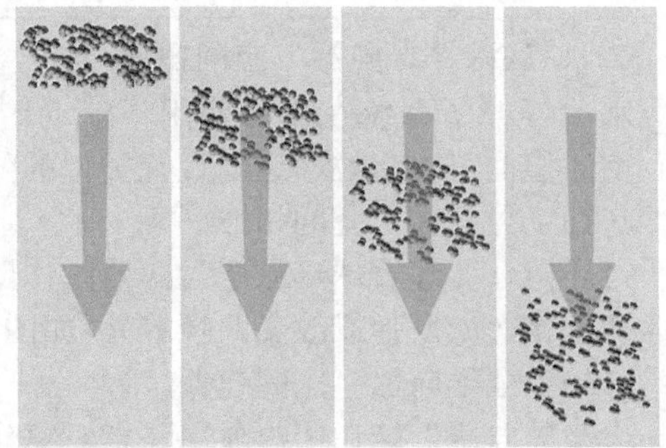

图9-44　“重力”空间扭曲

(8)　“风”空间扭曲。

“风”可以模拟风吹动粒子系统所产生的粒子运动路径改变效果，如图 9-45 所示。

(9)　“置换”空间扭曲。

“置换”以力场的形式推动和重塑对象的几何外形。置换对几何体（可变形对象）和粒子系统都会产生影响，如图 9-46 所示。

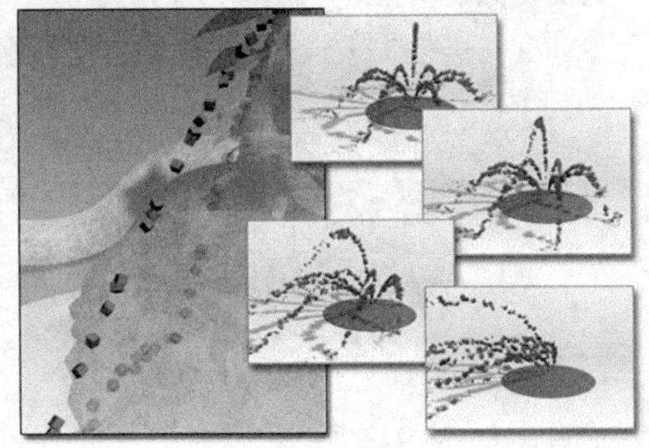

图9-45　“风”空间扭曲

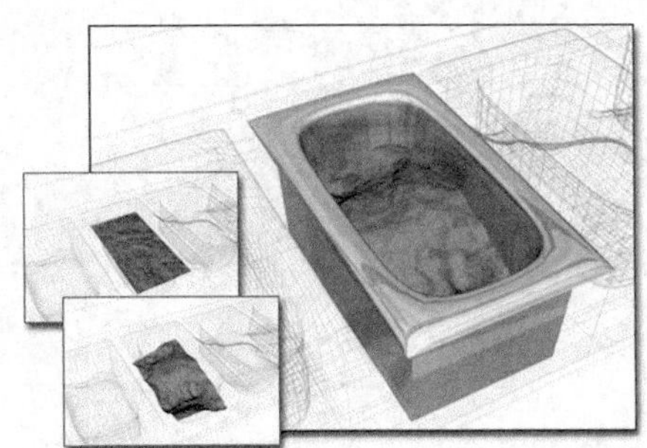

图9-46　“置换”空间扭曲

下面以“风”空间扭曲为例，对参数加以讲解，如表 9-2 所示（其他“力”空间扭曲的参数设置也可以触类旁通了）。

表 9-2　　“风”空间扭曲重要参数说明

参数名称	功能
强度	增加【强度】值会增加风力效果。小于“0.0”的强度会产生吸力
衰退	设置【衰退】值为“0.0”时，风力扭曲在整个世界空间内有相同的强度。增加【衰退】值会导致风力强度从风力扭曲对象的所在位置开始随距离的增加而减弱
平面	风力效果的方向与图标箭头方向相同，且此效果贯穿于整个场景
球形	风力效果为球形，以风力扭曲对象为中心向四周辐射
湍流	使粒子在被风吹动时随机改变路线
频率	当其设置大于“0.0”时，会使湍流效果随时间呈周期变化。这种微妙的效果可能无法看见，除非绑定的粒子系统生成的粒子数量很大
比例	缩放湍流效果。当【比例】值较小时，湍流效果会更平滑、更规则。当【比例】值增加时，紊乱效果会变得更不规则、更混乱
指示器范围	当【衰退】值大于“0.0”时，可用此功能在视图中指示风力为最大值一半时的范围
图标大小	控制风力图标的大小，该值不会改变风力效果

二、 认识“导向器”空间扭曲

水流等粒子系统在重力作用下流动时会碰到岩石等障碍物，流动会受到阻碍。“导向器”空间扭曲可以为粒子运动设置类似的障碍。下面介绍两个常用的“导向器”空间扭曲。

（1）“导向球”空间扭曲。

“导向球”起着球形粒子导向器的作用，粒子碰撞到导向器的球形图标后便会产生相应的运动变化（如反弹或改变路径等），如图 9-47 所示。

（2）“全导向器”空间扭曲。

“全导向器”能让用户使用任意对象作为粒子导向器，在场景中选取任意几何体作为导向器对象后，粒子运动与之发生碰撞后都会产生反弹等现象，如图 9-48 所示。

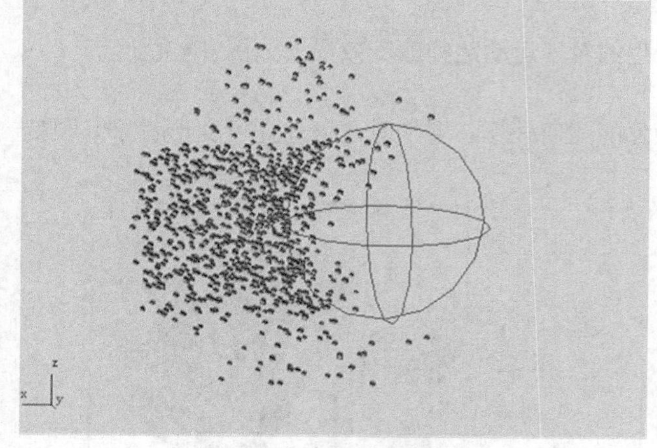

图9-47　“导向球”空间扭曲

图9-48　“全导向器”空间扭曲

下面以“全导向器”空间扭曲为例，对参数进行说明，如表 9-3 所示。

表 9-3　　“全导向器”空间扭曲重要参数说明

参数名称	功能
项目	显示选定对象的名称
拾取对象	单击该按钮，然后单击要用做导向器的任何可渲染网格对象
反弹	决定粒子从导向器反弹的速度。该值为“1.0”时，粒子以与接近导向器时相同的速度反弹。该值为“0”时，它们根本不会偏转
变化	每个粒子所能偏离【反弹】设置的量
混乱度	偏离完全反射角度（当将【混乱度】设置为“0.0”时的角度）的变化量。设置为 100%时会导致反射角度的最大变化为 90
摩擦	粒子沿导向器表面移动时减慢的量
继承速度	当该值大于“0”时，导向器的运动会和其他设置一样对粒子产生影响
图标大小	控制导向器图标的大小，该值不会改变导向器效果

9.2.2　学以致用——制作“灰飞烟灭”

本案例将使用“粒子流”粒子系统、“风”空间扭曲和“导向球”空间扭曲制作动画，模拟粒子在风力的作用下飘散的动画，效果如图 9-49 所示。

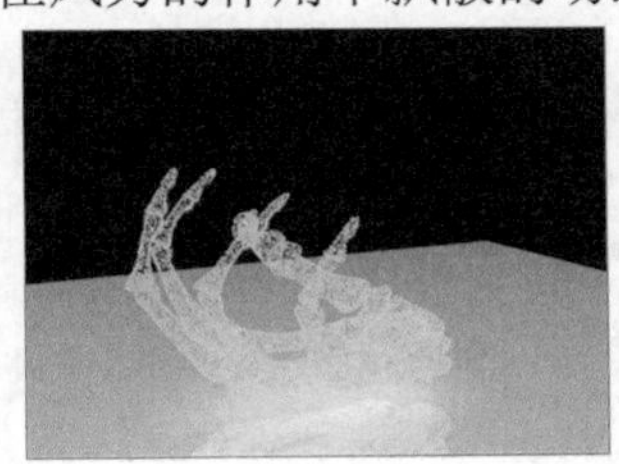

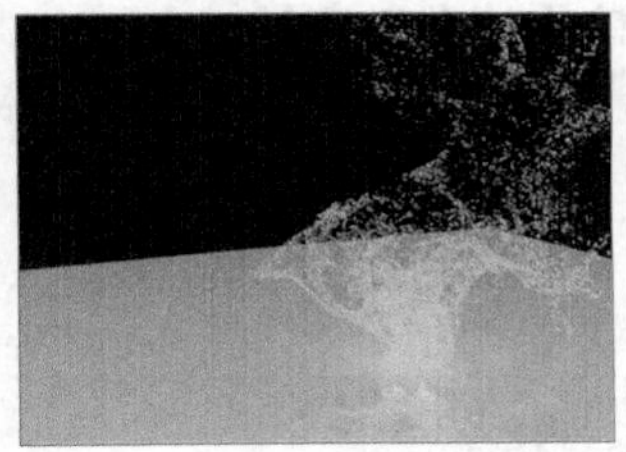

图9-49　设计效果

【操作步骤】

1.　设置“沙粒”的生成。

(1)　打开制作模板，如图 9-50 所示。

①　打开素材文件“第 9 章\素材\灰飞烟灭\灰飞烟灭.max”。

②　场景中创建了一架手部骨骼。

③　场景中创建了一个“沙粒”材质、一个骨骼材质和一个“底板”材质。

④　场景中创建了一架摄影机，用来对动画进行渲染（摄影机已隐藏，读者可在【显示】面板中取消摄影机类别的隐藏）。

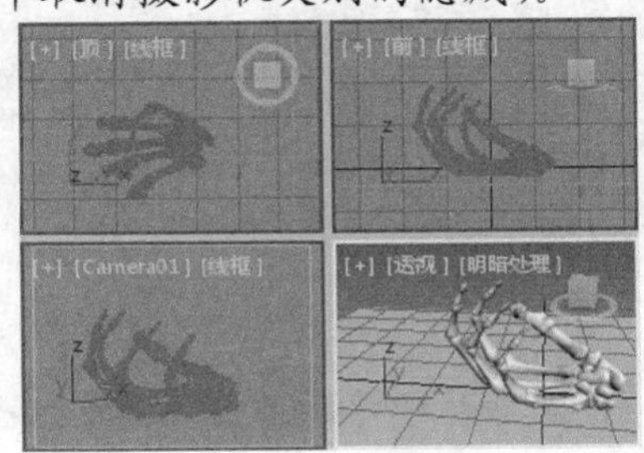

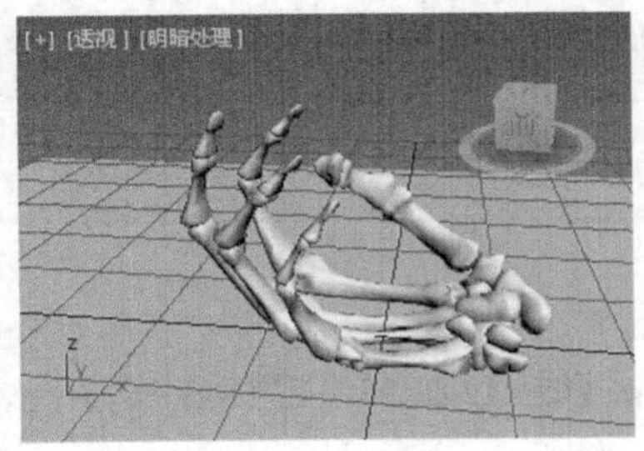

图9-50　打开模板

(2) 创建“沙粒”，如图 9-51 所示。

① 选择【创建】面板的创建类别为【粒子系统】。

② 单击 粒子流源 按钮。

③ 在前视图中创建粒子流，将“粒子流源”对象重命名为“沙粒”。

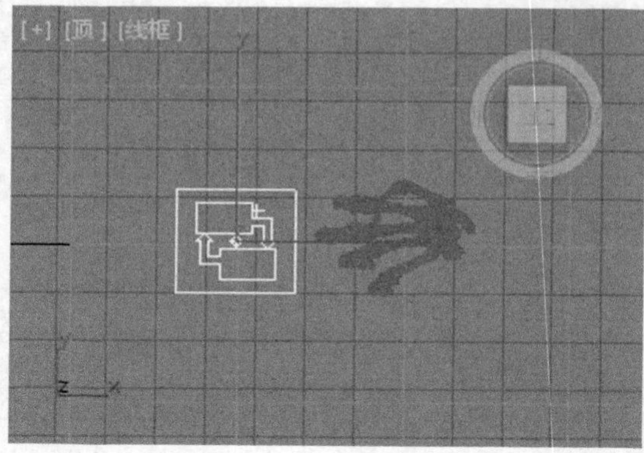

图9-51 创建“沙粒”

要点提示 在顶视图中创建超级喷射时，会无法看到所创建的图标，这是由于图标被托盘遮挡，为避免造成“丢失”，请读者创建完成后直接使用移动工具将其移出。

(3) 设置粒子的发射参数，如图 9-52 所示。

① 选中沙粒对象，在【修改】面板中单击 粒子视图 按钮打开【粒子视图】窗口。

② 使用【仓库】中的【位置对象】操作符替换“沙粒”中的【位置图标 001(体积)】操作符。

③ 选中【位置对象】。

④ 在界面右侧的【参数界面】中单击 按列表 按钮，选中“手”对象。

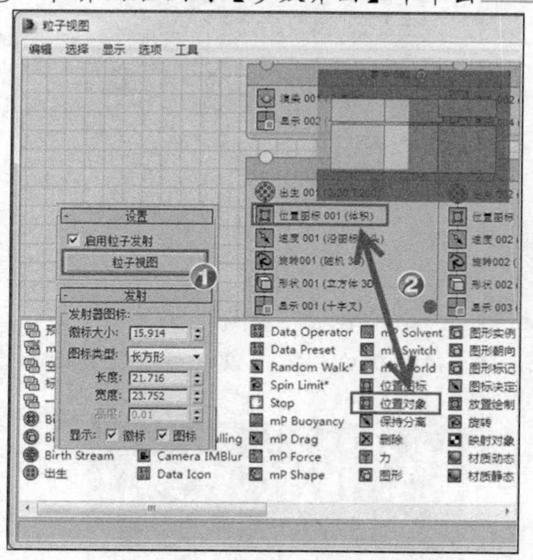
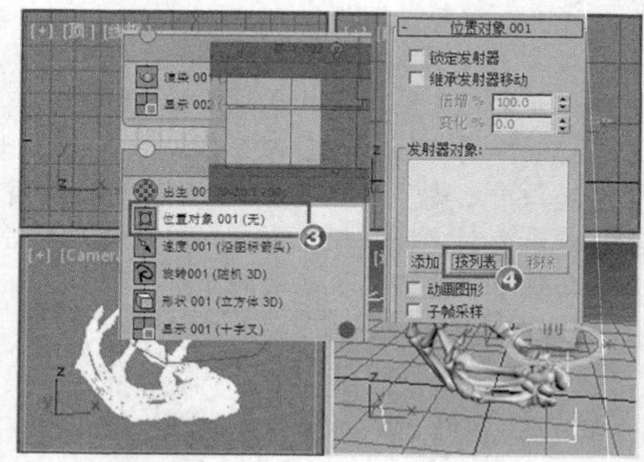

图9-52 设置粒子的发射参数

(4) 设置事件 01。

删除【速度 001(沿图标箭头)】和【旋转 001(随机 3D)】操作符，设置其他操作符参数，如图 9-53 所示。

要点提示 本案例需要“沙粒”的初始状态为静止地附着于“手”的表面，不需要在“手”的表面逐渐生成，因此将“发射开始”和“发射停止”都设为“0”。

本案例需要的粒子数目较多，为不影响计算机的运算速度，目前将“数量”参数保持默认，待渲染输出时再调至所需大小。

2. 创建空间扭曲。

(1) 创建“风 01”，如图 9-54 所示。

① 设置【创建】面板的创建类别为【力】。

② 单击 风 按钮。

③ 在顶视图中创建风，将“风”对象重命名为“风 01”。

④ 在【修改】面板中设置参数。

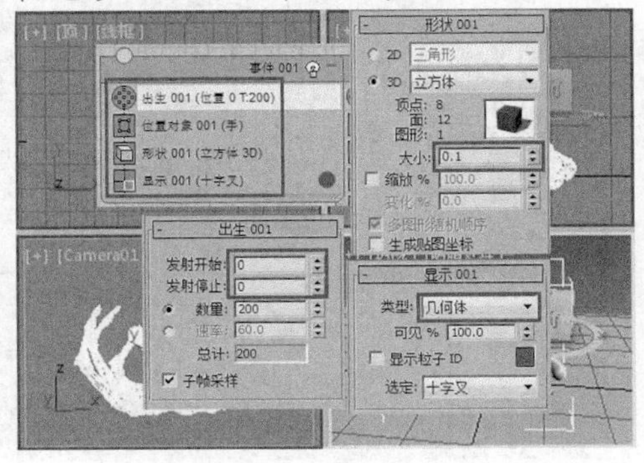

图9-53　设置事件 01

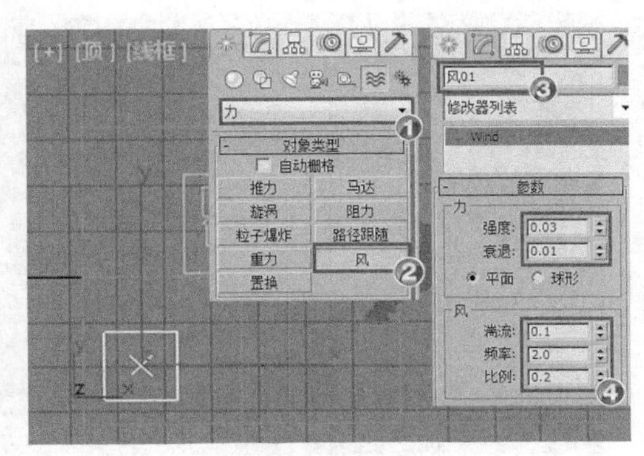

图9-54　创建“风 01”

(2) 创建“风 02”，如图 9-55 所示。

① 在顶视图中创建风。

② 将“风”对象重命名为“风 02”。

③ 在【修改】面板中设置参数。

要点提示 本案例中设置两个相同方向的“风”是为使“沙粒”飞舞得更自然。

(3) 创建“风 03”，如图 9-56 所示。

① 在右视图中创建风。

② 将“风”对象重命名为“风 03”。

③ 在【修改】面板中设置参数。

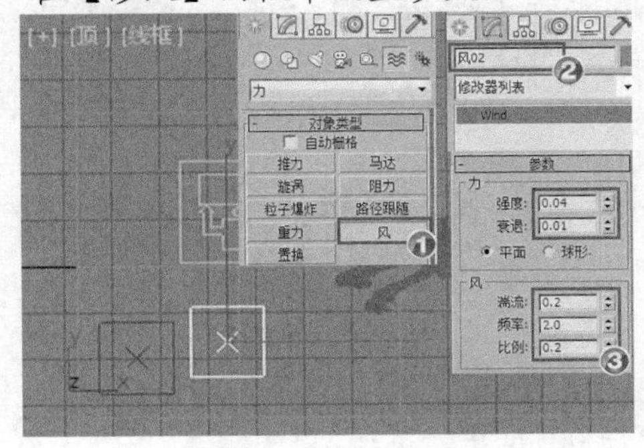

图9-55　创建“风 02”

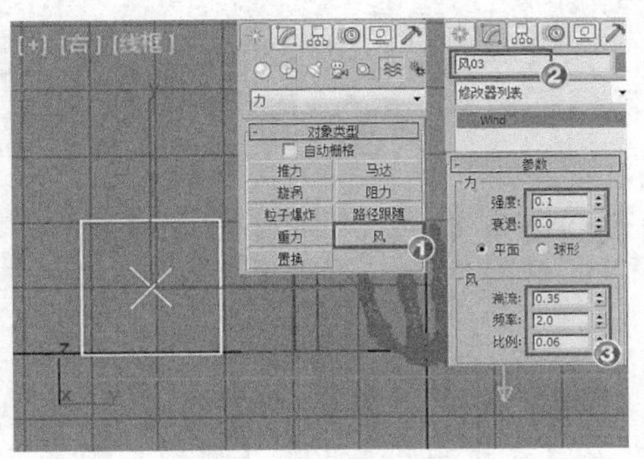

图9-56　创建“风 03”

(4) 创建"阻力"，如图 9-57 所示。

① 选择【创建】面板的创建类别为【力】。

② 单击 阻力 按钮。

③ 在顶视图中创建阻力，将"阻力"对象重命名为"阻力"。

④ 在【修改】面板中设置参数。

(5) 创建"导向球"，如图 9-58 所示。

① 选择【创建】面板的创建类别为【导向器】。

② 单击 导向球 按钮。

③ 在顶视图中创建导向球，将"导向球"对象重命名为"导向球"。

④ 在【修改】面板中设置参数。

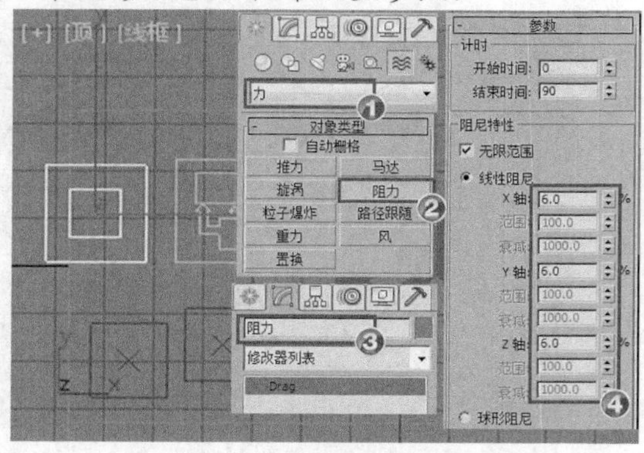

图9-57 创建阻力

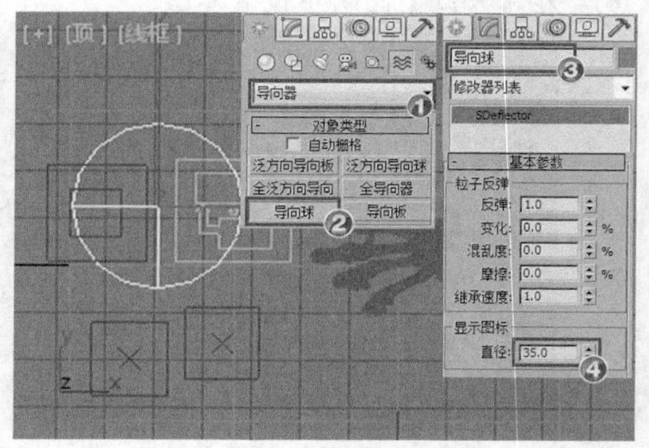

图9-58 创建"导向球"

(6) 为"导向球"设置动画，如图 9-59 所示。

设置第 0 帧处"导向球"的位置，单击自动关键点按钮，设置第 80 帧处"导向球"的位置，单击自动关键点按钮。

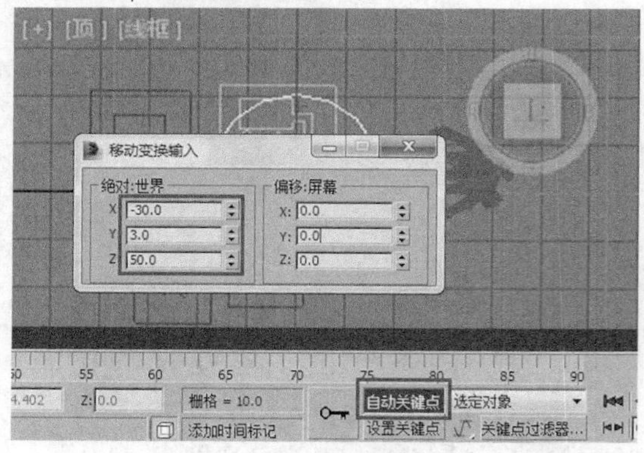

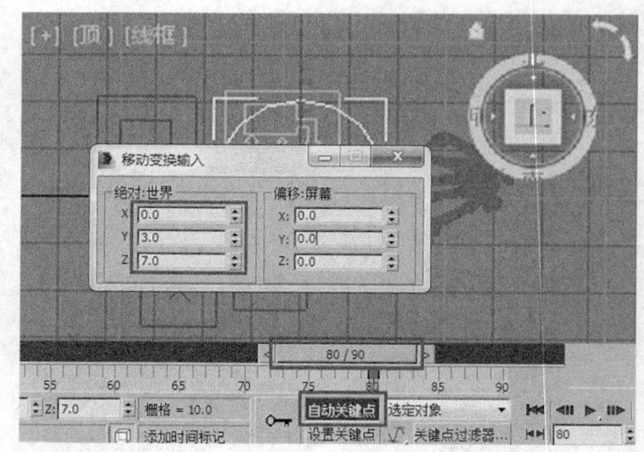

图9-59 设置动画

要点提示 本案例将利用"导向球"的碰撞作为测试以传递粒子，因此导向球必须逐渐地碰触到"手"的每个位置。

3. 设置"沙粒"飞舞动画。

修改事件，如图 9-60 所示。

① 在【粒子视图】中将【碰撞】测试添加到"事件 001"中。

② 将【力】与【删除】操作符添加到“事件 002”中。
③ 链接“事件 001”与“事件 002”事件。
④ 链接“事件 001”与“沙粒”。
⑤ 设置相应参数。

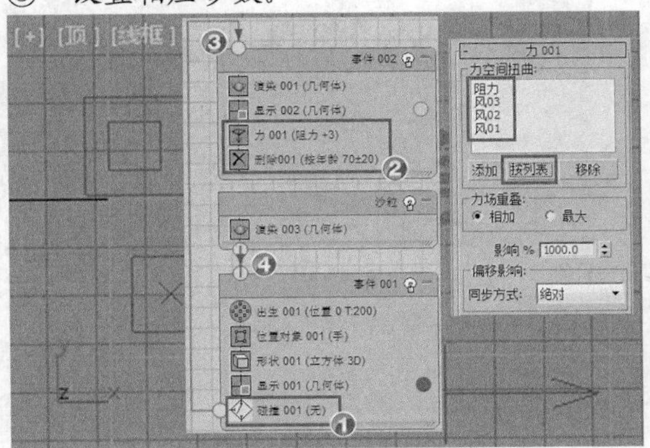

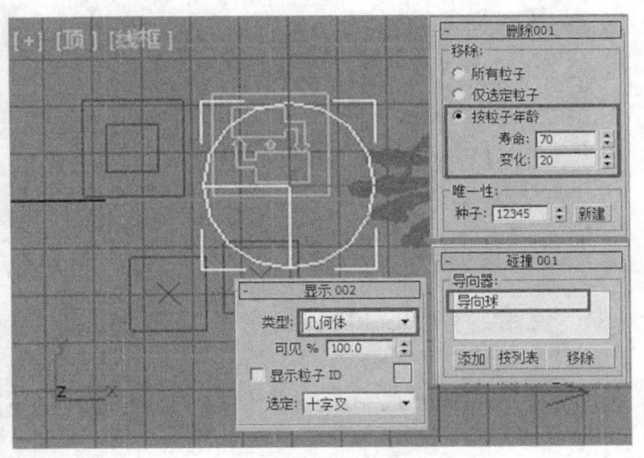

图9-60　创建事件 002

4.　渲染设置。

(1) 为“沙粒”赋予材质，如图 9-61 所示。
① 在【粒子视图】中为“沙粒”事件添加【材质静态】操作符。
② 将“沙粒”材质球拖放到【材质静态 001】参数界面中的 无 按钮上。
③ 在弹出的【实例(副本)材质】对话框中选择【实例】单选项。

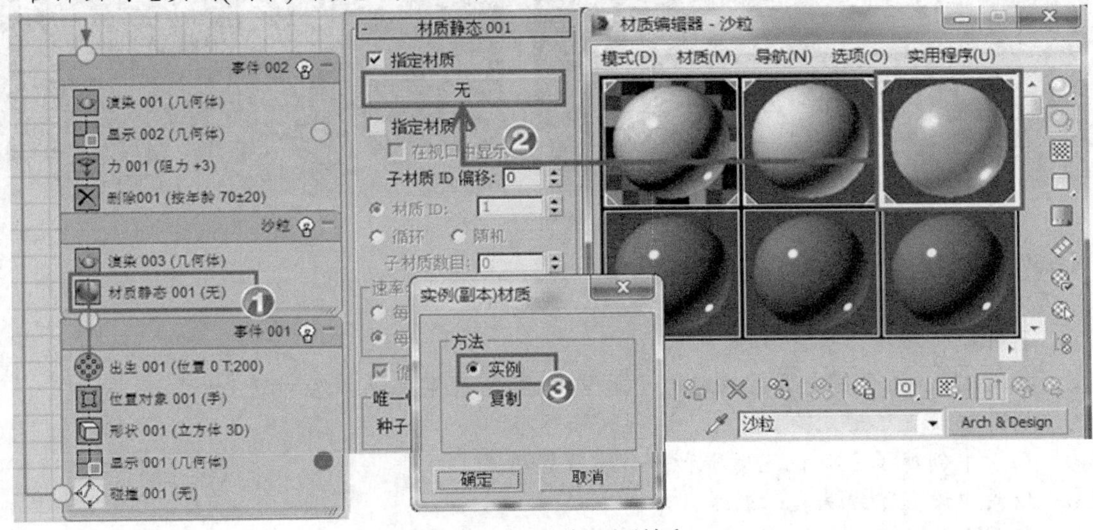

图9-61　为“沙粒”赋予材质

(2) 渲染前设置，如图 9-62 所示。
① 选中“手”对象，在视图空白处单击鼠标右键，在弹出的快捷菜单中选择【隐藏选定对象】命令。
② 在【粒子视图】中选中【出生 001(位置 0 T:2000)】操作符。
③ 设置【数量】参数。

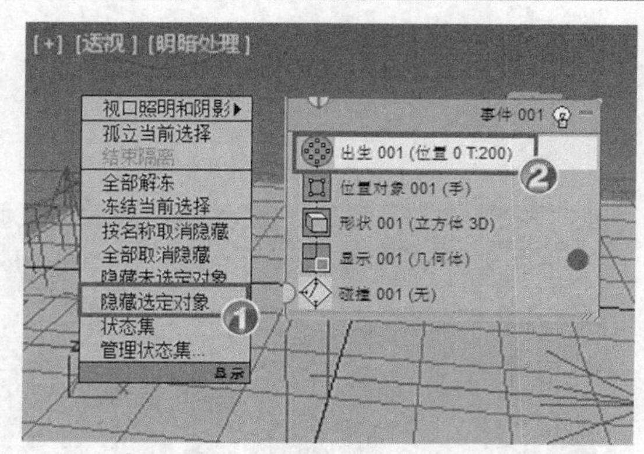

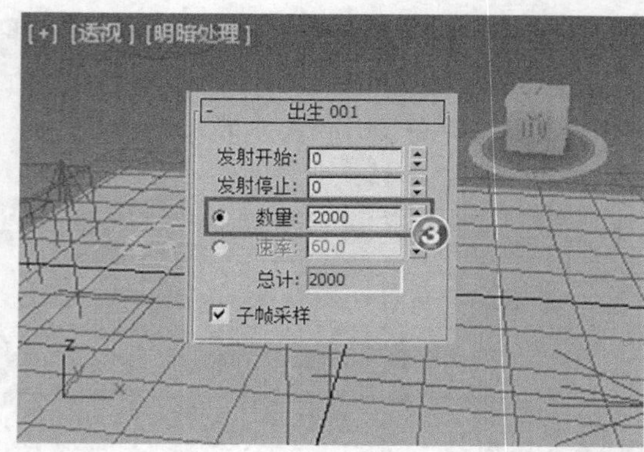

图9-62 渲染前设置

(3) 使用“Camera01”摄影机渲染视图，即可得到图 9-49 所示的动画效果。

9.2.3 举一反三——制作“夜空礼花”

本案例将使用“超级喷射”粒子生成“夜空礼花绽放”效果，通过“粒子年龄”贴图使得礼花从绽放到消散具有丰富的动态颜色变化，效果如图 9-63 所示。

图9-63 最终效果

【操作步骤】

1. 为“礼花 01”制作动画。

(1) 打开制作模板，如图 9-64 所示。

① 按 Ctrl+O 组合键打开素材文件“第 9 章\素材\夜空礼花\夜空礼花.max”。

② 场景中设置了建筑群。

③ 场景中创建了 3 个礼花材质和一个建筑材质。

④ 场景中设置了镜头光晕效果。

⑤ 场景中创建了一架摄影机，用来对动画进行渲染（摄影机已隐藏，读者可在【显示】面板中取消摄影机类别的隐藏）。

(2) 创建“礼花 01”，如图 9-65 所示。

① 选择【创建】面板的创建类别为【粒子系统】。

② 单击 超级喷射 按钮。

③ 在顶视图中创建超级喷射。

④ 将“超级喷射”对象重命名为“礼花 01”。

⑤　在【移动变换输入】对话框中设置位置参数。

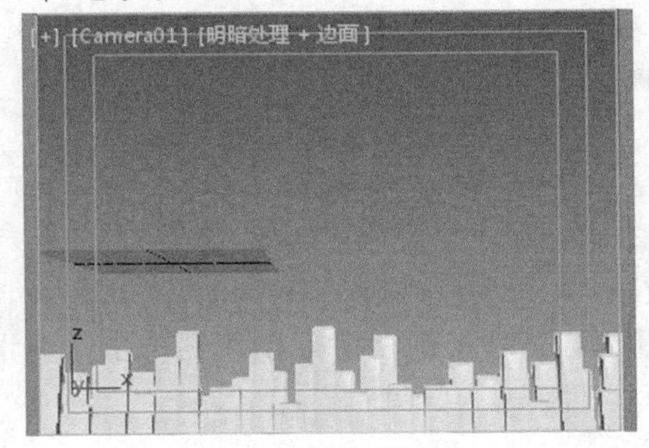

图9-64　打开制作模板

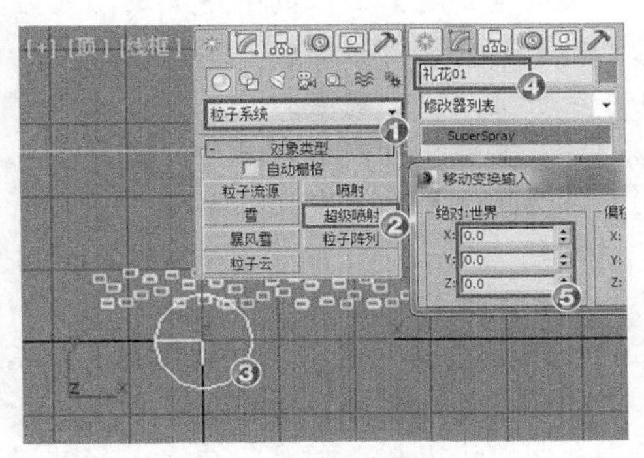

图9-65　创建“礼花 01”

要点提示　这里设置图标位置的本质是在设置烟花绽放的位置，因为烟花将从此图标中释放。

(3)　设置“礼花 01”的参数，如图 9-66 所示。

①　选中“礼花 01”对象。

②　在【修改】面板中设置相关参数。

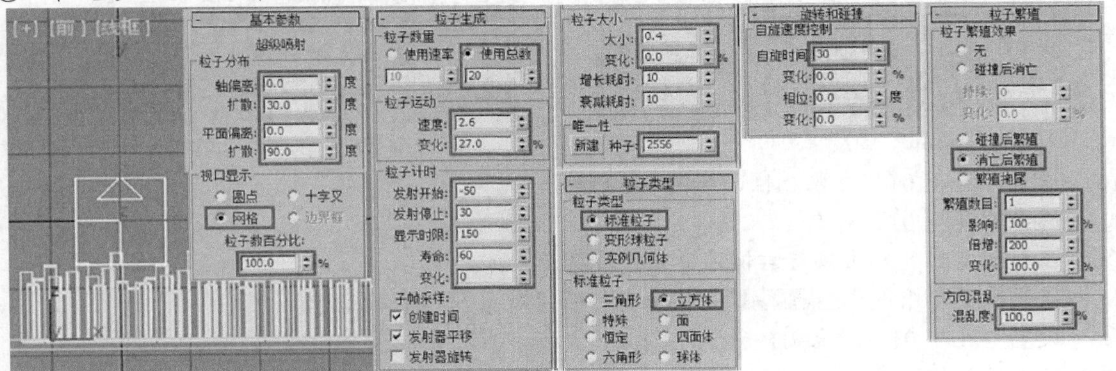

图9-66　设置“礼花 01”的参数

要点提示　粒子产生球形爆炸的粒子效果是本案例的重点所在，初次尝试可能难以理解，下面将对此问题作以讲解：

①　“寿命”与“消亡后繁殖”两个参数的设置使得粒子会在消亡后进行新粒子的繁殖。

②　“繁殖数目”设为“1”使粒子只能繁殖一次。

③　“倍增”设为“200”使粒子每次繁殖都能产生大量的新粒子，读者可调节此参数观察粒子量的变化。

④　“变化”设为“100%”使粒子的繁殖量有所变化，效果更为自然。

⑤　“混乱度”是产生球形爆炸的决定性参数，它指定繁殖的粒子的方向可以从父粒子的方向变化的量。事实上是一个指定新粒子运动方向的量。如果设为“100%”，繁殖的粒子将沿着任意随机方向移动，使得粒子的繁殖类似球形爆炸。读者可尝试设为“50%”，会发现粒子的繁殖呈半球形爆炸。

(4)　创建“重力 01”，如图 9-67 所示。

① 设置【创建】面板的创建类别为【力】。

② 单击 重力 按钮。

③ 在顶视图中创建重力。

④ 将“重力”对象重命名为“重力 01”。

⑤ 在【修改】面板中设置参数。

(5) 绑定“礼花 01”到“重力 01”，如图 9-68 所示。

① 单击主工具栏左侧的按钮。

② 在“礼花 01”图标上按住鼠标左键不放，将鼠标指针移动到“重力 01”图标上，当指针形状变为时，松开鼠标左键完成绑定。

③ 选中“礼花 01”对象，查看其修改器堆栈状态。

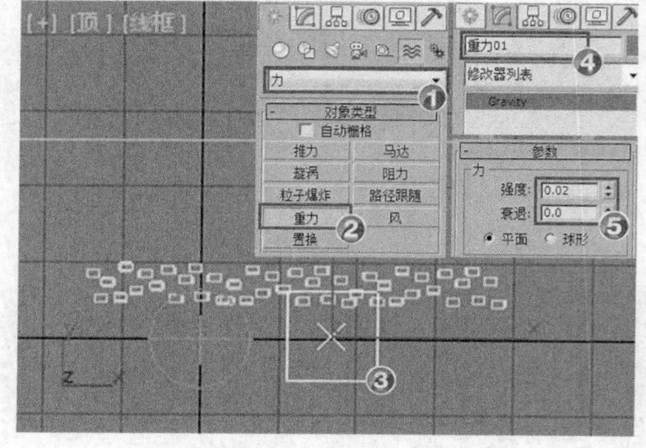

图9-67 创建“重力 01”

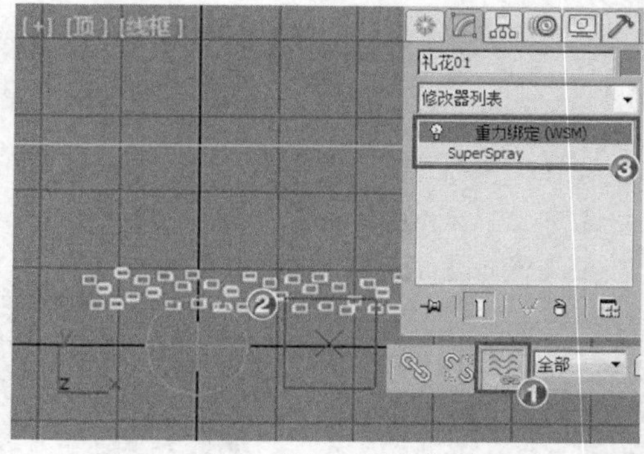

图9-68 绑定“礼花 01”到“重力 01”

(6) 设置“礼花 01”对象属性，如图 9-69 所示。

① 选中“礼花 01”对象。

② 在视图空白处单击鼠标右键，弹出快捷菜单。

③ 在快捷菜单中选中 对象属性(P)... 命令打开【对象属性】对话框。

④ 设置“礼花 01”对象 ID。

⑤ 设置运动模糊参数。

(7) 为“礼花 01”赋予材质，如图 9-70 所示。

① 选中“礼花 01”对象。

② 选中【材质编辑器】窗口中的“礼花 01”材质球。

③ 单击按钮将“礼花 01”材质赋予“礼花 01”对象。

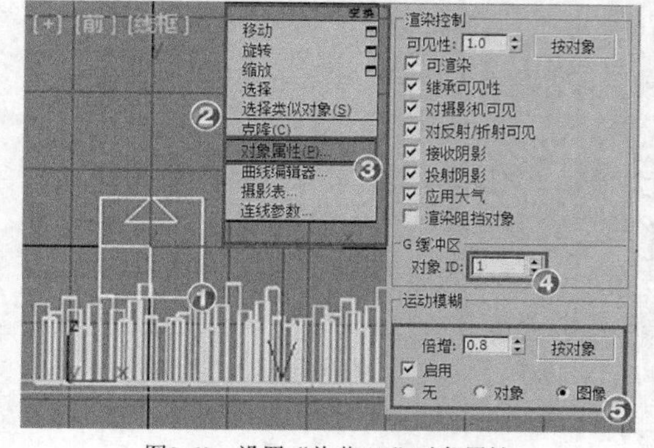

图9-69 设置“礼花 01”对象属性

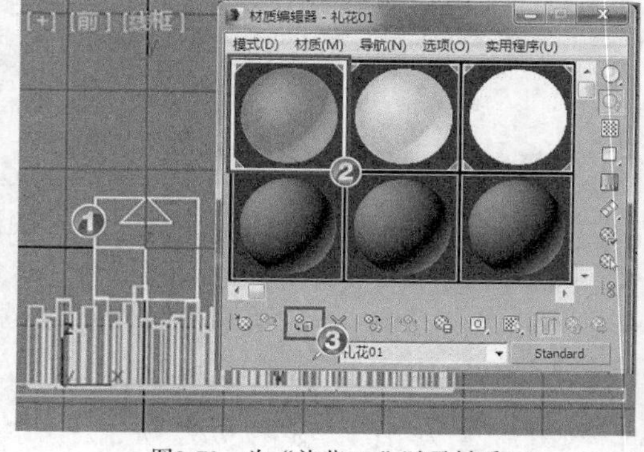

图9-70 为“礼花 01”赋予材质

要点提示

为“礼花 01”设置 ID 是为使其与【Video Post】中的“镜头效果光晕”相对应。在【Video Post】中共设置了 4 个“镜头效果光晕”，这些特效都是通过“对象 ID”与粒子系统链接。这就相当于寄信时必须填写地址，这里的“镜头效果光晕”就是信件，“对象 ID”为地址，“礼花 01”为收信人。

“礼花 01”材质中添加了“粒子年龄”贴图，它以百分比形式为粒子从出生到消亡提供了 3 种不同颜色的贴图，粒子的整个生命过程需从第 1 种颜色过渡到第 2 种颜色再到第 3 种颜色。此材质会使得烟花更为绚烂。

2. 为“礼花 02”制作动画。

(1) 创建“礼花 02”，如图 9-71 所示。

① 在顶视图中创建“超级喷射”粒子系统。

② 将“超级喷射”对象重命名为“礼花 02”。

③ 在【移动变换输入】对话框中设置位置参数。

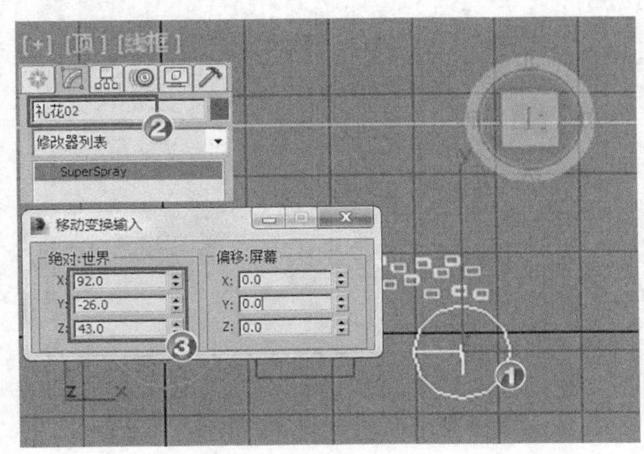

图9-71　创建“礼花 02”

(2) 设置“礼花 02”的参数，如图 9-72 所示。

① 选中“礼花 02”对象。

② 在【修改】面板中设置相关参数。

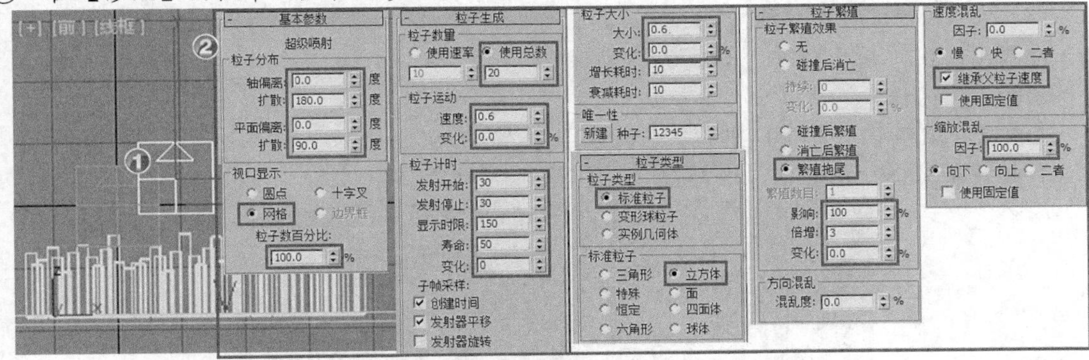

图9-72　设置“礼花 02”的参数

“烟花 02”与“烟花 01”最大差别在于它们使用的粒子繁殖方式不同，“繁殖拖尾”是指在现有粒子寿命的每个帧，从相应粒子繁殖粒子，且繁殖的粒子的基本方向与父粒子的速度方向相反。这意味着粒子在不断向某个方向运动的同时，也在其尾部不断地繁殖新的粒子。“倍增”则控制着每个粒子繁殖的粒子数。方向混乱，速度混乱和缩放混乱控制所生成的新粒子在这 3 个因素上的变换量，以百分比控制。

(3) 创建并绑定“重力 02”，如图 9-73 所示。

① 在顶视图中创建重力。

② 将“重力”对象重命名为“重力 02”。

③ 在【修改】面板中设置相关参数。

④ 绑定“礼花 02”到“重力 02”。

⑤ 选中“礼花 02”对象，查看其修改器堆栈状态。

(4) 设置“礼花 02”对象属性，如图 9-74 所示。

① 选中“礼花 02”对象。

② 在视图空白处单击鼠标右键，弹出快捷菜单。

③ 在快捷菜单中选择 对象属性(P)... 命令，打开【对象属性】对话框。

④ 设置“礼花 02”对象 ID。

⑤ 设置运动模糊参数。

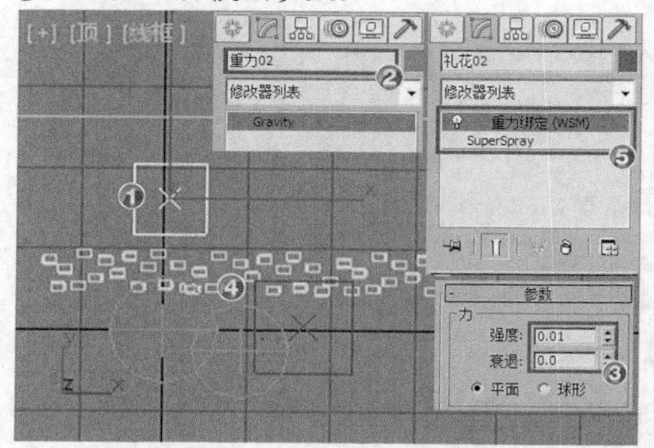

图9-73 创建并绑定“重力 02”

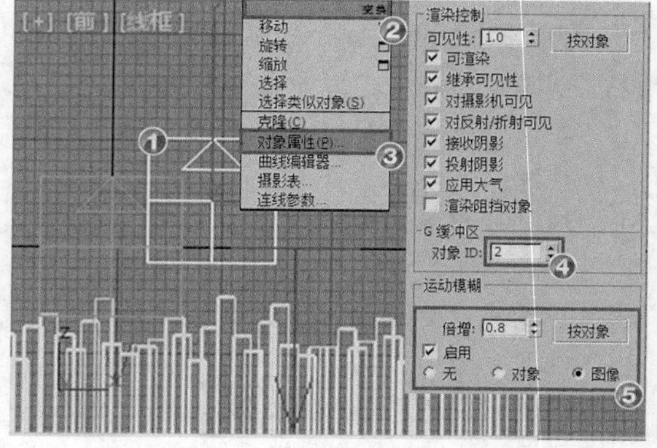

图9-74 设置“礼花 02”对象属性

要点提示 将“礼花 02”绑定到“重力 02”后，礼花会呈现出优美的抛物线式运动，由于现实世界中处处存在重力的影响，因此在模拟现实时，经常会用到“重力”空间扭曲，请读者多加尝试。

(5) 为“礼花 02”赋予材质，如图 9-75 所示。

① 选中“礼花 02”对象。

② 选中【材质编辑器】窗口中的“礼花 02”材质球。

③ 单击按钮将“礼花 02”材质赋予“礼花 02”对象。

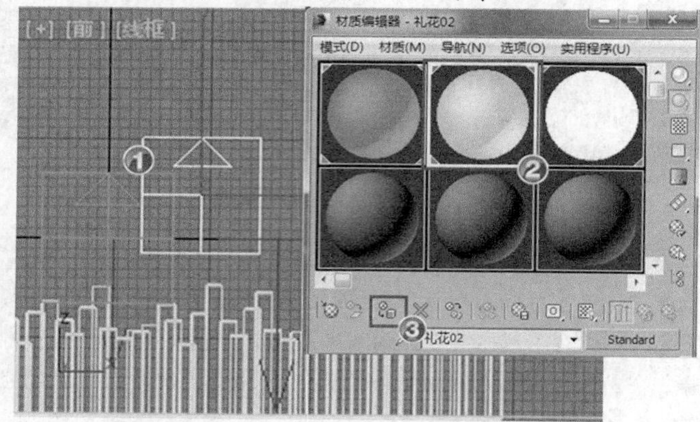

图9-75 为“礼花 02”赋予材质

3. 为“礼花 03”制作动画。

(1) 创建“礼花 03”，如图 9-76 所示。

① 在顶视图中创建名为“礼花 03”的“超级喷射”粒子系统。

② 在【移动变换输入】对话框中设置位置参数。

③ 在【修改】面板中设置参数。

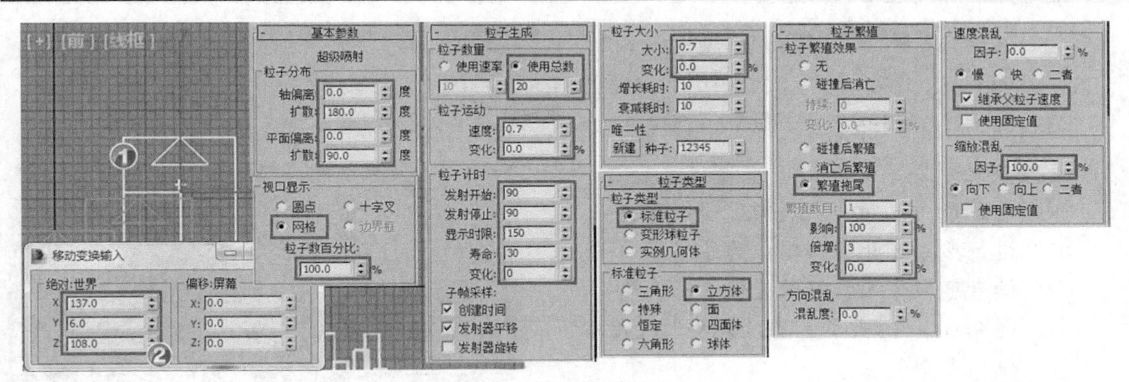

图9-76 创建“礼花 03”

要点提示

“礼花 03”与“礼花 02”在几个参数上存在差别：“速度”“寿命”“粒子大小”“发射开始”和“发射停止”。前面 3 个参数用于控制礼花光束的形状大小，后面 2 个用于控制礼花绽放的时间。这些参数读者可按照个人喜好自行调节。

(2) 绑定“重力 02”并赋予礼花材质，如图 9-77 所示。

① 绑定“礼花 03”到“重力 02”。

② 将“礼花 03”材质赋予“礼花 03”对象。

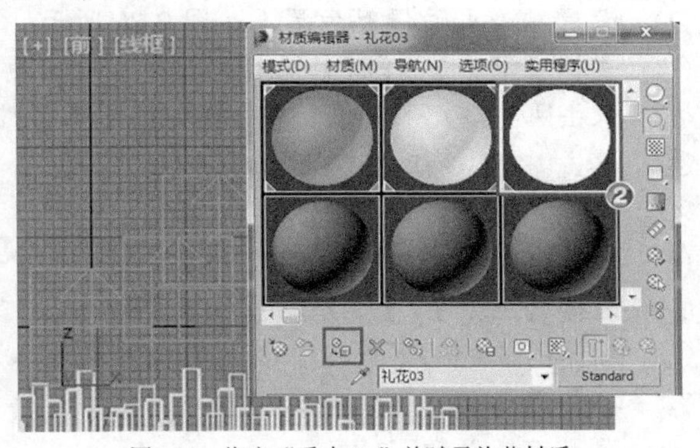

图9-77 绑定“重力 02”并赋予礼花材质

4. 丰富礼花动画。

(1) 克隆“礼花 01”，如图 9-78 所示。

① 选中“礼花 01”对象。

② 按住 Shift 不放，按住鼠标左键并拖动鼠标指针将“礼花 01”对象托至另一位置，弹出【克隆选项】对话框。

③ 选中 复制 选项完成克隆。

④ 将克隆所得对象重命名为“礼花 01-1”。

(2) 设置“礼花 01-1”参数，如图 9-79 所示。

① 选中“礼花 01-1”。

② 在【移动变换输入】对话框中设置位置参数。

③ 在【修改】面板中设置参数。

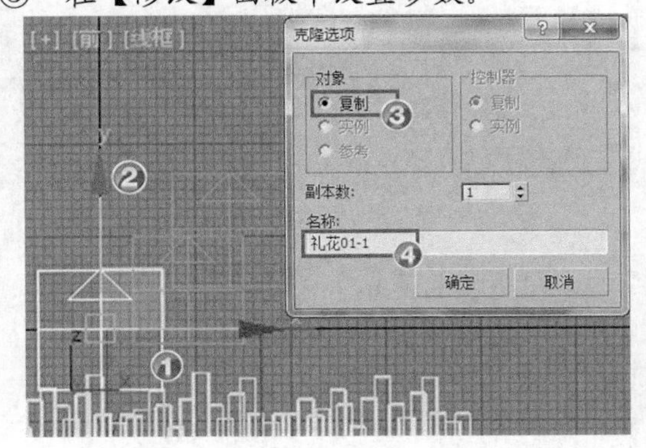

图9-78 克隆“礼花 01”

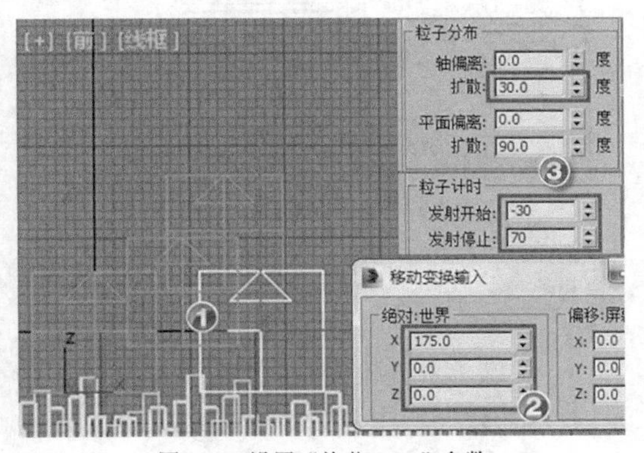

图9-79 设置“礼花 01-1”参数

【轴偏离】/【扩散】是影响粒子远离发射向量的扩散，改变此参数会改变礼花爆炸的空间分布，使“礼花 01-1”与“礼花 01”的绽放有所区别。

【发射开始】控制粒子发射开始的时间，对此参数的调节会使礼花的绽放在时间上更有层次。

(3) 克隆其他礼花。

① 使用相同的方法对“礼花 02”和“礼花 03”进行克隆（此操作仅仅为了丰富画面，读者可按个人喜好设置位置及克隆对象，图 9-80 中列出了克隆对象及大致位置，仅供参考）。

② 设置克隆所得礼花的绽放时间（此操作仅仅为了使礼花绽放更有层次，读者可按个人喜好进行设置，图 9-80 中列出了各礼花对象的绽放时间，仅供参考）。

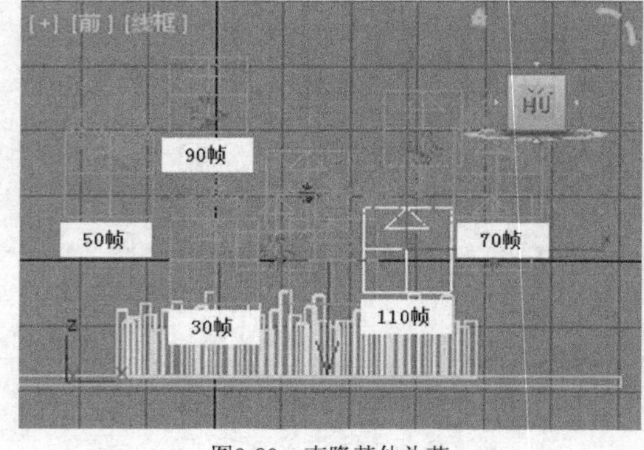

图9-80 克隆其他礼花

5. 渲染设置。

(1) 设置渲染文件保存位置，如图 9-81 所示。

① 选择【渲染】/【视频后期处理】命令，打开【视频后期处理】界面。

② 双击 礼花.tga 图标打开【编辑输出图像事件】对话框。

③ 单击 文件... 按钮。

④ 设置文件格式。

(2) 设置渲染参数，如图 9-82 所示。

① 选择【渲染】/【视频后期处理】命令，打开【视频后期处理】界面。

② 确保图像输入事件以“Camera01”为输入对象。

③ 单击按钮。

④ 设置渲染参数。

⑤ 单击 渲染 按钮开始渲染，即可得到图 9-63 所示的动画效果。

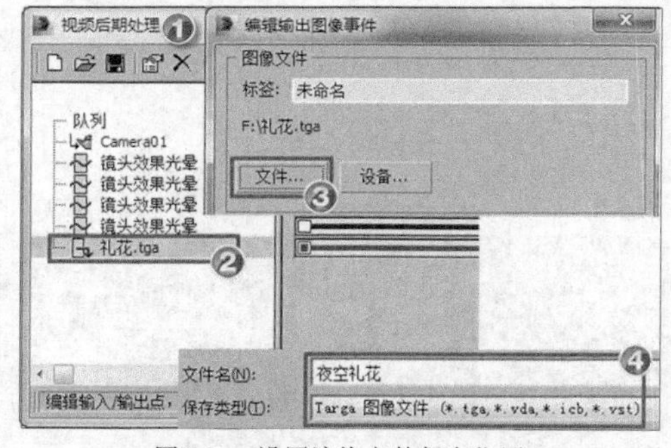

图9-81 设置渲染文件保存位置

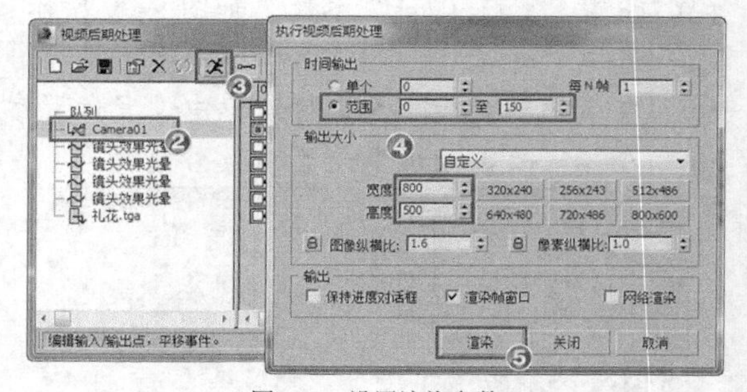

图9-82 设置渲染参数

模板已在【Video Post】中设置了 4 个“镜头效果光晕”特效，读者可直接使用。

Camera01 指定【Video Post】输入事件，其中最主要的是为【Video Post】指定渲染窗口，本案例中模板预设为“Camera01”窗口，也可调整至其他窗口。

【Video Post】的渲染设置及渲染输出独立于 Max 本身的【渲染设置】，想要实现【Video Post】中的“镜头效果光晕”设置，必须使用【Video Post】进行渲染。

(3) 按Ctrl+S组合键保存场景文件到指定目录，本案例制作完成。

9.3 思考题

1. 简要说明空间扭曲的特点和应用。
2. 粒子系统主要有哪些类型，各有何用途？
3. 在不同视图中创建的“风”有何显著区别？
4. 制作烟雾、火焰和喷泉时，应分别使用哪种粒子系统？
5. 如何将粒子系统绑定到空间扭曲对象上？

第10章 制作高级动画

3ds Max 2015 提供了丰富的高级动画制作工具，可以制作 IK 动画、刚体动力学动画及 Biped 骨骼动画等。使用这些工具制作的动画生动逼真，能很好地展示现实生活中各种事物的动态变化及物理特性。

10.1 创建 IK 动画

在 3ds Max 2015 中，三维空间反向运动学系统简称 IK，是在层次链接概念基础上创建的定位和动画方法。只需调整层次链接中的单一体就会使整个物体或物体的一部分出现复杂的运动，这种系统被大量运用到角色动画的制作之中。

10.1.1 基础知识——创建 IK 动画的方法

在 3ds Max 2015 中，按照子对象的运动来确定父对象的运动方式而提供了 6 种解算方法来完成反向运动学的计算。

一、 交互式 IK

交互式 IK 是反向运动学求解中最基本的解算方法，当建立好 IK 系统后，进入【层次】面板的【IK】子面板，设置好各种参数即可。

1. 打开素材文件“第 10 章\素材\基础知识\交互式 IK.max”。
2. 将“绳子”对象链接到“杆”对象上，如图 10-1 所示。

(1) 选中“绳子”对象。

(2) 单击按钮。

(3) 在“绳子”对象上按住鼠标左键不放，拖动鼠标指针到“杆”对象上释放鼠标左键。

3. 使用同样的方法将“小球”对象链接到“绳子”对象上。

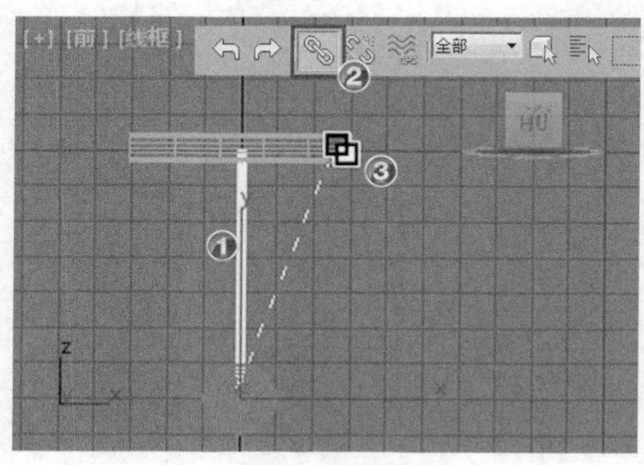

图10-1 链接对象

在 3ds Max 2015 中创建动画时，层次链接的应用比较广泛，其链接和断开链接的方法有两种，见表 10-1。

表 10-1　　链接和断开链接的方法

使用选项	具体方法
使用工具栏中的【选择并链接】按钮和【断开当前选择链接】按钮	选中一个对象，在工具栏上单击按钮，在对象上按住鼠标左键，拖动鼠标指针到目标对象上释放鼠标左键，此时目标对象作为父对象。如果想断开链接，同时选中两个物体，单击按钮即可
在【新建图解视图】中进行链接	选择【图表编辑器】/【新建图解视图】命令将其打开，场景中所有的物体在这里以带名称的方块显示。在【新建图解视图】的工具栏中也有按钮和按钮，功能和工具栏上的一样

4. 设置“绳子”对象的关节参数，如图 10-2 所示。

(1) 选中“绳子”对象。

(2) 在【层次】面板/【IK】按钮/【转动关节】卷展栏中关闭所有轴向活动。

5. 设置“杆”对象的关节参数，如图 10-3 所示。

(1) 选中“杆”对象。

(2) 在【层次】面板/【IK】按钮/【转动关节】卷展栏/【Y 轴】设置项中勾选☑活动选项。

(3) 取消勾选其他轴向上的活动选项。

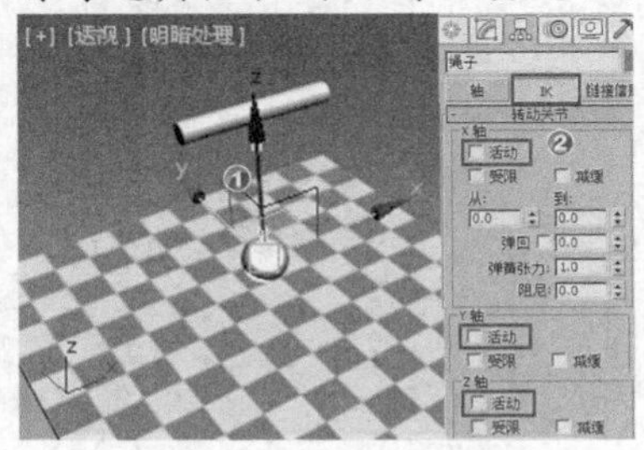

图10-2　设置“绳子”对象的关节参数

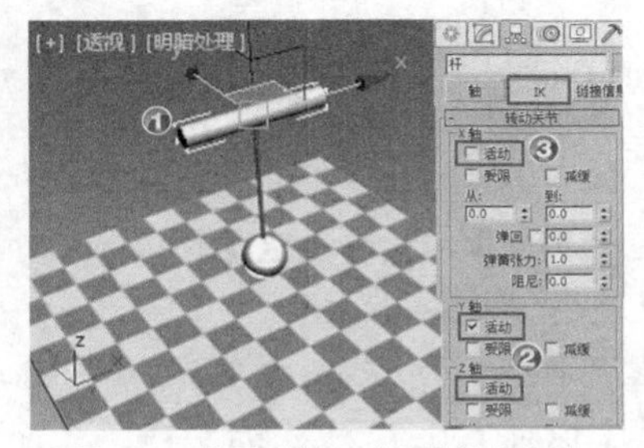

图10-3　设置“杆”对象的关节参数

要点提示　在 3ds Max 2015 中创建 IK 动画时，关节的活动信息是非常重要的，一定要合理设置其参数才能保证运动的正确性，下面为读者提供其参数说明，见表 10-2。

表 10-2　　【滑动关节】或【转动关节】卷展栏

选项	功能
☑ 活动	激活某个轴（*x*/*y*/*z*），允许选定的对象在激活的轴上滑动或沿着这个轴旋转
☐ 受限	限制活动轴上所允许的运动或旋转范围，与【从】和【到】输入框共同使用。多数关节沿着活动轴所做的运动都有它们的限制范围。例如，活塞只能在汽缸的长度范围之内滑动
☐ 减缓	当关节接近【从】和【到】限制时，使它抗拒运动。用来模拟有机关节或旧机械关节，它们在运动的中间范围移动或转动时是自由的，但是在范围的末端，却无法很自由地运动
从: 0.0　到: 0.0	确定位置和旋转限制。与【受限】选项共同使用
弹回 ☐	激活弹回功能。每个关节都有停止位置，关节离停止位置越远，就会有越大的力量将关节向它的停止位置拉，像有弹簧一样
弹簧张力: 1.0	设置弹簧的强度。当关节远离平衡位置时，这个值越大，弹簧的拉力就越大。设置为“0”时会禁用弹簧。非常高的设置值会把关节限制住，因为弹簧弹力太强，关节不会移动过某个点，只能达到那个点范围之内的点
阻尼: 0.0	在关节运动或旋转的整个范围内应用阻力，用来模拟关节摩擦或惯性的自然效果。当关节受腐蚀、干燥或受重压时，它会在活动轴方向抗拒运动

6. 单击 交互式 IK 按钮，移动小球，可以发现小球的移动带动了它的父对象的转动，如图 10-4 所示。

二、 应用式 IK

建立应用式 IK 的方法与交互式 IK 不同，它可以获得非常精确的运算结果，但会产生大量的关键帧。使用应用式 IK 首先要创建一个 IK 系统和引导对象，并对引导对象设置移动动画，再将 IK 系统中一个或多个对象绑定到引导对象上，这样，3ds Max 2015 就会计算每一帧的关键点并记录动画，下面接着前面的操作进行讲解。

1. 接上例，在场景中创建一个虚拟对象，并居中对象到“小球”对象，如图 10-5 所示。

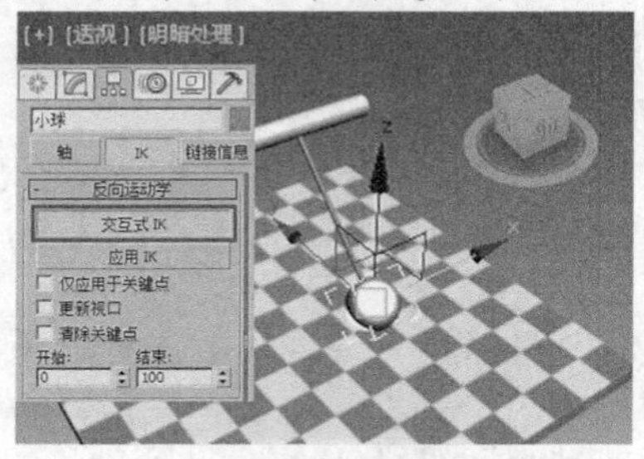

图10-4　执行交互式 IK

图10-5　创建虚拟对象

2. 将“小球”对象绑定到虚拟对象，如图 10-6 所示。

(1) 选中“小球”对象。

(2) 在【层次】面板/【IK】按钮/【对象参数】卷展栏中单击 绑定 按钮。

(3) 在“小球”对象上按住鼠标左键，拖动鼠标指针到虚拟对象上释放鼠标左键。

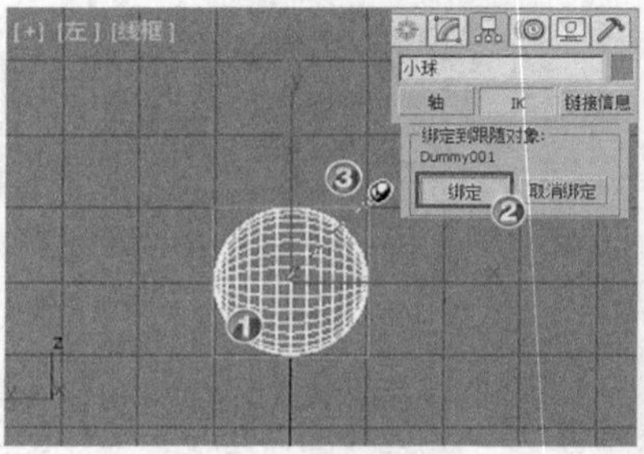

图10-6　绑定到虚拟对象

3. 创建一段移动动画。

4. 选中虚拟对象。

(1) 单击 自动关键点 按钮启动动画记录模式。

(2) 移动时间滑块到 100 帧。

(3) 在左视图中将虚拟对象向右上方移动一段距离。

(4) 单击 自动关键点 按钮关闭动画记录模式。

5. 应用 IK，如图 10-7 所示。

(1) 在【层次】面板/【IK】按钮/【反向运动学】卷展栏中设置【开始】为“1”。

(2) 单击 应用 IK 按钮。

6. 这时系统会自动计算 IK 链跟随虚拟对象的运动，移动时间滑块可以看到 IK 链的运动变化，如图 10-8 所示。

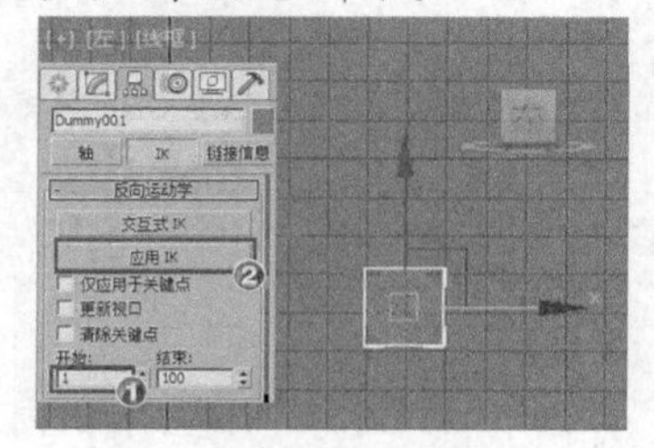

图10-7　应用 IK

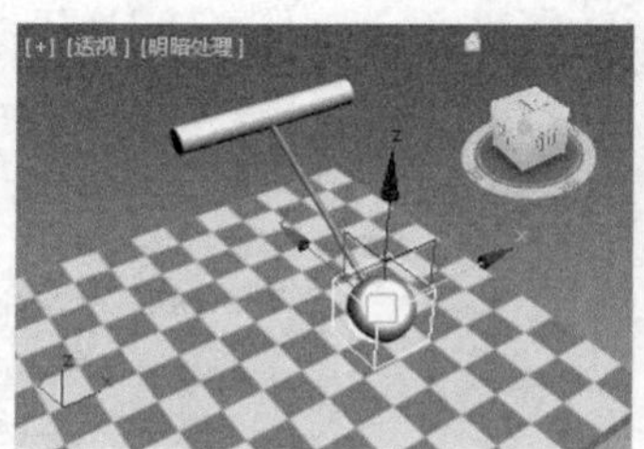

图10-8　IK 链的运动变化

三、 HI IK（历史独立型）解算器

使用 HI IK 解算器可以在层次中设置多个链。例如，角色的腿部可能存在一个从臀部到脚踝的链，还存在一个从脚跟到脚趾的链。因为该解算器的算法属于历史独立型，也就是说当前的求解计算和动画中以前的关键帧没有关系，所以无论涉及的动画帧有多少，都可以加快使用速度。

下面通过使用人物腿部骨骼的操作实例来学习 HI 解算器的应用。

1. 打开素材文件“第 10 章\素材\基础知识\HI 解算器.max”，在该场景中已经创建好一个简单的腿部骨骼模型。
2. 利用 HI 解算器创建链接，如图 10-9 所示。

(1) 选中名为“大腿”的骨骼。

(2) 选择【动画】/【IK 解算器】/【HI 解算器】命令。

(3) 选中名为“脚跟”的骨骼。

3. 在视图上创建一个虚拟对象，将其调整到膝盖的前方。
4. 将 IK 链目标物体与虚拟对象进行链接，如图 10-10 所示。

(1) 选中 IK 链的目标物体。

(2) 在【运动】面板/【参数】按钮/【IK 解算器属性】卷展栏中单击 无 按钮。

(3) 选中虚拟对象。

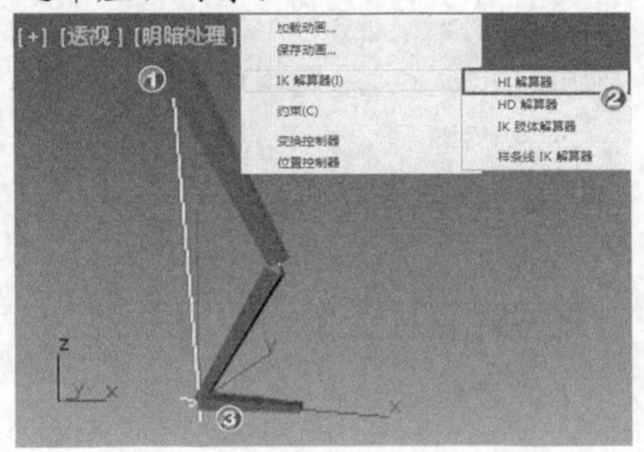

图10-9　利用 HI 解算器创建链接

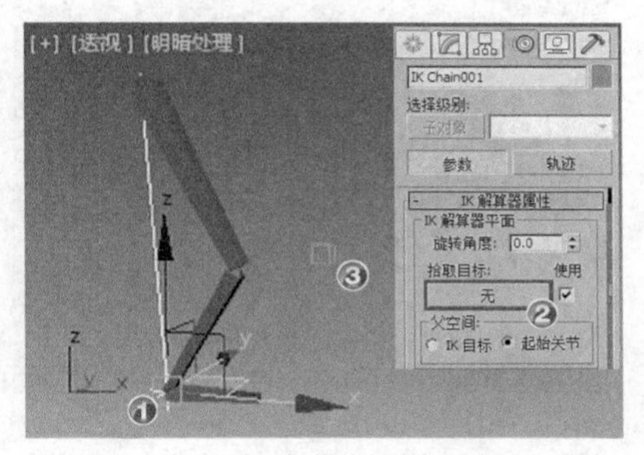

图10-10　将 IK 链目标物体与虚拟对象进行链接

> **要点提示** IK 链的目标物体是指 IK Chain001，后面的编号是根据目标物体的个数命名的，本章后面内容中 IK 链目标物体的定义按此处理解。

5. 这时移动虚拟物体则腿部跟随旋转，此方法经常用来控制腿部的旋转。

10.1.2 学以致用——制作“炫光夺目”

本案例将利用 3ds Max 2015 中的 HI 解算器来控制灯的运动效果，效果如图 10-11 所示。

图10-11　设计效果

【步骤提示】

1. 创建骨骼。

(1) 打开制作模板，如图 10-12 所示。

① 打开素材文件“第 10 章\素材\炫光夺目\炫光夺目.max”。

② 场景中对所有的对象设置了材质。

③ 场景中自由平行光已经和灯罩建立了链接关系。

④ 场景中创建了一架摄影机，用于灯光的动画渲染。

(2) 在左视图中创建 3 段骨骼。

要点提示 在创建骨骼时，骨骼的延伸方向要同“灯颈 01”对象和“灯罩 01”对象分别对齐，这样才能实现灯的各个部位和骨骼一起正常运动。

2. 添加 HI 解算器。

(1) 利用 HI 解算器创建链接，如图 10-13 所示。

① 选中名为“Bone003”的骨骼。

② 选择【动画】/【IK 解算器】/【HI 解算器】命令。

③ 选中名为“Bone001”的骨骼。

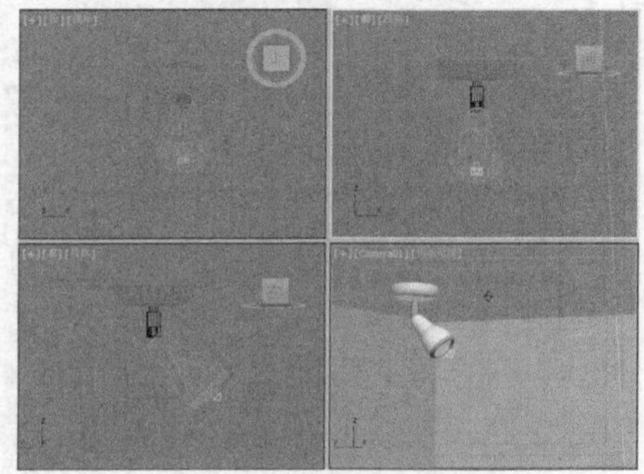

图10-12 打开的场景

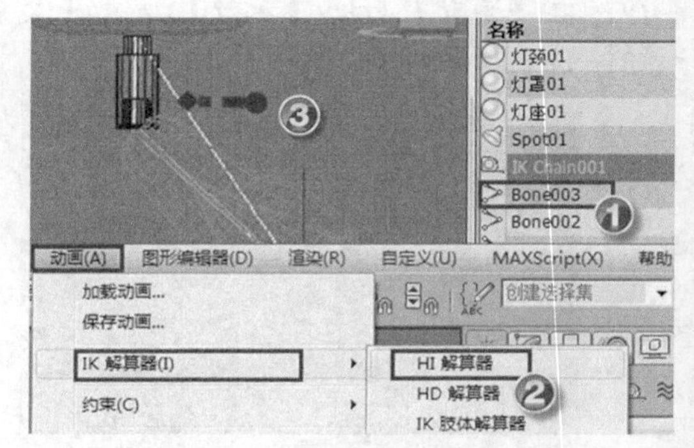

图10-13 利用 HI 解算器创建链接

(2) 将“灯颈 01”对象链接到名为“Bone001”的骨骼，如图 10-14 所示。

① 选中“灯颈 01”对象。

② 单击按钮。

③ 在“灯颈 01”对象上按住鼠标左键，拖动鼠标指针到“Bone001”的骨骼上释放鼠标左键。

(3) 用同样的方法将“灯罩 01”对象链接到名为“Bone002”的骨骼上，如图 10-15 所示。

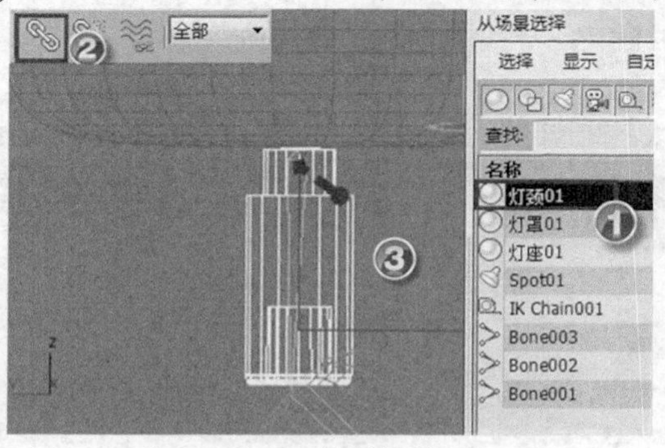

图10-14 将“灯颈 01”对象链接到“Bone001”骨骼

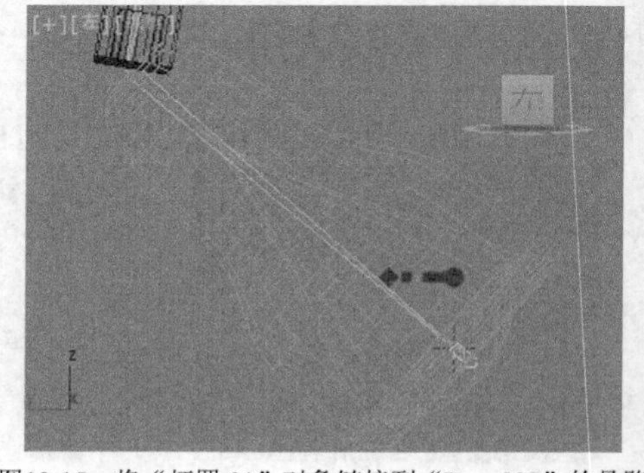

图10-15 将“灯罩 01”对象链接到“Bone002”的骨骼

这时移动 IK 链对象，"灯颈 01"对象和"灯罩 01"对象都会随骨骼一起运动，所以在制作动画时，只需制作 IK 链对象的移动就可以了。

3. 制作动画效果。

(1) 制作 IK 链目标对象的移动动画，如图 10-16 所示。

① 选中 IK 链目标对象。

② 单击自动关键点按钮启动动画记录模式。

③ 移动时间滑块到第 40 帧。

④ 使用移动工具调整 IK 目标链的位置，注意观察摄影机视图的位置。

⑤ 单击自动关键点按钮关闭动画记录模式。

(2) 选中 IK 链目标对象第 1 帧处的关键帧，按 Shift 键拖动到第 100 帧，让 IK 链目标对象回到原来的位置，如图 10-17 所示。

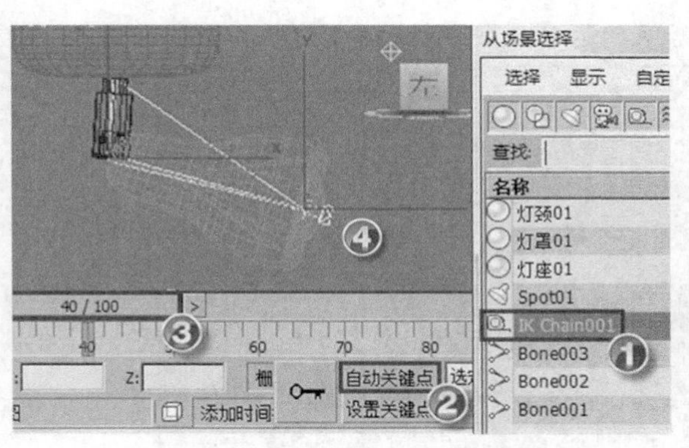

图10-16　制作 IK 链目标对象的移动动画

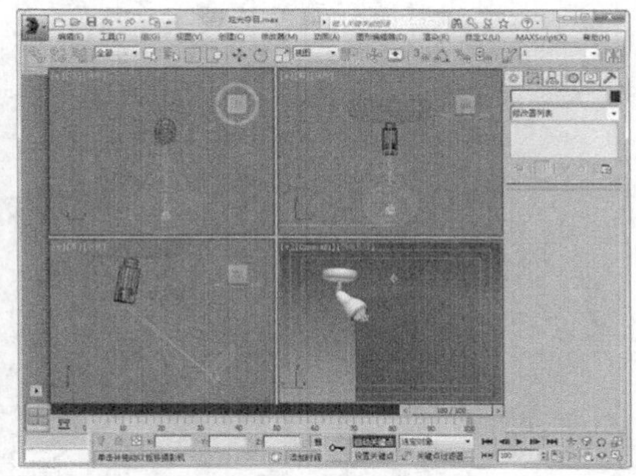

图10-17　制作动画

(3) 为了让场景更加饱满，在左视图中同时选中"灯座 01""灯颈 01""灯罩 01""Spot01"及骨骼系统，按 Shift 键并拖动鼠标复制出两个灯。

(4) 调整复制后的两个"平行自由光"和灯罩处的颜色，如图 10-18 所示。

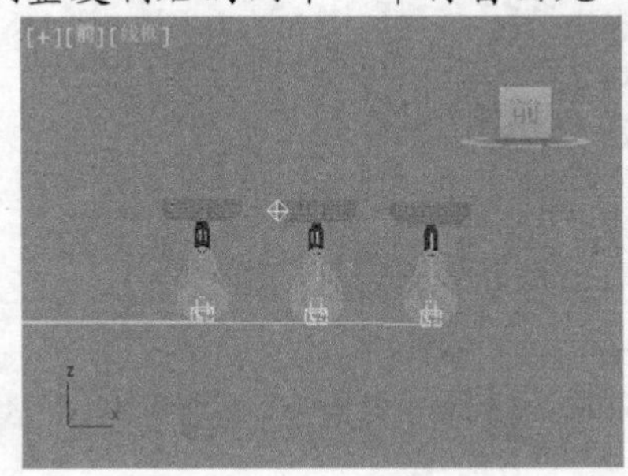

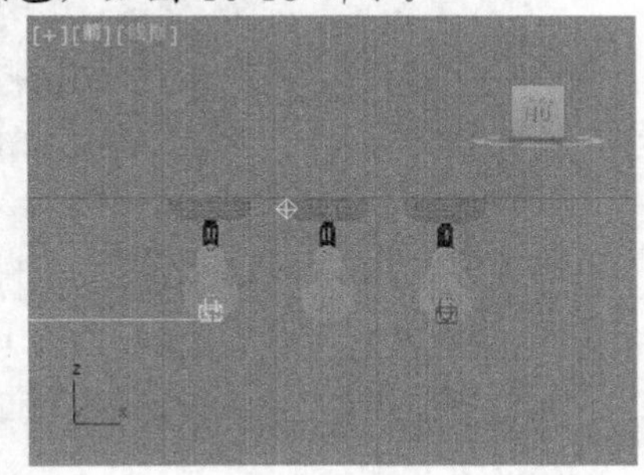

图10-18　复制灯

(5) 播放动画，预览运动效果。

4. 按 Ctrl+S 组合键保存场景文件到指定目录，本案例制作完成。

10.1.3　举一反三——制作"连杆的运动效果"

本案例将利用 3ds Max 2015 中的交互式 IK 和应用式 IK 来模拟柴油机中连杆的运动效果，效果如图 10-19 所示。

图10-19　设计效果

【操作步骤】

1.　链接对象之间的关系。

(1)　打开制作模板，如图 10-20 所示。

①　打开素材文件“第 10 章\素材\连杆运动\连杆运动.max”。

②　场景中对所有的对象设置了材质。

③　场景中创建了一架摄影机，用于对连杆和活塞的运动效果进行动画渲染。

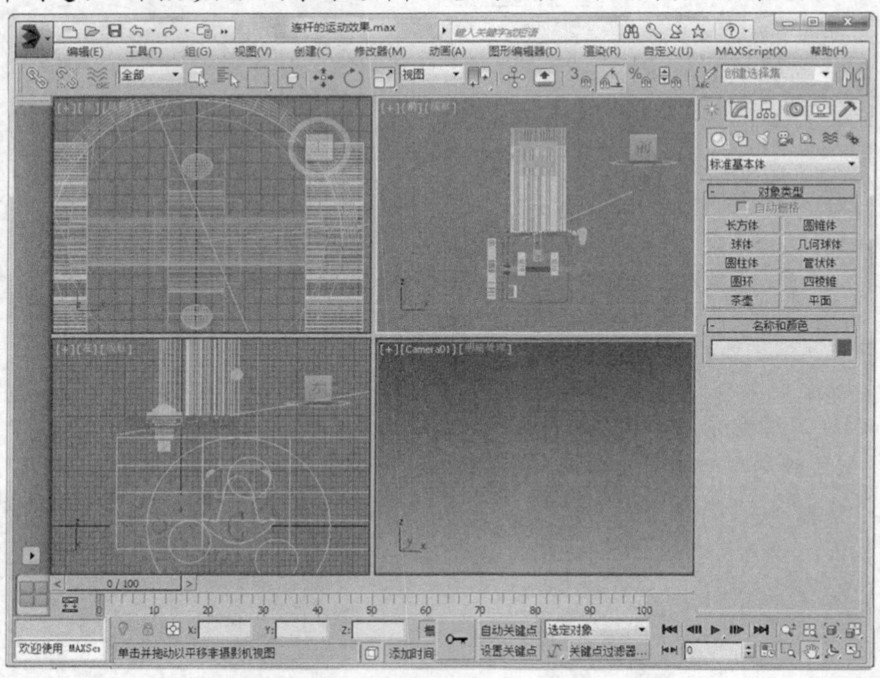

图10-20　打开场景

要点提示　本模板中已经将齿轮的参数关联设置好，读者可以转动大齿轮或小齿轮进行效果观看，而本案例主要制作连杆和活塞的运动效果。

(2)　将“连杆”对象链接到“活塞”对象，如图 10-21 所示。

①　选中“连杆”对象，单击按钮。

②　按住鼠标左键，将“连杆”对象拖动到“活塞”对象上。

(3)　将“Dummy01”对象链接到“连杆”对象，如图 10-22 所示。

①　选中“Dummy01”对象，单击按钮。

②　按住鼠标左键，将“Dummy01”对象拖动到“连杆”对象上。

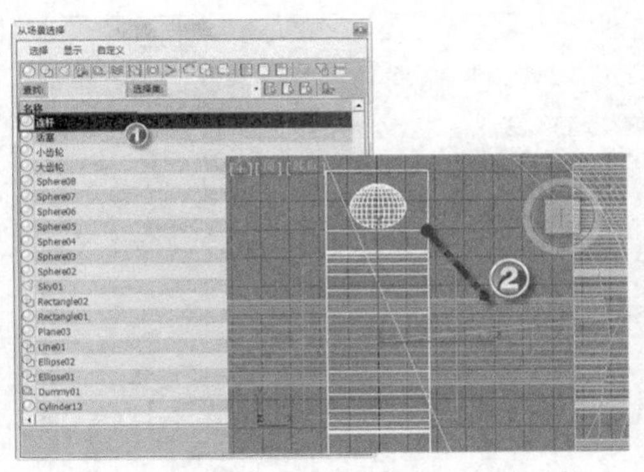

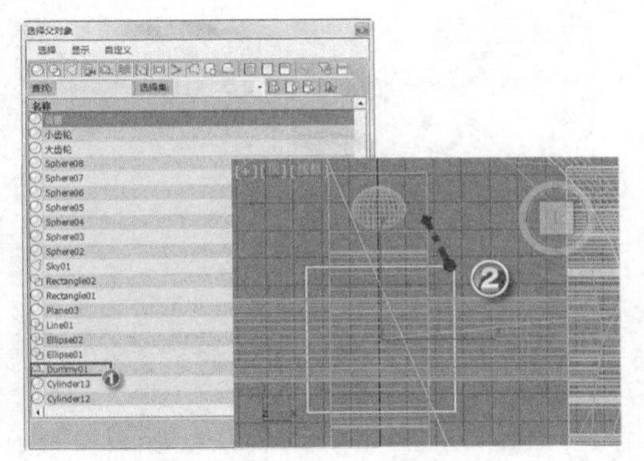

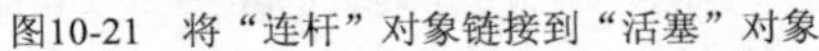

图10-21　将“连杆”对象链接到“活塞”对象　　图10-22　将“Dummy01”对象链接到“连杆”对象

(4) 将“Dummy01”对象绑定到跟随对象，如图 10-23 所示。

① 选中“Dummy01”对象。

② 在【层次】面板/【IK】按钮/【对象参数】卷展栏中单击 绑定 按钮。

③ 按住鼠标左键，将“Dummy01”对象拖动到“Cylinder06”对象上。

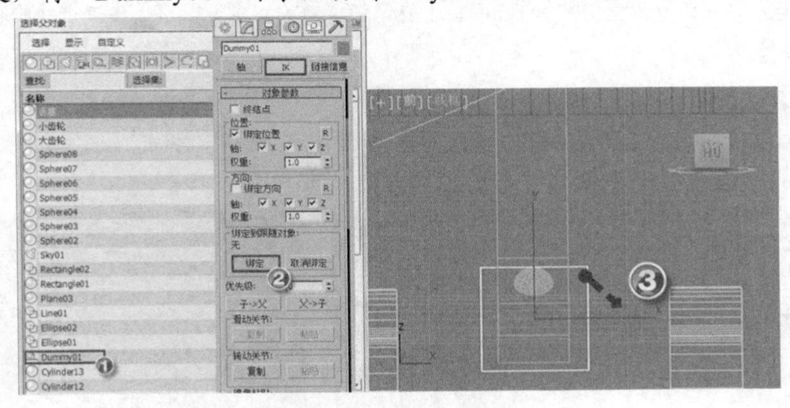

图10-23　将“Dummy01”对象绑定到跟随对象

2. 设置对象的关节参数。

(1) 为“活塞”对象指定位置控制器，如图 10-24 所示。

① 选中“活塞”对象。

② 在【运动】面板/【参数】按钮/【指定控制器】卷展栏中选中【位置：位置 XYZ】选项。

③ 单击按钮。

④ 双击【TCB 位置】选项。

要点提示　通过分析可知，“活塞”只在 z 轴方向上下活动，需要对其滑动关节进行调整，而“活塞”对象在默认情况下没有滑动关节这项参数栏。解决方法是调整它的位置控制器为“TCB 位置”。

(2) 设置“活塞”对象的关节参数，如图 10-25 所示。

① 选中“活塞”对象。

② 在【层次】面板/【IK】按钮/【滑动关节】卷展栏中勾选【Z 轴：☑ 活动】选项。

③ 取消勾选【转动关节】卷展栏中所有轴向的活动选项。

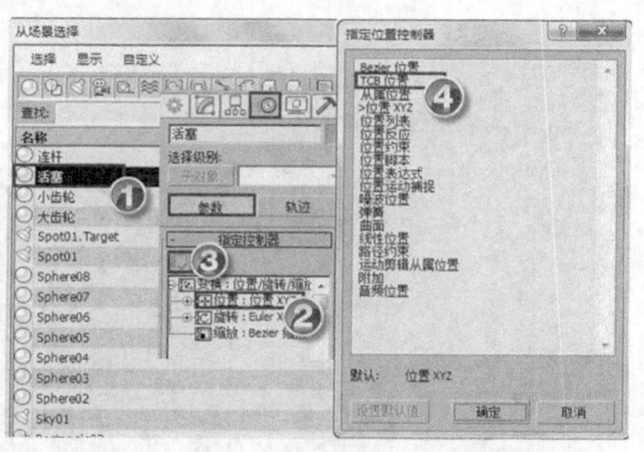

图10-24 为"活塞"对象指定位置控制器

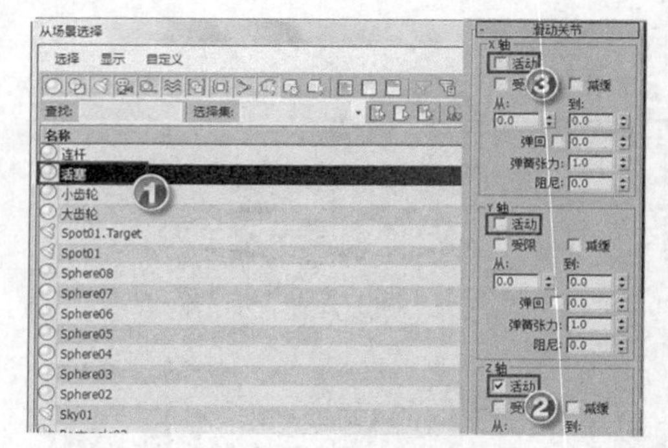

图10-25 选中"活塞"对象

(3) 设置"连杆"对象的关节参数，如图 10-26 所示。

① 选中"连杆"对象。

② 在【层次】面板/【IK】按钮/【转动关节】卷展栏中勾选【Y 轴：☑活动】选项，取消勾选其他轴向上的活动选项。

要点提示 经过多次测试这里只有勾选 *y* 轴才能保证运动的正确性，所以请读者在模仿实例时应加倍注意此处。

(4) 预览运动效果，如图 10-27 所示。

① 在【层次】面板/【IK】按钮/【反向运动学】卷展栏中单击 交互式 IK 按钮。

② 在场景中旋转"小齿轮"时，其他对象也一起运动。

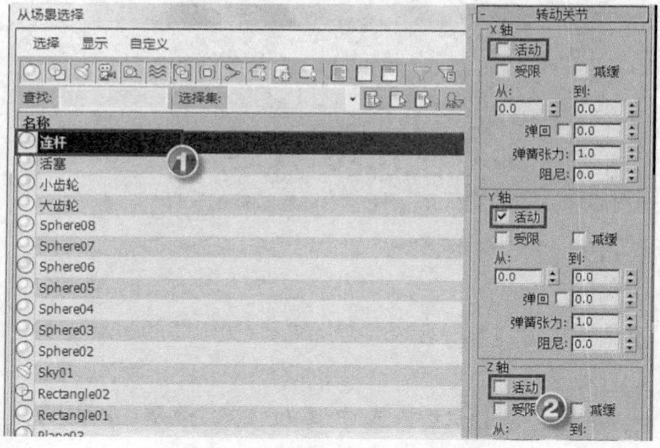

图10-26 设置"连杆"对象的关节参数

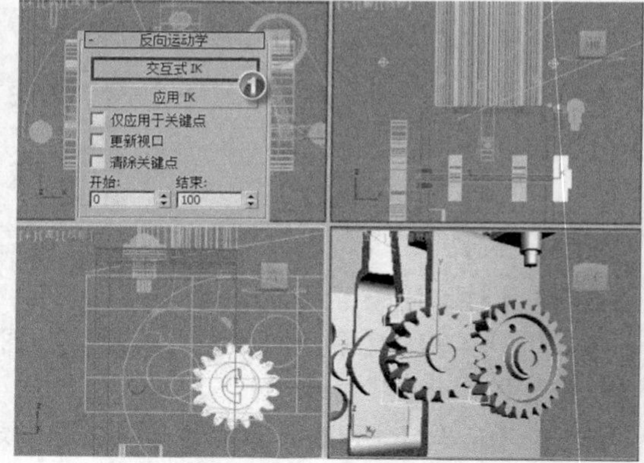

图10-27 预览运动效果

要点提示 在预览运动效果的同时，检查运动的正确性，如果运动效果不正确，要检查关节参数是否设置合理并及时调整，直到运动的效果符合要求为止。还有一点值得注意：在预览完成后一定要返回预览前的状态，这样方便后期应用 IK 产生动画效果。

3. 应用 IK。

(1) 设置"小齿轮"对象第 100 帧处的旋转参数，如图 10-28 所示。

① 选中"小齿轮"对象。

② 单击 自动关键点 按钮启动动画记录模式。

③ 移动时间滑块到第 100 帧。

④ 向下拖动黄色的旋转轴，直到旋转角度为 720°为止，单击 自动关键点 按钮关闭动画记录模式。

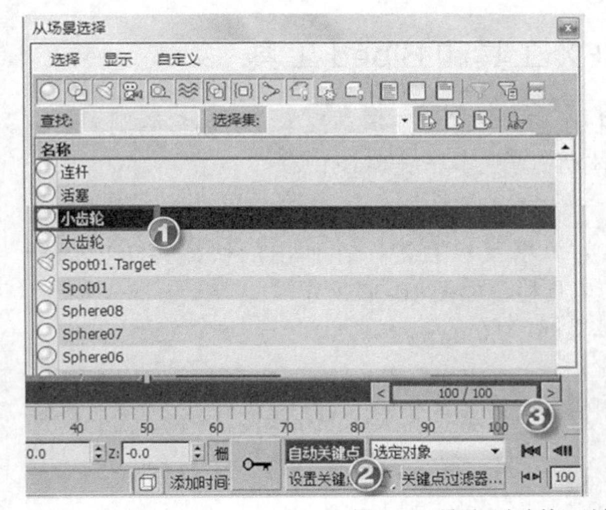

图10-28　设置“小齿轮”对象第 100 帧处的旋转参数

(2) 设置动画轨迹为线性，如图 10-29 所示。

① 单击按钮打开【轨迹视图-曲线编辑器】窗口，在【轨迹视图-曲线编辑器】窗口中，选择“小齿轮”对象的“X 轴旋转 动画”功能曲线。

② 同时选中第 1 帧和第 100 帧。

③ 单击按钮将切线设置为线性。

(3) 在【层次】面板/【IK】按钮/【反向运动学】卷展栏中单击 应用 IK 按钮，连杆和活塞将自动生成关键帧，将交互式 IK 应用到关联对象上，如图 10-30 所示。

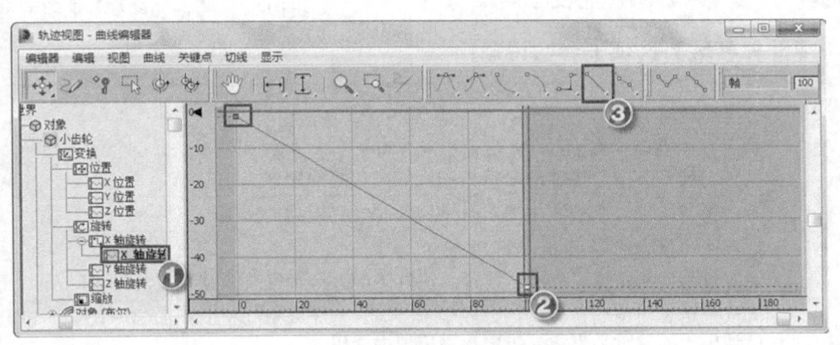

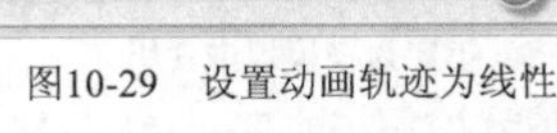

图10-29　设置动画轨迹为线性

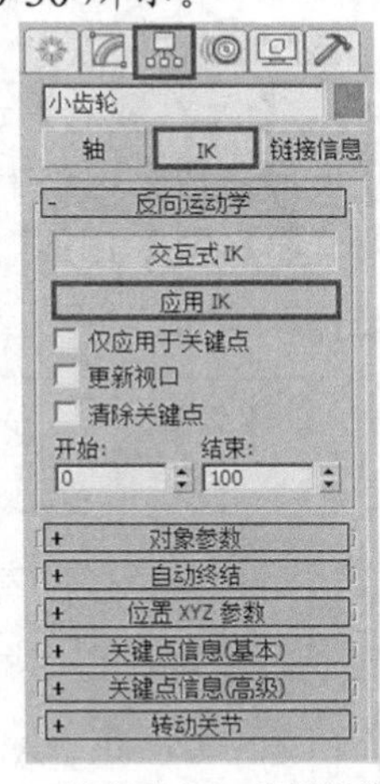

图10-30　将交互式 IK 应用到关联对象

4. 按 Ctrl+S 组合键保存场景文件到指定目录，本案例制作完成。

10.2　创建动力学动画和 Biped 骨骼动画

刚体是现实世界中常见的对象类型，在受到外力作用时其大小和形状通常不会发生改变，并且会产生碰撞、反弹及滚动等效果，例如钢质小球等。

10.2.1 基础知识——熟悉 MassFX 工具和 Biped 工具

3ds Max 早期版本通常使用 Reactor 来制作动力学动画，但是该工具有很多漏洞，渲染时容易出错。3ds Max 2015 中增加了新的刚体动力学工具——MassFX。

一、 认识 MassFX 工具

如图 10-31 所示，在主工具栏的空白处单击鼠标右键，在弹出的快捷菜单中选择【MassFX 工具栏】命令，即可调出 MassFX 工具栏，如图 10-32 所示。

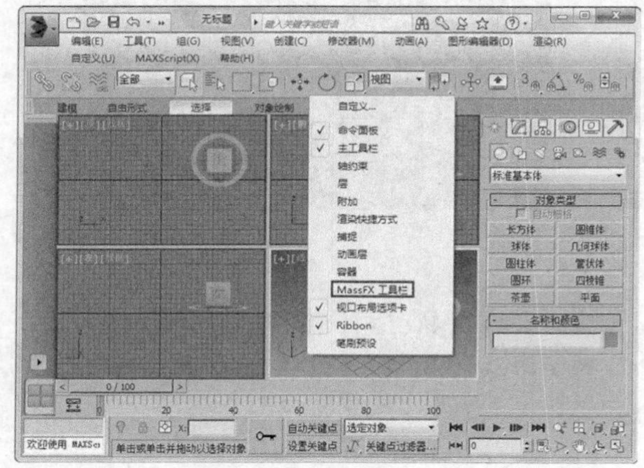

图10-31 调出“MassFX 工具栏”

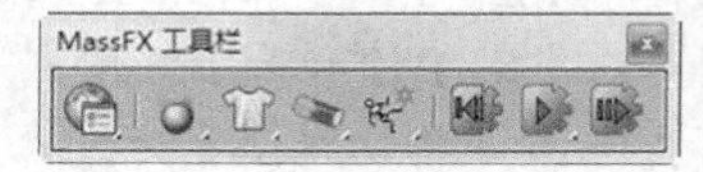

图10-32 MassFX 工具栏

在 MassFX 工具栏中单击按钮，打开【MassFX 工具】对话框，该对话框包含以下 4 个选项卡。

(1) 【世界参数】选项卡。

【世界参数】选项卡如图 10-33 所示，它包括【场景设置】、【高级设置】和【引擎】3 个卷展栏，其参数用法见表 10-3。

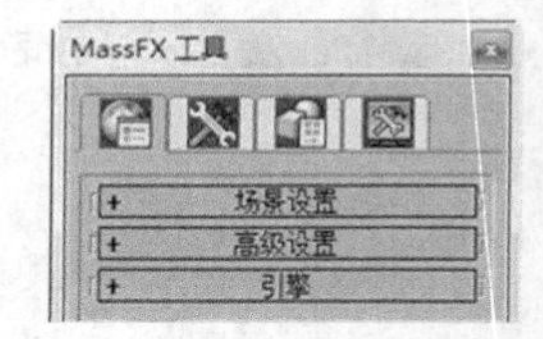

图10-33 【世界参数】选项卡

表 10-3 【世界参数】选项卡参数说明

卷展栏	参数组	参数	含义
场景设置	环境	使用地面碰撞	若启用该选项，则 MassFX 将使用（不可见）无限静态刚体（即 z=0），此时与刚体主栅格共面，刚体的摩擦力和反弹力值为固定值
		重力方向	若启用该选项，则被应用的所有刚体都将受到重力的影响
		轴	设置应用重力的方向，一般为 z 轴
		无加速	设置重力的加速度。使用 z 轴时，正值使重力将对象向上拉，反之向下拉
		强制对象重力	可以使用重力空间扭曲将重力应用于刚体。首先将空间扭曲添加到场景中，然后使用“拾取重力”将其指定为在模拟中使用
		拾取重力	拾取要作为全局重力的重力对象
		没有重力	若启用该选项，则重力不会影响模拟
	刚体	子步数	设置每个图形更新之间执行的模拟步数
		解算器迭代次数	设置全局约束解算器强制执行碰撞和约束的次数
		使用高速碰撞	设置全局用于切换连续的碰撞检测
		使用自适应力	若启用该选项，则 MassFX 会根据需要收缩组合防穿透力来减少堆叠和紧密聚合刚体中的抖动
		按照元素生成图形	若启用该选项，并将【MassFX 刚体】修改器运用于对象后，MassFX 会为对象中的每一个元素创建一个单独的物理图形。禁用时，MassFX 会为整个对象创建单个物理图形

续表

卷展栏	参数组	参数	含义
高级设置	睡眠设置	睡眠能量	模拟中，移动速度低于某个速度的刚体会自动进入“睡眠”模式并停止移动
		自动	MassFX 自动计算合理的线速度和角速度睡眠阈值，高于该阈值即应用睡眠
		手动	若启用该选项，则可以覆盖速度和自旋的试探式值
	高速碰撞	自动	MassFX 将使用试探式算法来计算合理的速度阈值，高于该阈值即应用高速碰撞方法
		手动	若启用该选项，则可以覆盖速度的自动值
		最低速度	模拟中，移动速度高于该速度的刚体将自动进入高速碰撞模式
	反弹设置	自动	MassFX 将使用试探式算法来计算合理的最低速度阈值，高于该值即应用反弹
		手动	若启用该选项，可以覆盖速度的试探式值
		最低速度	模拟中移动速度高于该速度的刚体将相互反弹
	接触壳	接触距离	允许移动刚体重叠的距离
		支撑台深度	允许支撑体重叠的距离
引擎	选项	使用多线程	若启用该选项，则 CPU 可以执行多线程（如果 CPU 具有多个内核），以加快模拟的计算速度
		硬件加速	若启用该选项，则可通过电脑的“硬件加速”功能提高执行速度
	版本	关于 MassFX...	单击该按钮可以打开【关于 MassFX】对话框，该对话框中显示 MassFX 的基本信息

(2)　【模拟工具】选项卡。

【模拟工具】选项卡如图 10-34 所示，它包括【模拟】、【模拟设置】和【实用程序】3 个卷展栏，其参数用法见表 10-4。

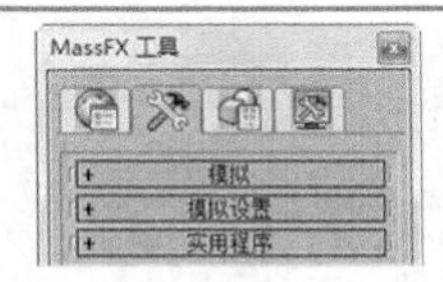

图10-34　【模拟工具】选项卡

表 10-4　【模拟工具】选项卡参数说明

卷展栏	参数组	参数	含义
模拟	播放	重置模拟	单击该按钮可以停止模拟，并将时间线滑块移动到第 1 帧，同时将任意动力学刚体设置为其初始变换
		开始模拟	从当前帧开始模拟，时间线滑块为每个模拟步长前进一帧，从而让运动学刚体作为模拟的一部分进行移动
		PNA（开始-无动画）	当模拟运行时，时间线滑块不会前进，这样可以使动力学刚体移动到固定点
		逐帧模拟	运行一个帧的模拟，并使时间线滑块前进相同的量
	模拟烘焙	烘焙所有	将所有动力学刚体的变换存储为动画关键帧时重置模拟
		烘焙选定项	与“烘培所有”类似，不同点是仅应用于选定的动力学刚体
		取消烘焙所有	删除烘培时设置为动力学的所有刚体的关键帧，从而将这些刚体恢复为动力学刚体
		取消烘焙选定项	与“取消烘焙所有”类似，不同点是仅应用于选定的适用刚体
	捕获变换	捕获变换	将每个选定的动力学刚体的初始变换设置为变换
模拟设置	在最后一帧	继续模拟	即使时间线滑块达到最后一帧也继续运行模拟
		停止模拟	当时间线滑块达到最后一帧时停止模拟
		循环动画并且：重置模拟	当时间线滑块达到最后一帧时，重置模拟且动画循环播放到第 1 帧
		循环动画并且：继续模拟	当时间线滑块达到最后一帧时，模拟继续运行，但动画循环播放到第 1 帧
实用程序	MassFX 场景	浏览场景	单击该按钮打开【场景资源管理器-MassFX】对话框，查看模拟内容
		验证场景	单击该按钮打开【验证 PhysX 场景】对话框，在该对话框中可以验证各种场景元素是否违反模拟要求
		导出场景	单击该按钮打开【Select File to Export】对话框，在该对话框中可以导出 PhysX 和 APFX 文件，以使模拟用于其他程序

(3) 【多对象编辑器】选项卡。

【多对象编辑器】选项卡如图 10-35 所示，它包括【刚体属性】、【物理材质】和【物理材质属性】、【物理网格】、【物理网格参数】、【力】和【高级】7 个卷展栏。其参数用法见表 10-5。

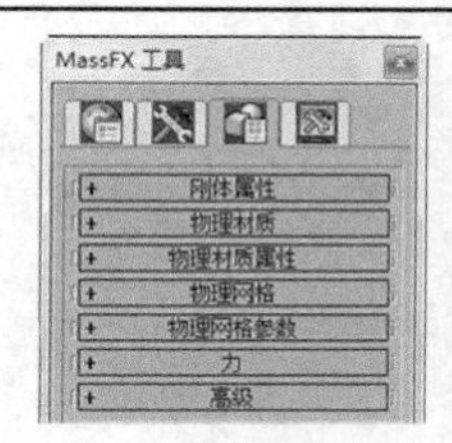

图10-35 【多对象编辑器】选项卡

表 10-5 【多对象编辑器】选项卡参数说明

卷展栏	参数	含义
刚体属性	刚体类型	设置刚体的模型类型，包含【动力学】、【运动学】和【静态】3 种类型
	直到帧	设置【刚体类型】为【动力学】时该选项才可用。若启用该选项，则 MassFX 会在指定帧处将选定的运动学刚体转换为动态刚体
	烘焙	将未烘培的选定刚体的模拟运动转换为标准动画关键帧
	使用高速碰撞	若启用该选项，同时又在【世界】面板中启用了【使用高速碰撞】选项，那么【高速碰撞】设置将应用于选定刚体
	在睡眠模式中启动	若启用该选项，则选定刚体将使用全局睡眠设置，同时以睡眠模式开始模拟
	与刚体碰撞	若启用该选项，则选定刚体将与场景中的其他刚体发生碰撞
物理材质	预设	选择预设的材质类型。使用后面的吸管可以吸取场景中的材质
	创建预设	基于当前值创建新的物理材质预设
	删除预设	从列表中移除当前预设
物理材质密度	密度	设置刚体的密度
	质量	设置刚体的重量
	静摩擦力	设置两个刚体开始互相滑动的难度系数
	动摩擦力	设置两个刚体保持互相滑动的难度系数
	反弹力	设置对象撞击到其他刚体时反弹的轻松程度和高度
物理网格	网格类型	选择刚体物理网格的类型，包含【球体】、【长方体】、【胶囊】、【凸面】、【凹面】和【自定义】6 种
物理网格参数	【物理网格参数】卷展栏的内容取决于“网格类型”，当用户选择不同的网格类型时，【物理网格参数】卷展栏的内容也不同	
力	使用世界重力	若启用该选项，则刚体将使用全局重力设置；若禁用，则选定的刚体将使用在此处应用的力，并忽略全局重力设置
	应用的场景力	列出场景中影响模拟中选定刚体的力空间扭曲
	添加	将场景中的力空间扭曲应用到模拟中选定的刚体。将空间扭曲添加到场景后，单击 添加 按钮，然后单击视口中的空间扭曲
	移除	可防止应用的空间扭曲影响选择。首先在列表中将其高亮显示，然后单击 移除 按钮
高级	模拟 覆盖解算器迭代次数	若启用此选项，则将为选定刚体使用在此处指定的解算器迭代次数设置，而不使用全局设置
	模拟 启用背面碰撞	仅可用于静态刚体。为凹面静态刚体指定原始图形类型时，启用此选项可确保模拟中的动力学对象与其背面碰撞

续表

卷展栏	参数		含义
高级	接触壳	覆盖全局	若启用，则 MassFX 将为选定刚体使用在此处指定的碰撞重叠设置，而不是使用全局设置
		接触距离	允许移动刚体重叠的距离。如果此值过高，将会导致对象明显地互相穿透。如果此值过低，将导致抖动
		支撑台深度	允许支撑体重叠的距离
	初始运动	绝对/相对	只适用于开始时为运动学类型（通常已设置动画）
		初始速度	刚体在变为动态类型时的起始方向和速度（每秒单位数）
		初始自旋	刚体在变为动态类型时旋转的起始轴和速度（每秒度数）
	质心	从网格计算	根据刚体的几何体自动为该刚体确定适当的重心
		使用轴	将对象的轴用做其重心
		局部偏移	可以设定 x、y 和 z 轴距对象的轴的距离，以用做重心
	阻尼	线性	为减慢移动对象的速度所施加的力大小
		角度	为减慢旋转对象的旋转速度所施加的力大小

(4)　【显示】选项卡。

【显示】选项卡如图 10-36 所示，它包括【刚体】和【MassFX 可视化工具】两个卷展栏，其参数用法见表 10-6。

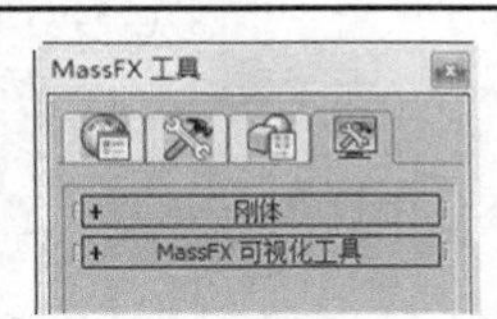

图10-36　【显示】选项卡

表 10-6　　【显示】选项卡参数说明

卷展栏	参数	含义
刚体	显示物理网格	若启用，则物理网格显示在视口中，且可以使用【仅选定对象】复选项
	仅选中对象	若启用，则仅选定对象的物理网格显示在视口中。仅在启用【显示物理网格】复选项时可用
MassFX 可视化工具	启用可视化工具	若启用，则此卷展栏上的其余设置生效
	缩放	基于视口的指示器（如轴）的相对大小

二、　创建刚体

用户可以使用以下 3 种工具创建刚体，如图 10-37 所示。

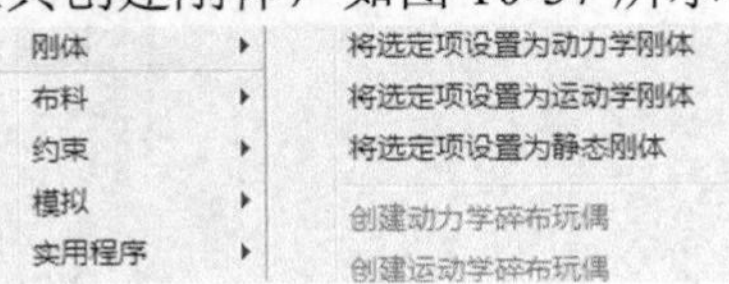

图10-37　刚体创建工具

(1)　将选定项设置为动力学刚体。

使用该工具可以将未实例化的“MassFX 刚体”应用到选定对象，将刚体类型设置为“动力学”，并为每个对象创建一个凸面物理网格。

(2)　将选定项设置为运动学刚体。

使用该工具可以将未实例化的“MassFX 刚体”应用到选定对象，将刚体类型设置为

“运动学”，并为每个对象创建一个凸面物理网格。

(3) 将选定项设置为静态刚体。

该工具常用于辅助前两个工具来制作刚体动画。

刚体的模拟类型中包含“动力学”“运动学”和“静态”3 种类型，其区别如下。

① 动力学：动力学刚体与真实世界的物体类似，会因为重力作用而下落，也会产生凹凸形变，并且会被别的对象推动。

② 运动学：运动学刚体相当于按照动画节拍运动的木偶，不会因为重力而坠落。可以推动其他动力学对象，但是不会被其他对象推动。

③ 静态：静态刚体与运动学刚体相似，不同之处在于不能对其进行动画设置。

三、 使用 Biped 骨骼工具

Character Studio（角色动画制作系统）为动画师提供了三维角色动画专用工具，使动画师能够快速而轻松地建造骨骼和运动序列，用具有动画效果的骨骼来驱动 3ds Max 中的几何模型，进而制作虚拟角色。

使用 Character Studio 可以生成角色的群组，从而使用代理系统和过程行为制作动画效果。使用 Character Studio 中的 Biped（三维人物及动画模拟系统）组件可以方便地创建人物骨骼系统，而且这种装置具有足够的灵活性来定制或适配各种类型的角色，如四足动物和鸟类。Character Studio 包含 3 个组件：Biped、Physique（骨骼变形系统）和群组。Biped 工具是创建两足动物的系统插件，利用它可以构建骨骼框架并使之具有动画效果，为制作角色动画做好准备。

(1) 创建 Biped。

在【创建】面板的【系统】子面板中单击 Biped 按钮，在任意一个视图中拖曳鼠标，视图中就会出现一个骨骼。如果是在透视图或摄影机视图中，用鼠标在参考网格上拖动即可创建 Biped，它会自动站在网格平面上，如图 10-38 所示。

单击鼠标右键结束创建模式，切换到【运动】面板，在【Biped】卷展栏中按下 按钮，在面板下方会出现一个【结构】卷展栏，在这里可以对创建好的骨骼进行参数设置，如图 10-39 所示。

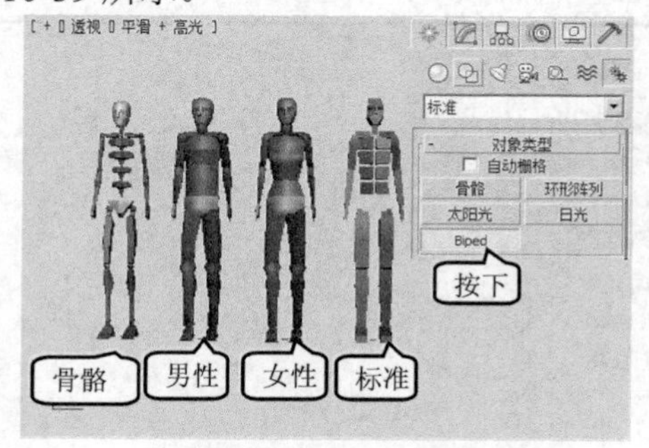

图10-38 创建 Biped

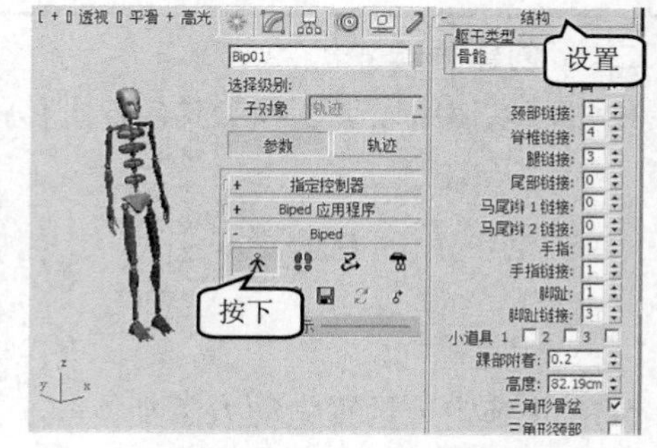

图10-39 修改 Biped 骨骼参数

Biped 骨骼非常灵活，可以使用移动、旋转和绽放等工具编辑出各种动物的骨骼结构，如图 10-40 所示。

图10-40　非人类结构

【Biped】卷展栏中的工具主要用于控制 Biped 对象的不同工作模式、保存 Biped 专用的信息文件，详细功能见表 10-7。

表 10-7　【Biped】卷展栏中的选项及其功能

选项	功能介绍
体形模式	在该模式下可以调整 Biped 对象的结构和形状。另外，给网格物体添加蒙皮后，按下该按钮，Biped 对象会临时关闭动画，恢复到原始状态，并允许用户对它的形状进行修改以适配网格对象
足迹模式	该选项用来创建和编辑足迹，当足迹模式被激活时，在【运动】面板上会多出两个附加的卷展栏，【足迹创建】和【足迹操作】卷展栏
运动流模式	使用运动流模式可以进行运动脚本的编辑修改，也可以对多个动作进行链接、动作间的过渡等操作，还可以对运动捕捉的动作进行剪辑操作。激活该按钮会多出一个【运动流】卷展栏
混合器模式	激活该模式会让所有用混合器编辑的运动流临时生效，并多出一个【混合器】卷展栏
Biped 播放	实时播放场景中所有 Biped 对象的动画，当按下该按钮时，Biped 对象以线条形式显示，并且场景中其他对象都是不可见的
加载文件	由于 Biped 对象的工作模式不同，打开文件的格式也不一样，在体形模式下打开.fig 格式的文件；在足迹模式打开.bip 或.stp 格式的文件
保存文件	单击该按钮，会弹出【另存为】对话框。可以将文件保存成.flg、.bip 和.stp 格式
转化	将足迹动画转化成自由形式的动画，这种转换是双向的。根据相关的方向，显示【转换为自由形式】对话框或【转换为足迹】对话框
移动所有模式	该按钮被激活时，会自动选择质心，并弹出一个偏移设置对话框，在【偏移】对话框中设置参数可以使两足动物与其相关的非活动动画一起移动和旋转，其中的 塌陷 按钮是把当前的位移或旋转值恢复到 0，再操作会以当前位置为起始点

(2)　使用 Biped 骨骼创建足迹动画。

在【Biped】卷展栏中按下按钮进入足迹模式，这时面板中会出现【足迹创建】和【足迹操作】卷展栏，【足迹创建】卷展栏中各选项的含义见表 10-8。

表 10-8　【足迹创建】卷展栏中的选项及其功能

选项	功能介绍
创建足迹（附加）	如果 Biped 对象已经存在足迹动画，单击该按钮可以继续添加足迹
创建足迹（在当前帧上）	在当前帧上创建足迹
创建多个足迹	单击该按钮后会弹出一个对话框，在这里可以设置足迹的数量，步幅的宽度、长度，以及行走的速度等
行走、跑步、跳跃	这 3 种足迹状态用来确定新创建足迹的形式。下面有两个选项，当足迹状态不同时，所显示的选项也不一样

按下按钮，会显示【行走足迹】和【双脚支撑】两个选项。【行走足迹】选项是指在一个行走周期中，一个足迹到另一个足迹之间在地面上停留的帧数；【双脚支撑】选项是指

在一个行走周期中，两脚同时在地面上停留的帧数。其他两个按钮下的参数含义与此相似，读者可以自己进行相关的练习。

【足迹操作】卷展栏中各选项的含义见表10-9。

表10-9 【足迹创建】卷展栏中的选项及其功能

选项	功能介绍
为非活动足迹创建关键点	当使用【足迹创建】卷展栏中的工具创建好足迹后，单击该按钮，Biped 对象就会和足迹相关联，使足迹有效，这时播放动画，Biped 对象就会沿着足迹活动
取消激活足迹	对选择的足迹解除运算，让足迹不再和 Biped 对象关联
删除足迹	删除所选择的足迹，也可以使用 Del 键直接删除
复制足迹	将选择的足迹和 Biped 对象的关键帧复制到足迹的缓冲区。注意，只能复制连续的足迹，如果足迹还没有被运算，则该按钮呈灰色，不能使用
粘贴足迹	把足迹缓冲区中的足迹粘贴到场景中。注意，粘贴后的足迹，要对其稍做移动才可以被激活使用
弯曲	弯曲足迹的走向。只有选择多个足迹时才可以使用该选项。值为正时，足迹顺时针弯曲；值为负时，足迹逆时针弯曲
缩放	对选择的足迹进行重新缩放处理。值为正时，足迹和足迹之间的距离加大；值为负时，足迹和足迹之间的距离缩小

(3) Biped 骨骼蒙皮。

由骨骼结构变形的网格叫做蒙皮。在 Character Studio 中，Physique 是应用到蒙皮上的修改器，使蒙皮能够由 Biped 或其他的骨骼结构变形而来。图 10-41 所示演示了不同骨骼的网格。

图10-41 不同骨骼的网格

要点提示 3ds Max 2015 自身也有一个蒙皮修改器——Skin（蒙皮）。但 Skin 本身存在一些缺陷，在制作角色动画时会遇到困难，这里我们只讲解 Physique 的用法，该工具不仅仅针对 Biped 骨骼，对于 3ds Max 2015 自身的骨骼及几何体对象都可以进行蒙皮操作。

网格模型被蒙皮后，可以操作骨骼让模型具有一些漂亮的姿势，从而模拟现实中的一些动作，这为制作角色动画带来了极大的方便。

10.2.2 学以致用——制作“打保龄球效果”

本案例将利用 MassFX 刚体工具来模拟打保龄球的动画效果，效果如图 10-42 所示。

图10-42　设计效果

【操作步骤】

1.　添加刚体集合。

(1)　打开制作模板。

①　打开素材文件“第 10 章\素材\打保龄球效果\打保龄球效果.max”，如图 10-43 所示。

②　场景中对所有的对象设置了材质。

③　场景中创建了一架摄影机，用于对保龄球运动的效果进行动画渲染。

④　渲染后的模板场景如图 10-44 所示。

图10-43　打开场景

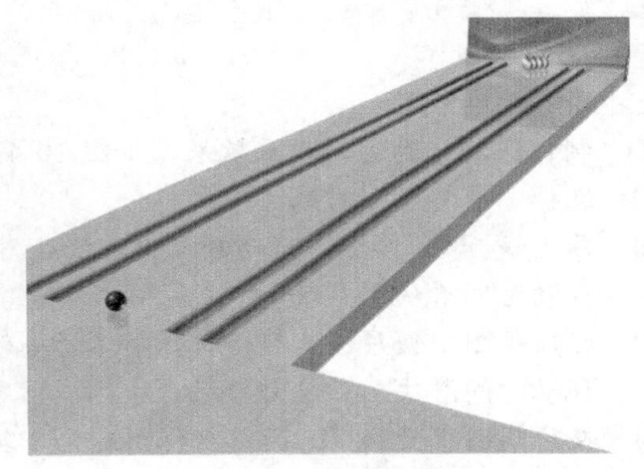

图10-44　渲染效果

(2)　设置“保龄球”和“球道”刚体属性，如图 10-45 所示。

①　选中“保龄球”对象，在修改器面板中为保龄球添加【MassFX Rigid Body】修改器。

②　在【刚体属性】卷展栏中设置【刚体类型】为【运动学】。

③　选中“球道”对象，在修改器面板中为球道添加【MassFX Rigid Body】修改器。

④　在【刚体属性】卷展栏中设置【刚体类型】为【静态】。

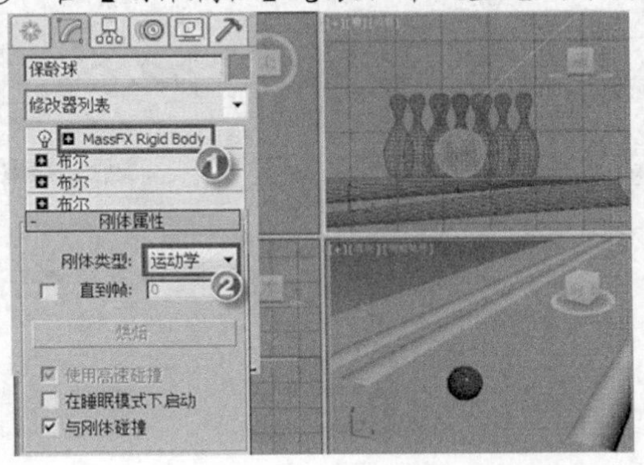

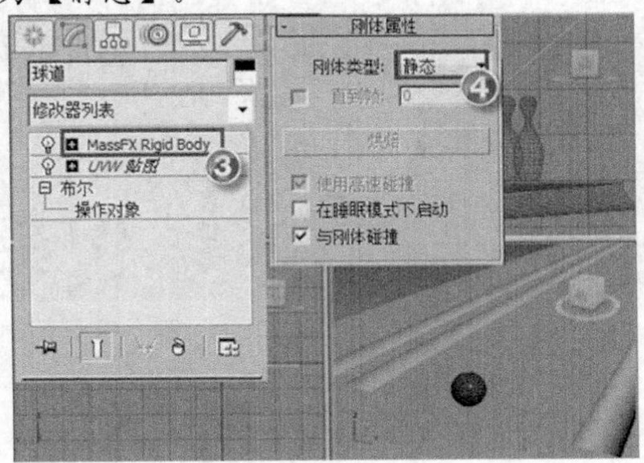

图10-45　设置“保龄球”和“球道”刚体属性

(3) 为所有“木瓶”设置刚体属性，如图 10-46 所示。

① 选中“木瓶 01”～“木瓶 10”对象。

② 在修改器面板中为木瓶添加【MassFX Rigid Body】修改器。

③ 在【刚体属性】卷展栏中设置木瓶的【刚体类型】为【动力学】，选中【在睡眠模式下启动】复选项。

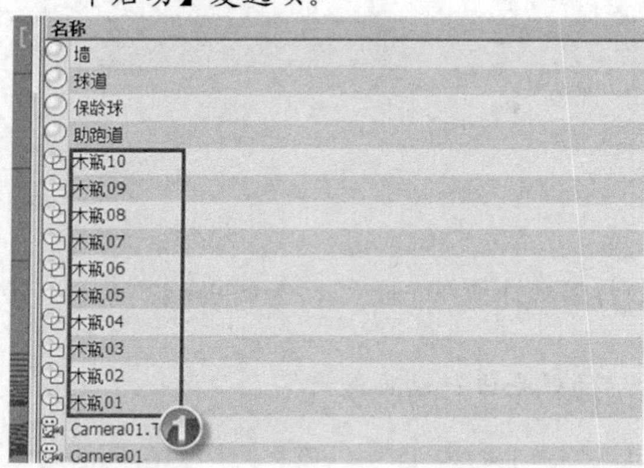

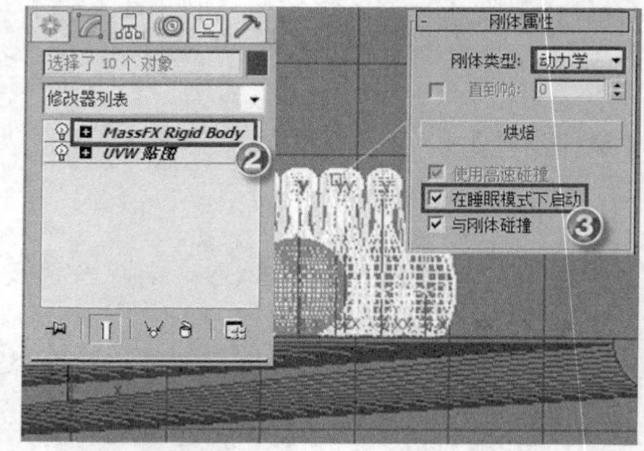

图10-46 为所有“木瓶”设置刚体属性

2. 制作动画效果

(1) 制作保龄球的运动动画效果，如图 10-47 和图 10-48 所示。

① 选择“保龄球”对象。

② 单击自动关键点按钮，启动动画记录模式。

③ 移动时间滑块至第 80 帧位置。

④ 在顶视图中使用工具，把保龄球沿 y 轴移动到适当位置。

⑤ 移动时间滑块至第 220 帧位置。

⑥ 在顶视图中使用工具，把保龄球沿 y 轴移动到木瓶的前方。

⑦ 移动时间滑块至第 235 帧位置。

⑧ 在顶视图中使用工具，把保龄球沿 y 轴移动到木瓶的后方。

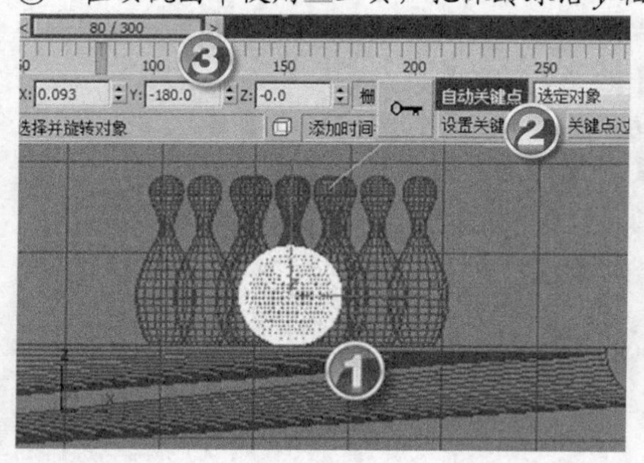

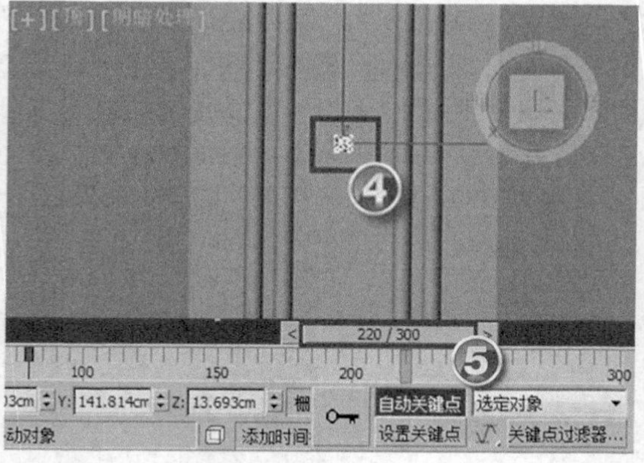

图10-47 制作保龄球的运动动画效果 1

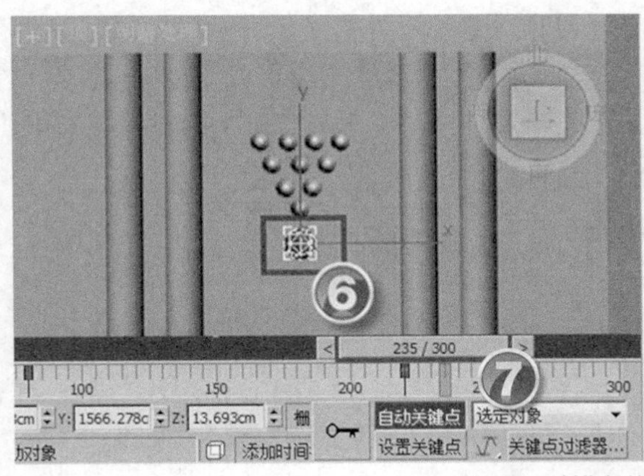

图10-48　制作保龄球的运动动画效果 2

(2) 制作打保龄球的动画效果，如图 10-49 所示。

① 在工具栏空白处单击鼠标右键，在弹出的快捷菜单中选择【MassFX 工具栏】命令，打开“MassFX 工具栏”，单击按钮。

② 在打开的【MassFX 工具】对话框中单击按钮。

③ 单击按钮，开始模拟动画。

④ 再次单击按钮结束模拟，然后选择各个木瓶，在【刚体属性】卷展栏中单击 烘焙 按钮，生成关键帧动画。

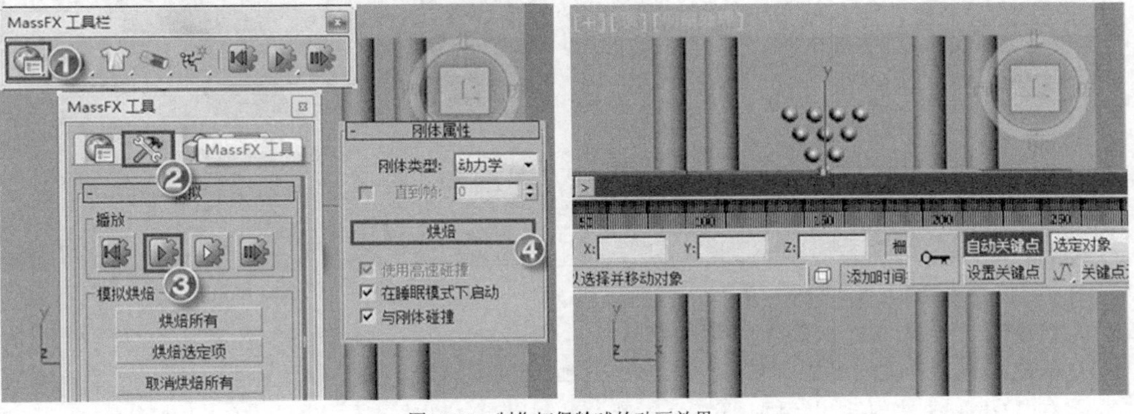

图10-49　制作打保龄球的动画效果

(3) 渲染动画，即可得到图 10-42 所示的效果。

10.2.3　举一反三——制作“足迹动画”

足迹动画使用一种特殊的足迹装置使脚和地面产生联系。当移动足迹到新的位置时，动画会更新来适应运动。Character Studio 提供的足迹动画可以方便地完成角色的走、跑、跳等各种动作，本案例介绍利用足迹动画来实现一个上下楼梯和跑步的效果，如图 10-50 所示。

图10-50　效果图

【操作步骤】

1.　创建人物骨骼对象。

(1)　创建 Biped 骨骼，如图 10-51 所示。

①　运行 3ds Max 2015，在透视图中创建一个“Biped”对象。

②　切换到【运动】面板，在【Biped】卷展栏中按下 按钮，展开【结构】卷展栏。

③　在【结构】卷展栏中设置参数。

(2)　在透视图中使用移动和缩放工具调整骨骼的位置和大小，将骨骼编辑成一位“身材魁梧”模样的角色，如图 10-52 所示。

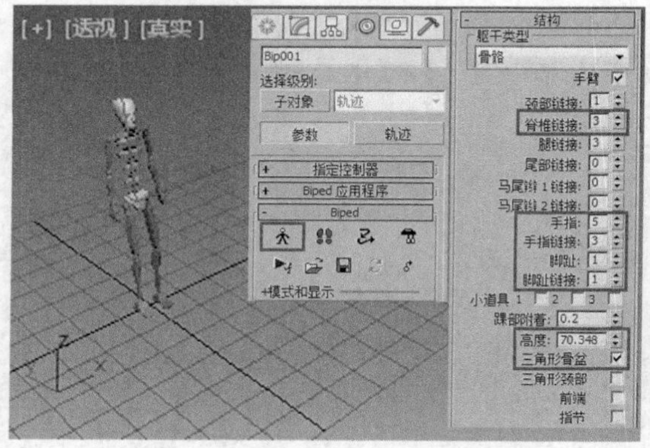

图10-51　创建 Biped 骨骼

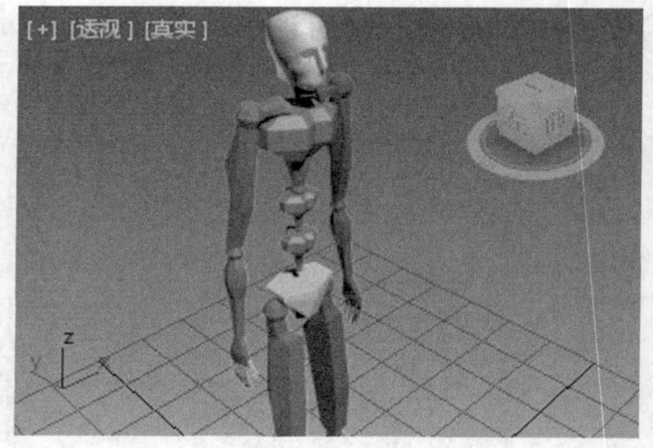

图10-52　编辑 Biped 对象

2.　创建行走的足迹并设置它的动画效果。

(1)　创建足迹，如图 10-53 所示。

①　在【Biped】卷展栏中按下 按钮进入足迹模式。

②　在【足迹创建】卷展栏中单击 按钮，打开【创建多个足迹：行走】对话框。

③　在【创建多个足迹：行走】对话框中点选 从左脚开始 选项。

④　设置【足迹数】为“13”。

⑤　单击 确定 按钮。

要点提示　读者在【创建多个足迹：行走】对话框中设置参数时，有的参数可能和图中的不一样，这是由骨骼高度造成的，让其保持原来的设置即可。

(2)　编辑足迹路径，如图 10-54 所示。

①　选中第 6～第 12 个足迹。

②　在【足迹操作】卷展栏中设置【弯曲】为“-7”。

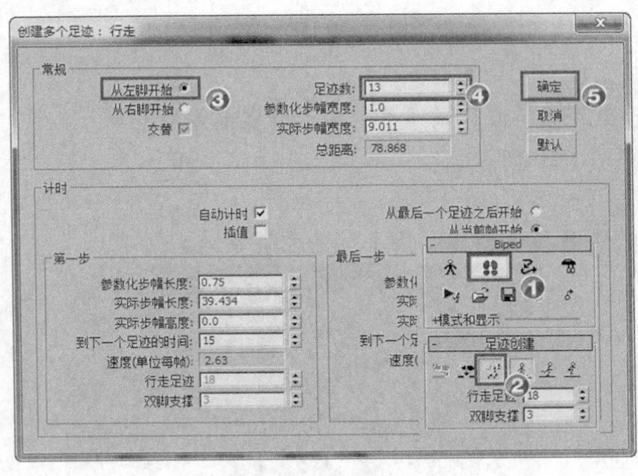

图10-53　创建足迹

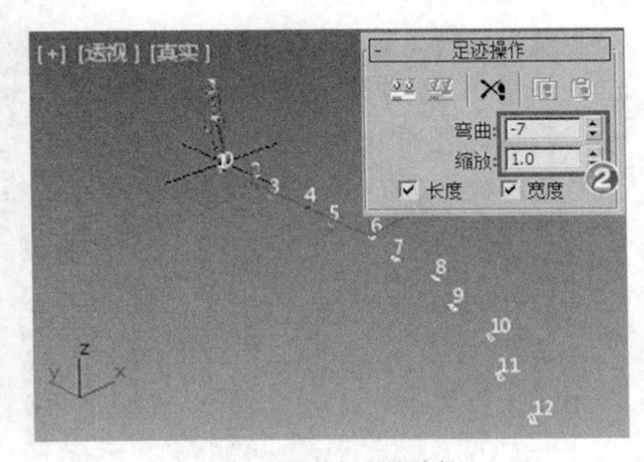

图10-54　编辑足迹路径

(3) 添加快速行走的足迹，如图 10-55 所示。

① 在【足迹创建】卷展栏中单击按钮，打开【创建多个足迹：行走】对话框。

② 在【创建多个足迹：行走】对话框中点选从右脚开始选项。

③ 设置【足迹数】为“6”。

④ 设置【步幅长度】和【到下一个足迹的时间】参数。

⑤ 单击确定按钮。

(4) 在【足迹操作】卷展栏中单击按钮，播放动画，可以发现骨骼到第 13 足迹时，速度加快，效果如图 10-56 所示。

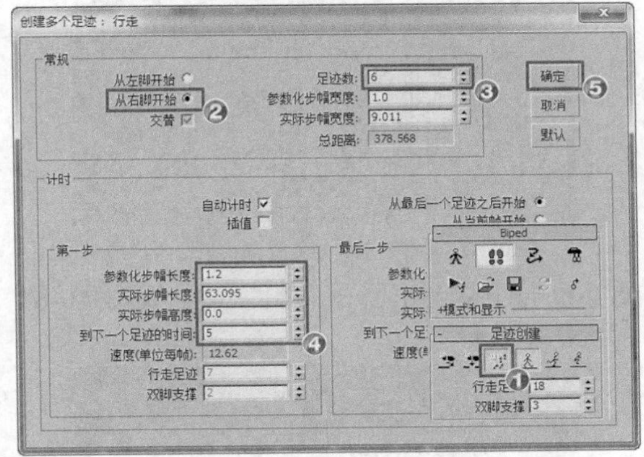

图10-55　添加快速行走的足迹

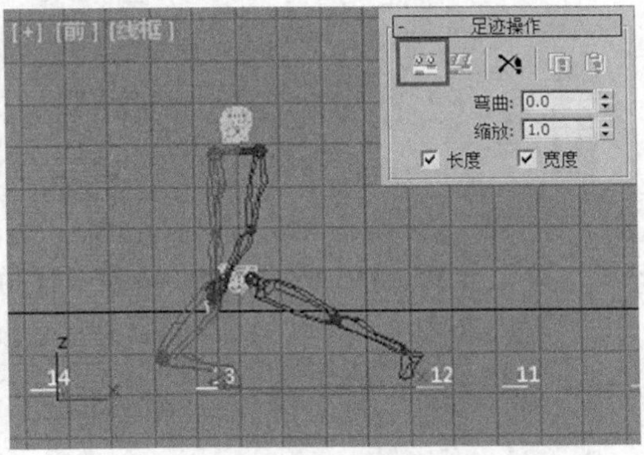

[+] [前] [线框]　足迹操作　弯曲: 0.0　缩放: 1.0　长度　宽度

图10-56　生成足迹行走动画

(4) 在足迹模式下，切换到左视图，使用移动工具将第 3～第 7 个足迹依次抬高，然后将第 7～第 11 个足迹依次降低，这样就创建了一段上下楼梯的动画，如图 10-57 所示。

3. 调整行走时身体各部分的形态。

(1) 调整第 60 帧处脊椎和手臂的形态，如图 10-58 所示。

① 单击按钮退出足迹模式。

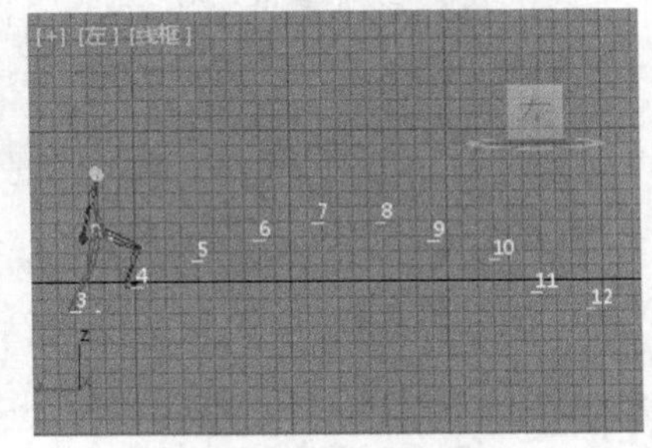

图10-57　创建上下楼梯的动画

② 单击自动关键点按钮启动动画记录模式。

③ 移动时间滑块到第 60 帧。

④ 使用旋转工具调整脊椎使身体前倾，然后使用移动工具调整手臂使右臂在前左臂在后。

(2) 调整第 75 帧处脊椎和手臂的形态，如图 10-59 所示。

① 移动时间滑块到第 75 帧。

② 使用旋转工具调整脊椎使身体前倾，然后使用移动工具调整手臂使左臂在前右臂在后。

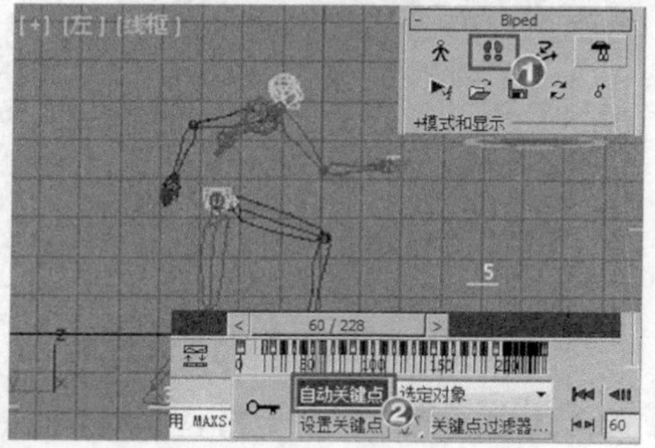

图10-58 调整第 60 帧处脊椎和手臂的形态

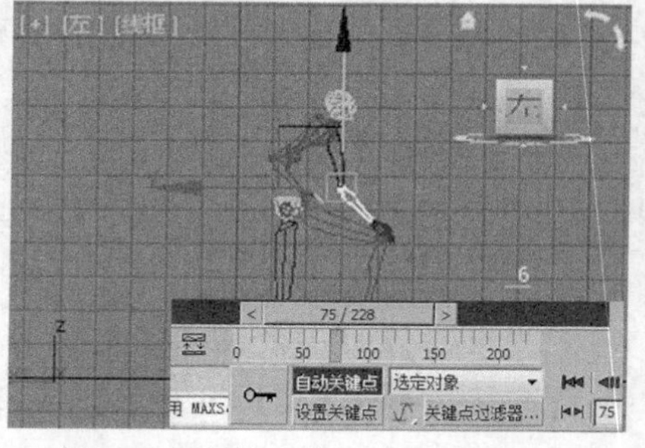

图10-59 调整第 75 帧处脊椎和手臂的形态

(3) 使用同样的方法调整第 90 帧和第 105 帧处脊椎和手臂的形态，如图 10-60 和图 10-61 所示。

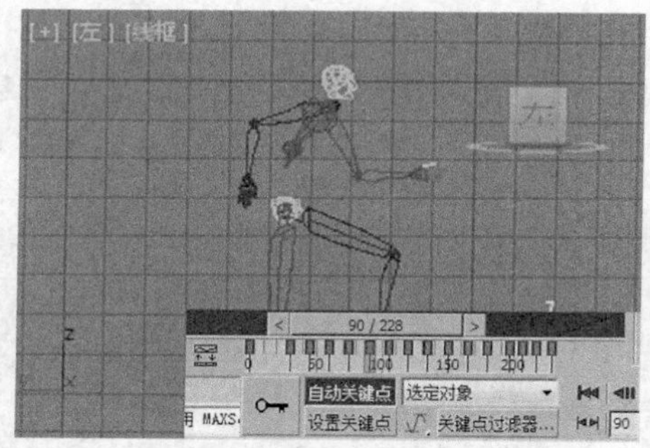

图10-60 调整第 90 帧处脊椎和手臂的形态

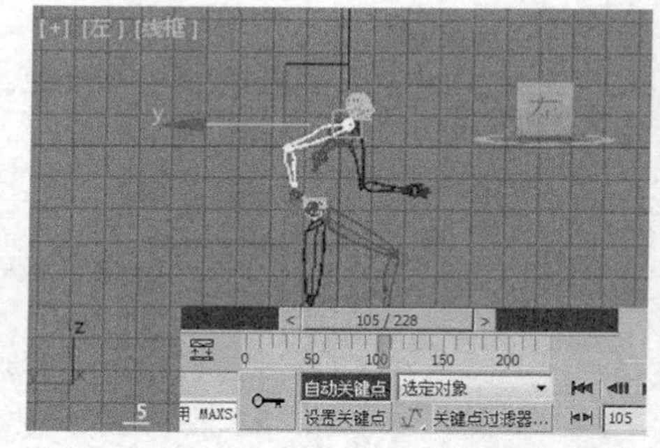

图10-61 调整第 105 帧处脊椎和手臂的形态

(4) 使用同样的方法调整第 135 帧和第 150 帧处脊椎和手臂的形态，如图 10-62 和图 10-63 所示，设置完成后单击自动关键点按钮退出动画记录模式。

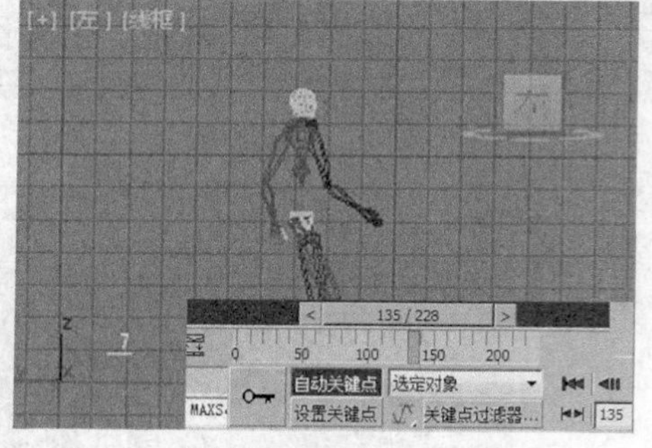

图10-62 调整第 135 帧处脊椎和手臂的形态

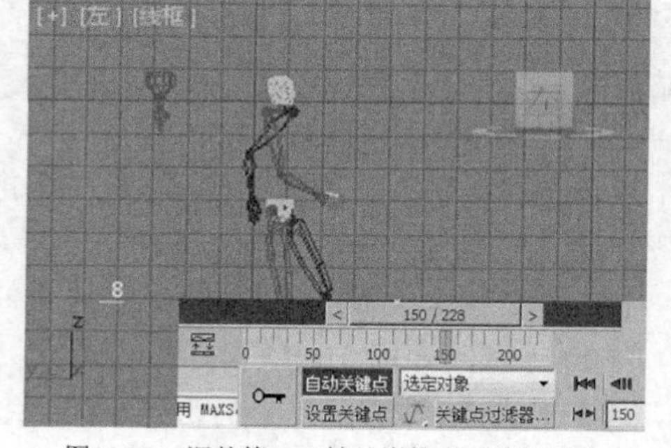

图10-63 调整第 150 帧处脊椎和手臂的形态

请读者注意，前面所设置的形态是上楼梯的效果，而第 135 帧和第 150 帧是下楼梯的时候，所以在调整时要将身体稍微向后仰。

4. 创建跑步的足迹并设置它的动画效果。

(1) 创建足迹，如图 10-64 所示。

① 在【Biped】卷展栏中按下按钮进入足迹模式。

② 在【足迹创建】卷展栏中单击按钮。

③ 单击按钮打开【创建多个足迹：跑步】对话框。

④ 在【创建多个足迹：跑步】对话框中点选从右脚开始选项。

⑤ 设置【足迹数】及【实际步幅长度】参数。

⑥ 单击确定按钮。

(2) 在【足迹操作】卷展栏中单击按钮，重新计算关键帧，播放动画，可以发现骨骼到第 9 足迹时，角色开始跑步，效果如图 10-65 所示。

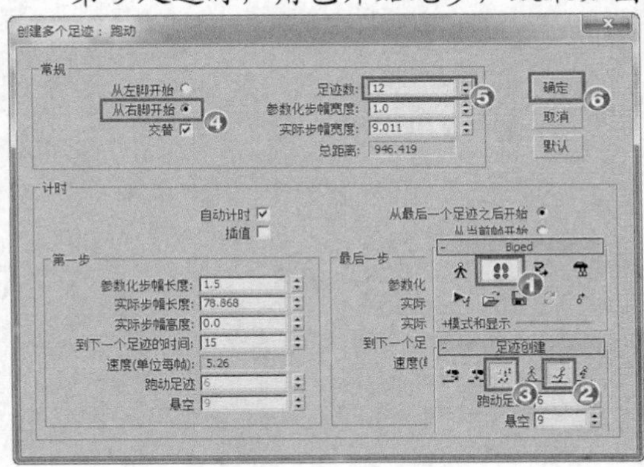

图10-64　创建足迹

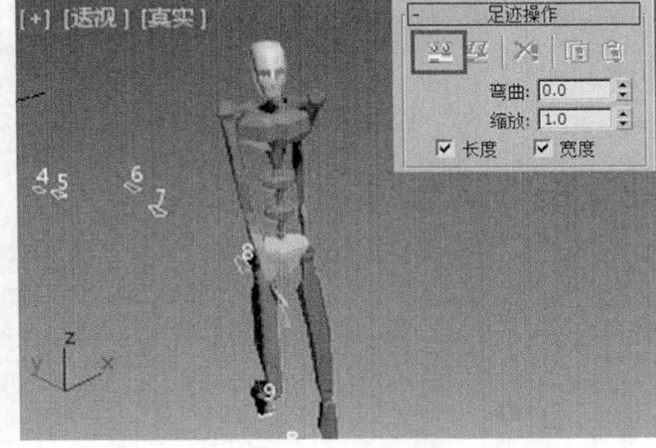

图10-65　生成足迹动画

播放动画发现角色开始跑步前进，但是动作有点假。如果想创建逼真的跑步动画，还需要配合记录关键帧的方法去调节，读者可以自己去尝试，这里不再赘述。

5. 使用“.Bip”文件创建动画。

(1) 在【Bepid】分组框中单击按钮，打开素材文件“第 10 章\素材\足迹动画\dancing.bip”，得到的场景如图 10-66 所示，播放动画可以看到人物跳舞的效果。

(2) 打开素材文件“第 10 章\素材\足迹动画\tennis.bip”，得到的场景如图 10-67 所示，播放动画可以看到人物打网球的效果。

(3) 保存文件，渲染动画，查看最终效果。

图10-66　跳舞的动画

图10-67　打网球的动画

10.3 习题

1. 简要说明交互式 IK 的用途。
2. 动力学 MassFX 工具主要有何主要用途？
3. 在制作动力学动画时为什么要为对象设置密度和质量参数？
4. 简要说明制作刚体动画的一般步骤。
5. 简要说明 Biped 工具的主要用途。